2025

빨리·간단히·답만 보는

운전면허 필기 문제집

한국도로교통공단 편저

1, 2종 필기 공통 대비 | 한국도로교통공단 공식문제 완벽 반영
2025년 2월 최신문제 수록, 본 교재 100% 출제 | 최종 모의고사 3회 및 정답 모음집(빨간답만 모아모아)

모아북스

운전면허시험 응시 순서와 취득방법

응시 전 교통안전교육
학과시험 전까지 이수 완료
준비물 : 신분증

 1

신체검사
시험장 내 신체 검사실 또는 병원에서 검사 진행
(문경, 강릉, 태백, 광양, 충주, 춘천시험장 내 신체검사원 없음)

2

학과시험
준비물 : 응시원서, 신분증,
6개월 이내 촬영한 컬러 사진(3.5 × 4.5cm) 3매
응시원서는 필기시험 응시일로부터 1년간 유효

 3

기능시험
준비물 : 응시원서, 신분증
불합격 시 : 불합격일로부터 3일 경과 후 재응시 가능

 4

연습면허 발급
제1, 2종 보통면허시험 응시자로 학과시험,
장내 기능시험에 모두 합격한 자
유효기간 : 발급일로부터 1년

 5

도로주행시험
준비물 : 응시원서, 신분증
불합격 시 : 불합격일로부터 3일 경과 후 재응시 가능

 6

운전면허증 발급
제1, 2종 보통면허 : 연습면허 취득 후
도로주행시험에 합격한 자
기타 면허 : 학과시험, 기능시험에 합격한 자

 7

상세 내용은 한국도로교통공단 홈페이지
(https://www.safedriving.or.kr)를 참고 바랍니다.

운전면허 필기시험 상세 안내 및 주의사항

🤖 증명사진 3.5 × 4.5cm 3장과 신분증, 소정의 수수료가 필요합니다. 시험접수는 17시까지이므로 조금 더 일찍 가서 준비하는 것을 추천드립니다.

👩 나 운전면허 시험 보려고 하는데 뭐가 필요해?

🤖 1종은 70점, 2종은 60점 이상을 요구하기 때문에 빠른 합격을 원하신다면 2종 면허를 준비하는 것을 추천드립니다.

👩 그럼 시험은 뭘로 볼까? 그래도 1종이 좀 더 좋은 건가?

🤖 기능시험은 필기시험 합격 후 1년, 주행시험은 기능시험 합격 후 1년 내에 합격하지 않으면 다시 시험에 합격해야 합니다.

👩 그럼 일단 필기시험부터 합격하고, 그 다음은 천천히 준비하면 되는 거지?

🤖 또한 당일 재응시는 불가능하기 때문에 충분히 준비하시는 것을 추천드립니다.

👩 아하! 그렇구나. 얼른 가서 교재부터 사야겠다. 고마워!

상세 내용은 한국도로교통공단 홈페이지 (https://www.safedriving.or.kr)를 참고 바랍니다.

이 책의 구성과 특징

1 빠르게 합격하고 싶다면 핵심만!

꼭 알아야 할 정답만 담아 효율적으로 공부할 수 있게 구성했고, 해설도 이해를 돕는 핵심 포인트 위주로 정리했어요.

2 실전 대비는 확실하게!

시험 전 마무리 학습에 도움이 되도록 자주 틀리는 문제를 중심으로 엄선한 모의고사를 수록했어요.

3 마지막까지 정답만 쏙쏙!

답만 빠르게 확인하고 싶은 분들을 위해, 주요 문제의 정답 지문만을 모아 시험 직전 최종 점검용으로 정리했어요.

목차

PART 1
교통안전표지

Chapter 01. 주의표지 · · · · · · · · · · · 8
Chapter 02. 규제표지 · · · · · · · · · · · 11
Chapter 03. 지시표지 · · · · · · · · · · · 13
Chapter 04. 보조표지 · · · · · · · · · · · 16
Chapter 05. 노면 표시 · · · · · · · · · · · 18
Chapter 06. 신호기 및 신호등 · · · · · · · · 22

PART 2
유형별 문제 총정리

Chapter 01. 문장형 학과문제 · · · · · · · · 26
Chapter 02. 사진형 학과문제 · · · · · · · · 155
Chapter 03. 일러스트형 학과문제 · · · · · · 203
Chapter 04. 교통표지형 학과문제 · · · · · · 239
Chapter 05. 동영상형 학과문제 · · · · · · · 265

PART 3
파이널 모의고사

파이널 모의고사 1회 · · · · · · · · · · · · 278
파이널 모의고사 2회 · · · · · · · · · · · · 291
파이널 모의고사 3회 · · · · · · · · · · · · 304

PART 4
빨간답만 모아모아

Chapter 01. 문장형 문제 정리 · · · · · · · · 318
Chapter 02. 사진/일러스트형 문제 정리 · · · 341
Chapter 03. 교통표지형 문제 정리 · · · · · · 365

PART 1

교통안전표지

Chapter 01. 주의표지 ······ 8
Chapter 02. 규제표지 ······ 11
Chapter 03. 지시표지 ······ 13
Chapter 04. 보조표지 ······ 16
Chapter 05. 노면 표시 ······ 18
Chapter 06. 신호기 및 신호등 ······ 22

Chapter 01. 주의표지

+자형 교차로	T자형 교차로	Y자형 교차로	ㅏ자형 교차로
ㅓ자형 교차로	우선도로	우합류도로	좌합류도로
회전형 교차로	철길건널목	노면전차주의	우로 굽은 도로
좌로 굽은 도로	우좌로 이중 굽은 도로	좌우로 이중 굽은 도로	2방향통행

Chapter 02. 규제표지

통행금지	자동차 통행금지	화물자동차 통행금지	승합자동차 통행금지
이륜자동차 및 원동기장치자전거 통행금지	자동차·이륜자동차 및 원동기장치자전거 통행금지	경운기·트랙터 및 손수레 통행금지	자전거 통행금지
진입금지	직진금지	우회전금지	좌회전금지
유턴금지	앞지르기금지	정차·주차금지	주차금지

Chapter 03. 지시표지

자동차전용도로	자전거전용도로	자전거 및 보행자겸용도로	회전교차로
직진	우회전	좌회전	직진 및 우회전
직진 및 좌회전	좌회전 및 유턴	좌우회전	유턴
양측방통행	우측면통행	좌측면통행	진행방향별 통행구분

Chapter 04. 보조표지

100m 앞 부터	여기부터 500m	시 내 전 역	일요일·공휴일 제외
거리	거리	구역	일자
08:00~20:00	1시간 이내 차둘 수 있음	적신호시	앞에 우선도로
시간	시간	신호등화상태	전방우선도로
안전속도 30	안개지역	☃ ☂	차로엄수
안전속도	기상상태	노면상태	교통규제
건너가지 마시오	승용차에 한함	속도를 줄이시오	충 돌 주 의
통행규제	차량한정	통행주의	충돌주의

Chapter 05. 노면 표시

중앙선				유턴구역선

차선	버스전용차로		길 가장자리구역선

진로변경제한선	진로변경제한선	진로변경제한선	우회전금지

노상장애물		좌회전금지	직진금지

오르막경사면

Chapter 06. 신호기 및 신호등

현수식	축주식(횡형)

축주식(종형)	중앙주식	문형식

차량횡형			
삼색등	화살표 삼색등	사색등A	사색등B

차량종형			버스삼색등
삼색등	화살표 삼색등	사색등	버스삼색등

PART 2

유형별 문제 총정리

Chapter 01. 문장형 학과문제 ………………………………… 26
Chapter 02. 사진형 학과문제 ………………………………… 155
Chapter 03. 일러스트형 학과문제 …………………………… 203
Chapter 04. 교통표지형 학과문제 …………………………… 239
Chapter 05. 동영상형 학과문제 ……………………………… 265

Chapter 01. 문장형 학과문제

001

다음 중 총중량 1.5톤 피견인 승용자동차를 4.5톤 화물자동차로 견인하는 경우 필요한 운전면허에 해당하지 않은 것은?

① 제1종 대형면허 및 소형견인차면허
② 제1종 보통면허 및 대형견인차면허
③ 제1종 보통면허 및 소형견인차면허
④ **제2종 보통면허 및 대형견인차면허**

> 「도로교통법」 시행규칙 별표18
> 총중량 750킬로그램을 초과하는 **3톤 이하의 피견인 자동차를 견인**하기 위해서는 **견인하는 자동차를 운전할 수 있는 면허와 소형견인차면허 또는 대형견인차면허**를 가지고 있어야 한다.

002

도로교통법령상 운전면허증 발급에 대한 설명으로 옳지 않은 것은?

① 운전면허시험 합격일로부터 30일 이내에 운전면허증을 발급 받아야 한다.
② **영문운전면허증을 발급 받을 수 없다.**
③ 모바일운전면허증을 발급 받을 수 있다.
④ 운전면허증을 잃어버린 경우에는 재발급 받을 수 있다.

> 「도로교통법」 시행규칙 제77조 ~ 제81조

003

도로교통법상 승차정원 15인승의 긴급 승합자동차를 처음 운전하려고 할 때 필요한 조건으로 맞는 것은?

① **제1종 보통면허, 교통안전교육 3시간**
② 제1종 특수면허(대형견인차), 교통안전교육 2시간
③ 제1종 특수면허(구난차), 교통안전교육 2시간
④ 제2종 보통면허, 교통안전교육 3시간

> 「도로교통법」 시행규칙 별표18
> 승차정원 15인승의 승합자동차는 1종 대형면허 또는 1종 보통면허가 필요하고 긴급자동차 업무에 종사하는 사람은 「도로교통법」 시행령 제38조의2 제2항에 따른 **신규(3시간) 및 정기교통안전교육(2시간)**을 받아야 한다.

004

시·도경찰청장이 발급한 국제운전면허증의 유효기간은 발급 받은 날부터 몇 년인가?

① **1년** ② 2년
③ 3년 ④ 4년

> 「도로교통법」 제98조에 따라 **국제운전면허증의 유효기간은 발급 받은 날부터 1년이다.**

005

도로교통법상 운전면허의 조건 부과기준 중 운전면허증 기재방법으로 바르지 않은 것은?

① **A : 수동변속기**
② E : 청각장애인표지 및 볼록거울
③ G : 특수제작 및 승인차
④ H : 우측 방향지시기

> 「도로교통법」 시행규칙 제54조(운전면허의 조건 등) 제3항에 의거, 운전면허 조건의 부과 기준은 별표20
> **A는 자동변속기**, B는 의수, C는 의족, D는 보청기, E는 청각장애인표지 및 볼록거울, F는 수동제동기·가속기, G는 특수제작 및 승인차, H는 우측 방향지시기, I는 왼쪽 엑셀러레이터이다. 신체장애인은 운전면허시험에 응시할 때 조건에 맞는 차량으로 시험에 응시 및 합격해야 하며 합격 후 해당 조건에 맞는 면허증이 발급된다.

006

승차정원이 11명인 승합자동차로 총중량 780킬로그램의 피견인자동차를 견인하고자 한다. 운전자가 취득해야 하는 운전면허의 종류는?

① **제1종 보통면허 및 소형견인차면허**
② 제2종 보통면허 및 제1종 소형견인차면허
③ 제1종 보통면허 및 구난차면허
④ 제2종 보통면허 및 제1종 구난차면허

> 「도로교통법」 시행규칙 별표18 비고3
> 총중량 750킬로그램을 초과하는 3톤 이하의 피견인자동차를 견인하기 위해서는 **견인하는 자동차를 운전할 수 있는 면허와 제1종 소형견인차면허 또는 대형견인차면허**를 가지고 있어야 한다.

007

도로교통법상 연습운전면허의 유효기간은?

① 받은 날부터 6개월 ② **받은 날부터 1년**
③ 받은 날부터 2년 ④ 받은 날부터 3년

> 「도로교통법」 제81조에 따라 **연습운전면허는 그 면허를 받은 날부터 1년** 동안 효력을 가진다.

008

운전면허 종류별 운전할 수 있는 차에 관한 설명으로 맞는 것 2가지는?

① **제1종 대형면허로 아스팔트살포기를 운전할 수 있다.**
② 제1종 보통면허로 덤프트럭을 운전할 수 있다.
③ 제2종 보통면허로 250시시 이륜자동차를 운전할 수 있다.
④ **제2종 소형면허로 원동기장치자전거를 운전할 수 있다.**

> 「도로교통법」 시행규칙 별표18(운전할 수 있는 차의 종류)에 따라 **덤프트럭은 제1종 대형면허, 배기량 125시시 초과 이륜자동차는 2종 소형면허**가 필요하다.

009

승차정원이 12명인 승합자동차를 도로에서 운전하려고 한다. 운전자가 취득해야 하는 운전면허의 종류는?

① 제1종 대형견인차면허
② 제1종 구난차면허
③ **제1종 보통면허**
④ 제2종 보통면허

> 「도로교통법」 시행규칙 별표18
> **제1종 보통면허로는 승차정원 15명 이하의 승합자동차** 운전이 가능하고, ①, ②, ④는 승차정원 10명 이하의 승합자동차 운전이 가능하다.

010

다음 중 제2종 보통면허를 취득할 수 있는 사람은?

① 한쪽 눈은 보지 못하나 다른 쪽 눈의 시력이 0.5인 사람
② 붉은색, 녹색, 노란색의 색채 식별이 불가능한 사람
③ 17세인 사람
④ **듣지 못하는 사람**

> 「도로교통법」 시행령 제45조 제1항 제1호 나목에 따라 제2종 운전면허는 18세 이상으로, 두 눈을 동시에 뜨고 잰 시력이 0.5 이상(다만 한쪽 눈을 보지 못하는 사람은 다른 쪽 눈의 시력이 0.6 이상이어야 한다)의 시력이 있어야 한다. 또한 붉은색, 녹색 및 노란색의 색채 식별이 가능해야 하나 **듣지 못해도 취득이 가능**하다.

011

다음 중 도로교통법상 원동기장치자전거의 정의(기준)에 대한 설명으로 옳은 것은?

① 배기량 50시시 이하 - 최고정격출력 0.59킬로와트 이하
② 배기량 50시시 미만 - 최고정격출력 0.59킬로와트 미만
③ **배기량 125시시 이하 - 최고정격출력 11킬로와트 이하**
④ 배기량 125시시 미만 - 최고정격출력 11킬로와트 미만

> 「도로교통법」 제2조 제19호 나목 정의 참조

012

원동기장치자전거 중 개인형 이동장치의 정의에 대한 설명으로 바르지 않은 것은?

① **오르막 각도가 25도 미만이어야 한다.**
② 차체 중량이 30킬로그램 미만이어야 한다.
③ 자전거등이란 자전거와 개인형 이동장치를 말한다.
④ 시속 25킬로미터 이상으로 운행할 경우 전동기가 작동하지 않아야 한다.

> 「도로교통법」 제2조 제19호2, 자전거 이용 활성화에 관한 법률 제3조 제1호
> '개인형 이동장치'란 제19호 나목의 원동기장치자전거 중 시속 25킬로미터 이상으로 운행할 경우 전동기가 작동하지 아니하고 차체 중량이 30킬로그램 미만인 것으로서 행정안전부령으로 정하는 것을 말하며, **등판각도는 규정되어 있지 않다.**

013

다음 중 도로교통법상 제1종 대형면허 시험에 응시할 수 있는 기준은? (단, 이륜자동차 운전경력은 제외한다)

① 자동차의 운전경력이 6개월 이상이면서 18세인 사람
② 자동차의 운전경력이 1년 이상이면서 18세인 사람
③ 자동차의 운전경력이 6개월 이상이면서 19세인 사람
④ **자동차의 운전경력이 1년 이상이면서 19세인 사람**

「도로교통법」 제82조 제1항 제6호에 따라 **제1종 대형면허는 19세 미만이거나 자동차(이륜자동차는 제외한다)의 운전경력이 1년 미만인 사람은 받을 수 없다.**

014

도로교통법령상 해외 출국 시 운전면허 적성검사 연기에 대한 설명으로 틀린 것은?

① 출국 전 적성검사 연기 신청서를 제출해야 한다.
② **출국 후에는 대리인이 대신하여 적성검사 연기 신청을 할 수 없다.**
③ 적성검사 연기 신청 시 E-티켓과 같은 출국 사실을 증명할 수 있는 서류를 제출해야 한다.
④ 적성검사 연기 신청이 승인된 경우 귀국 후 3개월 이내에 적성검사를 받아야 한다.

「도로교통법」 시행령 제55조(운전면허증 갱신발급 및 정기 적성검사의 연기 등)
① 법 제87조 제1항에 따라 운전면허증을 갱신하여 발급(법 제87조 제2항에 따라 정기 적성검사를 받아야 하는 경우에는 정기 적성검사를 포함한다. 이하 이 조에서 같다) 받아야 하는 사람이 다음 각 호의 어느 하나에 해당하는 사유로 운전면허증 갱신기간 동안에 운전면허증을 갱신하여 발급 받을 수 없을 때에는 행정안전부령으로 정하는 바에 따라 운전면허증 갱신기간 이전에 미리 운전면허증을 갱신하여 발급 받거나 행정안전부령으로 정하는 운전면허증 갱신발급 연기신청서에 연기 사유를 증명할 수 있는 서류를 첨부하여 시·도경찰청장(정기 적성검사를 받아야 하는 경우에는 한국도로교통공단을 포함한다. 이하 이 조에서 같다)에게 제출하여야 한다「도로교통법」 시행규칙 제83조(운전면허증 갱신발급 및 정기적성검사의 연기)].

015

도로주행시험에 불합격한 사람은 불합격한 날부터 ( )이 지난 후에 다시 도로주행시험에 응시할 수 있다. ( )의 기준으로 맞는 것은?

① 1일　　　　　② **3일**
③ 5일　　　　　④ 7일

「도로교통법」 시행령 제49조 제4항에 따라 **도로주행시험에 불합격한 사람은 불합격한 날부터 3일이 지난 후에 다시 도로주행시험에 응시할 수 있다.**

016

'착한운전 마일리지' 제도에 대한 설명으로 적절치 않은 2가지는?

① 교통법규를 잘 지키고 이를 실천한 운전자에게 실질적인 인센티브를 부여하는 제도이다.
② 운전자가 정지처분을 받게 될 경우 누산점수에서 공제할 수 있다.
③ **범칙금이나 과태료 미납자도 마일리지 제도의 무위반·무사고 서약에 참여할 수 있다.**
④ **서약 실천기간 중에 교통사고를 유발하거나 교통법규를 위반하면 다시 서약할 수 없다.**

「도로교통법」 시행규칙 별표28
운전자가 정지처분을 받게 될 경우 누산점수에서 이를 공제할 수 있다. 운전면허를 소지한 누구나 마일리지 제도에 참여할 수 있지만, 범칙금이나 과태료 미납자는 서약할 수 없고 서약 실천기간 중에 교통사고를 발생하거나 교통법규를 위반해도 다시 서약할 수 있다(운전면허 특혜점수 부여에 관한 기준 고시).

017

다음 중 운전면허 취득 결격기간이 2년에 해당하는 사유 2가지는? (단, 벌금 이상의 형이 확정된 경우이다)

① **무면허 운전을 3회 한 때**
② **다른 사람을 위하여 운전면허시험에 응시한 때**
③ 자동차를 이용하여 감금한 때
④ 정기적성검사를 받지 아니하여 운전면허가 취소된 때

자동차를 이용하여 감금한 때는 운전면허 취득 결격기간이 **1년**이나 정기적성검사를 받지 아니하여 운전면허가 취소된 때는 운전면허 취득 결격기간이 없다.

018

도로교통법상 개인형 이동장치의 기준에 대한 설명이다. 바르게 설명된 것은?

① 원동기를 단 차 중 시속 20킬로미터 이상으로 운행할 경우 전동기가 작동하지 아니하여야 한다.
② 전동기의 동력만으로 움직일 수 없는(PAS : Pedal Assist System) 전기자전거를 포함한다.
③ 최고 정격출력 11킬로와트 이하의 원동기를 단 차로 차체 중량이 35킬로그램 미만인 것을 말한다.
④ **차체 중량은 30킬로그램 미만이어야 한다.**

「도로교통법」 제2조 제19호 나목
그 밖에 배기량 125시시 이하(전기를 동력으로 하는 경우에는 최고 정격출력 11킬로와트 이하)의 원동기를 단 차(자전거 이용 활성화에 관한 법률 제2조 제1호의 2에 따른 전기자전거 및 제21호의3에 따른 실외이동로봇은 제외한다)

19의2호
'개인형 이동장치'란 제19호 나목의 원동기장치자전거 중 시속 25킬로미터 이상으로 운행할 경우 전동기가 작동하지 아니하고 **차체 중량이 30킬로그램 미만인 것**으로서 행정안전부령으로 정하는 것을 말한다.
• PAS(Pedal Assist System)형 전기자전거 : 페달과 전동기의 동시동력으로 움직이며 전동기의 동력만으로 움직일 수 없는 자전거
• Throttle형 전기자전거 : 전동기의 동력만으로 움직일 수 있는 자전거로서 법령상 '개인형이동장치'로 분류한다.

019

도로교통법령상 영문운전면허증에 대한 설명으로 옳지 않은 것은? (단, 제네바협약 또는 비엔나협약 가입국으로 한정한다)

① 영문운전면허증 인정 국가에서 운전할 때 별도의 번역공증서 없이 운전이 가능하다.
② **영문운전면허증 인정 국가에서는 체류기간에 상관없이 사용할 수 있다.**
③ 영문운전면허증 불인정 국가에서는 한국운전면허증, 국제운전면허증, 여권을 지참해야 한다.
④ 운전면허증 뒤쪽에 영문으로 운전면허증의 내용을 표기한 것이다.

영문운전면허증 안내(도로교통공단)
운전할 수 있는 기간이 국가마다 상이하며 **대부분 3개월 정도의 단기간만 허용**하고 있으므로 장기체류를 하는 경우 해당 운전면허를 취득해야 한다.

020

도로교통법상 원동기장치자전거는 전기를 동력으로 하는 경우에는 최고정격출력 ( ) 이하의 이륜자동차이다. ( )의 기준으로 맞는 것은?

① **11킬로와트** ② 9킬로와트
③ 5킬로와트 ④ 0.59킬로와트

「도로교통법」 제2조(용어)
원동기장치자전거란 「자동차관리법」상 이륜자동차 가운데 배기량 125시시 이하(전기를 동력으로 하는 경우에는 **최고정격출력 11킬로와트 이하**)의 이륜자동차와 그 밖에 배기량 125시시 이하(전기를 동력으로 하는 경우에는 최고정격출력 11킬로와트 이하)의 원동기를 단 차

021

다음 중 도로교통법령상에서 규정하고 있는 '연석선' 정의로 맞는 것은?

① 차마의 통행방향을 명확하게 구분하기 위한 선
② 자동차가 한 줄로 도로의 정하여진 부분을 통행하도록 한 선
③ **차도와 보도를 구분하는 돌 등으로 이어진 선**
④ 차로와 차로를 구분하기 위한 선

「도로교통법」 제2조(정의) 제4호

022

도로교통법상 개인형 이동장치와 관련된 내용으로 맞는 것은?

① 승차정원을 초과하여 운전할 수 있다.
② 운전면허를 반납한 65세 이상인 사람이 운전할 수 있다.
③ 13세 이상인 사람이 운전면허 취득 없이 운전할 수 있다.
④ **횡단보도에서 개인형 이동장치를 끌거나 들고 횡단하여야 한다.**

「도로교통법」 제13조의2 제6항
자전거등의 운전자가 **횡단보도를 이용하여 도로를 횡단할 때에는 자전거등에서 내려서 자전거등을 끌거나 들고 보행**하여야 한다.

023

도로교통법령상 고령자 면허 갱신 및 적성검사의 주기가 3년인 사람의 연령 기준으로 맞는 것은?

① 65세 이상 ② 70세 이상
③ **75세 이상** ④ 80세 이상

「도로교통법」 제87조 제1항

024

다음은 도로교통법령상 운전면허증을 발급 받으려는 사람의 본인 여부 확인절차에 대한 설명이다. 틀린 것은?

① 주민등록증을 분실한 경우 주민등록증 발급신청 확인서로 가능하다.
② 신분증명서 또는 지문정보로 본인 여부를 확인할 수 없으면 시험에 응시할 수 없다.
③ **신청인의 동의 없이 전자적 방법으로 지문정보를 대조하여 확인할 수 있다.**
④ 본인 여부 확인을 거부하는 경우 운전면허증 발급을 거부할 수 있다.

「도로교통법」 제87조의2, 「도로교통법」 시행규칙 제57조(운전면허시험응시)
신분증명서를 제시하지 못하는 사람은 신청인이 원하는 경우 **전자적 방법으로 지문정보를 대조하여 본인 확인**할 수 있다.

025

도로교통법령상 한쪽 눈을 보지 못하는 사람이 제1종 보통면허를 취득하려는 경우 다른 쪽 눈의 시력이 ( ) 이상, 수평시야가 ( )도 이상, 수직시야가 20도 이상, 중심시야 20도 내 암점과 반맹이 없어야 한다. ( ) 안의 기준으로 맞는 것은?

① 0.5, 50 ② 0.6, 80
③ 0.7, 100 ④ **0.8, 120**

「도로교통법」 시행령 제45조(자동차등의 운전에 필요한 적성의 기준)
다만 **한쪽 눈을 보지 못하는 사람**이 제1종 보통운전면허를 취득하려는 경우 자동차등의 운전에 필요한 적성의 기준에서 **다른 쪽 눈의 시력이 0.8 이상**이고 **수평시야가 120도 이상**이며, 수직시야가 20도 이상이고 중심시야 20도 내 암점과 반맹이 없어야 한다.

026

다음 중 수소대형승합자동차(승차정원 35인승 이상)를 신규로 운전하려는 운전자에 대한 특별교육을 실시하는 기관은?

① **한국가스안전공사** ② 한국산업안전공단
③ 한국도로교통공단 ④ 한국도로공사

「고압가스안전관리법」 시행규칙 제51조 제1항 별표31

027

도로교통법상 교통법규위반으로 운전면허 효력 정지처분을 받을 가능성이 있는 사람이 특별교통안전 권장교육을 받고자 하는 경우 누구에게 신청하여야 하는가? (단, 음주운전은 제외한다)

① 한국도로교통공단 이사장
② 주소지 지방자치단체장
③ 운전면허 시험장장
④ **시·도경찰청장**

「도로교통법」 제73조(교통안전교육) 제3항
다음 각 호의 어느 하나에 해당하는 사람이 **시·도경찰청장에게 신청하는 경우**에는 대통령령으로 정하는 바에 따라 **특별교통안전 권장교육을 받을 수 있다.** 이 경우 권장교육을 받기 전 1년 이내에 해당 교육을 받지 아니한 사람에 한정한다.
1. 교통법규위반 등 제2항 제2호 및 제4호에 따른 사유 외의 사유로 인하여 운전면허효력 정지처분을 받게 되거나 받은 사람
2. 교통법규위반 등으로 인하여 운전면허효력 정지처분을 받을 가능성이 있는 사람
3. 제2항 제2호부터 제4호까지에 해당하여 제2항에 따른 특별교통안전 의무교육을 받은 사람
4. 운전면허를 받은 사람 중 교육을 받으려는 날에 65세 이상인 사람

028

제1종 운전면허를 발급 받은 65세 이상 75세 미만인 사람은 몇 년마다 정기적성검사를 받아야 하나? (단, 한쪽 눈만 보지 못하는 사람은 제외한다)

① 3년마다 ② **5년마다**
③ 10년마다 ④ 15년마다

「도로교통법」 제87조 제1항 제1호
제1종 운전면허를 발급 받은 65세 이상 75세 미만인 사람은 **5년마다 정기적성검사를 받아야 한다.** 다만 한쪽 눈만 보지 못하는 사람으로서 제1종 면허 중 보통면허를 취득한 사람은 3년이다.

029

운전면허증을 시·도경찰청장에게 반납하여야 하는 사유 2가지는?

① **운전면허 취소의 처분을 받은 때**
② **운전면허 효력 정지의 처분을 받은 때**
③ 운전면허 수시적성검사 통지를 받은 때
④ 운전면허의 정기적성검사 기간이 6개월 경과한 때

> 운전면허의 **취소 처분**을 받은 때, 운전면허의 **효력 정지 처분**을 받은 때, 운전면허증을 잃어버리고 다시 교부받은 후 그 잃어버린 운전면허증을 찾은 때, 연습운전면허를 받은 사람이 제1종 보통운전면허 또는 제2종 보통운전면허를 받은 때에는 7일 이내에 주소지를 관할하는 **시·도경찰청장에게 운전면허증을 반납**하여야 한다.

030

다음 중 고압가스안전관리법령상 수소자동차 운전자의 안전교육(특별교육)에 대한 설명 중 잘못된 것은?

① 수소승용자동차 운전자는 특별교육 대상이 아니다.
② 수소대형승합자동차(승차정원 36인승 이상) 신규 종사하려는 운전자는 특별교육 대상이다.
③ 수소자동차 운전자 특별교육은 한국가스안전공사에서 실시한다.
④ **여객자동차운수사업법에 따른 대여사업용자동차를 임차하여 운전하는 운전자도 특별교육 대상이다.**

> 「고압가스안전관리법」 시행규칙 제51조(안전교육), 별표31에 따라 수소가스사용자동차 중 「자동차관리법」 시행규칙 별표1 제1호에 따른 **대형승합자동차 운전자로 신규 종사하려는 경우에는 특별교육을 이수**하여야 한다. 여객자동차운수사업에 따른 대여사업용자동차 종류는 승용자동차, 경형·소형·중형승합자동차, 캠핑자동차이다.

031

도로교통법령상 제2종 보통면허로 운전할 수 없는 차는?

① **구난자동차**
② 승차정원 10인 미만의 승합자동차
③ 승용자동차
④ 적재중량 2.5톤의 화물자동차

> 「도로교통법」 시행규칙 별표18(운전할 수 있는 차의 종류)

032

다음 중 도로교통법령상 영문운전면허증을 발급 받을 수 없는 사람은?

① 운전면허시험에 합격하여 운전면허증을 신청하는 경우
② 운전면허 적성검사에 합격하여 운전면허증을 신청하는 경우
③ 외국면허증을 국내면허증으로 교환 발급 신청하는 경우
④ **연습운전면허증으로 신청하는 경우**

> 「도로교통법」 시행규칙 제78조(영문 운전면허증의 신청 등)
> 연습운전면허 소지자는 영문운전면허증 발급 대상이 아니다.

033

운전면허시험 부정행위로 그 시험이 무효로 처리된 사람은 그 처분이 있는 날부터 (   )간 해당시험에 응시하지 못한다. (   ) 안의 기준으로 맞는 것은?

① **2년**
② 3년
③ 4년
④ 5년

> 「도로교통법」 제84조의2 부정행위자에 대한 조치
> **부정행위로 시험이 무효로 처리된 사람은 그 처분이 있는 날부터 2년간 해당시험에 응시하지 못한다.**

034

다음 중 도로교통법령상 운전면허증 갱신발급이나 정기 적성검사의 연기 사유가 아닌 것은?

① 해외 체류 중인 경우
② 질병으로 인하여 거동이 불가능한 경우
③ **군인사법에 따른 육·해·공군 부사관 이상의 간부로 복무 중인 경우**
④ 재해 또는 재난을 당한 경우

> 「도로교통법」 시행령 제55조 제1항
> 1. 해외에 체류 중인 경우
> 2. 재해 또는 재난을 당한 경우
> 3. 질병이나 부상으로 인하여 거동이 불가능한 경우
> 4. 법령에 따라 신체의 자유를 구속당한 경우
> 5. **군 복무 중**(병역법에 따라 의무경찰 또는 의무소방원으로 전환복무 중인 경우를 포함하고, **병으로 한정한다**)이거나 대체역의 편입 및 복무 등에 관한 법률에 따라 대체복무요원으로 복무 중인 경우
> 6. 그 밖에 사회통념상 부득이하다고 인정할 만한 상당한 이유가 있는 경우

035

도로교통법령상 운전면허증 갱신기간의 연기를 받은 사람은 그 사유가 없어진 날부터 (　) 이내에 운전면허증을 갱신하여 발급 받아야 한다. (　)에 기준으로 맞는 것은?

① 1개월　　　　② **3개월**
③ 6개월　　　　④ 12개월

「도로교통법」 시행령 제55조 제3항
운전면허증 갱신기간의 연기를 받은 사람은 그 사유가 없어진 날부터 3개월 이내에 운전면허증을 갱신하여 발급 받아야 한다.

036

다음 수소자동차 운전자 중 고압가스관리법령상 특별교육 대상으로 맞는 것은?

① 수소승용자동차 운전자
② **수소대형승합자동차(승차정원 36인승 이상) 운전자**
③ 수소화물자동차 운전자
④ 수소특수자동차 운전자

「고압가스안전관리법」 시행규칙 제51조 제1항 별표31

037

다음 중 전기자동차 충전시설에 대해서 틀린 것은?

① 공용충전기란 휴게소·대형마트·관공서 등에 설치되어 있는 충전기를 말한다.
② 전기차의 충전방식으로는 교류를 사용하는 완속충전 방식과 직류를 사용하는 급속충전 방식이 있다.
③ **공용충전기는 사전 등록된 차량에 한하여 사용이 가능하다.**
④ 본인 소유의 부지를 가지고 있을 경우 개인용 충전시설을 설치할 수 있다.

한국전기설비규정(KEC) 241.17
전기자동차 전원설비, 공용충전기는 **전기자동차를 가지고 있는 운전자라면 누구나 이용 가능**하다.

038

다음 중 도로교통법상 음주운전 방지장치 부착 조건부 운전면허를 받은 운전자 등의 준수사항에 대한 설명으로 맞는 것은?

① 음주운전 방지장치가 설치된 자동차등을 시·도경찰청에 등록하지 아니하고 운전한 경우에는 면허가 정지된다.
② 음주운전 방지장치가 설치되지 아니하거나 설치 기준에 부합하지 아니한 음주운전 방지장치가 설치된 자동차등을 운전한 경우 1개월 내 시정조치 명령을 한다.
③ 음주운전 방지장치의 정비를 위해 해체·조작 또는 그 밖의 방법으로 효용이 떨어진 것을 알면서 해당 장치가 설치된 자동차등을 운전한 경우에는 면허가 정지된다.
④ **음주운전으로 인한 면허 결격기간 이후 방지장치 부착차량만 운전 가능한 면허를 취득한 때부터 장치를 부착한 차량만 운행할 수 있다.**

「도로교통법」 제50조의3(음주 운전 방지장치 부착 조건부 운전면허를 받은 운전자등의 준수사항), 법 제93조(운전면허의 취소·정지) 제1항
• 음주 운전 방지장치가 설치된 자동차등을 시·도경찰청에 등록하지 아니하고 운전한 경우에는 면허가 취소된다(제21호).
• **음주 운전 방지장치가 설치되지 아니하거나 설치 기준에 부합하지 아니한 음주 운전 방지장치가 설치된 자동차등을 운전한 경우 면허가 취소된다**(제22호).
• 음주 운전 방지장치의 정비를 위해 해체·조작 또는 그 밖의 방법으로 효용이 떨어진 것을 알면서 해당 장치가 설치된 자동차등을 운전한 경우에는 면허가 취소된다(제23호).

039

운전자가 가짜 석유제품임을 알면서 차량 연료로 사용할 경우 처벌 기준은?

① 과태료 5만 원~10만 원
② 과태료 50만 원~1백만 원
③ **과태료 2백만 원~2천만 원**
④ 처벌되지 않는다.

「석유 및 석유대체연료사업법」 시행령 별표6(과태료 시행 기준)
가짜 석유제품임을 알면서 차량 연료로 사용할 경우 사용량에 따라 **2백만 원에서 2천만 원까지 과태료가 부과**될 수 있다.

040

가짜 석유를 주유했을 때 자동차에 발생할 수 있는 문제점이 아닌 것은?

① 연료 공급장치 부식 및 파손으로 인한 엔진 소음 증가
② 연료를 분사하는 인젝터 파손으로 인한 출력 및 연비 감소
③ **윤활성 상승으로 인한 엔진 마찰력 감소로 출력 저하**
④ 연료를 공급하는 연료 고압 펌프 파손으로 시동 꺼짐

> 가짜석유를 자동차 연료로 사용하였을 경우 윤활성 저하로 인한 마찰력 증가로 연료 고압 펌프 및 인젝터 파손이 발생할 수 있다.

041

자동차에 승차하기 전 주변점검 사항으로 맞는 2가지는?

① **타이어 마모상태**
② **전·후방 장애물 유무**
③ 운전석 계기판 정상작동 여부
④ 브레이크 페달 정상작동 여부

> 운전석 계기판 및 브레이크 페달 정상작동 여부는 승차 후 운전석에서의 점검사항이다.

042

다음 중 차량 연료로 사용될 경우 가짜 석유제품으로 볼 수 없는 것은?

① 휘발유에 메탄올이 혼합된 제품
② 보통 휘발유에 고급 휘발유가 약 5% 미만으로 혼합된 제품
③ 경유에 등유가 혼합된 제품
④ **경유에 물이 약 5% 미만으로 혼합된 제품**

> • 석유 및 석유대체연료 사업법에서 규정한 가짜 석유제품이란 석유제품에 다른 석유제품(등급이 다른 석유제품 포함) 또는 석유화학제품 등을 혼합하는 방법으로 차량 연료로 사용할 목적으로 제조된 것을 말하며, 혼합량에 따른 별도 적용 기준이 없으므로 소량을 혼합해도 가짜 석유제품으로 볼 수 있다.
> • 가짜 석유제품 또는 적법한 용도를 벗어난 연료 사용은 차량 이상으로 이어져 교통사고 및 유해 배출가스 증가로 인한 환경오염 등을 유발한다. 휘발유, 경유 등에 물과 침전물이 유입되는 경우 품질 부적합 제품으로 본다.

043

일반적으로 무보수(MF : Maintenance Free)배터리 수명이 다한 경우 점검창에 나타나는 색깔은?

① 황색
② **백색**
③ 검은색
④ 녹색

> 일반적인 무보수(MF : Maintenance Free)배터리는 정상인 경우 녹색(청색), 전해액의 비중이 낮다는 의미의 검은색은 충전 및 교체, **백색(적색)은 배터리 수명이 다한 경우**를 말한다.

044

수소가스 누출을 확인할 수 있는 방법이 아닌 것은?

① 가연성 가스검지기 활용 측정
② 비눗물을 통한 확인
③ **가스 냄새를 맡아 확인**
④ 수소검지기로 확인

> 수소자동차 충전소 시공매뉴얼, p.12(한국가스안전공사)
> 수소는 지구에서 가장 가벼운 원소로 **무색, 무미, 무독**한 특징을 가지고 있다. 또한 수소와 비슷한 확산 속도를 가진 부취제가 없어 누출 감지가 어려운 가스이다.

045

수소차량의 안전수칙으로 틀린 것은?

① 충전하기 전 차량의 시동을 끈다.
② **충전소에서 흡연은 차량에 떨어져서 한다.**
③ 수소가스가 누설할 때에는 충전소 안전관리자에게 안전점검을 요청한다.
④ 수소차량의 충돌 등 교통사고 후에는 가스 안전점검을 받은 후 사용한다.

> 수소자동차 충전시설 유지관리 매뉴얼, p.21. 일반적인 주의사항
> ① 충전소 주변은 절대 금연
> ② 방폭형 전기설비 사용
> ③ 가스 설비실 내 휴대전화 사용 금지
> ④ 충전소 내 차량 제한속도 10km 이하
> ⑤ 매뉴얼 숙지 전 장비작동금지
> ⑥ 충전소는 교육된 인원에 의해서만 사용 및 유지 보수되어야 함
> ⑦ 매뉴얼에 언급된 사항 및 「고압가스안전관리법」에 따라 운영
> ⑧ 불안전한 상황에서 장비작동 금지
> ⑨ 안전 관련 설비가 제대로 작동하지 않는 상태에서는 운전을 금지하고, 안전 관련 설비를 무시하고 운전하지 말 것
> ⑩ 운전 및 유지 보수 관련 절차 준수
> ⑪ 매뉴얼에 설명된 압력 범위 내에서만 운전

046

다음 중 수소차량에서 누출을 확인하지 않아도 되는 곳은?

① 밸브와 용기의 접속부
② 조정기
③ 가스 호스와 배관 연결부
④ **연료전지 부스트 인버터**

> - **전장장치**는 연료전지 스택으로부터 출력된 DC를 AC로 변환하는 **인버터와** 제동 시 발생하는 전기를 저장하기 위한 **슈퍼 커패시터 및 이차전지 등으로 구성**된다.
> - 전력변환장치는 스택으로부터 얻어지는 DC 전력을 모터 구성 전압 수준으로 변환하거나 고전류의 AC 구동모터를 구동 및 제어하기 위해 DC 전력을 AC 전력으로 변환하고 차량 내 각종 전자기기들을 구동하기 위한 전압으로 전환하는 역할을 한다.

047

전기차 충전을 위한 올바른 방법으로 적절하지 않은 것은?

① 충전할 때는 규격에 맞는 충전기와 어댑터를 사용한다.
② 충전 중에는 충전 커넥터를 임의로 분리하지 않고 충전 종료 버튼으로 종료한다.
③ 젖은 손으로 충전기 사용을 하지 않고 충전장치에 물이 들어가지 않도록 주의한다.
④ **휴대용 충전기를 이용하여 충전할 경우 가정용 멀티탭이나 연장선을 사용한다.**

> 전기차 충전을 위해 **규격에 맞지 않는 멀티탭이나 연장선 사용 시 고전력으로 인한 화재 위험**성이 있다.

048

법령상 자동차의 등화 종류와 그 등광색을 연결한 것으로 맞는 것은?

① 후퇴등 - 호박색
② 번호등 - 청색
③ 후미등 - 백색
④ **제동등 - 적색**

> 등광색의 경우 후퇴등·번호등은 백색이고(자동차 및 자동차부품의 성능과 기준에 관한 규칙 제39조, 제41조), 후미등·**제동등은 적색**이다(동 규칙 제42조, 제43조).

049

LPG차량의 연료특성에 대한 설명으로 적당하지 않은 것은?

① 일반적인 상온에서는 기체로 존재한다.
② 차량용 LPG는 독특한 냄새가 있다.
③ **일반적으로 공기보다 가볍다.**
④ 폭발 위험성이 크다.

> - 끓는점이 낮아 일반적인 상온에서 기체상태로 존재한다.
> - 압력을 가해 액체상태로 만들어 압력 용기에 보관하며 가정용, 자동차용으로 사용한다.
> - **일반 공기보다 무겁고 폭발위험성이 크다.**
> - LPG 자체는 무색무취이지만 차량용 LPG에는 특수한 향을 섞어 누출 여부를 확인할 수 있도록 하고 있다.

050

자동차의 제동력을 저하하는 원인으로 가장 거리가 먼 것은?

① 마스터 실린더 고장
② 휠 실린더 불량
③ **릴리스 포크 변형**
④ 베이퍼록 발생

> **릴리스 포크**는 릴리스 베어링 칼라에 끼워져 릴리스 베어링에 **페달의 조작력을 전달**하는 작동을 한다.

051

주행 보조장치가 장착된 자동차의 운전방법으로 바르지 않은 것은?

① 주행 보조장치를 사용하는 경우 주행 보조장치 작동 유지 여부를 수시로 확인하며 주행한다.
② **운전 개입 경고 시 주행 보조장치가 해제될 때까지 기다렸다가 개입해야 한다.**
③ 주행 보조장치의 일부 또는 전체를 해제하는 경우 작동 여부를 확인한다.
④ 주행 보조장치가 작동되고 있더라도 즉시 개입할 수 있도록 대기하면서 운전한다.

> 운전 개입 경고 시 즉시 개입하여 운전해야 한다.

052

자동차를 안전하고 편리하게 주행할 수 있도록 보조해주는 기능에 대한 설명으로 잘못된 것은?

① LFA(Lane Following Assist)는 '차로유지보조' 기능으로 자동차가 차로 중앙을 유지하며 주행할 수 있도록 보조해주는 기능이다.
② ASCC(Adaptive Smart Cruise Control)는 '차간거리 및 속도유지' 기능으로 운전자가 설정한 속도로 주행하면서 앞차와의 거리를 유지하여 스스로 가·감속을 해주는 기능이다.
③ ABSD(Active Blind Spot Detection)는 '사각지대감지' 기능으로 사각지대의 충돌 위험을 감지해 안전한 차로변경을 돕는 기능이다.
④ **AEB(Autonomous Emergency Braking)는 '자동긴급제동' 기능으로 브레이크 제동 시 타이어가 잠기는 것을 방지하여 제동거리를 줄여주는 기능이다.**

- 안전을 위한 첨단자동차기능으로 LFA, ASCC, ABSD, AEB 등 다양한 기능이 있으며 자동차 구입 옵션에 따라 운전자가 선택할 수 있는 부분이 있고, 운전 중 필요에 따라 일정부분 기능해제도 운전자가 선택할 수 있도록 되어 있다.
- **AEB는** 운전자가 위험상황 발생 시 브레이크 작동을 하지 않거나 약하게 브레이크를 작동하여 **충돌을 피할 수 없을 경우 시스템이 자동으로 긴급제동을 하는 기능**이다. 보기 ④는 ABS에 대한 설명이다.

053

다음 중 수소자동차의 주요 구성품이 아닌 것은?

① 연료전지
② 구동모터
③ **엔진**
④ 배터리

수소자동차의 작동원리
- 수소 저장용기에 저장된 수소를 연료전지 시스템에 공급하여 연료전지 스택에서 산소와 수소의 화학반응으로 전기를 생성한다.
- 생성된 전기는 모터를 구동시켜 자동차를 움직이거나 주행상태에 따라 배터리에 저장된다.
- 엔진은 **내연기관 자동차의 구성품**이다.

054

자율주행시스템과 관련된 법령의 내용으로 틀린 것은?

① **도로교통법상 '운전'에는 도로에서 차마를 그 본래의 사용방법에 따라 자율주행시스템을 사용하는 것은 포함되지 않는다.**
② 운전자가 자율주행시스템을 사용하여 운전하는 경우에는 휴대전화 사용금지 규정을 적용하지 아니한다.
③ 자율주행시스템의 직접 운전 요구에 지체 없이 대응하지 아니한 자율주행승용자동차의 운전자에 대한 범칙금액은 4만 원이다.
④ '자율주행시스템'이란 운전자 또는 승객의 조작 없이 주변상황과 도로 정보 등을 스스로 인지하고 판단하여 자동차를 운행할 수 있게 하는 자동화 장비, 소프트웨어 및 이와 관련한 모든 장치를 말한다.

「도로교통법」 제2조 제26호, 제56조의2, 「도로교통법」 시행령 별표8. 38의3호
'운전'이란 도로에서 차마 또는 노면전차를 그 본래의 사용방법에 따라 사용하는 것(조종 또는 **자율주행시스템을 사용하는 것을 포함**한다)을 말한다. 완전 자율주행시스템에 해당하지 아니하는 자율주행시스템을 갖춘 자동차의 운전자는 자율주행시스템의 직접 운전 요구에 지체 없이 대응하여 조향장치, 제동장치 및 그 밖의 장치를 직접 조작하여 운전하여야 한다. 운전자가 자율주행시스템을 사용하여 운전하는 경우에는 제49조 제1항 제10호, 제11호 및 제11호의2의 규정을 적용하지 아니한다.
자율주행자동차 상용화 촉진 및 지원에 관한 법률 제2조 제1항 제2호
'자율주행시스템'이란 운전자 또는 승객의 조작 없이 주변상황과 도로 정보 등을 스스로 인지하고 판단하여 자동차를 운행할 수 있게 하는 자동화 장비, 소프트웨어 및 이와 관련한 모든 장치를 말한다.

055

자동차 내연기관의 크랭크축에서 발생하는 회전력(순간적으로 내는 힘)을 무엇이라 하는가?

① **토크**
② 연비
③ 배기량
④ 마력

② 1리터의 연료로 주행할 수 있는 거리를 말한다.
③ 내연기관에서 피스톤이 움직이는 부피를 말한다.
④ 75킬로그램의 무게를 1초 동안에 1미터 이동하는 일의 양을 말한다.

056

자율주행자동차 상용화 촉진 및 지원에 관한 법령상 자율주행자동차에 대한 설명으로 잘못된 것은?

① 자율주행자동차의 종류는 완전자율주행자동차와 부분자율주행자동차로 구분할 수 있다.
② 완전 자율주행자동차는 자율주행시스템만으로 운행할 수 있어 운전자가 없거나 운전자 또는 승객의 개입이 필요하지 아니한 자동차를 말한다.
③ 부분자율주행자동차는 자율주행시스템만으로 운행할 수 없거나 운전자가 지속적으로 주시할 필요가 있는 등 운전자 또는 승객의 개입이 필요한 자동차를 말한다.
④ **자율주행자동차는 승용자동차에 한정되어 적용하고, 승합자동차나 화물자동차는 이 법이 적용되지 않는다.**

> 자율주행자동차 상용화 촉진 및 지원에 관한 법률 제2조 제1항 제1호, 제2항
> 1. 부분 자율주행자동차 : 자율주행시스템만으로는 운행할 수 없거나 운전자가 지속적으로 주시할 필요가 있는 등 운전자 또는 승객의 개입이 필요한 자율주행자동차
> 2. 완전 자율주행자동차 : 자율주행시스템만으로 운행할 수 있어 운전자가 없거나 운전자 또는 승객의 개입이 필요하지 아니한 자율주행자동차로 구분
> ④ **자율주행차동차는 승용자동차에 한정되지 않고 승합자동차 또는 화물자동차에도 적용**된다.

057

전기자동차 관리방법으로 옳지 않은 2가지는?

① **비사업용승용자동차의 자동차검사 유효기간은 6년이다.**
② 장거리 운전 시에는 사전에 배터리를 확인하고 충전한다.
③ 충전 직후에는 급가속, 급정지를 하지 않는 것이 좋다.
④ **열선시트, 열선핸들보다 공기 히터를 사용하는 것이 효율적이다.**

> ① 신조차를 제외하고 **비사업용승용자동차의 자동차검사 유효기간은 2년**이다(「자동차관리법」 시행규칙 별표15의2).
> ④ 내연기관이 없는 전기자동차의 경우 히터 작동에 많은 전기에너지를 사용한다. 따라서 **열선시트, 열선핸들을 사용하는 것이 좋다.**
> ② 배터리 잔량과 이동거리를 고려하여 주행 중 방전되지 않도록 한다.
> ③ 충전 직후에는 배터리 온도가 상승한다. 이때 급가속, 급정지의 경우 전기에너지를 많이 소모하므로 배터리효율을 저하시킨다.

058

도로교통법령상 자동차 창유리 가시광선 투과율의 규제를 받는 것은? (단, 어린이통학버스는 제외한다)

① 뒷좌석 옆면 창유리
② **앞면, 운전석 좌우 옆면 창유리**
③ 앞면, 운전석 좌우, 뒷면 창유리
④ 모든 창유리

> 자동차의 **앞면 창유리와 운전석 좌우 옆면 창유리**의 가시광선(可視光線)의 투과율이 대통령령으로 정하는 기준보다 낮아 교통안전 등에 지장을 줄 수 있는 차를 운전하지 아니해야 한다.

059

자동차관리법령상 승용자동차는 몇 인 이하를 운송하기에 적합하게 제작된 자동차인가?

① **10인**　　② 12인
③ 15인　　④ 18인

> **승용자동차는 10인 이하를 운송하기에 적합**하게 제작된 자동차이다.

060

자동차관리법령상 비사업용 신규 승용자동차의 최초 검사 유효기간은?

① 1년　　② 2년
③ **4년**　　④ 6년

> 비사업용승용자동차 및 피견인자동차의 **최초 검사유효기간은 4년**이다.

061

자동차관리법상 자동차의 종류로 맞는 2가지는?

① 건설기계　　② **화물자동차**
③ 경운기　　　④ **특수자동차**

> 「**자동차관리법**」상 **자동차**는 승용자동차, 승합자동차, **화물자동차**, **특수자동차**, 이륜자동차가 있다.

062

비사업용 및 대여사업용 전기자동차와 수소 연료전지자동차 전용번호판 색상으로 맞는 것은? (단, 하이브리드 자동차는 제외한다)

① 황색 바탕에 검은색 문자
② **파란색 바탕에 검은색 문자**
③ 감청색 바탕에 흰색 문자
④ 보랏빛 바탕에 검은색 문자

> 자동차 등록번호판 등의 기준에 관한 고시(국토교통부 고시 제2017-245호 2017.4.18. 일부개정)
> 1. 비사업용
>   가. 일반용(SOFA자동차, 대여사업용 자동차 포함) : 분홍빛 흰색 바탕에 보랏빛 검은색 문자
>   나. 외교용(외교, 영사, 준외, 준영, 국기, 협정, 대표) : 감청색 바탕에 흰색 문자
> 2. 자동차운수사업용 : 황색 바탕에 검은색 문자
> 3. 이륜자동차번호판 : 흰색 바탕에 청색 문자
> 4. **전기자동차번호판 : 파란색 바탕에 검은색 문자**

063

자동차관리법령상 차령이 6년이 지난 피견인자동차의 검사 유효기간으로 맞는 것은?

① 6개월
② 1년
③ **2년**
④ 4년

> 「자동차관리법」 시행규칙 별표15의2
> 비사업용승용자동차 및 피견인자동차의 검사 유효기간은 2년(신조차로서 법 제43조 제5항의 규정에 의하여 신규검사를 받은 것으로 보는 자동차의 최초검사 유효기간은 4년)이다.

064

다음 차량 중 하이패스차로 이용이 불가능한 차량은?

① 적재중량 16톤 덤프트럭
② 서울과 수원을 운행하는 2층 좌석버스
③ **단차로인 경우 차폭이 3.7m인 소방차량**
④ 10톤 대형구난차량

> 하이패스차로는 단차로 차폭 3.0m, 다차로 차폭 3.6m이다.

065

자동차관리법령상 소형승합자동차의 검사 유효기간으로 맞는 것은?

① 6개월
② **1년**
③ 2년
④ 4년

> 「자동차관리법」 시행규칙 별표15의2
> 경형, **소형의 승합 및 화물자동차의 검사 유효기간은 1년**이다.

066

자동차관리법령상 신차 구입 시 임시운행 허가 유효기간의 기준은?

① **10일 이내**
② 15일 이내
③ 20일 이내
④ 30일 이내

> 「자동차관리법」 시행령 제7조 제2항 제1호
> **임시운행 허가 유효기간은 10일** 이내이다.

067

다음 중 자동차관리법령에 따른 자동차 변경등록 사유가 아닌 것은?

① 자동차의 사용본거지를 변경한 때
② 자동차의 차대번호를 변경한 때
③ **소유권이 변동된 때**
④ 법인의 명칭이 변경된 때

> 자동차등록령 제22조, 제26조
> **자동차 소유권의 변동이 된 때에는 이전등록**을 하여야 한다.

068

자동차관리법령상 자동차를 이전 등록하고자 하는 자는 매수한 날부터 ( ) 이내에 등록해야 한다. ( )에 기준으로 맞는 것은?

① **15일**
② 20일
③ 30일
④ 40일

> 자동차를 매수한 날부터 **15일 이내 이전 등록**해야 한다.

069

자율주행자동차 운전자의 마음가짐으로 바르지 않은 것은?

① **자율주행자동차이므로 술에 취한 상태에서 운전해도 된다.**
② 과로한 상태에서 자율주행자동차를 운전하면 아니 된다.
③ 자율주행자동차라 하더라도 향정신성 의약품을 복용하고 운전하면 아니 된다.
④ 자율주행자동차의 운전 중에 휴대용 전화 사용이 가능하다.

> 「도로교통법」 제44조 제1항(술에 취한 상태에서의 운전 금지)
> 누구든지 **술에 취한 상태에서 자동차등, 노면전차 또는 자전거를 운전하여서는 아니 된다.**
> 제45조(과로한 때 등의 운전 금지)
> 자동차등 또는 노면전차의 운전자는 술에 취한 상태 외에 과로, 질병, 또는 약물(마약, 대마, 향정신성의약품 등)의 영향과 그 밖의 사유로 정상적으로 운전하지 못할 우려가 있는 상태에서 자동차등 또는 노면전차를 운전하여서는 아니 된다.
> 제56조의2(자율주행자동차 운전자의 준수사항 등) 제2항
> 운전자가 자율주행시스템을 사용하여 운전하는 경우에는 제49조(모든 운전자의 준수사항 등) 제1항 제10호(휴대용 전화 사용 금지), 제11호(영상표시장치 시청 금지) 및 제11호의2(영상표시장치 조작 금지)의 규정을 적용하지 아니한다.

070

화물자동차 운수사업법에 따른 화물자동차 운송사업자는 관련 법령에 따라 운행기록장치에 기록된 운행기록을 ( ) 동안 보관하여야 한다. ( ) 안의 기준으로 맞는 것은?

① 3개월   ② **6개월**
③ 1년   ④ 2년

> 「교통안전법」 시행령 제45조 제2항
> 「교통안전법」상 **6개월 동안 보관**하여야 한다.

071

자동차관리법령상 자동차의 정기검사의 기간은 검사 유효기간 만료일 전후 ( ) 이내이다. ( )에 기준으로 맞는 것은?

① **31일**   ② 41일
③ 51일   ④ 61일

> 정기검사의 기간은 **검사 유효기간 만료일 전후 31일 이내**이다.

072

자동차손해배상보장법상 의무보험에 가입하지 않은 자동차보유자의 처벌 기준으로 맞는 것은? (단, 자동차 미운행 시)

① **300만 원 이하의 과태료**
② 500만 원 이하의 과태료
③ 1년 이하의 징역 또는 1천만 원 이하의 벌금
④ 2년 이하의 징역 또는 2천만 원 이하의 벌금

> 「자동차손해배상보장법」 제48조(과태료)
> ③ 다음 각 호의 어느 하나에 해당하는 자에게는 **300만 원 이하의 과태료를 부과**한다.
>   1. 제5조 제1항부터 제3항까지의 규정에 따른 **의무보험에 가입하지 아니한 자**
> 제46조(벌칙)
> ② 다음 각 호의 어느 하나에 해당하는 자는 1년 이하의 징역 또는 1천만 원 이하의 벌금에 처한다.
>   2. 제8조 본문을 위반하여 의무보험에 가입되어 있지 아니한 자동차를 운행한 자동차보유자

073

자동차관리법령상 자동차 소유권이 상속 등으로 변경될 경우에 해야 하는 등록은?

① 신규등록
② **이전등록**
③ 변경등록
④ 말소등록

> 「자동차관리법」 제12조
> **자동차 소유권이** 매매, 상속, 공매, 경매 등으로 **변경될 경우** 양수인이 법정기한 내 **소유권의 이전등록**을 해야 한다.

074

자동차관리법령상 자동차 소유자가 받아야 하는 자동차 검사의 종류가 아닌 것은?

① 수리검사
② **특별검사**
③ 튜닝검사
④ 임시검사

> 「자동차관리법」 제43조(자동차 검사)
> **자동차 소유자는** 국토교통부장관이 실시하는 **신규검사, 정기검사, 튜닝검사, 임시검사, 수리검사를 받아야 한다.**

075
다음 중 자동차를 매매한 경우 이전등록 담당기관은?
① 한국도로교통공단　**② 시·군·구청**
③ 한국교통안전공단　④ 시·도경찰청

> 자동차 등록에 관한 사무는 시·군·구청이 담당한다.

076
자동차 등록의 종류가 아닌 것 2가지는?
① 경정등록　**② 권리등록**
③ 설정등록　④ 말소등록

> 자동차등록은 신규, 변경, 이전, 말소, 압류, 저당권, 경정, 예고 등록이 있고, **특허등록은 권리등록, 설정등록** 등이 있다(자동차등록령).

077
자동차 앞면 창유리의 가시광선 투과율 기준으로 맞는 것은? (단, 어린이통학버스는 제외한다)
① 40퍼센트　② 50퍼센트
③ 60퍼센트　**④ 70퍼센트**

> 「도로교통법」 시행령 제28조에 따라 자동차 창유리 **가시광선 투과율의 기준은 앞면 창유리의 경우 70퍼센트**, 운전석 좌우 옆면 창유리의 경우 40퍼센트이어야 한다.

078
주행 중 브레이크가 작동되는 운전행동과정을 올바른 순서로 연결한 것은?
① 위험인지 → 상황판단 → 행동명령 → 브레이크작동
② 위험인지 → 행동명령 → 상황판단 → 브레이크작동
③ 상황판단 → 위험인지 → 행동명령 → 브레이크작동
④ 행동명령 → 위험인지 → 상황판단 → 브레이크작동

> 운전 중 **위험상황을 인지**하고 판단하며 **행동명령** 후 **브레이크가 작동**된다.

079
다음 중 자동차에 부착된 에어백의 구비조건으로 가장 거리가 먼 것은?
① 높은 온도에서 인장강도 및 내열강도
② 낮은 온도에서 인장강도 및 내열강도
③ 파열강도를 지니고 내마모성, 유연성
④ 운전자와 접촉하는 충격에너지 극대화

> 자동차가 충돌할 때 **운전자와 직접 접촉**하여 **충격 에너지를 흡수**해주어야 한다.

080
다음 중 운전자 등이 차량 승하차 시 주의사항으로 맞는 것은?
① 타고 내릴 때는 뒤에서 오는 차량이 있는지를 확인한다.
② 문을 열 때는 완전히 열고나서 곧바로 내린다.
③ 뒷좌석 승차자가 하차할 때 운전자는 전방을 주시해야 한다.
④ 운전석을 일시적으로 떠날 때에는 시동을 끄지 않아도 된다.

> 운전자 등이 **타고 내릴 때는 뒤에서 오는 차량이 있는지를 확인**한다.

081
도로교통법상 올바른 운전방법으로 연결된 것은?
① 학교 앞 보행로 - 어린이에게 차량이 지나감을 알릴 수 있도록 경음기를 울리며 지나간다.
② 철길 건널목 - 차단기가 내려가려고 하는 경우 신속히 통과한다.
③ 신호 없는 교차로 - 우회전을 하는 경우 미리 도로의 우측 가장자리를 서행하면서 우회전한다.
④ 야간 운전 시 - 차가 마주 보고 진행하는 경우 반대편 차량의 운전자가 주의할 수 있도록 전조등을 상향으로 조정한다.

> 학교 앞 보행로에서 어린이가 지나갈 경우 일시정지해야 하며 철길 건널목에서 차단기가 내려가려는 경우 진입하면 안 된다. 또한 야간 운전 시에는 반대편 차량의 주행에 방해가 되지 않도록 전조등을 하향으로 조정해야 한다.

082

앞지르기에 대한 내용으로 올바른 것은?

① 터널 안에서는 주간에는 앞지르기가 가능하지만 야간에는 앞지르기가 금지된다.
② 앞지르기할 때에는 전조등을 켜고 경음기를 울리면서 좌측이나 우측 관계없이 할 수 있다.
③ **다리 위나 교차로는 앞지르기가 금지된 장소이므로 앞지르기를 할 수 없다.**
④ 앞차의 우측에 다른 차가 나란히 가고 있을 때에는 앞지르기를 할 수 없다.

> • **다리 위, 교차로, 터널 안은 앞지르기가 금지된 장소**이므로 앞지르기를 할 수 없다.
> • 모든 차의 운전자는 앞차의 좌측에 다른 차가 앞차와 나란히 가고 있는 경우에는 앞차를 앞지르지 못한다.
> • 방향지시기·등화 또는 경음기(警音機)를 사용하는 등 안전한 속도와 방법으로 좌측으로 앞지르기를 하여야 한다.

083

다음 중 운전자의 올바른 마음가짐으로 가장 바람직하지 않은 것은?

① **교통상황은 변경되지 않으므로 사전운행 계획을 세울 필요는 없다.**
② 차량용 소화기를 차량 내부에 비치하여 화재발생에 대비한다.
③ 차량 내부에 휴대용 라이터 등 인화성 물건을 두지 않는다.
④ 초보운전자에게 배려운전을 한다.

> 고장차량 등으로 인한 도로의 위험요소를 발견한 경우 비상등을 점등하여 후행차량에 전방상황을 미리 알리고 서행으로 안전하게 위험구간을 벗어난 후, 도움이 필요하다 판단되는 경우 2차 사고 예방조치를 실시하고 조치를 취한다.

084

다음 중 교통사고가 발생한 경우 운전자 책임으로 가장 거리가 먼 것은?

① 형사책임   ② 행정책임
③ 민사책임   ④ **공고책임**

> 벌금 부과 등 형사책임, 벌점에 따른 행정책임, 손해배상에 따른 민사책임이 따른다.

085

다음 중 운전자의 올바른 운전행위로 가장 적절한 것은?

① 졸음운전은 교통사고 위험이 있어 갓길에 세워두고 휴식한다.
② 초보운전자는 고속도로에서 앞지르기 차로로 계속 주행한다.
③ 교통단속용 장비의 기능을 방해하는 장치를 장착하고 운전한다.
④ **교통안전 위험요소 발견 시 비상점멸등으로 주변에 알린다.**

> 갓길 휴식, 앞지르기 차로 계속운전, 방해하는 장치 장착은 올바른 운전행위로 볼 수 없다.

086

다음 중 운전자의 올바른 마음가짐으로 가장 적절하지 않은 것은?

① 정속주행 등 올바른 운전습관을 가지려는 마음
② **정체되는 도로에서 갓길(길 가장자리)로 통행하려는 마음**
③ 교통법규는 서로 간의 약속이라고 생각하는 마음
④ 자동차의 빠른 소통보다는 보행자를 우선으로 생각하는 마음

> 정체되어 있다 하더라도 **갓길(길 가장자리)을 통행하는 것은 잘못된 운전태도**이다.

087

고속도로 운전 중 교통사고 발생 현장에서의 운전자 대응방법으로 바르지 않은 것은?

① 동승자의 부상 정도에 따라 응급조치한다.
② 비상표시등을 켜는 등 후행 운전자에게 위험을 알린다.
③ **사고차량 후미에서 경찰공무원이 도착할 때까지 교통정리를 한다.**
④ 2차 사고 예방을 위해 안전한 곳으로 이동한다.

> **사고차량 뒤쪽은 2차 사고의 위험**이 있으므로 **안전한 장소로 이동**하는 것이 바람직하다.

088

승용자동차에 영유아와 동승하는 경우 운전자의 행동으로 가장 올바른 것은?

① 운전석 옆좌석에 성인이 영유아를 안고 좌석안전띠를 착용한다.
② 운전석 뒷좌석에 영유아가 착석한 경우 유아보호용 장구 없이 좌석안전띠를 착용하여도 된다.
③ 운전 중 영유아가 보채는 경우 이를 달래기 위해 운전석에서 영유아와 함께 좌석안전띠를 착용한다.
④ 영유아가 탑승하는 경우 도로를 불문하고 유아보호용 장구를 장착한 후에 좌석안전띠를 착용시킨다.

> 승용차에 **영유아를 탑승시킬 때** 운전석 뒷좌석에 **유아보호용 장구를 장착 후 좌석안전띠를 착용**시키는 것이 안전하다.

089

운전자 준수 사항으로 맞는 것 2가지는?

① 어린이 교통사고 위험이 있을 때에는 일시정지한다.
② 물이 고인 곳을 지날 때는 다른 사람에게 피해를 주지 않기 위해 감속한다.
③ 자동차 유리창의 밝기를 규제하지 않으므로 짙은 틴팅(선팅)을 한다.
④ 보행자가 전방 횡단보도를 통행하고 있을 때에는 서행한다.

> 도로에서 **어린이교통사고 위험이 있는 것을 발견한 경우 일시정지**를 하여야 한다. 또한 보행자가 **횡단보도를 통과하고 있을 때에는 일시정지**하여야 하며, 안전지대에 보행자가 있는 경우에는 안전한 거리를 두고 서행하여야 한다.

090

도로교통법상 자동차(이륜자동차 제외)에 영유아를 동승하는 경우 유아보호용 장구를 사용토록 한다. 다음 중 영유아에 해당하는 나이 기준은?

① 8세 이하　　　② 8세 미만
③ 6세 미만　　④ 6세 이하

> 「도로교통법」 제11조(어린이 등에 대한 보호) **영유아(6세 미만인 사람을 말한다)**의 보호자는 교통이 빈번한 도로에서 어린이를 놀게 하여서는 아니 된다.

091

다음 중 고속도로에서 운전자의 바람직한 운전행위 2가지는?

① 피로한 경우 갓길에 정차하여 안정을 취한 후 출발한다.
② 평소 즐겨보는 동영상을 보면서 운전한다.
③ 주기적인 휴식이나 환기를 통해 졸음운전을 예방한다.
④ 출발 전뿐만 아니라 휴식 중에도 목적지까지 경로의 위험 요소를 확인하며 운전한다.

> 사전에 주행계획을 세우며 운전 중 휴대전화 사용이 아닌 **휴식 중 위험요소를 파악**하고, 졸음운전을 이겨내기보다 주기적인 **휴식이나 환기를 통해 졸음운전을 예방**한다.

092

다음 중 안전운전에 필요한 운전자의 준비사항으로 가장 바람직하지 않은 것은?

① 주의력이 산만해지지 않도록 몸상태를 조절한다.
② 운전기기 조작에 편안하고 운전에 적합한 복장을 착용한다.
③ 불꽃 신호기 등 비상 신호도구를 준비한다.
④ 연료절약을 위해 출발 10분 전에 시동을 켜 엔진을 예열한다.

> 자동차의 **공회전은 환경오염을 유발**할 수 있다.

093

운전 중 집중력에 대한 내용으로 가장 적합한 2가지는?

① 운전 중 동승자와 계속 이야기를 나누는 것은 집중력을 높여 준다.
② 운전자의 시야를 가리는 차량 부착물은 제거하는 것이 좋다.
③ 운전 중 집중력은 안전운전과는 상관이 없다.
④ TV/DMB는 뒷좌석 동승자들만 볼 수 있는 곳에 장착하는 것이 좋다.

> 운전 중 동승자와 계속 이야기를 나누면 집중력을 흐리게 하며 운전 중 집중력은 항상 필요하다.

094

도로교통법령상 개인형 이동장치에 대한 규정과 안전한 운전방법으로 틀린 것은?

① 운전자는 밤에 도로를 통행할 때에는 전조등과 미등을 켜야 한다.
② 개인형 이동장치 중 전동킥보드의 승차정원은 1인이므로 2인이 탑승하면 안 된다.
③ **개인형 이동장치는 전동이륜평행차, 전동킥보드, 전기자전거, 전동휠, 전동스쿠터 등 개인이 이동하기에 적합한 이동장치를 포함하고 있다.**
④ 전동기의 동력만으로 움직일 수 있는 자전거의 경우 승차정원은 2인이다.

「도로교통법」 제50조(특정운전자 준수사항) 제9항
자전거등의 운전자는 밤에 도로를 통행하는 때에는 전조등과 미등을 켜거나 야광띠 등 발광장치를 착용하여야 한다.
제10항
개인형 이동장치의 운전자는 행정안전부령으로 정하는 승차 정원을 초과하여 동승자를 태우고 개인형 이동장치를 운전하여서는 아니 된다.
「도로교통법」 시행규칙 제33조의3(**개인형 이동장치의 승차정원**)
전동킥보드 및 전동이륜평행차의 경우 : 승차정원 1명, 전동기의 동력만으로 움직일 수 있는 자전거의 경우 : 승차정원 2명

095

다음 중 자동차(이륜자동차 제외) 좌석안전띠 착용에 대한 설명으로 맞는 것은?

① 13세 미만 어린이가 좌석안전띠를 미착용하는 경우 운전자에 대한 과태료는 10만 원이다.
② **13세 이상의 동승자가 좌석안전띠를 착용하지 않은 경우 운전자에 대한 과태료는 3만 원이다.**
③ 일반도로에서는 운전자와 조수석 동승자만 좌석안전띠 착용 의무가 있다.
④ 전좌석안전띠 착용은 의무이나 3세 미만 영유아는 보호자가 안고 동승이 가능하다.

「도로교통법」 제50조(특정운전자 준수사항) 제1항
자동차(이륜자동차는 제외)의 운전자는 자동차를 운전할 때에는 좌석안전띠를 매어야 한다.
「도로교통법」 시행령 별표6. 안전띠 미착용
동승자가 13세 미만인 경우 과태료 6만 원, **13세 이상인 경우 과태료 3만 원**

096

교통사고를 예방하기 위한 운전자세로 맞는 것은?

① **방향지시등으로 진행방향을 명확히 알린다.**
② 급조작과 급제동을 자주 한다.
③ 나에게 유리한 쪽으로 추측하면서 운전한다.
④ 다른 운전자의 법규위반은 반드시 보복한다.

급조작과 급제동을 하여서는 아니 되며 상대방에 대한 배려운전과 정확한 법규 이해가 필요하다.

097

다음 중 운전자의 올바른 운전행위로 가장 바람직하지 않은 것은?

① 제한속도 내에서 교통흐름에 따라 운전한다.
② **초보운전인 경우 고속도로에서 갓길을 이용하여 교통흐름을 방해하지 않는다.**
③ 도로에서 자동차를 세워둔 채 다툼행위를 하지 않는다.
④ 연습운전면허 소지자는 법규에 따른 동승자와 동승하여 운전한다.

초보운전자라도 **고속도로에서 갓길운전을 해서는 안 된다**.

098

도로교통법령상 양보 운전에 대한 설명 중 가장 알맞은 것은?

① 계속하여 느린 속도로 운행 중일 때에는 도로 좌측 가장자리로 피하여 차로를 양보한다.
② 긴급자동차가 뒤따라 올 때에는 신속하게 진행한다.
③ 신호등 없는 교차로에 동시에 들어가려고 하는 차의 운전자는 좌측 도로의 차에 진로를 양보하여야 한다.
④ **양보표지가 설치된 도로의 주행 차량은 다른 도로의 주행 차량에 차로를 양보하여야 한다.**

긴급자동차가 뒤따라오는 경우에도 차로를 양보하여야 한다. 또한 교통정리가 없는 교차로에서의 양보 운전 기준에 따라 통행을 하여야 하며 **양보표지가 설치된 도로의 차량은 다른 차량에게 차로를 양보**하여야 한다.

099

교통약자의 이동편의증진법에 따른 '교통약자'에 해당되지 않는 사람은?

① 고령자
② 임산부
③ 영유아를 동반한 사람
④ **반려동물을 동반한 사람**

> 「교통약자의 이동편의증진법」 제2조
> **'교통약자'란** 장애인, **고령자, 임산부, 영·유아를 동반**한 사람, 어린이 등 일상생활에서 이동에 불편함을 느끼는 사람을 말한다.

100

교통약자의 이동편의증진법에 따른 교통약자를 위한 '보행안전시설물'로 보기 어려운 것은?

① 속도저감시설
② **자전거전용도로**
③ 대중 교통정보 알림시설 등 교통안내시설
④ 보행자 우선 통행을 위한 교통신호기

> 「교통약자의 이동편의증진법」 제21조(보행안전시설물의 설치) 제1항
> 시장이나 군수는 보행 우선구역에서 보행자가 안전하고 편리하게 보행할 수 있도록 다음 각 호의 보행안전시설물을 설치할 수 있다.
> 1. 속도저감시설
> 2. 횡단시설
> 3. 대중 교통정보 알림시설 등 **교통안내시설**
> 4. 보행자 우선통행을 위한 **교통신호기**
> 5. 자동차 진입억제용 말뚝
> 6. 교통약자를 위한 음향신호기 등 보행경로 안내장치
> 7. 그 밖에 보행자의 안전과 이동편의를 위하여 대통령령으로 정한 시설

101

도로교통법상 서행으로 운전하여야 하는 경우는?

① 교차로의 신호기가 적색 등화의 점멸일 때
② 교통정리를 하고 있지 아니하고 교통이 빈번한 교차로를 통과할 때
③ **교통정리를 하고 있지 아니하는 교차로를 통과할 때**
④ 교차로 부근에서 차로를 변경하는 경우

> ① 일시정지해야 한다.
> ③ 교통정리를 하고 있지 아니하는 **교차로를 통과할 때는 서행**을 하고 통과해야 한다.

102

정체된 교차로에서 좌회전할 경우 가장 옳은 방법은?

① 가급적 앞차를 따라 진입한다.
② 녹색 등화가 켜진 경우에는 진입해도 무방하다.
③ 적색 등화가 켜진 경우라도 공간이 생기면 진입한다.
④ **녹색 화살표의 등화라도 진입하지 않는다.**

> 모든 차의 운전자는 신호등이 있는 교차로에 들어가려는 경우에는 진행하고자 하는 차로의 앞쪽에 있는 차의 상황에 따라 교차로에 정지하여야 하며 다른 차의 **통행에 방해가 될 우려가 있는 경우에는 그 교차로에 들어가서는 아니 된다.**

103

고속도로 가속차로에서 주행차로로의 진입방법으로 옳은 것은?

① 반드시 일시정지하여 교통 흐름을 살핀 후 신속하게 진입한다.
② 진입 전 일시정지하여 주행 중인 차량이 있을 때 급진입한다.
③ 진입할 공간이 부족하더라도 뒤차를 생각하여 무리하게 진입한다.
④ **가속차로를 이용하여 일정 속도를 유지하면서 충분한 공간을 확보한 후 진입한다.**

> 고속도로로 진입할 때는 **가속차로를 이용하여 점차 속도를 높이면서 진입**해야 한다. 천천히 진입하거나 일시정지할 경우 가속이 힘들기 때문에 오히려 위험할 수 있다. 들어갈 공간이 충분한 것을 확인하고 가속해서 진입해야 한다.

104

자동차를 운행할 때 공주거리에 영향을 줄 수 있는 경우로 맞는 2가지는?

① 비가 오는 날 운전하는 경우
② **술에 취한 상태로 운전하는 경우**
③ 차량의 브레이크액이 부족한 상태로 운전하는 경우
④ **운전자가 피로한 상태로 운전하는 경우**

> **공주거리**는 운전자의 **심신의 상태에 따라 영향**을 주게 된다.

105

고속도로 본선 우측 차로에 서행하는 A차량이 있다. 이때 B차량의 안전한 본선 진입방법으로 가장 알맞은 것은?

① **서서히 속도를 높여 진입하되 A차량이 지나간 후 진입한다.**
② 가속하여 비어 있는 갓길을 이용하여 진입한다.
③ 가속차로 끝에서 정차하였다가 A차량이 지나가고 난 후 진입한다.
④ 가속차로에서 A차량과 동일한 속도로 계속 주행한다.

> 자동차(긴급자동차는 제외한다)의 운전자는 고속도로에 들어가려고 하는 경우에는 그 고속도로를 통행하고 있는 **다른 자동차의 통행을 방해하여서는 아니 된다.**

106

어린이가 보호자 없이 도로를 횡단할 때 운전자의 올바른 운전행위로 가장 바람직한 것은?

① 반복적으로 경음기를 울려 어린이가 빨리 횡단하도록 한다.
② 서행하여 도로를 횡단하는 어린이의 안전을 확보한다.
③ **일시정지하여 도로를 횡단하는 어린이의 안전을 확보한다.**
④ 빠르게 지나가서 도로를 횡단하는 어린이의 안전을 확보한다.

> 「도로교통법」 제49조(모든 운전자의 준수사항 등)
> **어린이가 보호자 없이 도로를 횡단할 때 운전자는 일시정지**하여야 한다.

107

교차로에서 좌회전할 때 가장 위험한 요인은?

① 우측 도로의 횡단보도를 횡단하는 보행자
② 우측 차로 후방에서 달려오는 오토바이
③ 측도로에서 우회전하는 승용차
④ **반대편 도로에서 우회전하는 자전거**

> 교차로에서 **좌회전할 때에는 마주보는 도로에서 우회전하는 차량에 주의**하여야 한다.

108

신호등이 없고 좌·우를 확인할 수 없는 교차로에 진입 시 가장 안전한 운행방법은?

① 주변 상황에 따라 서행으로 안전을 확인한 다음 통과한다.
② 경음기를 울리고 전조등을 점멸하면서 진입한 다음 서행하며 통과한다.
③ **반드시 일시정지 후 안전을 확인한 다음 양보 운전 기준에 따라 통과한다.**
④ 먼저 진입하면 최우선이므로 주변을 살피면서 신속하게 통과한다.

> 신호등이 없는 교차로는 서행이 원칙이나 교차로의 교통이 빈번하거나 장애물 등이 있어 **좌·우를 확인할 수 없는 경우**에는 반드시 **일시정지하여 안전을 확인한 다음 통과**하여야 한다.

109

도로교통법에 따라 개인형 이동장치를 운전하는 사람의 자세로 가장 알맞은 것은?

① 보도를 통행하는 경우 보행자를 피해서 운전한다.
② 술을 마시고 운전하는 경우 특별히 주의하며 운전한다.
③ **횡단보도와 자전거횡단도가 있는 경우 자전거횡단도를 이용하여 운전한다.**
④ 횡단보도를 횡단하는 경우 횡단보도를 이용하는 보행자를 피해서 운전한다.

> 「도로교통법」 제15조의2(자전거횡단도의 설치)
> 자전거등(자전거와 개인형 이동장치)을 타고 자전거횡단도가 따로 있는 **도로를 횡단할 때에는 자전거횡단도를 이용해야** 한다.
> 「도로교통법」 제13조의2(자전거등의 통행방법의 특례)
> 개인형 이동장치의 운전자가 횡단보도를 이용하여 도로를 횡단할 때에는 내려서 끌거나 들고 보행하여야 한다.

110

'안전속도 5030' 교통안전정책에 관한 내용으로 옳은 것은?

① 자동차전용도로 매시 50킬로미터 이내, 도시부 주거지역 이면도로 매시 30킬로미터
② **도시부 지역 일반도로 매시 50킬로미터 이내, 도시부 주거지역 이면도로 매시 30킬로미터 이내**
③ 자동차전용도로 매시 50킬로미터 이내, 어린이보호구역 매시 30킬로미터 이내
④ 도시부 지역 일반도로 매시 50킬로미터 이내, 자전거도로 매시 30킬로미터 이내

> 안전속도 5030은 보행자의 통행이 잦은 **도시부 지역의 일반도로 매시 50킬로미터**(소통이 필요한 경우 60킬로미터 적용 가능), **주택가 등 이면도로는 매시 30킬로미터 이내**로 하향 조정하는 정책으로, 속도 하향을 통해 보행자의 안전을 지키기 위해 도입되었다.

111

도로교통법령상 운전 중 서행을 하여야 하는 경우 또는 장소에 해당하는 2가지는?

① **신호등이 없는 교차로**
② 어린이가 보호자 없이 도로를 횡단하는 때
③ 앞을 보지 못하는 사람이 흰색 지팡이를 가지고 도로를 횡단하고 있는 때
④ **도로가 구부러진 부근**

> **신호등이 없는 교차로**는 서행을 하고, **어린이가 보호자 없이 도로를 횡단하는 때**와 **앞을 보지 못하는 사람이 흰색 지팡이를 가지고 도로를 횡단하고 있는** 경우에서는 일시정지를 하여야 한다.

112

교통사고를 일으킬 가능성이 가장 높은 운전자는?

① 운전에만 집중하는 운전자
② **급출발, 급제동, 급차로변경을 반복하는 운전자**
③ 자전거나 이륜차에게 안전거리를 확보하는 운전자
④ 조급한 마음을 버리고 인내하는 마음을 갖춘 운전자

> 운전이 미숙한 운전자에게는 배려와 양보가 중요하며 **급출발, 급제동, 급차로변경을 반복하여 운전하면 교통사고를 일으킬 가능성이 높다.**

113

다음 중 회전교차로의 통행방법으로 가장 적절한 2가지는?

① **회전교차로에서 이미 회전하고 있는 차량이 우선이다.**
② 회전교차로에 진입하고자 하는 경우 신속히 진입한다.
③ 회전교차로 진입 시 비상점멸등을 켜고 진입을 알린다.
④ **회전교차로에서는 반시계방향으로 주행한다.**

> 제25조의2(회전교차로 통행방법)
> ① 모든 차의 운전자는 **회전교차로에서는 반시계방향으로 통행**하여야 한다.
> ② 모든 차의 운전자는 회전교차로에 진입하려는 경우에는 서행하거나 일시정지하여야 하며, 이미 **진행하고 있는 다른 차가 있는 때에는 그 차에 진로를 양보**하여야 한다.

114

고속도로를 주행할 때 옳은 2가지는?

① **모든 좌석에서 안전띠를 착용하여야 한다.**
② 고속도로를 주행하는 차는 진입하는 차에 대해 차로를 양보하여야 한다.
③ 고속도로를 주행하고 있다면 긴급자동차가 진입한다 하여도 양보할 필요는 없다.
④ **고장자동차의 표지(안전삼각대 포함)를 가지고 다녀야 한다.**

> **고속도로를 진입하는 차는** 주행하는 차에 대해 **차로를 양보**해야 하며 주행 중 **긴급자동차가 진입하면 양보**해야 한다.
> 「도로교통법」 시행규칙 제40조(고장자동차의 표지)
> ① 법 제66조에 따라 자동차의 운전자는 고장이나 그 밖의 사유로 고속도로 또는 자동차전용도로(이하 '고속도로등'이라 한다)에서 자동차를 운행할 수 없게 되었을 때에는 다음 각 호의 표지를 설치하여야 한다.

115

다음 설명 중 맞는 2가지는?

① 양보 운전의 노면 표시는 흰색 '△'로 표시한다.
② **양보표지가 있는 차로를 진행 중인 차는 다른 차로의 주행차량에 차로를 양보하여야 한다.**
③ **일반도로에서 차로를 변경할 때에는 30미터 전에서 신호 후 차로변경한다.**
④ 원활한 교통을 위해서는 무리가 되더라도 속도를 내어 차간거리를 좁혀서 운전하여야 한다.

> 양보 운전 노면 표시는 '▽'이며, 교통흐름에 방해가 되더라도 안전이 최우선이라는 생각으로 운행하여야 한다.

116

교통정리를 하고 있지 아니한 교차로에 직진하기 위하여 진입하려 한다. 맞은편 차로에서 좌회전하려는 차가 이미 교차로에 진입한 경우, 이때 운전자의 올바른 운전방법은?

① **다른 차가 있을 때에는 그 차에 진로를 양보한다.**
② 다른 차가 있더라도 직진차가 우선이므로 먼저 통과한다.
③ 다른 차가 있을 때에는 좌·우를 확인하고 그 차와 상관없이 신속히 교차로를 통과한다.
④ 다른 차가 있더라도 본인의 주행차로가 상대차의 차로보다 더 넓은 경우 통행 우선권에 따라 그대로 진입한다.

> 「도로교통법」 제26조(교통정리가 없는 교차로에서의 양보운전) 제1항
> 교통정리를 하고 있지 아니하는 교차로에 들어가려고 하는 차의 운전자는 **이미 교차로에 들어가 있는 다른 차가 있을 때에는 그 차에 진로를 양보**하여야 한다.

117

도로교통법에서 정한 운전이 금지되는 술에 취한 상태의 기준으로 맞는 것은?

① **혈중알코올농도 0.03퍼센트 이상인 상태로 운전**
② 혈중알코올농도 0.08퍼센트 이상인 상태로 운전
③ 혈중알코올농도 0.1퍼센트 이상인 상태로 운전
④ 혈중알코올농도 0.12퍼센트 이상인 상태로 운전

> 운전이 금지되는 술에 취한 상태의 기준은 혈중알코올농도가 0.03퍼센트 이상으로 한다.

118

교통정리가 없는 교차로에서의 양보 운전에 대한 내용으로 맞는 것 2가지는?

① **좌회전하고자 하는 차의 운전자는 그 교차로에서 직진 또는 우회전하려는 차에 진로를 양보해야 한다.**
② 교차로에 들어가고자 하는 차의 운전자는 이미 교차로에 들어가 있는 좌회전 차가 있을 때에는 그 차에 진로를 양보할 의무가 없다.
③ 교차로에 들어가고자 하는 차의 운전자는 폭이 좁은 도로에서 교차로에 진입하려는 차가 있을 경우에는 그 차에 진로를 양보해서는 안 된다.
④ **우선순위가 같은 차가 교차로에 동시에 들어가고자 하는 때에는 우측 도로의 차에 진로를 양보해야 한다.**

> 교통정리가 없는 교차로에서 **좌회전하고자 하는 차의 운전자는 그 교차로에서 직진 또는 우회전하려는 차에 진로를 양보**해야 하며, 우선순위가 같은 차가 교차로에 동시에 들어가고자 하는 때에는 **우측 도로의 차에 진로를 양보**해야 한다.

119

도로교통법령상 개인형 이동장치에 대한 설명으로 바르지 않은 것 2가지는?

① 시속 25킬로미터 이상으로 운행할 경우 전동기가 작동하지 않아야 한다.
② **전동킥보드, 전동이륜평행차, 전동보드가 해당된다.**
③ 자전거등에 속한다.
④ **전동기의 동력만으로 움직일 수 없는(PAS : Pedal Assist System) 전기자전거를 포함한다.**

> 「도로교통법」 제2조(정의)
> **개인형 이동장치**란 원동기장치자전거 중 시속 25킬로미터 이상으로 운행할 경우 전동기가 작동하지 아니하고 차체 중량이 30킬로그램 미만으로 행정안전부령으로 정하는 것을 말한다.
> 「도로교통법」 시행규칙 제2조의2(개인형 이동장치의 기준)
> **전동킥보드, 전기이륜평행차, 전동기의 동력만으로 움직일 수 있는 자전거**
> • PAS (Pedal Assist System)형 전기자전거 : 페달과 전동기의 동시동력으로 움직이며 **전동기의 동력만으로 움직일 수 없는 자전거**
> • Throttle형 전기자전거 : 전동기의 동력만으로 움직일 수 있는 자전거로서 법령상 개인형이동장치로 분류한다.

120

운전자가 갖추어야 할 올바른 자세로 가장 맞는 것은?

① **소통과 안전을 생각하는 자세**
② 사람보다는 자동차를 우선하는 자세
③ 다른 차보다는 내 차를 먼저 생각하는 자세
④ 교통사고는 준법운전보다 운이 좌우한다는 자세

> 자동차보다 **사람이 우선**, 나보다는 **다른 차를 우선**, 사고발생은 운보다는 **준법운전**이 좌우한다.

121

운전자의 피로는 운전 행동에 영향을 미치게 된다. 피로가 운전 행동에 미치는 영향을 바르게 설명한 것은?

① 주변 자극에 대해 반응 동작이 빠르게 나타난다.
② 시력이 떨어지고 시야가 넓어진다.
③ **지각 및 운전 조작 능력이 떨어진다.**
④ 치밀하고 계획적인 운전 행동이 나타난다.

> 피로는 지각 및 운전 조작 능력이 떨어지게 한다.

122

다음 중 운전자의 올바른 운전태도로 가장 바람직하지 않은 것은?

① 신호기의 신호보다 경찰공무원의 신호가 우선임을 명심한다.
② 교통 환경 변화에 따라 개정되는 교통법규를 숙지한다.
③ **긴급자동차를 발견한 즉시 장소에 관계없이 일시정지하고 진로를 양보한다.**
④ 폭우 시 또는 장마철 자주 비가 내리는 도로에서는 포트홀(Pothole)을 주의한다.

> 긴급자동차에 진로를 양보하는 것은 맞으나 **교차로 내 또는 교차로 부근이 아닌 곳에서 긴급자동차에 진로를 양보**하여야 한다.

123

도로교통법령상 개인형 이동장치의 승차정원에 대한 설명으로 틀린 것은?

① 전동킥보드의 승차정원은 1인이다.
② 전동이륜평행차의 승차정원은 1인이다.
③ **전동기의 동력만으로 움직일 수 있는 자전거의 경우 승차정원은 1인이다.**
④ 승차정원을 위반한 경우 범칙금 4만 원을 부과한다.

> 「도로교통법」 시행규칙 제33조의3(개인형 이동장치의 승차정원) **전동기의 동력만으로 움직일 수 있는 자전거의 경우 승차정원은 2명**이다. 이를 위반한 경우 4만 원의 범칙금을 부과한다.

124

도로교통법상 과로(졸음운전 포함)로 인하여 정상적으로 운전하지 못할 우려가 있는 상태에서 자동차를 운전한 사람에 대한 벌칙으로 맞는 것은?

① 처벌하지 않는다.
② 10만 원 이하의 벌금이나 구류에 처한다.
③ 20만 원 이하의 벌금이나 구류에 처한다.
④ **30만 원 이하의 벌금이나 구류에 처한다.**

> 「도로교통법」 제45조(과로한 때 등의 운전 금지)
> 제154조(벌칙)
> **30만 원 이하의 벌금이나 구류**에 처한다.
> 3. 제45조를 위반하여 과로·질병으로 인하여 정상적으로 운전하지 못할 우려가 있는 상태에서 자동차등 또는 노면전차를 운전한 사람(다만 개인형 이동장치를 운전하는 경우는 제외한다)

125

도로교통법상 운전이 금지되는 술에 취한 상태의 기준은 운전자의 혈중알코올농도가 ( )로 한다. ( ) 안에 맞는 것은?

① 0.01퍼센트 이상인 경우
② 0.02퍼센트 이상인 경우
③ **0.03퍼센트 이상인 경우**
④ 0.08퍼센트 이상인 경우

> 제44조(술에 취한 상태에서의 운전 금지) 제4항
> **술에 취한 상태의 기준**은 운전자의 **혈중알코올농도가 0.03퍼센트 이상**인 경우로 한다.

126

승용자동차를 음주운전한 경우 처벌 기준에 대한 설명으로 틀린 것은?

① 최초 위반 시 혈중알코올농도가 0.2퍼센트 이상인 경우 2년 이상 5년 이하의 징역이나 1천만 원 이상 2천만 원 이하의 벌금
② 음주 측정 거부 1회 위반 시 1년 이상 5년 이하의 징역이나 5백만 원 이상 2천만 원 이하의 벌금
③ **혈중알코올농도가 0.05퍼센트로 2회 위반한 경우 1년 이하의 징역이나 5백만 원 이하의 벌금**
④ 최초 위반 시 혈중알코올농도 0.08퍼센트 이상 0.2퍼센트 미만의 경우 1년 이상 2년 이하의 징역이나 5백만 원 이상 1천만 원 이하의 벌금

> 「도로교통법」 제148조의2(벌칙)
> ① 제44조 제1항 또는 제2항을(자동차등 또는 노면전차를 운전한 사람으로 한정한다. 다만 개인형 이동장치를 운전하는 경우는 제외한다) 벌금 이상의 형을 선고받고 그 형이 확정된 날부터 10년 내 다시 같은 조 제1항 또는 제2항을 위반한 사람(형이 실효된 사람도 포함)
> 1. 제44조 제2항을 위반한 사람은 1년 이상 6년 이하의 징역이나 500만 원 이상 3천만 원 이하의 벌금
> 2. 제44조 제1항을 위반한 사람 중 혈중알코올농도가 0.2퍼센트 이상인 사람은 2년 이상 6년 이하의 징역이나 1천만 원 이상 3천만 원 이하의 벌금
> 3. 제44조 제1항을 위반한 사람 중 혈중알코올농도가 **0.03퍼센트 이상 0.2퍼센트 미만인 사람은 1년 이상 5년 이하의 징역**이나 500만 원 이상 2천만 원 이하의 벌금

127

운전자가 피로한 상태에서 운전하게 되면 속도 판단을 잘못하게 된다. 그 내용이 맞는 것은?

① 좁은 도로에서는 실제 속도보다 느리게 느껴진다.
② 주변이 탁 트인 도로에서는 실제보다 빠르게 느껴진다.
③ **멀리서 다가오는 차의 속도를 과소평가하다가 사고가 발생할 수 있다.**
④ 고속도로에서 전방에 정지한 차를 주행 중인 차로 잘못 아는 경우는 발생하지 않는다.

> ① 좁은 도로에서는 실제 속도보다 빠르게 느껴진다.
> ② 주변이 탁 트인 도로에서는 실제보다 느리게 느껴진다.
> ④ 고속도로에서 전방에 정지한 차를 주행 중인 차로 잘못 알고 충돌 사고가 발생할 수 있다.

128

음주 운전자에 대한 처벌 기준으로 맞는 2가지는?

① **혈중알코올농도 0.08퍼센트 이상의 만취 운전자는 운전면허 취소와 형사처벌을 받는다.**
② **경찰관의 음주 측정에 불응하거나 혈중알코올농도 0.03퍼센트 이상의 상태에서 인적 피해의 교통사고를 일으킨 경우 운전면허 취소와 형사처벌을 받는다.**
③ 혈중알코올농도 0.03퍼센트 이상 0.08퍼센트 미만의 단순 음주운전일 경우에는 120일간의 운전면허 정지와 형사처벌을 받는다.
④ 처음으로 혈중알코올농도 0.03퍼센트 이상 0.08퍼센트 미만의 음주 운전자가 물적 피해의 교통사고를 일으킨 경우에는 운전면허가 취소된다.

> 혈중알코올농도 0.03퍼센트 이상 **0.08퍼센트 미만의 단순 음주운전**일 경우에는 **100일간의 운전면허 정지와 형사처벌**을 받으며, 혈중알코올농도 **0.03퍼센트 이상의 음주 운전자가 인적 피해의 교통사고를 일으킨 경우에는 운전면허가 취소**된다.

129

음주운전 관련 내용 중 맞는 2가지는?

① 호흡 측정에 의한 음주 측정 결과에 불복하는 경우 다시 호흡 측정을 할 수 있다.
② 이미 운전이 종료되고 귀가하여 교통안전과 위험 방지의 필요성이 소멸되었다면 음주 측정 대상이 아니다.
③ **자동차가 아닌 건설기계관리법상 건설 기계도 도로교통법상 음주 운전 금지 대상이다.**
④ **술에 취한 상태에 있다고 인정할 만한 상당한 이유가 있음에도 경찰공무원의 음주 측정에 응하지 않은 사람은 운전면허가 취소된다.**

> ① 혈액 채취 등의 방법으로 측정을 요구할 수 있다.
> ② 술에 취한 상태에서 자동차등을 운전하였다고 인정할 만한 상당한 이유가 있는 때에는 사후에도 음주 측정을 할 수 있다.

130

피로 및 과로, 졸음운전과 관련된 설명 중 맞는 것 2가지는?

① 피로한 상황에서는 졸음운전이 빈번하므로 카페인 섭취를 늘리고 단조로운 상황을 피하기 위해 진로변경을 자주 한다.
② 변화가 적고 위험 사태의 출현이 적은 도로에서는 주의력이 향상되어 졸음운전 행동이 줄어든다.
③ **감기약 복용 시 졸음이 올 수 있기 때문에 안전을 위해 운전을 지양해야 한다.**
④ **음주운전을 할 경우 대뇌의 기능이 비활성화되어 졸음운전의 가능성이 높아진다.**

> 교통 환경의 변화가 단조로운 고속도로 등에서의 운전은 시가지 도로나 일반도로에서 운전하는 것보다 주의력이 둔화되고 수면 부족과 관계없이 졸음 운전 행동이 많아진다. 아울러 **음주운전을 할 경우 대뇌의 기능이 둔화되어 졸음운전의 가능성이 높아진다.** 특히 **감기약의 경우 「도로교통법」상 금지약물은 아니나 졸음을 유발하는 성분이 함유된 경우가 있을 수 있기 때문에 복용 후 운전을 하는 경우 유의**하여야 한다. 운전하여야 할 경우 복용 전 성분에 대하여 약사에게 문의한 후 복용할 필요가 있다.

131

질병·과로로 인해 정상적인 운전을 하지 못할 우려가 있는 상태에서 자동차를 운전하다가 단속된 경우 어떻게 되는가?

① 과태료가 부과될 수 있다.
② 운전면허가 정지될 수 있다.
③ **구류 또는 벌금에 처한다.**
④ 처벌받지 않는다.

> 「도로교통법」 제154조(벌칙)
> 30만 원 이하의 벌금이나 구류에 처한다.
> 3. 제45조를 위반하여 **과로·질병으로 인하여 정상적으로 운전하지 못할 우려**가 있는 상태에서 자동차등 또는 노면전차를 운전한 사람(다만 개인형 이동장치를 운전하는 경우는 제외한다)

132

다음 행위를 반복하여 교통상의 위험이 발생하였을 때 난폭운전으로 처벌할 수 없는 것은?

① 신호위반
② 속도위반
③ **정비 불량차 운전금지위반**
④ 차로변경 금지위반

> 「도로교통법」 제46조의3(난폭 운전 금지)

133

마약 등 약물복용상태에서 자동차를 운전하다가 인명피해 교통사고를 야기한 경우 교통사고처리특례법상 운전자의 책임으로 맞는 것은?

① **책임보험만 가입되어 있으나 추가적으로 피해자와 합의하더라도 형사처벌된다.**
② 운전자보험에 가입되어 있으면 형사처벌이 면제된다.
③ 종합보험에 가입되어 있으면 형사처벌이 면제된다.
④ 종합보험에 가입되어 있고 추가적으로 피해자와 합의한 경우에는 형사처벌이 면제된다.

> 「도로교통법」에서 규정한 **약물복용 운전을 하다가 교통사고 시**에는 5년 이하의 금고 또는 2천만 원 이하의 벌금에 처한다(「교통사고처리특례법」 제3조). 이는 **종합보험 또는 책임보험 가입 여부 및 합의 여부와 관계없이 형사처벌**되는 항목이다.

134

혈중알코올농도 0.03퍼센트 이상 상태의 운전자 갑이 신호대기 중인 상황에서 뒤차(운전자 을)가 추돌한 경우에 맞는 설명은?

① 음주운전이 중한 위반행위이기 때문에 갑이 사고의 가해자로 처벌된다.
② **사고의 가해자는 을이 되지만 갑의 음주운전은 별개로 처벌된다.**
③ 갑은 피해자이므로 운전면허에 대한 행정처분을 받지 않는다.
④ 을은 교통사고 원인과 결과에 따른 벌점은 없다.

> 앞차 운전자 갑이 술을 마신 상태라고 하더라도 음주운전이 사고발생과 직접적인 원인이 없는 한 교통사고의 피해자가 되고 별도로 단순 **음주운전에 대해서만 형사처벌과 면허행정처분**을 받는다.

135

다음 중 보복운전을 당했을 때 신고하는 방법으로 가장 적절하지 않은 것은?

① **120에 신고한다.**
② 112에 신고한다.
③ 스마트폰 '안전신문고'에 신고한다.
④ 사이버경찰청에 신고한다.

> 보복운전을 당했을 때 112, 경찰청 및 시·도경찰청 홈페이지, 안전신문고 등에 신고하면 된다.

136

다음은 피로운전과 약물복용 운전에 대한 설명이다. 맞는 2가지는?

① 피로한 상태에서의 운전은 졸음운전으로 이어질 가능성이 낮다.
② **피로한 상태에서의 운전은 주의력, 판단능력, 반응속도의 저하를 가져오기 때문에 위험하다.**
③ **마약을 복용하고 운전을 하다가 교통사고로 사람을 상해에 이르게 한 운전자는 처벌될 수 있다.**
④ 마약을 복용하고 운전을 하다가 교통사고로 사람을 상해에 이르게 하고 도주하여 운전면허가 취소된 경우에는 3년이 경과해야 운전면허 취득이 가능하다.

> **피로한 상태 및 약물복용 상태에서의 운전**은 주의력, 판단능력, 반응속도의 저하와 졸음운전을 유발하기 쉽다. 특히 마약 등 약물의 영향으로 정상적인 운전이 곤란한 상태에서 운전하다가 **교통사고를 야기하여 상해에 이르게 한 경우는** 「특정범죄가중처벌 등에 관한 법률」 제5조의11(위험 운전 등 치사상)으로 **처벌**된다. ④의 경우는 5년이 경과해야 한다.

137

피해 차량을 뒤따르던 승용차 운전자가 중앙선을 넘어 앞지르기하여 급제동하는 등 위협 운전을 한 경우에는 형법에 따른 보복운전으로 처벌받을 수 있다. 이에 대한 처벌 기준으로 맞는 것은?

① **7년 이하의 징역 또는 1천만 원 이하의 벌금에 처한다.**
② 10년 이하의 징역 또는 2천만 원 이하의 벌금에 처한다.
③ 1년 이상의 유기징역에 처한다.
④ 1년 6개월 이상의 유기징역에 처한다.

> 「형법」 제284조(특수협박)에 의하면 위험한 물건인 **자동차를 이용하여 형법상의 협박죄를 범한 자는 7년 이하의 징역 또는 1천만 원 이하의 벌금**에 처한다.

138

도로교통법상 (   )의 운전자는 도로에서 2명 이상이 공동으로 2대 이상의 자동차등을 정당한 사유 없이 앞뒤로 줄지어 통행하면서 교통상의 위험을 발생하게 하여서는 아니 된다. 이를 위반한 경우 (   )으로 처벌될 수 있다. (   ) 안에 각각 바르게 짝지어진 것은?

① 전동이륜평행차, 1년 이하의 징역 또는 500만 원 이하의 벌금
② 이륜자동차, 6개월 이하의 징역 또는 300만 원 이하의 벌금
③ **특수자동차, 2년 이하의 징역 또는 500만 원 이하의 벌금**
④ 원동기장치자전거, 6개월 이하의 징역 또는 300만 원 이하의 벌금

> 「도로교통법」 제46조(공동 위험행위의 금지) 제1항
> 자동차등(개인형 이동장치는 제외한다)의 운전자는 도로에서 2명 이상이 공동으로 2대 이상의 자동차등을 정당한 사유 없이 앞뒤로 또는 좌우로 줄지어 통행하면서 다른 사람에게 위해를 끼치거나 교통상의 위험을 발생하게 하여서는 아니 된다. 또한 **2년 이하의 징역 또는 500만 원 이하의 벌금으로 처벌**될 수 있다. 전동이륜평행차는 개인형 이동장치로서 위에 본 조항 적용이 없다.
> 「도로교통법」 제2조 제21호
> '자동차등'이란 자동차와 원동기장치자전거를 말한다.
> 「도로교통법」 제2조 제18호
> '자동차'란 철길이나 가설된 선을 이용하지 아니하고 원동기를 사용하여 운전되는 차(견인되는 자동차도 자동차의 일부로 본다)로서 다음 각 목의 차를 말한다.
> 가. 「자동차관리법」 제3조에 따른 다음의 자동차. 다만 원동기장치자전거는 제외한다.
>   1) 승용자동차 2) 승합자동차 3) 화물자동차
>   4) **특수자동차** 5) 이륜자동차
> 나. 「건설기계관리법」 제26조 제1항 단서에 따른 건설기계

139

승용차 운전자가 난폭운전을 하는 경우 도로교통법에 따른 처벌 기준으로 맞는 것은?

① 범칙금 6만 원의 통고처분을 받는다.
② 과태료 3만 원이 부과된다.
③ 6개월 이하의 징역이나 200만 원 이하의 벌금에 처한다.
④ **1년 이하의 징역 또는 500만 원 이하의 벌금에 처한다.**

> 「도로교통법」 제46조의3 및 법 제151조의2에 의하여 **난폭 운전 시 1년 이하의 징역이나 500만 원 이하의 벌금**에 처한다.

140

승용차 운전자가 차로변경 시비에 분노해 상대차량 앞에서 급제동하자, 이를 보지 못하고 뒤따르던 화물차가 추돌하여 화물차 운전자가 다친 경우에는 형법에 따른 보복운전으로 처벌받을 수 있다. 이에 대한 처벌 기준으로 맞는 것은? (단, 중상해는 아니다)

① **1년 이상 10년 이하의 징역**
② 1년 이상 20년 이하의 징역
③ 2년 이상 10년 이하의 징역
④ 2년 이상 20년 이하의 징역

> 보복운전으로 사람을 다치게 한 경우의 처벌은 「형법」 제 258조의2(특수상해) 제1항 위반으로 **1년 이상 10년 이하의 징역**에 처한다.

141

다음 중 도로교통법상 난폭운전 적용 대상이 아닌 것은?

① 최고속도의 위반
② 횡단·유턴·후진 금지위반
③ **끼어들기**
④ 연속적으로 경음기를 울리는 행위

> ① 제17조 제3항에 따른 속도의 위반
> ② 제18조 제1항에 따른 횡단·유턴·후진 금지위반
> ④ 제49조 제1항 제8호에 따른 정당한 사유 없는 소음 발생
> ③은 제23조, **끼어들기는 난폭운전위반대상이 아님**

142

자동차등(개인형 이동장치는 제외)의 운전자가 다음의 행위를 반복하여 다른 사람에게 위협을 가하는 경우 난폭운전으로 처벌받게 된다. 난폭운전의 대상 행위가 아닌 것은?

① 신호 또는 지시위반
② 횡단·유턴·후진 금지위반
③ 정당한 사유 없는 소음 발생
④ **고속도로에서의 지정차로위반**

> 「도로교통법」 제46조의3(난폭 운전 금지)
> 신호 또는 지시위반, 중앙선 침범, 속도의 위반, 횡단·유턴·후진 금지위반, 안전거리 미확보, 차로변경 금지위반, 급제동 금지위반, 앞지르기방법 또는 앞지르기의 방해금지위반, 정당한 사유 없는 소음 발생, 고속도로에서의 앞지르기방법위반, 고속도로등에서의 횡단·유턴·후진 금지

143

고속도로를 주행하는 차량(본인 차량 포함)의 적재물이 주행차로에 떨어졌을 때 운전자의 조치요령으로 가장 바르지 않은 것은?

① 후방 차량의 주행을 확인하면서 안전한 장소에 정차한다.
② 고속도로 관리청이나 관계 기관에 신속히 신고한다.
③ 안전한 곳에 정차 후 화물적재상태를 확인한다.
④ **화물 적재물을 떨어뜨린 차량의 운전자에게 보복운전을 한다.**

> 「도로교통법」 제39조(승차 또는 적재의 방법과 제한) 제4항
> 모든 차의 운전자는 운전 중 실은 화물이 떨어지지 아니하도록 덮개를 씌우거나 묶는 등 확실하게 고정될 수 있도록 필요한 조치를 하여야 한다.

144

도로교통법령상 원동기장치자전거(개인형 이동장치 제외)의 난폭운전 행위로 볼 수 없는 것은?

① 신호위반행위를 3회 반복하여 운전하였다.
② 속도위반행위와 지시위반행위를 연달아 위반하여 운전하였다.
③ 신호위반행위와 중앙선 침범행위를 연달아 위반하여 운전하였다.
④ **음주운전 행위와 보행자보호의무위반행위를 연달아 위반하여 운전하였다.**

> 「도로교통법」 제46조의3
> 신호 또는 지시위반, 중앙선 침범, 속도위반, 횡단·유턴·후진 금지위반, 안전거리 미확보, 진로변경 금지위반, 급제동 금지위반, 앞지르기방법 또는 앞지르기의 방해금지위반, 정당한 사유 없는 소음발생, 고속도로에서의 앞지르기방법위반, 고속도로등에서의 횡단·유턴·후진 금지위반에 해당하는 둘 이상의 행위를 연달아 하거나, 하나의 행위를 지속 또는 반복하여 다른 사람에게 위협 또는 위해를 가하거나 교통상의 위험을 발생하게 하여서는 아니 된다. **보행자보호의무위반은 난폭운전의 행위에 포함되지 않는다.**

145

다음은 난폭운전과 보복운전에 대한 설명이다. 맞는 것은?

① 오토바이 운전자가 정당한 사유 없이 소음을 반복하여 불특정 다수에게 위협을 가하는 경우는 보복운전에 해당된다.
② **승용차 운전자가 중앙선 침범 및 속도위반을 연달아 하여 불특정 다수에게 위해를 가하는 경우는 난폭운전에 해당된다.**
③ 대형트럭 운전자가 고의적으로 특정 차량 앞으로 앞지르기하여 급제동한 경우는 난폭운전에 해당된다.
④ 버스 운전자가 반복적으로 앞지르기방법위반하여 교통상의 위험을 발생하게 한 경우는 보복운전에 해당된다.

> 난폭운전은 다른 사람에게 위험과 장애를 주는 운전행위로 불특정인에 불쾌감과 위험을 주는 행위이며 「도로교통법」의 적용을 받고, 보복운전은 의도적·고의적으로 특정인을 위협하는 행위로 형법의 적용을 받는다.

146

자동차 운전자가 중앙선 침범을 반복하여 다른 사람에게 위해를 가하거나 교통상의 위험을 발생하게 하는 행위는 도로교통법상 (   )에 해당한다. (   ) 안에 맞는 것은?

① 공동위험행위 ② **난폭운전**
③ 폭력운전 ④ 보복운전

> 「도로교통법」 제46조의3(**난폭 운전 금지**)
> 자동차등(개인형 이동장치는 제외한다)의 운전자는 다음 각 호 중 둘 이상의 행위를 연달아 하거나, 하나의 행위를 지속 또는 반복하여 다른 사람에게 **위협 또는 위해를 가하거나 교통상의 위험을 발생**하게 하여서는 아니 된다.

147

자동차등을 이용하여 형법상 특수상해를 행하여(보복운전) 구속되었다. 운전면허 행정처분은?

① **면허 취소** ② 면허 정지 100일
③ 면허 정지 60일 ④ 할 수 없다.

> 「도로교통법」 시행규칙 별표28
> 자동차등을 이용하여 **형법상 특수상해**, 특수협박, 특수손괴를 행하여 구속된 때 **면허를 취소**한다. 형사 입건된 때는 벌점 100점이 부과된다.

148

일반도로에서 자동차등(개인형 이동장치는 제외)의 운전자가 다음의 행위를 반복하여 다른 사람에게 위협을 가하는 경우 난폭운전으로 처벌받게 된다. 난폭운전의 대상 행위가 아닌 것은?

① **일반도로에서 지정차로위반**
② 중앙선 침범, 급제동금지위반
③ 안전거리 미확보, 차로변경 금지위반
④ 일반도로에서 앞지르기방법위반

> 「도로교통법」 제46조의3(난폭 운전 금지)
> 신호 또는 지시위반, **중앙선 침범, 속도의 위반**, 횡단·유턴·후진 금지위반, **안전거리 미확보, 차로변경 금지위반**, 급제동 금지위반, 앞지르기방법 또는 **앞지르기의 방해금지위반**, 정당한 사유 없는 소음 발생, 고속도로에서의 앞지르기방법위반, 고속도로등에서의 횡단·유턴·후진 금지

149

자동차등(개인형 이동장치는 제외)의 운전자가 둘 이상의 행위를 연달아 하여 다른 사람에게 위협을 가하는 경우 난폭운전으로 처벌받게 된다. 다음의 난폭운전 유형에 대한 설명으로 적당하지 않은 것은?

① **운전 중 영상 표시장치를 조작하면서 전방주시를 태만하였다.**
② 앞차의 우측으로 앞지르기하면서 속도를 위반하였다.
③ 안전거리를 확보하지 않고 급제동을 반복하였다.
④ 속도를 위반하여 앞지르기하려는 차를 방해하였다.

> 「도로교통법」 제46조의3(난폭 운전 금지)
> 신호 또는 지시위반, 중앙선 침범, **속도의 위반**, 횡단·유턴·후진 금지위반, 안전거리 미확보, 차로변경 금지위반, **급제동 금지위반**, 앞지르기방법 또는 **앞지르기의 방해금지위반**, 정당한 사유 없는 소음 발생, 고속도로에서의 앞지르기방법위반, 고속도로등에서의 횡단·유턴·후진 금지

150

다음의 행위를 반복하여 교통상의 위험이 발생하였을 때 난폭운전으로 처벌받을 수 있는 것은?

① 고속도로 갓길 주·정차 ② 음주운전
③ 일반도로전용차로위반 ④ **중앙선침범**

> 「도로교통법」 제46조의3(난폭 운전 금지)

151

자동차등(개인형 이동장치는 제외)의 운전자가 다음의 행위를 반복하여 다른 사람에게 위협을 가하는 경우 난폭운전으로 처벌받게 된다. 난폭운전의 대상 행위로 틀린 것은?

① 신호 및 지시위반, 중앙선 침범
② 안전거리 미확보, 급제동 금지위반
③ 앞지르기 방해 금지위반, 앞지르기방법위반
④ **통행금지위반, 운전 중 휴대용 전화 사용**

「도로교통법」 제46조의3(난폭 운전 금지)
신호 또는 지시위반, 중앙선 침범, 속도의 위반, 횡단·유턴·후진 금지위반, **안전거리 미확보**, 차로변경 금지위반, **급제동 금지위반, 앞지르기방법 또는 앞지르기의 방해금지위반**, 정당한 사유 없는 소음 발생, 고속도로에서의 앞지르기방법위반, 고속도로등에서의 횡단·유턴·후진 금지

152

도로교통법상 도로에서 2명 이상이 공동으로 2대 이상의 자동차등(개인형 이동장치는 제외)을 정당한 사유 없이 앞뒤로 또는 좌우로 줄지어 통행하면서 다른 사람에게 위해(危害)를 끼치거나 교통상의 위험을 발생하게 하는 행위를 무엇이라고 하는가?

① **공동 위험행위**
② 교차로 꼬리 물기 행위
③ 끼어들기 행위
④ 질서위반 행위

제46조(공동 위험행위의 금지) 제1항
자동차등의 운전자는 도로에서 **2명 이상이 공동으로 2대 이상의 자동차등**을 정당한 사유 없이 **앞뒤로 또는 좌우로 줄지어 통행**하면서 다른 사람에게 **위해(危害)를 끼치거나 교통상의 위험을 발생**하게 하여서는 아니 된다.

153

자동차등을 이용하여 형법상 특수폭행을 행하여(보복운전) 입건되었다. 운전면허 행정처분은?

① 면허 취소
② **면허 정지 100일**
③ 면허 정지 60일
④ 행정처분 없음

「도로교통법」 시행규칙 별표28

154

다음 중 도로교통법상 난폭운전에 해당하지 않는 운전자는?

① 급제동을 반복하여 교통상의 위험을 발생하게 하는 운전자
② 계속된 안전거리 미확보로 다른 사람에게 위협을 주는 운전자
③ 고속도로에서 지속적으로 앞지르기방법위반을 하여 교통상의 위험을 발생하게 하는 운전자
④ **심야 고속도로 갓길에 미등을 끄고 주차하여 다른 사람에게 위험을 주는 운전자**

「도로교통법」 제46조의3

155

다음 중 운전자의 올바른 운전습관으로 가장 바람직하지 않은 것은?

① 자동차 주유 중에는 엔진시동을 끈다.
② 긴급한 상황을 제외하고 급제동하여 다른 차가 급제동하는 상황을 만들지 않는다.
③ 위험상황을 예측하고 방어운전하기 위하여 규정 속도와 안전거리를 모두 준수하며 운전한다.
④ **타이어 공기압은 계절에 관계없이 주행 안정성을 위하여 적정량보다 10% 높게 유지한다.**

타이어 공기압은 최대 공기압의 80%가 적정하며 계절에 따라 **여름에는 10% 정도 적게, 겨울에는 10% 정도 높게** 주입하는 것이 안전에 도움이 된다.

156

보행자의 보도통행 원칙으로 맞는 것은?

① **보도 내 우측 통행**
② 보도 내 좌측 통행
③ 보도 내 중앙 통행
④ 보도 내 통행원칙은 없음

보행자는 보도 내에서는 우측 통행이 원칙이다.

157

도로교통법령상 보행자에 대한 설명으로 틀린 것은?

① **너비 1미터 이하의 동력이 없는 손수레를 이용하여 통행하는 사람은 보행자가 아니다.**
② 너비 1미터 이하의 보행보조용 의자차를 이용하여 통행하는 사람은 보행자이다.
③ 자전거를 타고 가는 사람은 보행자가 아니다.
④ 너비 1미터 이하의 노약자용 보행기를 이용하여 통행하는 사람은 보행자이다.

> • '보도(步道)'란 연석선, 안전표지나 그와 비슷한 인공구조물로 경계를 표시하여 **보행자**(유모차, 보행보조용 의자차, 노약자용 보행기 등 행정안전부령으로 정하는 **기구·장치를 이용하여 통행하는 사람** 및 제21호의3에 따른 실외이동로봇을 포함한다. 이하 같다)가 통행할 수 있도록 한 도로의 부분을 말한다(「도로교통법」 제2조 제10호).
> • 행정안전부령이 정하는 기구·장치 너비 **1미터 이하**인 것 : 유모차·보행보조용 의자차·노약자용 보행기·어린이 놀이기구·**동력 없는 손수레**·이륜자동차등을 운전자가 내려서 끌거나 들고 통행하는 것·도로보수 유지 등에 사용하는 기구 및 제21호의3에 따른 실외이동로봇 등(「도로교통법」 시행규칙 제2조)

158

도로교통법령상 운전자의 보행자 보호에 대한 설명으로 옳지 않은 것은?

① 운전자가 보행자우선도로에서 서행·일시정지하지 않아 보행자통행을 방해한 경우에는 범칙금이 부과된다.
② 도로 외의 곳을 운전하는 운전자에게도 보행자 보호의무가 부여된다.
③ 운전자는 보행자가 횡단보도를 통행하려고 하는 때에는 그 횡단보도 앞에서 일시정지하여야 한다.
④ **운전자는 어린이보호구역 내 신호기가 없는 횡단보도 앞에서는 반드시 서행하여야 한다.**

> 「도로교통법」 제27조 제1항, 제6항 제2호·제3호, 제7항, 「도로교통법」 시행령 별표8 제11호. 승용자동차등 범칙금액 6만 원 운전자는 **어린이보호구역 내에 신호기가 설치되지 아니한 횡단보도 앞에서는 보행자의 횡단 여부와 관계없이 일시정지하여야 한다.**

159

승차구매점(드라이브 스루 매장)을 이용하는 운전자의 자세로 가장 바르지 않은 것은?

① 승차구매점의 안내요원의 안전 관련 지시에 따른다.
② 승차구매점에서 설치한 안내표지판의 지시를 준수한다.
③ **승차구매점 대기열을 따라 횡단보도를 침범하여 정차한다.**
④ 승차구매점 진출입로의 안전시설에 주의하여 이동한다.

> 승차구매점(드라이브 스루 매장)은 최근 사회적인 교통 이슈가 되고 있다. 이들 대기열은 교통정체에 영향을 미칠 뿐만 아니라 교통안전을 위협하고 있다. **승차구매점 대기열이라고 하여도 횡단보도를 침범하여 정차하여서는 안 된다.**

160

도로교통법상 보행자의 보호 등에 관한 설명으로 맞지 않은 것은?

① 도로에 설치된 안전지대에 보행자가 있는 경우와 차로가 설치되지 아니한 좁은 도로에서 보행자의 옆을 지나는 경우에는 안전한 거리를 두고 서행하여야 한다.
② 보행자가 횡단보도가 설치되어 있지 아니한 도로를 횡단하고 있을 때에는 안전거리를 두고 일시정지하여 보행자가 안전하게 횡단할 수 있도록 하여야 한다.
③ 보도와 차도가 구분되지 아니한 도로 중 중앙선이 없는 도로에서 보행자의 통행에 방해가 될 때에는 서행하거나 일시정지하여 보행자가 안전하게 통행할 수 있도록 하여야 한다.
④ **어린이보호구역 내에 설치된 횡단보도 중 신호기가 설치되지 아니한 횡단보도 앞(정지선이 설치된 경우에는 그 정지선을 말한다)에서는 보행자의 횡단 여부와 관계없이 서행하여야 한다.**

> 「도로교통법」 제27조(보행자의 보호) 제7항
> 모든 차 또는 노면전차의 운전자는 제12조 제1항에 따른 어린이보호구역 내에 설치된 횡단보도 중 **신호기가 설치되지 아니한 횡단보도 앞**(정지선이 설치된 경우에는 그 정지선을 말한다)에서는 **보행자의 횡단 여부와 관계없이 일시정지**하여야 한다.

161

운전자의 보행자 보호에 대한 설명으로 옳지 않은 것은?

① 운전자는 보행자가 횡단보도를 통행하려고 하는 때에는 그 횡단보도 앞에서 일시정지하여야 한다.
② 운전자는 차로가 설치되지 아니한 좁은 도로에서 보행자의 옆을 지나는 경우 안전한 거리를 두고 서행하여야 한다.
③ **운전자는 어린이보호구역 내에 신호기가 설치되지 않은 횡단보도 앞에서는 보행자의 횡단이 없을 경우 일시정지하지 않아도 된다.**
④ 운전자는 교통정리를 하고 있지 아니하는 교차로를 횡단하는 보행자의 통행을 방해하여서는 아니 된다.

> 「도로교통법」제27조 제1항, 제3항, 제4항, 제7항
> ① 모든 차 또는 노면전차의 운전자는 보행자(제13조의2 제6항에 따라 자전거등에서 내려서 자전거등을 끌거나 들고 통행하는 자전거등의 운전자를 포함한다)가 횡단보도를 통행하고 있거나 통행하려고 하는 때에는 보행자의 횡단을 방해하거나 위험을 주지 아니하도록 그 횡단보도 앞(정지선이 설치되어 있는 곳에서는 그 정지선을 말한다)에서는 일시정지하여야 한다.
> ③ 모든 차의 운전자는 교통정리를 하고 있지 아니하는 교차로 또는 그 부근의 도로를 횡단하는 보행자의 통행을 방해하여서는 아니 된다.
> ④ 모든 차의 운전자는 도로에 설치된 안전지대에 보행자가 있는 경우와 차로가 설치되지 아니한 좁은 도로에서 보행자의 옆을 지나는 경우에는 안전한 거리를 두고 서행하여야 한다.
> ⑦ 모든 차 또는 노면전차의 운전자는 제12조 제1항에 따른 **어린이보호구역 내에 설치된 횡단보도 중 신호기가 설치되지 아니한 횡단보도 앞**(정지선이 설치된 경우에는 그 정지선을 말한다)**에서는 보행자의 횡단 여부와 관계없이 일시정지하여야 한다.** 〈신설 2022.1.11.〉

162

보행자우선도로에 대한 설명으로 가장 바르지 않은 것은?

① **보행자우선도로에서 보행자는 도로의 우측 가장자리로만 통행할 수 있다.**
② 운전자에게는 서행, 일시정지 등 각종 보행자 보호의무가 부여된다.
③ 보행자 보호의무를 불이행하였을 경우 승용자동차 기준 4만 원의 범칙금과 10점의 벌점 처분의 대상이다.
④ 경찰서장은 보행자 보호를 위해 필요하다고 인정할 경우 차량 통행속도를 20km/h 이내로 제한할 수 있다.

> • **보행자는 보행자우선도로에서는 도로의 전 부분으로 통행할 수 있다.** 이 경우 보행자는 고의로 차마의 진행을 방해하여서는 아니 된다(「도로교통법」제8조 제3항 제1호).
> • 보행자전용도로의 통행이 허용된 차마의 운전자는 보행자를 위험하게 하거나 보행자의 통행을 방해하지 아니하도록 차마를 보행자의 걸음 속도로 운행하거나 일시정지하여야 한다(「도로교통법」제28조 제3항).
> • 시·도경찰청장이나 경찰서장은 보행자우선도로에서 보행자를 보호하기 위하여 필요하다고 인정하는 경우에는 차마의 통행 속도를 시속 20킬로미터 이내로 제한할 수 있다(「도로교통법」제28조의2).

163

시내 도로를 매시 50킬로미터로 주행하던 중 무단횡단 중인 보행자를 발견하였다. 가장 적절한 조치는?

① 보행자가 횡단 중이므로 일단 급브레이크를 밟아 멈춘다.
② 보행자의 움직임을 예측하여 그 사이로 주행한다.
③ **속도를 줄이며 멈출 준비를 하고 비상점멸등으로 뒤차에도 알리면서 안전하게 정지한다.**
④ 보행자에게 경음기로 주의를 주며 다소 속도를 높여 통과한다.

> 무단횡단 중인 보행자를 발견하면 속도를 줄이며 멈출 준비를 하고 비상등으로 뒤차에도 알리면서 안전하게 정지한다.

164

도로교통법령상 도로에서 13세 미만의 어린이가 ( )를 타는 경우에는 어린이의 안전을 위해 인명보호 장구를 착용하여야 한다. ( )에 해당되지 않는 것은?

① 킥보드
② 외발자전거
③ 인라인스케이트
④ 스케이트 보드

> 「도로교통법」 제11조(어린이 등에 대한 보호) 제3항
> 어린이의 보호자는 도로에서 어린이가 자전거를 타거나 행정안전부령으로 정하는 위험성이 큰 움직이는 놀이기구를 타는 경우에는 어린이의 안전을 위하여 행정안전부령으로 정하는 인명보호장구를 착용하도록 하여야 한다. 한편 **외발자전거**는 자전거 이용 활성화에 관한 법률 제2조의 '자전거'에 해당하지 않아 **법령상 안전모 착용의무는 없다**. 그러나 어린이 안전을 위해서는 안전모를 착용하는 것이 바람직하다.

165

보행자의 보호의무에 대한 설명으로 맞는 것은?

① 무단 횡단하는 술 취한 보행자를 보호할 필요 없다.
② 신호등이 있는 도로에서는 횡단 중인 보행자의 통행을 방해하여도 무방하다.
③ 보행자 신호기에 녹색 신호가 점멸하고 있는 경우 차량이 진행해도 된다.
④ **신호등이 있는 교차로에서 우회전할 경우 신호에 따르는 보행자를 방해해서는 아니 된다.**

> 무단 횡단하는 술 취한 보행자도 보호의 대상이다. 보행자 신호기에 녹색 신호가 점멸하고 있는 경우에도 보행자보호를 게을리 하지 말고 신호등이 있는 교차로에서 우회전할 경우 신호에 따르는 보행자를 방해해서는 아니 된다.

166

도로의 중앙을 통행할 수 있는 사람 또는 행렬로 맞는 것은?

① **사회적으로 중요한 행사에 따라 시가행진하는 행렬**
② 말, 소 등의 큰 동물을 몰고 가는 사람
③ 도로의 청소 또는 보수 등 도로에서 작업 중인 사람
④ 기 또는 현수막 등을 휴대한 장의 행렬

> 「도로교통법」 제9조 및 동 시행령 제7조
> 큰 동물을 몰고 가는 사람, 사다리·목재 그 밖에 보행자의 통행에 지장을 줄 우려가 있는 물건을 운반 중인 사람, 도로에서 청소나 보수 등의 작업을 하고 있는 사람, 군부대나 그 밖에 이에 준하는 단체의 행렬, 기 또는 현수막 등을 휴대한 장의 행렬, 장의 행렬은 차도의 우측으로 통행하여야 한다.

167

자동차 운전자가 신호등이 없는 횡단보도를 통과할 때 가장 안전한 운전방법은?

① **횡단하는 사람이 없다 하더라도 전방과 그 주변을 잘 살피며 감속한다.**
② 횡단하는 사람이 없으므로 그대로 진행한다.
③ 횡단하는 사람이 없을 때 빠르게 지나간다.
④ 횡단하는 사람이 있을 수 있으므로 경음기를 울리며 그대로 진행한다.

> 신호등이 없는 횡단보도에서는 **혹시 모르는 보행자를** 위하여 전방과 **근방 보도를 잘** 살피고 **감속** 운전하여야 한다.

168

철길건널목을 통과하다가 고장으로 건널목 안에서 차를 운행할 수 없는 경우 운전자의 조치요령으로 바르지 않은 것은?

① 동승자를 대피시킨다.
② 비상점멸등을 작동한다.
③ 철도공무원에게 알린다.
④ **차량의 고장 원인을 확인한다.**

「도로교통법」 제24조(철길 건널목 통과)
모든 차 또는 노면전차의 운전자는 건널목을 통과하다가 고장 등의 사유로 건널목 안에서 차 또는 노면전차를 운행할 수 없게 된 경우는 즉시 **승객을 대피시키고 비상신호기 등을 사용**하거나 그 밖의 방법으로 **철도공무원이나 경찰공무원에게 그 사실을 알려야 한다.**

169

차의 운전자가 보도를 횡단하여 건물 등에 진입하려고 한다. 운전자가 해야 할 순서로 올바른 것은?

① 서행 → 방향지시등 작동 → 신속 진입
② 일시정지 → 경음기 사용 → 신속 진입
③ 서행 → 좌측과 우측 부분 확인 → 서행 진입
④ **일시정지 → 좌측과 우측 부분 확인 → 서행 진입**

「도로교통법」 제13조(차마의 통행) 제2항
차마의 운전자는 보도를 횡단하기 직전에 **일시정지**하여 **좌측과 우측 부분 등을 살핀 후** 보행자의 **통행을 방해하지 아니하도록** 횡단하여야 한다.

170

보행자의 통행에 대한 설명으로 맞는 것은?

① 보행자는 도로횡단 시 차의 바로 앞이나 뒤로 신속히 횡단하여야 한다.
② 지체 장애인은 도로횡단시설이 있는 도로에서 반드시 그곳으로 횡단하여야 한다.
③ 보행자는 안전표지 등에 의하여 횡단이 금지된 도로에서는 신속하게 도로를 횡단하여야 한다.
④ **보행자는 횡단보도가 설치되어 있지 아니한 도로에서는 가장 짧은 거리로 횡단하여야 한다.**

「도로교통법」 제10조
보행자는 보도와 차도가 구분된 도로에서는 반드시 보도로 통행하여야 한다. 지체장애인은 도로횡단시설을 이용하지 아니하고 횡단할 수 있다. 단, 안전표지 등에 의하여 횡단이 금지된 경우에는 횡단할 수 없다.

171

다음 중 도로교통법상 보행자의 도로횡단방법에 대한 설명으로 잘못된 것은?

① 모든 차의 바로 앞이나 뒤로 횡단하여서는 아니 된다.
② **지체장애인의 경우라도 반드시 도로횡단시설을 이용하여 도로를 횡단하여야 한다.**
③ 안전표지 등에 의하여 횡단이 금지되어 있는 도로의 부분에서는 그 도로를 횡단하여서는 아니 된다.
④ 횡단보도가 설치되어 있지 아니한 도로에서는 가장 짧은 거리로 횡단하여야 한다.

「도로교통법」 제10조(도로의 횡단) 제2항
지하도나 육교 등의 도로횡단시설을 이용할 수 없는 지체장애인의 경우에는 다른 교통에 방해가 되지 아니하는 방법으로 **도로횡단시설을 이용하지 아니하고 도로를 횡단할 수 있다.**

172

야간에 도로상의 보행자나 물체들이 일시적으로 안 보이게 되는 '증발 현상'이 일어나기 쉬운 위치는?

① 반대 차로의 가장자리
② 주행 차로의 우측 부분
③ **도로의 중앙선 부근**
④ 도로 우측의 가장자리

야간에 도로상의 보행자나 물체들이 일시적으로 안 보이게 되는 **'증발 현상'이 일어나기 쉬운 위치는 도로의 중앙선 부근**이다.

173

어린이보호구역 내에 설치된 횡단보도 중 신호기가 설치되지 아니한 횡단보도 앞(정지선이 설치된 경우에는 그 정지선을 말한다)에서 운전자의 행동으로 맞는 것 2가지는?

① 보행자가 횡단보도를 통행하려고 하는 때에는 보행자의 안전을 확인하고 서행하며 통과한다.
② **보행자가 횡단보도를 통행하려고 하는 때에는 일시정지하여 보행자의 횡단을 보호한다.**
③ 보행자의 횡단 여부와 관계없이 서행하며 통행한다.
④ **보행자의 횡단 여부와 관계없이 일시정지한다.**

> 「도로교통법」 제27조(보행자의 보호) 제7항
> 모든 차 또는 노면전차의 운전자는 제12조 제1항에 따른 어린이보호구역 내에 설치된 횡단보도 중 **신호기가 설치되지 아니한 횡단보도 앞**(정지선이 설치된 경우에는 그 정지선을 말한다)에서는 보행자의 횡단 여부와 관계없이 **일시정지**하여야 한다.

174

도로교통법상 보행자 보호에 대한 설명 중 맞는 2가지는?

① 자전거를 끌고 걸어가는 사람은 보행자에 해당하지 않는다.
② 교통정리를 하고 있지 아니 하는 교차로에 먼저 진입한 차량은 보행자에 우선하여 통행할 권한이 있다.
③ **시·도경찰청장은 보행자의 통행을 보호하기 위해 도로에 보행자전용도로를 설치할 수 있다.**
④ **보행자전용도로에는 유모차를 끌고 갈 수 있다.**

> 자전거를 끌고 걸어가는 사람도 보행자에 해당하고 교통정리를 하고 있지 아니하는 교차로에 먼저 진입한 차량도 보행자에게 양보해야 한다.

175

보행자의 통행에 대한 설명 중 맞는 것 2가지는?

① 보행자는 차도를 통행하는 경우 항상 차도의 좌측으로 통행해야 한다.
② **보행자는 사회적으로 중요한 행사에 따라 행진 시에는 도로의 중앙으로 통행할 수 있다.**
③ **도로횡단시설을 이용할 수 없는 지체장애인은 도로횡단시설을 이용하지 않고 도로를 횡단할 수 있다.**
④ 도로횡단시설이 없는 경우 보행자는 안전을 위해 가장 긴 거리로 도로를 횡단하여야 한다.

> 「도로교통법」 제9조
> ① 학생의 대열과 그 밖에 보행자의 통행에 지장을 줄 우려가 있다고 인정하여 대통령령으로 정하는 사람이나 행렬(이하 '행렬등'이라 한다)은 제8조 제1항 본문에도 불구하고 차도로 통행할 수 있다. 이 경우 행렬 등은 차도의 우측으로 통행하여야 한다.
> 「도로교통법」 제13조
> ③ 차마의 운전자는 도로(보도와 차도가 구분된 도로에서는 차도를 말한다)의 중앙(중앙선이 설치되어 있는 경우에는 그 중앙선을 말한다. 이하 같다) 우측 부분을 통행하여야 한다.

176

도로교통법상 보행자가 도로를 횡단할 수 있게 안전표지로 표시한 도로의 부분을 무엇이라 하는가?

① 보도
② 길 가장자리구역
③ **횡단보도**
④ 보행자전용도로

> 「도로교통법」 제2조 제12호
> '횡단보도'란 보행자가 도로를 횡단할 수 있도록 안전표지로 표시한 도로의 부분을 말한다.

177

도로교통법령상 보행자 보호와 관련된 승용자동차 운전자의 범칙행위에 대한 범칙금액이 다른 것은? (단, 보호구역은 제외한다)

① 신호에 따라 도로를 횡단하는 보행자 횡단 방해
② 보행자전용도로 통행위반
③ **도로를 통행하고 있는 차에서 밖으로 물건을 던지는 행위**
④ 어린이·앞을 보지 못하는 사람 등의 보호위반

> 「도로교통법」 시행령 별표8 범칙행위 및 범칙금액(운전자)
> ①, ②, ④**는 6만 원**이고, ③**은 5만 원**의 범칙금액 부과

178

다음 중 보행자에 대한 운전자 조치로 잘못된 것은?

① 어린이보호표지가 있는 곳에서는 어린이가 뛰어나오는 일이 있으므로 주의해야 한다.
② **보도를 횡단하기 직전에 서행하여 보행자를 보호해야 한다.**
③ 무단 횡단하는 보행자도 일단 보호해야 한다.
④ 어린이가 보호자 없이 도로를 횡단 중일 때에는 일시정지해야 한다.

> 「도로교통법」 제13조 제1항 내지 제2항
> **보도를 횡단하기 직전에 일시정지**하여 좌측 및 우측 부분 등을 살핀 후 보행자의 통행을 방해하지 아니하도록 횡단하여야 한다.

179

도로교통법령상 승용자동차의 운전자가 보도를 횡단하는 방법을 위반한 경우 범칙금은?

① 3만 원 ② 4만 원
③ 5만 원 ④ **6만 원**

> 「도로교통법」 시행령 별표8 통행구분위반(보도침범, **보도횡단방법위반**)
> 범칙금 6만 원

180

보행자에 대한 운전자의 바람직한 태도는?

① 도로를 무단 횡단하는 보행자는 보호받을 수 없다.
② 자동차 옆을 지나는 보행자에게 신경 쓰지 않아도 된다.
③ 보행자가 자동차를 피해야 한다.
④ **운전자는 보행자를 우선으로 보호해야 한다.**

> 「도로교통법」 제27조(보행자의 보호)
> ⑤ 모든 차 또는 노면전차의 운전자는 보행자가 제10조 제3항에 따라 횡단보도가 설치되어 있지 아니한 도로를 횡단하고 있을 때에는 안전거리를 두고 일시정지하여 보행자가 안전하게 횡단할 수 있도록 하여야 한다.

181

보행자의 도로횡단방법에 대한 설명으로 잘못된 것은?

① 보행자는 횡단보도가 없는 도로에서 가장 짧은 거리로 횡단해야 한다.
② 보행자는 모든 차의 바로 앞이나 뒤로 횡단하면 안 된다.
③ **무단횡단 방지를 위한 차선분리대가 설치된 곳이라도 넘어서 횡단할 수 있다.**
④ 도로공사 등으로 보도의 통행이 금지된 때 차도로 통행할 수 있다.

> 「도로교통법」 제8조(보행자의 통행)
> ① 보행자는 보도와 차도가 구분된 도로에서는 언제나 보도로 통행하여야 한다. 다만 차도를 횡단하는 경우, 도로공사 등으로 보도의 통행이 금지된 경우나 그 밖의 부득이한 경우에는 그러하지 아니하다.
>
> 「도로교통법」 제10조(도로의 횡단)
> ② 보행자는 제1항에 따른 횡단보도, 지하도, 육교나 그 밖의 도로횡단시설이 설치되어 있는 도로에서는 그 곳으로 횡단하여야 한다. 다만 지하도나 육교 등의 도로횡단시설을 이용할 수 없는 지체장애인의 경우에는 다른 교통에 방해가 되지 아니하는 방법으로 도로횡단시설을 이용하지 아니하고 도로를 횡단할 수 있다.
> ③ 보행자는 제1항에 따른 횡단보도가 설치되어 있지 아니한 도로에서는 가장 짧은 거리로 횡단하여야 한다.
> ④ 보행자는 차와 노면전차의 바로 앞이나 뒤로 횡단하여서는 아니 된다. 다만 횡단보도를 횡단하거나 신호기 또는 경찰공무원등의 신호나 지시에 따라 도로를 횡단하는 경우에는 그러하지 아니하다.

182

앞을 보지 못하는 사람에 준하는 범위에 해당하지 않는 사람은?

① **어린이 또는 영·유아**
② 의족 등을 사용하지 아니하고는 보행을 할 수 없는 사람
③ 신체의 평형기능에 장애가 있는 사람
④ 듣지 못하는 사람

> 「도로교통법」제11조 제2항 및 법 시행령 제8조에 따른 앞을 보지 못하는 사람에 준하는 사람은 다음 각 호의 어느 하나에 해당하는 사람을 말한다.
> 1. 듣지 못하는 사람
> 2. 신체의 평형기능에 장애가 있는 사람
> 3. 의족 등을 사용하지 아니하고는 보행을 할 수 없는 사람

183

도로교통법령상 어린이보호구역 안에서 ( ) ~ ( ) 사이에 신호위반을 한 승용차 운전자에 대해 기존의 벌점을 2배로 부과한다. ( )에 순서대로 맞는 것은?

① 오전 6시, 오후 6시
② 오전 7시, 오후 7시
③ **오전 8시, 오후 8시**
④ 오전 9시, 오후 9시

> 「도로교통법」시행규칙 별표28 주4호
> 어린이보호구역 안에서 **오전 8시부터 오후 8시 사이에 위반행위**를 한 운전자에 대하여 **기존의 벌점의 2배에 해당하는 벌점**을 부과한다.

184

도로교통법령상 4.5톤 화물자동차가 오전 10시부터 11시까지 노인보호구역에서 주차위반을 한 경우 과태료는?

① 4만 원
② 5만 원
③ **9만 원**
④ 10만 원

> 「도로교통법」시행령 별표7 제3호 법 제32조부터 제34조까지의 **규정을 위반하여 정차 또는 주차를 한 차의 고용주 등**은 승합자동차등은 2시간 이내일 경우 **과태료 9만 원**이다.

185

다음 중 보행자의 통행방법으로 잘못된 것은?

① **보도에서는 좌측 통행을 원칙으로 한다.**
② 보행자우선도로에서는 도로의 전 부분을 통행할 수 있다.
③ 보도와 차도가 구분된 도로에서는 언제나 보도로 통행하여야 한다.
④ 보도와 차도가 구분되지 않은 도로 중 중앙선이 있는 도로에서는 길 가장자리구역으로 통행하여야 한다.

> 「도로교통법」제8조(보행자의 통행)
> **보행자는 보도에서 우측 통행을 원칙**으로 한다.

186

도로교통법령상 차도를 통행할 수 있는 사람 또는 행렬이 아닌 경우는?

① 도로에서 청소나 보수 등의 작업을 하고 있을 때
② 말·소 등의 큰 동물을 몰고 갈 때
③ **유모차를 끌고 가는 사람**
④ 장의(葬儀) 행렬일 때

> 「도로교통법」시행령 제7조(차도를 통행할 수 있는 사람 또는 행렬) 법 제9조 제1항 전단에서 '대통령령으로 정하는 사람이나 행렬'이란 다음 각 호의 어느 하나에 해당하는 사람이나 행렬을 말한다.
> 1. 말·소 등의 큰 동물을 몰고 가는 사람
> 2. 사다리, 목재, 그 밖에 보행자의 통행에 지장을 줄 우려가 있는 물건을 운반 중인 사람
> 3. 도로에서 청소나 보수 등의 작업을 하고 있는 사람
> 4. 군부대나 그 밖에 이에 준하는 단체의 행렬
> 5. 기(旗) 또는 현수막 등을 휴대한 행렬
> 6. 장의(葬儀) 행렬

187

운전자가 진행방향 신호등이 적색일 때 정지선을 초과하여 정지한 경우 처벌 기준은?

① 교차로 통행방법위반
② 일시정지위반
③ **신호위반**
④ 서행위반

> 신호등이 적색일 때 **정지선을 초과하여 정지한 경우 신호위반**의 처벌을 받는다.

188

다음 중 앞을 보지 못하는 사람이 장애인보조견을 동반하고 도로를 횡단하는 모습을 발견하였을 때의 올바른 운전방법은?

① 주·정차 금지 장소인 경우 그대로 진행한다.
② **일시정지한다.**
③ 즉시 정차하여 앞을 보지 못하는 사람이 되돌아가도록 안내한다.
④ 경음기를 울리며 보호한다.

> 「도로교통법」 제49조(모든 운전자의 준수사항 등)
> ① 모든 차의 운전자는 다음 각 호의 사항을 지켜야 한다.
>   2. 다음 각 목의 어느 하나에 해당하는 경우에는 **일시정지**할 것
>   나. **앞을 보지 못하는 사람**이 **흰색 지팡이**를 가지거나 **장애인보조견을 동반**하는 등의 조치를 하고 **도로를 횡단**하고 있는 경우

189

도로교통법상 모든 차의 운전자는 어린이보호구역 내에 설치된 횡단보도 중 신호기가 설치되지 아니한 횡단보도 앞에서는 보행자의 횡단 여부와 관계없이 (   )하여야 한다. (   ) 안에 맞는 것은?

① 서행
② **일시정지**
③ 서행 또는 일시정지
④ 감속주행

> 「도로교통법」 제27조(보행자의 보호)
> ⑦ 모든 차의 운전자는 **어린이보호구역 내**에 설치된 횡단보도 중 **신호기가 설치되지 아니한 횡단보도 앞**에서는 보행자의 횡단 여부와 관계없이 **일시정지**하여야 한다.

190

다음 중 도로교통법상 횡단보도가 없는 도로에서 보행자의 가장 올바른 횡단방법은?

① 통과차량 바로 뒤로 횡단한다.
② 차량통행이 없을 때 빠르게 횡단한다.
③ 횡단보도가 없는 곳이므로 아무 곳이나 횡단한다.
④ **도로에서 가장 짧은 거리로 횡단한다.**

> 「도로교통법」 제10조 제3항
> 보행자는 제1항에 따른 **횡단보도가 설치되어 있지 아니한 도로**에서는 가장 짧은 거리로 횡단하여야 한다.

191

도로를 횡단하는 보행자 보호에 대한 설명으로 맞는 것은?

① 교차로 이외의 도로에서는 보행자 보호의무가 없다.
② 신호를 위반하는 무단횡단 보행자는 보호할 의무가 없다.
③ **무단횡단 보행자도 보호하여야 한다.**
④ 일방통행 도로에서는 무단횡단 보행자를 보호할 의무가 없다.

> 「도로교통법」 제27조(보행자의 보호)
> ⑤ 모든 차 또는 노면전차의 운전자는 보행자가 제10조 제3항에 따라 **횡단보도가 설치되어 있지 아니한 도로**를 횡단하고 있을 때에는 **안전거리를 두고 일시정지**하여 보행자가 안전하게 횡단할 수 있도록 하여야 한다.

192

다음 중 도로교통법상 보행자전용도로에 대한 설명으로 맞는 2가지는?

① **통행이 허용된 차마의 운전자는 통행 속도를 보행자의 걸음 속도로 운행하여야 한다.**
② 차마의 운전자는 원칙적으로 보행자전용도로를 통행할 수 있다.
③ 경찰서장이 특히 필요하다고 인정하는 경우는 차마의 통행을 허용할 수 없다.
④ **통행이 허용된 차마의 운전자는 보행자를 위험하게 할 때는 일시정지하여야 한다.**

> 「도로교통법」 제28조(보행자전용도로의 설치)
> ① 시·도경찰청장이나 경찰서장은 보행자의 통행을 보호하기 위하여 특히 필요한 경우에는 도로에 보행자전용도로를 설치할 수 있다.
> ② 차마의 운전자는 제1항에 따른 보행자전용도로를 통행하여서는 아니 된다. 다만 시·도경찰청장이나 경찰서장은 특히 필요하다고 인정하는 경우에는 보행자전용도로에 차마의 통행을 허용할 수 있다.
> ③ 제2항 단서에 따라 **보행자전용도로의 통행이 허용된 차마의 운전자**는 보행자를 위험하게 하거나 보행자의 통행을 방해하지 아니하도록 **차마를 보행자의 걸음 속도로 운행하거나 일시정지**하여야 한다.

193

도로교통법령상 원칙적으로 차도의 통행이 허용되지 않는 사람은?

① **보행보조용 의자차를 타고 가는 사람**
② 사회적으로 중요한 행사에 따라 시가를 행진하는 사람
③ 도로에서 청소나 보수 등의 작업을 하고 있는 사람
④ 사다리 등 보행자의 통행에 지장을 줄 우려가 있는 물건을 운반 중인 사람

> 「도로교통법」 시행령 제7조(차도를 통행할 수 있는 사람 또는 행렬) 법 제9조 제1항 전단에서 '대통령령으로 정하는 사람이나 행렬'이란 다음 각 호의 어느 하나에 해당하는 사람이나 행렬을 말한다.
> 1. 말·소 등의 큰 동물을 몰고 가는 사람
> 2. 사다리, 목재, 그 밖에 보행자의 통행에 지장을 줄 우려가 있는 물건을 운반 중인 사람
> 3. 도로에서 청소나 보수 등의 작업을 하고 있는 사람
> 4. 군부대나 그 밖에 이에 준하는 단체의 행렬
> 5. 기(旗) 또는 현수막 등을 휴대한 행렬
> 6. 장의(葬儀) 행렬

194

차량 운전 중 차량 신호등과 횡단보도 보행자 신호등이 모두 고장 난 경우 횡단보도 통과방법으로 옳은 것은?

① 횡단하는 사람이 있는 경우 서행으로 통과한다.
② 횡단보도에 사람이 없으면 서행하지 않고 빠르게 통과한다.
③ 신호등 고장으로 횡단보도 기능이 상실되었으므로 서행할 필요가 없다.
④ **횡단하는 사람이 있는 경우 횡단보도 직전에 일시정지한다.**

> 「도로교통법」 시행령 제27조 제1항
> 모든 차 또는 노면전차의 운전자는 보행자(제13조의2 제6항에 따라 자전거에서 내려서 자전거를 끌거나 들고 통행하는 자전거등의 운전자를 포함한다)가 횡단보도를 통행하고 있거나 통행하려고 하는 때에는 보행자의 횡단을 방해하거나 위험을 주지 아니하도록 그 **횡단보도 앞(정지선이 설치되어 있는 곳에서는 그 정지선을 말한다)**에서 **일시정지**하여야 한다.

195

다음 중 보행등의 녹색 등화가 점멸할 때 보행자의 가장 올바른 통행방법은?

① **횡단보도에 진입하지 않은 보행자는 다음 신호 때까지 기다렸다가 보행등의 녹색 등화 때 통행하여야 한다.**
② 횡단보도 중간에 그냥 서있는다.
③ 다음 신호를 기다리지 않고 횡단보도를 건넌다.
④ 적색 등화로 바뀌기 전에는 언제나 횡단을 시작할 수 있다.

> 「도로교통법」 시행규칙 별표2(신호기가 표시하는 신호의 종류 및 신호의 뜻)
> **녹색 등화의 점멸** : 보행자는 횡단을 시작하여서는 아니 되고, 횡단하고 있는 보행자는 신속하게 횡단을 완료하거나 그 횡단을 중지하고 보도로 되돌아와야 한다.

196

다음 중 도로교통법상 보도를 통행하는 보행자에 대한 설명으로 맞는 것은?

① 125시시 미만의 이륜차를 타고 보도를 통행하는 사람은 보행자로 볼 수 있다.
② 자전거를 타고 가는 사람은 보행자로 볼 수 있다.
③ **보행보조용 의자차를 이용하는 사람은 보행자로 볼 수 있다.**
④ 49시시 원동기장치자전거를 타고 가는 사람은 보행자로 볼 수 있다.

> 「도로교통법」 제2조(정의) 제10호 '보도(步道)'란 연석선, 안전표지나 그와 비슷한 인공구조물로 경계를 표시하여 **보행자**(유모차와 행정안전부령으로 정하는 **보행보조용 의자차**를 포함한다. 이하 같다)가 통행할 수 있도록 한 도로의 부분을 말한다.

197

노인보호구역에서 자동차에 싣고 가던 화물이 떨어져 노인에게 2주 진단의 상해를 입힌 운전자에 대한 처벌 2가지는?

① **피해자의 처벌의사에 관계없이 형사처벌된다.**
② 피해자와 합의하면 처벌되지 않는다.
③ 손해를 전액 보상받을 수 있는 보험에 가입되어 있으면 처벌되지 않는다.
④ **손해를 전액 보상받을 수 있는 보험가입 여부와 관계없이 형사처벌된다.**

「교통사고처리특례법」 제3조(처벌의 특례) 제2항 제12호, 「도로교통법」 제39조 제4항을 위반하여 **자동차의 화물이 떨어지지 아니하도록 필요한 조치를 하지 아니하고 운전한 경우**에 해당되어 **종합보험에 가입되어도 형사처벌**을 받게 된다.

198

다음 중 도로교통법상 보행자의 보호에 대한 설명이다. 옳지 않은 것은?

① 보행자가 횡단보도를 통행하고 있을 때 그 직전에 일시정지하여야 한다.
② 경찰공무원의 신호나 지시에 따라 도로를 횡단하는 보행자의 통행을 방해하여서는 아니 된다.
③ 교차로에서 도로를 횡단하는 보행자의 통행을 방해하여서는 아니 된다.
④ **보행자가 횡단보도가 없는 도로를 횡단하고 있을 때에는 안전거리를 두고 서행하여야 한다.**

「도로교통법」 제27조(보행자의 보호)
① 모든 차 또는 노면전차의 운전자는 보행자(제13조의2 제6항에 따라 자전거등에서 내려서 자전거등을 끌거나 들고 통행하는 자전거등의 운전자를 포함한다)가 횡단보도를 통행하고 있거나 통행하려고 하는 때에는 보행자의 횡단을 방해하거나 위험을 주지 아니하도록 그 횡단보도 앞(정지선이 설치되어 있는 곳에서는 그 정지선을 말한다)에서 일시정지하여야 한다.
② 모든 차 또는 노면전차의 운전자는 교통정리를 하고 있는 교차로에서 좌회전이나 우회전을 하려는 경우에는 신호기 또는 경찰공무원등의 신호나 지시에 따라 도로를 횡단하는 보행자의 통행을 방해하여서는 아니 된다.
③ 모든 차의 운전자는 교통정리를 하고 있지 아니하는 교차로 또는 그 부근의 도로를 횡단하는 보행자의 통행을 방해하여서는 아니 된다.
⑤ 모든 차 또는 노면전차의 운전자는 보행자가 제10조 제3항에 따라 **횡단보도가 설치되어 있지 아니한 도로를 횡단하고 있을 때에는 안전거리를 두고 일시정지**하여 보행자가 안전하게 횡단할 수 있도록 하여야 한다.

199

다음 중 도로교통법상 횡단보도를 횡단하는 방법에 대한 설명으로 옳지 않은 것은?

① 개인형 이동장치를 끌고 횡단할 수 있다.
② 보행보조용 의자차를 타고 횡단할 수 있다.
③ **자전거를 타고 횡단할 수 있다.**
④ 유모차를 끌고 횡단할 수 있다.

「도로교통법」 제2조 제12호
횡단보도란 보행자가 도로를 횡단할 수 있도록 안전표지로 표시한 도로의 부분을 말한다.
「도로교통법」 제27조 제1항
모든 차의 운전자는 보행자(제13조의2 제6항에 따라 **자전거에서 내려서 자전거를 끌고 통행**하는 자전거 운전자를 포함한다)가 횡단보도를 통행하고 있을 때에는 보행자의 횡단을 방해하거나 위험을 주지 아니하도록 그 횡단보도 앞(정지선이 설치되어 있는 곳에서는 그 정지선을 말한다)에서 일시정지하여야 한다.

200

다음 중 도로교통법상 차마의 통행방법에 대한 설명이다. 잘못된 것은?

① 보도와 차도가 구분된 도로에서는 차도로 통행하여야 한다.
② **보도를 횡단하기 직전에 서행하여 좌·우를 살핀 후 보행자의 통행을 방해하지 않도록 횡단하여야 한다.**
③ 도로 중앙의 우측 부분으로 통행하여야 한다.
④ 도로가 일방통행인 경우 도로의 중앙이나 좌측 부분을 통행할 수 있다.

「도로교통법」 제13조 제2항
제1항 단서의 경우 차마의 운전자는 **보도를 횡단하기 직전에 일시정지**하여 좌측과 우측 부분 등을 살핀 후 보행자의 통행을 방해하지 아니하도록 횡단하여야 한다.

201

도로교통법령상 고원식 횡단보도는 제한속도를 매시 ( )킬로미터 이하로 제한할 필요가 있는 도로에 설치한다. ( ) 안의 기준으로 맞는 것은?

① 10
② 20
③ **30**
④ 50

「도로교통법」 시행규칙 별표6. 표시 533. 고원식 횡단보도 표시
고원식 횡단보도는 제한속도를 30km/h 이하로 제한할 필요가 있는 도로에서 횡단보도를 노면보다 높게 하여 운전자의 주의를 환기시킬 필요가 있는 지점에 설치한다.

202

도로교통법상 보도와 차도가 구분이 되지 않는 도로 중 중앙선이 있는 도로에서 보행자의 통행방법으로 가장 적절한 것은?

① 차도 중앙으로 보행한다.
② 차도 우측으로 보행한다.
③ **길 가장자리구역으로 보행한다.**
④ 도로의 전 부분으로 보행한다.

> 「도로교통법」 제8조(보행자의 통행)
> ① **보행자는** 보도와 차도가 구분되지 아니한 도로 중 **중앙선이 있는 도로**(일방통행인 경우에는 차선으로 구분된 도로를 포함한다)에서는 **길 가장자리 또는 길 가장자리구역으로 통행**하여야 한다.
> ② 보행자는 다음 각 호의 어느 하나에 해당하는 곳에서는 도로의 전 부분으로 통행할 수 있다. 이 경우 보행자는 고의로 차마의 진행을 방해하여서는 아니 된다.
>   1. 보도와 차도가 구분되지 아니한 도로 중 중앙선이 없는 도로(일방통행인 경우에는 차선으로 구분되지 아니한 도로에 한정한다. 이하 같다)
>   2. 보행자우선도로

203

도로교통법상 연석선, 안전표지나 그와 비슷한 인공구조물로 경계를 표시하여 보행자가 통행할 수 있도록 한 도로의 부분은?

① **보도**
② 길 가장자리구역
③ 횡단보도
④ 자전거횡단도

> 「도로교통법」 제2조 제10호
> **보도란** 연석선, 안전표지나 그와 비슷한 **인공구조물로 경계를 표시하여 보행자**(유모차와 행정안전부령으로 정하는 보행보조용 의자차를 포함한다. 이하 같다)**가 통행할 수 있도록 한 도로의 부분**을 말한다.

204

도로교통법령상 차량 운전 중 일시정지해야 할 상황이 아닌 것은?

① 어린이가 보호자 없이 도로를 횡단할 때
② 차량 신호등이 적색 등화의 점멸 신호일 때
③ 어린이가 도로에서 앉아 있거나 서있을 때
④ **차량 신호등이 황색 등화의 점멸 신호일 때**

> 「도로교통법」 제49조(모든 운전자의 준수사항) 제1항 제2호, 「도로교통법」 시행규칙 별표2
> 차량 신호등이 **황색 등화의 점멸 신호일 때는** 다른 교통 또는 **안전표지의 표시에 주의하면서 진행**할 수 있다.

205

도로교통법상 차의 운전자가 다음과 같은 상황에서 서행하여야 할 경우는?

① 자전거를 끌고 횡단보도를 횡단하는 사람을 발견하였을 때
② **이면도로에서 보행자의 옆을 지나갈 때**
③ 보행자가 횡단보도를 횡단하는 것을 봤을 때
④ 보행자가 횡단보도가 없는 도로를 횡단하는 것을 봤을 때

> 「도로교통법」 제27조 제4항
> 모든 차의 운전자는 도로에 설치된 안전지대에 보행자가 있는 경우와 차로가 설치되지 아니한 좁은 도로에서 **보행자의 옆을 지나는 경우에는 안전한 거리를 두고 서행**하여야 한다.

206

도로교통법령상 보행신호등이 점멸할 때 올바른 횡단방법이 아닌 것은?

① 보행자는 횡단을 시작하여서는 안 된다.
② 횡단하고 있는 보행자는 신속하게 횡단을 완료하여야 한다.
③ 횡단을 중지하고 보도로 되돌아와야 한다.
④ **횡단을 중지하고 그 자리에서 다음 신호를 기다린다.**

> 「도로교통법」 시행규칙 제6조 제2항, 별표2
> 신호기가 표시하는 신호의 종류 및 신호의 뜻 중 보행신호등

207

다음 중 도로교통법령상 대각선 횡단보도의 보행신호가 녹색 등화일 때 차마의 통행방법으로 옳은 것은?

① **직진하려는 때에는 정지선의 직전에 정지하여야 한다.**
② 보행자가 없다면 속도를 높여 우회전할 수 있다.
③ 보행자가 없다면 속도를 높여 좌회전할 수 있다.
④ 보행자가 횡단하지 않는 방향으로는 진행할 수 있다.

> 「도로교통법」 시행규칙 제6조 제2항, 별표2
> 신호기가 표시하는 신호의 종류 및 신호의 뜻 중 적색의 등화

208
도로교통법상 차의 운전자가 그 차의 바퀴를 일시적으로 완전히 정지시키는 것은?

① 서행
② 정차
③ 주차
④ **일시정지**

> 「도로교통법」 제2조 제30호
> '**일시정지**'란 차의 운전자가 그 차의 바퀴를 **일시적으로 완전히 정지**시키는 것을 말한다.

209
다음 중 도로교통법상 의료용 전동휠체어가 통행할 수 없는 곳은?

① **자전거전용도로**
② 길 가장자리구역
③ 보도
④ 도로의 가장자리

> 「도로교통법」 제8조 제1항
> **보행자**는 보도와 차도가 구분된 도로에서는 **언제나 보도로 통행하여야 한다.** 다만 차도를 횡단하는 경우, 도로공사 등으로 보도의 통행이 금지된 경우나 그 밖의 부득이한 경우에는 그러하지 아니하다.

210
교통정리가 없는 교차로에서 좌회전하는 방법 중 가장 옳은 것은?

① 일반도로에서는 좌회전하려는 교차로 직전에서 방향지시등을 켜고 좌회전한다.
② 미리 도로의 중앙선을 따라 서행하면서 교차로의 중심 바깥쪽으로 좌회전한다.
③ 시·도경찰청장이 지정하더라도 교차로의 중심 바깥쪽을 이용하여 좌회전할 수 없다.
④ **반드시 서행하여야 하고 일시정지는 상황에 따라 운전자가 판단하여 실시한다.**

> 일반도로에서 좌회전하려는 때에는 좌회전하려는 지점에서부터 30미터 이상의 지점에서 방향지시등을 켜야 하고 도로 중앙선을 따라 서행하며 교차로의 중심 안쪽으로 좌회전해야 하며, 시·도 경찰청장이 지정한 곳에서는 교차로의 중심 바깥쪽으로 좌회전할 수 있다. 그리고 **좌회전할 때에는 항상 서행할 의무가 있으나 일시정지는 상황에 따라 할 수도 있고 안 할 수도 있다.**

211
도로교통법령상 설치되는 차로의 너비는 ( )미터 이상으로 하여야 한다. 이 경우 좌회전전용 차로의 설치 등 부득이하다고 인정되는 때에는 ( )센티미터 이상으로 할 수 있다. ( ) 안의 기준으로 각각 맞는 것은?

① 5, 300
② 4, 285
③ **3, 275**
④ 2, 265

> 「도로교통법」 시행규칙 제15조(차로의 설치) 제2항
> **차로의 너비는 3미터 이상**으로 하여야 하되, 좌회전전용차로의 설치 등 **부득이하다고 인정되는 때에는 275센티미터 이상**으로 할 수 있다.

212
도로 우측 부분의 폭이 6미터가 되지 아니하는 도로에서 다른 차를 앞지르기할 수 있는 경우로 맞는 것은?

① 도로의 좌측 부분을 확인할 수 없는 경우
② 반대방향의 교통을 방해할 우려가 있는 경우
③ **앞차가 저속으로 진행하고 다른 차와 안전거리가 확보된 경우**
④ 안전표지 등으로 앞지르기를 금지하거나 제한하고 있는 경우

> 「도로교통법」 제13조(차마의 통행) 제4항 제3호

213
도로교통법상 시간대에 따라 양방향의 통행량이 뚜렷하게 다른 도로에는 교통량이 많은 쪽으로 차로의 수가 확대될 수 있도록 신호기에 의하여 차로의 진행방향을 지시하는 차로는?

① **가변차로**
② 버스전용차로
③ 가속차로
④ 앞지르기 차로

> 「도로교통법」 제14조(차로의 설치 등) 제1항
> 시·도경찰청장은 시간대에 따라 양방향의 통행량이 뚜렷하게 다른 도로에는 교통량이 많은 쪽으로 차로의 수가 확대될 수 있도록 **신호기에 의하여 차로의 진행방향을 지시하는 가변차로**를 설치할 수 있다.

214

도로교통법령상 '모든 차의 운전자는 교차로에서 (   )을 하려는 경우에는 미리 도로의 우측 가장자리를 서행하면서 (   )하여야 한다. 이 경우 (   )하는 차도의 운전자는 신호에 따라 정지하거나 진행하는 보행자 또는 자전거 등에 주의하여야 한다.' (   ) 안에 맞는 것으로 짝지어진 것은?

① 우회전 - 우회전 - 우회전
② 좌회전 - 좌회전 - 좌회전
③ 우회전 - 좌회전 - 우회전
④ 좌회전 - 우회전 - 좌회전

> 「도로교통법」 제25조(교차로 통행방법)
> ① 모든 차의 운전자는 교차로에서 **우회전을 하려는 경우에는 미리 도로의 우측 가장자리를 서행**하면서 우회전하여야 한다. 이 경우 우회전하는 차의 운전자는 신호에 따라 정지하거나 진행하는 보행자 또는 자전거등에 주의하여야 한다. 〈개정 2020.6.9.〉

215

다음 중 도로교통법상 차로변경에 대한 설명으로 맞는 것은?

① 다리 위는 위험한 장소이기 때문에 백색실선으로 차로변경을 제한하는 경우가 많다.
② 차로변경을 제한하고자 하는 장소는 백색점선의 차선으로 표시되어 있다.
③ 차로변경 금지장소에서는 도로공사 등으로 장애물이 있어 통행이 불가능한 경우라도 차로변경을 해서는 안 된다.
④ 차로변경 금지장소이지만 안전하게 차로를 변경하면 법규위반이 아니다.

> • 도로의 파손 등으로 진행할 수 없을 경우에는 차로를 변경하여 주행하여야 하며, 차로변경 금지장소에서는 안전하게 차로를 변경하여도 법규위반에 해당한다.
> • **차로변경 금지선은 실선으로 표시**한다.

216

다음 중 녹색 등화 교차로에 진입하여 신호가 바뀐 후에도 지나가지 못해 다른 차량 통행을 방해하는 행위인 '꼬리물기'를 하였을 때의 위반 행위로 맞는 것은?

① 교차로 통행방법위반
② 일시정지위반
③ 진로 변경방법위반
④ 혼잡 완화 조치위반

> 모든 차 또는 노면전차의 운전자는 신호기로 교통정리를 하고 있는 교차로에 들어가려는 경우에는 진행하려는 진로의 앞쪽에 있는 차 또는 노면전차의 상황에 따라 교차로(정지선이 설치되어 있는 경우에는 그 정지선을 넘은 부분을 말한다)에 정지하게 되어 다른 차 또는 노면전차의 통행에 방해가 될 우려가 있는 경우에는 그 교차로에 들어가서는 아니 된다(「도로교통법」 제25조 제5항). 이를 위반하는 것을 꼬리물기라 한다.

217

도로교통법상 보도와 차도의 구분이 없는 도로에 차로를 설치하는 때 보행자가 안전하게 통행할 수 있도록 그 도로의 양쪽에 설치하는 것은?

① 안전지대
② 진로변경제한선 표시
③ 갓길
④ 길 가장자리구역

> 「도로교통법」 제2조(정의) 제11호(길 가장자리구역)
> '길 가장자리구역'이란 보도와 차도가 구분되지 아니한 도로에서 **보행자의 안전을 확보하기 위하여 안전표지 등으로 경계를 표시한 도로의 가장자리** 부분을 말한다.

218

도로교통법령상 1·2차로가 좌회전 차로인 교차로의 통행방법으로 맞는 것은?

① 승용자동차는 1차로만을 이용하여 좌회전하여야 한다.
② 승용자동차는 2차로만을 이용하여 좌회전하여야 한다.
③ 대형승합자동차는 1차로만을 이용하여 좌회전하여야 한다.
④ 대형승합자동차는 2차로만을 이용하여 좌회전하여야 한다.

> 좌회전 차로가 2개 이상 설치된 교차로에서 좌회전하려는 차는 그 설치된 좌회전 차로 내에서 「도로교통법」 시행규칙 별표9의 고속도로 외의 차로 구분에 따라 좌회전하여야 한다.

219
고속도로의 가속차로에 대한 설명으로 옳은 것은?

① 고속도로 주행 차량이 진출로로 진출하기 위해 차로변경할 수 있도록 유도하는 차로
② **고속도로로 진입하는 차량이 충분한 속도를 낼 수 있도록 유도하는 차로**
③ 고속도로에서 앞지르기하고자 하는 차량이 속도를 낼 수 있도록 유도하는 차로
④ 오르막에서 대형차량들의 속도 감소로 인한 영향을 줄이기 위해 설치한 차로

> 도로의 구조·시설 기준에 관한 규칙 해설(2020), 국토교통부, p.40
> **변속차로란** 고속 주행하는 자동차가 감속해서 다른 도로로 진입할 경우 또는 저속 주행하는 자동차가 고속 주행하고 있는 자동차군으로 유입할 경우에 본선의 다른 고속 자동차의 주행을 방해하지 않고 **안전하게 감속 또는 가속하도록 설치하는 부가차로**를 말한다. 일반적으로 **전자를 감속차로, 후자를 가속차로**라 한다.

220
도로교통법령상 고속도로 외의 도로에서 왼쪽 차로를 통행할 수 있는 차종으로 맞는 것은?

① **승용자동차 및 경형·소형·중형승합자동차**
② 대형승합자동차
③ 화물자동차
④ 특수자동차 및 이륜자동차

> 「도로교통법」 시행규칙 별표9(차로에 따른 통행차의 기준)
> 고속도로 외의 도로에서 **왼쪽차로는 승용자동차 및 경형·소형·중형승합자동차가 통행할 수 있는 차종**이다.

221
고속도로에 진입한 후 잘못 진입한 사실을 알았을 때 가장 적절한 행동은?

① 갓길에 정차한 후 비상점멸등을 켜고 고속도로 순찰대에 도움을 요청한다.
② **이미 진입하였으므로 다음 출구까지 주행한 후 빠져 나온다.**
③ 비상점멸등을 켜고 진입했던 길로 서서히 후진하여 빠져 나온다.
④ 진입 차로가 2개 이상일 경우에는 유턴하여 돌아 나온다.

> 고속도로에 진입한 후 **잘못 진입한 경우 다음 출구까지 주행한 후 빠져 나온다.**

222
도로교통법령상 도로에 설치하는 노면 표시의 색이 잘못 연결된 것은?

① 안전지대 중 양방향 교통을 분리하는 표시는 노란색
② 버스전용차로표시는 파란색
③ 노면색깔유도선 표시는 분홍색, 연한녹색 또는 녹색
④ **어린이보호구역 안에 설치하는 속도제한표시의 테두리선은 흰색**

> 「도로교통법」 시행규칙 별표6(안전표지의 종류, 만드는 방식 및 설치·관리 기준) 일반 기준 제2호
> **어린이보호구역 안에 설치하는 속도제한표시의 테두리선은 빨간색**

223
자동차 운전 시 유턴이 허용되는 노면 표시 형식은? (단, 유턴표지가 있는 곳)

① 도로의 중앙에 황색 실선 형식으로 설치된 노면 표시
② 도로의 중앙에 백색 실선 형식으로 설치된 노면 표시
③ **도로의 중앙에 백색 점선 형식으로 설치된 노면 표시**
④ 도로의 중앙에 청색 실선 형식으로 설치된 노면 표시

> 도로 중앙에 **백색 점선 형식의 노면 표시가 설치된 구간에서 유턴이 허용**된다.

224
도로교통법령상 다인승전용차로를 통행할 수 있는 차의 기준으로 맞는 2가지는?

① **3명 이상 승차한 승용자동차**
② 3명 이상 승차한 화물자동차
③ **3명 이상 승차한 승합자동차**
④ 2명 이상 승차한 이륜자동차

> 「도로교통법」 시행령 별표1(전용차로의 종류와 전용차로 통행할 수 있는 차)

225

도로교통법령상 차로에 따른 통행구분 설명이다. 잘못된 것은?

① 차로의 순위는 도로의 중앙선쪽에 있는 차로부터 1차로로 한다.
② 느린 속도로 진행하여 다른 차의 정상적인 통행을 방해할 우려가 있는 때에는 그 통행하던 차로의 오른쪽 차로로 통행하여야 한다.
③ **일방통행 도로에서는 도로의 오른쪽부터 1차로 한다.**
④ 편도 2차로 고속도로에서 모든 자동차는 2차로로 통행하는 것이 원칙이다.

> 「도로교통법」 시행규칙 제16조(차로에 따른 통행구분)
> 일방통행 도로에서는 **도로의 왼쪽부터 1차로로** 한다.

226

자동차 운전자는 폭우로 가시거리가 50미터 이내인 경우 도로교통법령상 최고속도의 (   )을 줄인 속도로 운행하여야 한다. (   )의 기준으로 맞는 것은?

① **100분의 50**   ② 100분의 40
③ 100분의 30   ④ 100분의 20

> 「도로교통법」 시행규칙 제19조(자동차등과 노면전차의 속도)
> ② 비·안개·눈 등으로 인한 악천후 시에는 제1항에 불구하고 다음 각 호의 기준에 의하여 감속 운행하여야 한다.
>   1. 최고속도의 100분의 20을 줄인 속도로 운행하여야 하는 경우
>   가. 비가 내려 노면이 젖어 있는 경우
>   나. 눈이 20밀리미터 미만 쌓인 경우
>   2. 최고속도의 **100분의 50을 줄인** 속도로 운행하여야 하는 경우
>   가. 폭우·폭설·안개 등으로 **가시거리가 100미터 이내인** 경우
>   나. 노면이 얼어붙은 경우
>   다. 눈이 20밀리미터 이상 쌓인 경우

227

도로교통법령상 차마의 통행방법 및 속도에 대한 설명으로 옳지 않은 것은?

① 신호등이 없는 교차로에서 좌회전할 때 직진하려는 다른 차가 있는 경우 직진 차에게 차로를 양보하여야 한다.
② 차도와 보도의 구별이 없는 도로에서 차량을 정차할 때 도로의 오른쪽 가장자리로부터 중앙으로 50센티미터 이상의 거리를 두어야 한다.
③ 교차로에서 앞차가 우회전을 하려고 신호를 하는 경우 뒤따르는 차는 앞차의 진행을 방해해서는 안 된다.
④ **자동차전용도로에서의 최저속도는 매시 40킬로미터이다.**

> ① 「도로교통법」 제26조 제4항
> ② 「도로교통법」 시행령 제11조 제1항, 제1호
> ③ 「도로교통법」 제25조 제4항
> ④ 자동차전용도로에서의 **최저속도는 매시 30킬로미터**이다(「도로교통법」 시행규칙 제19조 제1항 제2호).

228

다음은 도로에서 최고속도를 위반하여 자동차등(개인형 이동장치 제외)을 운전한 경우 처벌 기준은?

① 시속 100킬로미터를 초과한 속도로 3회 이상 운전한 사람은 500만 원 이하의 벌금 또는 구류
② **시속 100킬로미터를 초과한 속도로 3회 이상 운전한 사람은 1년 이하의 징역이나 500만 원 이하의 벌금**
③ 시속 100킬로미터를 초과한 속도로 2회 운전한 사람은 300만 원 이하의 벌금
④ 시속 80킬로미터를 초과한 속도로 운전한 사람은 50만 원 이하의 벌금 또는 구류

> 「도로교통법」 제151조의2, 법 제153조, 법 제154조
> • 최고속도보다 **시속 100킬로미터를 초과한 속도로 3회 이상 자동차등을 운전한 사람은 1년 이하의 징역이나 500만 원 이하의 벌금**
> • 최고속도보다 시속 100킬로미터를 초과한 속도로 자동차등을 운전한 사람은 100만 원 이하의 벌금 또는 구류
> • 최고속도보다 시속 80킬로미터를 초과한 속도로 자동차등을 운전한 사람 30만 원 이하의 벌금 또는 구류

229

차마의 운전자가 도로의 좌측으로 통행할 수 없는 경우로 맞는 것은?

① **안전표지 등으로 앞지르기를 제한하고 있는 경우**
② 도로가 일방통행인 경우
③ 도로 공사 등으로 도로의 우측 부분을 통행할 수 없는 경우
④ 도로의 우측 부분의 폭이 차마의 통행에 충분하지 아니한 경우

「도로교통법」 제13조(차마의 통행) 제4항

230

교차로와 딜레마존(Dilemma Zone) 통과방법 중 가장 거리가 먼 것은?

① 교차로 진입 전 교통 상황을 미리 확인하고 안전거리 유지와 감속운전으로 모든 상황을 예측하며 방어운전을 한다.
② 적색 신호에서 교차로에 진입하면 신호위반에 해당된다.
③ 신호등이 녹색에서 황색으로 바뀔 때 앞바퀴가 정지선을 진입했다면 교차로 교통상황을 주시하며 신속하게 교차로 밖으로 진행한다.
④ **과속하는 상황일수록 딜레마존(Dilemma Zone)은 더욱 짧아지게 되며 운전자의 결정도 그만큼 빨라지게 된다.**

「도로교통법」 시행규칙 제6조 제2항

231

다음 중 도로교통법상 교차로에서의 서행에 대한 설명으로 가장 적절한 것은?

① **차가 즉시 정지시킬 수 있는 정도의 느린 속도로 진행하는 것**
② 매시 30킬로미터의 속도를 유지하여 진행하는 것
③ 사고를 유발하지 않을 만큼의 속도로 느리게 진행하는 것
④ 앞차의 급정지를 피할 만큼의 속도로 진행하는 것

「도로교통법」 제2조(정의) 제28호
'서행(徐行)'이란 운전자가 차를 즉시 정지시킬 수 있는 정도의 느린 속도로 진행하는 것을 말한다.

232

다음은 차간거리에 대한 설명이다. 올바르게 표현된 것은?

① **공주거리는 위험을 발견하고 브레이크 페달을 밟아 브레이크가 듣기 시작할 때까지의 거리를 말한다.**
② 정지거리는 앞차가 급정지할 때 추돌하지 않을 정도의 거리를 말한다.
③ 안전거리는 브레이크를 작동시켜 완전히 정지할 때까지의 거리를 말한다.
④ 제동거리는 위험을 발견한 후 차량이 완전히 정지할 때까지의 거리를 말한다.

① 공주거리를 의미
② 안전거리를 의미
③ 제동거리를 의미
④ 정지거리를 의미

233

다음 중 앞지르기가 가능한 장소는?

① 교차로
② **중앙선(황색 점선)**
③ 터널 안(흰색 점선 차로)
④ 다리 위(흰색 점선 차로)

교차로, 황색실선 구간, 터널 안, 다리 위, 시·도경찰청장이 지정한 곳은 앞지르기 금지 장소이다.

234

신호등이 없는 교차로에서 우회전하려 할 때 옳은 것은?

① 가급적 빠른 속도로 신속하게 우회전한다.
② **교차로에 선진입한 차량이 통과한 뒤 우회전한다.**
③ 반대편에서 앞서 좌회전하고 있는 차량이 있으면 안전에 유의하며 함께 우회전한다.
④ 폭이 넓은 도로에서 좁은 도로로 우회전할 때는 다른 차량에 주의할 필요가 없다.

교차로에서 우회전할 때에는 서행으로 우회전해야 하고, **선진입한 좌회전 차량에 차로를 양보**해야 한다. 그리고 폭이 넓은 도로에서 좁은 도로로 우회전할 때에도 다른 차량에 주의해야 한다.

235

신호기의 신호가 있고 차량보조신호가 없는 교차로에서 우회전하려고 한다. 도로교통법령상 잘못된 것은?

① 차량신호가 적색 등화인 경우 횡단보도에서 보행자신호와 관계없이 정지선 직전에 일시정지한다.
② 차량신호가 녹색 등화인 경우 정지선 직전에 일시정지하지 않고 우회전한다.
③ 차량신호가 좌회전 신호인 경우 횡단보도에서 보행자신호와 관계없이 정지선 직전에 일시정지한다.
④ **차량신호에 관계없이 다른 차량의 교통을 방해하지 않은 때 일시정지하지 않고 우회전한다.**

「도로교통법」 제25조, 「도로교통법」 시행령 별표2, 「도로교통법」 시행규칙 별표2
① 차량신호가 **적색 등화인 경우** 횡단보도에서 보행자신호와 관계없이 정지선 직전에 **일시정지 후** 신호에 따라 진행하는 다른 차량의 **교통을 방해하지 않고 우회전**한다.
② 차량신호가 녹색 등화인 경우 횡단보도에서 일지정지 의무는 없다.
③ 차량신호가 녹색 화살표 등화(좌회전)인 경우 횡단보도에서 보행자신호와 관계없이 정지선 직전에 일시정지 후 신호에 따라 진행하는 다른 차량의 교통을 방해하지 않고 우회전한다.
※ 일시정지하지 않는 경우 신호위반, 일시정지하였으나 보행자 통행을 방해한 경우 보행자 보호의무위반으로 처벌된다.

236

교차로에서 좌·우회전하는 방법을 가장 바르게 설명한 것은?

① 우회전을 하고자 하는 때에는 신호에 따라 정지 또는 진행하는 보행자와 자전거에 주의하면서 신속히 통과한다.
② 좌회전을 하고자 하는 때에는 항상 교차로 중심 바깥쪽으로 통과해야 한다.
③ **우회전을 하고자 하는 때에는 미리 우측 가장자리를 따라 서행하여야 한다.**
④ 신호기 없는 교차로에서 좌회전을 하고자 할 경우 보행자가 횡단 중이면 그 앞을 신속히 통과한다.

모든 차의 운전자는 교차로에서 **우회전을 하고자 하는 때에는 미리 도로의 우측 가장자리를 서행하면서 우회전**하여야 한다. 이 경우 우회전하는 차의 운전자는 신호에 따라 정지 또는 진행하는 보행자 또는 자전거에 주의하여야 한다.

237

정지거리에 대한 설명으로 맞는 것은?

① 운전자가 브레이크 페달을 밟은 후 최종적으로 정지한 거리
② 앞차가 급정지 시 앞차와의 추돌을 피할 수 있는 거리
③ **운전자가 위험을 발견하고 브레이크 페달을 밟아 실제로 차량이 정지하기까지 진행한 거리**
④ 운전자가 위험을 감지하고 브레이크 페달을 밟아 브레이크가 실제로 작동하기 전까지의 거리

① 제동거리를 의미
② 안전거리를 의미
④ 공주거리를 의미

238

올바른 교차로 통행방법으로 맞는 것은?

① 신호등이 적색 점멸인 경우 서행한다.
② 신호등이 황색 점멸인 경우 빠르게 통행한다.
③ **교차로에서는 앞지르기를 하지 않는다.**
④ 교차로 접근 시 전조등을 항상 상향으로 켜고 진행한다.

교차로에서는 황색 점멸인 경우 주의하며 통행, 적색 점멸인 경우 일시정지한다. 교차로 접근 시 전조등을 상향으로 켜는 것은 상대방의 안전운전에 위협이 된다.

239

도로교통법령상 주거지역·상업지역 및 공업지역의 일반도로에서 제한할 수 있는 속도로 맞는 것은?

① 시속 20킬로미터 이내
② 시속 30킬로미터 이내
③ 시속 40킬로미터 이내
④ **시속 50킬로미터 이내**

속도 저감을 통해 도로교통 참가자의 안전을 위한 5030정책의 일환으로 2021년 4월 17일 「도로교통법」 시행규칙이 시행되어 **주거, 상업, 공업지역의 일반도로는 매시 50킬로미터 이내**, 단 시·도경찰청장이 특히 필요하다고 인정하여 지정한 노선 또는 구간에서는 매시 60킬로미터 이내로 자동차등과 노면전차의 통행속도를 정한다.

240

하이패스 차로 설명 및 이용방법이다. 가장 올바른 것은?

① 하이패스 차로는 항상 1차로에 설치되어 있으므로 미리 일반차로에서 하이패스 차로로 진로를 변경하여 안전하게 통과한다.
② 화물차 하이패스 차로 유도선은 파란색으로 표시되어 있고 화물차전용차로이므로 주행하던 속도 그대로 통과한다.
③ 다차로 하이패스구간 통과속도는 매시 30킬로미터 이내로 제한하고 있으므로 미리 감속하여 서행한다.
④ **다차로 하이패스구간은 규정된 속도를 준수하고 하이패스 단말기 고장 등으로 정보를 인식하지 못하는 경우 도착지요금소에서 정산하면 된다.**

> 화물차 하이패스유도선 주황색, 일반하이패스차로는 파란색이고 다차로 하이패스구간은 매시 50~80킬로미터로 구간에 따라 다르다.

241

편도 3차로 자동차전용도로의 구간에 최고속도 매시 60킬로미터의 안전표지가 설치되어 있다. 다음 중 운전자의 속도 준수방법으로 맞는 것은?

① 매시 90킬로미터로 주행한다.
② 매시 80킬로미터로 주행한다.
③ 매시 70킬로미터로 주행한다.
④ **매시 60킬로미터로 주행한다.**

> 자동차등은 법정속도보다 안전표지가 지정하고 있는 규제속도를 우선 준수해야 한다.

242

다음 중 도로교통법상 차로를 변경할 때 안전한 운전방법으로 맞는 2가지는?

① 차로를 변경할 때 최대한 빠르게 해야 한다.
② 백색실선 구간에서만 할 수 있다.
③ **진행하는 차의 통행에 지장을 주지 않을 때 해야 한다.**
④ **백색점선 구간에서만 할 수 있다.**

> 차로변경은 차로변경이 가능한 구간에서 안전을 확인한 후 차로를 변경해야 한다.

243

교통사고 감소를 위해 도심부 최고속도를 시속 50킬로미터로 제한하고, 주거지역 등 이면도로는 시속 30킬로미터 이하로 하향 조정하는 교통안전 정책으로 맞는 것은?

① 뉴딜 정책
② **안전속도 5030**
③ 교통사고 줄이기 한마음 대회
④ 지능형 교통체계(ITS)

> 문제의 교통안전 정책은 '안전속도 5030'이다.
> 「도로교통법」 시행규칙 제19조 개정에 따라 국토의 계획 및 이용에 관한 법률 제36조 제1항 제1호 가목부터 다목까지의 규정에 따른 **주거지역, 상업지역, 공업지역의 일반도로는 매시 50킬로미터 이내**, 단 시·도경찰청장이 특히 필요하다고 인정하여 지정한 노선 또는 구간에서는 매시 60킬로미터 이내로 자동차 등과 노면전차의 통행속도를 정했다. 〈시행 2021.4.17.〉
> ① 뉴딜 정책 : 대공황 극복을 위하여 추진하였던 제반 정책
> ③ 교통사고 줄이기 한마음 대회 : 한국도로교통공단이 주최하고 행정안전부와 경찰청이 후원하는 교통안전 의식 고취 행사
> ④ 지능형 교통체계 : 전자, 정보, 통신, 제어 등의 기술을 교통체계에 접목시킨 교통시스템

244

비보호 좌회전교차로에서 좌회전하고자 할 때 설명으로 맞는 2가지는?

① **마주 오는 차량이 없을 때 반드시 녹색 등화에서 좌회전하여야 한다.**
② 마주 오는 차량이 모두 정지선 직전에 정지하는 적색 등화에서 좌회전하여야 한다.
③ **녹색 등화에서 비보호 좌회전할 때 사고가 나면 안전운전의무위반으로 처벌받는다.**
④ 적색 등화에서 비보호 좌회전할 때 사고가 나면 안전운전의무위반으로 처벌받는다.

> 비보호 좌회전은 비보호 좌회전 안전표지가 있고, 차량신호가 녹색 신호이고, 마주 오는 차량이 없을 때 좌회전할 수 있다. 또한 녹색 등화에서 비보호 좌회전 때 사고가 발생하면 2010년 8월 24일 이후 안전운전의무위반으로 처벌된다.

245

중앙 버스전용차로가 운영 중인 시내 도로를 주행하고 있다. 가장 안전한 운전방법 2가지는?

① 다른 차가 끼어들지 않도록 경음기를 계속 사용하며 주행한다.
② **우측의 보행자가 무단 횡단할 수 있으므로 주의하며 주행한다.**
③ **좌측의 버스정류장에서 보행자가 나올 수 있으므로 서행한다.**
④ 적색 신호로 변경될 수 있으므로 신속하게 통과한다.

> 중앙 버스전용차로(BRT) 구간 시내도로로 주행 중일 경우 버스정류장이 중앙에 위치하고 **횡단보도 길이가 짧아** 보행자의 무단 **횡단 사고가 많으므로 주의하며 서행**해야 한다.

246

교차로에서 우회전할 때 가장 안전한 운전 행동으로 맞는 2가지는?

① **방향지시등은 우회전하는 지점의 30미터 이상 후방에서 작동한다.**
② 백색 실선이 그려져 있으면 주의하며 우측으로 진로 변경한다.
③ **진행방향의 좌측에서 진행해 오는 차량에 방해가 없도록 우회전한다.**
④ 다른 교통에 주의하며 신속하게 우회전한다.

> 교차로에 접근하여 백색 실선이 그려져 있으면 그 구간에서는 진로 변경해서는 안 되고, 다른 교통에 주의하며 서행으로 회전해야 한다. 그리고 우회전할 때 신호등이 없는 **교차로에서는 통행 우선권이 있는 차량에게 차로를 양보**해야 한다.

247

교차로에서 우회전 중 소방차가 경광등을 켜고 사이렌을 울리며 접근할 경우에 가장 안전한 운전방법은?

① **교차로를 피하여 일시정지하여야 한다.**
② 즉시 현 위치에서 정지한다.
③ 서행하면서 우회전한다.
④ 교차로를 신속하게 통과한 후 계속 진행한다.

> 「도로교통법」 제29조(긴급자동차의 우선 통행)
> ④ 교차로나 그 부근에서 **긴급자동차가 접근하는 경우**에는 차마와 노면전차의 운전자는 **교차로를 피하여 일시정지**하여야 한다.

248

승용자동차 운전자가 앞지르기할 때의 운전방법으로 옳은 2가지는?

① **앞지르기를 시작할 때에는 좌측 공간을 충분히 확보하여야 한다.**
② **주행하는 도로의 제한속도 범위 내에서 앞지르기하여야 한다.**
③ 안전이 확인된 경우에는 우측으로 앞지르기할 수 있다.
④ 앞차의 좌측으로 통과한 후 후사경에 우측 차량이 보이지 않을 때 빠르게 진입한다.

> 모든 차의 운전자는 다른 차를 앞지르고자 하는 때에는 앞차의 좌측으로 통행하여야 한다. 앞지르고자 하는 모든 차의 운전자는 반대방향의 교통과 앞차 앞쪽의 교통에도 주의를 충분히 기울여야 하며, 앞차의 속도·차로와 그 밖의 도로 상황에 따라 방향지시기·등화 또는 경음기를 사용하는 등 **안전한 속도와 방법으로 앞지르기를 하여야 한다.**

249

도로를 주행할 때 안전운전방법으로 맞는 2가지는?

① 주차를 위해서는 되도록 안전지대에 주차를 하는 것이 안전하다.
② 황색 신호가 켜지면 신호를 준수하기 위하여 교차로 내에 정지한다.
③ **앞 차량이 급제동할 때를 대비하여 추돌을 피할 수 있는 거리를 확보한다.**
④ **앞지르기할 경우 앞 차량의 좌측으로 통행한다.**

> 앞 차량이 급제동할 때를 대비하여 **추돌을 피할 수 있는 거리를 확보**하며 **앞지르기할 경우 앞 차량의 좌측으로 통행**한다.

250

도로교통법상 긴급한 용도로 운행 중인 긴급자동차가 다가올 때 운전자의 준수사항으로 맞는 것은?

① 교차로에 긴급자동차가 접근할 때에는 교차로 내 좌측 가장자리에 일시정지하여야 한다.
② **교차로 외의 곳에서는 긴급자동차가 우선통행할 수 있도록 진로를 양보하여야 한다.**
③ 긴급자동차보다 속도를 높여 신속히 통과한다.
④ 그 자리에 일시정지하여 긴급자동차가 지나갈 때까지 기다린다.

> 「도로교통법」 제29조(긴급자동차의 우선 통행)
> ④ 교차로나 그 부근에서 **긴급자동차가 접근**하는 경우에는 차마와 노면전차의 운전자는 **교차로를 피하여 일시정지**하여야 한다.
> ⑤ 모든 차와 노면전차의 운전자는 제4항에 따른 곳 외의 곳에서 긴급자동차가 접근한 경우에는 **긴급자동차가 우선 통행할 수 있도록 진로를 양보**하여야 한다.

251

도로교통법상 긴급자동차 특례 적용대상이 아닌 것은?

① 자동차등의 속도 제한
② 앞지르기의 금지
③ 끼어들기의 금지
④ **보행자 보호**

> 제30조(긴급자동차에 대한 특례)
> 긴급자동차에 대하여는 다음 각 호의 사항을 적용하지 아니한다. 다만 제4호부터 제12호까지의 사항은 긴급자동차 중 제2조 제22호 가목부터 다목까지의 자동차와 대통령령으로 정하는 경찰용 자동차에 대해서만 적용하지 아니한다. 〈개정 2021.1.12.〉
> 1. 제17조에 따른 자동차등의 속도 제한. 다만 제17조에 따라 긴급자동차에 대하여 속도를 제한한 경우에는 같은 조의 규정을 적용한다.
> 2. 제22조에 따른 앞지르기의 금지
> 3. 제23조에 따른 끼어들기의 금지
> 4. 제5조에 따른 신호위반
> 5. 제13조 제1항에 따른 보도침범
> 6. 제13조 제3항에 따른 중앙선 침범
> 7. 제18조에 따른 횡단 등의 금지
> 8. 제19조에 따른 안전거리 확보 등
> 9. 제21조 제1항에 따른 앞지르기방법 등
> 10. 제32조에 따른 정차 및 주차의 금지
> 11. 제33조에 따른 주차금지
> 12. 제66조에 따른 고장 등의 조치

252

긴급자동차는 긴급자동차의 구조를 갖추고, 사이렌을 울리거나 경광등을 켜서 긴급한 용무를 수행 중임을 알려야 한다. 이러한 조치를 취하지 않아도 되는 긴급자동차는?

① 불법 주차 단속용 자동차
② 소방차
③ 구급차
④ **속도위반 단속용 경찰 자동차**

> 긴급자동차는 「자동차관리법」에 따른 자동차의 안전 운행에 필요한 기준에서 정한 긴급자동차의 구조를 갖추어야 하고, 우선통행 및 긴급자동차에 대한 특례와 그 밖에 법에서 규정된 특례의 적용을 받고자 하는 때에는 사이렌을 울리거나 경광등을 켜야 한다. 다만 **속도에 관한 규정을 위반하는 자동차등을 단속하는 경우**의 긴급자동차와 국내외 요인에 대한 경호 업무 수행에 공무로 사용되는 자동차는 **그러하지 아니하다.**

253

도로교통법령상 본래의 용도로 운행되고 있는 소방차 운전자가 긴급자동차에 대한 특례를 적용받을 수 없는 것은?

① 좌석안전띠 미착용
② **음주 운전**
③ 중앙선 침범
④ 신호위반

> 제30조(긴급자동차에 대한 특례)
> 긴급자동차에 대하여는 다음 각 호의 사항을 적용하지 아니한다. 다만 제4호부터 제12호까지의 사항은 긴급자동차 중 제2조 제22호 가목부터 다목까지의 자동차와 대통령령으로 정하는 경찰용 자동차에 대해서만 적용하지 아니한다. 〈개정 2021.1.12.〉
> 1. 제17조에 따른 자동차등의 속도 제한. 다만 제17조에 따라 긴급자동차에 대하여 속도를 제한한 경우에는 같은 조의 규정을 적용한다.
> 2. 제22조에 따른 앞지르기의 금지
> 3. 제23조에 따른 끼어들기의 금지
> 4. 제5조에 따른 신호위반
> 5. 제13조 제1항에 따른 보도침범
> 6. 제13조 제3항에 따른 중앙선 침범
> 7. 제18조에 따른 횡단 등의 금지
> 8. 제19조에 따른 안전거리 확보 등
> 9. 제21조 제1항에 따른 앞지르기방법 등
> 10. 제32조에 따른 정차 및 주차의 금지
> 11. 제33조에 따른 주차금지
> 12. 제66조에 따른 고장 등의 조치

254

소방차와 구급차 등이 앞지르기 금지구역에서 앞지르기를 시도하거나 속도를 초과하여 운행하는 등 특례를 적용받으려면 어떤 조치를 하여야 하는가?

① 경음기를 울리면서 운행하여야 한다.
② **자동차관리법에 따른 자동차의 안전 운행에 필요한 구조를 갖추고 사이렌을 울리거나 경광등을 켜야 한다.**
③ 전조등을 켜고 운행하여야 한다.
④ 특별한 조치가 없다 하더라도 특례를 적용받을 수 있다.

> 긴급자동차가 특례를 받으려면 「자동차관리법」에 따른 **자동차의 안전 운행에 필요한 구조를 갖추고 사이렌을 울리거나 경광등을 켜야 한다.**

255

도로교통법령상 긴급자동차를 운전하는 사람을 대상으로 실시하는 정기 교통안전교육은 (   )년마다 받아야 한다. (   ) 안에 맞는 것은?

① 1
② 2
③ **3**
④ 5

> 「도로교통법」 제73조 제4항, 「도로교통법」 시행령 제38조의2 제2항 제2호
> **정기 교통안전교육**은 긴급자동차를 운전하는 사람을 대상으로 3년마다 정기적으로 실시하는 교육이다. 이 경우 직전에 긴급자동차 **교통안전교육을 받은 날부터 기산하여 3년이 되는 날이 속하는 해의 1월 1일부터 12월 31일 사이에 교육을** 받아야 한다.

256

일반자동차가 생명이 위독한 환자를 이송 중인 경우 긴급자동차로 인정받기 위한 조치는?

① 관할 경찰서장의 허가를 받아야 한다.
② **전조등 또는 비상등을 켜고 운행한다.**
③ 생명이 위독한 환자를 이송 중이기 때문에 특별한 조치가 필요 없다.
④ 반드시 다른 자동차의 호송을 받으면서 운행하여야 한다.

> 구급차를 부를 수 없는 상황에서 일반자동차로 생명이 위독한 환자를 이송해야 하는 긴급한 상황에서 주변 **자동차 운전자의 양보를 받으면서 병원 등으로 운행해야 하는 경우**에 긴급자동차로 특례를 적용받기 위해서는 **전조등 또는 비상등을 켜거나** 그 밖에 적당한 **방법으로 긴급한 목적으로 운행되고 있음을 표시**하여야 한다.

257

다음 중 도로교통법령상 긴급자동차로 볼 수 있는 것 2가지는?

① 고장 수리를 위해 자동차 정비 공장으로 가고 있는 소방차
② **생명이 위급한 환자 또는 부상자나 수혈을 위한 혈액을 운송 중인 자동차**
③ 퇴원하는 환자를 싣고 가는 구급차
④ **시·도경찰청장으로부터 지정을 받고 긴급한 우편물의 운송에 사용되는 자동차**

> 「도로교통법」 제2조 제22호
> '긴급자동차'란 다음 각 목의 자동차로서 그 본래의 긴급한 용도로 사용되고 있는 자동차를 말한다.
> 가. 소방차
> 나. 구급차
> 다. **혈액 공급차량**
> 라. 그 밖에 대통령령으로 정하는 자동차
> > 「도로교통법」 시행령 제2조 제5호 국내외 요인(要人)에 대한 경호업무 수행에 **공무(公務)로 사용**되는 자동차, 제10호 긴급한 우편물의 운송에 사용되는 자동차

258

도로교통법상 긴급한 용도로 운행되고 있는 구급차 운전자가 할 수 있는 2가지는?

① 교통사고를 일으킨 때 사상자 구호 조치 없이 계속 운행할 수 있다.
② 횡단하는 보행자의 통행을 방해하면서 계속 운행할 수 있다.
③ **도로의 중앙이나 좌측으로 통행할 수 있다.**
④ **정체된 도로에서 끼어들기를 할 수 있다.**

> 제29조(긴급자동차의 우선 통행)
> • 제1항 : **긴급자동차는** 제13조 제3항에도 불구하고 긴급하고 부득이한 경우에는 **도로의 중앙이나 좌측 부분을 통행할 수** 있다.
> • 제2항 : 긴급자동차는 이 법이나 이 법에 따른 명령에 따라 **정지하여야 하는 경우에도 불구하고 긴급하고 부득이한 경우에는 정지하지 아니할 수 있다.**
> • 제3항 : 긴급자동차의 운전자는 제1항이나 제2항의 경우에 교통안전에 특히 주의하면서 통행하여야 한다.

259

도로교통법령상 긴급자동차에 대한 특례의 설명으로 잘못된 것은?

① 앞지르기 금지장소에서 앞지르기할 수 있다.
② 끼어들기 금지장소에서 끼어들기할 수 있다.
③ **횡단보도를 횡단하는 보행자가 있어도 보호하지 않고 통행할 수 있다.**
④ 도로 통행속도의 최고속도보다 빠르게 운전할 수 있다.

> 제30조(긴급자동차에 대한 특례)
> 긴급자동차에 대하여는 다음 각 호의 사항을 적용하지 아니한다. 다만 제4호부터 제12호까지의 사항은 긴급자동차 중 제2조 제22호 가목부터 다목까지의 자동차와 대통령령으로 정하는 경찰용 자동차에 대해서만 적용하지 아니하다. 〈개정 2021.1.12.〉
> 1. 제17조에 따른 자동차등의 속도 제한. 다만 제17조에 따라 긴급자동차에 대하여 속도를 제한한 경우에는 같은 조의 규정을 적용한다.
> 2. 제22조에 따른 앞지르기의 금지
> 3. 제23조에 따른 끼어들기의 금지
> 4. 제5조에 따른 신호위반
> 5. 제13조 제1항에 따른 보도침범
> 6. 제13조 제3항에 따른 중앙선 침범
> 7. 제18조에 따른 **횡단 등의 금지**
> 8. 제19조에 따른 안전거리 확보 등
> 9. 제21조 제1항에 따른 앞지르기방법 등
> 10. 제32조에 따른 정차 및 주차의 금지
> 11. 제33조에 따른 주차금지
> 12. 제66조에 따른 고장 등의 조치

260

도로교통법상 소방용수시설, 비상소화장치, 소방시설로부터 (   )미터 이내인 곳은 정차 및 주차의 금지구역이다. (   ) 안에 맞는 것은?

① **5**
② 6
③ 8
④ 10

> 「도로교통법」 제32조(정차 및 주차의 금지)
> 모든 차의 운전자는 다음 각 호의 어느 하나에 해당하는 곳에서는 차를 정차하거나 주차하여서는 아니 된다. 다만 이 법이나 이 법에 따른 명령 또는 경찰공무원의 지시를 따르는 경우와 위험방지를 위하여 일시정지하는 경우에는 그러하지 아니하다.
> 6. 다음 각 목의 곳으로부터 **5미터 이내인 곳**
>   가. 「소방기본법」 제10조에 따른 **소방용수시설 또는 비상소화장치가 설치된 곳**
>   나. 소방시설 설치 및 관리에 관한 법률 제2조 제1항 제1호에 따른 소방시설로서 대통령령으로 정하는 시설이 설치된 곳

261

다음 중 사용하는 사람 또는 기관 등의 신청에 의하여 시·도경찰청장이 지정할 수 있는 긴급자동차로 맞는 것은?

① 소방차
② **가스누출 복구를 위한 응급작업에 사용되는 가스사업용 자동차**
③ 구급차
④ 혈액공급 차량

> 「도로교통법」 시행령 제2조(긴급자동차의 종류)
> ①「도로교통법」 제2조 제2호 라목에서 '대통령령으로 정하는 자동차'란 긴급한 용도로 사용되는 다음 각 호의 어느 하나에 해당하는 자동차를 말한다. 다만 제6호부터 제11호까지의 자동차는 이를 사용하는 사람 또는 기관 등의 신청에 의하여 **시·도경찰청장이 지정하는 경우**로 한정한다.
> 6. **전기사업, 가스사업, 그 밖의 공익사업을 하는 기관에서 위험 방지를 위한 응급작업에 사용되는 자동차**
> 7. 민방위업무를 수행하는 기관에서 긴급예방 또는 복구를 위한 출동에 사용되는 자동차
> 8. 도로관리를 위하여 사용되는 자동차 중 도로상의 위험을 방지하기 위한 응급작업에 사용되거나 운행이 제한되는 자동차를 단속하기 위하여 사용되는 자동차
> 9. 전신·전화의 수리공사 등 응급작업에 사용되는 자동차
> 10. 긴급한 우편물의 운송에 사용되는 자동차
> 11. 전파감시업무에 사용되는 자동차

262

도로교통법상 긴급출동 중인 긴급자동차의 법규위반으로 맞는 것은?

① 편도 2차로 일반도로에서 매시 100킬로미터로 주행하였다.
② 백색 실선으로 차선이 설치된 터널 안에서 앞지르기하였다.
③ 우회전하기 위해 교차로에서 끼어들기를 하였다.
④ **인명 피해 교통사고가 발생하여도 긴급출동 중이므로 필요한 신고나 조치 없이 계속 운전하였다.**

> 「도로교통법」 제30조(긴급자동차에 대한 특례), 「도로교통법」 제54조(사고 발생 시의 조치) 제5항
> 긴급자동차에 대하여는 자동차등의 속도제한, 앞지르기 금지, 끼어들기의 금지를 적용하지 않는다.

263

다음 중 사용하는 사람 또는 기관 등의 신청에 의하여 시·도경찰청장이 지정할 수 있는 긴급자동차가 아닌 것은?

① **교통단속에 사용되는 경찰용 자동차**
② 긴급한 우편물의 운송에 사용되는 자동차
③ 전화의 수리공사 등 응급작업에 사용되는 자동차
④ 긴급복구를 위한 출동에 사용되는 민방위업무를 수행하는 기관용 자동차

> 「도로교통법」 시행령 제2조(긴급자동차의 종류)
> ① 「도로교통법」 제2조 제2호 라목에서 '대통령령으로 정하는 자동차'란 긴급한 용도로 사용되는 다음 각 호의 어느 하나에 해당하는 자동차를 말한다. 다만 제6호부터 제11호까지의 자동차는 이를 사용하는 사람 또는 기관 등의 신청에 의하여 시·도경찰청장이 지정하는 경우로 한정한다.
> 6. 전기사업, 가스사업, 그 밖의 공익사업을 하는 기관에서 위험 방지를 위한 응급작업에 사용되는 자동차
> 7. 민방위업무를 수행하는 기관에서 긴급예방 또는 복구를 위한 출동에 사용되는 자동차
> 8. 도로관리를 위하여 사용되는 자동차 중 도로상의 위험을 방지하기 위한 응급작업에 사용되거나 운행이 제한되는 자동차를 단속하기 위하여 사용되는 자동차
> 9. 전신·전화의 수리공사 등 응급작업에 사용되는 자동차
> 10. 긴급한 우편물의 운송에 사용되는 자동차
> 11. 전파감시업무에 사용되는 자동차
> ② 제1항 각 호에 따른 자동차 외에 다음 각 호의 어느 하나에 해당하는 자동차는 긴급자동차로 본다.
> 3. 생명이 위급한 환자 또는 부상자나 수혈을 위한 혈액을 운송 중인 자동차

264

교통사고처리특례법상 어린이보호구역 내에서 매시 40킬로미터로 주행 중 운전자의 과실로 어린이를 다치게 한 경우의 처벌로 맞는 것은?

① 피해자가 형사처벌을 요구할 경우에만 형사처벌된다.
② **피해자의 처벌 의사에 관계없이 형사처벌된다.**
③ 종합보험에 가입되어 있는 경우에는 형사처벌되지 않는다.
④ 피해자와 합의하면 형사처벌되지 않는다.

> 어린이보호구역 내에서 주행 중 어린이를 다치게 한 경우 피해자의 **처벌 의사에 관계없이 형사처벌**된다.

265

도로교통법령상 긴급자동차가 긴급한 용도 외에도 경광등 등을 사용할 수 있는 경우가 아닌 것은?

① 소방차가 화재 예방 및 구조·구급 활동을 위하여 순찰을 하는 경우
② **소방차가 정비를 위해 긴급히 이동하는 경우**
③ 민방위업무용 자동차가 그 본래의 긴급한 용도와 관련된 훈련에 참여하는 경우
④ 경찰용 자동차가 범죄 예방 및 단속을 위하여 순찰을 하는 경우

> 「도로교통법」 시행령 제10조의2(긴급한 용도 외에 경광등 등을 사용할 수 있는 경우), 법 제2조 제22호 각 목의 자동차 운전자는 법 제29조 제6항 단서에 따라 해당 자동차를 그 본래의 긴급한 용도로 운행하지 아니하는 경우에도 다음 각 호의 어느 하나에 해당하는 경우에는 「자동차관리법」에 따라 해당 자동차에 설치된 경광등을 켜거나 사이렌을 작동할 수 있다.
> 1. 소방차가 화재 예방 및 구조·구급 활동을 위하여 순찰을 하는 경우
> 2. 법 제2조 제22호 각 목에 해당하는 자동차가 **그 본래의 긴급한 용도와 관련된 훈련에 참여**하는 경우
> 3. 제2조 제1항 제1호에 따른 자동차가 범죄 예방 및 단속을 위하여 순찰을 하는 경우

266

긴급자동차가 긴급한 용도 외에 경광등을 사용할 수 있는 경우가 아닌 것은?

① 소방차가 화재예방을 위하여 순찰하는 경우
② **도로관리용 자동차가 도로상의 위험을 방지하기 위하여 도로 순찰하는 경우**
③ 구급차가 긴급한 용도와 관련된 훈련에 참여하는 경우
④ 경찰용 자동차가 범죄예방을 위하여 순찰하는 경우

> 「도로교통법」 시행령 제10조의2(긴급한 용도 외에 경광등 등을 사용할 수 있는 경우), 법 제2조 제22호 각 목의 자동차 운전자는 법 제29조 제6항 단서에 따라 해당 자동차를 그 본래의 긴급한 용도로 운행하지 아니하는 경우에도 다음 각 호의 어느 하나에 해당하는 경우에는 「자동차관리법」에 따라 해당 자동차에 설치된 경광등을 켜거나 사이렌을 작동할 수 있다.
> 1. 소방차가 화재 예방 및 **구조·구급 활동을 위하여 순찰**을 하는 경우
> 2. 법 제2조 제22호 각 목에 해당하는 자동차가 그 본래의 긴급한 용도와 관련된 훈련에 참여하는 경우
> 3. 제2조 제1항 제1호에 따른 자동차가 범죄 예방 및 단속을 위하여 순찰을 하는 경우

267

긴급한 용도로 운행 중인 긴급자동차에게 양보하는 운전방법으로 맞는 2가지는?

① 모든 자동차는 좌측 가장자리로 피하는 것이 원칙이다.
② 비탈진 좁은 도로에서 서로 마주보고 진행하는 경우 올라가는 긴급자동차는 도로의 우측 가장자리로 피하여 차로를 양보하여야 한다.
③ **교차로 부근에서는 교차로를 피하여 일시정지하여야 한다.**
④ **교차로나 그 부근 외의 곳에서 긴급자동차가 접근한 경우에는 긴급자동차가 우선통행할 수 있도록 진로를 양보하여야 한다.**

「도로교통법」 제29조(긴급자동차의 우선통행)
④ 교차로나 그 부근에서 긴급자동차가 접근하는 경우에는 차마와 노면전차의 운전자는 **교차로를 피하여 일시정지**하여야 한다.
⑤ 모든 차와 노면전차의 운전자는 제4항에 따른 곳 외의 곳에서 긴급자동차가 접근한 경우에는 **긴급자동차가 우선통행할 수 있도록 진로를 양보**하여야 한다.

268

어린이가 횡단보도 위를 걸어가고 있을 때 도로교통법령상 규정 및 운전자의 행동으로 올바른 것은?

① 횡단보도표지는 보행자가 횡단보도로 통행할 것을 권유하는 것으로 횡단보도 앞에서 일시정지하여야 한다.
② 신호등이 없는 일반도로의 횡단보도일 경우 횡단보도 정지선을 지나쳐도 횡단보도 내에만 진입하지 않으면 된다.
③ 신호등이 없는 일반도로의 횡단보도일 경우 신호등이 없으므로 어린이 뒤쪽으로 서행하여 통과하면 된다.
④ **횡단보도표지는 횡단보도를 설치한 장소의 필요한 지점의 도로 양측에 설치하며 횡단보도 앞에서 일시정지하여야 한다.**

횡단보도표지는 보행자가 횡단보도로 통행할 것을 지시하는 것으로 **횡단보도 앞에서 일시정지**하여야 하며, **횡단보도를 설치한 장소의 필요한 지점의 도로 양측에** 설치한다. 어린이가 신호등 없는 횡단보도를 통과하고 있을 때에는 횡단보도 앞에서 일시정지하여 어린이가 통과하도록 기다린다.

269

다음 중 긴급자동차에 해당하는 2가지는?

① **경찰용 긴급자동차에 의하여 유도되고 있는 자동차**
② 수사기관의 자동차이지만 수사와 관련 없는 기능으로 사용되는 자동차
③ 구난활동을 마치고 복귀하는 구난차
④ **생명이 위급한 환자 또는 부상자나 수혈을 위한 혈액을 운송 중인 자동차**

「도로교통법」 시행령 제2조(긴급자동차의 종류)
① 「도로교통법」(이하 '법'이라 한다) 제2조 제22호 라목에서 '대통령령으로 정하는 자동차'란 긴급한 용도로 사용되는 다음 각 호의 어느 하나에 해당하는 자동차를 말한다. 다만 제6호부터 제11호까지의 자동차는 이를 사용하는 사람 또는 기관 등의 신청에 의하여 시·도경찰청장이 지정하는 경우로 한정한다.
1. 경찰용 자동차 중 범죄수사, 교통단속, 그 밖의 긴급한 경찰업무 수행에 사용되는 자동차
2. 국군 및 주한 국제연합군용 자동차 중 군 내부의 질서 유지나 부대의 질서 있는 이동을 유도(誘導)하는 데 사용되는 자동차
3. 수사기관의 자동차 중 범죄수사를 위하여 사용되는 자동차
4. 다음 각 목의 어느 하나에 해당하는 시설 또는 기관의 자동차 중 도주자의 체포 또는 수용자, 보호관찰 대상자의 호송·경비를 위하여 사용되는 자동차
  가. 교도소·소년교도소 또는 구치소
  나. 소년원 또는 소년분류심사원
  다. 보호관찰소
5. 국내외 요인(要人)에 대한 경호업무 수행에 공무(公務)로 사용되는 자동차
6. 전기사업, 가스사업, 그 밖의 공익사업을 하는 기관에서 위험 방지를 위한 응급작업에 사용되는 자동차
7. 민방위업무를 수행하는 기관에서 긴급예방 또는 복구를 위한 출동에 사용되는 자동차
8. 도로관리를 위하여 사용되는 자동차 중 도로상의 위험을 방지하기 위한 응급작업에 사용되거나 운행이 제한되는 자동차를 단속하기 위하여 사용되는 자동차
9. 전신·전화의 수리공사 등 응급작업에 사용되는 자동차
10. 긴급한 우편물의 운송에 사용되는 자동차
11. 전파감시업무에 사용되는 자동차
② 제1항 각 호에 따른 자동차 외에 다음 각 호의 어느 하나에 해당하는 자동차는 긴급자동차로 본다.
1. 제1항 제1호에 따른 **경찰용 긴급자동차에 의하여 유도되고 있는 자동차**
2. 제1항 제2호에 따른 국군 및 주한 국제연합군용의 긴급자동차에 의하여 유도되고 있는 국군 및 주한 국제연합군의 자동차
3. **생명이 위급한 환자 또는 부상자나 수혈을 위한 혈액을 운송 중인 자동차**

270

도로교통법령상 어린이통학버스 운전자 및 운영자의 의무에 대한 설명으로 맞지 않은 것은?

① 어린이통학버스 운전자는 어린이나 영유아가 타고 내리는 경우에만 점멸등을 작동하여야 한다.
② 어린이통학버스 운전자는 승차한 모든 어린이나 영유아가 좌석안전띠를 매도록 한 후 출발한다.
③ 어린이통학버스 운영자는 어린이통학버스에 보호자를 함께 태우고 운행하는 경우에는 보호자 동승표지를 부착할 수 있다.
④ **어린이통학버스 운영자는 어린이통학버스에 보호자가 동승한 경우에는 안전운행기록을 작성하지 않아도 된다.**

「도로교통법」 제53조 제1항, 제2항, 제6항, 제7항

271

도로교통법령상 어린이보호구역에 대한 설명 중 맞는 것은?

① 유치원이나 중학교 앞에 설치할 수 있다.
② 시장 등은 차의 통행을 금지할 수 있다.
③ 어린이보호구역에서의 어린이는 12세 미만인 자를 말한다.
④ **자동차등의 통행속도를 시속 30킬로미터 이내로 제한할 수 있다.**

어린이보호구역에서는 **차량의 통행속도를 매시 30킬로미터 이내**로 제한할 수 있다.

272

도로교통법령상 어린이통학버스로 신고할 수 있는 자동차의 승차정원 기준으로 맞는 것은? (단, 어린이 1명을 승차정원 1명으로 본다)

① 11인승 이상
② 16인승 이상
③ 17인승 이상
④ **9인승 이상**

「도로교통법」 시행규칙 제34조(어린이통학버스로 사용할 수 있는 자동차)
어린이통학버스로 사용할 수 있는 자동차는 승차정원 **9인승**(어린이 1명을 승차정원 1명으로 본다) **이상의 자동차**로 한다.

273

도로교통법령상 보행자의 통행 여부에 관계없이 반드시 일시정지하여야 할 장소는?

① 보도와 차도가 구분되지 아니한 도로 중 중앙선이 없는 도로
② **어린이보호구역 내 신호기가 설치되지 아니한 횡단보도 앞**
③ 보행자우선도로
④ 도로 외의 곳

「도로교통법」 제27조 제6항
모든 차의 운전자는 보도와 차도가 구분되지 아니한 도로 중 중앙선이 없는 도로, 보행자우선도로, 도로 외의 곳에서 보행자의 옆을 지나는 경우에는 안전한 거리를 두고 서행하여야 하며, 보행자의 통행에 방해가 될 때에는 서행하거나 일시정지하여 보행자가 안전하게 통행할 수 있도록 하여야 한다. 〈개정 2022.1.11.〉
「도로교통법」 제27조 제7항
운전자는 **어린이보호구역 내**에 설치된 횡단보도 중 **신호기가 설치되지 아니한 횡단보도 앞**(정지선이 설치된 경우에는 그 정지선을 말한다)에서는 **보행자의 횡단 여부와 관계없이 일시정지**하여야 한다.

274

승용차 운전자가 08:30경 어린이보호구역에서 제한속도를 매시 25킬로미터 초과하여 위반한 경우 벌점으로 맞는 것은?

① 10점
② 15점
③ **30점**
④ 60점

어린이보호구역 안에서 **오전 8시부터 오후 8시까지** 사이에 속도위반을 한 운전자에 대해서는 **벌점의 2배에 해당하는 벌점**을 부과한다.

275

승용차 운전자가 어린이나 영유아를 태우고 있다는 표시를 하고 도로를 통행하는 어린이통학버스를 앞지르기한 경우 몇 점의 벌점이 부과되는가?

① 10점
② 15점
③ **30점**
④ 40점

승용차 운전자가 어린이나 영유아를 태우고 있다는 표시를 하고 도로를 통행하는 **어린이통학버스를 앞지르기한 경우 30점의 벌점**이 부과된다.

276

편도 2차로 도로에서 1차로로 어린이 통학버스가 어린이나 영유아를 태우고 있음을 알리는 표시를 한 상태로 주행 중이다. 가장 안전한 운전방법은?

① **2차로가 비어 있어도 앞지르기를 하지 않는다.**
② 2차로로 앞지르기하여 주행한다.
③ 경음기를 울려 전방 차로를 비켜 달라는 표시를 한다.
④ 반대 차로의 상황을 주시한 후 중앙선을 넘어 앞지르기한다.

> 「도로교통법」제51조
> **가장 안전한 운전방법**은 2차로가 비어 있어도 **앞지르기를 하지 않는 것**이다. 모든 차의 운전자는 어린이나 영유아를 태우고 있다는 표시를 한 상태로 도로를 통행하는 어린이통학버스를 앞지르지 못한다.

277

도로교통법령상 어린이 통학버스 안전교육 대상자의 교육시간 기준으로 맞는 것은?

① 1시간 이상
② **3시간 이상**
③ 5시간 이상
④ 6시간 이상

> 「도로교통법」 시행령 제31조의2
> **어린이통학버스의 안전교육**은 교통안전을 위한 어린이 행동특성, 어린이통학버스의 운영 등과 관련된 법령, 어린이 통학버스의 주요 사고 사례 분석, 그 밖에 운전 및 승차·하차 중 어린이보호를 위하여 필요한 사항 등에 대하여 강의·시청각교육 등의 방법으로 **3시간 이상** 실시한다.

278

도로교통법상 어린이 및 영유아 연령기준으로 맞는 것은?

① 어린이는 13세 이하인 사람
② **영유아는 6세 미만인 사람**
③ 어린이는 15세 미만인 사람
④ 영유아는 7세 미만인 사람

> 어린이는 13세 미만인 사람을 말하며(「도로교통법」 제2조 제23호), **영유아는 6세 미만인 사람**을 말한다(「도로교통법」 제11조).

279

도로교통법령상 승용차 운전자가 13 : 00경 어린이보호구역에서 신호위반을 한 경우 범칙금은?

① 5만 원
② 7만 원
③ **12만 원**
④ 15만 원

> 어린이보호구역 안에서 **오전 8시부터 오후 8시까지** 사이에 **신호위반**을 한 승용차 운전자에 대해서는 **12만 원의 범칙금**을 부과한다.

280

어린이가 보호자 없이 도로에서 놀고 있는 경우 가장 올바른 운전방법은?

① 어린이 잘못이므로 무시하고 지나간다.
② 경음기를 울려 겁을 주며 진행한다.
③ **일시정지하여야 한다.**
④ 어린이에 조심하며 급히 지나간다.

> **어린이가 보호자 없이 도로에서 놀고 있는 경우 일시정지**하여 어린이를 보호한다.

281

골목길에서 갑자기 뛰어나오는 어린이를 자동차가 충격하였다. 어린이는 외견상 다친 곳이 없어 보였고 '괜찮다'고 말하고 있다. 이런 경우 운전자의 행동으로 맞는 것은?

① 반의사불벌죄에 해당하므로 운전자는 가던 길을 가면 된다.
② 어린이의 피해가 없어 교통사고가 아니므로 별도의 조치 없이 현장을 벗어난다.
③ **부모에게 연락하는 등 반드시 필요한 조치를 다한 후 현장을 벗어난다.**
④ 어린이의 과실이므로 운전자는 어린이의 연락처만 확인하고 귀가한다.

> **교통사고로 어린이를 다치게 한 운전자는** 부모에게 연락하는 등 **필요한 조치를 다하여야** 한다.

282

어린이 통학버스가 편도 1차로 도로에서 정차하여 영유아가 타고 내리는 중임을 표시하는 점멸등이 작동하고 있을 때 반대방향에서 진행하는 차의 운전자는 어떻게 하여야 하는가?

① **일시정지하여 안전을 확인한 후 서행하여야 한다.**
② 서행하면서 안전 확인한 후 통과한다.
③ 그대로 통과해도 된다.
④ 경음기를 울리면서 통과하면 된다.

> 어린이통학버스가 편도 1차로 도로에서 정차하여 **영유아가 타고 내리는 중임을 표시하는 점멸등이 작동**하고 있을 때 반대방향에서 진행하는 차의 **운전자는 일시정지하여 안전을 확인한 후 서행하여야** 한다.

283

차의 운전자가 운전 중 '어린이를 충격한 경우' 가장 올바른 행동은?

① 이륜차 운전자는 어린이에게 다쳤냐고 물어보았으나 아무 말도 하지 않아 안 다친 것으로 판단하여 계속 주행하였다.
② 승용차 운전자는 바로 정차한 후 어린이를 육안으로 살펴본 후 다친 곳이 없다고 판단하여 계속 주행하였다.
③ 화물차 운전자는 어린이가 넘어졌다 금방 일어나는 것을 본 후 안 다친 것으로 판단하여 계속 주행하였다.
④ **자전거운전자는 넘어진 어린이가 재빨리 일어나 뛰어가는 것을 본 후 경찰관서에 신고하고 현장에 대기하였다.**

> 어린이의 말만 믿지 말고 경찰관서에 **신고**하여야 한다.

284

도로교통법령상 어린이보호구역 지정 및 관리 주체는?

① 경찰서장　　　　② **시장 등**
③ 시·도경찰청장　　④ 교육감

> 「도로교통법」 제12조 제1항

285

도로교통법령상 어린이보호구역에 대한 설명으로 맞는 2가지는?

① 어린이보호구역은 초등학교 주 출입문 100미터 이내의 도로 중 일정 구간을 말한다.
② **어린이보호구역 안에서 오전 8시부터 오후 8시까지 주·정차위반한 경우 범칙금이 가중된다.**
③ 어린이보호구역 내 설치된 신호기의 보행 시간은 어린이 최고 보행 속도를 기준으로 한다.
④ **어린이보호구역 안에서 오전 8시부터 오후 8시까지 보행자보호 불이행하면 벌점이 2배가 된다.**

> 어린이보호구역은 초등학교 주 출입문 300미터 이내의 도로 중 일정 구간을 말하며 어린이보호구역 내 설치된 신호기의 보행 시간은 어린이 평균 보행 속도를 기준으로 한다.

286

어린이통학버스의 특별보호에 대한 설명으로 맞는 2가지는?

① 어린이 통학버스를 앞지르기하고자 할 때는 다른 차의 앞지르기방법과 같다.
② 어린이들이 승하차 시 중앙선이 없는 도로에서는 반대편에서 오는 차량도 안전을 확인한 후 서행하여야 한다.
③ **어린이들이 승하차 시 편도 1차로 도로에서는 반대편에서 오는 차량도 일시정지하여 안전을 확인한 후 서행하여야 한다.**
④ **어린이들이 승하차 시 동일 차로와 그 차로의 바로 옆 차량은 일시정지하여 안전을 확인한 후 서행하여야 한다.**

> 어린이통학버스가 도로에 정차하여 점멸등 등으로 **어린이 또는 유아가 타고 내리는 중임을 표시하는 장치를 작동 중인 때**에는 어린이 통학버스가 정차한 차로와 그 차로의 바로 **옆 차로를 통행하는 차량은 일시정지**하여 안전을 확인한 후 **서행**하여야 한다. 그리고 중앙선이 설치되지 아니한 도로와 편도 1차로인 도로에서는 반대방향에서 진행하는 차량의 운전자도 어린이통학버스에 이르기 전에 일시정지하여 안전을 확인한 후 서행하여야 한다.

287

도로교통법상 자전거 통행방법에 대한 설명이다. 틀린 것은?

① 자전거도로가 따로 있는 곳에서는 그 자전거도로로 통행하여야 한다.
② 자전거도로가 설치되지 아니한 곳에서는 도로 우측 가장자리에 붙어서 통행하여야 한다.
③ 자전거의 운전자는 길 가장자리구역(안전표지로 자전거 통행을 금지한 구간은 제외)을 통행할 수 있다.
④ **자전거의 운전자가 횡단보도를 이용하여 도로를 횡단할 때에는 자전거를 타고 통행할 수 있다.**

「도로교통법」 제13조의2(자전거의 통행방법의 특례)

288

도로교통법상 '보호구역의 지정절차 및 기준' 등에 관하여 필요한 사항을 정하는 공동부령기관으로 맞는 것은?

① 어린이보호구역은 행정안전부, 보건복지부, 국토교통부의 공동부령으로 정한다.
② 노인보호구역은 행정안전부, 국토교통부, 환경부의 공동부령으로 정한다.
③ **장애인 보호구역은 행정안전부, 보건복지부, 국토교통부의 공동부령으로 정한다.**
④ 교통약자 보호구역은 행정안전부, 환경부, 국토교통부의 공동부령으로 정한다.

「도로교통법」 제12조(어린이보호구역의 지정·해제 및 관리) 제2항
제1항에 따른 어린이보호구역의 지정·해제절차 및 기준 등에 관하여 필요한 사항은 교육부, 행정안전부, 국토교통부의 공동부령으로 정한다. 노인보호구역 또는 **장애인 보호구역**의 지정절차 및 기준 등에 관하여 필요한 사항은 **행정안전부, 보건복지부 및 국토교통부의 공동부령**으로 정한다.

289

도로교통법령상 승용차 운전자가 어린이통학버스 특별보호위반행위를 한 경우 범칙금액으로 맞는 것은?

① 13만 원　　② **9만 원**
③ 7만 원　　④ 5만 원

「도로교통법」 시행령 별표8
승용차 운전자가 **어린이통학버스 특별보호위반행위를 한 경우 범칙금 9만 원**이다.

290

어린이통학버스 특별보호를 위한 운전자의 올바른 운행방법은?

① **편도 1차로인 도로에서는 반대방향에서 진행하는 차의 운전자도 어린이통학버스에 이르기 전에 일시정지하여 안전을 확인한 후 서행하여야 한다.**
② 어린이통학버스가 어린이가 하차하고자 점멸등을 표시할 때는 어린이 통학버스가 정차한 차로 외의 차로로 신속히 통행한다.
③ 중앙선이 설치되지 아니한 도로인 경우 반대방향에서 진행하는 차는 기존 속도로 진행한다.
④ 모든 차의 운전자는 어린이나 영유아를 태우고 있다는 표시를 한 경우라도 도로를 통행하는 어린이통학버스를 앞지를 수 있다.

「도로교통법」 제51조 제2항(어린이통학버스의 특별보호)
① 어린이통학버스가 도로에 정차하여 어린이나 영유아가 타고 내리는 중임을 표시하는 점멸등 등의 장치를 작동 중일 때에는 어린이통학버스가 정차한 차로와 그 차로의 바로 옆 차로로 통행하는 차의 운전자는 어린이통학버스에 이르기 전에 일시정지하여 안전을 확인한 후 서행하여야 한다.
② 제1항의 경우 중앙선이 설치되지 아니한 도로와 편도 1차로인 도로에서는 **반대방향에서 진행하는 차의 운전자도** 어린이통학버스에 이르기 전에 **일시정지하여 안전을 확인한 후 서행**하여야 한다.
③ 모든 차의 운전자는 어린이나 영유아를 태우고 있다는 표시를 한 상태로 도로를 통행하는 어린이통학버스를 앞지르지 못한다.

291

어린이보호구역에서 어린이가 영유아를 동반하여 함께 횡단하고 있다. 운전자의 올바른 주행방법은?

① **어린이와 영유아 보호를 위해 일시정지하였다.**
② 어린이가 영유아 보호하면서 횡단하고 있으므로 서행하였다.
③ 어린이와 영유아가 아직 반대편 차로 쪽에 있어 신속히 주행하였다.
④ 어린이와 영유아는 걸음이 느리므로 안전거리를 두고 옆으로 피하여 주행하였다.

횡단보행자의 안전을 위해 일시정지하여 횡단이 종료되면 주행한다.

292

도로교통법령상 어린이통학버스 신고에 관한 설명이다. 맞는 것 2가지는?

① 어린이통학버스를 운영하려면 미리 한국도로교통공단에 신고하고 신고증명서를 발급 받아야 한다.
② **어린이통학버스는 원칙적으로 승차정원 9인승(어린이 1명을 승차정원 1인으로 본다) 이상의 자동차로 한다.**
③ **어린이통학버스 신고증명서가 헐어 못쓰게 되어 다시 신청하는 때에는 어린이통학버스 신고증명서 재교부신청서에 헐어 못쓰게 된 신고증명서를 첨부하여 제출하여야 한다.**
④ 어린이통학버스 신고증명서는 그 자동차의 앞면 창유리 좌측상단의 보기 쉬운 곳에 부착하여야 한다.

「도로교통법」 제52조(어린이통학버스의 신고 등)
① 어린이통학버스를 운영하려는 자는 미리 관할 경찰서장에게 신고하고 신고증명서를 발급 받아야 한다.
「도로교통법」 시행규칙 제35조(어린이통학버스의 신고절차 등)
③ 어린이통학버스 신고증명서는 그 자동차의 앞면 창유리 우측상단의 보기 쉬운 곳에 부착하여야 한다.
④ 어린이통학버스 **신고증명서가 헐어 못쓰게 되어 다시 신청**하는 때에는 **어린이통학버스 신고증명서 재교부신청서에 헐어 못쓰게 된 신고증명서를 첨부하여 제출**하여야 한다.

293

도로교통법령상 어린이보호구역에 대한 설명으로 바르지 않은 것은?

① **주차금지위반에 대한 범칙금은 노인보호구역과 같다.**
② 어린이보호구역 내에는 서행표시를 설치할 수 있다.
③ 어린이보호구역 내에는 주·정차가 금지된다.
④ 어린이를 다치게 한 교통사고가 발생하면 합의 여부와 관계없이 형사처벌을 받는다.

「도로교통법」 시행규칙 제93조 제2항 관련 별표10
어린이보호구역 내에는 고원식 과속방지턱이 설치될 수 있다. 또한 어린이보호구역에는 주·정차가 금지되어 있다(「도로교통법」 제32조 제8호). 만약 **어린이보호구역 내에서 사고가 발생했다면 일반적인 교통사고보다 더 중하게 처벌받는다.**

294

어린이통학버스 운전자가 영유아를 승하차하는 방법으로 바른 것은?

① **영유아가 승차하고 있는 경우에는 점멸등장치를 작동하여 안전을 확보하여야 한다.**
② 교통이 혼잡한 경우 점멸등을 잠시 끄고 영유아를 승차시킨다.
③ 영유아를 어린이통학버스 주변에 내려주고 바로 출발한다.
④ 어린이보호구역에서는 좌석안전띠를 매지 않아도 된다.

「도로교통법」 제53조(어린이통학버스 운전자 및 운영자 등의 의무)
① 어린이통학버스를 운전하는 사람은 **어린이나 영유아가 타고 내리는 경우에만 점멸등 등의 장치를 작동**하여야 하며, 어린이나 영유아를 태우고 운행 중인 경우에만 제51조 제3항에 따른 표시를 하여야 한다.
② 어린이통학버스를 운전하는 사람은 어린이나 영유아가 어린이통학버스를 탈 때에는 승차한 모든 어린이나 영유아가 좌석안전띠를 매도록 한 후에 출발하여야 하며, 내릴 때에는 보도나 길 가장자리구역 등 자동차로부터 안전한 장소에 도착한 것을 확인한 후에 출발하여야 한다.

295

도로교통법령상 영유아 및 어린이에 대한 규정 및 어린이통학버스 운전자의 의무에 대한 설명으로 올바른 것은?

① 어린이는 13세 이하의 사람을 의미하며, 어린이가 타고 내릴 때에는 반드시 안전을 확인한 후 출발한다.
② 출발하기 전 영유아를 제외한 모든 어린이가 좌석안전띠를 매도록 한 후 출발하여야 한다.
③ 어린이가 내릴 때에는 어린이가 요구하는 장소에 안전하게 내려준 후 출발하여야 한다.
④ **영유아는 6세 미만의 사람을 의미하며, 영유아가 타고 내리는 경우에도 점멸등 등의 장치를 작동해야 한다.**

「도로교통법」 제53조(어린이통학버스 운전자 및 운영자의 의무)
어린이통학버스를 운전하는 사람은 **어린이나 영유아가 타고 내리는 경우에만 점멸등 등의 장치를 작동**하여야 하며, 어린이나 영유아를 태우고 운행 중인 경우에만 「도로교통법」 제51조 제3항에 따른 표시를 하여야 한다.
• 제2항 : 어린이나 영유아가 내릴 때에는 보도나 길 가장자리구역 등 자동차로부터 안전한 장소에 도착한 것을 확인한 후 출발하여야 한다.

296

도로교통법상 어린이보호구역과 관련된 설명으로 맞는 것은?

① 어린이가 무단횡단을 하다가 교통사고가 발생한 경우 운전자의 모든 책임은 면제된다.
② 자전거 운전자가 운전 중 어린이를 충격하는 경우 자전거는 차마가 아니므로 민사책임만 존재한다.
③ **차도로 갑자기 뛰어드는 어린이를 보면 서행하지 말고 일시정지한다.**
④ 경찰서장은 자동차등의 통행속도를 시속 50킬로미터 이내로 지정할 수 있다.

일시정지하여야 하며 **보행자의 안전 확보가 우선**이다.

297

도로교통법령상 어린이보호구역의 지정 대상의 근거가 되는 법률이 아닌 것은?

① 유아교육법
② 초·중등교육법
③ 학원의 설립·운영 및 과외교습에 관한 법률
④ **아동복지법**

「도로교통법」 제12조에 유아교육법, 초·중등교육법, 학원의 설립·운영 및 과외교습에 관한 법률 등이 어린이보호구역의 지정 근거 법률로 명시되어 있다.

298

다음 중 어린이보호구역에 대한 설명이다. 옳지 않은 것은?

① 이곳에서의 교통사고는 교통사고처리특례법상 중과실에 해당될 수 있다.
② 자동차등의 통행속도를 시속 30킬로미터 이내로 제한할 수 있다.
③ **범칙금과 벌점은 일반도로의 3배이다.**
④ 주·정차가 금지된다.

「도로교통법」 제12조 제1항, 「교통사고처리특례법」 제3조 제2항 제11호, 「도로교통법」 시행령 별표10 어린이보호구역 및 노인·장애인보호구역에서의 범칙행위 및 범칙금액

299

어린이보호구역에 대한 설명과 주행방법이다. 맞는 것 2가지는?

① **어린이보호를 위해 필요한 경우 통행속도를 시속 30킬로미터 이내로 제한할 수 있고 통행할 때는 항상 제한속도 이내로 서행한다.**
② **어린이보호구역 내 속도제한의 대상은 자동차, 원동기장치자전거, 노면전차이며 어린이가 횡단하는 경우 일시정지한다.**
③ 대안학교나 외국인학교의 주변도로는 어린이보호구역 지정 대상이 아니므로 횡단보도가 아닌 곳에서 어린이가 횡단하는 경우 서행한다.
④ 어린이보호구역에 속도 제한 및 횡단보도에 관한 안전표지를 우선적으로 설치할 수 있으며 어린이가 중앙선 부근에 서있는 경우 서행한다.

「도로교통법」 제12조(어린이보호구역의 지정·해제 및 관리)
- 제1항 : 시장 등은 교통사고의 위험으로부터 **어린이를 보호하기 위하여** 필요하다고 인정하는 경우 **자동차등과 노면전차의 통행속도를 시속 30킬로미터 이내로 제한**할 수 있다.
- 제4호 : 외국인학교, 대안학교도 어린이보호구역으로 지정할 수 있다.
- 제5항 제2호 : 어린이보호구역에 어린이의 안전을 위하여 속도 제한 및 횡단보도에 관한 안전표지를 우선적으로 설치할 수 있다.

300

도로교통법령상 안전한 보행을 하고 있지 않은 어린이는?

① **보도와 차도가 구분된 도로에서 차도 가장자리를 걸어가고 있는 어린이**
② 일방통행도로의 가장자리에서 차가 오는 방향을 바라보며 걸어가고 있는 어린이
③ 보도와 차도가 구분되지 않은 도로의 가장자리구역에서 차가 오는 방향을 마주보고 걸어가는 어린이
④ 보도 내에서 우측으로 걸어가고 있는 어린이

「도로교통법」 제8조
보행자는 보·차도가 구분된 도로에서는 언제나 보도로 통행하여야 한다. 보·차도가 구분되지 않은 도로에서는 길 가장자리 또는 길 가장자리구역으로 통행하여야 한다. 보행자는 보도에서는 우측 통행을 원칙으로 한다.

301

도로교통법령상 어린이나 영유아가 타고 내리게 하기 위한 어린이통학버스에 장착된 황색 및 적색표시등의 작동방법에 대한 설명으로 맞는 것은?

① 정차할 때는 적색표시등을 점멸 작동하여야 한다.
② 제동할 때는 적색표시등을 점멸 작동하여야 한다.
③ **도로에 정지하려는 때에는 황색표시등을 점멸 작동하여야 한다.**
④ 주차할 때는 황색표시등과 적색표시등을 동시에 점멸 작동하여야 한다.

> 자동차 및 자동차부품의 성능과 기준에 관한 규칙 제48조(등화에 대한 그 밖의 기준) 제4항 제5호
> 5. 도로에 정지하려고 하거나 출발하려고 하는 때에는 다음 각목의 기준에 적합할 것
> 　가. **도로에 정지하려는 때에는 황색표시등** 또는 호박색표시등이 점멸되도록 운전자가 조작할 수 있어야 할 것
> 　나. 가목의 점멸 이후 어린이의 승하차를 위한 승강구가 열릴 때에는 자동으로 적색표시등이 점멸될 것
> 　다. 출발하기 위하여 승강구가 닫혔을 때에는 다시 자동으로 황색표시등 또는 호박색표시등이 점멸될 것
> 　라. 다목의 점멸 시 적색표시등과 황색표시등 또는 호박색표시등이 동시에 점멸되지 아니할 것
>
> 「도로교통법」 제53조 제1항
> ① 어린이통학버스를 운전하는 사람은 어린이나 영유아가 타고 내리는 경우에만 제51조 제1항에 따른 점멸등 등의 장치를 작동하여야 하며, 어린이나 영유아를 태우고 운행 중인 경우에만 제51조 제3항에 따른 표시를 하여야 한다.

302

어린이보호구역에서 어린이를 상해에 이르게 한 경우 특정범죄가중처벌 등에 관한 법률에 따른 형사처벌 기준은?

① **1년 이상 15년 이하의 징역 또는 500만 원 이상 3천만 원 이하의 벌금**
② 무기 또는 5년 이상의 징역
③ 2년 이하의 징역이나 500만 원 이하의 벌금
④ 5년 이하의 징역이나 2천만 원 이하의 벌금

> 「특정범죄가중처벌 등에 관한 법률」 제5조의13, 「도로교통법」 제12조 제3항
> 어린이보호구역에서 같은 조 제1항에 따른 조치를 준수해야 하며, 「특정범죄가중처벌 등에 관한 법률」 제5조의13에 따라 상해에 이른 경우는 1년 이상 15년 이하의 징역 또는 5백만 원 이상 3천만 원 이하의 벌금이다.

303

도로교통법령상 어린이보호에 대한 설명이다. 옳지 않은 것은?

① **횡단보도가 없는 도로에서 어린이가 횡단하고 있는 경우 서행하여야 한다.**
② 안전지대에 어린이가 서있는 경우 안전거리를 두고 서행하여야 한다.
③ 좁은 골목길에서 어린이가 걸어가고 있는 경우 안전한 거리를 두고 서행하여야 한다.
④ 횡단보도에 어린이가 통행하고 있는 경우 횡단보도 앞에 일시정지하여야 한다.

> 「도로교통법」 제27조(보행자의 보호)
> ① 모든 차 또는 노면전차의 운전자는 보행자(제13조의2 제6항에 따라 자전거등에서 내려서 자전거등을 끌거나 들고 통행하는 자전거등의 운전자를 포함한다)가 횡단보도를 통행하고 있거나 통행하려고 하는 때에는 보행자의 횡단을 방해하거나 위험을 주지 아니하도록 그 횡단보도 앞(정지선이 설치되어 있는 곳에서는 그 정지선을 말한다)에서 일시정지하여야 한다.
> ② 모든 차 또는 노면전차의 운전자는 교통정리를 하고 있는 교차로에서 좌회전이나 우회전을 하려는 경우에는 신호기 또는 경찰공무원등의 신호나 지시에 따라 도로를 횡단하는 보행자의 통행을 방해하여서는 아니 된다.
> ③ 모든 차의 운전자는 교통정리를 하고 있지 아니하는 교차로 또는 그 부근의 도로를 횡단하는 보행자의 통행을 방해하여서는 아니 된다.
> ④ 모든 차의 운전자는 도로에 설치된 안전지대에 보행자가 있는 경우와 차로가 설치되지 아니한 좁은 도로에서 보행자의 옆을 지나는 경우에는 안전한 거리를 두고 서행하여야 한다.
> ⑤ 모든 차 또는 노면전차의 운전자는 보행자가 제10조 제3항에 따라 **횡단보도가 설치되어 있지 아니한 도로를 횡단하고 있을 때에는 안전거리를 두고 일시정지**하여 보행자가 안전하게 횡단할 수 있도록 하여야 한다.

304

도로교통법령상 어린이의 보호자가 과태료 부과처분을 받는 경우에 해당하는 것은?

① 차도에서 어린이가 자전거를 타게 한 보호자
② 놀이터에서 어린이가 전동킥보드를 타게 한 보호자
③ **차도에서 어린이가 전동킥보드를 타게 한 보호자**
④ 놀이터에서 어린이가 자전거를 타게 한 보호자

> 어린이의 **보호자는 도로에서 어린이가 개인형 이동장치를 운전하게 하여서는 아니 되고**(「도로교통법」 제11조 제4항), 이를 위반하면 20만 원 이하의 **과태료를 부과**받는다(「도로교통법」 제160조 제2항 제9호).

305

도로교통법령상 어린이통학버스 특별보호에 대한 운전자 의무를 맞게 설명한 것은?

① **적색 점멸장치를 작동 중인 어린이통학버스가 정차한 차로의 바로 옆 차로로 통행하는 경우 일시정지하여야 한다.**
② 도로를 통행 중인 모든 어린이통학버스를 앞지르기할 수 없다.
③ 이 의무를 위반하면 운전면허 벌점 15점을 부과받는다.
④ 편도 1차로의 도로에서 적색 점멸장치를 작동 중인 어린이통학버스가 정차한 경우는 이 의무가 제외된다.

「도로교통법」 제2조 제19호, 「도로교통법」 제51조, 「자동차관리법」, 자동차 및 자동차 부품의 성능과 기준에 관한 규칙
① 어린이통학버스가 **도로에 정차하여 어린이나 영유아가 타고 내리는 중임을 표시하는 점멸등 등의 장치를 작동중일 때**에는 어린이통학버스가 **정차한 차로와 그 차로의 바로 옆 차로로 통행하는 차의 운전자**는 어린이통학버스에 이르기 전에 **일시정지**하여 안전을 확인한 후 서행하여야 한다.
② 제1항의 경우 중앙선이 설치되지 아니한 도로와 편도 1차로인 도로에서는 반대방향에서 진행하는 차의 운전자도 어린이통학버스에 이르기 전에 일시정지하여 안전을 확인한 후 서행하여야 한다.
③ 모든 차의 운전자는 어린이나 영유아를 태우고 있다는 표시를 한 상태로 도로를 통행하는 어린이통학버스를 앞지르지 못한다.
「도로교통법」 시행규칙 별표28
어린이통학버스 특별보호의무위반 시는 운전면허 벌점 30점이 부과된다.

306

노인보호구역에서 노인을 위해 시·도경찰청장이나 경찰서장이 할 수 있는 조치가 아닌 것은?

① 차마의 통행을 금지하거나 제한할 수 있다.
② 이면도로를 일방통행로로 지정·운영할 수 있다.
③ 차마의 운행속도를 시속 30킬로미터 이내로 제한할 수 있다.
④ **주 출입문 연결도로에 노인을 위한 노상주차장을 설치할 수 있다.**

어린이·노인 및 장애인 보호구역의 지정 및 관리에 관한 규칙 제9조(보호구역에서의 필요한 조치) 제1항에 의하면 시·도경찰청이나 경찰서장은 보호구역에서 구간별·시간대별로 다음 각 호의 조치를 할 수 있다
1. 차마의 통행을 금지하거나 제한하는 것
2. 차마의 정차나 주차를 금지하는 것
3. 운행속도를 시속 30킬로미터 이내로 제한하는 것
4. 이면도로를 일방통행로로 지정·운영하는 것

307

도로교통법령상 어린이통학버스 운영자의 의무를 설명한 것으로 틀린 것은?

① 어린이통학버스에 어린이를 태울 때에는 성년인 사람 중 보호자를 지정해야 한다.
② **어린이통학버스에 어린이를 태울 때에는 성년인 사람 중 보호자를 함께 태우고 어린이보호표지만 부착해야 한다.**
③ 좌석안전띠 착용 및 보호자 동승 확인 기록을 작성·보관해야 한다.
④ 좌석안전띠 착용 및 보호자 동승 확인 기록을 매 분기 어린이통학버스를 운영하는 시설의 감독 기관에 제출해야 한다.

「도로교통법」 제53조 제3항, 제6항
어린이통학버스를 운영하는 자는 어린이통학버스에 어린이나 영유아를 태울 때에는 성년인 사람 중 어린이통학버스를 운영하는 자가 지명한 보호자를 함께 태우고 운행하여야 하며, 동승한 보호자는 어린이나 영유아가 승차 또는 하차하는 때에는 자동차에서 내려서 어린이나 영유아가 안전하게 승하차하는 것을 확인하고 운행 중에는 어린이나 영유아가 좌석에 앉아 좌석안전띠를 매고 있도록 하는 등 어린이보호에 필요한 조치를 하여야 한다.
「도로교통법」 제53조 제6항
어린이통학버스를 운영하는 자는 제3항에 따라 보호자를 함께 태우고 운행하는 경우에는 행정안전부령으로 정하는 **보호자 동승을 표시하는 표지**(이하 '보호자 동승표지'라 한다)를 부착할 수 있으며, 누구든지 보호자를 함께 태우지 아니하고 운행하는 경우에는 보호자 동승표지를 부착하여서는 아니 된다. 〈신설 2020.5.26.〉
「도로교통법」 제53조 제7항
어린이통학버스를 운영하는 자는 좌석안전띠 착용 및 보호자 동승 확인 기록(이하 '안전운행 기록'이라 한다)을 작성·보관하고 매 분기 어린이통학버스를 운영하는 시설을 감독하는 주무기관의 장에게 안전운행기록을 제출하여야 한다.

308

도로교통법령상 어린이통학버스에 성년 보호자가 없을 때 '보호자 동승표지'를 부착한 경우의 처벌로 맞는 것은?

① 20만 원 이하의 벌금이나 구류
② **30만 원 이하의 벌금이나 구류**
③ 40만 원 이하의 벌금이나 구류
④ 50만 원 이하의 벌금이나 구류

「도로교통법」 제53조, 제154조
어린이통학버스 **보호자를 태우지 아니하고 운행하는 어린이통학버스에 보호자 동승표지를 부착한** 사람은 **30만 원 이하의 벌금이나 구류**에 처한다.

309

도로교통법령상 고령운전자표지에 대한 설명으로 맞는 것은?

① 고령운전자표지란 운전면허를 받은 65세 이상인 사람이 운전하는 차임을 나타내는 표지이다.
② 바탕은 청색, 글씨는 노란색으로 한다.
③ 앞면은 탈부착이 가능하도록 고무자석으로 제작하고 뒷면은 반사지로 제작한다.
④ 차의 앞면 중 안전운전에 지장을 주지 않고 시인성을 확보할 수 있는 장소에 부착한다.

「도로교통법」 시행규칙 제10조의2(고령운전자표지의 제작 및 배부)
① 경찰청장은 법 제7조의2 제1항에 따라 운전면허를 받은 **65세 이상인 사람이 운전하는 차임을 나타내는 표지**(이하 '고령운전자표지'라 한다)를 제작하여 배부할 수 있다.
「도로교통법」 시행규칙 별표8의2
1. 제작방법
 가. 바탕은 하늘색, 글씨는 흰색으로 한다.
 나. 앞면은 반사지로 제작하고 뒷면은 탈부착이 가능하도록 고무자석으로 제작한다.
 다. 글씨체는 문체부 제목 돋움체로 한다.
 라. 표지 규격 및 글씨 크기를 변경하지 않는 범위에서 필요한 문구 등을 삽입할 수 있다.
2. 부착장소
 차의 뒷면 중 안전운전에 지장을 주지 않고 시인성을 확보할 수 있는 장소에 부착한다.

310

시장 등이 노인보호구역으로 지정할 수 있는 곳이 아닌 곳은?

① 고등학교
② 노인복지시설
③ 도시공원
④ 생활체육시설

노인복지시설, 자연공원, 도시공원, 생활체육시설, **노인이 자주 왕래하는 곳은 시장 등이 노인보호구역으로 지정할 수 있는 곳**이다.

311

다음 중 노인보호구역을 지정할 수 없는 자는?

① 특별시장
② 광역시장
③ 특별자치도지사
④ 시·도경찰청장

어린이·노인 및 장애인보호구역 지정 및 관리에 관한 규칙 제3조 제1항

312

도로교통법령상 노인보호구역에서 통행을 금지할 수 있는 대상으로 바른 것은?

① 개인형 이동장치, 노면전차
② 트럭적재식 천공기, 어린이용 킥보드
③ 원동기장치자전거, 폭 1미터 이내의 보행보조용 의자차
④ 노상안정기, 폭 1미터 이내의 노약자용 보행기

「도로교통법」 제12조의2(노인 및 장애인 보호구역의 지정·해제 및 관리)
① 시장 등은 교통사고의 위험으로부터 노인 또는 장애인을 보호하기 위하여 필요하다고 인정하는 경우에는 제1호부터 제3호까지 및 제3호의2에 따른 시설 또는 장소의 주변도로 가운데 **일정 구간을 노인보호구역으로**, 제4호에 따른 시설의 주변도로 가운데 일정 구간을 장애인 보호구역으로 각각 지정하여 **차마와 노면전차의 통행을 제한하거나 금지**하는 등 필요한 조치를 할 수 있다. 〈시행 2023.10.19.〉

313

도로교통법령상 노인보호구역에서 오전 10시경 발생한 법규위반에 대한 설명으로 맞는 것은?

① 덤프트럭 운전자가 신호위반을 하는 경우 범칙금은 13만 원이다.
② 승용차 운전자가 노인보행자의 통행을 방해하면 범칙금은 7만 원이다.
③ 자전거 운전자가 횡단보도에서 횡단하는 노인보행자의 횡단을 방해하면 범칙금은 5만 원이다.
④ 경운기 운전자가 보행자보호를 불이행하는 경우 범칙금은 3만 원이다.

신호위반(덤프트럭 13만 원), 횡단보도보행자 횡단방해(승용차 12만 원, 자전거 6만 원), 보행자통행방해 또는 보호불이행(승용차 8만 원, 자전거 4만 원)의 범칙금이 부과된다.

314

도로교통법령상 승용차 운전자가 오전 11시경 노인보호구역에서 제한속도를 25km/h 초과한 경우 벌점은?

① 60점
② 40점
③ 30점
④ 15점

「도로교통법」 시행규칙 별표28
노인보호구역에서 오전 8시부터 오후 8시까지 제한속도를 위반한 경우 벌점은 2배 부과한다.

315

교통약자인 고령자의 일반적인 특징에 대한 설명으로 올바른 것은?

① 반사 신경이 둔하지만 경험에 의한 신속한 판단은 가능하다.
② 시력은 약화되지만 청력은 발달되어 작은 소리에도 민감하게 반응한다.
③ 돌발 사태에 대응능력은 미흡하지만 인지능력은 강화된다.
④ **신체상태가 노화될수록 행동이 원활하지 않다.**

고령자의 일반적인 특성은 반사 신경이 둔화되고 시력 및 청력이 약화되며 **신체상태가 노화될수록 돌발사태 대응력 및 인지능력도 서서히 저하**된다.

316

도로교통법령상 시장 등이 노인보호구역에서 할 수 있는 조치로 옳은 것은?

① **차마와 노면전차의 통행을 제한하거나 금지할 수 있다.**
② 대형승합차의 통행을 금지할 수 있지만 노면전차는 제한할 수 없다.
③ 이륜차의 통행은 금지할 수 있으나 자전거는 제한할 수 없다.
④ 건설기계는 통행을 금지할 수는 없지만 제한할 수 있다.

「도로교통법」 제12조의2(노인 및 장애인 보호구역의 지정·해제 및 관리) 제1항
시장 등은 **보호구역**으로 각각 지정하여 **차마와 노면전차의 통행을 제한하거나 금지**하는 등 필요한 조치를 할 수 있다. 〈시행 2023.10.19.〉

317

보행자 신호등이 없는 횡단보도로 횡단하는 노인을 뒤늦게 발견한 승용차 운전자가 급제동을 하였으나 노인을 충격(2주 진단)하는 교통사고가 발생하였다. 올바른 설명 2가지는?

① 보행자 신호등이 없으므로 자동차 운전자는 과실이 전혀 없다.
② **자동차 운전자에게 민사책임이 있다.**
③ 횡단한 노인만 형사처벌된다.
④ **자동차 운전자에게 형사책임이 있다.**

횡단보도 교통사고로 **운전자에게 민사 및 형사책임**이 있다.

318

관할 경찰서장이 노인보호구역 안에서 할 수 있는 조치로 맞는 2가지는?

① **자동차의 통행을 금지하거나 제한하는 것**
② **자동차의 정차나 주차를 금지하는 것**
③ 노상주차장을 설치하는 것
④ 보행자의 통행을 금지하거나 제한하는 것

어린이·노인 및 장애인 보호구역의 지정 및 관리에 관한 규칙 제9조(보호구역에서의 필요한 조치)
1. **차마(車馬)의 통행을 금지하거나 제한**하는 것
2. **차마의 정차나 주차를 금지**하는 것
3. 운행속도를 매시 30킬로미터 이내로 제한하는 것
4. 이면도로(도시지역에 있어서 간선도로가 아닌 도로로서 일반의 교통에 사용되는 도로를 말한다)를 일방통행로로 지정·운영하는 것

319

노인보호구역에서 노인의 옆을 지나갈 때 운전자의 운전방법 중 맞는 것은?

① 주행 속도를 유지하여 신속히 통과한다.
② **노인과의 간격을 충분히 확보하며 서행으로 통과한다.**
③ 경음기를 울리며 신속히 통과한다.
④ 전조등을 점멸하며 통과한다.

노인과의 **간격을 충분히 확보하며 서행으로 통과**한다.

320

야간에 노인보호구역을 통과할 때 운전자가 주의해야 할 사항으로 아닌 것은?

① 증발 현상이 발생할 수 있으므로 주의한다.
② **야간에는 노인이 없으므로 속도를 높여 통과한다.**
③ 무단 횡단하는 노인에 주의하며 통과한다.
④ 검은색 옷을 입은 노인은 잘 보이지 않으므로 유의한다.

> 야간에도 **노인의 통행이 있을 수 있으므로** 서행하며 통과한다.

321

도로교통법령상 노인보호구역 내 신호등 있는 횡단보도 통행방법 및 법규위반에 대한 설명으로 틀린 것은?

① 자동차 운전자는 신호가 바뀌면 즉시 출발하지 말고 주변을 살피고 천천히 출발한다.
② 승용차 운전자가 오전 8시부터 오후 8시 사이에 신호를 위반하고 통과하는 경우 범칙금은 12만 원이 부과된다.
③ 자전거 운전자도 아직 횡단하지 못한 노인이 있는 경우 노인이 안전하게 건널 수 있도록 기다린다.
④ **이륜차 운전자가 오전 8시부터 오후 8시 사이에 횡단보도 보행자 통행을 방해하면 범칙금 9만 원이 부과된다.**

> **노인보호구역에서** 승용차 운전자가 신호위반하는 경우 12만 원의 범칙금이 부과되고, 이륜차 운전자가 **횡단보도 보행자의 횡단을 방해하는 경우 8만 원의 범칙금이 부과**된다.

322

도로교통법령상 오전 8시부터 오후 8시까지 사이에 노인보호구역에서 교통법규위반 시 범칙금이 가중되는 행위가 아닌 것은?

① 신호위반
② 주차금지위반
③ 횡단보도 보행자 횡단 방해
④ **중앙선침범**

> 「도로교통법」 시행령 별표10 어린이보호구역 및 노인·장애인 보호구역에서의 범칙행위 및 범칙금액

323

노인보호구역에 대한 설명이다. 틀린 것은?

① 오전 8시부터 오후 8시까지 제한속도를 위반한 경우 범칙금액이 가중된다.
② 보행신호의 시간이 일반도로의 보행신호보다 더 길다.
③ 노상주차장 설치를 할 수 없다.
④ **노인들이 잘 보일 수 있도록 규정보다 신호등을 크게 설치할 수 있다.**

> 노인의 신체상태를 고려하여 **보행신호의 길이는** 장애인의 평균 보행속도를 기준으로 설정되어 **일반도로의 보행신호보다 더 길다**(어린이·노인 및 장애인 보호구역의 지정 및 관리에 관한 규칙 제6조 제2항, 2023교통신호기 설치운영 업무편람 제2편 제2장 보행 신호운영 참조). **신호등은 규정보다 신호등을 크게 설치할 수 없다.**

324

다음 중 도로교통법을 가장 잘 준수하고 있는 보행자는?

① **횡단보도가 없는 도로를 가장 짧은 거리로 횡단하였다.**
② 통행차량이 없어 횡단보도로 통행하지 않고 도로를 가로질러 횡단하였다.
③ 정차하고 있는 화물자동차 바로 뒤쪽으로 도로를 횡단하였다.
④ 보도에서 좌측으로 통행하였다.

> 「도로교통법」 제8조, 제10조
> ①, ② 횡단보도가 설치되어 있지 않은 도로에서는 가장 **짧은 거리로 횡단**하여야 한다.
> ③ 보행자는 모든 차의 앞이나 뒤로 횡단하여서는 안 된다.
> ④ 보행자는 보도에서 우측 통행을 원칙으로 한다.

325

노인의 일반적인 신체적 특성에 대한 설명으로 적당하지 않은 것은?

① 행동이 느려진다.
② **시력은 저하되나 청력은 향상된다.**
③ 반사 신경이 둔화된다.
④ 근력이 약화된다.

> **노인은 시력 및 청력이 약화**되는 신체적 특성이 발생한다.

326
노인보호구역 내의 신호등이 있는 횡단보도에 접근하고 있을 때 운전방법으로 바르지 않은 것은?

① 보행신호가 적색으로 바뀐 후에도 노인이 보행하는 경우 대기하고 있다가 횡단을 마친 후 주행한다.
② **신호의 변경을 예상하여 예측 출발할 수 있도록 한다.**
③ 안전하게 정지할 속도로 서행하고 정지신호에 맞춰 정지하여야 한다.
④ 노인의 경우 보행속도가 느리다는 것을 감안하여 주의하여야 한다.

> 보행자의 보호가 최우선이며, 신호등이 있는 횡단보도에 접근할 경우 보행자의 안전을 위하여 일시정지하여 안전을 확인하고 횡단보도 **신호가 변경된 후 차량 진행신호에 따라 진행**한다.

327
도로교통법령상 노인보호구역에 대한 설명이다. 옳지 않은 것은?

① 노인보호구역의 지정·해제 및 관리권은 시장 등에게 있다.
② 노인을 보호하기 위하여 일정 구간을 노인보호구역으로 지정할 수 있다.
③ 노인보호구역 내에서 차마의 통행을 제한할 수 있다.
④ **노인보호구역 내에서 차마의 통행을 금지할 수 없다.**

> 「도로교통법」 제12조의2
> 노인보호구역 내에서는 **차마의 통행을 금지하거나 제한할 수 있다.**

328
다음 중 교통약자의 이동편의증진법상 교통약자에 해당되지 않은 사람은?

① 어린이   ② 노인
③ **청소년**   ④ 임산부

> 「교통약자의 이동편의증진법」 제2조 제1호
> **교통약자란** 장애인, 노인(고령자), 임산부, 영유아를 동반한 사람, 어린이 등 **일상생활에서 이동에 불편을 느끼는 사람**을 말한다.

329
노인보호구역으로 지정된 경우 할 수 있는 조치사항이다. 바르지 않은 것은?

① 노인보호구역의 경우 시속 30킬로미터 이내로 제한할 수 있다.
② **보행신호의 신호시간이 일반 보행신호기와 같기 때문에 주의표지를 설치할 수 있다.**
③ 과속방지턱 등 교통안전시설을 보강하여 설치할 수 있다.
④ 보호구역으로 지정한 시설의 주 출입문과 가장 가까운 거리에 위치한 간선도로의 횡단보도에는 신호기를 우선적으로 설치·관리해야 한다.

> 노인보호구역에 설치되는 보행 신호등의 녹색 신호시간은 어린이, 노인 또는 장애인의 평균 보행속도를 기준으로 하여 설정되고 있다. 어린이·노인 및 장애인 보호구역의 지정 및 관리에 관한 규칙 제6조(교통안전시설의 설치)
> ① 시·도경찰청장이나 경찰서장은 제3조 제6항에 따라 보호구역으로 지정한 시설 또는 장소의 주 출입문과 가장 가까운 거리에 위치한 간선도로의 횡단보도에는 신호기를 우선적으로 설치·관리해야 한다.

330
장애인주차구역에 대한 설명이다. 잘못된 것은?

① **장애인전용주차구역 주차표지가 붙어 있는 자동차에 장애가 있는 사람이 탑승하지 않아도 주차가 가능하다.**
② 장애인전용주차구역 주차표지를 발급 받은 자가 그 표지를 양도·대여하는 등 부당한 목적으로 사용한 경우 표지를 회수하거나 재발급을 제한할 수 있다.
③ 장애인전용주차구역에 물건을 쌓거나 통행로를 막는 등 주차를 방해하는 행위를 하여서는 안 된다.
④ 장애인전용주차구역 주차표지를 붙이지 않은 자동차를 장애인전용주차구역에 주차한 경우 10만원의 과태료가 부과된다.

> 장애인, 노인, 임산부 등의 편의증진보장에 관한 법률 제17조 제4항
> 누구든지 제2항에 따른 **장애인전용주차구역 주차표지가 붙어 있지 아니한 자동차를 장애인전용주차구역에 주차하여서는 아니 된다.** 장애인전용주차구역 주차표지가 붙어 있는 자동차에 보행에 장애가 있는 사람이 타지 아니한 경우에도 같다.

331

도로교통법령상 노인보호구역에 대한 설명으로 잘못된 것은?

① 노인보호구역을 통과할 때는 위험상황 발생을 대비해 주의하면서 주행해야 한다.
② 노인보호표지란 노인보호구역 안에서 노인의 보호를 지시하는 것을 말한다.
③ **노인보호표지는 노인보호구역의 도로 중앙에 설치한다.**
④ 승용차 운전자가 노인보호구역에서 오전 10시에 횡단보도 보행자의 횡단을 방해하면 범칙금 12만 원이 부과된다.

> 노인보호구역에서 횡단보도보행자 횡단을 방해하는 경우 승용차 운전자는 12만 원의 범칙금이 부과된다. **노인보호표지는** 노인보호구역 안에서 노인의 보호를 지시하는 것으로 **노인보호구역의 도로 양측에 설치한다.**

332

도로교통법령상 노인운전자가 다음과 같은 운전행위를 하는 경우 벌점기준이 가장 높은 위반행위는?

① 횡단보도 내에 정차하여 보행자 통행을 방해하였다.
② 보행자를 뒤늦게 발견 급제동하여 보행자가 넘어질 뻔하였다.
③ 무단 횡단하는 보행자를 발견하고 경음기를 울리며 보행자 앞으로 재빨리 통과하였다.
④ **황색실선의 중앙선을 넘어 앞지르기하였다.**

> 「도로교통법」 시행규칙 별표28, 승용자동차 기준
> ① 「도로교통법」 제27조 제1항 범칙금 6만 원, 벌점 10점
> ② 「도로교통법」 제27조 제3항 범칙금 6만 원, 벌점 10점
> ③ 「도로교통법」 제27조 제5항 범칙금 4만 원, 벌점 10점
> ④ 「도로교통법」 제13조 제3항 범칙금 6만 원, **벌점 30점**

333

노인운전자의 안전운전과 가장 거리가 먼 것은?

① 운전하기 전 충분한 휴식
② 주기적인 건강상태 확인
③ 운전하기 전에 목적지 경로확인
④ **심야운전**

> 노인운전자는 운전하기 전 충분한 휴식과 주기적인 건강상태를 확인하는 것이 바람직하다. 운전하기 전에 목적지경로를 확인하고 **가급적 심야운전은 하지 않는 것이 좋다.**

334

다음 중 가장 바람직한 운전을 하고 있는 노인운전자는?

① 장거리를 이동할 때는 안전을 위하여 서행 운전한다.
② 시간 절약을 위해 목적지까지 쉬지 않고 운행한다.
③ **도로 상황을 주시하면서 규정 속도를 준수하고 운행한다.**
④ 통행 차량이 적은 야간에 주로 운전을 한다.

> 노인운전자는 장거리 운전이나 장시간, 심야 운전은 삼가해야 한다.

335

승용자동차 운전자가 노인보호구역에서 전방주시태만으로 노인에게 3주간의 상해를 입힌 경우 형사처벌에 대한 설명으로 틀린 것은?

① 종합보험에 가입되어 있으면 형사처벌되지 않는다.
② **노인보호구역을 알리는 안전표지가 있는 경우 형사처벌된다.**
③ 피해자가 처벌을 원하지 않으면 형사처벌되지 않는다.
④ 합의하면 형사처벌되지 않는다.

> 「교통사고처리특례법」 제3조(처벌의 특례) 제2항
> 피해자의 명시적인 의사에 반하여 공소(公訴)를 제기할 수 없다.
> 제4조(종합보험 등에 가입된 경우의 특례) 제1항
> 보험 또는 공제에 가입된 경우에는 제3조 제2항 본문에 규정된 죄를 범한 차의 운전자에 대하여 공소를 제기할 수 없다. 다만 「교통사고처리특례법」 제3조 제2항 단서에 규정된 항목에 대하여 **피해자의 명시적인 의사에 반하거나 종합보험에 가입되어 있더라도 형사처벌될 수 있다.**

336

도로교통법령상 승용자동차 운전자가 노인보호구역에서 15:00경 규정속도보다 시속 60킬로미터를 초과하여 운전한 경우 범칙금과 벌점은? (단, 가산금은 제외한다)

① 6만 원, 60점 ② 9만 원, 60점
③ 12만 원, 120점 ④ **15만 원, 120점**

> 「도로교통법」 시행령 별표10, 시행규칙 별표28
> **승용자동차 15만 원, 벌점 120점**

337

장애인전용 주차구역 주차표지 발급 기관이 아닌 것은?

① 국가보훈부장관
② 특별자치시장·특별자치도지사
③ 시장·군수·구청장
④ **보건복지부장관**

> 장애인, 노인, 임산부 등 편의증진보장에 관한 법률 제17조(장애인전용주차구역 등)

338

도로교통법령상 밤에 자동차(이륜자동차 제외)의 운전자가 고장 그 밖의 부득이한 사유로 도로에 정차할 경우 켜야 하는 등화로 맞는 것은?

① 전조등 및 미등
② 실내 조명등 및 차폭등
③ 번호등 및 전조등
④ **미등 및 차폭등**

> 「도로교통법」 제37조 제1항
> **모든 차 또는 노면전차의 운전자는** 다음 각 호의 어느 하나에 해당하는 경우에는 대통령령으로 정하는 바에 따라 **전조등(前照燈), 차폭등(車幅燈), 미등(尾燈)과 그 밖의 등화를 켜야 한다.**
> 제1호
> 밤(해가 진 후부터 해가 뜨기 전까지를 말한다. 이하 같다)에 도로에서 차 또는 노면전차를 운행하거나 고장이나 그 밖의 부득이한 사유로 도로에서 차 또는 노면전차를 정차 또는 주차하는 경우 「도로교통법」 시행령 제19조 자동차(이륜자동차는 제외)는 자동차 안전 기준에서 정하는 미등 및 차폭등을 밤에 도로에서 주차 또는 정차하는 경우에 켜야 한다.

339

도로교통법령상 도로의 가장자리에 설치한 황색 점선에 대한 설명이다. 가장 알맞은 것은?

① 주차와 정차를 동시에 할 수 있다.
② **주차는 금지되고 정차는 할 수 있다.**
③ 주차는 할 수 있으나 정차는 할 수 없다.
④ 주차와 정차를 동시에 금지한다.

> **황색 점선으로 설치한 가장자리구역선**의 의미는 **주차는 금지되고, 정차는 할 수 있다**는 의미이다.

340

도로교통법령상 개인형 이동장치의 정차 및 주차가 금지되는 기준으로 틀린 것은?

① **교차로의 가장자리로부터 10미터 이내인 곳, 도로의 모퉁이로부터 5미터 이내인 곳**
② 횡단보도로부터 10미터 이내인 곳, 건널목의 가장자리로부터 10미터 이내인 곳
③ 안전지대의 사방으로부터 각각 10미터 이내인 곳, 버스정류장 기둥으로부터 10미터 이내인 곳
④ 비상소화장치가 설치된 곳으로부터 5미터 이내인 곳, 소방용수시설이 설치된 곳으로부터 5미터 이내인 곳

> 「도로교통법」 제32조(정차 및 주차의 금지) 제2호
> **교차로의 가장자리로부터 5미터 이내인 곳**

341

전기자동차가 아닌 자동차를 환경친화적 자동차 충전시설의 충전구역에 주차했을 때 과태료는 얼마인가?

① 3만 원   ② 5만 원
③ 7만 원   ④ **10만 원**

> 「환경친화적 자동차의 개발 및 보급 촉진에 관한 법률」 제11조의2 제4항, 「환경친화적 자동차의 개발 및 보급 촉진에 관한 법률」 시행령 제21조

342

자동차에서 하차할 때 문을 여는 방법인 '더치 리치(Dutch Reach)'에 대한 설명으로 맞는 것은?

① **자동차 하차 시 창문에서 먼 쪽 손으로 손잡이를 잡아 뒤를 확인한 후 문을 연다.**
② 자동차 하차 시 창문에서 가까운 쪽 손으로 손잡이를 잡아 앞을 확인한 후 문을 연다.
③ 개문발차사고를 예방한다.
④ 영국에서 처음 시작된 교통안전 캠페인이다.

> 더치 리치(Dutch Reach)는 1960년대 네덜란드에서 승용차 측면 뒤쪽에서 접근하는 자전거와 사고를 예방하기 위해서 시작된 교통안전 캠페인이다. **운전자나 동승자가 승용차에서 내리기 위해서 차문을 열 때 창문에서 먼 쪽 손으로 손잡이를 잡아서 차문을 여는 방법**이다. 이렇게 문을 열면 자연스럽게 몸이 45도 이상 회전하게 되면서 뒤쪽을 눈으로 확인할 수 있어서 승용차 뒤쪽 측면에서 접근하는 자전거와 오토바이 등과 발생하는 사고를 예방할 수 있다. 개문발차사고는 운전자 등이 자동차 문을 열고 출발하는 과정에 발생하는 사고를 말한다.

343

전기자동차 또는 외부충전식 하이브리드자동차는 급속충전시설의 충전시작 이후 충전구역에서 얼마나 주차할 수 있는가?

① **1시간**
② 2시간
③ 3시간
④ 4시간

「환경친화적 자동차의 개발 및 보급 촉진에 관한 법률」 시행령 제18조의8(환경친화적 자동차에 대한 충전 방해행위의 기준 등) 급속충전시설의 충전구역에서 전기자동차 및 외부충전식 하이브리드자동차가 2시간 이내의 범위에서 산업통상부장관이 고시하는 시간인 **1시간이 지난 후에도 계속 주차하는 행위**는 환경친화적 자동차에 대한 충전 방해행위이다.

344

도로교통법령상 경사진 곳에서의 정차 및 주차방법과 그 기준에 대한 설명으로 올바른 것은?

① 경사의 내리막방향으로 바퀴에 고임목, 고임돌 등 자동차의 미끄럼 사고를 방지할 수 있는 것을 설치해야 하며 비탈진 내리막길은 주차금지 장소이다.
② 조향장치를 자동차에서 멀리 있는 쪽 도로의 가장자리방향으로 돌려놓아야 하며 경사진 장소는 정차금지 장소이다.
③ 운전자가 운전석에 대기하고 있는 경우에는 조향장치를 도로 쪽으로 돌려놓아야 하며 고장이 나서 부득이 정지하고 있는 것은 주차에 해당하지 않는다.
④ **도로 외의 경사진 곳에서 정차하는 경우에는 조향장치를 자동차에서 가까운 쪽 도로의 가장자리 방향으로 돌려놓아야 하며 정차는 5분을 초과하지 않는 주차 외의 정지상태를 말한다.**

「도로교통법」 시행령 제11조 제3항
자동차의 운전자는 법 제34조의3에 따라 경사진 곳에 정차하거나 주차(도로 외의 경사진 곳에서 정차하거나 주차하는 경우를 포함한다)하려는 경우 자동차의 주차 제동장치를 작동한 후에 다음 각 호의 어느 하나에 해당하는 조치를 취하여야 한다. 다만 운전자가 운전석을 떠나지 아니하고 직접 제동장치를 작동하고 있는 경우는 제외한다.
1. 경사의 내리막방향으로 바퀴에 고임목, 고임돌, 그 밖에 고무, 플라스틱 등 자동차의 미끄럼 사고를 방지할 수 있는 것을 설치할 것
2. **조향장치(操向裝置)를 도로의 가장자리(자동차에서 가까운 쪽을 말한다) 방향으로 돌려놓을 것**
3. 그 밖에 제1호 또는 제2호에 준하는 방법으로 미끄럼 사고의 발생 방지를 위한 조치를 취할 것

345

장애인전용주차구역에 물건 등을 쌓거나 그 통행로를 가로막는 등 주차를 방해하는 행위를 한 경우 과태료 부과 금액으로 맞는 것은?

① 4만 원
② 20만 원
③ **50만 원**
④ 100만 원

누구든지 **장애인전용주차구역에서 주차를 방해하는 행위**를 하면 **과태료 50만 원을 부과**(「장애인·노인·임산부 등의 편의증진 보장에 관한 법률」 제17조 제5항, 시행령 별표3)

346

운전자의 준수 사항에 대한 설명으로 맞는 2가지는?

① 승객이 문을 열고 내릴 때에는 승객에게 안전 책임이 있다.
② **물건 등을 사기 위해 일시 정차하는 경우에도 시동을 끈다.**
③ **운전자는 차의 시동을 끄고 안전을 확인한 후 차의 문을 열고 내려야 한다.**
④ 주차구역이 아닌 경우에는 누구라도 즉시 이동이 가능하도록 조치해둔다.

운전자가 운전석으로부터 떠나는 때에는 차의 시동을 끄고 제동장치를 철저하게 하는 등 **차의 정지상태를 안전하게 유지**하고 다른 사람이 **함부로 운전하지 못하도록 필요한 조치**를 하도록 규정하고 있다.

347

도로교통법령상 급경사로에 주차할 경우 가장 안전한 방법 2가지는?

① 자동차의 주차제동장치만 작동시킨다.
② **조향장치를 도로의 가장자리(자동차에서 가까운 쪽을 말한다) 방향으로 돌려놓는다.**
③ **경사의 내리막방향으로 바퀴에 고임목 등 자동차의 미끄럼 사고를 방지할 수 있는 것을 설치한다.**
④ 수동변속기 자동차는 기어를 중립에 둔다.

「도로교통법」 시행령 제11조 제3항에 따라 경사의 내리막방향으로 바퀴에 고임목 등 자동차의 미끄럼 사고를 방지할 수 있는 것을 설치하고, **조향장치(操向裝置)를 도로의 가장자리(자동차에서 가까운 쪽을 말한다) 방향으로 돌려놓을 것**

348

도로교통법령상 주·정차방법에 대한 설명이다. 맞는 2가지는?

① **도로에서 정차를 하고자 하는 때에는 차도의 우측 가장자리에 세워야 한다.**
② 안전표지로 주·정차방법이 지정되어 있는 곳에서는 그 방법에 따를 필요는 없다.
③ 평지에서는 수동변속기 차량의 경우 기어를 1단 또는 후진에 넣어두기만 하면 된다.
④ **경사진 도로에서는 고임목을 받쳐두어야 한다.**

「도로교통법」 시행령 제11조 제3항 제1호에 따라 자동차의 운전자는 법 제34조의3에 따라 경사진 곳에 정차하거나 주차(도로 외의 경사진 곳에서 정차하거나 주차하는 경우를 포함한다)하려는 경우 자동차의 주차제동장치를 작동한 후에 다음 각 호의 어느 하나에 해당하는 조치를 취하여야 한다. 다만 운전자가 운전석을 떠나지 아니하고 직접제동장치를 작동하고 있는 경우는 제외한다. 〈신설 2018.9.28.〉
1. 경사의 내리막방향으로 **바퀴에 고임목, 고임돌, 그 밖에 고무, 플라스틱 등 자동차의 미끄럼 사고를 방지**할 수 있는 것을 설치할 것
2. 조향장치(操向裝置)를 도로의 가장자리(자동차에서 가까운 쪽을 말한다) 방향으로 돌려놓을 것
3. 그 밖에 제1호 또는 제2호에 준하는 방법으로 미끄럼 사고의 발생 방지를 위한 조치를 취할 것

349

도로교통법령상 주차에 해당하는 2가지는?

① **차량이 고장 나서 계속 정지하고 있는 경우**
② 위험 방지를 위한 일시정지
③ **5분을 초과하지 않았지만 운전자가 차를 떠나 즉시 운전할 수 없는 상태**
④ 지하철역에 친구를 내려 주기 위해 일시정지

「도로교통법」 제2조
신호 대기를 위한 정지, 위험 방지를 위한 일시정지는 5분을 초과하여도 주차에 해당하지 않는다. 그러나 **5분을 초과하지 않았지만 운전자가 차를 떠나 즉시 운전할 수 없는 상태는 주차에 해당**한다.

350

도로교통법령상 정차 또는 주차를 금지하는 장소의 특례를 적용하지 않는 2가지는?

① 어린이보호구역 내 주 출입문으로부터 50미터 이내
② 횡단보도로부터 10미터 이내
③ **비상소화장치가 설치된 곳으로부터 5미터 이내**
④ **안전지대의 사방으로부터 각각 10미터 이내**

정차 및 주차 금지 장소 모든 차의 운전자는 다음 각 호의 어느 하나에 해당하는 곳에서는 **차를 정차하거나 주차하여서는 아니 된다.** 다만 이 법이나 이 법에 따른 명령 또는 경찰공무원의 지시를 따르는 경우와 위험방지를 위하여 일시정지하는 경우에는 그러하지 아니하다.
1. 교차로·횡단보도·건널목이나 보도와 차도가 구분된 도로의 보도(주차장법에 따라 차도와 보도에 걸쳐서 설치된 노상주차장은 제외한다)
2. 교차로의 가장자리나 도로의 모퉁이로부터 5미터 이내인 곳
3. 안전지대가 설치된 도로에서는 그 **안전지대의 사방으로부터 각각 10미터 이내**인 곳
4. 버스여객자동차의 정류지(停留地)임을 표시하는 기둥이나 표지판 또는 선이 설치된 곳으로부터 10미터 이내인 곳. 다만 버스여객자동차의 운전자가 그 버스여객자동차의 운행시간 중에 운행노선에 따르는 정류장에서 승객을 태우거나 내리기 위하여 차를 정차하거나 주차하는 경우에는 그러하지 아니하다.
5. 건널목의 가장자리 또는 횡단보도로부터 10미터 이내인 곳
6. 다음 각 목의 곳으로부터 **5미터 이내인 곳**
   가. 「소방기본법」 제10조에 따른 **소방용수시설 또는 비상소화장치가 설치된 곳**
   나. 화재예방, 소방시설 설치·유지 및 안전관리에 관한 법률 제2조 제1항 제1호에 따른 소방시설로서 대통령령으로 정하는 시설이 설치된 곳
7. 시·도경찰청장이 도로에서의 위험을 방지하고 교통의 안전과 원활한 소통을 확보하기 위하여 필요하다고 인정하여 지정한 곳
8. 시장 등이 제12조 제1항에 따라 지정한 어린이보호구역

제34조의2(정차 또는 주차를 금지하는 장소의 특례)
① 다음 각 호의 어느 하나에 해당하는 경우에는 제32조 제1호·제4호·제5호·제7호·제8호 또는 제33조 제3호에도 불구하고 정차하거나 주차할 수 있다.
   1. 자전거 이용 활성화에 관한 법률 제2조 제2호에 따른 자전거이용시설 중 전기자전거 충전소 및 자전거주차장치에 자전거를 정차 또는 주차하는 경우
   2. 시장 등의 요청에 따라 시·도경찰청장이 안전표지로 자전거등의 정차 또는 주차를 허용한 경우
② 시·도경찰청장이 안전표지로 구역·시간·방법 및 차의 종류를 정하여 정차나 주차를 허용한 곳에서는 제32조 제7호·제8호 또는 제33조 제3호에도 불구하고 정차하거나 주차할 수 있다.

351

도로교통법령상 주차가 가능한 장소로 맞는 2가지는?

① 도로의 모퉁이로부터 5미터 지점
② **소방용수시설이 설치된 곳으로부터 7미터 지점**
③ **비상소화장치가 설치된 곳으로부터 7미터 지점**
④ 안전지대로부터 5미터 지점

> 주차 금지장소
> ① 횡단보도로부터 10미터 이내
> ② **소방용수시설이 설치된 곳으로부터 5미터 이내**
> ③ **비상소화장치가 설치된 곳으로부터 5미터 이내**
> ④ 안전지대 사방으로부터 각각 10미터 이내(「도로교통법」 제32조)
>
> 제34조의2(정차 또는 주차를 금지하는 장소의 특례)
> ① 다음 각 호의 어느 하나에 해당하는 경우에는 제32조 제1호·제4호·제5호·제7호·제8호 또는 제33조 제3호에도 불구하고 정차하거나 주차할 수 있다.
>   1. 자전거 이용 활성화에 관한 법률 제2조 제2호에 따른 자전거이용시설 중 전기자전거 충전소 및 자전거주차장치에 자전거를 정차 또는 주차하는 경우
>   2. 시장 등의 요청에 따라 시·도경찰청장이 안전표지로 자전거등의 정차 또는 주차를 허용한 경우
> ② 시·도경찰청장이 안전표지로구역·시간·방법 및 차의 종류를 정하여 정차나 주차를 허용한 곳에서는 제32조 제7호·제8호 또는 제33조 제3호에도 불구하고 정차하거나 주차할 수 있다.

352

도로교통법령상 교통정리를 하고 있지 아니하는 교차로를 좌회전하려고 할 때 가장 안전한 운전방법은?

① 먼저 진입한 다른 차량이 있어도 서행하며 조심스럽게 좌회전한다.
② **폭이 넓은 도로의 차에 진로를 양보한다.**
③ 직진 차에는 차로를 양보하나 우회전 차보다는 우선권이 있다.
④ 미리 도로의 중앙선을 따라 서행하다 교차로 중심 바깥쪽을 이용하여 좌회전한다.

> 「도로교통법」 제26조
> 먼저 진입한 차량에 차로를 **양보**해야 하고, 좌회전 차량은 **직진 및 우회전 차량에게 우선권을 양보**해야 하며, **교차로 중심 안쪽을 이용하여 좌회전**해야 한다.

353

도로교통법령상 교통정리가 없는 교차로 통행방법으로 알맞은 것은?

① 좌우를 확인할 수 없는 경우에는 서행하여야 한다.
② 좌회전하려는 차는 직진차량보다 우선 통행해야 한다.
③ 우회전하려는 차는 직진차량보다 우선 통행해야 한다.
④ **통행하고 있는 도로의 폭보다 교차하는 도로의 폭이 넓은 경우 서행하여야 한다.**

> 「도로교통법」 제26조
> 좌우를 확인할 수 없는 경우에는 일시정지하여야 하며 **해당 차가 통행하고 있는 도로의 폭보다 교차하는 도로의 폭이 넓은 경우에는 서행**하여야 한다.

354

도로의 원활한 소통과 안전을 위하여 회전교차로의 설치가 권장되는 경우는?

① **교통량 수준이 높지 않으나 교차로 교통사고가 많이 발생하는 곳**
② 교차로에서 하나 이상의 접근로가 편도 3차로 이상인 곳
③ 회전교차로의 교통량 수준이 처리용량을 초과하는 곳
④ 신호연동에 필요한 구간 중 회전교차로이면 연동 효과가 감소되는 곳

> 회전교차로 설계지침(2022.8.), 국토교통부
> 1) 회전교차로 설치를 권장하는 경우
>   ① 교통량 수준이 비신호교차로로 운영하기에는 많고 신호교차로로 운영하기에는 너무 적어 신호운영의 효율이 떨어지는 경우
>   ② **교통량 수준이 높지 않으나 교차로 교통사고가 많이 발생하는 경우**
>   ③ 운전자의 통행우선권 인식이 어려운 경우
>   ④ Y자형 교차로, T자형 교차로, 교차로 형태가 특이한 경우
>   ⑤ 교통정온화 사업 구간 내의 교차로
> 2) 회전교차로 설치를 권장하지 않는 경우
>   ① 회전교차로의 교통량 수준이 처리용량을 초과하는 경우
>   ② 회전교차로 설계 기준을 만족시키지 못할 경우
>   ③ 첨두 시 가변차로가 운영되는 경우
>   ④ 신호연동이 이루어지고 있는 구간 내 교차로인 경우
>   ⑤ 교차로에서 하나 이상의 접근로가 편도 3차로 이상인 경우

355
회전교차로에 대한 설명으로 맞는 것은?

① 회전교차로는 신호교차로에 비해 상충지점 수가 많다.
② **진입 시 회전교차로 내에 여유 공간이 있을 때까지 양보선에서 대기하여야 한다.**
③ 신호등 설치로 진입차량을 유도하여 교차로 내의 교통량을 처리한다.
④ 회전 중에 있는 차는 진입하는 차량에게 양보해야 한다.

> 회전교차로는 신호교차로에 비해 상충지점 수가 적고 회전중인 차량에 대해 진입하고자 하는 차량이 양보해야 하며, **회전교차로 내에 여유 공간이 없는 경우에는 진입하면 안 된다.**

356
도로교통법령상 운전자가 좌회전 시 정확하게 진행할 수 있도록 교차로 내에 백색점선으로 한 노면 표시는 무엇인가?

① **유도선**   ② 연장선
③ 지시선   ④ 규제선

> 「도로교통법」 시행규칙 별표6 Ⅰ·일반 기준 2. 노면 표시, Ⅱ·개별 기준 5. 노면 표시
> 교차로에서 진행 중 옆면 추돌사고가 발생하는 것은 유도선에 대한 이해부족일 가능성이 높다.

357
교차로에서 좌·우회전을 할 때 가장 안전한 운전방법 2가지는?

① **우회전 시에는 미리 도로의 우측 가장자리로 서행하면서 우회전해야 한다.**
② 혼잡한 도로에서 좌회전할 때에는 좌측 유도선과 상관없이 신속히 통과해야 한다.
③ **좌회전할 때에는 미리 도로의 중앙선을 따라 서행하면서 교차로의 중심 안쪽을 이용하여 좌회전해야 한다.**
④ 유도선이 있는 교차로에서 좌회전할 때에는 좌측 바퀴가 유도선 안쪽을 통과해야 한다.

> 「도로교통법」 제25조
> 모든 차의 운전자는 교차로에서 **우회전을 하고자 하는 때에는 미리 도로의 우측 가장자리를 따라 서행**하면서 우회전하여야 하며, **좌회전 시에는 미리 도로의 중앙선을 따라 서행하면서 교차로의 중심 안쪽을 이용하여 좌회전**해야 한다.

358
교차로에서 좌회전하는 차량 운전자의 가장 안전한 운전방법 2가지는?

① 반대방향에 정지하는 차량을 주의해야 한다.
② **반대방향에서 우회전하는 차량을 주의하면 된다.**
③ 같은 방향에서 우회전하는 차량을 주의해야 한다.
④ **함께 좌회전하는 측면 차량도 주의해야 한다.**

> 「도로교통법」 제25조
> 교차로에서 비보호 **좌회전하는 차량은 우회전 차량 및 같은 방향으로 함께 좌회전하는 측면 차량도 주의**하며 좌회전해야 한다.

359
도로교통법령상 회전교차로의 통행방법으로 맞는 것은?

① **회전하고 있는 차가 우선이다.**
② 진입하려는 차가 우선이다.
③ 진출한 차가 우선이다.
④ 차량의 우선순위는 없다.

> 「도로교통법」 제25조의2(회전교차로 통행방법)
> 회전교차로에 진입하려는 경우에는 서행하거나 일시정지하여야 하며, 이미 **진행하고 있는 다른 차가 있는 때에는 그 차에 진로를 양보**하여야 한다.

360
다음 중 회전교차로에서 통행 우선권이 인정되는 차량은?

① **회전교차로 내 회전차로에서 주행 중인 차량**
② 회전교차로 진입 전 좌회전하려는 차량
③ 회전교차로 진입 전 우회전하려는 차량
④ 회전교차로 진입 전 좌회전 및 우회전하려는 차량

> 「도로교통법」 제25조의2(회전교차로 통행방법)
> ① 모든 차의 운전자는 회전교차로에서는 반시계방향으로 통행하여야 한다.
> ② 모든 차의 운전자는 회전교차로에 진입하려는 경우에는 서행하거나 일시정지하여야 하며, 이미 **진행하고 있는 다른 차가 있는 때에는 그 차에 진로를 양보**하여야 한다.
> ③ 제1항 및 제2항에 따라 회전교차로 통행을 위하여 손이나 방향지시기 또는 등화로써 신호를 하는 차가 있는 경우 그 뒤차의 운전자는 신호를 한 앞차의 진행을 방해하여서는 아니 된다.

361

회전교차로에 대한 설명으로 옳지 않은 것은?

① 차량이 서행으로 교차로에 접근하도록 되어 있다.
② 회전하고 있는 차량이 우선이다.
③ 신호가 없기 때문에 연속적으로 차량 진입이 가능하다.
④ **회전교차로는 시계방향으로 회전한다.**

> 회전교차로에서는 **반시계방향**으로 회전한다.

362

회전교차로 통행방법으로 가장 알맞은 2가지는?

① **교차로 진입 전 일시정지 후 교차로 내 왼쪽에서 다가오는 차량이 없으면 진입한다.**
② 회전교차로에서의 회전은 시계방향으로 회전해야 한다.
③ 회전교차로를 진·출입할 때에는 방향지시등을 작동할 필요가 없다.
④ **회전교차로 내에 진입한 후에도 다른 차량에 주의하면서 진행해야 한다.**

> 회전교차로에서의 회전은 **반시계방향으로 회전**해야 하고 진·출입할 때에는 **방향지시등을 작동**해야 한다.

363

가변형 속도제한 구간에 대한 설명으로 옳지 않은 것은?

① 상황에 따라 규정 속도를 변화시키는 능동적인 시스템이다.
② 규정 속도 숫자를 바꿔서 표현할 수 있는 전광표지판을 사용한다.
③ 가변형 속도제한표지로 최고속도를 정한 경우에는 이에 따라야 한다.
④ **가변형 속도제한표지로 정한 최고속도와 안전표지 최고속도가 다를 때는 안전표지 최고속도를 따라야 한다.**

> 「도로교통법」 시행규칙 제19조 제1호
> 가변형 속도제한표지로 최고속도를 정한 경우에는 이에 따라야 하며 **가변형 속도제한표지로 정한 최고속도와 그 밖의 안전표지로 정한 최고속도가 다를 때에는 가변형 속도제한표지에 따라야** 한다.

364

도로교통법령상 일시정지를 해야 하는 장소는?

① 터널 안 및 다리 위
② **신호등이 없는 교통이 빈번한 교차로**
③ 가파른 비탈길의 내리막
④ 도로가 구부러진 부근

> 「도로교통법」 제31조 제2항
> 앞지르기 금지구역과 일시정지해야 하는 곳은 다르게 규정하고 있다. 터널 안 및 다리 위, 가파른 비탈길의 내리막 도로가 구부러진 부근은 앞지르기 금지구역이다. **교통정리를 하고 있지 아니하고 좌우를 확인할 수 없거나 교통이 빈번한 교차로**, 시·도경찰청장이 도로에서의 위험을 방지하고 교통의 안전과 원활한 소통을 확보하기 위하여 필요하다고 인정하여 안전표지로 지정한 곳은 **일시정지**해야 할 장소이다.

365

도로교통법령상 일시정지하여야 할 장소로 맞는 것은?

① 도로의 구부러진 부근
② 가파른 비탈길의 내리막
③ 비탈길의 고갯마루 부근
④ **교통정리가 없는 교통이 빈번한 교차로**

> 「도로교통법」 제31조(서행 또는 일시정지할 장소)
> 서행해야 할 장소에는 도로의 구부러진 부근, 가파른 비탈길의 내리막, 비탈길의 고갯마루 부근이다. **교통정리를 하고 있지 아니하고 좌우를 확인할 수 없거나 교통이 빈번한 교차로**, 시·도경찰청장이 도로에서의 위험을 방지하고 교통의 안전과 원활한 소통을 확보하기 위하여 필요하다고 인정하여 안전표지로 지정한 곳은 **일시정지**해야 할 장소이다.

366

도로교통법령상 반드시 일시정지하여야 할 장소로 맞는 것은?

① **교통정리를 하고 있지 아니하고 좌우를 확인할 수 없는 교차로**
② 녹색 등화가 켜져 있는 교차로
③ 교통이 빈번한 다리 위 또는 터널 내
④ 도로의 구부러진 부근 또는 비탈길의 고갯마루 부근

> 「도로교통법」 제31조 제2항
> **교통정리를 하고 있지 아니하고 좌우를 확인할 수 없거나 교통이 빈번한 교차로**에서는 **일시정지**하여야 한다.

367

도로교통법상 (　)의 운전자는 철길 건널목을 통과하려는 경우 건널목 앞에서 (　)하여 안전한지 확인한 후에 통과하여야 한다. (　) 안에 맞는 것은?

① 모든 차, 서행
② 모든 자동차등 또는 건설기계, 서행
③ 모든 차 또는 모든 전차, 일시정지
④ **모든 차 또는 노면 전차, 일시정지**

> 「도로교통법」 제24조(철길건널목의 통과)
> **모든 차 또는 노면전차의 운전자**는 철길건널목을 통과하려는 경우 건널목 앞에서 **일시정지**하여 안전을 확인한 후 통과하여야 한다.

368

다음 중 고속도로 나들목에서 가장 안전한 운전방법은?

① 나들목에서는 차량이 정체되므로 사고 예방을 위해서 뒤차가 접근하지 못하도록 급제동한다.
② 나들목에서는 속도에 대한 감각이 둔해지므로 일시정지한 후 출발한다.
③ **진출하고자 하는 나들목을 지나친 경우 다음 나들목을 이용한다.**
④ 급가속하여 나들목으로 진출한다.

> • 급제동은 뒤차와의 사고위험을 증가시킨다. 나들목 부근에서 급감속하여 일반도로로 나오게 되면 속도의 감각이 둔해짐에 따라 미리 서행하여 일반도로 규정 속도에 맞춰 주행해야 한다.
> • 진출해야 하는 나들목을 지나친 경우 다음 나들목을 이용하여 빠져 나와야 한다.

369

신호기의 신호에 따라 교차로에 진입하려는데 경찰 공무원이 정지하라는 수신호를 보냈다. 다음 중 가장 안전한 운전방법은?

① **정지선 직전에 일시정지한다.**
② 급감속하여 서행한다.
③ 신호기의 신호에 따라 진행한다.
④ 교차로에 서서히 진입한다.

> 교통안전시설이 표시하는 신호 또는 지시와 교통정리를 위한 경찰공무원 등의 신호 또는 지시가 다른 경우에는 **경찰공무원 등의 신호 또는 지시에 따라야** 한다.

370

도로교통법령상 앞차의 운전자가 왼팔을 수평으로 펴서 차체의 좌측 밖으로 내밀었을 때 취해야 할 조치로 가장 올바른 것은?

① 앞차가 우회전할 것이 예상되므로 서행한다.
② 앞차가 횡단할 것이 예상되므로 상위 차로로 진로변경한다.
③ 앞차가 유턴할 것이 예상되므로 앞지르기한다.
④ **앞차의 차로변경이 예상되므로 서행한다.**

> 「도로교통법」 시행령 별표2
> 좌회전, 횡단, 유턴 또는 같은 방향으로 진행하면서 **진로를 왼쪽으로 바꾸려는 때** 그 행위를 하고자 하는 지점(좌회전할 경우에는 그 교차로의 가장자리)에 이르기 전 30미터(고속도로에서는 100미터) 이상의 지점에 이르렀을 때 **왼팔을 수평으로 펴서 차체의 왼쪽 밖으로 내밀거나** 오른팔을 차체의 오른쪽 밖으로 내어 팔꿈치를 굽혀 수직으로 올리거나 왼쪽의 방향 지시기 또는 등화를 조작한다.

371

도로교통법령상 운전자가 우회전하고자 할 때 사용하는 수신호는?

① **왼팔을 좌측 밖으로 내어 팔꿈치를 굽혀 수직으로 올린다.**
② 왼팔은 수평으로 펴서 차체의 좌측 밖으로 내민다.
③ 오른팔을 차체의 우측 밖으로 수평으로 펴서 손을 앞뒤로 흔든다.
④ 왼팔을 차체 밖으로 내어 45° 밑으로 편다.

> 운전자가 **우회전하고자 할 때 왼팔을 차체의 왼쪽 밖으로 내어 팔꿈치를 굽혀 수직으로 올린다**.

372

운전 중 철길건널목에서 가장 바람직한 통행방법은?

① 기차가 오지 않으면 그냥 통과한다.
② **일시정지하여 안전을 확인하고 통과한다.**
③ 제한속도 이상으로 통과한다.
④ 차단기가 내려지려고 하는 경우는 빨리 통과한다.

> **철길건널목에서는 일시정지하다 안전을 확인하고 통과**한다. 차단기가 내려져 있거나 내려지려고 하는 경우 또는 경보기가 울리고 있는 경우 그 건널목에 들어가서는 아니 된다.

373

중앙선이 황색 점선과 황색 실선으로 구성된 복선으로 설치된 때의 앞지르기에 대한 설명으로 맞는 것은?

① 황색 실선과 황색 점선 어느 쪽에서도 중앙선을 넘어 앞지르기할 수 없다.
② **황색 점선이 있는 측에서는 중앙선을 넘어 앞지르기할 수 있다.**
③ 안전이 확인되면 황색 실선과 황색 점선 상관없이 앞지르기할 수 있다.
④ 황색 실선이 있는 측에서는 중앙선을 넘어 앞지르기할 수 있다.

> 황색 점선이 있는 측에서는 중앙선을 넘어 앞지르기할 수 있으나 황색 실선이 있는 측에서는 중앙선을 넘어 앞지르기할 수 없다.

374

다음은 자동차관리법상 승합차의 기준과 승합차를 따라 좌회전하고자 할 때 주의해야 할 운전방법으로 올바른 것 2가지는?

① **대형승합차는 36인승 이상을 의미하며 대형승합차로 인해 신호등이 안 보일 수 있으므로 안전거리를 유지하면서 서행한다.**
② 중형승합차는 16인 이상 35인승 이하를 의미하며 승합차가 방향지시기를 켜는 경우 다른 차가 끼어들 수 있으므로 차간거리를 좁혀 서행한다.
③ **소형승합차는 15인승 이하를 의미하며 승용차에 비해 무게중심이 높아 전도될 수 있으므로 안전거리를 유지하며 진행한다.**
④ 경형승합차는 배기량이 1200시시 미만을 의미하며 승용차와 무게중심이 동일하지만 충분한 안전거리를 유지하고 뒤따른다.

> 「자동차관리법」 시행규칙 제2조(자동차의 종별구분 별표1 자동차의 종류)
> 신호는 그 행위를 하고자 하는 지점(좌회전할 경우에는 그 교차로의 가장자리)에 이르기 전 30미터(고속도로에서는 100미터) 이상의 지점에 이르렀을 때 해야 하고, 미리 속도를 줄인 후 1차로 또는 좌회전 차로로 서행하며 진입해야 한다.

375

도로교통법령상 차로를 왼쪽으로 바꾸고자 할 때의 방법으로 맞는 것은?

① **그 행위를 하고자 하는 지점에 이르기 전 30미터(고속도로에서는 100미터) 이상의 지점에 이르렀을 때 좌측 방향지시기를 조작한다.**
② 그 행위를 하고자 하는 지점에 이르기 전 10미터(고속도로에서는 100미터) 이상의 지점에 이르렀을 때 좌측 방향지시기를 조작한다.
③ 그 행위를 하고자 하는 지점에 이르기 전 20미터(고속도로에서는 80미터) 이상의 지점에 이르렀을 때 좌측 방향지시기를 조작한다.
④ 그 행위를 하고자 하는 지점에서 좌측 방향지시기를 조작한다.

> 진로를 변경하고자 하는 경우는 그 지점에 이르기 전 30미터 이상의 지점에 이르렀을 때 방향지시기를 조작한다.

376

도로교통법령상 자동차등의 속도와 관련하여 옳지 않은 것은?

① 일반도로, 자동차전용도로, 고속도로와 총 차로수에 따라 별도로 법정속도를 규정하고 있다.
② 일반도로에는 최저속도 제한이 없다.
③ 이상기후 시에는 감속운행을 하여야 한다.
④ **가변형 속도제한표지로 정한 최고속도와 그 밖의 안전표지로 정한 최고속도가 다를 경우 그 밖의 안전표지에 따라야 한다.**

> 가변형 속도제한표지를 따라야 한다.

377

도로교통법령상 편도 5차로 고속도로에서 차로에 따른 통행차의 기준에 따르면 몇 차로까지 왼쪽 차로인가? (단, 소통은 원활하며 전용차로와 가·감속차로는 없다)

① 1 ~ 2차로   ② **2 ~ 3차로**
③ 1 ~ 3차로   ④ 2차로만

> 1차로를 제외한 차로를 반으로 나누어 그 중 1차로에 가까운 부분의 차로. 다만 1차로를 제외한 차로의 수가 홀수인 경우 가운데 차로는 제외한다.

378

도로교통법령상 자동차등의 속도와 관련하여 옳지 않은 것은?

① 자동차등의 속도가 높아질수록 교통사고의 위험성이 커짐에 따라 차량의 과속을 억제하려는 것이다.
② 자동차전용도로 및 고속도로에서 도로의 효율성을 제고하기 위해 최저속도를 제한하고 있다.
③ 경찰청장 또는 시·도경찰청장은 교통의 안전과 원활한 소통을 위해 별도로 속도를 제한할 수 있다.
④ **고속도로는 시·도경찰청장이, 고속도로를 제외한 도로는 경찰청장이 속도 규제권자이다.**

> 고속도로는 경찰청장, 고속도로를 제외한 도로는 시·도경찰청장이 속도 규제권자이다.

379

도로교통법령상 신호위반이 되는 경우 2가지는?

① **적색 신호 시 정지선을 초과하여 정지**
② **교차로 이르기 전 황색 신호 시 교차로에 진입**
③ 황색 점멸 시 다른 교통 또는 안전표지의 표시에 주의하면서 진행
④ 적색 점멸 시 정지선 직전에 일시정지한 후 다른 교통에 주의하면서 진행

> **적색 신호 시 정지선 직전에 정지**하고 교차로 이르기 전 **황색 신호 시에도 정지선 직전에 정지**해야 한다.

380

차로를 변경할 때 안전한 운전방법 2가지는?

① **변경하고자 하는 차로의 뒤따르는 차와 거리가 있을 때 속도를 유지한 채 차로를 변경한다.**
② 변경하고자 하는 차로의 뒤따르는 차와 거리가 있을 때 감속하면서 차로를 변경한다.
③ **변경하고자 하는 차로의 뒤따르는 차가 접근하고 있을 때 속도를 늦추어 뒤차를 먼저 통과시킨다.**
④ 변경하고자 하는 차로의 뒤따르는 차가 접근하고 있을 때 급하게 차로를 변경한다.

> 뒤따르는 차와 거리가 있을 때 **속도를 유지**한 채 차로를 변경하고 접근하고 있을 때는 **속도를 늦추어** 뒤차를 먼저 통과시킨다.

381

편도 3차로인 도로의 교차로에서 우회전할 때 올바른 통행방법 2가지는?

① 우회전할 때에는 교차로 직전에서 방향 지시등을 켜서 진행방향을 알려 주어야 한다.
② **우측 도로의 횡단보도 보행 신호등이 녹색이라도 보행자가 없으면 통과할 수 있다.**
③ **우회전 삼색등이 적색일 경우에는 보행자가 없어도 통과할 수 없다.**
④ 편도 3차로인 도로에서는 2차로에서 우회전하는 것이 안전하다.

> 교차로에서 우회전 시 우측 도로횡단보도 **보행 신호등이 녹색이라도 보행자의 통행에 방해를 주지 아니하는 범위 내에서 통과할 수 있다.** 다만 보행 신호등 측면에 차량 보조 신호등이 설치되어 있는 경우 **보조 신호등이 적색일 때 통과하면 신호위반에 해당될 수 있으므로 통과할 수 없고,** 보행자가 횡단보도 상에 존재하면 진행하는 차와 보행자가 멀리 떨어져 있다 하더라도 보행자 통행에 방해를 주는 것이므로 통과할 수 없다.

382

차로를 구분하는 차선에 대한 설명으로 맞는 것 2가지는?

① **차로가 실선과 점선이 병행하는 경우 실선에서 점선방향으로 차로변경이 불가능하다.**
② 차로가 실선과 점선이 병행하는 경우 실선에서 점선방향으로 차로변경이 가능하다.
③ 차로가 실선과 점선이 병행하는 경우 점선에서 실선방향으로 차로변경이 불가능하다.
④ **차로가 실선과 점선이 병행하는 경우 점선에서 실선방향으로 차로변경이 가능하다.**

> ① 차로의 구분을 짓는 차선 중 **실선은 차로를 변경할 수 없는 선**이다.
> ② 점선은 차로를 변경할 수 있는 선이다.
> ③ 실선과 점선이 병행하는 경우 실선 쪽에서 점선방향으로는 차로변경이 불가능하다.
> ④ 실선과 점선이 병행하는 경우 **점선 쪽에서 실선방향으로는 차로변경이 가능**하다.

383

도로교통법상 적색 등화 점멸일 때 의미는?

① 차마는 다른 교통에 주의하면서 서행하여야 한다.
② 차마는 다른 교통에 주의하면서 진행할 수 있다.
③ 차마는 안전표지에 주의하면서 후진할 수 있다.
④ **차마는 정지선 직전에 일시정지한 후 다른 교통에 주의하면서 진행할 수 있다.**

> 적색 등화의 점멸일 때 차마는 정지선이나 횡단보도가 있을 때에는 그 직전이나 교차로의 직전에 **일시정지한 후 다른 교통에 주의하면서 진행**할 수 있다.

384

비보호 좌회전표지가 있는 교차로에 대한 설명이다. 맞는 것은?

① 신호와 관계없이 다른 교통에 주의하면서 좌회전할 수 있다.
② 적색 신호에 다른 교통에 주의하면서 좌회전할 수 있다.
③ **녹색 신호에 다른 교통에 주의하면서 좌회전할 수 있다.**
④ 황색 신호에 다른 교통에 주의하면서 좌회전할 수 있다.

> 비보호 좌회전표지가 있는 곳에서는 녹색 신호가 켜진 상태에서 다른 교통에 주의하면서 좌회전할 수 있다. 녹색 신호에서 좌회전하다가 맞은편의 직진차량과 충돌한 경우 좌회전 차량이 과실 일반사고 가해자가 된다.

385

도로교통법령상 자동차의 속도와 관련하여 맞는 것은?

① **고속도로의 최저속도는 매시 50킬로미터로 규정되어 있다.**
② 자동차전용도로에서는 최고속도는 제한하지만 최저속도는 제한하지 않는다.
③ 일반도로에서는 최저속도와 최고속도를 제한하고 있다.
④ 편도 2차로 이상 고속도로의 최고속도는 차종에 관계없이 동일하게 규정되어 있다.

> 고속도로의 최저속도는 모든 고속도로에서 동일하게 시속 50킬로미터로 규정되어 있으며, 자동차전용도로에서는 최고속도와 최저속도 둘 다 제한이 있다. 일반도로에서는 최저속도 제한이 없고 편도 2차로 이상 고속도로의 최고속도는 차종에 따라 다르게 규정되어 있다.

386

도로교통법령상 앞지르기에 대한 설명으로 맞는 것은?

① 앞차가 다른 차를 앞지르고 있는 경우에는 앞지르기할 수 있다.
② 터널 안에서 앞지르고자 할 경우에는 반드시 우측으로 해야 한다.
③ 편도 1차로 도로에서 앞지르기는 황색실선 구간에서만 가능하다.
④ **교차로 내에서는 앞지르기가 금지되어 있다.**

> 황색실선은 앞지르기가 금지되며 터널 안이나 다리 위는 앞지르기 금지장소이고 앞차가 다른 차를 앞지르고 있는 경우에는 앞지르기를 할 수 없게 규정되어 있다.

387

도로교통법령상 도로의 중앙선과 관련된 설명이다. 맞는 것은?

① 황색실선이 단선인 경우는 앞지르기가 가능하다.
② **가변차로에서는 신호기가 지시하는 진행방향의 가장 왼쪽에 있는 황색 점선을 말한다.**
③ 편도 1차로의 지방도에서 버스가 승하차를 위해 정차한 경우에는 황색실선의 중앙선을 넘어 앞지르기할 수 있다.
④ 중앙선은 도로의 폭이 최소 4.75미터 이상일 때부터 설치가 가능하다.

> 「도로교통법」 제2조 제5호 및 제13조, 「도로교통법」 시행규칙 별표6 일련번호 501번
> 복선이든 단선이든 넘을 수 없고 버스가 승하차를 위해 정차한 경우에는 앞지르기를 할 수 없다. 또한 중앙선은 차도 폭이 6미터 이상인 곳에 설치한다.

388

도로교통법령상 편도 3차로 고속도로에서 2차로를 이용하여 주행할 수 있는 자동차는?

① 화물자동차　② 특수자동차
③ 건설기계　　④ **소·중형승합자동차**

> 「도로교통법」 시행규칙 별표9
> 편도 3차로 고속도로에서 2차로는 왼쪽차로에 해당하므로 **통행할 수 있는 차종은 승용자동차 및 경형·소형·중형승합자동차**이다.

389

도로교통법령상 편도 3차로 고속도로에서 1차로가 차량 통행량 증가 등으로 인하여 부득이하게 시속 ( )킬로미터 미만으로 통행할 수밖에 없는 경우에는 앞지르기를 하는 경우가 아니더라도 통행할 수 있다. ( ) 안의 기준으로 맞는 것은?

① 80
② 90
③ 100
④ 110

「도로교통법」 시행규칙 별표9

390

도로교통법령상 고속도로 갓길 이용에 대한 설명으로 맞는 것은?

① 졸음운전 방지를 위해 갓길에 정차 후 휴식한다.
② 해돋이 풍경 감상을 위해 갓길에 주차한다.
③ 고속도로 주행차로에 정체가 있는 때에는 갓길로 통행한다.
④ 부득이한 사유없이 갓길로 통행한 승용자동차 운전자의 범칙금액은 6만 원이다.

「도로교통법」 제60조(갓길 통행금지 등)
「도로교통법」 제64조(고속도로등에서의 정차 및 주차의 금지)
「도로교통법」 시행령 별표8. 제19호. 승용자동차등 6만 원

391

도로교통법령상 고속도로 지정차로에 대한 설명으로 잘못된 것은? (단, 소통이 원활하며, 버스전용차로는 없다)

① 편도 3차로에서 1차로는 앞지르기하려는 승용자동차, 경형·소형·중형승합자동차가 통행할 수 있다.
② 앞지르기를 할 때에는 지정된 차로의 왼쪽 바로 옆 차로로 통행할 수 있다.
③ 모든 차는 지정된 차로보다 왼쪽에 있는 차로로 통행할 수 있다.
④ 고속도로 지정차로 통행위반 승용자동차 운전자의 벌점은 10점이다.

「도로교통법」 시행규칙 제16조(차로에 따른 통행구분), 제39조(고속도로에서의 차로에 따른 통행구분) 및 별표9. 차로에 따른 통행차의 기준
「도로교통법」 시행령 별표8. 제39호. 승용자동차등 4만 원
「도로교통법」 시행규칙 별표28. 3. 제21호. 벌점 10점

392

도로교통법령상 소통이 원활한 편도 3차로 고속도로에서 승용자동차의 앞지르기방법에 대한 설명으로 잘못된 것은?

① 승용자동차가 앞지르기하려고 1차로로 차로를 변경한 후 계속해서 1차로로 주행한다.
② 3차로로 주행 중인 대형승합자동차가 2차로로 앞지르기한다.
③ 소형승합자동차는 1차로를 이용하여 앞지르기한다.
④ 5톤 화물차는 2차로를 이용하여 앞지르기한다.

「도로교통법」 시행규칙 별표9
고속도로에서 승용자동차가 **앞지르기할 때에는 1차로를 이용**하고, **앞지르기를 마친 후에는 지정된 주행 차로에서 주행**하여야 한다.

393

도로교통법령상 차로에 따른 통행차의 기준에 대한 설명이다. 잘못된 것은?

① 모든 차는 지정된 차로의 오른쪽 차로로 통행할 수 있다.
② 승용자동차가 앞지르기를 할 때에는 통행 기준에 지정된 차로의 바로 옆 오른쪽 차로로 통행해야 한다.
③ 편도 4차로 일반도로에서 승용자동차의 주행차로는 모든 차로이다.
④ 편도 4차로 고속도로에서 대형화물자동차의 주행차로는 오른쪽차로이다.

「도로교통법」 시행규칙 별표9
앞지르기를 할 때에는 통행 기준에 지정된 **차로의 바로 옆 왼쪽 차로로 통행**할 수 있다.

394

도로교통법령상 편도 3차로 고속도로에서 승용자동차가 2차로로 주행 중이다. 앞지르기할 수 있는 차로로 맞는 것은? (단, 소통이 원활하며, 버스전용차로는 없다)

① 1차로
② 2차로
③ 3차로
④ 1, 2, 3차로 모두

1차로를 이용하여 앞지르기할 수 있다.

395

도로교통법령상 일반도로의 버스전용차로로 통행할 수 있는 경우로 맞는 것은?

① 12인승 승합자동차가 6인의 동승자를 싣고 가는 경우
② 내국인 관광객 수송용승합자동차가 25명의 관광객을 싣고 가는 경우
③ 노선을 운행하는 12인승 통근용승합자동차가 직원들을 싣고 가는 경우
④ **택시가 승객을 태우거나 내려주기 위하여 일시 통행하는 경우**

> 「도로교통법」 시행령 제10조 제2호 동 시행령 별표1
> 전용차로 통행차의 통행에 장해를 주지 아니하는 범위에서 **택시가 승객을 태우거나 내려주기 위하여 일시 통행하는 경우** 택시 운전자는 **승객이 타거나 내린 즉시 전용차로를 벗어나야 한다.**

396

도로교통법령상 고속도로 버스전용차로를 통행할 수 있는 9인승 승용자동차는 ( )명 이상 승차한 경우로 한정한다. ( ) 안의 기준으로 맞는 것은?

① 3
② 4
③ 5
④ **6**

> 「도로교통법」 시행령 별표1

397

편도 3차로 고속도로에서 통행차의 기준으로 맞는 것은? (단, 소통이 원활하며, 버스전용차로는 없다)

① 승용자동차의 주행차로는 1차로이므로 1차로로 주행하여야 한다.
② **주행차로가 2차로인 소형승합자동차가 앞지르기 할 때에는 1차로를 이용하여야 한다.**
③ 대형승합자동차는 1차로로 주행하여야 한다.
④ 적재중량 1.5톤 이하인 화물자동차는 1차로로 주행하여야 한다.

> 「도로교통법」 시행규칙 별표9 편도 3차로 고속도로에서 승용자동차 및 경형·소형·중형승합자동차의 주행차로는 왼쪽인 2차로이며, **2차로에서 앞지르기할 때는 1차로를 이용**하여 앞지르기 해야 한다.

398

도로교통법령상 앞지르기하는 방법에 대한 설명으로 가장 잘못된 것은?

① 다른 차를 앞지르려면 앞차의 왼쪽 차로를 통행해야 한다.
② 중앙선이 황색 점선인 경우 반대방향에 차량이 없을 때는 앞지르기가 가능하다.
③ 가변차로의 경우 신호기가 지시하는 진행방향의 가장 왼쪽 황색 점선에서는 앞지르기를 할 수 없다.
④ **편도 4차로 고속도로에서 오른쪽 차로로 주행하는 차는 1차로까지 진입이 가능하다.**

> ①「도로교통법」 제21조(앞지르기방법 등) 제1항 모든 차의 운전자는 다른 차를 앞지르려면 앞차의 좌측으로 통행해야 한다.
> ②「도로교통법」 시행규칙 별표6. 중앙선 표시(노면 표시 501번)
> ③「도로교통법」 제2조(정의) 제5호 가변차로가 설치된 경우에는 신호기가 지시하는 진행방향의 가장 왼쪽에 있는 황색점선은 중앙선으로 한다.
> ④「도로교통법」 제16조 제1항 및 제39조 제1항, 시행규칙 별표9에 의거 앞지르기를 할 때에는 차로에 따른 통행차의 기준에 따라 왼쪽 바로 옆 차로로 통행할 수 있으므로 **편도 3차로 이상의 고속도로에서 오른쪽 차로로 주행하는 차량은 1차로까지 진입이 불가능**하고 바로 옆 차로를 이용하여 앞지르기를 할 수 있다.

399

도로교통법령상 편도 3차로 고속도로에서 통행차의 기준에 대한 설명으로 맞는 것은? (단, 소통이 원활하며, 버스전용차로는 없다)

① **1차로는 2차로가 주행차로인 승용자동차의 앞지르기 차로이다.**
② 1차로는 승합자동차의 주행차로이다.
③ 갓길은 긴급자동차 및 견인자동차의 주행차로이다.
④ 버스전용차로가 운용되고 있는 경우 1차로가 화물자동차의 주행차로이다.

> 「도로교통법」 시행규칙 별표9
> 편도 3차로 이상 고속도로에서 **1차로는 앞지르기를 하려는 승용자동차 및 앞지르기를 하려는 경형·소형·중형승합자동차**(다만 차량통행량 증가 등 도로상황으로 인하여 부득이하게 시속 80킬로미터 미만으로 통행할 수밖에 없는 경우에는 앞지르기를 하는 경우가 아니라도 통행할 수 있다), 왼쪽차로는 승용자동차 및 경형·소형·중형승합자동차, 오른쪽 차로는 대형승합자동차, 화물자동차, 특수자동차, 및 법 제2조 제18호 나목에 따른 건설기계가 통행할 수 있다.

400

도로교통법령상 차로에 따른 통행차의 기준에 대한 설명이다. 잘못된 것은? (단, 고속도로의 경우 소통이 원활하며, 버스전용차로는 없다)

① 느린 속도로 진행할 때에는 그 통행하던 차로의 오른쪽 차로로 통행할 수 있다.
② 편도 2차로 고속도로의 1차로는 앞지르기를 하려는 모든 자동차가 통행할 수 있다.
③ 일방통행도로에서는 도로의 오른쪽부터 1차로로 한다.
④ 편도 3차로 고속도로의 오른쪽 차로는 화물자동차가 통행할 수 있는 차로이다.

「도로교통법」 시행규칙 제16조
차로의 순위는 도로의 중앙선쪽에 있는 차로부터 1차로로 한다. 다만 **일방통행도로에서는 도로의 왼쪽부터 1차로**로 한다.

401

도로교통법령상 전용차로의 종류가 아닌 것은?

① 버스전용차로
② 다인승전용차로
③ 자동차전용차로
④ 자전거전용차로

「도로교통법」 시행령 별표1(전용차로의 종류와 전용차로로 통행할 수 있는 차)
전용차로의 종류는 버스전용차로, 다인승전용차로, 자전거전용차로 3가지로 구분된다.

402

수막 현상에 대한 설명으로 가장 적절한 것은?

① 수막 현상을 줄이기 위해 기본 타이어보다 폭이 넓은 타이어로 교환한다.
② 빗길보다 눈길에서 수막 현상이 더 발생하므로 감속운행을 해야 한다.
③ 트레드가 마모되면 접지력이 높아져 수막 현상의 가능성이 줄어든다.
④ 타이어의 공기압이 낮아질수록 고속주행 시 수막 현상이 증가된다.

광폭타이어와 공기압이 낮고 트레드가 마모되면 **수막 현상이 발생할 가능성이 높고** 새 타이어는 수막 현상 발생이 줄어든다.

403

빙판길에서 차가 미끄러질 때 안전운전방법 중 옳은 것은?

① 핸들을 미끄러지는 방향으로 조작한다.
② 수동 변속기 차량의 경우 기어를 고단으로 변속한다.
③ 핸들을 미끄러지는 반대방향으로 조작한다.
④ 주차브레이크를 이용하여 정차한다.

빙판길에서 **차가 미끄러질 때는 핸들을 미끄러지는 방향으로 조작**하는 것이 안전하다.

404

안개 낀 도로에서 자동차를 운행할 때 가장 안전한 운전방법은?

① 커브길이나 교차로 등에서는 경음기를 울려서 다른 차를 비키도록 하고 빨리 운행한다.
② 안개가 심한 경우에는 시야 확보를 위해 전조등을 상향으로 한다.
③ 안개가 낀 도로에서는 안개등만 켜는 것이 안전운전에 도움이 된다.
④ 어느 정도 시야가 확보되는 경우에는 가드레일, 중앙선, 차선 등 자동차의 위치를 파악할 수 있는 지형지물을 이용하여 서행한다.

안개 낀 도로에서 자동차를 운행 시 어느 정도 시야가 확보되는 경우에는 가드레일, 중앙선, 차선 등 **자동차의 위치를 파악할 수 있는 지형지물을 이용하여 서행**한다.

405

눈길이나 빙판길 주행 중에 정지하려고 할 때 가장 안전한 제동방법은?

① 브레이크 페달을 힘껏 밟는다.
② 풋브레이크와 주차브레이크를 동시에 작동하여 신속하게 차량을 정지시킨다.
③ 차가 완전히 정지할 때까지 엔진브레이크로만 감속한다.
④ 엔진브레이크로 감속한 후 브레이크 페달을 가볍게 여러 번 나누어 밟는다.

눈길이나 빙판길은 미끄럽기 때문에 정지할 때에는 **엔진브레이크로 감속 후 풋브레이크로 여러 번 나누어 밟는** 것이 안전하다.

406

폭우가 내리는 도로의 지하차도를 주행하는 운전자의 마음가짐으로 가장 바람직한 것은?

① 모든 도로의 지하차도는 배수시설이 잘 되어 있어 위험요소는 발생하지 않는다.
② **재난방송, 안내판 등 재난 정보를 청취하면서 위험요소에 대응한다.**
③ 폭우가 그칠 때까지 지하차도 갓길에 정차하여 휴식을 취한다.
④ 신속히 지나가야 하기 때문에 지정속도보다 빠르게 주행한다.

> **지하차도는 위험요소가 많아 재난정보를 확인**하는 것이 안전운전에 도움이 된다.

407

터널 안 주행 중 자동차 사고로 인한 화재 목격 시 가장 바람직한 대응방법은?

① 차량 통행이 가능하더라도 차를 세우는 것이 안전하다.
② 차량 통행이 불가능할 경우 차를 세운 후 자동차 안에서 화재 진압을 기다린다.
③ 차량 통행이 불가능할 경우 차를 세운 후 자동차 열쇠를 챙겨 대피한다.
④ **하차 후 연기가 많이 나면 최대한 몸을 낮춰 연기가 나는 반대방향으로 유도 표시등을 따라 이동한다.**

> 터널 안을 통행하다 자동차 사고 등으로 인한 화재 목격 시 올바른 대응방법
> ① 차량 소통이 가능하면 신속하게 터널 밖으로 빠져 나온다.
> ② 화재 발생에도 시야가 확보되고 소통이 가능하면 그대로 밖으로 차량을 이동시킨다.
> ③ 시야가 확보되지 않고 차량이 정체되거나 통행이 불가능할 시 비상 주차대나 갓길에 차를 정차한다. 엔진 시동은 끄고, 열쇠는 그대로 꽂아둔 채 차에서 내린다. 휴대전화나 터널 안 긴급전화로 119 등에 신고하고 부상자가 있으면 살핀다. 연기가 많이 나면 최대한 몸을 낮춰 연기 나는 반대방향으로 터널 내 유도 표시등을 따라 이동한다.

408

집중호우로 차량 침수 시 대처방법으로 가장 올바르지 않은 것은?

① 급류가 밀려오는 반대쪽 문을 열고 탈출을 시도한다.
② 차량 문이 열리지 않는다면 뾰족한 물체(목받침대, 안전벨트 잠금장치 등)로 창문 유리의 가장자리를 강하게 내리쳐 창문을 깨고 탈출을 시도한다.
③ 차량 창문을 깰 수 없다면 당황하지 말고, 119 신고 후 차량 내·외부 수위가 비슷해지는 시점에(30cm 이하) 신속하게 문을 열어 탈출한다.
④ **탈출하였다면 최대한 저지대 혹은 차량의 아래로 대피하도록 한다.**

> 행정안전부 국민재난안전포털 국민행동요령
> • 타이어의 2/3가 잠기기 전, 차량을 안전한 곳으로 이동하고 침수된 경우 운전석 목받침 철재봉을 이용해 유리창을 깨고 대피
> • 유리창을 깨지 못한 경우 차량 내·외부 수위 차이가 30cm 이하가 될 때까지 기다렸다가 차량의 문이 열리는 순간 신속 대피
> • 시간당 100mm의 비가 내리면 100미터 이상 거리표지판 식별 불가능. 차량을 안전한 곳으로 이동하고 비가 약해질 때까지 잠시 대기
> • 지하차도 내 물이 고이기 시작하면 절대 진입하지 않으며 진입 시 차량을 두고 신속히 대피
> • 교량에 물이 월류하면 절대 진입을 금지하고 우회하거나 안전한 곳에서 대기
> • 차량고립 시 급류 반대쪽 문을 열거나 창문을 깨고 탈출
> ※ 차량의 유리창은 일정한 탄력을 가지고 있어 깨기 위해서 가운데 부분을 타격하면 큰 힘이 들기 때문에 모서리부분을 타격하여야 한다(한국교통안전공단 공식 블로그 카드뉴스).
> ※ **차량 침수 시 신속히 탈출 후 물보다 높은 곳으로 대피하거나, 차량 지붕 위로** 올라가 구조를 기다린다(소방청 공식 블로그 카드뉴스).

409

눈길 운전에 대한 설명으로 틀린 것은?

① **운전자의 시야 확보를 위해 앞 유리창에 있는 눈만 치우고 주행하면 안전하다.**
② 풋브레이크와 엔진브레이크를 같이 사용하여야 한다.
③ 스노체인을 한 상태라면 매시 30킬로미터 이하로 주행하는 것이 안전하다.
④ 평상시보다 안전거리를 충분히 확보하고 주행한다.

> **차량 모든 부분에 쌓인 눈을 치우고 주행**하여야 안전하다.

410

내리막길 주행 중 브레이크가 제동되지 않을 때 가장 적절한 조치방법은?

① 즉시 시동을 끈다.
② 저단 기어로 변속한 후 차에서 뛰어내린다.
③ 핸들을 지그재그로 조작하며 속도를 줄인다.
④ **저단 기어로 변속하여 감속한 후 차체를 가드레일이나 벽에 부딪친다.**

> 브레이크가 파열되어 제동되지 않을 때에는 추돌 사고나 반대편 차량과의 충돌로 대형사고가 발생할 가능성이 높다. **브레이크가 파열되었을 때**는 당황하지 말고 **저단 기어로 변속**하여 감속을 한 후 **차체를 가드레일이나 벽 등에 부딪치며 정지**하는 것이 2차 사고를 예방하는 길이다.

411

겨울철 빙판길에 대한 설명이다. 가장 바르게 설명한 것은?

① 터널 안에서 주로 발생하며, 안개입자가 얼면서 노면이 빙판길이 된다.
② **다리 위, 터널 출입구, 그늘진 도로에서는 블랙아이스 현상이 자주 나타난다.**
③ 블랙아이스 현상은 차량의 매연으로 오염된 눈이 노면에 쌓이면서 발생한다.
④ 빙판길을 통과할 경우에는 핸들을 고정하고 급제동하여 최대한 속도를 줄인다.

> **블랙아이스**는 눈에 잘 보이지 않는 얇은 얼음막이 생기는 현상으로 **다리 위, 터널 출입구, 그늘진 도로에서 자주 발생**하는 현상이다.

412

풋브레이크 과다 사용으로 인한 마찰열 때문에 브레이크액에 기포가 생겨 제동이 되지 않는 현상을 무엇이라 하는가?

① 스탠딩웨이브(Standing Wave)
② **베이퍼록(Vapor Lock)**
③ 로드홀딩(Road Holding)
④ 언더스티어링(Under Steering)

> **풋브레이크 과다 사용으로** 인한 마찰열 때문에 **브레이크액에 기포가 생겨 제동이 되지 않는 현상**을 베이퍼록(Vapor Lock)이라 한다.

413

커브길을 주행 중일 때의 설명으로 올바른 것은?

① 커브길 진입 이전의 속도 그대로 정속주행하여 통과한다.
② 커브길 진입 후에는 변속 기어비를 높혀서 원심력을 줄이는 것이 좋다.
③ 커브길에서 후륜구동 차량은 언더스티어(Understeer) 현상이 발생할 수 있다.
④ **커브길에서 오버스티어(Oversteer) 현상을 줄이기 위해 조향방향의 반대로 핸들을 조금씩 돌려야 한다.**

> ① 커브길 진입 이전의 속도 그대로 정속주행하면 도로이탈 위험이 있다.
> ② 커브길 진입 후에는 변속 기어비를 낮추어야 원심력을 줄인다.
> ③ 커브길에서 전륜구동 차량은 언더스티어(Understeer) 현상이 발생할 수 있다.
> ④ 커브길에서 **오버스티어 현상을 줄이기 위해서는 조향하는 방향의 반대방향으로 꺾어서 차량의 균형**을 잡아주는 카운터 스티어 기술을 써야 한다.

414

다음 중 지진발생 시 운전자의 조치로 가장 바람직하지 못한 것은?

① **운전 중이던 차의 속도를 높여 신속히 그 지역을 통과한다.**
② 차를 이용해 이동이 불가능할 경우 차는 가장자리에 주차한 후 대피한다.
③ 주차된 차는 이동될 경우를 대비하여 자동차 열쇠는 꽂아둔 채 대피한다.
④ 라디오를 켜서 재난방송에 집중한다.

> 행정안전부 지진대피요령
> 지진이 발생하면 가장 먼저 라디오를 켜서 재난방송에 집중하고 구급차, 경찰차가 먼저 도로를 이용할 수 있도록 도로 중앙을 비워주기 위해 **운전 중이던 차를 도로 우측 가장자리에 붙여 주차**하고 주차된 차를 이동할 경우를 대비하여 자동차 열쇠는 꽂아둔 채 최소한의 짐만 챙겨 차는 가장자리에 주차한 후 대피한다.

415

겨울철 블랙 아이스(Black Ice)에 대해 바르게 설명하지 못한 것은?

① 도로 표면에 코팅한 것처럼 얇은 얼음막이 생기는 현상이다.
② 아스팔트 표면의 눈과 습기가 공기 중의 오염물질과 뒤섞여 스며든 뒤 검게 얼어붙은 현상이다.
③ 추운 겨울에 다리 위, 터널 출입구, 그늘진 도로, 산모퉁이 음지 등 온도가 낮은 곳에서 주로 발생한다.
④ **햇볕이 잘 드는 도로에 눈이 녹아 스며들어 도로의 검은 색이 햇빛에 반사되어 반짝이는 현상을 말한다.**

- 노면의 결빙 현상의 하나로, 블랙 아이스(Black Ice) 또는 클리어 아이스(Clear Ice)로 표현되며 도로표면에 코팅한 것처럼 얇은 얼음막이 생기는 현상을 말한다.
- 아스팔트의 틈 사이로 눈과 습기가 공기 중의 매연, 먼지와 뒤엉켜 스며든 뒤 검게 얼어붙는 현상을 포함한다.
- 추운 겨울에 다리 위, 터널의 출입구, 그늘진 도로, 산모퉁이 음지 등 그늘지고 온도가 낮은 도로에서 주로 발생한다.
- 육안으로 쉽게 식별되지 않아 사고의 위험이 매우 높다.

416

다음 중 겨울철 도로 결빙 상황과 관련한 설명으로 잘못된 것은?

① 아스팔트보다 콘크리트로 포장된 도로가 결빙이 더 많이 발생한다.
② 콘크리트보다 아스팔트 포장된 도로가 결빙이 더 늦게 녹는다.
③ **아스팔트 포장도로의 마찰계수는 건조한 노면일 때 1.6으로 커진다.**
④ 동일한 조건의 결빙상태에서 콘크리트와 아스팔트 포장된 도로의 노면마찰계수는 같다.

① 아스팔트보다 콘크리트로 포장된 도로가 결빙이 더 많이 발생한다.
② 콘크리트보다 아스팔트 포장된 도로가 결빙이 더 늦게 녹는다.
③, ④ 동일한 조건의 결빙상태에서 콘크리트와 아스팔트 포장된 도로의 노면마찰계수는 0.3으로 건조한 노면의 마찰계수보다 절반 이하로 작아진다.

417

안개 낀 도로를 주행할 때 안전한 운전방법으로 바르지 않은 것은?

① 커브길이나 언덕길 등에서는 경음기를 사용한다.
② 전방시야 확보가 70미터 내외인 경우 규정속도의 절반 이하로 줄인다.
③ **평소보다 전방시야 확보가 어려우므로 안개등과 상향등을 함께 켜서 충분한 시야를 확보한다.**
④ 차의 고장이나 가벼운 접촉사고일지라도 도로의 가장자리로 신속히 대피한다.

상향등을 켜면 안개 속 미세한 물입자가 불빛을 굴절, 분산시켜 **상대운전자의 시야를 방해할 수 있으므로 안개등과 하향등을 유지**하는 것이 더 좋은 방법이다.

418

다음 중 강풍이나 돌풍 상황에서 가장 올바른 운전방법 2가지는?

① **핸들을 양손으로 꽉 잡고 차로를 유지한다.**
② 바람에 관계없이 속도를 높인다.
③ 표지판이나 신호등, 가로수 부근에 주차한다.
④ **산악 지대나 다리 위, 터널 출입구에서는 강풍의 위험이 많으므로 주의한다.**

강풍이나 돌풍은 산악지대나 높은 곳, 다리 위, 터널 출입구 등에서 발생하기 쉬우므로 그러한 지역을 지날 때에는 주의한다. 이러한 상황에서는 **핸들을 양손으로 꽉 잡아 차로를 유지**하며 속도를 줄여야 안전하다. 또한 강풍이나 돌풍에 표지판이나 신호등, 가로수들이 넘어질 수 있으므로 근처에 주차하지 않도록 한다.

419

집중 호우 시 안전한 운전방법과 가장 거리가 먼 것은?

① 차량의 전조등과 미등을 켜고 운전한다.
② **히터를 내부공기 순환모드상태로 작동한다.**
③ 수막 현상을 예방하기 위해 타이어의 마모 정도를 확인한다.
④ 빗길에서는 안전거리를 2배 이상 길게 확보한다.

히터 또는 에어컨은 내부공기 순환모드로 작동할 경우 차량 내부 유리창에 **김서림이 심해질 수 있으므로 외부공기 유입모드로 작동**한다.

420

자갈길 운전에 대한 설명이다. 가장 적절한 2가지는?

① 운전대는 최대한 느슨하게 잡아 팔에 전달되는 충격을 최소화한다.
② 바퀴가 최대한 노면에 접촉되도록 속도를 높여서 운전한다.
③ **보행자 또는 다른 차마에게 자갈이 튀지 않도록 서행한다.**
④ **타이어의 적정공기압보다 약간 낮은 것이 높은 것보다 운전에 유리하다.**

> 자갈길은 노면이 고르지 않고, 자갈로 인해서 타이어 손상이나 핸들 움직임이 커질 수 있다. **최대한 핸들 조작을 작게 하면서 속도를 줄이고**, 저단기어를 사용하여 일정 속도를 유지하며 타이어의 **적정공기압이 약간 낮을수록 접지력이 좋고 충격을 최소화**하여 운전에 유리하다.

421

강풍 및 폭우를 동반한 태풍이 발생한 도로를 주행 중일 때 운전자의 조치방법으로 적절하지 못한 것은?

① 브레이크 성능이 현저히 감소하므로 앞차와의 거리를 평소보다 2배 이상 둔다.
② 침수지역을 지나갈 때는 중간에 멈추지 말고 그대로 통과하는 것이 좋다.
③ 주차할 때는 침수 위험이 높은 강변이나 하천 등의 장소를 피한다.
④ **담벼락 옆이나 대형간판 아래 주차하는 것이 안전하다.**

> • 자동차 브레이크의 성능이 현저히 감소하므로 앞 자동차와 거리를 평소보다 2배 이상 유지해 접촉 사고를 예방한다. 침수지역을 지나갈 때는 중간에 멈추게 되면 머플러에 빗물이 유입돼 시동이 꺼질 가능성이 있으니 되도록 멈추지 않고 통과하는 것이 바람직하다.
> • 자동차를 주차할 때는 침수의 위험이 높은 강변, 하천 근처 등의 장소는 피해 가급적 고지대에 하는 것이 좋다.
> • **붕괴 우려가 있는 담벼락 옆이나 대형간판 아래 주차하는 것도 위험할 수 있으니 피한다.** 침수가 예상되는 건물의 지하공간에 주차된 자동차는 안전한 곳으로 이동시키도록 한다.

422

빗길 주행 중 앞차가 정지하는 것을 보고 제동했을 때 발생하는 현상으로 바르지 않은 2가지는?

① 급제동 시에는 타이어와 노면의 마찰로 차량의 앞숙임 현상이 발생한다.
② **노면의 마찰력이 작아지기 때문에 빗길에서는 공주거리가 길어진다.**
③ 수막 현상과 편(偏) 제동 현상이 발생하여 차로를 이탈할 수 있다.
④ **자동차타이어의 마모율이 커질수록 제동거리가 짧아진다.**

> ① 급제동 시에는 타이어와 노면의 마찰로 차량의 앞숙임 현상이 발생한다.
> ② 빗길에서는 타이어와 노면의 **마찰력이 낮아지므로 제동거리가 길어진다.**
> ③ 수막 현상과 편(偏)제동 현상이 발생하여 조향방향이 틀어지며 차로를 이탈할 수 있다.
> ④ 자동차의 타이어가 **마모될수록 제동거리가 길어진다.**

423

언덕길의 오르막 정상 부근으로 접근 중이다. 안전한 운전행동 2가지는?

① 연료 소모를 줄이기 위해서 엔진의 RPM(분당 회전수)을 높인다.
② 오르막의 정상에서는 반드시 일시정지한 후 출발한다.
③ **앞 차량과의 안전거리를 유지하며 운행한다.**
④ **고단기어보다 저단기어로 주행한다.**

> ① RPM이 높으면 연료소모가 크다.
> ② 오르막의 정상에서는 서행하도록 하며 반드시 일시정지해야 하는 것은 아니다.
> ③ 앞 차량과의 거리를 넓히고 **안전거리를 유지**하는 것이 좋다.
> ④ 엔진의 힘이 적은 고단기어보다 **엔진의 힘이 큰 저단기어로** 주행하는 것이 좋다.

424

내리막길 주행 시 가장 안전한 운전방법 2가지는?

① 기어 변속과는 아무런 관계가 없으므로 풋브레이크만을 사용하여 내려간다.
② 위급한 상황이 발생하면 바로 주차브레이크를 사용한다.
③ **올라갈 때와 동일한 변속기어를 사용하여 내려가는 것이 좋다.**
④ **풋브레이크와 엔진브레이크를 적절히 함께 사용하면서 내려간다.**

> **내리막길은** 차체의 하중과 관성의 힘으로 인해 풋브레이크에 지나친 압력이 가해질 수 있기 때문에 **반드시 저단기어(엔진브레이크)를** 사용하여 풋브레이크의 압력을 줄여 주면서 운행을 하여야 한다.

425

장마철 장거리 운전을 대비하여 운전자가 한 행동으로 가장 바른 것은?

① 겨울철 부동액을 증류수로 교환하여 엔진 냉각수로 사용하였다.
② 최대한 연비를 줄이기 위하여 타이어의 공기압을 낮추었다.
③ 차량침수를 대비하여 보험증서를 차량에 비치하였다.
④ **겨울철에 사용한 성애제거제로 차량유리를 깨끗하게 닦았다.**

> ① 부동액을 증류수로 교환하기보다 냉각수가 부족한지 살펴보고 보충하는 것이 좋다.
> ② 타이어의 공기압을 낮추게 되면 오히려 연비가 증가한다.
> ③ 차량침수와 보험증서의 관련성이 적으며 보험사 긴급출동서비스 전화번호를 알아두는 것이 좋다.
> ④ 겨울철에 사용한 **성애제거제는 장마철** 차량내부의 김이 서리는 것을 막을 수 있다.

426

포트홀(도로의 움푹 패인 곳)에 대한 설명으로 맞는 것은?

① **포트홀은 여름철 집중 호우 등으로 인해 만들어지기 쉽다.**
② 포트홀로 인한 피해를 예방하기 위해 주행 속도를 높인다.
③ 도로 표면 온도가 상승한 상태에서 횡단보도 부근에 대형트럭 등이 급제동하여 발생한다.
④ 도로가 마른 상태에서는 포트홀 확인이 쉬우므로 그 위를 그냥 통과해도 무방하다.

> 포트홀은 **빗물에 의해 지반이 약해지고** 균열이 발생한 상태로 차량의 잦은 이동으로 아스팔트의 표면이 떨어져나가 **도로에 구멍이 파이는 현상을** 말한다.

427

다음 중 우천 시에 안전한 운전방법이 아닌 것은?

① 상황에 따라 제한속도에서 50퍼센트 정도 감속 운전한다.
② 길 가는 행인에게 물을 튀지 않도록 적절한 간격을 두고 주행한다.
③ **비가 내리는 초기에 가속페달과 브레이크 페달을 밟지 않는 상태에서 바퀴가 굴러가는 크리프(Creep) 상태로 운전하는 것은 좋지 않다.**
④ 낮에 운전하는 경우에도 미등과 전조등을 켜고 운전하는 것이 좋다.

> ① 상황에 따라 빗길에서는 제한속도보다 20퍼센트, 폭우 등으로 가시거리가 100미터 이내인 경우 50퍼센트 이상 감속 운전한다.
> ② 길 가는 행인에게 물을 튀지 않게 하기 위하여 1미터 이상 간격을 두고 주행한다.
> ③ **비가 내리는 초기에** 노면의 먼지나 불순물 등이 빗물에 엉키면서 발생하는 **미끄럼을 방지하기 위해** 가속페달과 브레이크 페달을 밟지 않는 상태에서 바퀴가 굴러가는 **크리프상태로 운전하는 것이 좋다.**
> ④ 낮에 운전하는 경우에도 미등과 전조등을 켜고 운전하는 것이 좋다.

428

다음 중 안개 낀 도로를 주행할 때 바람직한 운전방법과 거리가 먼 것은?

① 뒤차에게 나의 위치를 알려주기 위해 차폭등, 미등, 전조등을 켠다.
② **앞 차에게 나의 위치를 알려주기 위해 반드시 상향등을 켠다.**
③ 안전거리를 확보하고 속도를 줄인다.
④ 습기가 맺혀 있을 경우 와이퍼를 작동해 시야를 확보한다.

> 상향등은 안개 속 물 입자들로 인해 산란하기 때문에 켜지 않고 **하향등 또는 안개등을 켜도록** 한다.

429

도로교통법령상 정차에 해당하는 2가지는?

① 택시 정류장에서 대기 중 운전자가 화장실을 간 경우
② 화물을 싣기 위해 운전자가 차를 떠나 즉시 운전할 수 없는 경우
③ **신호 대기를 위해 정지한 경우**
④ **차를 정지하고 지나가는 행인에게 길을 묻는 경우**

> 「도로교통법」 제2조 제25호
> 정차라 함은 운전자가 5분을 초과하지 아니하고 차를 정지시키는 것으로서 **주차 외의 정지상태**를 말한다.

430

도로교통법령상 편도 2차로 자동차전용도로에 비가 내려 노면이 젖어 있는 경우 감속운행 속도로 맞는 것은?

① 매시 80킬로미터
② 매시 90킬로미터
③ **매시 72킬로미터**
④ 매시 100킬로미터

> 「도로교통법」 시행규칙 제19조(자동차등의 속도)
> ② 비·안개·눈 등으로 인한 악천후 시에는 제1항에 불구하고 다음 각 호의 기준에 의하여 감속 운행하여야 한다.
> 1. 최고속도의 **100분의 20을 줄인 속도**로 운행하여야 하는 경우
>   가. 비가 내려 노면이 젖어 있는 경우
>   나. 눈이 20밀리미터 미만 쌓인 경우

431

주행 중 벼락이 칠 때 안전한 운전방법 2가지는?

① 자동차는 큰 나무 아래에 잠시 세운다.
② **차의 창문을 닫고 자동차 안에 그대로 있는다.**
③ **건물 옆은 젖은 벽면을 타고 전기가 흘러오기 때문에 피해야 한다.**
④ 벼락이 자동차에 친다면 매우 위험한 상황이니 차 밖으로 피신한다.

> **큰 나무**는 벼락을 맞을 가능성이 높고, 그렇게 되면 나무가 넘어지면서 **사고가 발생할 가능성이 높아** 피하는 것이 좋으며, 설령 자동차에 **벼락이 치더라도 자동차 내부가 외부보다 더 안전**하다.

432

다음 중 교통사고 발생 시 가장 적절한 행동은?

① 비상등을 켜고 트렁크를 열어 비상상황임을 알릴 필요가 없다.
② 사고지점 도로 내에서 사고 상황에 대한 사진을 촬영하고 차량 안에 대기한다.
③ 사고지점에서 빠져 나올 필요 없이 차량 안에 대기한다.
④ **주변 가로등, 교통신호등에 부착된 기초번호판을 보고 사고 발생지역을 보다 구체적으로 119, 112에 신고한다.**

> ④ 「도로명주소법」 제9조(도로명판과 기초번호판의 설치) 제1항 특별자치시장, 특별자치도지사 및 시장·군수·구청장은 도로명주소를 안내하거나 구조·구급 활동을 지원하기 위하여 필요한 장소에 도로명판 및 기초번호판을 설치하여야 한다.

433

야간에 마주 오는 차의 전조등 불빛으로 인한 눈부심을 피하는 방법으로 올바른 것은?

① 전조등 불빛을 정면으로 보지 말고 자기 차로의 바로 아래쪽을 본다.
② **전조등 불빛을 정면으로 보지 말고 도로 우측의 가장자리 쪽을 본다.**
③ 눈을 가늘게 뜨고 자기 차로 바로 아래쪽을 본다.
④ 눈을 가늘게 뜨고 좌측의 가장자리 쪽을 본다.

> 대향 차량의 **전조등에 의해 눈이 부실 경우**에는 전조등의 불빛을 정면으로 보지 말고, **도로 우측의 가장자리 쪽을 보면서 운전하는 것이 바람직**하다.

434

도로교통법령상 밤에 고속도로등에서 고장으로 자동차를 운행할 수 없는 경우 운전자가 조치해야 할 사항으로 적절치 않은 것은?

① 사방 500미터에서 식별할 수 있는 적색의 섬광신호·전기제등 또는 불꽃신호를 설치해야 한다.
② 표지를 설치할 경우 후방에서 접근하는 자동차의 운전자가 확인할 수 있는 위치에 설치하여야 한다.
③ 고속도로등이 아닌 다른 곳으로 옮겨 놓는 등 필요한 조치를 하여야 한다.
④ **안전삼각대는 고장차가 서있는 지점으로부터 200미터 후방에 반드시 설치해야 한다.**

「도로교통법」 제66조, 「도로교통법」 시행규칙 제40조(고장자동차의 표시)

435

주행 중 타이어 펑크 예방방법 및 조치요령으로 바르지 않은 것은?

① 도로와 접지되는 타이어의 바닥면에 나사못 등이 박혀있는지 수시로 점검한다.
② 정기적으로 타이어의 적정 공기압을 유지하고 트레드 마모한계를 넘어섰는지 살펴본다.
③ **핸들이 한쪽으로 쏠리는 경우 뒷 타이어의 펑크일 가능성이 높다.**
④ 핸들은 정면으로 고정시킨 채 주행하는 기어상태로 엔진브레이크를 이용하여 감속을 유도한다.

핸들이 한쪽으로 쏠리는 경우 앞 타이어의 펑크일 가능성이 높기 때문에 풋브레이크를 밟으면 경로를 이탈할 가능성이 높다.

436

도로교통법령상 비사업용승용차 운전자가 전조등, 차폭등, 미등, 번호등을 모두 켜야 하는 경우로 맞는 것은?

① 밤에 도로에서 정차하는 경우
② 안개가 가득 낀 도로에서 정차하는 경우
③ 주차위반으로 견인되는 자동차의 경우
④ **터널 안 도로에서 운행하는 경우**

「도로교통법」 제37조(차와 노면전차의 등화)
① 모든 차의 운전자는 다음 각 호의 어느 하나에 해당하는 경우에는 대통령령으로 정하는 바에 따라 **전조등, 차폭등, 미등과 그 밖의 등화를 켜야 한다.**
  1. 밤에 도로에서 차를 운행하거나 고장이나 그 밖의 부득이한 사유로 도로에서 차를 정차 또는 주차하는 경우
  2. 안개가 끼거나 비 또는 눈이 올 때에 도로에서 차를 운행하거나 고장이나 그 밖의 부득이한 사유로 도로에서 차를 정차 또는 주차하는 경우
  3. **터널 안을 운행**하거나 고장 또는 그 밖의 부득이한 사유로 터널 안 도로에서 차를 정차 또는 주차하는 경우

「도로교통법」 시행령 제19조(밤에 도로에서 차를 운행하는 경우 등의 등화)
① 차의 운전자가 법 제37조 제1항 각 호에 따라 도로에서 차를 운행할 때 켜야 하는 등화의 종류는 다음 각 호의 구분에 따른다.
  1. 자동차 : 전조등, 차폭등, 미등, 번호등과 실내조명등
  3. 견인되는 차 : 미등·차폭등 및 번호등
② 차의 운전자가 법 제37조 제1항 각 호에 따라 도로에서 정차하거나 주차할 때 켜야 하는 등화의 종류는 다음 각 호의 구분에 따른다.
  1. 자동차(이륜자동차는 제외한다) : 미등 및 차폭등

437

도로교통법령상 고속도로에서 자동차 고장 시 적절한 조치요령은?

① 신속히 비상점멸등을 작동하고 차를 도로 위에 멈춘 후 보험사에 알린다.
② 트렁크를 열어 놓고 고장 난 곳을 신속히 확인한 후 구난차를 부른다.
③ 이동이 불가능한 경우 고장차량의 앞쪽 500미터 지점에 안전삼각대를 설치한다.
④ **이동이 가능한 경우 신속히 비상점멸등을 켜고 갓길에 정지시킨다.**

「도로교통법」 제66조(고장등의 조치), 제67조(운전자의 고속도로등에서의 준수사항), 「도로교통법」 시행규칙 제40조(고장 자동차의 표시)
고장 자동차의 **이동이 가능하면 갓길로 옮겨 놓고 안전한 장소에서 도움을 요청**한다.

438

도로교통법령상 밤에 고속도로에서 자동차 고장으로 운행할 수 없게 되었을 때 안전삼각대와 함께 추가로 (   )에서 식별할 수 있는 불꽃 신호 등을 설치해야 한다. (   )에 맞는 것은?

① 사방 200미터 지점
② 사방 300미터 지점
③ 사방 400미터 지점
④ **사방 500미터 지점**

「도로교통법」 시행규칙 제40조(고장자동차의 표지)에 따라 밤에 고속도로에서는 안전삼각대와 함께 **사방 500미터 지점에서 식별할 수 있는** 적색의 섬광신호, 전기제등 또는 불꽃신호를 추가로 **설치**하여야 한다.

439

자동차 주행 중 타이어가 펑크 났을 때 가장 올바른 조치는?

① 한 쪽으로 급격하게 쏠리면 사고를 예방하기 위해 급제동을 한다.
② **핸들을 꽉 잡고 직진하면서 급제동을 삼가고 엔진브레이크를 이용하여 안전한 곳에 정지한다.**
③ 차량이 쏠리는 방향으로 핸들을 꺾는다.
④ 브레이크 페달이 작동하지 않기 때문에 주차브레이크를 이용하여 정지한다.

타이어가 터지면 급제동을 삼가며 차량이 직진 주행을 하도록 하고, **엔진브레이크를 이용하여 안전한 곳에 정지**하도록 한다.

440

다음 중 터널 안 화재가 발생했을 때 운전자의 행동으로 가장 올바른 것은?

① 도난 방지를 위해 자동차문을 잠그고 터널 밖으로 대피한다.
② 화재로 인해 터널 안은 연기로 가득차기 때문에 차안에 대기한다.
③ **차량 엔진 시동을 끄고 차량 이동을 위해 열쇠를 꽂아둔 채 신속하게 내려 대피한다.**
④ 유턴해서 출구 반대방향으로 되돌아간다.

터널 안 화재는 대피가 최우선이므로 위험을 과소평가하여 차량 안에 머무르는 것은 위험한 행동이며 **엔진을 끈 후 키를 꽂아둔 채 신속하게 하차하고 대피**해야 한다.

441

고속도로에서 경미한 교통사고가 발생한 경우 2차 사고를 방지하기 위한 조치요령으로 가장 올바른 것은?

① 보험처리를 위해 우선적으로 증거 등에 대해 사진촬영을 한다.
② 상대운전자에게 과실이 있음을 명확히 하고 보험 적용을 요청한다.
③ **신속하게 고장자동차의 표지를 차량 후방에 설치하고, 안전한 장소로 피한 후 관계기관에 신고한다.**
④ 비상점멸등을 작동하고 자동차 안에서 관계기관에 신고한다.

「도로교통법」 시행규칙 제40조
자동차가 고속 주행하는 고속도로 특성상 차안이나 차 바로 앞·뒤차에 있는 것은 2차 사고 발생 시 사망사고로 이어질 수 있기 때문에 **신속하게 고장자동차의 표지를 후방에 설치하고, 안전한 장소로 피한 후 관계기관**(경찰관서, 소방관서, 한국도로공사콜센터 등)**에 신고**한다.

442

다음 중 고속도로 공사구간에 관한 설명으로 틀린 것은?

① 차로를 차단하는 공사의 경우 정체가 발생할 수 있어 주의해야 한다.
② 화물차의 경우 순간 졸음, 전방 주시태만은 대형사고로 이어질 수 있다.
③ 이동공사, 고정공사 등 다양한 유형의 공사가 진행된다.
④ **제한속도는 시속 80킬로미터로만 제한되어 있다.**

국토부 도로공사장 교통관리지침, 교통고속도로 공사장 교통관리 기준
공사구간의 경우 구간별로 시속 80킬로미터와 시속 60킬로미터로 제한되어 있어 속도제한표지를 인지하고 충분히 감속하여 운행하여야 한다.

443

다음 중 하이패스 단말기 고장으로 하이패스가 인식되지 않은 경우 올바른 조치방법 2가지는?

① 비상점멸등을 작동하고 일시정지한 후 일반차로의 통행권을 발권한다.
② **목적지 요금소에서 정산 담당자에게 진입한 장소를 설명하고 정산한다.**
③ 목적지 요금소의 하이패스 차로를 통과하면 자동 정산된다.
④ **목적지 요금소에서 하이패스 단말기의 카드를 분리한 후 정산담당자에게 그 카드로 요금을 정산할 수 있다.**

> 목적지 요금소에서 **정산담당자에게 진입한 장소를 설명하고 정산**한다.

444

다음 중 터널을 통과할 때 운전자의 안전수칙으로 잘못된 것은?

① **터널 진입 전, 명순응에 대비하여 색안경을 벗고 밤에 준하는 등화를 켠다.**
② 터널 안 차선이 백색실선인 경우 차로를 변경하지 않고 터널을 통과한다.
③ 앞차와의 안전거리를 유지하면서 급제동에 대비한다.
④ 터널 진입 전, 입구에 설치된 도로안내정보를 확인한다.

> 암순응(밝은 곳에서 어두운 곳으로 들어갈 때 처음에는 보이지 않던 것이 시간이 지나 보이기 시작하는 현상) 및 명순응(어두운 곳에서 밝은 곳으로 나왔을 때 점차 밝은 빛에 적응하는 현상)으로 인한 사고예방을 위해 터널을 통행할 시에는 평소보다 10~20% 감속하고 전조등, 차폭등, 미등 등의 등화를 반드시 켜야 한다. 또, 결빙과 2차 사고 등을 예방하기 위해 일반도로보다 더 안전거리를 확보하고 급제동에 대한 대비도 필요하다.

445

자동차 운전 중 터널 내에서 화재가 났을 경우 조치해야 할 행동으로 맞는 2가지는?

① **차에서 내려 이동할 경우 자동차의 시동을 끄고 하차한다.**
② **소화기로 불을 끌 경우 바람을 등지고 서야 한다.**
③ 터널 밖으로 이동이 어려운 경우 차량은 최대한 중앙선 쪽으로 정차시킨다.
④ 차를 두고 대피할 경우는 자동차 열쇠를 뽑아 가지고 이동한다.

> ① 폭발 등의 위험에 대비해 **시동을 꺼야 한다.**
> ③ 측벽 쪽으로 정차시켜야 응급 차량 등이 소통할 수 있다.
> ④ 자동차 열쇠를 꽂아 두어야만 다른 상황 발생 시 조치 가능하다.

446

자동차가 미끄러지는 현상에 관한 설명으로 맞는 2가지는?

① **고속 주행 중 급제동 시에 주로 발생하기 때문에 과속이 주된 원인이다.**
② 빗길에서는 저속 운행 시에 주로 발생한다.
③ 미끄러지는 현상에 의한 노면 흔적은 사고 원인 추정에 별 도움이 되질 않는다.
④ **ABS 장착 차량도 미끄러지는 현상이 발생할 수 있다.**

> ② 고속 운행 시에 주로 발생한다.
> ③ 미끄러짐 현상에 의한 노면 흔적은 사고 처리에 중요한 자료가 된다.

447

자동차가 차로를 이탈할 가능성이 가장 큰 경우 2가지는?

① 오르막길에서 주행할 때
② **커브길에서 급히 핸들을 조작할 때**
③ 내리막길에서 주행할 때
④ **노면이 미끄러울 때**

> 자동차가 차로를 이탈하는 경우는 **커브길에서 급히 핸들을 조작**할 때에 주로 발생한다. 또한 타이어 트레드가 닳았거나 타이어 공기압이 너무 높거나 **노면이 미끄러우면 노면과 타이어의 마찰력이 떨어져** 차가 도로를 이탈하거나 중앙선을 침범할 수 있다.

448

고속도로 주행 중 엔진 룸(보닛)에서 연기가 나고 화재가 발생하였을 때 가장 바람직한 조치방법 2가지는?

① 발견 즉시 그 자리에 정차한다.
② **갓길로 이동한 후 시동을 끄고 재빨리 차에서 내려 대피한다.**
③ **초기 진화가 가능한 경우에는 차량에 비치된 소화기를 사용하여 불을 끈다.**
④ 초기 진화에 실패했을 때에는 119 등에 신고한 후 차량 바로 옆에서 기다린다.

> 고속도로 주행 중 차량에 화재가 발생할 때 조치요령
> 1. 차량을 갓길로 이동한다.
> 2. 시동을 끄고 차량에서 재빨리 내린다.
> 3. 초기 화재 진화가 가능하면 차량에 비치된 소화기를 사용하여 불을 끈다.
> 4. 초기 화재 진화에 실패했을 때는 차량이 폭발할 수 있으므로 멀리 대피한다.
> 5. 119 등에 차량 화재 신고를 한다.

449

야간 운전 시 운전자의 '각성저하주행'에 대한 설명으로 옳은 것은?

① 평소보다 인지능력이 향상된다.
② 안구동작이 상대적으로 활발해진다.
③ 시내 혼잡한 도로를 주행할 때 발생하는 경우가 많다.
④ **단조로운 시계에 익숙해져 일종의 감각마비상태에 빠지는 것을 말한다.**

> 야간운전과 각성저하
> 야간운전시계는 전조등 불빛이 비치는 범위 내에 한정되어 그 시계는 주간에 비해 노면과 앞차의 후미등 불빛만이 보이게 되므로 매우 단조로운 시계가 된다. 그래서 무의식중에 **단조로운 시계에 익숙해져 운전자는 일종의 감각마비상태**에 빠져 들어가게 된다. 그렇게 되면 필연적으로 안구동작이 활치 못해 자극에 대한 반응도 둔해지게 된다. 이러한 현상이 고조되면 근육이나 뇌파의 반응도 저하되어 차차 졸음이 오는 상태에 이르게 된다. **이와 같이 각성도가 저하된 상태에서 주행하는 것을 이른 바 '각성저하주행'이라고 한다.**

450

도로 공사장의 안전한 통행을 위해 차선변경이 필요한 구간으로 차로 감소가 시작되는 지점은?

① 주의구간 시작점
② **완화구간 시작점**
③ 작업구간 시작점
④ 종결구간 시작점

> 도로 공사장은 주의 - 완화 - 작업 - 종결구간으로 구성되어 있다.
> 그 중 **완화구간은 차로수가 감소하는 구간**으로 차선변경이 필요한 구간이다. 안전한 통행을 위해서는 **사전 차선변경 및 서행**이 필수적이다.

451

야간운전과 관련된 내용으로 가장 올바른 것은?

① 전면유리에 틴팅(일명 썬팅)을 하면 야간에 넓은 시야를 확보할 수 있다.
② 맑은 날은 야간보다 주간운전 시 제동거리가 길어진다.
③ 야간에는 전조등보다 안개등을 켜고 주행하면 전방의 시야 확보에 유리하다.
④ **반대편 차량의 불빛을 정면으로 쳐다보면 증발현상이 발생한다.**

> 증발 현상을 막기 위해서는 **반대편 차량의 불빛을 정면으로 쳐다보지 않는다.**

452

야간 운전 중 나타나는 증발 현상에 대한 설명 중 옳은 것은?

① 증발 현상이 나타날 때 즉시 차량의 전조등을 끄면 증발 현상이 사라진다.
② **증발 현상은 마주 오는 두 차량이 모두 상향 전조등일 때 발생하는 경우가 많다.**
③ 야간에 혼잡한 시내도로를 주행할 때 발생하는 경우가 많다.
④ 야간에 터널을 진입하게 되면 밝은 불빛으로 잠시 안 보이는 현상을 말한다.

> **증발 현상은** 마주 오는 **두 차량 모두 상향 전조등일 때 발생**한다.

453

해가 지기 시작하면서 어두워질 때 운전자의 조치로 거리가 먼 것은?

① 차폭등, 미등을 켠다.
② 주간 주행속도보다 감속 운행한다.
③ 석양이 지면 눈이 어둠에 적응하는 시간이 부족해 주의하여야 한다.
④ **주간보다 시야 확보가 용이하여 운전하기 편하다.**

> 주간보다 시야 확보가 어려워지기 때문에 주의할 필요가 있다.

454

다음 중 전기자동차의 충전 케이블의 커플러에 관한 설명이 잘못된 것은?

① 다른 배선기구와 대체 불가능한 구조로서 극성이 구분되고 접지극이 있는 것일 것
② **접지극은 투입 시 제일 나중에 접속되고 차단 시 제일 먼저 분리되는 구조일 것**
③ 의도하지 않은 부하의 차단을 방지하기 위해 잠금 또는 탈부착을 위한 기계적 장치가 있는 것일 것
④ 전기자동차 커넥터가 전기자동차 접속구로부터 분리될 때 충전 케이블의 전원공급을 중단시키는 인터록 기능이 있는 것일 것

> 한국전기설비규정(KEC) 241.17
> 전기자동차 전원설비, **접지극은 투입 시 제일 먼저 접속되고 차단 시 제일 나중에 분리**되는 구조일 것

455

자동차 화재를 예방하기 위한 방법으로 가장 올바른 것은?

① 차량 내부에 앰프 설치를 위해 배선장치를 임의로 조작한다.
② **겨울철 주유 시 정전기가 발생하지 않도록 주의한다.**
③ LPG차량은 비상시를 대비하여 일회용 부탄가스를 차량에 싣고 다닌다.
④ 일회용 라이터는 여름철 차 안에 두어도 괜찮다.

> • 배선은 임의로 조작하면 안 되며 차량 안에 일회용 부탄가스를 두는 것은 위험하다.
> • 일회용 라이터에는 폭발방지장치가 없어 여름철 차 안에 두면 위험하다.

456

앞 차량의 급제동으로 인해 추돌할 위험이 있는 경우 그 대처방법으로 가장 올바른 것은?

① **충돌 직전까지 포기하지 말고 브레이크 페달을 밟아 감속한다.**
② 앞 차와의 추돌을 피하기 위해 핸들을 급하게 좌측으로 꺾어 중앙선을 넘어간다.
③ 피해를 최소화하기 위해 눈을 감는다.
④ 와이퍼와 상향등을 함께 조작한다.

> • 앞 차와의 추돌을 예방하기 위해 안전거리를 충분히 확보하고, 위험에 대비하여 언제든지 제동할 수 있도록 준비한다.
> • **부득이하게 추돌하게 되는 경우에 대비하여 브레이크 페달을 힘껏 밟아 감속하여 피해를 최소화**한다.
> • 핸들은 급하게 좌측으로 꺾어 중앙선을 넘어가면 반대편에서 주행하는 차량과의 사고가 발생할 수 있다. 또한 눈을 감는 것과 와이퍼, 상향등을 조작하는 것은 추돌의 피해를 감소시키는 것과 상관없다.

457

다음 중 고속으로 주행하는 차량의 타이어 이상으로 발생하는 현상 2가지는?

① 베이퍼록 현상
② **스탠딩웨이브 현상**
③ 페이드 현상
④ **하이드로플레이닝 현상**

> 고속으로 주행하는 **차량의 타이어 공기압이 부족**하면 **스탠딩웨이브 현상**이 발생하며, 고속으로 주행하는 **차량의 타이어가 마모된 상태에서 물 고인 곳을 지나가면 하이드로플레이닝 현상**이 발생한다. 페이드 현상은 제동기 페달을 과도하게 사용했을 때 패드 및 라이닝의 마찰계수가 낮아져 제동력이 악화되면서 미끄러지는 현상을 말한다. 베이퍼록 현상과 페이드 현상은 제동장치의 이상으로 나타나는 현상이다.

458

교통사고 시 머리와 목 부상을 최소화하기 위해 출발 전에 조절해야 하는 것은?

① 좌석의 전후 조절
② 등받이 각도 조절
③ **머리받침대 높이 조절**
④ 좌석의 높낮이 조절

> 운전자들의 경우 좌석조정에 있어 머리받침대에 대해서는 조절하는 경우가 많지 않다. 따라서 **교통사고로 충격 시 머리를 고정시켜줄 수 있는 머리받침대도 자신의 머리에 맞도록 조절**이 필요하다.

459

도로교통법령상 좌석안전띠 착용에 대한 내용으로 올바른 것은?

① 좌석안전띠는 허리 위로 고정시켜 교통사고 충격에 대비한다.
② **화재진압을 위해 출동하는 소방관은 좌석안전띠를 착용하지 않아도 된다.**
③ 어린이는 앞좌석에 앉혀 좌석안전띠를 매도록 하는 것이 가장 안전하다.
④ 13세 미만의 자녀에게 좌석안전띠를 매도록 하지 않으면 과태료가 3만 원이다.

「도로교통법」시행령 별표6
동승자가 13세 미만인 경우 과태료 6만 원
「도로교통법」시행규칙 제31조(좌석안전띠 미착용 사유) 제4호
긴급자동차가 그 본래의 용도로 운행되고 있는 때

460

터널에서 안전운전과 관련된 내용으로 맞는 것은?

① 앞지르기는 왼쪽 방향지시등을 켜고 좌측으로 한다.
② **터널 안에서는 앞차와의 거리감이 저하된다.**
③ 터널 진입 시 명순응 현상을 주의해야 한다.
④ 터널 출구에서는 암순응 현상이 발생한다.

교차로, 다리 위, 터널 안 등은 앞지르기가 금지된 장소이며 터널 진입 시는 암순응 현상이 발생하고 백색 점선의 노면 표시의 경우 차로변경이 가능하다.

461

다음은 다른 차를 앞지르기하려는 자동차의 속도에 대한 설명이다. 맞는 것은?

① 다른 차를 앞지르기하는 경우에는 속도의 제한이 없다.
② 해당 도로의 법정 최고 속도의 100분의 50을 더한 속도까지는 가능하다.
③ 운전자의 운전 능력에 따라 제한 없이 가능하다.
④ **해당 도로의 최고 속도 이내에서만 앞지르기가 가능하다.**

다른 차를 **앞지르기하려는 자동차의 속도는 해당 도로의 최고 속도 이내**에서만 앞지르기가 가능하다.

462

다음은 진로 변경할 때 켜야 하는 신호에 대한 설명이다. 가장 알맞은 것은?

① 신호를 하지 않고 진로를 변경해도 다른 교통에 방해되지 않았다면 교통 법규위반으로 볼 수 없다.
② 진로 변경이 끝난 후 상당 기간 신호를 계속하여야 한다.
③ **진로 변경 시 신호를 하지 않으면 승용차 등과 승합차 등은 3만 원의 범칙금 대상이 된다.**
④ 고속도로에서 진로 변경을 하고자 할 때에는 30미터 지점부터 진로변경이 완료될 때까지 신호를 한다.

① 신호를 하지 않고 진로를 변경 시 다른 교통에 방해되지 않았다고 하더라도 신호불이행의 교통법규위반 대상이 된다.
② 진로 변경이 끝난 후에는 바로 신호를 중지해야 한다.
③ **진로 변경 시 신호를 하지 않으면 승용차와 승합차 등은 3만 원의 범칙금 대상**이 된다.
④ 고속도로에서 진로 변경 시 100미터 이전 지점부터 진로변경이 완료될 때까지 신호를 한다.

463

앞지르기를 할 수 있는 경우로 맞는 것은?

① 앞차가 다른 차를 앞지르고 있을 경우
② 앞차가 위험 방지를 위하여 정지 또는 서행하고 있는 경우
③ 앞차의 좌측에 다른 차가 앞차와 나란히 진행하고 있는 경우
④ **앞차가 저속으로 진행하면서 다른 차와 안전거리를 확보하고 있을 경우**

「도로교통법」제21조, 제22조
모든 차의 운전자는 앞차의 좌측에 다른 차가 앞차와 나란히 가고 있는 경우 앞차가 다른 차를 앞지르고 있거나 앞지르고자 하는 경우에는 앞차를 앞지르기하지 못한다.

464
고속도로에서 사고예방을 위해 정차 및 주차를 금지하고 있다. 이에 대한 설명으로 바르지 않은 것은?

① 소방차가 생활안전 활동을 수행하기 위하여 정차 또는 주차할 수 있다.
② 경찰공무원의 지시에 따르거나 위험을 방지하기 위하여 정차 또는 주차할 수 있다.
③ 일반자동차가 통행료를 지불하기 위해 통행료를 받는 장소에서 정차할 수 있다.
④ **터널 안 비상주차대는 소방차와 경찰용 긴급자동차만 정차 또는 주차할 수 있다.**

> 비상주차대는 경찰용 긴급자동차와 소방차외 일반자동차도 정차 또는 주차할 수 있다.

465
다음 중 자동차 운전자가 위험을 느끼고 브레이크 페달을 밟아 실제로 정지할 때까지의 '정지거리'가 가장 길어질 수 있는 경우 2가지는?

① 차량의 중량이 상대적으로 가벼울 때
② **차량의 속도가 상대적으로 빠를 때**
③ 타이어를 새로 구입하여 장착한 직후
④ **과로 및 음주 운전 시**

> 운전자가 위험을 느끼고 브레이크 페달을 밟아서 실제로 자동차가 멈추게 되는 소위 자동차의 **정지거리는 과로 및 음주 운전 시**, 차량의 중량이 무겁거나 **속도가 빠를수록**, 타이어의 마모상태가 심할수록 **길어진다**.

466
자동차 승차인원에 관한 설명으로 맞는 2가지는?

① **고속도로에서는 자동차의 승차정원을 넘어서 운행할 수 없다.**
② 자동차등록증에 명시된 승차정원은 운전자를 제외한 인원이다.
③ **출발지를 관할하는 경찰서장의 허가를 받은 때에는 승차정원을 초과하여 운행할 수 있다.**
④ 승차정원 초과 시 도착지 관할 경찰서장의 허가를 받아야 한다.

> 「도로교통법」 제39조
> 모든 차의 **운전자는** 승차 인원, 적재 중량 및 적재 용량에 관하여 **운행상의 안전 기준을 넘어서 승차시키거나 적재하고 운전하여서는 아니 된다**. 다만 출발지를 관할하는 **경찰서장의 허가를 받은 때에는 그러하지 아니하다**.

467
전방에 교통사고로 앞차가 급정지했을 때 추돌 사고를 방지하기 위한 가장 안전한 운전방법 2가지는?

① **앞차와 정지거리 이상을 유지하며 운전한다.**
② 비상점멸등을 켜고 긴급자동차를 따라서 주행한다.
③ **앞차와 추돌하지 않을 정도로 충분히 감속하며 안전거리를 확보한다.**
④ 위험이 발견되면 풋브레이크와 주차브레이크를 동시에 사용하여 제동거리를 줄인다.

> 「도로교통법」 제19조
> 앞차와 **정지거리 이상을 유지**하고 앞차와 추돌하지 않을 정도로 충분히 **감속하며 안전거리를 확보**한다.

468
좌석안전띠에 대한 설명으로 맞는 2가지는?

① 운전자가 안전띠를 착용하지 않은 경우 과태료 3만 원이 부과된다.
② **일반적으로 경부에 대한 편타손상은 2점식에서 더 많이 발생한다.**
③ 13세 미만의 어린이가 안전띠를 착용하지 않으면 범칙금 6만 원이 부과된다.
④ **안전띠는 2점식, 3점식, 4점식으로 구분된다.**

> ① 운전자가 안전띠를 착용하지 않은 경우 범칙금 3만 원이 부과된다.
> ② 일반적으로 경부에 대한 **편타손상은 2점식에서 더 많이 발생**한다.
> ③ 13세 미만의 어린이가 안전띠를 착용하지 않으면 과태료 6만 원이 부과된다.
> ④ **안전띠는 착용방식에 따라 2점식, 3점식, 4점식으로 구분**된다.

469
교통사고 발생 시 부상자의 의식상태를 확인하는 방법으로 가장 먼저 해야 할 것은?

① 부상자의 맥박 유무를 확인한다.
② **말을 걸어보거나 어깨를 가볍게 두드려 본다.**
③ 어느 부위에 출혈이 심한지 살펴본다.
④ 입안을 살펴서 기도에 이물질이 있는지 확인한다.

> **의식상태를 확인**하기 위해서는 부상자에게 **말을 걸어보거나, 어깨를 가볍게 두드려 보거나**, 팔을 꼬집어서 확인하는 방법이 있다.

470

좌석안전띠 착용에 대한 설명으로 맞는 2가지는?

① 가까운 거리를 운행할 경우에는 큰 효과가 없으므로 착용하지 않아도 된다.
② **자동차의 승차자는 안전을 위하여 좌석안전띠를 착용하여야 한다.**
③ 어린이는 부모의 도움을 받을 수 있는 운전석 옆 좌석에 태우고, 좌석안전띠를 착용시키는 것이 안전하다.
④ **긴급한 용무로 출동하는 경우 이외에는 긴급자동차의 운전자도 좌석안전띠를 반드시 착용하여야 한다.**

> 「도로교통법」 제50조
> 자동차의 승차자는 안전을 위하여 좌석안전띠를 착용하여야 하고 긴급한 용무로 출동하는 경우 이외에는 긴급자동차의 운전자도 좌석안전띠를 반드시 착용하여야 한다.

471

고속도로에서 고장 등으로 긴급 상황 발생 시 일정 거리를 무료로 견인서비스를 제공해주는 기관은?

① 한국도로교통공단
② **한국도로공사**
③ 경찰청
④ 한국교통안전공단

> 고속도로에서는 자동차 긴급 상황 발생 시 사고 예방을 위해 **한국도로공사**(콜센터 1588-2504)에서 **10km까지 무료견인서비스를 제공**하고 있다.

472

도로교통법령상 교통사고 발생 시 긴급을 요하는 경우 동승자에게 조치를 하도록 하고 운전을 계속할 수 있는 차량 2가지는?

① **병원으로 부상자를 운반 중인 승용자동차**
② 화재진압 후 소방서로 돌아오는 소방자동차
③ 교통사고 현장으로 출동하는 견인자동차
④ **택배화물을 싣고 가던 중인 우편물자동차**

> 「도로교통법」 제54조(사고 발생 시의 조치) 제5항
> 긴급자동차, **부상자를 운반 중인 차, 우편물자동차** 및 노면전차 등의 운전자는 긴급한 경우에는 동승자 등으로 하여금 **사고 조치나 경찰에 신고**를 하게 하고 운전을 계속할 수 있다.

473

도로교통법령상 교통사고 발생 시 계속 운전할 수 있는 경우로 옳은 2가지는?

① **긴급한 환자를 수송 중인 구급차 운전자는 동승자로 하여금 필요한 조치 등을 하게 하고 계속 운전하였다.**
② 긴급한 회의에 참석하기 위해 이동 중인 운전자는 동승자로 하여금 필요한 조치 등을 하게 하고 계속 운전하였다.
③ **긴급한 우편물을 수송하는 차량 운전자는 동승자로 하여금 필요한 조치 등을 하게 하고 계속 운전하였다.**
④ 긴급한 약품을 수송 중인 구급차 운전자는 동승자로 하여금 필요한 조치 등을 하게 하고 계속 운전하였다.

> 「도로교통법」 제54조 제5항
> **긴급자동차** 또는 부상자를 후송 중인 차 및 **우편물 수송 자동차** 등의 운전자는 긴급한 경우에 동승자로 하여금 필요한 **조치나 신고**를 하게 하고 운전을 계속할 수 있다.

474

교통사고로 심각한 척추 골절 부상이 예상되는 경우에 가장 적절한 조치방법은?

① 의식이 있는지 확인하고 즉시 심폐소생술을 실시한다.
② 부상자를 부축하여 안전한 곳으로 이동하고 119에 신고한다.
③ 상기도 폐색이 발생될 수 있으므로 하임리히법을 시행한다.
④ **긴급한 경우가 아니면 이송을 해서는 안 되며 부득이한 경우에는 이송해야 한다면 부목을 이용해서 척추부분을 고정한 후 안전한 곳으로 우선 대피해야 한다.**

> 교통사고로 **척추골절이 예상되는 환자가 있는 경우 긴급한 경우가 아니면 이송을 해서는 안 된다.** 이송 전에 적절한 처치가 이루어지지 않으면 돌이킬 수 없는 신경학적 손상을 악화시킬 우려가 크기 때문이다. 따라서 2차 사고위험 등을 방지하기 위해 부득이 이송해야 한다면 부목을 이용해서 **척추부분을 고정한 후 안전한 곳으로 우선 대피**해야 한다.

475
야간에 도로에서 로드킬(Road Kill)을 예방하기 위한 운전방법으로 바람직하지 않은 것은?

① 사람이나 차량의 왕래가 적은 국도나 산길을 주행할 때는 감속운행을 해야 한다.
② 야생동물 발견 시에는 서행으로 접근하고 한적한 갓길에 세워 동물과의 충돌을 방지한다.
③ 야생동물 발견 시에는 전조등을 끈 채 경음기를 가볍게 울려 도망가도록 유도한다.
④ **출현하는 동물의 발견을 용이하게 하기 위해 가급적 갓길에 가까운 도로를 주행한다.**

로드킬의 사고위험은 동물이 갑자기 나타나서 대처하지 못하는 경우이므로 출현할 가능성이 높은 도로에서는 감속운행하는 것이 좋다.

476
보복운전 또는 교통사고 발생을 방지하기 위한 분노조절기법에 대한 설명으로 맞는 것은?

① 감정이 끓어오르는 상황에서 잠시 빠져 나와 시간적 여유를 갖고 마음의 안정을 찾는 분노조절방법을 스톱버튼기법이라 한다.
② 분노를 유발하는 부정적인 사고를 중지하고 평소 생각해둔 행복한 장면을 1~2분간 떠올려 집중하는 분노조절방법을 타임아웃기법이라 한다.
③ 분노를 유발하는 종합적 신념체계와 과거의 왜곡된 사고에 대한 수동적 인식경험을 자신에게 질문하는 방법을 경험회상 질문기법이라 한다.
④ **양팔, 다리, 아랫배, 가슴, 어깨 등 몸의 각 부분을 최대한 긴장시켰다가 이완시켜 편안한 상태를 반복하는 방법을 긴장이완훈련기법이라 한다.**

교통안전수칙(2021년 개정2판) 분노를 조절하기 위한 행동기법에는 타임아웃기법, 스톱버튼기법, 긴장이완훈련기법이 있다.
① 감정이 끓어오르는 상황에서 잠시 빠져 나와 시간적 여유를 갖고 마음의 안정을 찾는 분노조절방법을 타임아웃기법이라 한다.
② 분노를 유발하는 부정적인 사고를 중지하고 평소 생각해둔 행복한 장면을 1~2분간 떠올려 집중하는 분노조절방법을 스톱버튼기법이라 한다.
③ 경험회상질문기법은 분노조절방법에 해당하지 않는다.
④ 양팔, 다리, 아랫배, 가슴, 어깨 등 몸의 각 부분을 최대한 긴장시켰다가 이완시켜 편안한 상태를 반복하는 방법을 긴장이완훈련기법이라 한다.

477
도로에서 로드킬(Road Kill)이 발생하였을 때 조치요령으로 바르지 않은 것은?

① 감염병 위험이 있을 수 있으므로 동물사체 등을 함부로 만지지 않는다.
② 로드킬 사고가 발생하면 야생동물구조센터나 지자체 콜센터 '지역번호 + 120번' 등에 신고한다.
③ **2차 사고 방지를 위해 사고당한 동물을 자기 차에 싣고 주행한다.**
④ 2차 사고 방지와 원활한 소통을 위한 조치를 한 경우에는 신고하지 않아도 된다.

질병관리청에 의하면 **동물의 사체는 감염의 우려가 있으므로 직접 건드려서는 아니 되며**, 사고가 발생하게 되면 지자체 또는 도로관리청 및 지역번호 +120번 콜센터(생활안내 상담서비스)에 신고하여 도움을 받고, 사고를 당한 동물은 현행법상 물건에 해당하므로 2차 사고 방지를 위한 위험방지와 원활한 소통을 한 경우에는 신고하지 아니해도 된다.

478
폭우로 인하여 지하차도가 물에 잠겨 있는 상황이다. 다음 중 가장 안전한 운전방법은?

① 물에 바퀴가 다 잠길 때까지는 무사히 통과할 수 있으니 서행으로 지나간다.
② 최대한 빠른 속도로 빠져 나간다.
③ **우회도로를 확인한 후에 돌아간다.**
④ 통과하다가 시동이 꺼지면 바로 다시 시동을 걸고 빠져 나온다.

폭우로 인하여 지하차도가 물에 감겨 차량의 범퍼까지 또는 차량 바퀴의 절반 이상이 물에 잠긴다면 차량이 지나갈 수 없다. 또한 위와 같은 지역을 통과할 때 빠른 속도로 지나가면 차가 물을 밀어내면서 앞쪽 수위가 높아져 엔진에 물이 들어올 수도 있다. 침수된 지역에서 시동이 꺼지면 다시 시동을 걸면 엔진이 망가진다.

479
다음 중 장거리 운행 전에 반드시 점검해야 할 우선순위 2가지는?

① 차량 청결상태 점검
② DMB(영상표시장치) 작동 여부 점검
③ **각종 오일류 점검**
④ **타이어상태 점검**

장거리 운전 전 **타이어 마모상태, 공기압, 각종 오일류**, 와이퍼와 워셔액, 램프류 등을 점검하여야 한다.

480

교통사고 등 응급상황 발생 시 조치요령과 거리가 먼 것은?

① 위험 여부 확인
② 환자의 반응 확인
③ 기도 확보 및 호흡 확인
④ **환자의 목적지와 신상 확인**

> 응급상황 발생 시 위험 여부 확인 및 환자의 반응을 살피고 주변에 도움을 요청하며 필요에 따라 환자가 호흡을 할 수 있도록 기도 확보가 필요하며 구조요청을 하여야 한다.

481

주행 중 자동차 돌발 상황에 대한 올바른 대처방법과 거리가 먼 것은?

① **주행 중 핸들이 심하게 떨리면 핸들을 꽉 잡고 계속 주행한다.**
② 자동차에서 연기가 나면 즉시 안전한 곳으로 이동 후 시동을 끈다.
③ 타이어 펑크가 나면 핸들을 꽉 잡고 감속하며 안전한 곳에 정차한다.
④ 철길건널목 통과 중 시동이 꺼져서 다시 걸리지 않는다면 신속히 대피 후 신고한다.

> **핸들이 심하게 떨리면** 타이어 펑크나 휠이 빠질 수 있기 때문에 반드시 **안전한 곳에 정차하고 점검**한다.

482

교통사고 현장에서 증거 확보를 위한 사진 촬영방법으로 맞는 2가지는?

① 블랙박스 영상이 촬영되는 경우 추가하여 사진 촬영할 필요가 없다.
② 도로에 엔진오일, 냉각수 등의 흔적은 오랫동안 지속되므로 촬영하지 않아도 된다.
③ **파편물, 자동차와 도로의 파손부위 등 동일한 대상에 대해 근접촬영과 원거리 촬영을 같이 한다.**
④ **차량 바퀴의 진행방향을 스프레이 등으로 표시하거나 촬영을 해둔다.**

> 파손부위 근접 촬영 및 원거리 촬영을 하여야 하고 차량의 바퀴 돌아가 있는 것까지도 촬영해야 나중에 사고를 규명하는 데 도움이 된다.

483

도로교통법령상 운전면허 취소 사유에 해당하는 것은?

① 정기 적성검사 기간 만료 다음 날부터 적성검사를 받지 아니하고 6개월을 초과한 경우
② **운전자가 단속 공무원(경찰공무원, 시·군·구 공무원)을 폭행하여 불구속 형사 입건된 경우**
③ 자동차 등록 후 자동차 등록번호판을 부착하지 않고 운전한 경우
④ 제2종 보통면허를 갱신하지 않고 2년을 초과한 경우

> ① 1년
> ② **형사 입건된 경우**에는 취소 사유이다.
> ③ 자동차 관리법에 따라 등록되지 아니하거나 임시 운행 허가를 받지 아니한 자동차를 운전한 경우에 운전면허가 취소되며, 등록을 하였으나 등록번호판을 부착하지 않고 운전한 것은 면허 취소 사유가 아니다(「도로교통법」 제93조).

484

도로교통법령상 범칙금 납부 통고서를 받은 사람이 1차 납부 기간 경과 시 20일 이내 납부해야 할 금액으로 맞는 것은?

① 통고 받은 범칙금에 100분의 10을 더한 금액
② **통고 받은 범칙금에 100분의 20을 더한 금액**
③ 통고 받은 범칙금에 100분의 30을 더한 금액
④ 통고 받은 범칙금에 100분의 40을 더한 금액

> 「도로교통법」 제164조 제2항
> **납부 기간 이내에 범칙금을 납부하지 아니한 사람은** 납부 기간이 만료되는 날의 다음 날부터 20일 이내에 통고 받은 **범칙금에 100분의 20을 더한 금액을 납부**하여야 한다.

485

도로교통법령상 누산 점수 초과로 인한 운전면허 취소 기준으로 옳은 것은?

① 1년간 100점 이상
② 2년간 191점 이상
③ **3년간 271점 이상**
④ 5년간 301점 이상

> 「도로교통법」 시행규칙 별표28
> 1년간 121점 이상, 2년간 201점 이상, **3년간 271점 이상이면 면허를 취소**한다.

486

도로교통법령상 교통사고 결과에 따른 벌점 기준으로 맞는 것은?

① 행정 처분을 받을 운전자 본인의 인적 피해에 대해서도 인적 피해 교통사고 구분에 따라 벌점을 부과한다.
② 자동차등 대 사람 교통사고의 경우 쌍방 과실인 때에는 벌점을 부과하지 않는다.
③ 교통사고 발생 원인이 불가항력이거나 피해자의 명백한 과실인 때에는 벌점을 2분의 1로 감경한다.
④ **자동차등 대 자동차등 교통사고의 경우에는 그 사고 원인 중 중한 위반 행위를 한 운전자에게만 벌점을 부과한다.**

> ① 행정 처분을 받을 운전자 본인의 피해에 대해서는 벌점을 산정하지 아니한다.
> ② 2분의 1로 감경한다.
> ③ 벌점을 부과하지 않는다(「도로교통법」 시행규칙 별표28).

487

도로교통법령상 영상기록매체에 의해 입증되는 주차위반에 대한 과태료의 설명으로 알맞은 것은?

① 승용차의 소유자는 3만 원의 과태료를 내야 한다.
② 승합차의 소유자는 7만 원의 과태료를 내야 한다.
③ 기간 내에 과태료를 내지 않아도 불이익은 없다.
④ **같은 장소에서 2시간 이상 주차위반을 하는 경우 과태료가 가중된다.**

> 「도로교통법」 제33조, 「도로교통법」 시행령 별표6
> 주차금지위반 시 승용차는 4만 원, 승합차는 5만 원의 과태료가 부과되며, **2시간 이상 주차위반의 경우 1만 원이 추가**되고 미납 시 가산금 및 중가산금이 부과된다.

488

도로교통법령상 자동차 운전자가 난폭운전으로 형사입건되었다. 운전면허 행정처분은?

① 면허 취소
② 면허 정지 100일
③ 면허 정지 60일
④ **면허 정지 40일**

> 「도로교통법」 시행규칙 별표28

489

다음 중 교통사고를 일으킨 운전자가 종합보험이나 공제조합에 가입되어 있어 교통사고처리특례법의 특례가 적용되는 경우로 맞는 것은?

① **안전운전 의무위반으로 자동차를 손괴하고 경상의 교통사고를 낸 경우**
② 교통사고로 사람을 사망에 이르게 한 경우
③ 교통사고를 야기한 후 부상자 구호를 하지 않은 채 도주한 경우
④ 신호위반으로 경상의 교통사고를 일으킨 경우

> 「교통사고처리특례법」 제4조

490

도로교통법령상 도로에서 동호인 7명이 4대의 차량에 나누어 타고 공동으로 다른 사람에게 위해를 끼쳐 형사입건되었다. 처벌 기준으로 틀린 것은? (단, 개인형 이동장치는 제외한다)

① 2년 이하의 징역이나 500만 원 이하의 벌금
② **적발 즉시 면허정지**
③ 구속된 경우 면허취소
④ 형사입건된 경우 벌점 40점

> 「도로교통법」 제46조(공동위험행위의 금지) 제1항
> 자동차등의 운전자는 도로에서 2명 이상이 공동으로 2대 이상의 자동차등을 정당한 사유 없이 앞뒤로 또는 좌우로 줄지어 통행하면서 다른 사람에게 위해를 끼치거나 교통상의 위험을 발생하게 하여서는 아니 된다.
> 「도로교통법」 제150조(벌칙) 제1호
> 2년 이하의 징역이나 500만 원 이하의 벌금
> 「도로교통법」 시행규칙 별표28
> 구속 시 운전면허 취소, 형사입건 시 벌점 40점

491

도로교통법령상 술에 취한 상태에 있다고 인정할 만한 상당한 이유가 있는 자전거 운전자가 경찰공무원의 정당한 음주측정 요구에 불응한 경우 처벌은?

① 처벌하지 않는다.
② 과태료 7만 원을 부과한다.
③ **범칙금 10만 원의 통고처분한다.**
④ 10만 원 이하의 벌금 또는 구류에 처한다.

> 「도로교통법」 시행령 별표8
> 술에 취한 상태에 있다고 인정할 만한 상당한 이유가 있는 **자전거 운전자가 경찰공무원의 호흡조사 측정에 불응한 경우 범칙금 10만 원**이다.

492
도로교통법령상 술에 취한 상태에서 자전거를 운전한 경우 어떻게 되는가?

① 처벌하지 않는다.
② **범칙금 3만 원의 통고처분한다.**
③ 과태료 4만 원을 부과한다.
④ 10만 원 이하의 벌금 또는 구류에 처한다.

「도로교통법」 시행규칙 별표8 64의2
술에 취한 상태에서 자전거를 운전한 경우 범칙금 3만 원

493
교통사고처리특례법상 형사처벌되는 경우로 맞는 2가지는?

① 종합보험에 가입하지 않은 차가 물적 피해가 있는 교통사고를 일으키고 피해자와 합의한 때
② **택시공제조합에 가입한 택시가 중앙선을 침범하여 인적 피해가 있는 교통사고를 일으킨 때**
③ **종합보험에 가입한 차가 신호를 위반하여 인적 피해가 있는 교통사고를 일으킨 때**
④ 화물공제조합에 가입한 화물차가 안전운전 불이행으로 물적 피해가 있는 교통사고를 일으킨 때

「교통사고처리특례법」 제3조, 제4조
중앙선을 침범하거나 **신호를 위반**하여 인적 피해가 있는 교통사고를 일으킨 때는 **종합보험 또는 공제조합에 가입되어 있어도 처벌**된다.

494
도로교통법령상 범칙금 납부 통고서를 받은 사람이 2차 납부기간을 경과한 경우에 대한 설명으로 맞는 2가지는?

① **지체 없이 즉결심판을 청구하여야 한다.**
② **즉결심판을 받지 아니한 때 운전면허를 40일 정지한다.**
③ 과태료 부과한다.
④ 범칙금액에 100분의 30을 더한 금액을 납부하면 즉결심판을 청구하지 않는다.

「도로교통법」 제165조
범칙금 납부 통고서를 받은 사람이 **2차 납부기간을 경과한 경우 지체 없이 즉결심판을 청구**하여야 한다. 즉결심판을 받지 아니한 때 **운전면허를 40일 정지**한다. 범칙금액에 100분의 50을 더한 금액을 납부하면 즉결심판을 청구하지 않는다.

495
도로교통법령상 승용자동차 운전자가 주·정차된 차만 손괴하는 교통사고를 일으키고 피해자에게 인적사항을 제공하지 아니한 경우 어떻게 되는가?

① 처벌하지 않는다.
② 과태료 10만 원을 부과한다.
③ **범칙금 12만 원의 통고처분한다.**
④ 30만 원 이하의 벌금 또는 구류에 처한다.

주·정차된 차만 손괴하는 교통사고를 일으키고 피해자에게 인적사항을 제공하지 아니한 사람은 「도로교통법」 제156조(벌칙)에 의한 처벌 기준은 20만 원 이하의 벌금이나 구류 또는 과료이다. 실제는 「도로교통법」 시행령 별표8에 의해 **승용자동차등은 범칙금 12만 원으로 통고처분**된다.

496
도로교통법령상 운전자가 단속 경찰공무원 등에 대한 폭행을 하여 형사 입건된 때 처분으로 맞는 것은?

① 벌점 40점을 부과한다.
② 벌점 100점을 부과한다.
③ **운전면허를 취소 처분한다.**
④ 즉결심판을 청구한다.

「도로교통법」 시행규칙 별표28 2. 취소 처분 개별 기준 16
단속하는 경찰공무원 등 및 시·군·구 **공무원을 폭행하여 형사 입건된 때 운전면허를 취소** 처분한다.

497
도로교통법령상 인적 피해 있는 교통사고를 야기하고 도주한 차량의 운전자를 검거하거나 신고하여 검거하게 한 운전자(교통사고의 피해자가 아닌 경우)에게 검거 또는 신고할 때마다 (   )의 특혜점수를 부여한다. (   )에 맞는 것은?

① 10점
② 20점
③ 30점
④ **40점**

「도로교통법」 시행규칙 별표28 1. 일반 기준
인적 피해 있는 **교통사고를 야기하고 도주한 차량의 운전자를 검거하거나 신고하여 검거하게 한 운전자**(교통사고의 피해자가 아닌 경우로 한정한다)에게는 검거 또는 신고할 때마다 **40점의 특혜점수를 부여**하여 기간에 관계없이 그 운전자가 정지 또는 취소처분을 받게 될 경우 누산점수에서 이를 공제한다. 이 경우 공제되는 점수는 40점 단위로 한다.

498

도로교통법령상 혈중알코올농도 0.03퍼센트 이상 0.08퍼센트 미만의 술에 취한 상태로 승용차를 운전한 사람에 대한 처벌 기준으로 맞는 것은? (단, 1회 위반한 경우이다)

① **1년 이하의 징역이나 500만 원 이하의 벌금**
② 2년 이하의 징역이나 1천만 원 이하의 벌금
③ 3년 이하의 징역이나 1천 500만 원 이하의 벌금
④ 2년 이상 5년 이하의 징역이나 1천만 원 이상 2천만 원 이하의 벌금

> 「도로교통법」 제148조의2(벌칙)
> ③ 제44조 제1항을 위반하여 술에 취한 상태에서 자동차등 또는 노면전차를 운전한 사람은 다음 각 호의 구분에 따라 처벌한다.
>   1. 혈중알코올농도가 0.2퍼센트 이상인 사람은 2년 이상 5년 이하의 징역이나 1천만 원 이상 2천만 원 이하의 벌금
>   2. 혈중알코올농도가 0.08퍼센트 이상 0.2퍼센트 미만인 사람은 1년 이상 2년 이하의 징역이나 500만 원 이상 1천만 원 이하의 벌금
>   3. 혈중알코올농도가 0.03퍼센트 이상 0.08퍼센트 미만인 사람은 1년 이하의 징역이나 500만 원 이하의 벌금

499

도로교통법령상 연습운전면허 소지자가 혈중알코올농도 (   )퍼센트 이상을 넘어서 운전한 때 연습운전면허를 취소한다. (   ) 안의 기준으로 맞는 것은?

① **0.03** ② 0.05
③ 0.08 ④ 0.10

> 「도로교통법」 시행규칙 별표29
> 연습운전면허 소지자가 혈중알코올농도 0.03퍼센트 이상을 넘어서 운전한 때 연습운전면허를 취소한다.

500

도로교통법령상 승용자동차 운전자에 대한 위반행위별 범칙금이 틀린 것은?

① 속도위반(매시 60킬로미터 초과)의 경우 12만 원
② 신호위반의 경우 6만 원
③ 중앙선침범의 경우 6만 원
④ **앞지르기 금지 시기·장소위반의 경우 5만 원**

> 「도로교통법」 시행령 별표8
> 승용자동차의 앞지르기 금지 시기·장소위반은 범칙금 6만 원이 부과된다.

501

도로교통법령상 운전면허 행정처분에 대한 이의신청을 하여 인용된 경우 취소처분에 대한 감경 기준으로 맞는 것은?

① 처분벌점 90점으로 한다.
② 처분벌점 100점으로 한다.
③ **처분벌점 110점으로 한다.**
④ 처분벌점 120점으로 한다.

> 「도로교통법」 제94조, 「도로교통법」 시행규칙 별표28 1(일반기준 바. 처분 기준의 감경)
> 위반행위에 대한 처분 기준이 **운전면허의 취소처분에 해당하는 경우에는 해당 위반행위에 대한 처분벌점을 110점으로** 하고, 운전면허의 정지처분에 해당하는 경우에는 처분 집행일수의 2분의 1로 감경한다. 다만 다목(1)에 따른 벌점·누산점수 초과로 인한 면허취소에 해당하는 경우에는 면허가 취소되기 전의 누산점수 및 처분벌점을 모두 합산하여 처분벌점을 110점으로 한다.

502

도로교통법령상 화재진압용 연결송수관 설비의 송수구로부터 5미터 이내 승용자동차를 정차한 경우 범칙금은? (단, 안전표지가 미설치된 경우이다)

① **4만 원**
② 3만 원
③ 2만 원
④ 처벌되지 않는다.

> • 「도로교통법」 시행령 별표8 3의3(안전표지 설치) : 승용자동차 8만 원
> • 29(안전표지 미설치) : 승용자동차 4만 원

503

도로교통법상 벌점 부과기준이 다른 위반행위 하나는?

① **승객의 차내 소란행위 방치운전**
② 철길건널목 통과방법위반
③ 고속도로 갓길 통행위반
④ 운전면허증 등의 제시의무위반

> 「도로교통법」 시행규칙 별표28
> 승객의 차내 소란행위 방치운전은 40점, 철길건널목 통과방법위반·고속도로 갓길통행·운전면허증 등의 제시의무위반은 벌점 30점이 부과된다.

504

도로교통법령상 즉결심판이 청구된 운전자가 즉결심판의 선고 전까지 통고받은 범칙금액에 ( )을 더한 금액을 내고 납부를 증명하는 서류를 제출하면 경찰서장은 운전자에 대한 즉결심판 청구를 취소하여야 한다. ( ) 안에 맞는 것은?

① 100분의 20
② 100분의 30
③ **100분의 50**
④ 100분의 70

「도로교통법」 제165조(통고처분 불이행 등의 처리)
즉결심판이 청구된 피고인이 즉결심판의 선고 전까지 통고받은 범칙금액에 **100분의 50**을 더한 금액을 내고 납부를 증명하는 **서류를 제출**하면 경찰서장 또는 제주특별자치도지사는 피고인에 대한 **즉결심판 청구를 취소**하여야 한다.

505

자동차 번호판을 가리고 자동차를 운행한 경우의 벌칙으로 맞는 것은?

① **1년 이하의 징역 또는 1,000만 원 이하의 벌금**
② 1년 이하의 징역 또는 2,000만 원 이하의 벌금
③ 2년 이하의 징역 또는 1,000만 원 이하의 벌금
④ 2년 이하의 징역 또는 2,000만 원 이하의 벌금

「자동차관리법」 제10조 제5항 및 제81조(벌칙)
누구든지 등록번호판을 가리거나 알아보기 곤란하게 하여서는 아니 되며 그러한 자동차를 운행하여서도 아니 된다.

506

도로교통법령상 자동차 운전자가 고속도로에서 자동차 내에 고장자동차의 표지를 비치하지 않고 운행하였다. 어떻게 되는가?

① **2만 원의 과태료가 부과된다.**
② 3만 원의 범칙금으로 통고 처분된다.
③ 30만 원 이하의 벌금으로 처벌된다.
④ 아무런 처벌이나 처분되지 않는다.

「도로교통법」 시행령 별표6 12, 법 제67조 제2항
고속도로등에서의 준수 사항을 위반한 운전자는 승용 및 승합자동차등은 **과태료 2만 원**

507

도로교통법령상 고속도로에서 승용자동차 운전자의 과속행위에 대한 범칙금 기준으로 맞는 것은?

① **제한속도기준 시속 60킬로미터 초과 80킬로미터 이하 - 범칙금 12만 원**
② 제한속도기준 시속 40킬로미터 초과 60킬로미터 이하 - 범칙금 8만 원
③ 제한속도기준 시속 20킬로미터 초과 40킬로미터 이하 - 범칙금 5만 원
④ 제한속도기준 시속 20킬로미터 이하 - 범칙금 2만 원

「도로교통법」 시행령 별표8

508

도로교통법령상 교차로·횡단보도·건널목이나 보도와 차도가 구분된 도로의 보도에 2시간 이상 주차한 승용자동차의 소유자에게 부과되는 과태료 금액으로 맞는 것은? (단, 어린이보호구역 및 노인·장애인보호구역은 제외한다)

① 4만 원
② **5만 원**
③ 6만 원
④ 7만 원

「도로교통법」 시행령 별표6
교차로·횡단보도·건널목이나 보도와 차도가 구분된 도로의 보도에 **2시간 이상 주차**한 승용자동차의 고용주등에게 과태료 **5만 원**을 부과한다.

509

도로교통법령상 운전면허 취소처분에 대한 이의가 있는 경우 운전면허행정처분 이의심의위원회에 신청할 수 있는 기간은?

① 그 처분을 받은 날로부터 90일 이내
② 그 처분을 안 날로부터 90일 이내
③ **그 처분을 받은 날로부터 60일 이내**
④ 그 처분을 안 날로부터 60일 이내

「도로교통법」 제94조 운전면허의 취소처분 또는 정지처분
연습운전면허 취소처분에 대하여 이의가 있는 사람은 그 처분을 받은 날부터 **60일 이내**에 시·도경찰청장에게 이의를 신청할 수 있다.

510

도로교통법령상 술에 취한 상태에 있다고 인정할 만한 상당한 이유가 있는 자동차 운전자가 경찰공무원의 정당한 음주측정 요구에 불응한 경우 처벌 기준으로 맞는 것은? (단, 1회 위반한 경우이다)

① 1년 이상 2년 이하의 징역이나 500만 원 이하의 벌금
② 1년 이상 3년 이하의 징역이나 1천만 원 이하의 벌금
③ 1년 이상 4년 이하의 징역이나 500만 원 이상 1천만 원 이하의 벌금
④ **1년 이상 5년 이하의 징역이나 500만 원 이상 2천만 원 이하의 벌금**

> 「도로교통법」 제148조의2(벌칙)
> ② 술에 취한 상태에 있다고 인정할 만한 상당한 이유가 있는 사람으로서 제44조 제2항에 따른 경찰공무원의 측정에 응하지 아니하는 사람(자동차등 또는 노면전차를 운전하는 사람으로 한정한다)은 1년 이상 5년 이하의 징역이나 500만 원 이상 2천만 원 이하의 벌금에 처한다.

511

도로교통법령상 교통사고를 일으킨 자동차 운전자에 대한 벌점기준으로 맞는 것은?

① **신호위반으로 사망(72시간 이내) 1명의 교통사고가 발생하면 벌점은 105점이다.**
② 피해차량의 탑승자와 가해차량 운전자의 피해에 대해서도 벌점을 산정한다.
③ 교통사고의 원인 점수와 인명피해 점수, 물적 피해 점수를 합산한다.
④ 자동차 대 자동차 교통사고의 경우 사고원인이 두 차량에 있으면 둘 다 벌점을 산정하지 않는다.

> 「도로교통법」 시행규칙 별표28의3(정지처분 개별 기준)

512

도로교통법령상 벌점이 부과되는 운전자의 행위는?

① **주행 중 차 밖으로 물건을 던지는 경우**
② 차로변경 시 신호 불이행한 경우
③ 불법부착장치 차를 운전한 경우
④ 서행의무위반한 경우

> 「도로교통법」 시행규칙 별표28
> 도로를 통행하고 있는 차에서 밖으로 물건을 던지는 경우 벌점 10점이 부과된다.

513

도로교통법령상 적성검사 기준을 갖추었는지를 판정하는 건강검진 결과통보서는 운전면허시험 신청일부터 ( ) 이내에 발급된 서류이어야 한다. ( ) 안의 기준으로 맞는 것은?

① 1년   ② **2년**
③ 3년   ④ 4년

> 제2항 도로교통공단은 제1항 각 호의 적성검사 기준을 갖추었는지를 다음 각 호의 서류로 판정할 수 있다.
> 1. 운전면허시험 신청일부터 2년 이내에 발급된 다음 각 목의 어느 하나에 해당하는 서류
>   가. 의원, 병원 및 종합병원에서 발행한 신체검사서
>   나. 「국민건강보험법」 제52조에 따른 건강검진 결과통보서
>   다. 의사가 발급한 진단서
>   라. 병역판정 신체검사(현역병지원 신체검사를 포함한다) 결과통보서

514

도로교통법령상 연습운전면허 소지자가 도로에서 주행연습을 할 때 연습하고자 하는 자동차를 운전할 수 있는 운전면허를 받은 날부터 2년이 경과된 사람(운전면허 정지기간 중인 사람 제외)과 함께 승차하지 아니하고 단독으로 운행한 경우 처분은?

① 통고처분   ② 과태료 부과
③ 연습운전면허 정지   ④ **연습운전면허 취소**

> 「도로교통법」 시행규칙 제55조(연습운전면허를 받은 사람의 준수사항) 별표29
> 연습운전면허 준수사항을 위반한 때(연습하고자 하는 자동차를 운전할 수 있는 운전면허를 받은 날부터 2년이 경과된 사람과 함께 승차하여 그 사람의 지도를 받아야 한다) 연습운전면허를 취소한다.

515

도로교통법령상 원동기장치자전거를 운전할 수 있는 운전면허를 받지 아니하고 개인형 이동장치를 운전한 경우 처벌 기준은?

① **20만 원 이하 벌금이나 구류 또는 과료**
② 30만 원 이하 벌금이나 구류
③ 50만 원 이하 벌금이나 구류
④ 6개월 이하 징역 또는 200만 원 이하 벌금

> 개인형 이동장치를 무면허 운전한 경우에는 「도로교통법」 제156조(벌칙)에 의해 처벌 기준은 20만 원 이하 벌금이나 구류 또는 과료이다. 실제 처벌은 「도로교통법」 시행령 별표8에 의해 범칙금 10만 원으로 통고처분된다.

516

도로교통법령상 승용자동차의 고용주등에게 부과되는 위반행위별 과태료 금액이 틀린 것은? (단, 어린이보호구역 및 노인·장애인보호구역은 제외한다)

① 중앙선 침범의 경우 과태료 9만 원
② 신호위반의 경우 과태료 7만 원
③ 보도를 침범한 경우 과태료 7만 원
④ **속도위반(매시 20킬로미터 이하)의 경우 과태료 5만 원**

> 「도로교통법」 시행령 별표6
> 제한속도(매시 20킬로미터 이하)를 위반한 차의 고용주등에게 과태료 4만 원 부과

517

도로교통법령상 무사고·무위반 서약에 의한 벌점 감경(착한운전 마일리지제도)에 대한 설명으로 맞는 것은?

① 40점의 특혜점수를 부여한다.
② 2년간 교통사고 및 법규위반이 없어야 특혜점수를 부여한다.
③ **운전자가 정지처분을 받게 될 경우 누산점수에서 특혜점수를 공제한다.**
④ 운전면허시험장에 직접 방문하여 서약서를 제출해야만 한다.

> 「도로교통법」 시행규칙 별표28 제1항 일반 기준 나. 벌점의 종합관리
> 1년간 교통사고 및 법규위반이 없어야 10점의 특혜점수를 부여한다. 경찰서 방문뿐만 아니라 인터넷(www.efine.go.kr)으로도 서약서를 제출할 수 있다.

518

도로교통법령상 연습운전면허 취소사유로 규정된 2가지는?

① **단속하는 경찰공무원등 및 시·군·구 공무원을 폭행한 때**
② 도로에서 자동차의 운행으로 물적 피해만 발생한 교통사고를 일으킨 때
③ **다른 사람에게 연습운전면허증을 대여하여 운전하게 한 때**
④ 신호위반을 2회 한 때

> 「도로교통법」 시행규칙 별표29
> 도로에서 자동차등의 운행으로 인한 교통사고를 일으킨 때 연습운전면허를 취소한다. 다만 물적 피해만 발생한 경우를 제외한다.

519

도로교통법령상 특별교통안전 의무교육을 받아야 하는 사람은?

① 처음으로 운전면허를 받으려는 사람
② 처분벌점이 30점인 사람
③ 교통참여교육을 받은 사람
④ **난폭운전으로 면허가 정지된 사람**

> 「도로교통법」 제73조(교통안전교육)
> 처음으로 운전면허를 받으려는 사람은 교통안전교육을 받아야 한다. 처분벌점이 40점 미만인 사람은 교통법규교육을 받을 수 있다.

520

2회 이상 경찰공무원의 음주측정을 거부한 승용차 운전자의 처벌 기준은? (단, 벌금 이상의 형이 확정된 날부터 10년 내)

① **1년 이상 6년 이하의 징역이나 500만 원 이상 3천만 원 이하의 벌금**
② 2년 이상 6년 이하의 징역이나 500만 원 이상 2천만 원 이하의 벌금
③ 3년 이상 5년 이하의 징역이나 1천만 원 이상 3천만 원 이하의 벌금
④ 1년 이상 5년 이하의 징역이나 500만 원 이상 2천만 원 이하의 벌금

> 「도로교통법」 제148조의2(벌칙)
> ① 제44조 제1항 또는 제2항을(자동차등 또는 노면전차를 운전한 사람으로 한정한다. 다만 개인형 이동형장치를 운전하는 경우는 제외한다) 벌금 이상의 형을 선고받고 그 형이 확정된 날부터 10년 내 다시 같은 조 제1항 또는 제2항을 위반한 사람(형이 실효된 사람도 포함)은
> 1. 제44조 제2항을 위반한 사람은 1년 이상 6년 이하의 징역이나 500만 원 이상 3천만 원 이하의 벌금
> 2. 제44조 제1항을 위반한 사람 중 혈중알코올농도가 0.2퍼센트 이상인 사람은 2년 이상 6년 이하의 징역이나 1천만 원 이상 3천만 원 이하의 벌금
> 3. 제44조 제1항을 위반한 사람 중 혈중알코올농도가 0.03퍼센트 이상 0.2퍼센트 미만인 사람은 1년 이상 5년 이하의 징역이나 500만 원 이상 2천만 원 이하의 벌금

521

도로교통법령상 운전면허 취소 사유가 아닌 것은?

① 정기 적성검사 기간을 1년 초과한 경우
② 보복운전으로 구속된 경우
③ **제한속도를 시속 100킬로미터 초과하여 2회 운전한 경우**
④ 자동차등을 이용하여 다른 사람을 약취 유인 또는 감금한 경우

> 「도로교통법」 제93조(**운전면허의 취소·정지**)
> 제한속도를 최고속도보다 **시속 100킬로미터를 초과**한 속도로 **3회 이상** 자동차등을 운전한 경우

522

도로교통법령상 혈중알코올농도 0.08퍼센트 이상 0.2퍼센트 미만의 술에 취한 상태로 자동차를 운전한 사람에 대한 처벌 기준으로 맞는 것은? (단, 1회 위반한 경우이고, 개인형 이동장치는 제외한다)

① 2년 이하의 징역이나 500만 원 이하의 벌금
② 3년 이하의 징역이나 500만 원 이상 1천만 원 이하의 벌금
③ **1년 이상 2년 이하의 징역이나 500만 원 이상 1천만 원 이하의 벌금**
④ 2년 이상 5년 이하의 징역이나 1천만 원 이상 2천만 원 이하의 벌금

> 「도로교통법」 제148조의2(벌칙)
> ③ 제44조 제1항을 위반하여 술에 취한 상태에서 자동차등 또는 노면전차를 운전한 사람은 다음 각 호의 구분에 따라 처벌한다.
> 1. 혈중알코올농도가 0.2퍼센트 이상인 사람은 2년 이상 5년 이하의 징역이나 1천만 원 이상 2천만 원 이하의 벌금
> 2. 혈중알코올농도가 **0.08퍼센트 이상 0.2퍼센트 미만**인 사람은 **1년 이상 2년 이하의 징역이나 500만 원 이상 1천만 원 이하의 벌금**
> 3. 혈중알코올농도가 0.03퍼센트 이상 0.08퍼센트 미만인 사람은 1년 이하의 징역이나 500만 원 이하의 벌금

523

도로교통법령상 도로에서 자동차 운전자가 물적 피해 교통사고를 일으킨 후 조치 등 불이행에 따른 벌점기준은?

① **15점**　② 20점
③ 30점　④ 40점

> 「도로교통법」 시행규칙 별표28
> 조치 등 불이행에 따른 벌점 기준에 따라 **물적 피해가 발생한 교통사고를 일으킨 후 도주한 때 벌점 15점**을 부과한다.

524

도로교통법령상 4.5톤 화물자동차의 적재물 추락 방지 조치를 하지 않은 경우 범칙금액은?

① **5만 원**　② 4만 원
③ 3만 원　④ 2만 원

> 「도로교통법」 제39조 제4항, 시행령 별표8
> **4톤 초과 화물자동차의 적재물 추락방지위반 행위는 범칙금 5만 원**이다.

525

도로교통법령상 전용차로 통행에 대한 설명으로 맞는 것은?

① 승용차에 2인이 승차한 경우 다인승전용차로를 통행할 수 있다.
② **승차정원 9인승 이상 승용차는 6인이 승차하면 고속도로 버스전용차로를 통행할 수 있다.**
③ 승차정원 12인승 이하인 승합차는 5인이 승차해도 고속도로 버스전용차로를 통행할 수 있다.
④ 승차정원 16인승 자가용승합차는 고속도로 외의 도로에 설치된 버스전용차로를 통행 할 수 있다.

> 「도로교통법」 시행령 별표1
> ① 3인 이상 승차하여야 한다.
> ③ 승차자가 6인 이상이어야 한다.
> ④ 사업용승합차이거나 통학 또는 통근용으로 시·도경찰청장의 지정을 받는 등의 조건을 충족하여야 통행이 가능하다. 36인승 이상의 대형승합차와 36인승 미만의 사업용승합차 그리고 신고필증을 교부받은 어린이통학버스는 고속도로 외의 도로에서 버스전용차로의 통행이 가능하다.

526

도로교통법령상 자동차 운전자가 중앙선 침범으로 피해자에게 중상 1명, 경상 1명의 교통사고를 일으킨 경우 벌점은?

① 30점
② 40점
③ **50점**
④ 60점

> 「도로교통법」 시행규칙 별표28
> 운전면허 취소·정지처분 기준에 따라 **중앙선침범 벌점 30점, 중상 1명당 벌점 15점, 경상 1명당 벌점 5점**이다.

527

도로교통법령상 '도로에서 어린이에게 개인형 이동장치를 운전하게 한 보호자의 과태료'와 '술에 취한 상태로 개인형 이동장치를 운전한 사람의 범칙금(측정거부 제외)'을 합산한 것으로 맞는 것은?

① 10만 원
② **20만 원**
③ 30만 원
④ 40만 원

> • 「도로교통법」 시행령 별표6 : 도로에서 **어린이가 개인형 이동장치를 운전하게 한 어린이의 보호자는 과태료 10만 원**
> • 「도로교통법」 시행령 별표8 : 술에 취한 상태에서의 자전거등을 운전한 사람 중 개인형 이동장치(범칙금 10만 원), 자전거(범칙금 3만 원)

528

도로교통법령상 고속도로 버스전용차로를 이용할 수 있는 자동차의 기준으로 맞는 것은?

① 11인승 승합 자동차는 승차 인원에 관계없이 통행이 가능하다.
② **9인승 승용자동차는 6인 이상 승차한 경우에 통행이 가능하다.**
③ 15인승 이상 승합자동차만 통행이 가능하다.
④ 45인승 이상 승합자동차만 통행이 가능하다.

> 「도로교통법」 시행령 별표1
> 고속도로 버스전용차로를 통행할 수 있는 자동차는 9인승 이상 승용자동차 및 승합자동차이다. 다만 **9인승 이상 12인승 이하의 승용자동차 및 승합자동차는 6인 이상 승차한 경우에 한하여 통행이 가능**하다.

529

다음 교통상황에서 일시정지해야 하는 곳이 아닌 것은?

① **신호기의 신호가 황색 점멸 중인 교차로**
② 신호기의 신호가 적색 점멸 중인 교차로
③ 교통정리를 하고 있지 아니하고 좌·우를 확인할 수 없는 교차로
④ 교통정리를 하고 있지 아니하고 교통이 빈번한 교차로

> 「도로교통법」 제31조, 시행규칙 별표2(신호기가 표시하는 신호의 종류 및 신호의 뜻)

530

유료도로법령상 통행료 미납하고 고속도로를 통과한 차량에 대한 부가통행료 부과기준으로 맞는 것은?

① 통행료의 5배의 해당하는 금액을 부과할 수 있다.
② **통행료의 10배의 해당하는 금액을 부과할 수 있다.**
③ 통행료의 20배의 해당하는 금액을 부과할 수 있다.
④ 통행료의 30배의 해당하는 금액을 부과할 수 있다.

> 「유료도로법」 제20조 및 「유료도로법」 시행령 제14조
> 통행료를 납부하지 아니하고 **유료도로를 통행하는 행위 시 통행료의 10배에 해당하는 금액을 부과**할 수 있다.

531

도로교통법령상 전용차로 통행차 외에 전용차로로 통행할 수 있는 경우가 아닌 것은?

① 긴급자동차가 그 본래의 긴급한 용도로 운행되고 있는 경우
② 도로의 파손 등으로 전용차로가 아니면 통행할 수 없는 경우
③ 전용차로 통행차의 통행에 장해를 주지 아니하는 범위에서 택시가 승객을 태우기 위하여 일시 통행하는 경우
④ **택배차가 물건을 내리기 위해 일시 통행하는 경우**

> 「도로교통법」 시행령 제10조(전용차로 통행차 외에 전용차로로 통행할 수 있는 경우)

532

도로교통법령상 자동차전용도로에서 자동차의 최고 속도와 최저 속도는?

① 매시 110킬로미터, 매시 50킬로미터
② 매시 100킬로미터, 매시 40킬로미터
③ **매시 90킬로미터, 매시 30킬로미터**
④ 매시 80킬로미터, 매시 20킬로미터

> 「도로교통법」 시행규칙 제19조(자동차등과 노면전차의 속도)
> **자동차전용도로에서 자동차의 최고 속도는 매시 90킬로미터, 최저 속도는 매시 30킬로미터**이다.

533

고속도로 통행료 미납 시 강제징수의 방법으로 맞지 않는 것은?

① 예금압류
② 가상자산압류
③ 공매
④ **번호판영치**

> 「유료도로법」 제21조, 「국세징수법」 제31조, 「국세징수법」 제45조 제5항, 「국세징수법」 제64조 제1항
> 고속도로 통행료 납부기한 경과 시 국세 체납처분의 예에 따라 전자예금압류 시스템을 활용하여 체납자의 예금 및 가상자산을 압류(추심)하여 미납통행료를 강제 징수할 수 있으며, 압류된 차량에 대하여 강제인도 후 공매를 진행할 수 있다.

534

도로교통법령상 개인형 이동장치 운전자(13세 이상)의 법규위반에 대한 범칙금액이 다른 것은?

① 운전면허를 받지 아니하고 운전
② **경찰공무원의 호흡조사 측정에 불응한 경우**
③ 술에 취한 상태에서 운전
④ 약물의 영향으로 정상적으로 운전하지 못할 우려가 있는 상태에서 운전

> 「도로교통법」 시행령 별표8
> ①, ③, ④는 범칙금 10만 원, ②는 범칙금 13만 원

535

도로교통법령상 무면허운전이 아닌 경우는?

① 운전면허시험에 합격한 후 면허증을 교부받기 전에 운전하는 경우
② **연습면허를 받고 도로에서 운전연습을 하는 경우**
③ 운전면허 효력 정지 기간 중 운전하는 경우
④ 운전면허가 없는 자가 단순히 군 운전면허를 가지고 군용차량이 아닌 일반차량을 운전하는 경우

> 운전면허를 받지 않고 운전하는 경우, 운전면허가 없는 자가 단순히 군 운전면허를 가지고 군용차량이 아닌 차량을 운전하는 경우, 운전면허증의 종별에 따른 자동차 이외의 자동차를 운전한 경우, 면허가 취소된 자가 그 면허로 운전한 경우, 면허취소 처분을 받은 자가 운전하는 경우, 운전면허 효력 정지 기간 중에 운전하는 경우, 운전면허시험에 합격한 후 면허증을 교부받기 전에 운전하는 경우, **연습면허를 받지 않고 운전연습을 하는 경우**, 외국인이 입국 후 1년이 지난 상태에서의 국제운전면허를 가지고 운전하는 경우, 외국인이 국제면허를 인정하지 않는 국가에서 발급 받은 국제면허를 가지고 운전하는 경우 등은 무면허 운전에 해당한다.

536

도로교통법령상 정비불량차량 발견 시 ( )일의 범위 내에서 그 사용을 정지시킬 수 있다. ( ) 안의 기준으로 맞는 것은?

① 5
② 7
③ **10**
④ 14

> 「도로교통법」 제41조 제3항
> 시·도경찰청장은 제2항에도 불구하고 **정비상태가 매우 불량하여 위험발생의 우려가 있는 경우**에는 그 차의 자동차등록증을 보관하고 운전의 일시정지를 명할 수 있다. 이 경우 필요하면 **10일의 범위에서 정비기간을 정하여 그 차의 사용을 정지시킬 수 있다.**

537

도로교통법령상 '자동차'에 해당하는 2가지는?

① **천공기(트럭적재식)**
② **노상안정기**
③ 자전거
④ 유모차(폭 1미터 이내)

> 「도로교통법」 제2조 및 「건설기계관리법」 제26조 제1항 단서에 따라 건설기계 중 덤프트럭, 아스팔트살포기, **노상안정기**, 콘크리트믹서트럭, 콘크리트펌프, **천공기(트럭적재식)은 자동차에 포함**된다.

538

도로교통법령상 '차로'를 설치할 수 있는 곳 2가지는?

① 교차로
② 터널 안
③ 횡단보도
④ 다리 위

> 「도로교통법」 시행규칙 제15조
> 차로는 횡단보도, 교차로, 철길 건널목에는 설치할 수 없다.

539

도로교통법령상 승용차가 해당 도로에서 법정 속도를 위반하여 운전하고 있는 경우 2가지는?

① 편도 2차로인 일반도로를 매시 85킬로미터로 주행 중이다.
② 서해안 고속도로를 매시 90킬로미터로 주행 중이다.
③ 자동차전용도로를 매시 95킬로미터로 주행 중이다.
④ 편도 1차로인 고속도로를 매시 75킬로미터로 주행 중이다.

> 「도로교통법」 시행규칙 제19조
> 편도 2차로의 일반도로는 매시 80킬로미터, 자동차전용도로는 매시 90킬로미터가 제한최고속도이고, 서해안고속도로는 매시 110킬로미터, 편도 1차로 고속도로는 매시 80킬로미터가 제한최고속도이다.

540

도로교통법령상 길 가장자리구역에 대한 설명으로 맞는 2가지는?

① 경계 표시는 하지 않는다.
② 보행자의 안전 확보를 위하여 설치한다.
③ 보도와 차도가 구분되지 아니한 도로에 설치한다.
④ 도로가 아니다.

> 「도로교통법」 제2조 제11호
> 길 가장자리구역이란 보도와 차도가 구분되지 아니한 도로에서 보행자의 안전을 위하여 안전표지 등으로 경계를 표시한 도로의 가장자리 부분을 말한다.

541

교통사고처리특례법상 처벌의 특례에 대한 설명으로 맞는 것은?

① 차의 교통으로 중과실치상죄를 범한 운전자에 대해 자동차 종합보험에 가입되어 있는 경우 무조건 공소를 제기할 수 없다.
② 차의 교통으로 업무상과실치상죄를 범한 운전자에 대해 피해자의 명시적인 의사에 반하여 항상 공소를 제기할 수 있다.
③ 차의 운전자가 교통사고로 인하여 형사처벌을 받게 되는 경우 5년 이하의 금고 또는 2천만 원 이하의 벌금형을 받는다.
④ 규정 속도보다 매시 20킬로미터를 초과한 운행으로 인명피해 사고 발생 시 종합보험에 가입되어 있으면 공소를 제기할 수 없다.

> 「교통사고처리특례법」 제3조

542

도로교통법령상 보행보조용 의자차(식품의약품 안전처장이 정하는 의료기기의 규격)로 볼 수 없는 것은?

① 수동휠체어
② 전동휠체어
③ 의료용 스쿠터
④ 전기자전거

> 「도로교통법」 시행규칙 제2조(차마에서 제외하는 기구·장치)
> ① 「도로교통법」(이하 '법'이라 한다) 제2조 제10호 및 제17호 가목5)에서 '유모차, 보행보조용 의자차, 노약자용 보행기 등 행정안전부령이 정하는 기구·장치'란 너비 1미터 이하인 것으로서 다음 각 호의 기구·장치를 말한다.
> 1. 유모차
> 2. 보행보조용 의자차(「의료기기법」 제19조에 따라 식품의약품안전처장이 정하는 의료기기의 기준규격에 따른 수동휠체어, 전동휠체어 및 의료용 스쿠터를 말한다)
> 3. 노약자용 보행기
> 4. 법 제11조 제3항에 따른 놀이기구(어린이가 이용하는 것에 한정한다)
> 5. 동력이 없는 손수레
> 6. 이륜자동차, 원동기장치자전거 또는 자전거로서 운전자가 내려서 끌거나 들고 통행하는 것
> 7. 도로의 보수·유지, 도로상의 공사 등 작업에 사용되는 기구·장치(사람이 타거나 화물을 운송하지 않는 것에 한정한다)

543

도로교통법령상 초보운전자에 대한 설명으로 맞는 것은?

① 원동기장치자전거 면허를 받은 날로부터 1년이 지나지 않은 경우를 말한다.
② 연습 운전면허를 받은 날로부터 1년이 지나지 않은 경우를 말한다.
③ 처음 운전면허를 받은 날로부터 2년이 지나기 전에 취소되었다가 다시 면허를 받는 경우 취소되기 전의 기간을 초보운전자 경력에 포함한다.
④ **처음 제1종 보통면허를 받은 날부터 2년이 지나지 않은 사람은 초보운전자에 해당한다.**

「도로교통법」 제2조 제27호
'초보운전자'란 처음 운전면허를 받은 날(처음 운전면허를 받은 날부터 2년이 지나기 전에 운전면허의 취소처분을 받은 경우에는 그 후 다시 운전면허를 받은 날을 말한다)**부터 2년이 지나지 아니한 사람**을 말한다. 이 경우 원동기장치자전거면허만 받은 사람이 원동기장치자전거면허 외의 운전면허를 받은 경우에는 처음 운전면허를 받은 것으로 본다.

544

도로교통법령상 앞지르기에 대한 설명으로 맞는 것은?

① 앞차의 우측에 다른 차가 앞차와 나란히 가고 있는 경우 앞지르기를 해서는 안 된다.
② 최근에 개설한 터널, 다리 위, 교차로에서는 앞지르기가 가능하다.
③ **차의 운전자가 앞서가는 다른 차의 좌측 옆을 지나서 그 차의 앞으로 나가는 것을 말한다.**
④ 고속도로에서 승용차는 버스전용차로를 이용하여 앞지르기할 수 있다.

「도로교통법」 제2조(정의) 제29호, 제21조

545

도로교통법령상 자동차가 아닌 것은?

① 승용자동차
② **원동기장치자전거**
③ 특수자동차
④ 승합자동차

「도로교통법」 제2조 제18호

546

도로교통법령상 원동기장치자전거에 대한 설명으로 옳은 것은?

① 모든 이륜자동차를 말한다.
② 자동차관리법에 의한 250시시 이하의 이륜자동차를 말한다.
③ 배기량 150시시 이상의 원동기를 단 차를 말한다.
④ **전기를 동력으로 사용하는 경우는 최고정격출력 11킬로와트 이하의 원동기를 단 차(전기자전거 제외)를 말한다.**

「도로교통법」 제2조 제19호 '원동기장치자전거'란 다음 각 목의 어느 하나에 해당하는 차를 말한다.
가. 「자동차관리법」 제3조에 따른 이륜자동차 가운데 배기량 125시시 이하(전기를 동력으로 하는 경우에는 최고정격출력 11킬로와트 이하)의 이륜자동차
나. 그 밖에 배기량 125시시 이하(**전기를 동력으로 하는 경우에는 최고정격출력 11킬로와트 이하**)의 원동기를 단 차(전기자전거 제외)

547

교통사고처리특례법상 피해자의 명시된 의사에 반하여 공소를 제기할 수 있는 속도위반 교통사고는?

① 최고속도가 100킬로미터인 고속도로에서 매시 110킬로미터로 주행하다가 발생한 교통사고
② 최고속도가 80킬로미터인 편도 3차로 일반도로에서 매시 95킬로미터로 주행하다가 발생한 교통사고
③ 최고속도가 90킬로미터인 자동차전용도로에서 매시 100킬로미터로 주행하다가 발생한 교통사고
④ **최고속도가 60킬로미터인 편도 1차로 일반도로에서 매시 82킬로미터로 주행하다가 발생한 교통사고**

「교통사고처리특례법」 제3조(처벌의 특례)
② 차의 교통으로 제1항의 죄 중 업무상과실치상죄 또는 중과실치상죄와 「도로교통법」 제151조의 죄를 범한 운전자에 대하여는 **피해자의 명시적인 의사에 반하여 공소를 제기할 수 없다.** 다만 다음 각 호의 어느 하나에 해당하는 행위로 인하여 같은 죄를 범한 경우에는 그러하지 아니하다.
1. 「도로교통법」 제5조에 따른 신호기가 표시하는 신호 또는 지시를 위반하여 운전한 경우
2. 「도로교통법」 제13조 제3항을 위반하여 중앙선을 침범하거나 법 제62조를 위반하여 횡단, 유턴 또는 후진한 경우
3. 「도로교통법」 제17조 제1항 또는 제2항에 따른 **제한속도를 시속 20킬로미터 초과하여 운전한 경우**

548
도로교통법령상 4색 등화의 가로형 신호등 배열 순서로 맞는 것은?

① 우로부터 적색 → 녹색 화살표 → 황색 → 녹색
② **좌로부터 적색 → 황색 → 녹색 화살표 → 녹색**
③ 좌로부터 황색 → 적색 → 녹색 화살표 → 녹색
④ 우로부터 녹색 화살표 → 황색 → 적색 → 녹색

「도로교통법」 시행규칙 제7조 별표4

549
다음 중 사용하는 사람 또는 기관 등의 신청에 의하여 시·도경찰청장이 지정할 수 있는 긴급자동차로 맞는 것은?

① 혈액공급차량
② 경찰용 자동차 중 범죄수사, 교통단속, 그 밖의 긴급한 경찰업무 수행에 사용되는 자동차
③ **전파감시업무에 사용되는 자동차**
④ 수사기관의 자동차 중 범죄수사를 위하여 사용되는 자동차

「도로교통법」 시행령 제2조
① 「도로교통법」이 정하는 긴급자동차
②, ④ 대통령령이 지정하는 자동차
③ 시·도경찰청장이 지정하는 자동차

550
도로교통법령상 긴급자동차의 준수사항으로 옳은 것 2가지는?

① 속도에 관한 규정을 위반하는 자동차등을 단속하는 긴급자동차는 자동차의 안전운행에 필요한 기준에서 정한 긴급자동차의 구조를 갖추어야 한다.
② **국내외 요인에 대한 경호업무수행에 공무로 사용되는 긴급자동차는 사이렌을 울리거나 경광등을 켜지 않아도 된다.**
③ 일반자동차는 전조등 또는 비상표시등을 켜서 긴급한 목적으로 운행되고 있음을 표시하여도 긴급자동차로 볼 수 없다.
④ **긴급자동차는 원칙적으로 사이렌을 울리거나 경광등을 켜야만 우선통행 및 법에서 정한 특례를 적용받을 수 있다.**

「도로교통법」 시행령 제3조(긴급자동차의 준수 사항)

551
다음은 도로교통법에서 정의하고 있는 용어이다. 알맞은 내용 2가지는?

① '차로'란 연석선, 안전표지 또는 그와 비슷한 인공구조물을 이용하여 경계(境界)를 표시하여 모든 차가 통행할 수 있도록 설치된 도로의 부분을 말한다.
② **'차선'이란 차로와 차로를 구분하기 위하여 그 경계지점을 안전표지로 표시한 선을 말한다.**
③ '차도'란 차마가 한 줄로 도로의 정하여진 부분을 통행하도록 차선으로 구분한 도로의 부분을 말한다.
④ **'보도'란 연석선 등으로 경계를 표시하여 보행자가 통행할 수 있도록 한 도로의 부분을 말한다.**

「도로교통법」 제2조

552
도로교통법령상 어린이보호구역 내의 차로가 설치되지 않은 좁은 도로에서 자전거를 주행하여 보행자 옆을 지나갈 때 안전한 거리를 두지 않고 서행하지 않은 경우 범칙 금액은?

① 10만 원   ② 8만 원
③ **4만 원**   ④ 2만 원

「도로교통법」 제27조 제4항
모든 차의 운전자는 도로에 설치된 안전지대에 보행자가 있는 경우와 차로가 설치되지 아니한 좁은 도로에서 보행자의 옆을 지나는 경우에는 안전한 거리를 두고 서행하여야 한다.
「도로교통법」 시행령 별표10 범칙금 4만 원

553
도로교통법령상 어린이가 도로에서 타는 경우 인명보호장구를 착용하여야 하는 행정안전부령으로 정하는 위험성이 큰 놀이기구에 해당하지 않는 것은?

① 킥보드   ② **전동이륜평행차**
③ 롤러스케이트   ④ 스케이트보드

「도로교통법」 제11조 제4항, 「도로교통법」 시행규칙 제2조. 제13조
전동이륜평행차는 어린이가 도로에서 운전하여서는 아니 되는 개인형 이동장치이다.

554

도로교통법령상 자전거의 통행방법에 대한 설명으로 틀린 것은?

① 보도 및 차도로 구분된 도로에서는 차도로 통행하여야 한다.
② 교차로에서 우회전하고자 할 경우 미리 도로의 우측 가장자리를 서행하면서 우회전해야 한다.
③ **교차로에서 좌회전하고자 할 때는 서행으로 도로의 중앙 또는 좌측 가장자리에 붙어서 좌회전해야 한다.**
④ 자전거도로가 따로 설치된 곳에서는 그 자전거도로로 통행하여야 한다.

> 법제처 민원인 질의회신(「도로교통법」 제25조 제3항 관련, 자전거운전자가 교차로에서 좌회전하는 방법질의에 대한 경찰청 답변)
> **자전거운전자가 교차로에서 좌회전신호에 따라 곧바로 좌회전을 할 수 없고** 진행방향의 직진신호에 따라 미리 도로의 우측 가장자리에 붙어서 2단계로 직진 - 직진하는 방법으로 좌회전해야 한다는 훅턴(Hook-turn)을 의미하는 것이다.

555

도로교통법령상 자전거 통행방법에 대한 설명으로 맞는 2가지는?

① **자전거 운전자는 안전표지로 통행이 허용된 경우를 제외하고는 2대 이상이 나란히 차도를 통행하여서는 아니 된다.**
② **자전거 운전자가 횡단보도를 이용하여 도로를 횡단할 때에는 자전거를 끌고 통행하여야 한다.**
③ 자전거 운전자는 도로의 파손, 도로 공사나 그 밖의 장애 등으로 도로를 통행할 수 없는 경우에도 보도를 통행할 수 없다.
④ 자전거 운전자는 자전거도로가 설치되지 아니한 곳에서는 도로 중앙으로 붙어서 통행하여야 한다.

> 자전거도로가 따로 있는 곳에서는 그 자전거도로로 통행하여야 하고, 자전거도로가 설치되지 아니한 곳에서는 도로 우측 가장자리에 붙어서 통행하여야 하며, 길 가장자리구역(안전표지로 자전거의 통행을 금지한 구간은 제외)을 통행하는 경우 보행자의 통행에 방해가 될 때에는 서행하거나 일시정지하여야 한다.

556

도로교통법령상 용어의 정의에 대한 설명으로 맞는 것은?

① **'자동차전용도로'란 자동차만이 다닐 수 있도록 설치된 도로를 말한다.**
② '자전거도로'란 안전표지, 위험방지용 울타리나 그와 비슷한 인공구조물로 경계를 표시하여 자전거만 통행할 수 있도록 설치된 도로를 말한다.
③ '자동차등'이란 자동차와 우마를 말한다.
④ '자전거등'이란 자전거와 전기자전거를 말한다.

> 「도로교통법」 제2조 제2호, 제8호, 제21호, 제21의2
> '자전거도로'란 자전거 및 개인용 이동장치가 통행할 수 있도록 설치된 도로를 말한다. '자동차등'이란 자동차와 원동기장치자전거를 말한다. '자전거등'이란 자전거와 개인형 이동장치를 말한다.

557

도로교통법령상 개인형 이동장치 운전자 준수사항으로 맞지 않은 것은?

① **개인형 이동장치는 운전면허를 받지 않아도 운전할 수 있다.**
② 승차정원을 초과하여 동승자를 태우고 운전하여서는 아니 된다.
③ 운전자는 인명보호장구를 착용하고 운행하여야 한다.
④ 자전거도로가 따로 있는 곳에서는 그 자전거도로로 통행하여야 한다.

> 「도로교통법」 제2조 제19의2호, 제80조
> 개인형 이동장치는 원동기장치자전거의 일부에 해당하므로 운전하려는 자는 원동기장치자전거면허 이상을 받아야 한다.

558

자전거 이용 활성화에 관한 법률상 (   )세 미만은 전기자전거를 운행할 수 없다. (   ) 안의 기준으로 알맞은 것은?

① 10   ② **13**
③ 15   ④ 18

> 자전거 이용 활성화에 관한 법률 제22조의2(전기자전거 운행 제한)
> **13세 미만인 어린이의 보호자는 어린이가 전기자전거를 운행하게 하여서는 아니 된다.**

559

다음 중 도로교통법상 자전거를 타고 보도 통행을 할 수 없는 사람은?

① 장애인복지법에 따라 신체장애인으로 등록된 사람
② 어린이
③ **신체의 부상으로 석고붕대를 하고 있는 사람**
④ 국가유공자 등 예우 및 지원에 관한 법률에 따른 국가유공자로서 상이등급 제1급부터 제7급까지에 해당하는 사람

「도로교통법」 제13조의2(자전거의 통행방법의 특례) 제4항, 「도로교통법」 시행규칙 제14조의4(자전거를 타고 보도 통행이 가능한 신체장애인)

560

전방에 자전거를 끌고 차도를 횡단하는 사람이 있을 때 가장 안전한 운전방법은?

① 횡단하는 자전거의 좌·우측 공간을 이용하여 신속하게 통행한다.
② 차량의 접근 정도를 알려주기 위해 전조등과 경음기를 사용한다.
③ **자전거 횡단지점과 일정한 거리를 두고 일시정지한다.**
④ 자동차 운전자가 우선권이 있으므로 횡단하는 사람을 정지하게 한다.

전방에 자전거를 끌고 도로를 횡단하는 사람이 있을 때 가장 안전한 운전방법은 **안전거리를 두고 일시정지**하여 안전하게 횡단할 수 있도록 한다.

561

도로교통법령상 자전거등의 통행방법으로 적절한 행위가 아닌 것은?

① **진행방향 가장 좌측 차로에서 좌회전하였다.**
② 도로 파손 복구공사가 있어서 보도로 통행하였다.
③ 횡단보도 이용 시 내려서 끌고 횡단하였다.
④ 보행자 사고를 방지하기 위해 서행을 하였다.

「도로교통법」 제13조의2(자전거등의 통행방법의 특례) 자전거도 우측 통행을 해야 하며 자전거도로가 설치되지 아니한 곳에서는 도로 우측 가장자리에 붙어서 통행하여야 한다. 「도로교통법」 제25조(교차로 통행방법) 제3항 제2항에도 불구하고 **자전거등의 운전자는 교차로에서 좌회전하려는 경우에는** 미리 도로의 **우측 가장자리로 붙어 서행**하면서 교차로의 가장자리 부분을 이용하여 좌회전하여야 한다.

562

도로교통법령상 자전거 운전자가 지켜야 할 내용으로 맞는 것은?

① **보행자의 통행에 방해가 될 때는 서행 및 일시정지해야 한다.**
② 어린이가 자전거를 운전하는 경우에 보도로 통행할 수 없다.
③ 자전거의 통행이 금지된 구간에서는 자전거를 끌고 갈 수도 없다.
④ 길 가장자리구역에서는 2대까지 자전거가 나란히 통행할 수 있다.

「도로교통법」 제13조의2(자전거등의 통행방법의 특례)

563

도로교통법령상 자전거(전기자전거 제외) 운전자의 도로 통행방법으로 가장 바람직하지 않은 것은?

① 어린이가 자전거를 타고 보도를 통행하였다.
② 안전표지로 자전거 통행이 허용된 보도를 통행하였다.
③ 도로의 파손으로 부득이하게 보도를 통행하였다.
④ **통행 차량이 없어 도로 중앙으로 통행하였다.**

「도로교통법」 제13조의2 제4항
①, ②, ③의 경우 보도를 통행할 수 있다.

564

도로교통법령상 개인형 이동장치 운전자에 대한 설명으로 바르지 않은 것은?

① 횡단보도를 이용하여 도로를 횡단할 때에는 개인형 이동장치에서 내려서 끌거나 들고 보행하여야 한다.
② 자전거도로가 설치되지 아니한 곳에서는 도로 우측 가장자리에 붙어서 통행하여야 한다.
③ **전동이륜평행차는 승차정원 1명을 초과하여 동승자를 태우고 운전할 수 있다.**
④ 밤에 도로를 통행하는 때에는 전조등과 미등을 켜거나 야광띠 등 발광장치를 착용하여야 한다.

「도로교통법」 제13조의2 제2항·제6항, 제50조 제9항·제10항

565

도로교통법령상 자전거 운전자의 교차로 좌회전 통행방법에 대한 설명이다. 맞는 것은?

① **도로의 우측 가장자리로 붙어 서행하면서 교차로의 가장자리 부분을 이용하여 좌회전하여야 한다.**
② 도로의 좌측 가장자리로 붙어 서행하면서 교차로의 가장자리 부분을 이용하여 좌회전하여야 한다.
③ 도로의 1차로 중앙으로 서행하면서 교차로의 중앙을 이용하여 좌회전하여야 한다.
④ 도로의 가장 하위차로를 이용하여 서행하면서 교차로의 중심 안쪽으로 좌회전하여야 한다.

> 「도로교통법」 제25조 교차로 통행방법
> 자전거 운전자는 교차로에서 좌회전하려는 경우에 미리 **도로의 우측 가장자리로 붙어 서행**하면서 교차로의 가장자리 부분을 이용하여 좌회전하여야 한다.

566

도로교통법령상 승용차가 자전거전용차로를 통행하다 단속되는 경우 도로교통법상 처벌은?

① 1년 이하 징역에 처한다.
② 300만 원 이하 벌금에 처한다.
③ **범칙금 4만 원의 통고처분에 처한다.**
④ 처벌할 수 없다.

> 전용차로의 종류(「도로교통법」 시행령 별표1 : 전용차로의 종류와 전용차로로 통행할 수 있는 차), 전용차로의 설치(「도로교통법」 제15조 제2항 및 제3항)에 따라 **범칙금 4만 원**이 부과된다.

567

도로교통법령상 자전거 운전자가 밤에 도로를 통행할 때 올바른 주행방법으로 가장 거리가 먼 것은?

① **경음기를 자주 사용하면서 주행한다.**
② 전조등과 미등을 켜고 주행한다.
③ 반사조끼 등을 착용하고 주행한다.
④ 야광띠 등 발광장치를 착용하고 주행한다.

> 「도로교통법」 제50조(특정운전자의 준수사항) 제9항
> 자전거등의 운전자는 밤에 도로를 통행하는 때에는 전조등과 미등을 켜거나 야광띠 등 발광장치를 착용하여야 한다.

568

도로교통법령상 자전거도로를 주행할 수 있는 전기자전거의 기준으로 옳지 않은 것은?

① 부착된 장치의 무게를 포함한 자전거 전체 중량이 30킬로그램 미만인 것
② 시속 25킬로미터 이상으로 움직일 경우 전동기가 작동하지 아니할 것
③ 전동기만으로는 움직이지 아니할 것
④ **최고정격출력 11킬로와트 초과하는 전기자전거**

> 자전거 이용 활성화에 관한 법률 제2조(정의) 제1호 : 바퀴가 둘 이상인 차
> 제1호의2 : '전기자전거'란 자전거로서 사람의 힘을 보충하기 위하여 전동기를 장착하고 다음 각 목의 요건을 모두 충족하는 것을 말한다.
> 가. 페달(손페달을 포함한다)과 전동기의 동시 동력으로 움직이며, 전동기만으로는 움직이지 아니할 것
> 나. 시속 25킬로미터 이상으로 움직일 경우 전동기가 작동하지 아니할 것
> 다. 부착된 장치의 무게를 포함한 자전거의 전체 중량이 30킬로그램 미만일 것

569

도로교통법령상 자전거가 통행할 수 있는 도로의 명칭에 해당하지 않는 2가지는?

① 자전거전용도로
② **자전거우선차로**
③ **자전거·원동기장치자전거 겸용도로**
④ 자전거우선도로

> 자전거가 통행할 수 있는 도로에는 자전거전용도로, 자전거전용차로, 자전거우선도로, 자전거·보행자 겸용도로가 있다.

570

연료의 소비효율이 가장 높은 운전방법은?

① 최고속도로 주행한다.
② 최저속도로 주행한다.
③ **경제속도로 주행한다.**
④ 안전속도로 주행한다.

> **경제속도로 주행**하는 것이 가장 **연료의 소비효율을 높이는 운전방법**이다.

571

도로교통법령상 자전거 운전자가 법규를 위반한 경우 범칙금 대상이 아닌 것은?

① 신호위반
② 중앙선침범
③ 횡단보도 보행자 횡단 방해
④ **제한속도위반**

> 「도로교통법」 시행령 별표8
> 신호위반 3만 원, 중앙선침범 3만 원, 횡단보도 보행자 횡단 방해 3만 원의 범칙금에 처하고 속도위반 규정은 「도로교통법」 제17조(자동차등과 노면전차의 속도) ① 자동차등(개인형 이동장치는 제외한다. 이하 이 조에서 같다)과 노면전차의 도로 통행 속도는 행정안전부령으로 정한다.

572

도로교통법령상 자전거도로의 이용과 관련한 내용으로 적절치 않은 2가지는?

① 노인이 자전거를 타는 경우 보도로 통행할 수 있다.
② 자전거전용도로에는 원동기장치자전거가 통행할 수 없다.
③ **자전거도로는 개인형 이동장치가 통행할 수 없다.**
④ **자전거전용도로는 도로교통법상 도로에 포함되지 않는다.**

> 「도로교통법」 제2조(정의)
> **자전거도로의 통행은 자전거 및 개인형 이동장치(자전거등) 모두 가능**하며 **자전거전용도로도 도로에 포함**된다.

573

친환경 경제 운전방법으로 가장 적절한 것은?

① 가능한 빨리 가속한다.
② 내리막길에서는 시동을 끄고 내려온다.
③ 타이어 공기압을 낮춘다.
④ **급감속은 되도록 피한다.**

> **급가감속은 연비를 낮추는 원인**이 되고, 타이어 공기압을 지나치게 낮추면 타이어의 직경이 줄어들어 연비가 낮아지며, 내리막길에서 시동을 끄게 되면 브레이크 배력장치가 작동되지 않아 제동이 되지 않으므로 올바르지 못한 운전방법이다.

574

자동차 에어컨 사용방법 및 점검에 관한 설명으로 가장 타당한 것은?

① **에어컨은 처음 켤 때 고단으로 시작하여 저단으로 전환한다.**
② 에어컨 냉매는 6개월마다 교환한다.
③ 에어컨의 설정 온도는 섭씨 16도가 가장 적절하다.
④ 에어컨 사용 시 가능하면 외부 공기 유입 모드로 작동하면 효과적이다.

> 에어컨 사용은 연료 소비효율과 관계가 있고 에어컨 냉매는 오존층을 파괴하는 환경오염 물질로서 가급적 사용을 줄이거나 효율적으로 사용함이 바람직하다.

575

다음 중 자동차 연비 향상방법으로 가장 바람직한 것은?

① 주유할 때 항상 연료를 가득 주유한다.
② **엔진오일 교환 시 오일필터와 에어필터를 함께 교환해준다.**
③ 정지할 때에는 한 번에 강한 힘으로 브레이크 페달을 밟아 제동한다.
④ 가속페달과 브레이크 페달을 자주 사용한다.

> 엔진오일은 엔진 내부의 윤활 및 냉각, 밀봉, 청정작용 등을 통한 엔진 성능의 향상과 수명을 연장시키는 기능을 하고 있다. 혹시라도 엔진오일이 부족한 상태에서 자동차를 계속 주행하게 되면 엔진 내부의 운동 부분이 고착되어 엔진 고장의 원인이 된다. 또한 교환주기를 넘어설 경우 엔진오일의 점도가 증가해 연비에도 나쁜 영향을 주고 있어 장기간 운전을 하기 전에는 주행거리나 사용기간을 고려해 점검 및 교환을 해주고 **오일필터 및 에어필터도 함께 교환**해주는 것이 좋다.

576

주행 중에 가속 페달에서 발을 떼거나 저단으로 기어를 변속하여 차량의 속도를 줄이는 운전방법은?

① 기어 중립 ② 풋브레이크
③ 주차브레이크 ④ **엔진브레이크**

> **엔진브레이크 사용에 대한 설명**이다.

577
다음 중 자동차 연비를 향상시키는 운전방법으로 가장 바람직한 것은?

① 자동차 고장에 대비하여 각종 공구 및 부품을 싣고 운행한다.
② **법정속도에 따른 정속 주행한다.**
③ 급출발, 급가속, 급제동 등을 수시로 한다.
④ 연비 향상을 위해 타이어 공기압을 30퍼센트로 줄여서 운행한다.

> 법정속도에 따른 **정속 주행하는 것이 연비 향상에 도움**을 준다.

578
다음 중 운전습관 개선을 통한 친환경 경제 운전이 아닌 것은?

① **자동차 연료를 가득 유지한다.**
② 출발은 부드럽게 한다.
③ 정속주행을 유지한다.
④ 경제속도를 준수한다.

> 국토교통부와 교통안전공단이 제시하는 경제 운전 운전습관 개선을 통해 실현할 수 있는 경제 운전은 공회전 최소화, 출발을 부드럽게, 정속주행을 유지, 경제속도 준수, 관성주행 활용, 에어컨 사용자제 등이 있다.

579
다음 중 자동차의 친환경 경제 운전방법은?

① 타이어 공기압을 낮게 한다.
② 에어컨 작동은 저단으로 시작한다.
③ 엔진오일을 교환할 때 오일필터와 에어클리너는 교환하지 않고 계속 사용한다.
④ **자동차 연료는 절반 정도만 채운다.**

> 타이어 공기압은 적정상태를 유지하고 에어컨 작동은 고단에서 시작하여 저단으로 유지, 에어클리너 등 소모품관리를 철저히 한다. 그리고 자동차의 무게를 줄이기 위해 불필요한 짐을 빼 트렁크를 비우고 **자동차 연료는 절반 정도만 채운다.**

580
수소자동차 관련 설명 중 적절하지 않은 것은?

① 차량 화재가 발생했을 시 차량에서 떨어진 안전한 곳으로 대피하였다.
② 수소 누출 경고등이 표시되었을 때 즉시 안전한 곳에 정차 후 시동을 끈다.
③ 수소승용차 운전자는 별도의 안전교육을 이수하지 않아도 된다.
④ **수소자동차 충전소에서 운전자가 임의로 충전소 설비를 조작하였다.**

> 수소대형승합자동차(승차정원 36인승 이상)에 종사하려는 운전자만 안전교육(특별교육)을 이수하여야 한다. 수소자동차 **충전소 설비는 운전자가 임의로 조작하여서는 아니 된다.**

581
다음 중 경제 운전에 대한 운전자의 올바른 운전습관으로 가장 바람직하지 않은 것은?

① 내리막길 운전 시 가속페달 밟지 않기
② **경제적 절약을 위해 유사연료 사용하기**
③ 출발은 천천히, 급정지하지 않기
④ 주기적 타이어 공기압 점검하기

> **유사연료 사용은 차량의 고장, 환경오염의 원인**이 될 수 있다.

582
환경친화적 자동차의 개발 및 보급 촉진에 관한 법률상 환경친화적 자동차전용주차구역에 주차해서는 안 되는 자동차는?

① 전기자동차
② **태양광자동차**
③ 하이브리드자동차
④ 수소전기자동차

> 「환경친화적 자동차의 개발 및 보급 촉진에 관한 법률」 제11조의2 제7항
> 전기자동차, 하이브리드자동차, 수소전기자동차에 해당하지 아니하는 자동차를 환경친화적 자동차의 전용주차구역에 주차하여서는 아니 된다.

583

다음 중 수소자동차에 대한 설명으로 옳은 것은?

① 수소는 가연성 가스이므로 모든 수소자동차 운전자는 고압가스 안전관리법령에 따라 운전자 특별교육을 이수하여야 한다.
② 수소자동차는 수소를 연소시키기 때문에 환경오염이 유발된다.
③ 수소자동차에는 화재 등 긴급상황 발생 시 폭발 방지를 위한 별도의 안전장치가 없다.
④ **수소자동차 운전자는 해당 차량이 안전운행에 지장이 없는지 점검하고 안전하게 운전하여야 한다.**

> ①「고압가스안전관리법」시행규칙 별표31에 따라 수소대형승합자동차(승차정원 36인승 이상)를 신규로 운전하려는 운전자는 특별교육을 이수하여야 하나 그 외 운전자는 교육대상에서 제외된다.
> ② 수소자동차는 용기에 저장된 수소와 산소의 화학반응으로 생성된 전기로 모터를 구동하여 자동차를 움직이는 방식으로 수소를 연소시키지 않는다.
> ③ 수소자동차에는 화재 등의 이유로 온도가 상승할 경우 용기 등의 폭발방지를 위한 안전밸브가 되어 있어 긴급상황 발생 시 안전밸브가 개방되어 수소가 외부로 방출되어 폭발을 방지한다.
> ④「교통안전법」제7조에 따라 차량을 운전하는 자 등은 법령에서 정하는 바에 따라 **해당 차량이 안전운행에 지장이 없는지를 점검하고 안전하게 운전**하여야 한다.

584

다음 중 친환경운전과 관련된 내용으로 맞는 것 2가지는?

① **온실가스 감축 목표치를 규정한 교토 의정서와 관련이 있다.**
② **대기오염을 일으키는 물질에는 탄화수소, 일산화탄소, 이산화탄소, 질소산화물 등이 있다.**
③ 자동차 실내 온도를 높이기 위해 엔진 시동 후 장시간 공회전을 한다.
④ 수시로 자동차 검사를 하고, 주행거리 2,000킬로미터마다 엔진오일을 무조건 교환해야 한다.

> • 공회전을 하지 말아야 하며 수시로 자동차 점검을 하고 엔진오일의 오염 정도(약 10,000km 주행)에 따라 교환하는 것이 경제적이다.
> • 교토 의정서는 선진국의 온실가스 감축 목표치를 규정한 국제 협약으로 2005년 2월 16일 공식 발효되었다.

585

다음 중 자동차 배기가스의 미세먼지를 줄이기 위한 가장 적절한 운전방법은?

① 출발할 때는 가속페달을 힘껏 밟고 출발한다.
② **급가속을 하지 않고 부드럽게 출발한다.**
③ 주행할 때는 수시로 가속과 정지를 반복한다.
④ 정차 및 주차할 때는 시동을 끄지 않고 공회전한다.

> **친환경운전은 급출발, 급제동, 급가속을 삼가야 하고** 주행할 때에는 정속주행을 하되 수시로 가속과 정지를 반복하는 것은 바람직하지 못하다. 또한 정차 및 주차할 때에는 계속 공회전하지 않아야 한다.

586

다음 중 수소자동차의 주요 구성품이 아닌 것은?

① 연료전지시스템(스택)
② 수소저장용기
③ **내연기관에 의해 구동되는 발전기**
④ 구동용 모터

> **수소자동차는** 용기에 저장된 수소를 연료전지시스템(스택)에서 산소와 화학반응으로 생성된 **전기로 모터를 구동**하여 자동차를 움직이는 방식이다.

587

다음 중 수소자동차 점검에 대한 설명으로 틀린 것은?

① 수소는 가연성 가스이므로 수소자동차의 주기적인 점검이 필수적이다.
② 수소자동차 점검은 환기가 잘 되는 장소에서 실시해야 한다.
③ 수소자동차 점검 시 가스배관라인, 충전구 등의 수소 누출 여부를 확인해야 한다.
④ **수소자동차를 운전하는 자는 해당 차량이 안전운행에 지장이 없는지 점검해야 할 의무가 없다.**

>「교통안전법」제7조(차량 운전자 등의 의무)에 의하면 차량을 운전하는 자 등은 법령이 정하는 바에 따라 당해 **차량이 안전운행에 지장이 없는지를 점검**하고 보행자와 자전거 이용자에게 위험과 피해를 주지 아니하도록 안전하게 운전하여야 한다.

588

다음 중 유해한 배기가스를 가장 많이 배출하는 자동차는?

① 전기자동차
② 수소자동차
③ LPG자동차
④ **노후된 디젤자동차**

> 경유를 연료로 사용하는 **노후된 디젤자동차**가 가장 많은 유해 **배기가스를 배출**하는 자동차이다.

589

친환경 경제 운전 중 관성 주행(Fuel Cut)방법이 아닌 것은?

① 교차로 진입 전 미리 가속 페달에서 발을 떼고 엔진브레이크를 활용한다.
② **평지에서는 속도를 줄이지 않고 계속해서 가속 페달을 밟는다.**
③ 내리막길에서는 엔진브레이크를 적절히 활용한다.
④ 오르막길 진입 전에는 가속하여 관성을 이용한다.

> 연료 공급 차단 기능(Fuel Cut)을 적극 활용하는 **관성 운전(일정한 속도 유지 때 가속 페달을 밟지 않는 것**을 말한다)을 생활화한다.

590

다음 중 수소자동차 연료를 충전할 때 운전자의 행동으로 적절치 않은 것은?

① 수소자동차에 연료를 충전하기 전에 시동을 끈다.
② **수소자동차 충전소 충전기 주변에서 흡연을 하였다.**
③ 수소자동차 충전소 내의 설비 등을 임의로 조작하지 않았다.
④ 연료 충전이 완료된 이후 시동을 걸었다.

> **수소자동차 충전소 내 시설에서는 지정된 장소를 제외하고 흡연을 하여서는 안 된다.**
> 「고압가스안전관리법」 시행규칙 별표5
> KGS Code FP216/FP217 2.1.2
> 화기와의 거리에 따라 가스설비의 외면으로부터 화기 취급하는 장소까지 8m 이상의 우회거리를 두어야 한다.

591

다음 중 자동차 배기가스 재순환장치(EGR : Exhaust Gas Recirculation)가 주로 억제하는 물질은?

① **질소산화물(NOx)** ② 탄화수소(HC)
③ 일산화탄소(CO)   ④ 이산화탄소(CO_2)

> **배기가스 재순환장치**(EGR : Exhaust Gas Recirculation)는 불활성인 배기가스의 일부를 흡입 계통으로 재순환시키고, 엔진에 흡입되는 혼합 가스에 혼합되어서 연소 시의 최고 온도를 내려 유해한 오염물질인 NOx(**질소산화물**)을 **주로 억제**하는 장치이다.

592

수소자동차 운전자의 충전소 이용 시 주의사항으로 올바르지 않은 것은?

① 수소자동차 충전소 주변에서 흡연을 하여서는 아니 된다.
② **수소자동차 연료 충전 중에 자동차를 이동할 수 있다.**
③ 수소자동차 연료 충전 중에는 시동을 끈다.
④ 충전소 직원이 자리를 비웠을 때 임의로 충전기를 조작하지 않는다.

> ① 수소자동차 충전소 주변에서는 흡연이 금지되어 있다.
> ② 수소자동차 **연료 충전 완료상태를 확인한 후 이동**한다.
> ③ 수소자동차 연료 충전 이전에 시동을 반드시 끈다.
> ④ 수소자동차 충전소 설비는 충전소 직원만이 작동할 수 있다.

593

화물을 적재한 덤프트럭이 내리막길을 내려오는 경우 다음 중 가장 안전한 운전방법은?

① 기어를 중립에 놓고 주행하여 연료를 절약한다.
② 브레이크 페달을 나누어 밟으면 제동의 효과가 없어 한 번에 밟는다.
③ **앞차의 급정지를 대비하여 충분한 차간 거리를 유지한다.**
④ 경음기를 크게 울리고 속도를 높이면서 신속하게 주행한다.

> 짐을 실은 덤프트럭은 적재물의 무게로 인해 브레이크장치가 파열될 우려가 있으므로 저단으로 기어를 유지하여 엔진브레이크를 사용하며 브레이크 페달을 자주 나누어 밟아 브레이크장치에 무리를 최소화하도록 하고 **안전거리를 충분히 유지**하여야 한다.

594

다음 중 화물의 적재불량 등으로 인한 교통사고를 줄이기 위한 운전자의 조치사항으로 가장 알맞은 것은?

① 화물을 싣고 이동할 때는 반드시 덮개를 씌운다.
② 예비 타이어 등 고정된 부착물은 점검할 필요가 없다.
③ 화물의 신속한 운반을 위해 화물은 느슨하게 묶는다.
④ 가까운 거리를 이동하는 경우에는 화물을 고정할 필요가 없다.

화물을 싣고 이동할 때는 반드시 가까운 거리라도 화물을 튼튼히 고정하고 덮개를 씌워 유동이 없도록 하고 출발 전에 예비 타이어 등 부착물의 이상 유무를 점검·확인하고 시정 후 출발하여야 한다.

595

화물자동차의 화물 적재에 대한 설명 중 가장 옳지 않은 것은?

① 화물을 적재할 때는 적재함 가운데부터 좌우로 적재한다.
② 화물자동차는 무게 중심이 앞쪽에 있기 때문에 적재함의 뒤쪽부터 적재한다.
③ 적재함 아래쪽에 상대적으로 무거운 화물을 적재한다.
④ 화물을 모두 적재한 후에는 화물이 차량 밖으로 낙하하지 않도록 고정한다.

화물운송사 자격시험 교재 중 화물취급요령, 화물 적재함에 화물 적재 시 앞쪽이나 뒤쪽으로 무게가 치우치지 않도록 균형되게 적재한다.

596

대형 및 특수 자동차의 제동특성에 대한 설명이다. 잘못된 것은?

① 하중의 변화에 따라 달라진다.
② 타이어의 공기압과 트레드가 고르지 못하면 제동거리가 달라진다.
③ 차량 중량에 따라 달라진다.
④ 차량의 적재량이 커질수록 실제 제동거리는 짧아진다.

차량의 중량(적재량)이 커질수록 실제 제동거리는 길어지므로 안전거리의 유지와 브레이크 페달 조작에 주의하여야 한다.

597

다음 중 저상버스의 특성에 대한 설명이다. 가장 거리가 먼 것은?

① 노약자나 장애인이 쉽게 탈 수 있다.
② 차체바닥의 높이가 일반버스보다 낮다.
③ 출입구에 계단 대신 경사판이 설치되어 있다.
④ 일반버스에 비해 차체의 높이가 1/2이다.

바닥이 낮고 출입구에 계단이 없는 버스이다. 기존 버스의 계단을 오르내리기 힘든 교통약자들, 특히 장애인들의 이동권을 보장하기 위해 도입되었다.

598

운행기록계를 설치하지 않은 견인형 특수자동차(화물자동차 운수사업법에 따른 자동차에 한함)를 운전한 경우 운전자 처벌규정은?

① 과태료 10만 원 ② 범칙금 10만 원
③ 과태료 7만 원 ④ 범칙금 7만 원

- 「도로교통법」 제50조 제5항, 「도로교통법」 시행령 별표8 제16호: 운행기록계가 설치되지 아니한 승합자동차등을 운전한 경우에는 범칙금 7만 원
- 「교통안전법」 제55조 제1항, 「교통안전법」 시행령 별표9 : 운행기록장치를 부착하지 아니한 경우에는 과태료 50~150만 원

599

화물자동차의 적재물 추락방지를 위한 설명으로 가장 옳지 않은 것은?

① 구르기 쉬운 화물은 고정목이나 화물받침대를 사용한다.
② 건설기계 등을 적재하였을 때는 와이어, 로프 등을 사용한다.
③ 적재함 전후좌우에 공간이 있을 때는 멈춤목 등을 사용한다.
④ 적재물 추락방지위반의 경우에 범칙금은 5만 원에 벌점은 10점이다.

- 「도로교통법」 시행령 별표8. 적재물 추락방지위반 : 4톤 초과 화물자동차 범칙금 5만 원, 4톤 이하 화물자동차 범칙금 4만 원
- 「도로교통법」 시행규칙 별표28 : 적재물 추락방지위반 벌점 15점

600

유상운송을 목적으로 등록된 사업용 화물자동차 운전자가 반드시 갖추어야 하는 것은?

① 차량정비기술 자격증
② **화물운송종사 자격증**
③ 택시운전자 자격증
④ 제1종 특수면허

> 사업용(영업용)화물자동차(용달·개별·일반) 운전자는 반드시 **화물운송종사 자격증을 취득 후 운전**하여야 한다.

601

다음은 대형화물자동차의 특성에 대한 설명이다. 가장 알맞은 것은?

① **화물의 종류에 따라 선회 반경과 안정성이 크게 변할 수 있다.**
② 긴 축간거리 때문에 안정도가 현저히 낮다.
③ 승용차에 비해 핸들복원력이 원활하다.
④ 차체의 무게는 가벼우나 크기는 승용차보다 크다.

> 대형화물차는 승용차에 비해 핸들복원력이 원활하지 못하고 차체가 무겁고 긴 축거 때문에 상대적으로 안정도가 높으며, **화물의 종류에 따라 선회반경과 안정성이 크게 변할 수 있다.**

602

다음 중 운송사업용 자동차 등 도로교통법상 운행기록계를 설치하여야 하는 자동차 운전자의 바람직한 운전행위는?

① 운행기록계가 설치되어 있지 아니한 자동차 운전행위
② 고장 등으로 사용할 수 없는 운행기록계가 설치된 자동차 운전행위
③ 운행기록계를 원래의 목적대로 사용하지 아니하고 자동차를 운전하는 행위
④ **주기적인 운행기록계 관리로 고장 등을 사전에 예방하는 행위**

> 「도로교통법」 제50조(특정 운전자의 준수사항) 제5항 각 호 운행기록계가 설치되어 있지 아니하거나 고장 등으로 사용할 수 없는 운행기록계가 설치된 자동차를 운전하거나 운행기록계를 원래의 목적대로 사용하지 아니하고 자동차를 운전하는 행위를 해서는 아니 된다.

603

제1종 대형면허의 취득에 필요한 청력기준은? (단, 보청기 사용자는 제외한다)

① 25데시벨
② 35데시벨
③ 45데시벨
④ **55데시벨**

> 「도로교통법」 시행령 제45조 제1항에 의하여 **대형면허** 또는 특수면허를 취득하려는 경우의 운전에 필요한 **적성 기준은 55데시벨**(보청기를 사용하는 사람은 40데시벨)의 소리를 들을 수 있어야 한다.

604

다음 중 대형화물자동차의 특징에 대한 설명으로 가장 알맞은 것은?

① **적재화물의 위치나 높이에 따라 차량의 중심위치는 달라진다.**
② 중심은 상하(上下)의 방향으로는 거의 변화가 없다.
③ 중심높이는 진동특성에 거의 영향을 미치지 않는다.
④ 진동특성이 없어 대형화물자동차의 진동각은 승용차에 비해 매우 작다.

> 대형화물차는 진동특성이 있고 진동각은 승용차에 비해 매우 크며, 중심높이는 진동특성에 영향을 미치며 중심은 상하방향으로도 미친다.

605

다음 중 대형화물자동차의 운전특성에 대한 설명으로 가장 알맞은 것은?

① 무거운 중량과 긴 축거 때문에 안정도는 낮다.
② **고속주행 시에 차체가 흔들리기 때문에 순간적으로 직진안정성이 나빠지는 경우가 있다.**
③ 운전대를 조작할 때 소형승용차와는 달리 핸들복원이 원활하다.
④ 운전석이 높아서 이상기후일 때에는 시야가 더욱 좋아진다.

> 대형화물차가 운전석이 높다고 이상기후 시 시야가 좋아지는 것은 아니며, 소형승용차에 비해 핸들복원력이 원활치 못하고 무거운 중량과 긴 축거 때문에 안정도는 승용차에 비해 높다.

606
다음 중 대형화물자동차의 사각지대와 제동 시 하중 변화에 대한 설명으로 가장 알맞은 것은?

① 사각지대는 보닛이 있는 차와 없는 차가 별로 차이가 없다.
② 앞, 뒷바퀴의 제동력은 하중의 변화와는 관계없다.
③ 운전석 우측보다는 좌측 사각지대가 훨씬 넓다.
④ **화물 하중의 변화에 따라 제동력에 차이가 발생한다.**

> 대형화물차의 사각지대는 보닛유무 여부에 따라 큰 차이가 있고, 하중의 변화에 따라 앞·뒷바퀴의 제동력에 영향을 미치며 운전석 좌측보다는 우측 사각지대가 훨씬 넓다.

607
대형차의 운전특성에 대한 설명으로 잘못된 것은?

① 무거운 중량과 긴 축거 때문에 안정도는 높으나 핸들을 조작할 때 소형차와 달리 핸들 복원이 둔하다.
② **소형차에 비해 운전석이 높아 차의 바로 앞만 보고 운전하게 되므로 직진 안정성이 좋아진다.**
③ 화물의 종류와 적재 위치에 따라 선회 특성이 크게 변화한다.
④ 화물의 종류와 적재 위치에 따라 안정성이 크게 변화한다.

> 대형차는 고속 주행 시에 차체가 흔들리기 때문에 순간적으로 직진 안정성이 나빠지는 경우가 있으며 더욱이 운전석이 높기 때문에 밤이나 폭우, 안개 등 기상이 나쁠 때에는 차의 바로 앞만 보고 운전하게 되므로 더욱 직진 안정성이 나빠진다. 직진 안정성을 높이기 위해서는 가급적 주시점을 멀리 두고 핸들 조작에 신중을 기해야 한다.

608
4.5톤 화물자동차의 화물 적재함에 사람을 태우고 운행한 경우 범칙금액은?

① **5만 원**
② 4만 원
③ 3만 원
④ 2만 원

> 「도로교통법」 제49조 제1항 제12호, 시행령 별표8
> 4톤 초과 화물자동차의 **화물 적재함에 승객이 탑승하면 범칙금 5만 원**이다.

609
도로교통법령상 화물자동차의 적재용량 안전기준에 위반한 차량은?

① **자동차 길이의 10분의 2를 더한 길이**
② 후사경으로 뒤쪽을 확인할 수 있는 범위의 너비
③ 지상으로부터 3.9미터 높이
④ 구조 및 성능에 따르는 적재중량의 105퍼센트

> 「도로교통법」 시행령 제22조(운행상의 안전 기준) 법 제39조 제1항
> 본문에서 '대통령령으로 정하는 운행상의 안전 기준'이란 다음 각 호를 말한다.
> 3. 화물자동차의 적재중량은 구조 및 성능에 따르는 적재중량의 110퍼센트 이내일 것
> 4. 자동차(화물자동차, 이륜자동차 및 소형3륜자동차만 해당한다)의 **적재용량은** 다음 각 목의 구분에 따른 **기준을 넘지 아니할 것**
> 　가. 길이 : **자동차 길이에 그 길이의 10분의 1을 더한 길이**. 다만 이륜자동차는 그 승차장치의 길이 또는 적재장치의 길이에 30센티미터를 더한 길이를 말한다.
> 　나. 너비 : 자동차의 후사경(後寫鏡)으로 뒤쪽을 확인할 수 있는 범위(후사경의 높이보다 화물을 낮게 적재한 경우에는 그 화물을, 후사경의 높이보다 화물을 높게 적재한 경우에는 뒤쪽을 확인할 수 있는 범위를 말한다)의 너비
> 　다. 높이 : 화물자동차는 지상으로부터 4미터(도로구조의 보전과 통행의 안전에 지장이 없다고 인정하여 고시한 도로노선의 경우에는 4미터 20센티미터), 소형3륜자동차는 지상으로부터 2미터 50센티미터, 이륜자동차는 지상으로부터 2미터의 높이

610
다음 제1종 특수면허에 대한 설명 중 옳은 것은?

① 소형견인차 면허는 적재중량 3.5톤의 견인형 특수자동차를 운전할 수 있다.
② **소형견인차 면허는 적재중량 4톤의 화물자동차를 운전할 수 있다.**
③ 구난차 면허는 승차정원 12명인 승합자동차를 운전할 수 있다.
④ 대형견인차 면허는 적재중량 10톤의 화물자동차를 운전할 수 있다.

> 「도로교통법」 시행규칙 별표18
> ① 소형견인차 면허는 총중량 3.5톤의 견인형 특수자동차를 운전할 수 있다.
> ② **소형견인차 면허는 적재중량 4톤의 화물자동차를 운전할 수 있다.**
> ③ 구난차 면허는 승차정원 10명 이하의 승합자동차를 운전할 수 있다.
> ④ 대형견인차 면허는 적재중량 4톤의 화물자동차를 운전할 수 있다.

611

자동차 및 자동차부품의 성능과 기준에 관한 규칙에 따라 자동차(연결자동차 제외)의 길이는 ( )미터를 초과하여서는 아니 된다. ( )에 기준으로 맞는 것은?

① 10　　　　② 11
③ 12　　　　④ **13**

> 자동차 및 자동차부품의 성능과 기준에 관한 규칙 제4조(길이·너비 및 높이)
> ① 자동차의 길이·너비 및 높이는 다음의 기준을 초과하여서는 아니 된다.
> 1. 길이 : 13미터(연결자동차의 경우에는 16.7미터를 말한다)
> 2. 너비 : 2.5미터(간접시계장치·환기장치 또는 밖으로 열리는 창의 경우 이들 장치의 너비는 승용자동차에 있어서는 25센티미터, 기타의 자동차에 있어서는 30센티미터. 다만 피견인자동차의 너비가 견인자동차의 너비보다 넓은 경우 그 견인자동차의 간접시계장치에 한하여 피견인자동차의 가장 바깥쪽으로 10센티미터를 초과할 수 없다)
> 3. 높이 : 4미터

612

대형승합자동차 운행 중 차내에서 승객이 춤추는 행위를 방치하였을 경우 운전자의 처벌은?

① 범칙금 9만 원, 벌점 30점
② **범칙금 10만 원, 벌점 40점**
③ 범칙금 11만 원, 벌점 50점
④ 범칙금 12만 원, 벌점 60점

> 「도로교통법」 제49조(모든 운전자의 준수사항 등), 「도로교통법」 시행령 별표8 범칙행위 및 범칙금액(운전자), 「도로교통법」 시행규칙 별표28 운전면허 취소·정지처분 기준
> **차내 소란행위 방치운전의 경우 범칙금 10만 원에 벌점 40점**이 부과된다.

613

고속버스가 밤에 도로를 통행할 때 켜야 할 등화에 대한 설명으로 맞는 것은?

① **전조등, 차폭등, 미등, 번호등, 실내조명등**
② 전조등, 미등
③ 미등, 차폭등, 번호등
④ 미등, 차폭등

> 고속버스가 밤에 통행할 때 켜야 할 등화는 전조등, 차폭등, 미등, 번호등, 실내조명등이다.

614

도로교통법상 차의 승차 또는 적재방법에 관한 설명으로 틀린 것은?

① 운전자는 승차인원에 관하여 대통령령으로 정하는 운행상의 안전기준을 넘어서 승차시킨 상태로 운전해서는 아니 된다.
② 운전자는 운전 중 타고 있는 사람이 떨어지지 아니하도록 문을 정확히 여닫는 등 필요한 조치를 하여야 한다.
③ 운전자는 운전 중 실은 화물이 떨어지지 아니하도록 덮개를 씌우거나 묶는 등 확실하게 고정해야 한다.
④ **운전자는 영유아나 동물의 안전을 위하여 안고 운전하여야 한다.**

> 「도로교통법」 제39조(승차 또는 적재의 방법과 제한) 모든 차의 **운전자는 영유아나 동물을 안고** 운전장치를 조작하거나 운전석 주위에 물건을 싣는 등 **안전에 지장을 줄 우려가 있는 상태로 운전하여서는 아니 된다.**

615

화물자동차의 적재화물 이탈 방지에 대한 설명으로 올바르지 않은 것은?

① 화물자동차에 폐쇄형 적재함을 설치하여 운송한다.
② **효율적인 운송을 위해 적재중량의 120퍼센트 이내로 적재한다.**
③ 화물을 적재하는 경우 급정지, 회전 등 차량의 주행에 의해 실은 화물이 떨어지거나 날리지 않도록 덮개나 포장을 해야 한다.
④ 7톤 이상의 코일을 적재하는 경우에는 레버블록으로 2줄 이상 고정하되 줄당 고정점을 2개 이상 사용하여 고정해야 한다.

> 「도로교통법」 시행령 제22조(운행상의 안전 기준)
> 3. 화물자동차의 적재중량은 구조 및 성능에 따르는 **적재중량의 110퍼센트 이내일 것**
> 「화물자동차 운수사업법」 시행규칙 별표1의3

616

다음 중 총중량 750킬로그램 이하의 피견인자동차를 견인할 수 없는 운전면허는?

① 제1종 보통면허　　② **제1종 보통연습면허**
③ 제1종 대형면허　　④ 제2종 보통면허

> 연습면허로는 피견인자동차를 견인할 수 없다.

617
제1종 대형면허와 제1종 보통면허의 운전범위를 구별하는 화물자동차의 적재중량 기준은?

① 12톤 미만
② 10톤 미만
③ 4톤 이하
④ 2톤 이하

> 적재중량 12톤 미만의 화물자동차는 제1종 보통면허로 운전이 가능하고 적재중량 **12톤 이상**의 화물자동차는 제1종 대형면허를 취득하여야 운전이 가능하다.

618
제1종 보통면허 소지자가 총중량 750kg 초과 3톤 이하의 피견인자동차를 견인하기 위해 추가로 소지하여야 하는 면허는?

① 제1종 소형견인차면허
② 제2종 보통면허
③ 제1종 대형면허
④ 제1종 구난차면허

> 「도로교통법」 시행규칙 별표18 비고 3
> 총중량 750kg 초과 3톤 이하의 피견인자동차를 견인하기 위해서는 견인하는 자동차를 운전할 수 있는 면허와 **소형견인차면허 또는 대형견인차면허**를 가지고 있어야 한다.

619
급감속·급제동 시 피견인차가 앞쪽 견인차를 직선운동으로 밀고 나아가면서 연결 부위가 'ㄱ'자처럼 접히는 현상을 말하는 용어는?

① 스윙-아웃(Swing-out)
② 잭나이프(Jack Knife)
③ 하이드로플래닝(Hydropaning)
④ 베이퍼록(Vapor Lock)

> • Jack Knife : 젖은 노면 등의 도로 환경에서 트랙터의 제동력이 트레일러의 제동력보다 클 때 발생할 수 있는 현상으로 **트레일러의 관성 운동으로 트랙터를 밀고 나아가면서 트랙터와 트레일러의 연결부가 기역자처럼 접히는 현상**을 말한다.
> • Swing-out : 불상의 이유로 트레일러의 바퀴만 제동되는 경우 트레일러가 시계추처럼 좌우로 흔들리는 운동을 뜻한다.
> • Hydroplaning : 물에 젖은 노면을 고속으로 달릴 때 타이어가 노면과 접촉하지 않아 조종 능력이 상실되거나 또는 불가능한 상태를 말한다.
> • Vapor Lock : 브레이크액에 기포가 발생하여 브레이크가 제대로 작동하지 않게 되는 현상을 뜻한다.

620
다음 중 특수한 작업을 수행하기 위해 제작된 총중량 3.5톤 이하의 특수자동차(구난차등은 제외)를 운전할 수 있는 면허는?

① 제1종 보통연습면허
② 제2종 보통연습면허
③ 제2종 보통면허
④ 제1종 소형면허

> 「도로교통법」 시행규칙 별표18
> 총중량 3.5톤 이하의 특수자동차는 제2종 보통면허로 운전이 가능하다.

621
다음 중 도로교통법상 소형견인차 운전자가 지켜야 할 사항으로 맞는 것은?

① 소형견인차 운전자는 긴급한 업무를 수행하므로 안전띠를 착용하지 않아도 무방하다.
② 소형견인차 운전자는 주행 중 일상 업무를 위한 휴대폰 사용이 가능하다.
③ 소형견인차 운전자는 운행 시 제1종 특수(소형견인차)면허를 취득하고 소지하여야 한다.
④ 소형견인차 운전자는 사고현장 출동 시에는 규정된 속도를 초과하여 운행할 수 있다.

> 소형견인차의 운전자도 「도로교통법」상 모든 운전자의 준수사항을 지켜야 하며, **운행 시 소형견인차 면허를 취득하고 소지**하여야 한다.

622
다음 중 트레일러 차량의 특성에 대한 설명으로 가장 적정한 것은?

① 좌회전 시 승용차와 비슷한 회전각을 유지한다.
② 내리막길에서는 미끄럼 방지를 위해 기어를 중립에 둔다.
③ 승용차에 비해 내륜차(內輪差)가 크다.
④ 승용차에 비해 축간 거리가 짧다.

> 트레일러는 좌회전 시 승용차와 비슷한 회전각을 유지하게 되면 뒷바퀴에 의한 좌회전 대기차량을 충격하게 되므로 **승용차보다 넓게 회전**하여야 하며 내리막길에서 기어를 중립에 두는 경우 대형사고의 원인이 된다.

623

다음 중 편도 3차로 고속도로에서 견인차의 주행 차로는? (단, 버스전용차로는 없다)

① 1차로 ② 2차로
③ **3차로** ④ 모두 가능

「도로교통법」 시행규칙 별표9 참조

624

화물을 적재한 트레일러 자동차가 시속 50킬로미터로 편도 1차로 도로의 우로 굽은 도로를 진행할 때 가장 안전한 운전방법은?

① 주행하던 속도를 줄이면 전복의 위험이 있어 속도를 높여 진입한다.
② 회전반경을 줄이기 위해 반대차로를 이용하여 진입한다.
③ 원활한 교통흐름을 위해 현재 속도를 유지하면서 신속하게 진입한다.
④ **원심력에 의해 전복의 위험성이 있어 속도를 줄이면서 진입한다.**

커브길에서는 **원심력에 의한 차량 전복의 위험성이 있어 속도를 줄이면서 안전하게 진입**한다.

625

자동차관리법상 유형별로 구분한 특수자동차에 해당되지 않는 것은?

① 견인형 ② 구난형
③ **일반형** ④ 특수용도형

「자동차관리법」상 특수자동차의 유형별 구분에는 견인형, 구난형, 특수용도형으로 구분된다.

626

다음 중 트레일러의 종류에 해당되지 않는 것은?

① 풀트레일러 ② 저상트레일러
③ 세미트레일러 ④ **고가트레일러**

트레일러는 풀트레일러, 저상트레일러, 세미트레일러, 센터차축트레일러, 모듈트레일러가 있다.

627

다음 중 도로교통법상 자동차를 견인하는 경우에 대한 설명으로 바르지 못한 것은?

① **제1종 대형면허로 대형견인차를 운전하여 이륜자동차를 견인하였다.**
② 소형견인차 면허로 총중량 3.5톤 이하의 견인형 특수자동차를 운전하였다.
③ 제1종 보통면허로 10톤의 화물자동차를 운전하여 고장 난 승용자동차를 견인하였다.
④ 총중량 1천 5백 킬로그램 자동차를 총중량이 5천 킬로그램인 자동차로 견인하여 매시 30킬로미터로 주행하였다.

「도로교통법」 시행규칙 별표18
• 제1종 대형면허로 대형견인차, 소형견인차, 구난차는 운전할 수 없다.
• 대형견인차 : 견인형 특수자동차, 제2종 보통면허로 운전할 수 있는 차량
• 소형견인차 : 총중량 3.5톤 이하 견인형 특수자동차, 제2종 보통면허로 운전할 수 있는 차량
• 피견인자동차는 제1종 대형면허, 제1종 보통면허 또는 제2종 보통면허를 가지고 있는 사람이 그 면허로 운전할 수 있는 자동차(「자동차관리법」 제3조에 따른 이륜자동차는 제외한다)로 견인할 수 있다. 이 경우 총중량 750킬로그램을 초과하는 3톤 이하의 피견인자동차를 견인하기 위해서는 견인하는 자동차를 운전할 수 있는 면허와 소형견인차면허 또는 대형견인차면허를 가지고 있어야 하고, 3톤을 초과하는 피견인자동차를 견인하기 위해서는 견인하는 자동차를 운전할 수 있는 면허와 **대형견인차면허를 가지고 있어야** 한다.

628

자동차 및 자동차부품의 성능과 기준에 관한 규칙상 견인형 특수자동차의 뒷면 또는 우측면에 표시하여야 하는 것은?

① 차량총중량·최대적재량
② **차량중량에 승차정원의 중량을 합한 중량**
③ 차량총중량에 승차정원의 중량을 합한 중량
④ 차량총중량·최대적재량·최대적재용적·적재물품명

자동차 및 자동차부품의 성능과 기준에 관한 규칙 제19조
화물자동차의 뒷면에는 정하여진 차량총중량 및 최대적재량(탱크로리에 있어서는 차량총중량·최대적재량·최대적재용적 및 적재물품명)을 표시하고, **견인형특수자동차의 뒷면 또는 우측면에는 차량중량에 승차정원의 중량을 합한 중량을 표시하여야** 하며, 기타의 자동차의 뒷면에는 정하여진 최대적재량을 표시하여야 한다. 다만 차량총중량이 15톤 미만인 경우에는 차량총중량을 표시하지 아니할 수 있다.

629

자동차 및 자동차부품의 성능과 기준에 관한 규칙상 트레일러의 차량중량이란?

① **공차상태의 자동차의 중량을 말한다.**
② 적차상태의 자동차의 중량을 말한다.
③ 공차상태의 자동차의 축중을 말한다.
④ 적차상태의 자동차의 축중을 말한다.

> 차량중량이란 공차상태의 자동차의 중량을 말한다. 차량총중량이란 적차상태의 자동차의 중량을 말한다.

630

도로에서 캠핑트레일러 피견인 차량 운행 시 횡풍 등 물리적 요인에 의해 피견인 차량이 물고기 꼬리처럼 흔들리는 현상은?

① 잭나이프(Jack Knife) 현상
② **스웨이(Sway) 현상**
③ 수막(Hydroplaning) 현상
④ 휠 얼라이먼트(Wheel Alignment) 현상

> 캐러밴 운행 시 대형사고의 대부분이 **스웨이 현상**으로 인해 발생한다. **캐러밴이 물고기 꼬리처럼 흔들리는 현상**이며 피쉬테일 현상이라고도 한다.

631

차체 일부가 견인자동차의 상부에 실리고 해당 자동차 및 적재물 중량의 상당 부분을 견인자동차에 분담시키는 구조의 피견인자동차는?

① 풀트레일러
② **세미트레일러**
③ 저상트레일러
④ 센터차축트레일러

> ① 풀트레일러 : 자동차 및 적재물 중량의 대부분을 해당 자동차의 차축으로 지지하는 구조의 피견인자동차
> ② 세미트레일러 : 그 일부가 견인자동차의 상부에 실리고, 해당 자동차 및 적재물 중량의 상당 부분을 견인자동차에 분담시키는 구조의 피견인자동차
> ③ 저상 트레일러 : 중량물의 운송에 적합하고 세미트레일러의 구조를 갖춘 것으로서, 대부분의 상면지상고가 1,100밀리미터 이하이며 견인자동차의 커플러 상부높이보다 낮게 제작된 피견인자동차
> ④ 센터차축트레일러 : 균등하게 적재한 상태에서의 무게중심이 차량축 중심의 앞쪽에 있고 견인자동차와의 연결장치가 수직방향으로 굴절되지 아니하며, 차량총중량의 10퍼센트 또는 1천 킬로그램보다 작은 하중을 견인자동차에 분담시키는 구조로서 1개 이상의 축을 가진 피견인자동차

632

다음 중 견인차의 트랙터와 트레일러를 연결하는 장치로 맞는 것은?

① **커플러**
② 킹핀
③ 아우트리거
④ 붐

> 커플러(Coupler, 연결기) : 트랙터(견인차)와 트레일러(피견인차)를 연결하는 장치로 트랙터 후면은 상단부위가 반원형인데 중심부위로 갈수록 좁아지며, 약 20센티미터의 홈이 파여 있고 커플러 우측은 커플러 작동 핸들 및 스프링로크로 구성되어 있다.

633

트레일러의 특성에 대한 설명이다. 가장 알맞은 것은?

① 차체가 무거워서 제동거리가 일반승용차보다 짧다.
② **급차로변경을 할 때 전도나 전복의 위험성이 높다.**
③ 운전석이 높아서 앞 차량이 실제보다 가까워 보인다.
④ 차체가 크기 때문에 내륜차(內輪差)는 크게 관계가 없다.

> ① 차체가 무거우면 제동거리가 길어진다.
> ② **차체가 길기 때문에 전도나 전복의 위험성이 높고** 급차로변경 시 잭나이프 현상이 발생할 수 있다(잭나이프 현상 : 트레일러 앞부분이 급차로변경을 해도 뒤에 연결된 컨테이너가 차로변경한 방향으로 가지 않고 진행하던 방향 그대로 튀어 나가는 현상).
> ③ 트레일러는 운전석이 높아서 앞 차량이 실제 차간거리보다 멀어 보여 안전거리를 확보하지 않는 경향(운전자는 안전거리가 확보되었다고 착각함)이 있다.
> ④ 차체가 길고 크므로 내륜차가 크게 발생한다.

634

다음 중 대형화물자동차의 선회특성과 진동특성에 대한 설명으로 가장 알맞은 것은?

① 진동각은 차의 원심력에 크게 영향을 미치지 않는다.
② 진동각은 차의 중심높이에 크게 영향을 받지 않는다.
③ **화물의 종류와 적재위치에 따라 선회 반경과 안정성이 크게 변할 수 있다.**
④ 진동각도가 승용차보다 작아 추돌사고를 유발하기 쉽다.

> 대형화물차는 화물의 종류와 적재위치에 따라 선회반경과 안정성이 크게 변할 수 있고 진동각은 차의 원심력과 중심높이에 크게 영향을 미치며, 진동각도가 승용차보다 크다.

635

초대형중량물의 운송을 위하여 단독으로 또는 2대 이상을 조합하여 운행할 수 있도록 되어 있는 구조로서 하중을 골고루 분산하기 위한 장치를 갖춘 피견인자동차는?

① 세미트레일러   ② 저상트레일러
③ **모듈트레일러**   ④ 센터차축트레일러

> ① 세미트레일러 : 그 일부가 견인자동차의 상부에 실리고, 해당 자동차 및 적재물 중량의 상당 부분을 견인자동차에 분담시키는 구조의 피견인자동차
> ② 저상 트레일러 : 중량물의 운송에 적합하고 세미트레일러의 구조를 갖춘 것으로서, 대부분의 상면지상고가 1,100밀리미터 이하이며 견인자동차의 커플러 상부 높이보다 낮게 제작된 피견인자동차
> ④ 센터차축트레일러 : 균등하게 적재한 상태에서의 무게중심이 차량축 중심의 앞쪽에 있고 견인자동차와의 연결장치가 수직방향으로 굴절되지 아니하며, 차량총중량의 10퍼센트 또는 1천 킬로그램보다 작은 하중을 견인자동차에 분담시키는 구조로서 1개 이상의 축을 가진 피견인자동차

636

자동차 및 자동차부품의 성능과 기준에 관한 규칙상 연결자동차가 초과해서는 안 되는 자동차 길이의 기준은?

① 13.5미터   ② **16.7미터**
③ 18.9미터   ④ 19.3미터

> 자동차 및 자동차부품의 성능과 기준에 관한 규칙 제19조 제2항
> 자동차 및 자동차부품의 성능과 기준에 관한 규칙 제4조 제1항의 내용에 따라 자동차의 길이는 13미터를 최과하여서는 안 되며, **연결자동차의 경우는 16.7미터를 초과하여서는 안 된다.**

637

자동차관리법상 구난형 특수자동차의 세부기준은?

① 피견인차의 견인을 전용으로 하는 구조인 것
② 견인·구난할 수 있는 구조인 것
③ **고장·사고 등으로 운행이 곤란한 자동차를 구난·견인할 수 있는 구조인 것**
④ 위 어느 형에도 속하지 아니하는 특수작업용인 것

> 「자동차관리법」 시행규칙 별표1
> 특수자동차 중에서 구난형의 유형별 세부 기준은 고장, 사고 등으로 운행이 곤란한 자동차를 구난·견인할 수 있는 구조인 것을 말한다.

638

트레일러 운전자의 준수사항에 대한 설명으로 가장 알맞은 것은?

① 운행을 마친 후에만 차량 일상점검 및 확인을 해야 한다.
② **정당한 이유 없이 화물의 운송을 거부해서는 아니 된다.**
③ 차량의 청결상태는 운임요금이 고가일 때만 양호하게 유지한다.
④ 적재화물의 이탈방지를 위한 덮개·포장 등은 목적지에 도착해서 확인한다.

> 운전자는 운행 전 적재화물의 이탈방지를 위한 덮개, 포장을 튼튼히 하고 항상 청결을 유지하며 차량의 일상점검 및 확인은 운행 전은 물론 운행 후에도 꾸준히 하여야 한다.

639

다음 중 편도 3차로 고속도로에서 구난차의 주행 차로는? (단, 버스전용차로는 없다)

① 1차로   ② 왼쪽차로
③ **오른쪽차로**   ④ 모든 차로

> 「도로교통법」 시행규칙 별표9 참조

640

자동차 및 자동차부품의 성능과 기준에 관한 규칙에 따른 자동차의 길이 기준은? (단, 연결자동차가 아니다)

① **13미터**   ② 14미터
③ 15미터   ④ 16미터

> 자동차 및 자동차부품의 성능과 기준에 관한 규칙 제4조 제4조 (길이·너비 및 높이)
> ① **자동차의 길이·너비 및 높이는 다음의 기준을 초과하여서는 아니 된다.**
> 1. **길이 : 13미터**(연결자동차의 경우에는 16.7미터를 말한다)
> 2. 너비 : 2.5미터(간접시계장치·환기장치 또는 밖으로 열리는 창의 경우 이들 장치의 너비는 승용자동차에 있어서는 25센티미터, 기타의 자동차에 있어서는 30센티미터. 다만 피견인자동차의 너비가 견인자동차의 너비보다 넓은 경우 그 견인자동차의 간접시계장치에 한하여 피견인자동차의 가장 바깥쪽으로 10센티미터를 초과할 수 없다)
> 3. 높이 : 4미터

641

다음 중 구난차로 상시 4륜구동 자동차를 견인하는 경우 가장 적절한 방법은?

① 자동차의 뒤를 들어서 견인한다.
② **상시 4륜구동 자동차는 전체를 들어서 견인한다.**
③ 구동 방식과 견인하는 방법은 무관하다.
④ 견인되는 모든 자동차의 주차브레이크는 반드시 제동상태로 한다.

> 구난차로 상시 **4륜구동 자동차를 견인하는 경우 차량 전체를 들어서 화물칸에 싣고 이동**하여야 한다.

642

교통사고 발생 현장에 도착한 구난차 운전자의 가장 바람직한 행동은?

① 사고차량 운전자의 운전면허증을 회수한다.
② 도착 즉시 사고차량을 견인하여 정비소로 이동시킨다.
③ 운전자와 사고차량의 수리비용을 흥정한다.
④ **운전자의 부상 정도를 확인하고 2차 사고에 대비 안전조치를 한다.**

> 구난차(레커) 운전자는 사고처리 행정업무를 수행할 권한이 없어 사고현장을 보존해야 한다. 다만 **부상자의 구호 및 2차 사고를 대비 주변 상황에 맞는 안전조치**를 취할 수 있다.

643

구난차 운전자의 행동으로 가장 바람직한 것은?

① 고장차량 발생 시 신속하게 출동하여 무조건 견인한다.
② **피견인차량을 견인 시 법규를 준수하고 안전하게 견인한다.**
③ 견인차의 이동거리별 요금이 고가일 때만 안전하게 운행한다.
④ 사고차량 발생 시 사고현장까지 신호는 무시하고 가도 된다.

> 구난차 운전자는 신속하게 출동하되 준법 운전을 하고 차주의 의견을 무시하거나 사고현장을 훼손하는 경우가 있어서는 안 된다.

644

구난차가 갓길에서 고장차량을 견인하여 주행차로로 진입할 때 가장 주의해야 할 사항으로 맞는 것은?

① 고속도로 전방에서 정속 주행하는 차량에 주의
② 피견인자동차 트렁크에 적재되어 있는 화물에 주의
③ **주행차로 뒤쪽에서 빠르게 주행해오는 차량에 주의**
④ 견인자동차는 눈에 확 띄므로 크게 신경 쓸 필요가 없다.

> 구난차가 갓길에서 고장차량을 견인하여 주행차로로 진입하는 경우에는 주행차로를 진행하는 **후속 차량의 통행에 방해가 되지 않도록 주의하면서 진입**하여야 한다.

645

부상자가 발생한 사고현장에서 구난차 운전자가 취한 행동으로 가장 적절하지 않은 것은?

① 부상자의 의식상태를 확인하였다.
② 부상자의 호흡상태를 확인하였다.
③ 부상자의 출혈상태를 확인하였다.
④ **바로 견인준비를 하며 합의를 종용하였다.**

> 사고현장에서 사고차량 당사자에게 **사고처리하지 않도록 유도하거나 사고에 대한 합의를 종용해서는 안 된다.**

646

다음 중 자동차의 주행 또는 급제동 시 자동차의 뒤쪽 차체가 좌우로 떨리는 현상을 뜻하는 용어는?

① **피쉬테일링(Fishtailing)**
② 하이드로플래닝(Hydroplaning)
③ 스탠딩 웨이브(Standing Wave)
④ 베이퍼락(Vapor Lock)

> ① **Fishtailing : 주행이나 급제동 시 뒤쪽 차체가 물고기 꼬리지느러미처럼 좌우로 흔들리는 현상**이다.
> ② Hydroplaning : 물에 젖은 노면을 고속으로 달릴 때 타이어가 노면과 접촉하지 않아 조종 능력이 상실되거나 불가능한 상태를 말한다.
> ③ Standing Wave : 자동차가 고속 주행할 때 타이어 접지부에 열이 축적되어 변형이 나타나는 현상이다.
> ④ Vapor Lock : 브레이크액에 기포가 발생하여 브레이크가 제대로 작동하지 않게 되는 현상을 뜻한다.

647

다음 중 구난차의 각종 장치에 대한 설명으로 맞는 것은?

① 크레인 본체에 달려 있는 크레인의 팔 부분을 후크(Hook)라 한다.
② 구조물을 견인할 때 구난차와 연결하는 장치를 PTO스위치라고 한다.
③ **작업 시 안정성을 확보하기 위하여 전방과 후방 측면에 부착된 구조물을 아우트리거라고 한다.**
④ 크레인에 장착되어 있으며 갈고리 모양으로 와이어 로프에 달려서 중량물을 거는 장치를 붐(Boom)이라 한다.

> ① 크레인의 붐(Boom) : 크레인 본체에 달려 있는 크레인의 팔 부분
> ② 견인삼각대 : 구조물을 견인할 때 구난차와 연결하는 장치로, 크레인 및 구난 윈치에 소요되는 동력은 차량의 PTO(동력인출장치)로부터 나오게 된다.
> ③ 아우트리거 : 작업 시 안정성을 확보하기 위하여 전방과 후방 측면에 부착된 구조물
> ④ 후크(Hook) : 크레인에 장착되어 있으며 갈고리 모양으로 와이어 로프에 달려서 중량물을 거는 장치

648

교통사고 발생 현장에 도착한 구난차 운전자가 부상자에게 응급조치를 해야 하는 이유로 가장 거리가 먼 것은?

① 부상자의 빠른 호송을 위하여
② 부상자의 고통을 줄여주기 위하여
③ **부상자의 재산을 보호하기 위하여**
④ 부상자의 구명률을 높이기 위하여

> 별도 해설 없음

649

구난차 운전자가 FF방식(Front engine Front wheel drive)의 고장 난 차를 구난하는 방법으로 가장 적절한 것은?

① **차체의 앞부분을 들어올려 견인한다.**
② 차체의 뒷부분을 들어올려 견인한다.
③ 앞과 뒷부분 어느 쪽이든 관계없다.
④ 반드시 차체 전체를 들어올려 견인한다.

> FF방식(Front engine Front wheel drive)의 앞바퀴 굴림방식의 차량은 엔진이 앞에 있고, **앞바퀴 굴림방식이기 때문에 손상을 방지하기 위하여 차체의 앞부분을 들어올려 견인**한다.

650

구난차 운전자가 교통사고현장에서 한 조치이다. 가장 바람직한 것은?

① 교통사고 당사자에게 민사합의를 종용했다.
② 교통사고 당사자 의사와 관계없이 바로 견인 조치했다.
③ 주간에는 잘 보이므로 별다른 안전조치 없이 견인준비를 했다.
④ **사고당사자에게 일단 심리적 안정을 취할 수 있도록 도와줬다.**

> 교통사고 당사자에게 합의를 종용하는 등 사고처리에 관여해서는 안 되며, 주간이라도 안전조치를 하여야 한다.

651

구난차 운전자가 교통사고 현장에서 부상자를 발견하였을 때 대처방법으로 가장 바람직한 것은?

① **말을 걸어보거나 어깨를 두드려 부상자의 의식상태를 확인한다.**
② 부상자가 의식이 없으면 인공호흡을 실시한다.
③ 골절 부상자는 즉시 부목을 대고 구급차가 올 때까지 기다린다.
④ 심한 출혈의 경우 출혈 부위를 심장 아래쪽으로 둔다.

> 부상자가 의식이 없으면 가슴압박을 실시하며 심한 출혈의 경우 출혈 부위를 심장 위쪽으로 둔다. 골절환자는 손상된 부위를 잘 관찰하여 옷을 느슨하게 해주어 숨을 편히 쉴 수 있도록 하고 주변관절이 움직이지 않도록 안정시켜 추가적인 손상을 막을 수 있도록 한다. 지혈 후 마지막으로 부목과 천붕대 등을 이용하여 골절부위를 고정시킨다.

652

다음 중 구난차 운전자의 가장 바람직한 행동은?

① **화재발생 시 초기진화를 위해 소화 장비를 차량에 비치한다.**
② 사고현장에 신속한 도착을 위해 중앙선을 넘어 주행한다.
③ 경미한 사고는 운전자간에 합의를 종용한다.
④ 교통사고 운전자와 동승자를 사고차량에 승차시킨 후 견인한다.

> 구난차 운전자는 사고현장에 가장 먼저 도착할 수 있으므로 차량 **화재발생 시 초기 진압할 수 있는 소화 장비를 비치**하는 것이 바람직하다.

653

제한속도 매시 100킬로미터 고속도로에서 구난차량이 매시 145킬로미터로 주행하다 과속으로 적발되었다. 벌점과 범칙금액은?

① 벌점 70점, 범칙금 14만 원
② **벌점 60점, 범칙금 13만 원**
③ 벌점 30점, 범칙금 10만 원
④ 벌점 15점, 범칙금 7만 원

> **구난자동차는**「도로교통법」시행규칙 제19조 제1항 제3호 나목에 해당되어 매시 100킬로미터인 편도 2차로 **고속도로에서 최고속도가 매시 80킬로미터**가 되며,「자동차관리법」시행규칙 별표1에 따라 **특수자동차로 분류**되고 특수자동차는「도로교통법」시행령 별표8과「도로교통법」시행규칙 별표28에 따라 승합자동차등에 포함되어 ②가 옳은 답이 된다.

654

다음 중 구난차 운전자가 자동차에 도색(塗色)이나 표지를 할 수 있는 것은?

① 교통단속용 자동차와 유사한 도색 및 표지
② 범죄수사용 자동차와 유사한 도색 및 표지
③ 긴급자동차와 유사한 도색 및 표지
④ **응급상황 발생 시 연락할 수 있는 운전자 전화번호**

>「도로교통법」제42조(유사 표지의 제한 및 운행금지), 제27조, 법 시행령 제27조(유사 표지 및 도색 등의 범위) 법 제42조 제2항에 따라 자동차등(개인형 이동장치는 제외한다)에 제한되는 도색(塗色)이나 표지 등은 다음 각 호와 같다.
> 1. 긴급자동차로 오인할 수 있는 색칠 또는 표지
> 2. 욕설을 표시하거나 음란한 행위를 묘사하는 등 다른 사람에게 혐오감을 주는 그림·기호 또는 문자

655

구난차 운전자가 RR방식(Rear engine Rear wheel drive)의 고장 난 차를 구난하는 방법으로 가장 적절한 것은?

① 차체의 앞부분을 들어올려 견인한다.
② **차체의 뒷부분을 들어올려 견인한다.**
③ 앞과 뒷부분 어느 쪽이든 관계없다.
④ 반드시 차체 전체를 들어올려 견인한다.

> RR방식(Rear engine Rear wheel drive)의 뒷바퀴 굴림방식의 차량은 엔진이 뒤에 있고, **뒷바퀴 굴림방식**이기 때문에 손상을 방지하기 위하여 차체의 뒷부분을 들어올려 견인한다.

656

교통사고 현장에 출동하는 구난차 운전자의 운전방법으로 가장 바람직한 것은?

① 신속한 도착이 최우선이므로 반대차로로 주행한다.
② 긴급자동차에 해당되므로 최고 속도를 초과하여 주행한다.
③ 고속도로에서 차량 정체 시 경음기를 울리면서 갓길로 주행한다.
④ **신속한 도착도 중요하지만 교통사고 방지를 위해 안전운전한다.**

> **교통사고현장에 접근하는 경우** 견인을 하기 위한 경쟁으로 심리적인 압박을 받게 되어 **교통사고를 유발할 가능성이 높아지므로 안전운전**을 해야 한다.

657

다음 중 자동차관리법령상 특수자동차의 유형별 구분에 해당하지 않는 것은?

① 견인형 특수자동차
② 특수용도형 특수자동차
③ 구난형 특수자동차
④ **도시가스 응급복구용 특수자동차**

>「자동차관리법」시행령 별표1
> 특수자동차의 유형별 구분에는 견인형, 구난형, 특수용도형으로 구분된다.

658

제1종 특수면허 중 소형견인차면허의 기능시험에 대한 내용이다. 맞는 것은?

① **소형견인차 면허 합격기준은 100점 만점에 90점 이상이다.**
② 소형견인차 시험은 굴절, 곡선, 방향전환, 주행코스를 통과하여야 한다.
③ 소형견인차 시험 코스통과 기준은 각 코스마다 5분 이내이다.
④ 소형견인차 시험 각 코스의 확인선 미접촉 시 각 5점씩 감점된다.

>「도로교통법」시행규칙 제66조, 법 시행규칙 별표24(기능시험 채점 기준·합격 기준)
> **소형견인차면허**의 기능시험은 굴절코스, 곡선코스, 방향전환코스를 통과해야 하며, 각 코스마다 3분 초과 시, 검지선 접촉 시, 방향전환코스의 확인선 미접촉 시 각 10점이 감점된다. **합격 기준은 90점 이상이다.**

659

구난차로 고장차량을 견인할 때 견인되는 차가 켜야 하는 등화는?

① 전조등, 비상점멸등
② 전조등, 미등
③ **미등, 차폭등, 번호등**
④ 좌측방향지시등

> 「도로교통법」 제37조, 법 시행령 제19조
> 견인되는 차는 미등, 차폭등, 번호등을 켜야 한다.

660

구난차 운전자가 지켜야 할 사항으로 맞는 것은?

① 구난차 운전자의 경찰무선 도청은 일부 허용된다.
② **구난차 운전자는 도로교통법을 반드시 준수해야 한다.**
③ 교통사고 발생 시 출동하는 구난차의 과속은 무방하다.
④ 구난차는 교통사고 발생 시 신호를 무시하고 진행할 수 있다.

> 구난차 운전자의 경찰무선 도청은 불법이다. 모든 운전자는 「도로교통법」을 반드시 준수해야 하므로 과속, 난폭운전, 신호위반을 해서는 안 된다.

661

도로교통법령상 회전교차로에서의 금지 행위가 아닌 것은?

① 정차
② 주차
③ **서행 및 일시정지**
④ 앞지르기

> 「도로교통법」 제32조(정차 및 주차의 금지)
> 모든 차의 운전자는 다음 각 호의 어느 하나에 해당하는 곳에서는 차를 정차하거나 주차하여서는 아니 된다. 다만 이 법이나 이 법에 따른 명령 또는 경찰공무원의 지시를 따르는 경우와 위험방지를 위하여 일시정지하는 경우에는 그러하지 아니하다.
> 1. 교차로·횡단보도·건널목이나 보도와 차도가 구분된 도로의 보도(주차장법에 따라 차도와 보도에 걸쳐서 설치된 노상주차장은 제외한다)
> 2. 교차로의 가장자리나 도로의 모퉁이로부터 5미터 이내인 곳
>
> 법 제22조(앞지르기 금지의 시기 및 장소)
> ③ 모든 차의 운전자는 다음 각 호의 어느 하나에 해당하는 곳에서는 다른 차를 앞지르지 못한다.
>   1. 교차로
>   2. 터널 안
>   3. 다리 위

662

교통사고처리특례법상 교통사고에 해당하지 않는 것은?

① 4.5톤 화물차와 승용자동차가 충돌하여 운전자가 다친 경우
② **철길건널목에서 보행자가 기차에 부딪혀 다친 경우**
③ 보행자가 횡단보도를 횡단하다가 신호위반한 자동차와 부딪혀 보행자가 다친 경우
④ 보도에서 자전거를 타고 가다가 보행자를 충격하여 보행자가 다친 경우

> 「교통사고처리특례법」 제2조 제2호

663

도로교통법령상 도로의 구간 또는 장소에 설치하는 노면 표시의 색채에 대한 설명으로 맞는 것은?

① 중앙선 표시, 안전지대는 흰색이다.
② 버스전용차로 표시, 안전지대 표시는 노란색이다.
③ **소방시설 주변 정차·주차 금지 표시는 빨간색이다.**
④ 주차 금지 표시, 정차·주차 금지 표시 및 안전지대는 빨간색이다.

> 「도로교통법」 시행규칙 별표6
> ① 중앙선은 노란색, 안전지대는 노란색이나 흰색이다.
> ② 버스전용차로 표시는 파란색이다.
> ④ 주차 금지 표시 및 정차·주차 금지 표시는 노란색이다.

664

고속도로 공사구간을 주행할 때 운전자의 올바른 운전요령이 아닌 2가지는?

① 전방 공사 구간 상황에 주의하며 운전한다.
② **공사구간 제한속도표지에서 지시하는 속도보다 빠르게 주행한다.**
③ 무리한 끼어들기 및 앞지르기를 하지 않는다.
④ **원활한 교통흐름을 위하여 공사구간 접근 전 속도를 일관되게 유지하여 주행한다.**

> **공사구간에서는 도로의 제한속도보다 속도를 더 낮추어 운영**하므로 공사장에 설치되어 있는 제한속도표지에 표시된 속도에 맞게 **감속하여 주행**하여야 한다.

665

도로교통법령상 적성검사 기준을 갖추었는지를 판정하는 서류가 아닌 것은?

① 국민건강보험법에 따른 건강검진 결과통보서
② 의료법에 따라 의사가 발급한 진단서
③ 병역법에 따른 징병 신체검사 결과통보서
④ **대한 안경사협회장이 발급한 시력검사서**

> 「도로교통법」 시행령 제45조(자동차등의 운전에 필요한 적성의 기준)
> ② 도로교통공단은 제1항 각 호의 적성검사 기준을 갖추었는지를 다음 각 호의 서류로 판정할 수 있다.
>   1. 운전면허시험 신청일부터 2년 이내에 발급된 다음 각 목의 어느 하나에 해당하는 서류
>   가. 의원, 병원 및 종합병원에서 발행한 신체검사서
>   나. 건강검진 결과통보서
>   다. 의사가 발급한 진단서
>   라. 병역판정 신체검사(현역병지원 신체검사를 포함한다) 결과통보서

666

고속도로가 아닌 곳에서 총중량이 1천 5백 킬로그램인 자동차를 총중량 5천 킬로그램인 승합자동차로 견인할 때 최고속도는?

① 매시 50킬로미터   ② 매시 40킬로미터
③ **매시 30킬로미터**   ④ 매시 20킬로미터

> 「도로교통법」 시행규칙 제20조
> 총중량 2천 킬로그램 미만인 자동차를 총중량이 그의 3배 이상인 자동차로 견인하는 경우에는 매시 30킬로미터이다.

667

다음 중 보복운전을 예방하는 방법이라고 볼 수 없는 것은?

① 긴급제동 시 비상점멸등 켜주기
② 반대편 차로에서 차량이 접근 시 상향전조등 끄기
③ **속도를 올릴 때 전조등을 상향으로 켜기**
④ 앞차가 지연 출발할 때는 3초 정도 배려하기

> **보복운전을 예방하는 방법**은 차로 변경 때 방향지시등 켜기, 비상점멸등 켜주기, 양보하고 배려하기, 지연 출발 때 3초간 배려하기, 경음기 또는 **상향 전조등으로 자극하지 않기** 등이 있다.

668

자동차를 견인하는 경우에 대한 설명으로 바르지 못한 것은?

① 3톤을 초과하는 자동차를 견인하기 위해서는 견인하는 자동차를 운전할 수 있는 면허와 제1종 대형견인차면허를 가지고 있어야 한다.
② 편도 2차로 이상의 고속도로에서 견인자동차로 다른 차량을 견인할 때에는 최고속도의 100분의 50을 줄인 속도로 운행하여야 한다.
③ **일반도로에서 견인차가 아닌 차량으로 다른 차량을 견인할 때에는 도로의 제한속도로 진행할 수 있다.**
④ 견인차동차가 아닌 일반자동차로 다른 차량을 견인하려는 경우에는 해당 차종을 운전할 수 있는 면허를 가지고 있어야 한다.

> 「도로교통법」 시행규칙 제19조
> • 편도 2차로 이상 고속도로에서의 최고속도는 매시 100킬로미터[화물자동차(적재중량 1.5톤을 초과하는 경우에 한한다. 이하 이 호에서 같다)·특수자동차·위험물운반자동차(별표9 (주) 6에 따른 위험물 등을 운반하는 자동차를 말한다. 이하 이 호에서 같다) 및 건설기계의 최고속도는 매시 80킬로미터], 최저속도는 매시 50킬로미터
>
> 「도로교통법」 시행규칙 제20조
> • 견인자동차가 아닌 자동차로 다른 자동차를 견인하여 도로(고속도로를 제외한다)를 통행하는 때의 속도는 제19조에 불구하고 다음 각 호에서 정하는 바에 의한다.
>   1. 총중량 2천 킬로그램 미만인 자동차를 총중량이 그의 3배 이상인 자동차로 견인하는 경우에는 매시 30킬로미터 이내
>   2. **제1호 외의 경우 및 이륜자동차가 견인하는 경우에는 매시 25킬로미터 이내**
>
> 법 시행규칙 별표18
> 피견인자동차는 제1종 대형면허, 제1종 보통면허 또는 제2종 보통면허를 가지고 있는 사람이 그 면허로 운전할 수 있는 자동차(「자동차관리법」 제3조에 따른 이륜자동차는 제외한다)로 견인할 수 있다. 이 경우 총중량 750킬로그램을 초과하는 3톤 이하의 피견인자동차를 견인하기 위해서는 견인하는 자동차를 운전할 수 있는 면허와 소형견인차면허 또는 대형견인차면허를 가지고 있어야 하고, 3톤을 초과하는 피견인자동차를 견인하기 위해서는 견인하는 자동차를 운전할 수 있는 면허와 대형견인차면허를 가지고 있어야 한다.

669

도로교통법령상 최고속도 매시 100킬로미터인 편도 4차로 고속도로를 주행하는 적재중량 3톤의 화물자동차의 최고속도는?

① 매시 60킬로미터 ② 매시 70킬로미터
③ 매시 80킬로미터 ④ 매시 90킬로미터

> 「도로교통법」 시행규칙 제19조 제1항, 편도 2차로 이상 고속도로에서 적재중량 **1.5톤을 초과하는 화물자동차의 최고속도는 매시 80킬로미터**이다.

670

노인보호구역에서 노인의 안전을 위하여 설치할 수 있는 도로시설물과 가장 거리가 먼 것은?

① 미끄럼방지시설, 방호울타리
② 과속방지시설, 미끄럼방지시설
③ 가속차로, 보호구역 도로표지
④ 방호울타리, 도로반사경

> 어린이·노인 및 장애인 보호구역의 지정 및 관리에 관한 규칙 제7조(보도 및 도로부속물의 설치) 제2항
> 시장 등은 보호구역에 다음 각 호의 어느 하나에 해당하는 도로부속물을 설치하거나 관할 도로관리청에 설치를 요청할 수 있다.
> 1. 별표에 따른 보호구역 도로표지
> 2. 도로반사경
> **3. 과속방지시설**
> 4. 미끄럼방지시설
> 5. 방호울타리
> 6. 그 밖에 시장 등이 교통사고의 위험으로부터 어린이·노인 또는 장애인을 보호하기 위하여 필요하다고 인정하는 도로부속물로서 도로의 구조·시설 기준에 관한 규칙에 적합한 시설

671

도로교통법상 보행자전용도로 통행이 허용된 차마의 운전자가 통행하는 방법으로 맞는 것은?

① 보행자가 있는 경우 서행으로 진행한다.
② 경음기를 울리면서 진행한다.
③ 보행자의 걸음 속도로 운행하거나 일시정지하여야 한다.
④ 보행자가 없는 경우 신속히 진행한다.

> 「도로교통법」 제28조 제3항
> **보행자전용도로의 통행이 허용된 차마의 운전자**는 보행자를 위험하게 하거나 보행자의 통행을 방해하지 아니하도록 차마를 **보행자의 걸음 속도로 운행하거나 일시정지**하여야 한다.

672

다음은 자동차 주행 중 긴급 상황에서 제동과 관련한 설명이다. 맞는 것은?

① 수막 현상이 발생할 때는 브레이크의 제동력이 평소보다 높아진다.
② 비상시 충격 흡수 방호벽을 활용하는 것은 대형 사고를 예방하는 방법 중 하나이다.
③ 노면에 습기가 있을 때 급브레이크를 밟으면 항상 직진방향으로 미끄러진다.
④ ABS를 장착한 차량은 제동거리가 절반 이상 줄어든다.

> ① 제동력이 떨어진다.
> ③ 편제동으로 인해 옆으로 미끄러질 수 있다.
> ④ ABS는 빗길 원심력 감소, 일정 속도에서 제동거리가 어느 정도 감소되나 절반 이상 줄어들지는 않는다.

673

지진이 발생할 경우 안전한 대처 요령 2가지는?

① 지진이 발생하면 신속하게 주행하여 지진 지역을 벗어난다.
② 차간거리를 충분히 확보한 후 도로의 우측에 정차한다.
③ 차를 두고 대피할 필요가 있을 때는 차의 시동을 끈다.
④ 지진 발생과 관계없이 계속 주행한다.

> 지진이 발생할 경우 차를 운전하는 것이 불가능하다. 충분히 주의를 하면서 교차로를 피해서 **도로 우측에 정차**시키고, 라디오의 정보를 잘 듣고 부근에 경찰관이 있으면 지시에 따라서 행동한다. **차를 두고 대피할 경우 차의 시동은 끄고 열쇠를 꽂은 채 대피**한다.

674

도로교통법령상 신호에 대한 설명으로 맞는 2가지는?

① 황색 등화의 점멸 - 차마는 다른 교통 또는 안전표지에 주의하면서 진행할 수 있다.
② 적색의 등화 - 보행자는 횡단보도를 주의하면서 횡단할 수 있다.
③ 녹색 화살 표시의 등화 - 차마는 화살표방향으로 진행할 수 있다.
④ 황색의 등화 - 차마가 이미 교차로에 진입하고 있는 경우에는 교차로 내에 정지해야 한다.

① 황색 등화의 점멸 : 차마는 다른 교통 또는 안전표지의 표시에 주의하면서 진행할 수 있다(「도로교통법」 시행규칙 별표2).
② 적색의 등화
  1. 차마는 정지선, 횡단보도 및 교차로의 직전에서 정지해야 한다.
  2. 차마는 우회전하려는 경우 정지선, 횡단보도 및 교차로의 직전에서 정지한 후 신호에 따라 진행하는 다른 차마의 교통을 방해하지 않고 우회전할 수 있다.
  3. 제2호에도 불구하고 차마는 우회전 삼색등이 적색의 등화인 경우 우회전할 수 없다.
③ 녹색 화살 표시의 등화 : 차마는 화살표방향으로 진행할 수 있다.
④ 황색의 등화
  1. 차마는 정지선이 있거나 횡단보도가 있을 때에는 그 직전이나 교차로의 직전에 정지하여야 하며, 이미 교차로에 차마의 일부라도 진입한 경우에는 신속히 교차로 밖으로 진행하여야 한다.
  2. 차마는 우회전할 수 있고 우회전하는 경우에는 보행자의 횡단을 방해하지 못한다.

675

도로교통법령상 75세 이상인 사람이 받아야 하는 교통안전교육에 대한 설명으로 틀린 것은?

① 75세 이상인 사람에 대한 교통안전교육은 도로교통공단에서 실시한다.
② 운전면허증 갱신일에 75세 이상인 사람은 갱신기간 이내에 교육을 받아야 한다.
③ 75세 이상인 사람이 운전면허를 처음 받으려는 경우 교육시간은 1시간이다.
④ 교육은 강의·시청각·인지능력 자가진단 등의 방법으로 2시간 실시한다.

「도로교통법」 제73조(교통안전교육), 「도로교통법」 시행규칙 제46조의3 제4항, 「도로교통법」 시행규칙 별표16

676

도로교통법상 자동차등(개인형 이동장치 제외)을 운전한 사람에 대한 처벌 기준에 대한 내용이다. 잘못 연결된 2가지는?

① 혈중알콜농도 0.2% 이상으로 음주운전한 사람 - 1년 이상 2년 이하의 징역이나 1천만 원 이하의 벌금
② 공동위험행위를 한 사람 - 2년 이하의 징역이나 500만 원 이하의 벌금
③ 난폭운전한 사람 - 1년 이하의 징역이나 500만 원 이하의 벌금
④ 원동기장치자전거 무면허운전 - 50만 원 이하의 벌금이나 구류

① 혈중알콜농도 0.2% 이상으로 음주운전(1회 위반한 경우) : 2년 이상 5년 이하의 징역이나 1천만 원 이상 2천만 원 이하의 벌금
② 공동위험행위 : 2년 이하의 징역이나 500만 원 이하의 벌금
③ 난폭운전 : 1년 이하의 징역이나 500만 원 이하의 벌금
④ 원동기장치자전거 무면허운전 : **30만 원 이하의 벌금**이나 구류

677

도로교통법령상 회전교차로 통행방법에 대한 설명으로 잘못된 것은?

① 진입할 때는 속도를 줄여 서행한다.
② 양보선에 대기하여 일시정지한 후 서행으로 진입한다.
③ 진입차량에 우선권이 있어 회전 중인 차량이 양보한다.
④ 반시계방향으로 회전한다.

「도로교통법」 제25조의2(회전교차로 통행방법)
① 회전교차로에서는 반시계방향으로 통행하여야 한다.
② 회전교차로에 진입하려는 경우에는 서행하거나 일시정지하여야 하며, 이미 **진행하고 있는 다른 차가 있는 때에는 그 차에 진로를 양보**하여야 한다.

678

도로교통법령상 신호등이 없는 교차로에 선진입하여 좌회전하는 차량이 있는 경우에 옳은 것은?

① 직진 차량은 주의하며 진행한다.
② 우회전 차량은 서행으로 우회전한다.
③ **직진 차량과 우회전 차량 모두 좌회전 차량에 차로를 양보한다.**
④ 폭이 좁은 도로에서 진행하는 차량은 서행하며 통과한다.

> 「도로교통법」 제26조
> 교통정리가 행하여지고 있지 않은 교차로에서는 비록 좌회전 차량이라 할지라도 **교차로에 이미 선진입한 경우에는 통행 우선권**이 있으므로 직진 차와 우회전 차량일지라도 좌회전 차량에게 통행 우선권이 있다.

679

도로교통법령상 교차로에서 좌회전 시 가장 적절한 통행방법은?

① **중앙선을 따라 서행하면서 교차로 중심 안쪽으로 좌회전한다.**
② 중앙선을 따라 빠르게 진행하면서 교차로 중심 안쪽으로 좌회전한다.
③ 중앙선을 따라 빠르게 진행하면서 교차로 중심 바깥쪽으로 좌회전한다.
④ 중앙선을 따라 서행하면서 운전자가 편리한 대로 좌회전한다.

> 「도로교통법」 제25조
> 모든 차의 운전자는 교차로에서 좌회전을 하고자 하는 때에는 미리 도로의 **중앙선을 따라 서행하면서 교차로의 중심 안쪽을 이용하여 좌회전**하여야 한다.

680

다음 중 소화기를 의무적으로 설치하거나 비치해야 하는 자동차가 아닌 것은?

① 5인승 이상의 승용자동차
② 승합자동차
③ 화물자동차
④ **이륜자동차**

> 「소방시설 설치 및 관리에 관한 법률」 제11조(자동차에 설치 또는 비치하는 소화기) 제1항, 「자동차관리법」 제3조 제1항에 따른 자동차 중 다음 각 호의 어느 하나에 해당하는 자동차를 제작·조립·수입·판매하려는 자 또는 해당 자동차의 소유자는 차량용 소화기를 설치하거나 비치하여야 한다.
> 1. 5인승 이상의 승용자동차
> 2. 승합자동차
> 3. 화물자동차
> 4. 특수자동차 〈시행 2024.12.1.〉

Chapter 02. 사진형 학과문제

681

다음과 같은 상황에서 잘못된 통행방법 2가지는?

상황설명
- 도로 우측은 택시정차대
- 연달아 신호등이 설치된 도로
- 30m 전방에는 ┼자형 교차로이고 신호등은 녹색 등화
- 50m 전방에는 T자형 교차로이고 신호등은 적색 등화

① 신호가 바뀌기 전에 교차로를 통과하기 위해 최대한 가속한다.
② ┼자형 교차로에서 우회전하기 위해 계속 1차로로 통행한다.
③ 녹색 등화에는 직진 또는 우회전할 수 있다.
④ 적색 등화에는 정지선 직전에 정지해야 한다.
⑤ 적색 등화에는 정지선 직전에 일시정지한 후 우회전할 수 있다.

- **택시정차대 인근에서는** 타고 내리는 택시승객이나 무단횡단하려는 보행자가 있을 가능성이 높기 때문에 주위를 살피며 **속도를 감속하여 운전**하는 것이 안전하다.
- 모든 차의 운전자는 교차로에서 **우회전을 하려는 경우에는 미리 도로의 우측 가장자리를 서행**하면서 우회전하여야 한다 (「도로교통법」 제25조 제1항).

682

다음과 같은 상황에서 잘못된 통행방법 2가지는?

상황설명
- 편도 3차로 도로
- 1차로는 좌회전, 2차로는 직진, 3차로는 직진 및 우회전 노면 표시 있음
- 교차로를 통과하려는 상황
- 교차로 건너편 3, 4차로는 작업 중

① 1차로에서는 녹색 등화에 우회전할 수 있다.
② 1차로에서는 좌회전 화살표 등화에 좌회전할 수 있다.
③ 2차로에서는 녹색 등화에 직진할 수 있다.
④ 3차로에서는 적색 등화에 정지선 직전에서 일시정지한 후 우회전할 수 있다.
⑤ 3차로에서는 녹색 등화에 직진하여 교차로 내에 설치된 안전지대에 정차한다.

- 모든 차의 운전자는 교차로에서 **우회전을 하려는 경우에는 미리 도로의 우측 가장자리를 서행**하면서 우회전하여야 한다 (「도로교통법」 제25조 제1항).
- **3차로로 운전 중인데 전방에 공사현장이 3, 4차로에 있다면**, 속도를 줄이면서 방향지시기를 켜고 미리 **2차로로 진로를 변경해야** 한다. 모든 차는 안전지대 등 진입이 금지된 장소에 들어가서는 안 된다.

683

다음 상황을 통해 알 수 있는 정보와 이에 따른 올바른 운전방법을 연결한 것으로 바르지 않은 것 2가지는?

상황설명
• 가장 우측에 있는 자동차들은 주차된 상태

① 횡단보도 - 좌우를 잘 살펴 보행자에 주의한다.
② 차도에 있는 사람 - 속도를 감속하는 등 안전에 유의한다.
③ **가로형 이색등 - 적색 X표가 있는 차로로 진행한다.**
④ 가변차로 - 상황에 따라 진행차로가 바뀔 수 있다.
⑤ **중앙에 설치된 황색 점선 - 앞지르기하려고 할 때도 절대 넘을 수 없는 선이다.**

• 시·도경찰청장은 시간대에 따라 양방향의 통행량이 뚜렷하게 다른 도로에는 교통량이 많은 쪽으로 차로의 수가 확대될 수 있도록 신호기에 의하여 차로의 진행방향을 지시하는 가변차로를 설치할 수 있다(「도로교통법」 제14조 제1항).
• 가변차로로 지정된 도로구간의 입구, 중간 및 출구에 가로형 이색등을 설치한다(「도로교통법」 시행규칙 별표3). 녹색 화살표의 등화(하향)일 때 차마는 지정한 차로로 진행할 수 있고, **적색X표 표시의 등화일 때는 그 차로로 진행할 수 없다**(「도로교통법」 시행규칙 별표2).
• 중앙선 중에 황색실선은 차마가 넘어갈 수 없는 것을 표시하는 것이고, **황색점선은 반대방향의 교통에 주의하면서 일시적으로 반대편 차로로 넘어갈 수 있으나 진행방향 차로로 다시 돌아와야 함**을 표시하는 것이다(「도로교통법」 시행규칙 별표6. 일련번호 501).

684

다음 상황을 통해 알 수 있는 정보와 이에 따른 올바른 운전방법을 연결한 것으로 바르지 않은 것 2가지는?

상황설명
• 직전까지 눈이 내렸고 노면이 얼어붙은 상태
• 바로 앞에 진행하는 차량은 제설작업 차량으로 도로에 모래를 뿌리면서 주행 중
• 전방 우측 화물차는 우측 방향지시등을 켠 채 정차 중

① 횡단보도예고표시 - 전방에 곧 횡단보도가 나타나므로 주의하며 운전한다.
② **차로 우측에 설치된 황색실선의 복선구간 - 보도에 걸치는 방식의 정차는 허용된다.**
③ **노면이 얼어 있는 상태 - 최고 제한속도의 100분의 20을 줄인 속도로 운행한다.**
④ 전방 제설작업 차량 - 작업차량과 안전거리를 충분히 유지하면서 주행한다.
⑤ 전방 우측에 정차 중인 화물차 - 사람이 차도로 갑자기 튀어나올 수 있으므로 주의하며 운전한다.

• **황색복선은 정차·주차금지표시**이다(「도로교통법」 시행규칙 별표6. 일련번호 516의2). 아울러 보도에는 정차 및 주차가 금지된다(「도로교통법」 제32조 제1호).
• **노면상태가 얼어붙은 경우는 최고속도의 100분의 50을 줄인 속도로 운행**해야 한다(「도로교통법」 시행규칙 제19조 제2항 제2호 나목). 비가 내려 노면이 젖어 있는 경우나 눈이 20밀리미터 미만 쌓인 경우에는 최고속도의 100분의 20을 줄인 속도로 운행해야 한다(「도로교통법」 시행규칙 제19조 제2항 제1호).

685

다음과 같은 상황에서의 운전방법으로 바르지 못한 것 2가지는?

상황설명
- 편도 5차로 도로
- 차도 우측에는 보도
- 1, 2차로는 좌회전 차로

① 자전거 운전자가 좌회전하고자 하는 경우 1차로에서 좌회전 신호를 기다린다.
② 개인형이동장치 운전자가 좌회전하고자 하는 경우 2차로에서 좌회전 신호를 기다린다.
③ 이륜차 운전자가 좌회전하고자 하는 경우 2차로에서 좌회전 신호를 기다린다.
④ 승용차 운전자가 우회전하고자 하는 경우 보행자에 주의하면서 우회전한다.
⑤ 화물차 운전자가 우회전하고자 하는 경우 미리 우측 가장자리 도로를 이용하여 우회전한다.

> **자전거등의 운전자는** 교차로에서 **좌회전하려는 경우**에는 미리 도로의 **우측 가장자리로 붙어 서행**하면서 교차로의 가장자리 부분을 이용하여 좌회전하여야 한다(「도로교통법」 제25조 제1항). '자전거등'이란 자전거와 개인형 이동장치를 말한다(「도로교통법」 제2조 제21의2호).

686

다음 상황에서 가장 안전한 운전방법 2가지는?

상황설명
- 편도 4차로 도로
- 전방 차량신호등 녹색 및 좌회전 등화
- 우회전전용차로 진행 중
- 우회전 삼색등 적색 등화

① 우회전 차로를 진행하던 중 직진하려는 경우 백색실선 구간에서 차로를 변경할 수 있다.
② 우회전 삼색등이 적색 등화라도 횡단보도를 횡단하는 보행자가 없으면 우회전할 수 있다.
③ 우회전 삼색등이 적색 등화이므로 정지해야 하며 녹색 등화로 바뀐 후 우회전할 수 있다.
④ 직진차로 진행 중 녹색 등화인 경우라도 보행자가 있을 수 있으므로 안전을 확인하며 우회전한다.
⑤ 우회전 삼색등이 녹색 등화인 경우라도 보행자가 있을 수 있으므로 안전을 확인하며 우회전한다.

> - 우회전 삼색등 앞에서 우회전하고자 할 때는 그 신호에 따라 진행하여야 하며, 우회전 삼색등이 녹색 화살표등화라 하더라도 뒤늦게 횡단하는 보행자가 있을 수 있으므로 그 안전도 확인하여야 한다.
> - 우회전 차로가 있는 경우 그 차로를 따라 우회전하여야 하며, 백색실선 구간에서는 진로변경이 제한된다.

687

다음과 같은 상황에서 가장 안전한 운전방법 2가지는?

상황설명
- 시내지역 사거리 교차로
- 편도 1차로 도로
- 약 10미터 전방 좌측과 우측에 상가 지하주차장 입구가 각각 있음

① **시속 30킬로미터 이내의 속도로 운전한다.**
② **전방 10미터 우측 상가 지하주차장으로 진입할 때에는 일시정지한 후에 안전한지 확인하면서 서행한다.**
③ 전방 10미터 좌측 상가 지하주차장으로 진입할 때에는 일단정지한 후에 안전한지 확인하면서 서행한다.
④ 좌회전하고자 하는 때에는 미리 방향지시등을 켜고 서행하면서 교차로의 중심 바깥쪽을 이용하여 좌회전한다.
⑤ 시내지역에서 개인형 이동장치를 운전할 때에는 보도로 주행한다.

- 전방 10미터 좌측 상가 지하주차장으로 진입하려면 중앙선을 침범하면서 운전해야 한다.
- 모든 차의 운전자는 교차로에서 좌회전을 하려는 경우에는 미리 도로의 중앙선을 따라 서행하면서 교차로의 중심 안쪽을 이용하여 좌회전하여야 한다(「도로교통법」 제25조 제2항).
- 개인형 이동장치를 운전할 때에는 전용도로가 없는 경우 차도로 주행해야 한다.

688

다음 상황을 통해 알 수 있는 정보와 이에 대한 해석을 연결한 것으로 바르지 않은 것 2가지는?

상황설명
- 사거리 교차로
- 전방 신호등은 적색 등화의 점멸
- 도로 우측의 자동차는 주차된 상태

① **어린이보호표지 - 어린이보호구역으로써 어린이가 특별히 보호되는 구역이다.**
② 최고속도 제한표지 - 시속 30킬로미터 이내의 속도로 운전해야 한다.
③ 횡단보도표지 - 보행자에 주의하면서 운전해야 한다.
④ **적색 등화의 점멸 - 서행하면서 운전해야 한다.**
⑤ 도로 우측에 주차된 자동차들 - 주차된 차량 사이로 보행자가 튀어나올 수 있음에 유념한다.

- 우측에 정차된 차량은 어린이통학버스이다. 어린이통학버스 후면에 부착된 표지는 **어린이보호표지로 어린이나 영유아를 태우고 운행 중임을 표시**하는 것이다(「도로교통법」 제53조 제1항, 「도로교통법」 시행규칙 별표14). 어린이보호구역에 설치되는 어린이보호표지는 「도로교통법」 시행규칙 별표6. 일련번호 324와 같이 설치되어야 한다. 사진에는 어린이보호구역에 설치되는 어린이보호표지가 없다.
- **적색 등화의 점멸의 의미는 차마는 정지선이나 횡단보도가 있을 때에는 그 직전이나 교차로의 전에 일시정지한 후 다른 교통에 주의하면서 진행할 수 있다는 것이다**(「도로교통법」 시행규칙 별표2).

689

다음 상황에서 가장 안전한 운전방법 2가지는?

상황설명
- 주택가 이면도로
- 우측 차량 출발하려는 상황

① 안전을 위해 경음기를 계속 울리며 진행한다.
② 좌측 보도를 걸어가는 보행자를 주의할 필요는 없다.
③ 비상점멸등을 켜고 속도를 높여 신속하게 진행한다.
④ **우측 출발하는 승용차와의 안전거리를 충분히 유지하며 서행한다.**
⑤ **주택가 이면도로이므로 보행자가 나올 것을 대비하여 속도를 줄인다.**

> 정당한 사유 없이 계속하여 경음기를 울리는 행위는 지양해야 하고 주택가 **이면도로에서는 돌발 상황을 예측하며 방어·양보 운전**해야 한다.

690

다음 상황에서 적절한 운전행태로 옳은 것 2가지는?

상황설명
- 좌우측 아파트 진출입로
- 전방 차량신호등 황색 점멸
- 1차로 좌회전, 2차로 직진차로

① 주·정차 금지 노면 표시가 없으므로 교차로 부근이나 횡단보도 부근에 주·정차할 수 있다.
② **좌우측 아파트 진출입로가 있으므로 주변 차량을 잘 살피고 서행하며 진행한다.**
③ 전방 교차로 내에서 다른 차량에 방해가 되지 않는다면 유턴할 수 있다.
④ **교차로를 지나 차로가 줄어들기 때문에 직진하려는 경우 미리 직진 차로로 변경한다.**
⑤ 횡단보도에 보행자가 없으므로 가속하여 신속히 통과한다.

> - 신호등이 황색 점멸인 경우 안전표지에 주의하며 진행할 수 있고, **좌우측 아파트 진입로가 있으므로 진출입하는 차량이 있는 경우 잘 살펴 운행**하여야 하며, 교차로와 횡단보도 5m는 주·정차 금지구간이므로 노면 표시와 관계없이 주·정차하면 안 된다.
> - **차로가 줄어드는 경우 미리 차로 안내를 잘 살펴 진로변경**하는 것이 안전하다.

691

다음 상황에서 가장 안전한 운전방법 2가지는?

① 전방에 보행자가 있으므로 일시정지 후 보행자의 안전을 확인 후 진행한다.
② 도로를 횡단하는 보행자는 보호할 의무가 없으므로 그대로 진행한다.
③ 우측 주차된 흰색 차량 뒤편의 보행자를 주의하며 진행한다.
④ 경음기를 크게 울려 도로를 횡단하는 보행자가 횡단하지 못하도록 한다.
⑤ 보행자 앞에서 급정지하여 보행자에게 주의를 준다.

- 보행자가 횡단보도가 설치되어 있지 아니한 도로를 횡단하고 있을 때에는 **안전거리를 두고 일시정지**한다.
- **보행자가 안전하게 횡단할 수 있도록** 하여야 한다.

692

다음 상황을 통해 알 수 있는 정보로 바르지 않은 것 2가지는?

① 전방에 횡단보도가 있다.
② 전방 차량신호등은 녹색 등화이다.
③ 도로 우측에는 자전거전용도로가 설치되어 있다.
④ 이 도로의 제한속도는 시속 30킬로미터이다.
⑤ 앞선 자동차들은 브레이크 페달을 조작하고 있다.

- 이 장소는 어린이보호구역이다. 어린이보호구역에서의 통행속도는 시속 30킬로미터 이내로 제한할 수 있다(「도로교통법」 제12조 제1항). 하지만 시속 30킬로미터 기준과 다른 통행속도로 설정된 어린이보호구역도 다수 존재한다.
- 브레이크 페달을 조작하면 자동차의 후면에 설치된 제동등이 켜진다. 사진의 상황에서는 **최고 제한속도를 확인할 수 있는 표시가 보이지 않으며 앞선 차량 2대 모두는 제동등이 켜지지 않았다.**

693

다음 상황에서 가장 안전한 운전방법 2가지는?

상황설명
- 전방에 횡단보도
- 좌측에 횡단보도를 횡단하기 위해 서있는 보행자
- 신호기 없는 ㅏ형 교차로

① 좌측에 서있는 보행자에게 경음기를 계속 울려 경고하며 빠르게 진행한다.
② 위험 상황을 예측할 필요 없이 그대로 진행한다.
③ 전방 우측 도로에서 차량이 진입할 경우를 대비하여 서행한다.
④ 신호기가 없는 교차로이므로 속도를 높여 신속하게 통과한다.
⑤ 횡단보도 앞 정지선에서 일시정지한다.

- 정당한 사유 없이 계속하여 경음기를 울리는 행위는 지양하며, 신호기가 없는 교차로 진입 시 주위 상황을 살피며 서행해야 한다.
- 보행자가 횡단보도를 통행하고 있거나 통행하려고 하는 때에는 보행자의 횡단을 방해하거나 위험을 주지 아니하도록 그 **횡단보도 앞**(정지선이 설치되어 있는 곳에서는 그 정지선을 말한다)**에서 일시정지**하여야 한다.

694

다음 상황에서 가장 안전한 운전방법 2가지는?

상황설명
- 편도 2차로의 교차로
- 신호등은 적색 등화
- 비보호 좌회전표지
- 교차로 진입 전

① 보행자가 있으므로 안전하게 보행할 수 있도록 서행하거나 일시정지하여 안전을 확인하고 진행한다.
② 주변 주·정차 차량 사이에서 보행자가 나타날 수 있으므로 주의하며 진행한다.
③ 어린이보호구역이 아니므로 운전자는 보행자를 보호해야 할 의무가 없다.
④ 좌측 상점에 가는 경우 교차로 모퉁이에 잠시 주·정차하는 것은 가능하다.
⑤ 주택가 이면도로에서는 주차된 차량과 보행자가 많아 경음기를 계속 울리며 통과한다.

- 어린이보호구역이 아니더라도 보행자와 자전거를 타고 등교하는 학생들이 많은 **주택가 이면도로이므로** 정당한 사유 없이 경음기를 계속 울리는 것은 지양하고 **안전하게 진행**하는 것이 바람직하다.
- 교차로 모퉁이는 주·정차 금지장소이므로 주·정차를 해서는 안 된다.

695

다음 상황에서 가장 안전한 운전방법 2가지는?

상황설명
- 편도 3차로 도로
- 신호기가 작동하지 않는 교차로
- 전방에서 진행하는 경운기

① 신호기가 작동하지 않기 때문에 교차로 진입 시 교차로 상황을 잘 살피고 진입한다.
② 우회전하려는 경우 경운기 좌측으로 경음기를 울리며 경운기를 앞지르기한다.
③ 경운기는 운행속도가 느리기 때문에 속도를 올려 먼저 우회전한다.
④ 3차로에서 직진하려는 경우 경운기의 진행상태를 정확히 확인하고 진행한다.
⑤ 경운기가 직진할 수 있으므로 미리 예상하고 2차로로 급히 차로변경하여 직진한다.

전방에 속도가 느린 경운기와 같은 **농기계가 있는 경우** 속도가 **자동차에 비해 느리므로 경운기의 상태를 잘 살펴 운전**하여야 한다. 미리 예상하고 급차로변경하여 운전하거나 앞지르기하려는 것은 위험하다.

696

다음 상황에서 가장 안전한 운전방법 2가지는?

상황설명
- 편도 1차로 도로
- 전방 우측 보행보조용 의자차 진행
- 전방 화물차 앞지르기 중

① 보행보조용 의자차는 보행자로 간주하므로 충분한 거리를 두고 진행한다.
② 전방 화물차의 앞지르기가 완료되면 바로 뒤따라 앞지르기한다.
③ 전방 상황에 대한 확인이 불가하므로 화물차를 바싹 뒤따르며 진행한다.
④ 보행보조용 의자차는 보도로 통행하여야 하므로 경음기를 울리고 좌측 보도로 통행할 것을 요구한다.
⑤ 비상점멸등을 켜고 서행하여 후행차량에 전방의 위험상황을 알려준다.

- 보행보조용 의자차는 보행자로 간주하고 있으나 보도를 이용하지 않는 경우가 많으므로 보행보조용 의자차를 발견한 경우 보행자를 보호하는 것과 같이 안전을 확보해주어야 한다.
- 중앙선을 넘어 앞지르기하는 것은 위험하므로 안전한 운전방법이 아니며 전방 앞지르기 차량을 바로 뒤따르며 진행하는 것은 위험하다.

697

다음 상황에서 교통안전표지에 대한 설명 중 가장 바르게 된 것 2가지는?

상황설명
- 우측 자동차전용도로 입구
- 편도 4차로 도로
- 우회전전용차로 있음
- 전방 차량신호등 녹색 등화

① 자동차전용도로표지는 자동차를 이용하는 경우 외에는 진입하면 안 된다는 의미이다.
② 비보호 좌회전표지가 있으므로 차량신호등 등화와 관계없이 안전하게 좌회전할 수 있다.
③ 우측의 황색복선은 잠시 주차하는 것은 가능하다는 표시이다.
④ 전방 우측의 자동차를 표현한 파란색 표지판은 교통안전표지 중 지시표지이다.
⑤ 교차로 정지선 이전의 백색실선은 전방에 교차로가 있다는 것을 알려주는 표시이다.

- 우측 노란색 표지는 도로법에 의한 표지이고 **파란색 자동차로 표현된 표지는 교통안전표지 중 자동차전용도로를 나타내는 지시표지**이다.
- 백색실선은 진로변경제한선을 나타내고 비보호 좌회전은 차량신호가 녹색 등화인 경우에 좌회전하여야 하며, 우측 실선의 황색복선은 주·정차를 금지하는 뜻을 지니고 있다.

698

다음 상황에서 가장 안전한 운전방법 2가지는?

상황설명
- 편도 1차로 좌로 굽은 내리막 도로
- 우측 아파트 진출입로
- 신호기 없는 삼거리 교차로

① 진행하는 방향의 전방에 차량이 없으므로 빠르게 진행한다.
② **좌로 굽은 내리막 도로는 전방 상황을 확인하기 어렵기 때문에 미리 속도를 줄여 교차로에 진입한다.**
③ **아파트에서 도로로 나오는 차량이 있을 수 있으므로 미리 대비하며 주행한다.**
④ 맞은편 차량이 좌회전하려는 경우 직진 차량이 무조건 우선이므로 경음기를 울려 경고하며 진행한다.
⑤ 아파트 진출입로의 경우 보행자의 통행이 잦은 곳이긴 하나 시야에 보이지 않으므로 경음기를 울리고 속도를 높여 신속히 주행한다.

> 좌로 굽은 도로에서는 전방 상황 확인이 어렵기 때문에 서행으로 접근해야 안전하다. 신호기가 없는 교차로의 경우 직진 차량이 무조건 우선하는 것은 아니며, **아파트에서 도로로 나오는 차량이나 보행자가 있음을 대비**하여 경음기를 울리는 것보다 서행하며 안전을 확인하는 것이 바람직하다.

699

다음 상황에서 가장 안전한 운전방법 2가지는?

상황설명
- 중앙선 없는 우로 굽은 오르막 도로
- 좌측 골목길

① 도로 우측에 보행자가 있으므로 빠른 속도로 통과한다.
② **주변을 살피기 어려운 곳은 도로반사경을 통해 교통상황을 확인한다.**
③ **좌측 골목길에 차량이 있으므로 교차로 진입 전 잘 살피고 서행하며 교차로에 진입한다.**
④ 우로 굽은 오르막 도로는 전방 상황 확인이 곤란하므로 경음기를 계속 울리며 진행한다.
⑤ 맞은편에서 내려오는 차량이 있어도 올라가는 차량이 우선권을 가지므로 속도를 줄이지 않고 진행한다.

> **도로반사경을 통해 좌측 골목길의 안전을 명확히 확인**하고 교차로 진입 전 서행하여 신호등 없는 교차로를 통과하는 것이 안전하며, 우측에 보행자가 있으므로 경음기를 울리기보다 안전을 확보하며 서행 또는 일시정지하며 진행하는 것이 안전하다. 「도로교통법」 제20조에 의하여 비탈진 좁은 도로에서 서로 마주보고 진행하는 경우 올라가는 차량이 양보해야 한다.

700

다음 상황에서 가장 안전한 운전방법 2가지는?

상황설명
- 신호기 없는 사거리 교차로
- 왕복 2차로 중앙선이 있는 도로
- 횡단보도 신호기 없음
- 전방 도로반사경에 좌회전 대기 차량이 보임

① 좌회전하려는 경우 방향지시등을 켜고 맞은편 차량이 통과한 후 안전하게 진입한다.
② 좌우측 확인이 안 되는 교차로이므로 일시정지한 후 안전하게 교차로에 진입한다.
③ 좌회전하고자 하는 경우 맞은편에서 주행하는 차량 사이로 속도를 높여 좌회전한다.
④ 도로반사경에 보이는 좌회전 대기 차량보다 먼저 좌회전하기 위해 재빨리 진입한다.
⑤ 뒤따르는 차량이 있는 경우 상향등과 경음기를 조작하면서 무리하더라도 좌회전을 시도한다.

> 좌우측 확인이 불가한 교차로는 진입 전 일시정지하여 안전을 확인하고 진입하여야 하고 좌회전하는 경우 맞은편에서 진행하는 차량이 통과하고 안전하게 좌회전하는 것이 좋다. 맞은편 차량 사이에 공간이 여유가 있다고 하더라도 안전하게 진입하는 것이 좋으며, 도로반사경에 좌회전 대기차량이 보이므로 그 차량의 상황을 잘 살필 필요가 있다. 후행차량이 대기하고 있더라도 무리하게 좌회전을 시도하는 것은 안전한 운전방법이 아니다.

701

다음 상황에서 가장 안전한 운전방법 2가지는?

상황설명
- 전방 차량신호등 황색 점멸
- 우측 지하차도

① 우회전하려는 경우 도로가 한산하므로 직진차로에서 바로 우회전할 수 있다.
② 전방에 농기계가 진행하고 있으므로 경음기를 계속 울리며 속도를 올려 교차로를 통과한다.
③ 우측 지하차도에서 진입하는 차량에 대한 확인이 어려우므로 속도를 줄이고 교차로에 진입한다.
④ 교통량이 적은 도로이므로 도로 우측에 주차할 수 있다.
⑤ 횡단하려는 보행자가 있는 경우 일시정지를 하여 보행자의 안전을 확인한 후 진행한다.

> - 황색 점멸 시 차마는 다른 교통 또는 안전표지의 표시에 주의하면서 진행할 수 있다.
> - 도로상에 농기계가 주행할 경우 속도가 느리기 때문에 안전에 유의하며 진행한다.
> - 우측 지하차도의 시야 확보가 안 되는 경우 교차로 진입 시 주의한다.

702

다음 상황에서 가장 안전한 운전방법 2가지는?

상황설명
- 전방 ㅏ형 삼거리 교차로

① 삼색 신호등이 있는 교차로에서는 유턴표지가 없어도 다른 차마에 방해가 되지 않는다면 유턴할 수 있다.
② **지그재그 형태의 백색실선은 진로변경제한선이므로 진로변경하면 안 된다.**
③ **지그재그 형태의 백색실선은 서행의 의미를 나타내므로 속도를 줄여 서행한다.**
④ 1차로 진행 중 우회전하고자 하는 경우 후행 차량이 없다면 방향지시등을 점등하고 3차로로 한 번에 진로변경한다.
⑤ 전방 삼색 신호등이 적색 등화로 바뀔 수 있으므로 녹색 등화라 하더라도 정지선 앞에 미리 급정지하여 대기한다.

- 삼색 신호등이 설치된 교차로에서는 유턴표지가 없으면 차마의 방해 여부를 불문하고 유턴이 허용되지 않는다.
- 지그재그 형태의 백색실선은 진로변경제한선과 서행의 의미를 동시에 지니고 있으며, 우회전하고자 하는 경우 1개 차로씩 미리 진로를 변경하는 것이 안전하다. 불가한 경우 P턴을 이용하여 진행하는 것이 안전하다.
- 전방 차량신호등이 적색 등화로 바뀔 수 있으므로 이를 예상하고 속도를 줄이며 서행하는 것은 안전한 방법이나 녹색 등화임에도 불구하고 급정지하는 것은 후행차량과의 추돌 우려가 있어 위험하다.

703

다음 상황에서 가장 안전한 운전방법 2가지는?

상황설명
- 눈이 내리는 상황

① 도로가 한산하기 때문에 속도를 높여 진행한다.
② **기상상황에 따라 규정된 속도 이내로 진행한다.**
③ **전방 공사 중이므로 교통상황을 잘 주시하며 진행한다.**
④ 노면이 미끄러우므로 2개 차로를 걸쳐 주행한다.
⑤ 전방에 저속으로 진행하는 화물차를 뒤에서 바싹 붙어 진행한다.

눈이 내려 도로가 **결빙상태이거나 미끄러운 상태, 공사 중일 때에는 전방 교통상황을 주시하며 진행**하여야 한다.

704

다음 상황에서 잘못된 운전방법 2가지는?

상황설명
- 편도 2차로 도로
- 가로형 삼색 차량신호등 적색 등화

① 직진하려면 정지선의 직전에 정지한다.
② **유턴하려면 전방에 차가 없는 경우 안전하게 2차로에서 교차로를 통해 유턴한다.**
③ **탑승자를 하차시키려면 횡단보도 앞에 잠시 정차한다.**
④ 우회전하려면 정지선의 직전에 일시정지한 후 서행하며 우회전한다.
⑤ 횡단보도를 이용하는 경우 자전거에서 내려 끌고 간다.

- 교차로에 녹색, 황색 및 적색의 삼색 등화만이 나오는 신호기가 설치되어 있고 달리 비보호 좌회전 표시나 **유턴을 허용하는 표시가 없다면 차마의 좌회전 또는 유턴은 원칙적으로 허용되지 않는다.** 그러므로 위 교차로에서 적색 등화 시에 정지선에 정지하여 있지 아니하고 좌회전 또는 유턴하여 진행하였다면 이는 특별한 사정이 없는 한 「도로교통법」 제5조의 규정에 의한 신호기의 신호에 위반하여 운전한 경우에 해당한다고 보아야 한다(대법원 1996.5.31. 선고 95도3093 판결).
- 자전거 운전자는 자전거 횡단도로를 통행하거나(「도로교통법」 제15조의2 제2항), 자전거에서 내려 보행자로서 보행자 신호에 따라 횡단보도로 이동할 수 있다. **횡단보도 5m 구간은 주·정차 금지장소이다.**

705

다음 상황에서 가장 안전한 운전방법 2가지는?

상황설명
- 편도 1차로 우로 굽은 도로
- 우천으로 노면 젖은 상태
- 우측 화물차량 정차 중
- 트랙터가 정차하여 우측 화물차 운전자와 대화 중

① 트랙터가 정차하고 있으므로 경음기를 계속 울려 진행할 것을 재촉한다.
② 맞은편 차량이 통과하면 바로 중앙선을 넘어 좌측으로 앞지르기한다.
③ **우측 화물차량이 정차 중 갑자기 출발할 수 있으므로 대비하여 운전한다.**
④ 트랙터 우측에 공간이 있으면 그 공간을 이용하여 앞지르기한다.
⑤ **자동차에 비해 트랙터의 속도가 느리므로 무리하게 앞지르기하기보다는 안전한 거리를 유지하며 진행한다.**

- 전방에 속도가 느린 경운기나 트랙터와 같은 **농기계가 있는 경우 속도가 자동차에 비해 느리므로 농기계의 진행상태를 잘 살펴 운전**하여야 한다. 미리 예상하고 운전하거나 앞지르기하려는 것은 위험하다.
- 중앙선을 넘어 앞지르기하는 것은 위험하므로 안전한 운전방법이 아니다.

706

다음 상황에서 알 수 있는 정보와 이에 대한 해석을 연결한 것으로 바르지 않은 것 2가지는?

상황설명
- 도로 우측에는 주차 차량
- 현재 시각 16 : 00

① 도로 우측 주차된 자동차 - 주차위반에 해당한다.
② 횡단보도예고표시 - 전방에 곧 횡단보도가 나타난다.
③ **차도 우측 황색실선 - 주차는 금지되나 정차는 허용된다.**
④ **보도 - 자전거 운전자는 보도로 통행해야 한다.**
⑤ 과속방지턱 - 감속운전하는 것이 바람직하다.

- **황색실선은 정차·주차금지표시**이다(「도로교통법」 시행규칙 별표6 일련번호 516). 주·정차 허용시간을 제외하고는 주·정차는 금지된다.
- **자전거등의 운전자는** 자전거도로가 설치되지 아니한 곳에서는 **도로 우측 가장자리에 붙어서 통행**하여야 한다(「도로교통법」 제13조의2 제2항). 다만 어린이, 노인, 신체장애인의 경우는 보도에서 자전거를 운전할 수 있다(「도로교통법」 제13조의2 제4항 제1호).

707

다음 상황에서 가장 안전한 운전방법 2가지는?

① **어린이보호구역이므로 최고 제한속도 이내로 진행하여 갑작스러운 위험에 대비한다.**
② 공사 현장이더라도 작업차량이 없으면 신속하게 진행한다.
③ 안전을 위해 비상점멸등을 켜고 속도를 높여 진행한다.
④ 한적한 도로이기에 도로 상황을 주의할 필요는 없다.
⑤ **보행자가 없더라도 반드시 일시정지 후 진행한다.**

- 공사 중인 도로이므로 **안전을 확인한 후 주의하면서 서행**하여야 한다. 또한 주변 상황의 안전을 확인하며 진행한다.
- 어린이보호구역 내 **횡단보도**에서는 보행자 유무와 관계없이 **일시정지 후 진행**해야 한다.

708

다음 상황에 대한 설명 중 옳은 것 2가지는?

상황설명
- 자율주행시스템 미장착 차량

① 서행 중에는 운전자가 휴대전화를 사용할 수 있다.
② **정차 중에는 운전자가 휴대전화를 사용할 수 있다.**
③ 서행 중에는 휴대전화는 사용할 수 없지만 영상표시장치는 조작해도 된다.
④ **시내도로에서 운전자는 안전띠를 매어야 할 의무가 있다.**
⑤ 시내도로에서 동승자는 안전띠를 매어야 할 의무가 없다.

- 자동차가 정지하고 있는 상황에서는 휴대전화를 사용할 수 있다(「도로교통법」 제49조 제1항 제10호 가목). 지리안내 영상 또는 교통정보안내 영상이 표시되는 영상표시장치(대표적으로는 네비게이션)은 운전자가 운전 중 볼 수 있는 위치에 영상이 표시되도록 하여도 된다(「도로교통법」 제49조 제1항 제11호 나목 1).
- 도로의 구분과 상관없이 동승자도 안전띠를 매어야 한다(「도로교통법」 제50조 제1항).

709

다음 상황에서 운전자별 잘못된 운전방법 2가지는?

상황설명
- 정체 중인 도로
- 중앙버스전용차로가 설치된 도로

① 자전거 운전자 - 차도의 가장 우측으로 다른 차량들을 앞지르기할 수 있다.
② **전동킥보드 운전자 - 운전자와 동승자 모두 안전모를 착용하여야 운행할 수 있다.**
③ **이륜차 운전자 - 정체를 피해 중앙버스전용차로로 운전할 수 있다.**
④ 승용차 운전자 - 정체 상황에 따른 추돌에 주의하며 운전한다.
⑤ 버스 운전자 - 전용차로가 아닌 차로로 운전 중일 때에는 중앙버스신호등이 아닌 차량신호등의 신호에 따라야 한다.

- 전동킥보드의 승차정원은 1명이다(「도로교통법」 시행규칙 제33조의3).
- 전용차로로 통행할 수 있는 차가 아니면 전용차로로 통행하여서는 아니 된다(「도로교통법」 제15조 제3항).

710

다음 상황에서 가장 안전한 운전방법 2가지는?

상황설명
- 주택가 오르막 골목길

① **주차된 차량 뒤편에서 보행자가 나타날 수 있다는 점을 유념하면서 운전한다.**
② **우측에 있는 보행자와 거리를 두고 일시정지하거나 서행하여 지나간다.**
③ 눈이 쌓여 도로가 미끄러우므로 속도를 높여 빠르게 진행한다.
④ 눈이 쌓인 도로에서는 최고속도의 20퍼센트를 가속한다.
⑤ 보행자의 돌발행동을 방지하기 위하여 경음기를 계속 울리며 주행한다.

- 모든 차의 운전자는 보도와 차도가 구분되지 아니한 도로 중 중앙선이 없는 도로에서 보행자의 옆을 지나는 경우에는 안전한 거리를 두고 서행하여야 하며, 보행자의 통행에 방해가 될 때에는 서행하거나 일시정지하여 보행자가 안전하게 통행할 수 있도록 하여야 한다(「도로교통법」 제27조 제1항 제6호).
- 차마의 운전자는 도로(보도와 차도가 구분된 도로에서는 차도를 말한다)의 중앙(중앙선이 설치되어 있는 경우에는 그 중앙선을 말한다. 이하 같다) 우측 부분을 통행하여야 한다(「도로교통법」 제13조 제3항). 이상기후에 대비하여 감속규정을 적용한다.

711

다음 상황에서 가장 안전한 운전방법 2가지는?

상황설명
- 편도 2차로 도로
- 전방에 마을버스 정차 중
- 2차로를 진행 중

① 버스 후방에서 경음기를 계속 울려 진행을 재촉한다.
② **주위 상황을 확인 후 1차로로 차로변경한다.**
③ 비상점멸등을 켜고 속도를 높여 1차로로 차로변경한다.
④ 1차로로 차로변경하려는 경우 버스 앞에서 나타나는 보행자는 주의할 필요가 없다.
⑤ **1차로 후방에 차량이 있으면 무리해서 차로변경하지 않고 버스 뒤에 대기한다.**

정당한 사유 없이 계속하여 경음기를 울리는 행위는 지양해야 하고, **진로 변경 시 방향 지시등을 켜고 전후방 차량의 안전을 확인** 후 진행해야 한다. 또한 시야 확보가 되지 않는 경우 보행자의 안전에 유의하여야 한다.

712

다음 상황에서 가장 안전한 운전방법 2가지는?

상황설명
- 편도 4차로 도로
- 차량신호등 적색 등화
- 1차로 좌회전 및 유턴, 2·3차로 직진, 4차로 우회전 차로

① **직진하려는 경우 전방 차량신호등이 적색 등화이므로 서행하며 안전하게 선행차량 뒤편에 정차한다.**
② **차량신호등이 녹색 등화로 바뀌면 일단 현재 차로에서 진행하다가 충분한 거리가 확보된 후 안전하게 차로변경한다.**
③ 좌회전차로로 차로를 변경하여 차량신호등이 녹색 등화로 바뀌면 재빨리 맞은편 차로를 이용하여 진행한다.
④ 트랙터를 따라 후행하는 경우 트랙터의 우측으로 앞지르기할 수 있다.
⑤ 유턴하려는 경우 차량 신호등이 적색 등화에 유턴이 가능하다.

- 전방에 속도가 느린 경운기나 트랙터와 같은 농기계가 있는 경우 속도가 자동차에 비해 느리므로 농기계의 진행상태를 잘 살펴 운전하여야 한다. 미리 예상하고 급진로 변경하거나 앞지르기하려는 것은 위험하다.
- 앞지르기는 전방차량의 좌측으로 진행해야 하며, 유턴 시 지시표지에 따라 시기를 준수해야 한다.

713

다음과 같은 상황에서 가장 안전한 운전방법 2가지는?

상황설명
- 어린이보호구역
- 과속방지턱과 도로횡단방지 울타리가 설치되어 있음

① 어린이보호구역에서도 잠깐 주차할 수 있다.
② **차량신호등이 녹색 등화라 하더라도 도로를 횡단하는 어린이가 있는지 주의하면서 진행한다.**
③ 차량신호등이 녹색 등화인 경우 아직 횡단 중인 어린이가 있더라도 속도를 높여 진행한다.
④ 어린이의 하차를 위해서 이곳에서는 정차는 할 수 있다.
⑤ **어린이보호구역에 설정된 제한속도보다 느린 속도로 운전한다.**

- 어린이보호구역에서 주·정차는 금지된다(「도로교통법」 제32조 제8호).
- **차량신호등이 바뀐 경우라도** 횡단보도에 횡단 중인 보행자가 있다면 **보호할 의무가** 있다(「도로교통법」 제48조 제1항 참조).
- **자동차의 운전자는 제한속도보다 빠르게 운전해서는 아니 된다**(「도로교통법」 제17조 제3항).

714

다음 상황에서 가장 안전한 운전방법 2가지는?

상황설명
- 편도 2차로 도로
- 우천으로 노면이 젖어 있음
- 2차로 소방차량 출동 중

① 긴급자동차가 접근하는 경우 일반 차량은 도로 좌우측으로 피양하여 진로를 양보해야 한다.
② 긴급자동차의 뒤를 따라 진행하면 더욱 빨리 운행할 수 있으므로 뒤따라 진행한다.
③ 우측의 긴급자동차가 진로변경할 수 없도록 속도를 더욱 높여 진행한다.
④ 긴급자동차가 긴급한 용무를 마치고 돌아가는 경우 경광등이나 사이렌을 작동하지 않으므로 피양할 필요는 없다.
⑤ 긴급자동차가 후행하여 따라오는 것을 발견하면 앞지르기할 수 없도록 속도를 높여 진행한다.

출동하는 긴급자동차를 발견한 경우 교차로에서는 교차로를 피해서 정차하고 이외 구역은 **긴급자동차가 우선 통행할 수 있도록 진로를 양보**하며, 긴급자동차를 뒤따르거나 추월당하지 않도록 속도를 높여 진행하는 것은 안전하지 않은 운전방법이다.

715

다음 상황에서 가장 안전한 운전방법 2가지는?

상황설명
- 편도 2차로 도로
- 우측 사이드미러로 2차로에 출동 중인 긴급자동차 발견
- 차량 통행량이 많아 정체 상황

① 진로 양보는 2차로만 가능하므로 1차로에서 진행 중인 경우는 후방의 긴급자동차를 주의할 필요는 없다.
② 전방에 교차로가 있는 경우 교차로를 피해 진로를 양보한다.
③ 2차로로 빠르게 차로변경하여 비상등을 켜고 긴급자동차보다 앞서서 주행한다.
④ 긴급자동차의 앞에 진행하는 경우라면 도로 좌우측으로 피양하여 진로를 양보한다.
⑤ 긴급자동차의 뒤를 따라 진행하면 더욱 빨리 운행할 수 있으므로 긴급자동차가 지나간 뒤 2차로로 차로변경하여 바싹 뒤따른다.

출동 중인 긴급자동차를 발견하면 도로 좌우측으로 피양하거나, **교차로인 경우 교차로를 피해 진로를 양보**한다. 긴급자동차의 진로로 계속 주행하거나 후행하여 진행하는 것은 위험하며 반드시 2차로 우측으로 피양하여 양보할 필요는 없다.

716

다음 상황에서 가장 안전한 운전방법 2가지는?

상황설명
• 농어촌도로

① 농기계가 주행 중이 아니라면 운전자는 특별히 주의할 것은 없다.
② 농어촌도로는 제한속도 규정이 없으므로 가속하여 운전한다.
③ **노면에 모래와 먼지가 많으므로 이를 주의하면서 운전한다.**
④ **농기계에 이르기 전부터 일시정지하거나 감속하는 등 농기계와 안전거리를 확보한다.**
⑤ 농기계 운전자에게 방해가 되지 않도록 경음기는 절대 작동하지 않는다.

• 농어촌도로 「도로교통법」상 도로에 해당한다(「도로교통법」 제2조 제1호 다목).
• 제한속도표지가 없더라도 일반도로의 최고속도는 시속 60킬로미터이다(「도로교통법」 시행규칙 제19조 제1항 제1호 나목).

717

다음 상황에서 가장 안전한 운전방법 2가지는?

상황설명
• 주택가 편도 1차로 도로
• 도로 좌우측 주차 차량

① 경음기를 계속 울리며 보행자에게 경고하고 속도를 높여 빠르게 진행한다.
② 중앙선 좌측 보행자의 돌발행동은 대비할 필요가 없다.
③ **주차된 차량 중에서 갑자기 출발하는 차가 있을 수 있으므로 전방 및 좌우를 살피며 서행한다.**
④ **우측 보행자와 거리를 두고 안전에 주의하며 천천히 주행한다.**
⑤ 주택가에서는 일반적으로 중앙선 좌측을 이용하는 것이 안전하다.

• 정당한 사유 없이 계속하여 경음기를 울리는 행위는 지양해야 하고, **보행자의 옆을 지나는 경우에는 안전한 거리를 두고 서행하여 보행자가 안전하게 통행할 수 있도록** 하여야 한다.
• 중앙선을 넘어 좌측으로 통행하는 행위는 특별한 상황을 제외하고 금지된다.

718

다음 상황에서 가장 안전한 운전방법 2가지는?

상황설명
- 전방 차량신호등 적색 등화
- 좌측 어린이보호구역 해제표지
- 1차로 유턴 및 좌회전 차로
- 3차로 직진 및 우회전 차로

① **전방 차량신호등이 적색 등화이므로 정지선 전에 미리 속도를 줄이고 안전하게 정차한다.**
② 전방 좌측 어린이보호구역 해제표지가 있어 현재 진행하는 도로에서는 특별히 어린이의 안전에 주의할 필요는 없다.
③ **좌회전하려는 경우 미리 1차로로 진행하는 후행 차량을 잘 살피고 안전하게 차로를 변경한다.**
④ 우회전하려는 경우 3차로에 신호대기 중인 차량을 피해 보도를 통해 우회전한다.
⑤ 도로 우측의 황색실선은 정차는 허용하나 주차는 금지하는 표지이므로 잠시 정차하는 것은 가능하다.

- 전방 차량신호등 적색 등화인 경우 미리 서행하며 교차로 전 안전하게 정차하며, 좌측으로 진로변경하고자 하는 경우 후행 좌측 차로를 진행하는 차량이 있는지 확인하여 주행하여야 한다.
- 어린이보호구역 해제표지가 있는 경우 그곳까지는 어린이보호구역으로 인정되고, 3차로는 직진 및 우회전 차로이므로 후방에 정차하여 우회전할 수 있는 공간이 있을 때까지 대기하는 것이 좋다. 도로 우측의 황색실선은 주·정차 금지구역을 표시하는 것이므로 정차도 금지된다.

719

다음 상황에서 가장 안전한 운전방법 2가지는?

상황설명
- 좌우측 주차 차량

① **안전하게 서행하거나 일시정지하여 횡단하는 보행자를 보호한다.**
② 도로를 횡단하는 보행자는 보호할 의무가 없으므로 신속하게 진행한다.
③ **우측 주차된 차량의 문이 열릴 수 있으므로 대비하며 진행한다.**
④ 주차공간이 부족한 경우 전방 좌측의 적색 연석 구간에 주차할 수 있다.
⑤ 주차된 차량 뒤에서 사람이 나오는 것까지 주의할 필요는 없으므로 속도를 높여 진행해도 된다.

- 보행자가 횡단보도가 설치되어 있지 아니한 도로를 횡단하고 있을 때에는 **안전거리를 두고 서행 또는 일시정지**하여 보행자가 안전하게 횡단할 수 있도록 하여야 한다.
- **주차된 차량에서 문이 열릴 경우를 대비하여 운전하는 것이 안전**하다.
- 소화전 앞 적색 연석 구간에서는 주·정차가 모두 금지된다.

720

다음 상황에서 가장 안전한 운전방법 2가지는?

상황설명
- 보도가 없는 주택가 오르막 이면도로
- 우측에 골목길이 있는 ㅏ형 교차로

① **우측 골목길에서 차량 또는 보행자가 진입할 수 있으므로 주의하며 진행한다.**
② 중앙선이 없으므로 보행자와 최대한 가까이 우측으로 진행한다.
③ 최고 제한속도표지가 없으므로 속도를 높여 빠르게 진행한다.
④ 도로의 우측 부분을 주행하면서 보행자에게 계속 경음기를 울려 보행자가 길을 비켜주도록 유도한다.
⑤ **보행자의 통행에 방해가 될 때에는 서행하거나 일시정지한다.**

- 중앙선이 없는 도로에서 **보행자의 옆을 지나는 경우에는 안전한 거리를 두고 서행**하여야 하며, 보행자의 통행에 방해가 될 때에는 서행하거나 일시정지하여 보행자가 안전하게 통행할 수 있도록 하여야 한다.
- 교차로 진입 시 **다른 차량이나 보행자에 유의하여 진행**하여야 한다.
- 정당한 사유 없이 계속하여 경음기를 울리는 것은 지양한다.

721

다음 상황에서 가장 안전한 운전방법 2가지는?

상황설명
- 전방 도로 공사현장
- 우측 백색 길 가장자리구역선
- 전방에서 저속화물차를 앞지르기하는 승용차

① **공사 중 안내표지판이 있으므로 속도를 줄이고 진행한다.**
② 전방에 중앙선을 넘은 차량에 경각심을 주기 위해 속도를 높이고 상향등을 켜서 운전한다.
③ 비상점멸등을 켜고 속도를 높여 빠르게 진행한다.
④ **사고 방지를 위해 후방에서 진행하는 차량을 주의하며 속도를 줄이고 진행한다.**
⑤ 우측 길 가장자리구역선은 정차가 허용되지 않는 장소이다.

- 공사 중인 도로이므로 안전을 확인한 후 주의하면서 서행으로 진행하여야 한다. 또한 전·후방의 **진행하는 차량들의 안전을 확인하며 진행**한다.
- 길 가장자리구역선 중 흰색실선은 주·정차가 허용되나 공사구간인 경우 주차는 금지되고 정차는 허용된다.

722

다음 상황에서 가장 안전한 운전방법 2가지는?

상황설명
- 겨울철 다리 위
- 선행 화물차 1차로에서 2차로로 차로변경 중

① 겨울철에는 노면 살얼음에 주의하며 운전한다.
② 도로 상황이 한적하므로 주차해도 된다.
③ 차로를 변경하여 진행할 수 있다.
④ 다리 위를 진행할 때에는 앞지르기를 할 수 없다.
⑤ 차로변경하는 화물차에게 주의를 주기 위해 화물차 뒤를 바싹 붙어 진행한다.

- 모든 차의 운전자는 **다리 위에서는 다른 차를 앞지르지 못한다**(「도로교통법」 제22조 제3항 제3호).
- 모든 차의 운전자는 터널 안 및 다리 위에서 주차를 해서는 아니 된다(「도로교통법」 제33조 제1호).

723

다음 상황에서 가장 안전한 운전방법 2가지는?

① 앞서 가는 이륜차가 갑자기 도로 중앙 쪽으로 들어올 수 있으므로 주의하며 진행한다.
② 한적한 도로이므로 속도를 높여 진행한다.
③ 이륜차와의 안전거리를 충분히 유지한다.
④ 경음기를 반복적으로 울리며 속도를 올려 앞지른다.
⑤ 중앙선을 넘지 않도록 이륜차에 바싹 붙어 진행한다.

이륜차가 도로의 중앙 쪽으로 이동할 수 있으므로 **안전거리를 충분히 유지**하며 감속하여야 한다.

724

다음 상황에서 통행방법으로 잘못된 2가지는?

① 회전교차로에서는 시계방향으로 통행하여야 안전하다.
② 회전교차로에 진입하려는 경우에는 진입하기에 앞서 서행하거나 일시정지하여야 한다.
③ 회전교차로 안에서 진행하고 있는 차가 회전교차로에 진입하려는 차에게 진로를 양보해야 한다.
④ 회전교차로 진입을 위하여 방향지시등을 켠 차가 있으면 그 뒤차는 앞차의 진행을 방해하여서는 아니 된다.
⑤ 회전교차로 내에서는 주차나 정차를 하여서는 아니 된다.

- 차의 운전자는 **회전교차로에서는 반시계방향으로** 통행하여야 한다(「도로교통법」 제25조의2 제1항).
- 차의 운전자는 회전교차로에 진입하려는 경우에는 이미 진행하고 있는 **다른 차가 있는 때에는 그 차에 진로를 양보**하여야 한다(「도로교통법」 제25조의2 제2항).

725
다음 상황에서 확인할 수 없는 교통안전표지 2가지는?

① 횡단보도표지
② 좌회전 금지표지
③ 회전형 교차로표지
④ 정차·주차금지표지
⑤ 통행금지표지

• 회전형 교차로표지(「도로교통법」 시행규칙 별표6 일련번호 109)는 사진에 없다.
• 통행금지표지(「도로교통법」 시행규칙 별표6 일련번호 201)는 사진에 없다.

726
다음 상황에서 가장 안전한 운전방법 2가지는?

상황설명
• 통행량이 많은 상가 앞 도로
• 전방에 무단횡단하는 보행자

① 보행자가 무단횡단을 하더라도 전방의 보행자 안전을 확인하며 진행한다.
② 무단횡단하는 보행자에 대해서는 보호할 필요가 없으므로 그대로 진행한다.
③ 경음기를 크게 울려 무단횡단자가 도로를 횡단하지 못하도록 한다.
④ 비상점멸등을 켜서 뒤따라오는 차량들에게 위험 상황을 알려준다.
⑤ 무단횡단하는 보행자 바로 앞에서 급정지하여 보행자에게 훈계한다.

무단횡단을 하는 보행자라고 해도 **안전거리를 두고 사고가 발생하지 않도록 주의**해야 한다. 또한 **뒤따라오는 차량에게 위험을 알리기 위해 비상점멸등을 켜는 것이 안전**하다.

727

다음 상황에서 가장 안전한 운전방법 2가지는?

① **우측의 양보표지는 진입하는 차량이 준수해야 하는 표지이다.**
② 회전교차로 안에서 앞지르기하고자 할 때는 앞차의 좌측으로 앞지르기해야 한다.
③ 모든 차량은 제한 없이 1시 방향 출구를 이용할 수 있다.
④ 회전교차로 통행 중인 차량보다 진입하는 차량이 우선이므로 그대로 진입하여 통과한다.
⑤ **회전교차로 안에서 밖으로 진출하려고 할 때에는 방향지시등을 켜야 한다.**

- 교차로에서의 앞지르기는 금지된다(「도로교통법」 제22조 제3항 제1호).
- 차의 운전자는 **회전교차로에 진입하려는 경우**에는 이미 **진행하고 있는 다른 차가 있는 때에는 그 차에 진로를 양보**하여야 한다(「도로교통법」 제25조의2 제2항).
- 이미 회전하는 차가 진로를 양보할 의무는 없다.
- 교차로에서는 주차와 정차가 금지된다(「도로교통법」 제32조 제1호).
- 우회전 또는 진로를 오른쪽으로 바꾸려는 때에는 오른쪽 방향지시등을 켜도록 하고 있으며(「도로교통법」 시행규칙 별표2), **회전교차로에서 진출하려는 경우는 방향지시등을 켜도록** 하고 있다(「도로교통법」 제38조 제1항).
- 다리를 통행할 경우 운행제한표지 내용을 준수하여야 한다.

728

다음과 같은 상황에서 가장 잘못된 운전방식 2가지는?

상황설명
- 편도 3차로 고속도로
- 평일 오후 경부고속도로 서울방면 청주 옥산IC 인근
- 도로의 가장 우측은 가변차로
- 사진상의 모든 자동차는 90~100km/h의 속도로 진행 중

① **버스전용차로는 버스만 통행할 수 있다.**
② **승용차는 앞선 화물차를 앞지르기 위해서 1차로로 통행할 수 있다.**
③ 전방 화물차와 안전거리를 유지하며 낙하물에 주의한다.
④ 가변차로로 통행하던 차량은 3차로로 진로를 변경해야 한다.
⑤ 5t 화물차는 옥산IC로 진출할 수 없다.

- 평일 경부고속도로의 버스전용차로는 오산IC부터 한남대교남단까지만 운영된다. **평일에 이 구간 외의 경부고속도로 1차로는 버스전용차로가 아니고 고속도로의 1차로가 된다.**
- 고속도로의 1차로는 앞지르기를 하려는 승용자동차 및 앞지르기를 하려는 경형·소형·중형승합자동차가 1차로로 통행할 수 있다(「도로교통법」 시행규칙 별표9).
- 다리 위에서의 앞지르기는 금지되어 있다(「도로교통법」 제22조 제3항 제3호).

729

다음 상황에서 가장 안전한 운전방법 2가지는?

상황설명
- 중앙선이 없는 이면도로
- 보행자가 도로를 횡단하려는 상황

① 전방에 보행자가 도로를 횡단하려 하므로 일시정지 후 보행자의 안전을 확인하고 진행한다.
② 이면도로이므로 보행자를 보호할 의무가 없어 속도를 올려 진행한다.
③ 뒤따르는 차량이 있다면 비상점멸등을 켜서 위험 상황을 알려준다.
④ 경음기를 반복하여 울려 보행자가 횡단하지 못하도록 한다.
⑤ 보행자 바로 앞에서 급정지하여 보행자에게 주의를 준다.

> 보행자가 중앙선이 없는 **이면도로를 보행하고 있는 경우 안전거리를 두고 서행 또는 일시정지**하여 보행자가 안전하게 보행할 수 있도록 하여야 한다. 또한 **후방 차량에 위험을 알리기 위해 비상점멸등을 켜는 것이 안전**하다.

730

다음 상황에서 가장 안전한 운전방법 2가지는?

상황설명
- 자동차전용도로
- 우측의 진입로에서 본선 차로로 진입하는 상황

① 차로변경이 가능한 차로에서는 방향지시등을 켜지 않고 차로변경해도 된다.
② **1차로에서 주행 중인 승용차는 2차로로 차로변경할 수 있다.**
③ 진입차로에서 바로 1차로로 차로변경할 수 있다.
④ **2차로에서 주행 중인 승용차는 1차로로 차로변경할 수 있다.**
⑤ 2차로에서 진입차로로 차로변경할 수 있다.

> - 안전표지가 설치되어 특별히 진로 변경이 금지된 곳에서는 차량의 진로를 변경하여서는 안 된다.
> - **백색점선 구간에서는 진로변경이 가능**하지만 백색실선 구간에서는 진로변경하면 안 된다.
> - 백색실선과 점선의 복선 구간에서는 점선이 있는 쪽에서만 진로변경이 가능하다.
> - 진로 변경 시 반드시 방향지시등을 켜야 하고 1개 차로씩 안전에 유의하며 진행하는 것이 안전하다.

731

다음 상황에서 가장 안전한 운전방법 2가지는?

상황설명
- 다리 위 편도 2차로 도로

① 앞지르기를 하려면 좌측 차로에서 진행하는 승용차가 지나간 후 안전하게 좌측 차로로 앞지르기한다.
② **다리 위 도로에서는 주차할 수 없다.**
③ 2차로에서 1차로로 차로를 변경하여 진행할 수 있다.
④ **다리 위 도로에서는 앞지르기할 수 없다.**
⑤ 전방 차량이 저속으로 진행하는 경우 앞 차량의 뒤쪽에 바싹 붙어 진행한다.

> 다리 위 **백색실선 구간에서는 다른 차량을 앞지르기하거나 진로변경할 수 없으며** 자동차전용도로에서는 **주차가 금지**된다.

732

다음 상황에서 가장 안전한 운전방법 2가지는?

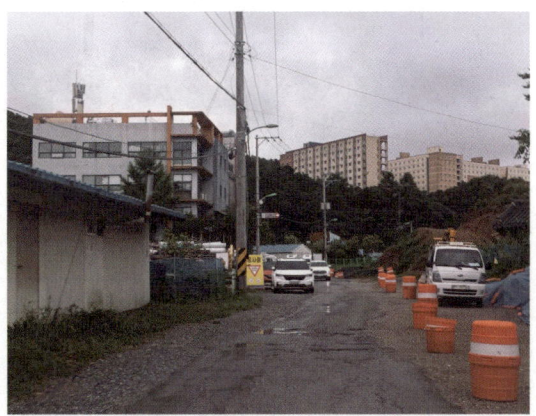

상황설명
- 공사 중인 도로
- 맞은편에서 진행해오는 차량
- 길 우측에 주차시켜 놓은 공사 차량

① **도로 공사 중이므로 전방 상황을 잘 주시하며 운전한다.**
② 노면이 고르지 않으므로 속도를 줄이지 않고 빠르게 진행하는 것이 안전하다.
③ **맞은편에서 진행하는 차량에 주의하며 서행한다.**
④ 경음기를 계속 사용하며 우측의 주차되어 있는 공사 차량에 경고하고 속도를 높여 신속하게 진행한다.
⑤ 맞은편에서 진행하는 차량이 가까워질 때까지 속도를 유지하다가 급정지한다.

공사 중인 이면도로에서는 돌발 상황에 대비하여 속도를 줄이고 예측 · 방어 · 양보 운전한다.

733

다음과 같은 상황에서 잘못된 운전방법 2가지는?

① 하이패스 이용자는 미리 하이패스전용차로로 차로를 변경한다.
② **하이패스 차로에서는 정차하지 않으므로 전방 진행차량의 상황에 주의를 기울이며 운전하지 않아도 된다.**
③ 현금이나 카드로 요금을 계산하려면 미리 해당 차로로 진로를 변경한다.
④ **현금으로 요금을 계산하려 했으나 다른 차로로 진입하게 된 때에는 후진하여 차로를 찾아간다.**
⑤ 톨게이트를 통행할 때에는 시속 30킬로미터 이내의 속도로 통과한다.

「도로교통법」 제62조
자동차의 운전자는 그 차를 운전하여 고속도로등을 횡단하거나 유턴 또는 후진하여서는 아니 된다.

734

다음 상황에서 가장 안전한 운전방법 2가지는?

상황설명
- 자동차전용도로
- 좌측 진출로로 나가는 상황

① **백색실선과 점선의 복선 구간이므로 점선이 있는 쪽에서 차로변경하여 진출한다.**
② 좌측 갓길에 일시정지한 후 진출한다.
③ 진출로를 지나치면 차량을 후진해서라도 원래의 진출로에서 진출을 시도한다.
④ **후방 교통상황을 감안하여 좌측 진출로로 주행한다.**
⑤ 진출로에 들어선 후 다시 우측 차로로 차로변경 할 수 있다.

- 안전표지가 설치되어 특별히 진로 변경이 금지된 곳에서는 차량의 진로를 변경하여서는 안 된다.
- 백색점선 구간에서는 진로변경이 가능하지만 백색실선 구간에서는 진로변경을 하면 안 된다.
- **백색실선과 점선의 복선 구간에서는 점선이 있는 쪽에서만 진로변경이 가능하다.**

735

다음 상황에서 가장 안전한 운전방법 2가지는?

상황설명
- 회전교차로

① 회전교차로에서는 시계방향으로 통행하여야 안전하다.
② **회전교차로에 진입하려는 경우에는 진입하기에 앞서 서행하거나 일시정지하여야 한다.**
③ 회전교차로 안에서 진행하고 있는 차는 회전교차로에 진입하려는 차에게 진로를 양보해야 한다.
④ 회전교차로에서 나가고자 하는 경우 방향지시등을 점등하지 않고 그대로 진출한다.
⑤ **회전교차로 진입을 위하여 방향지시등을 켠 차가 있으면 그 뒤차는 앞차의 진행을 방해하여서는 아니 된다.**

- 회전교차로에서는 반시계방향으로 통행하여야 한다.
- **회전교차로에 진입하려는 경우에는 서행하거나 일시정지**하여야 하며, 이미 진행하고 있는 다른 차가 있는 때에는 그 차에 진로를 양보하여야 한다.
- 회전교차로 통행을 위하여 손이나 방향지시기 또는 등화로써 신호를 하는 차가 있는 경우 그 뒤차의 운전자는 신호를 한 앞차의 진행을 방해하여서는 안 된다.
- **회전교차로 진출입 시 방향지시등을 점등**하여야 한다(「도로교통법」 제25조의2).

736

다음 상황에서 차로변경에 대한 설명으로 옳은 것 2가지는?

상황설명
- 길 우측의 진입차로에서 본선 차로로 진입하는 상황

① 2차로를 주행 중인 승용차는 1차로로 차로변경을 할 수 있다.
② **1차로를 주행 중인 승용차는 2차로로 차로변경을 할 수 없다.**
③ 진입차로에서 바로 1차로로 차로변경을 할 수 있다.
④ **2차로를 주행 중인 승용차는 진입차로로 차로변경을 할 수 없다.**
⑤ 모든 차로에서 차로변경을 할 수 있다.

- 차마의 운전자는 안전표지가 설치되어 특별히 진로 변경이 금지된 곳에서는 차마의 진로를 변경하여서는 아니 된다. 다만 도로의 파손이나 도로공사 등으로 인하여 장애물이 있는 경우에는 그러하지 아니하다(「도로교통법」 제14조 제5항).
- 백색 점선 구간에서는 차로변경이 가능하지만 백색 실선 구간에서는 차로변경을 하면 안 된다. 또한 점선과 실선이 복선일 때도 점선이 있는 쪽에서만 차로변경이 가능하다.

737

다음 상황에서 가장 안전한 운전방법 2가지는?

상황설명
- 자동차전용도로
- 눈이 와서 노면이 미끄러운 상황
- 2차로에서 길 우측의 진출로로 차로변경하려는 상황

① 갓길에 일시정지한 후 진출한다.
② **백색점선과 실선의 복선 구간에서 진출한다.**
③ 진출로를 지나치면 차량을 후진해서라도 원래 가려던 곳으로 진출을 시도한다.
④ **노면이 미끄러우므로 충분히 감속하여 차로를 변경한다.**
⑤ 진출 시 정체되면 끼어들기를 해서라도 빠르게 진출을 시도한다.

- 차마의 운전자는 안전표지가 설치되어 특별히 진로 변경이 금지된 곳에서는 차마의 진로를 변경하여서는 아니 된다. 다만 도로의 파손이나 도로공사 등으로 인하여 장애물이 있는 경우에는 그러하지 아니하다(「도로교통법」 제14조 제5항).
- 백색 점선 구간에서는 차로변경이 가능하지만 백색 실선 구간에서는 차로변경을 하면 안 된다. 또한 점선과 실선이 복선일 때도 점선이 있는 쪽에서만 차로변경이 가능하다.

738

다음 상황에서 가장 안전한 운전방법 2가지는?

상황설명
- 앞서 진행하는 화물차에서 눈이 흩날리는 상황
- 눈이 내리고 있어 도로가 미끄러운 상태

① **속도를 줄이며 전방 상황의 안전을 확인하며 진행한다.**
② 2차로 진행 중 우측에 있는 차로로 차로변경한 후 화물차를 앞지르기하여 진행한다.
③ 눈이 오는 상황이므로 최고 제한속도의 10퍼센트를 감속하여 진행한다.
④ 백색 점선 구간이기에 차로변경을 할 수 없다.
⑤ **도로의 결빙상태를 확인하고 후방의 상황도 살피면서 진행한다.**

- 차마의 운전자는 안전표지가 설치되어 특별히 진로 변경이 금지된 곳에서는 차마의 진로를 변경하여서는 아니 된다. 다만 도로의 파손이나 도로공사 등으로 인하여 장애물이 있는 경우에는 그러하지 아니하다(「도로교통법」 제14조 제5항).
- 백색 점선 구간에서는 차로변경이 가능하지만 백색 실선 구간에서는 차로변경을 하면 안 된다. 또한 점선과 실선이 복선일 때는 점선이 있는 쪽에서만 차로변경이 가능하다. 또한 전·후방의 진행하는 차량들의 안전을 확인하며 진행한다.
- 눈이 내려 20밀리미터 이하로 쌓였을 경우에는 **도로 최고제한속도의 20퍼센트를 감속하여 운전**한다.

739

다음 상황에서 가장 안전한 운전방법 2가지는?

상황설명
- 눈이 내리고 있어 도로가 미끄러운 상태
- 자동차전용도로
- 우측의 진출차로로 진행하는 상황

① 좌측 방향지시등을 켜고 안전거리를 확보하며 상황에 맞게 우측으로 진출한다.
② **전후방 교통상황을 살피면서 진출로로 나간다.**
③ 진출로를 지나친 경우 후진을 하여 돌아온 후에 원래 가려고 했던 길로 간다.
④ 진출로에 주행하는 차량이 보이지 않으면 굳이 방향지시등을 켤 필요가 없다.
⑤ **미끄러짐 방지를 위해 평소보다 앞차와의 거리를 넓혀 진행한다.**

- 모든 차의 운전자는 **차의 진로를 변경하려는 경우에 그 변경하려는 방향으로 오고 있는 다른 차의 정상적인 통행에 장애를 줄 우려가 있을 때에는 진로를 변경하여서는 아니 된다** (「도로교통법」 제19조 제3항).
- 운전자는 진로를 바꾸려고 하는 경우에는 방향지시등으로써 그 행위가 끝날 때까지 신호를 하여야 한다(「도로교통법」 제38조 제1항).
- **급차로변경을 해서는 아니 되며, 충분한 안전거리를 확보**하고 진출하고자 하는 방향의 방향지시등을 미리 켜고 진행한다.

740

다음 상황에서 가장 안전한 운전방법 2가지는?

상황설명
- 눈이 내리고 있어 도로가 미끄러운 상태
- 같은 차로 앞서 진행 중인 화물차가 저속으로 진행 중
- 2차로 선행 화물자동차를 앞지르려고 하는 상황

① 3차로에 진행하는 차량이 없으므로 3차로로 차로변경하여 신속하게 앞지르기한다.
② 전방 화물차에 상향등을 연속적으로 사용하여 화물차가 양보하게 한다.
③ 전방의 저속주행하는 화물차 뒤를 바싹 붙어서 따라간다.
④ **터널 안에서는 앞지르기를 할 수 없다.**
⑤ **좌측 차로에 차량이 많으므로 무리하게 앞지르기를 시도하지 않는다.**

- 모든 차의 운전자는 다른 차를 앞지르려면 앞차의 좌측으로 통행하여야 한다(「도로교통법」 제21조 제1항).
- 차의 진로를 변경하려는 경우에 그 변경하려는 방향으로 오고 있는 다른 차의 정상적인 통행에 장애를 줄 우려가 있을 때에는 진로를 변경하여서는 아니 된다(「도로교통법」 제19조 제1항).
- **좌측 방향지시등을 미리 켜고 안전거리를 확보 후 좌측차로로 진입한 후 앞지르기를 시도**해야 한다.
- 교차로, **터널 안**, 다리 위 등은 **앞지르기 금지장소**이다(「도로교통법」 제22조 제3항).

741

다음 상황에서 가장 안전한 운전방법 2가지는?

상황설명
- 터널 밖은 눈이 내리고 있어 도로가 미끄러운 상태

① 도로가 미끄러우므로 터널을 나가기 전에 3차로로 차로변경 후 감속하며 주행한다.
② 터널 밖의 상황을 알 수 없으므로 터널을 빠져나오면서 가속하며 주행한다.
③ 터널 안에서는 차로변경이 가능한 구간이기에 1차로로 차로변경 후 가속하며 신속하게 주행한다.
④ **터널 밖의 도로는 미끄러울 수 있으니 감속하며 주행한다.**
⑤ **터널에서 진출 시 명순응 현상이 나타날 수 있으니 주의한다.**

- 모든 차의 운전자는 교차로에서 우회전을 하려는 경우에는 미리 도로의 우측 가장자리를 서행하면서 우회전하여야 한다. 이 경우 우회전하는 차의 운전자는 신호에 따라 정지하거나 진행하는 보행자 또는 자전거등에 주의하여야 한다(「도로교통법」 제25조 제1항).
- 우회전하려는 경우 교차로에 이르기 전 30m부터 방향지시등을 조작한다(「도로교통법」 시행령 별표2).
- 위험을 방지하기 위하여 정지하거나 서행하고 있는 차 앞으로 끼어드는 행위는 끼어들기위반에 해당한다(「도로교통법」 제23조, 제22조 제2항 제3호).
- **어두운 곳에서 밝은 곳으로 갑자기 나오면** 눈이 밝은 빛에 적응하는 데 시간이 걸리는 **명순응 현상**이 나타날 수 있으므로, 감속하여 **돌발상황을 대비하는 안전운전**의 자세가 필요하다.

742

사진에 나타난 교통안전시설과 이에 따른 해석으로 잘못된 것 2가지는?

상황설명
- 사거리 교차로 및 자동차전용도로 입구
- 차량 신호등은 적색 등화의 점멸

① **차폭제한표지 - 표지판에 표시한 폭이 초과된 차 (적재한 화물의 폭을 포함)의 통행을 제한**
② 이륜자동차 및 원동기장치자전거 통행금지표지 - 이륜자동차 및 원동기장치자전거의 통행을 금지
③ 자동차전용도로표지 - 자동차전용도로 또는 전용 구역임을 지시하는 것
④ **차량신호등(적색 등화의 점멸) - 다른 교통 또는 안전표지의 표시에 주의하면서 서행할 수 있다.**
⑤ 중앙선 - 설치된 곳의 우측으로 통행할 것을 나타 내는 선

- 차높이제한표지 : 표지판에 표시한 높이를 초과하는 차(적재한 화물의 높이를 포함)의 통행을 제한(「도로교통법」 시행규칙 별표6 일련번호 221)
- 차량 신호등 중 **적색 등화의 점멸**의 뜻 : 차마는 정지선이나 횡단보도가 있을 때에는 그 직전이나 교차로의 직전에 **일시정지한 후 다른 교통에 주의하면서 진행할 수 있다**(「도로교통법」 시행규칙 별표2).

743

다음 상황에서 가장 안전한 운전방법 2가지는?

상황설명
- 자동차전용도로
- 2차로에서 우측 진출로로 진로를 변경하려는 상황

① 진출로에 차량이 정체되면 안전지대를 통과하여 빠르게 진출한다.
② 진출로로 진로를 변경한 후에는 다른 차가 앞으로 끼어들지 못하도록 앞 차량에 바싹 붙어 진행한다.
③ **백색실선과 점선의 복선 구간이므로 점선이 있는 쪽에서 진로변경하여 진출한다.**
④ 우측의 진출로로 진로변경 후에 길을 잘못 들었다고 판단되면 다시 좌측의 본선 차로로 진로변경하여 주행한다.
⑤ **진출로로 진로변경 시에 우측 방향지시등을 작동한다.**

- 안전표지가 설치되어 특별히 진로 변경이 금지된 곳에서는 차량의 진로를 변경하여서는 안 된다.
- 백색점선 구간에서는 진로변경이 가능하지만 백색실선 구간에서는 진로변경을 하면 안 된다.
- 백색실선과 점선의 **복선 구간에서는 점선이 있는 쪽에서만 진로변경**이 가능하다.
- **진로변경 시 방향지시등을 켜고** 전후방의 진행하는 차량들의 안전을 확인하며 진행해야 하며 안전지대 진입은 금지된다.

744

다음 상황에서 가장 안전한 운전방법 2가지는?

상황설명
- 자동차전용도로
- 지하차도 입구

① 지하차도 진입 전 백색실선 구간에서 2차로로 차로변경할 수 있다.
② **지하차도 안에서는 전조등을 켜고 전방 상황을 주의하며 안전한 속도로 진행한다.**
③ 지하차도 안에서는 백색실선 구간이더라도 속도가 느린 다른 차를 앞지르기할 수 있다.
④ **지하차도 안에서는 앞차와 안전거리를 유지한다.**
⑤ 자동차전용도로에 잘못 진입한 경우 안전하게 후진하여 진행한다.

- 안전표지가 설치되어 특별히 진로 변경이 금지된 곳에서는 차량의 진로를 변경하여서는 안 된다.
- 백색점선 구간에서는 진로변경이 가능하지만 백색실선 구간에서는 진로변경을 하면 안 된다.
- **지하차도는** 주간이라도 **등화를 켜는 것이 안전**하고 **앞차와의 안전거리를 유지**하며 진행한다.
- 자동차전용도로에서의 후진은 금지된다.

745

다음 상황에서 가장 안전한 운전방법 2가지는?

상황설명
- 자동차전용도로
- 저속으로 진행하던 1차로의 화물차가 2차로로 차로변경 중
- 2차로에서 진행 중

① 경음기나 상향등을 연속적으로 사용하여 화물차의 차로변경을 방해한다.
② **화물차가 안전하게 차로변경할 수 있도록 양보한다.**
③ 속도를 높여 화물차의 뒤쪽에 바싹 붙어 진행한다.
④ 3차로를 진행하는 후행차량에 관계없이 3차로로 급차로변경하여 빠르게 화물차 주변을 벗어난다.
⑤ **실내외 후사경 등을 통해 후방의 상황을 확인하고 주의하며 속도를 줄여 주행한다.**

진로를 변경하고자 하는 차량이 있다면 속도를 서서히 줄여 안전하게 **진로 변경할 수 있도록 양보**한다. 이때 실내외 후사경 등을 통해 **뒤따라오는 차량의 상황도 살피는 것이 중요**하다.

746

다음 상황에서 가장 안전한 운전방법 2가지는?

상황설명
- 자동차전용도로
- 전방 화물차가 저속으로 진행
- 3차로에서 진행 중

① 전방 화물차를 앞지르기하려면 경음기나 상향등을 연속적으로 사용하여 화물차가 양보하게 한다.
② 4차로를 이용하여 신속하게 앞지르기한다.
③ 전방 화물차에 최대한 가깝게 진행한 후 앞지르기한다.
④ **좌측 방향지시등을 미리 켜고 안전거리를 확보 후 2차로를 이용하여 앞지르기한다.**
⑤ **차로변경 시 좌측차로에서 진행하는 차량을 살피고 무리하게 앞지르기를 시도하지 않는다.**

- 다른 차를 앞지르려면 앞차의 **좌측으로 통행**하여야 하며 이때 방향지시등을 미리 켜고 안전거리를 확보 후 앞지르기를 시도해야 한다.
- 차의 진로를 변경하려는 경우에 그 변경하려는 방향으로 오고 있는 **다른 차의 정상적인 통행에 장애를 줄 우려가 있을 때에는 진로를 변경하여서는 안 된다.**

747

다음 상황에서 가장 안전한 운전방법 2가지는?

상황설명
- 자동차전용도로
- 2차로에서 3차로로 차로변경하려는 상황

① **3차로에서 주행하는 차량의 위치나 속도를 확인 후 안전이 확인되면 차로변경한다.**
② 3차로에 진입할 때에는 무조건 속도를 최대한 줄인다.
③ 3차로에 충분한 거리가 확보되지 않더라도 신속하게 급차로변경을 한다.
④ **차로를 변경하기 전 미리 방향지시등을 켜고 안전을 확인 후 주행한다.**
⑤ 방향지시등을 미리 켜면 양보해주지 않으므로 차로변경을 시작함과 동시에 방향지시등을 작동시키면서 진입한다.

- 차의 진로를 변경하려는 경우에 그 변경하려는 방향으로 오고 있는 다른 차의 정상적인 통행에 장애를 줄 우려가 있을 때에는 진로를 변경하여서는 아니 된다.
- 고속도로와 자동차전용도로에서는 **진로변경 전** 100m 전방에서 **방향지시등을 미리 켜고 안전거리를 확보 후 진로변경**해야 한다.

748

다음 상황에서 가장 안전한 운전방법 2가지는?

상황설명
- 자동차전용도로
- 전방 2차로에서 3차로로 차로변경하는 화물차
- 2차로 진행 중

① 차로변경하려는 화물차를 피하여 1차로로 차로변경한다.
② **화물차와의 추돌을 피하기 위해 후방 교통상황을 확인하고 감속하여 주행한다.**
③ 터널이 짧아 전방의 터널 밖 상황을 확인할 수 있으므로 터널을 빠져 나올 때 가속하며 주행한다.
④ **터널에 진입하면 전조등을 점등한다.**
⑤ 화물차가 3차로로 차로변경하여 앞 승용차와의 거리가 멀어지면 최대한 앞 승용차의 뒤를 바짝 뒤따라간다.

- 안전표지가 설치되어 특별히 진로 변경이 금지된 곳에서는 차량의 진로를 변경하여서는 안 된다.
- 백색점선 구간에서는 진로변경이 가능하지만 백색실선 구간에서는 진로변경을 하면 안 된다.
- **터널 내에서는 앞차와의 안전거리를 유지하여 사고를 방지**할 필요가 있다.

749

다음과 같은 상황에서 알 수 있는 정보와 이에 따른 안전한 운전방법을 연결한 것으로 바르지 않은 것 2가지는?

상황설명
- 평일 오후 경부고속도로 청주 휴게소 인근
- 편도 3차로 고속도로
- 사진상의 모든 자동차는 90~100km/h의 속도로 진행 중

① 도로상 낙하물 - 비상점멸등을 켜 후행 차량에 위험 상황을 알린다.
② 1차로 - 평일에는 승용차 운전자가 앞지르기를 위해 진행할 수 있다.
③ **3차로의 노면 색깔 유도선 - 평일에는 버스전용으로 운용되는 차로이다.**
④ 휴게소표지 - 전방 우측에 곧 휴게소가 있음을 알리는 표지이다.
⑤ **편도 3차로 도로 - 화물자동차 운전자는 앞지르기를 위해 1차로로 진행할 수 있다.**

- 3차로에 설치된 녹색선은 차선이 아니고 노면 색깔 유도선이다. **노면 색깔 유도선은 자동차의 주행방향을 안내**하기 위하여 차로 한가운데에 이어 그린 선이다.
- 고속도로 편도 3차로 도로에서 오른쪽 차로(사진에서는 3차로)로 통행해야 하고 **앞지르기를 할 때에는 왼쪽 바로 옆 차로로 통행할 수 있다**(「도로교통법」 시행규칙 별표9).

750

다음과 같은 상황에서 잘못된 운전방법 2가지는?

상황설명
- 감속차로 제외 편도 3개 차로가 설치된 도로
- 고속도로 휴게소 진입로로 완전히 들어선 상황

① 서서히 감속한다.
② 전방 공사안내차량을 주시한다.
③ 앞선 차량과 안전거리를 유지한다.
④ **휴대전화 사용을 위해 공사안내차량 뒤편에 잠시 정차한다.**
⑤ **휴게소에 들르지 않기로 했다면 좌측 후사경을 주시하면서 방향지시등을 켠 채 3차로로 즉시 차로를 변경한다.**

- 고속도로에서 급제동이나 급감속을 하게 되면 사고의 우려가 크다. 가급적 서서히 속도를 줄여 제한속도를 준수해야 한다.
- 백색실선은 진로변경을 제한하는 의미를 가진다(「도로교통법」 시행규칙 별표6 일련번호 503).

751

가속페달이 운전석 매트에 끼여 되돌아오지 않아 가속될 경우 운전자가 안전하게 정차 또는 감속할 수 있는 방법 2가지는?

① **제동페달을 힘껏 세게 밟는다.**
② 비상점멸표시등 버튼을 지속 조작한다.
③ 경음기를 강하게 누르며 주행한다.
④ **전자식 주차브레이크(EPB)를 지속 조작한다.**
⑤ 조향핸들을 강하게 좌우로 조작한다.

- 가속페달이 물체(매트, 이물질 등)에 끼어 지속적으로 조작되더라도 **제동페달을 조작할 경우 브레이크 오버라이드(BOS, Brake Override System) 기능이 작동하여 제동신호를 우선**하여 감속 및 정차가 가능하다.
- **전자식 주차브레이크(EPB)는 비상제동기능이 포함되어 있으므로 지속 조작할 경우 감속 또는 조작이 가능하다.**
- 의도하지 않는 가속상황에서도 동일한 방법으로 정차 또는 감속 가능하다.
※ 의도하지 않는 가속상황이란?
  ① 기계적 결함으로 인한 가속페달 고착
  ② 가속페달 바닥매트 걸림
  ③ 외부 물체(물병, 신발, 물티슈 등) 끼임 등으로 가속페달이 복귀되지 않는 경우

752

다음과 같은 상황에서 가장 안전한 운전방법 2가지는?

상황설명
- 고속도로 진출입로 부근

① 전방에 무인 과속 단속 중이므로 급제동하여 감속한다.
② **미리 속도를 줄이고 안전하게 진행한다.**
③ 차로를 착각하였다면 안전지대를 이용하여 진로를 변경할 수 있다.
④ 무인 단속 장비를 피하여 우측 차로로 급차로변경한다.
⑤ **주행 속도를 시속 50킬로미터 이내로 유지한다.**

급제동이나 급감속, 급진로변경을 하게 되면 사고의 우려가 크므로 **미리 감속하여 안전하게 운행**한다.

753

다음과 같은 상황에서 안전한 운행방법이 아닌 것 2가지는?

상황설명
- 가변차로 포함 편도 4개 차로가 설치된 고속도로

① 가변차로로 통행할 수 없다.
② 1km 앞에 안개 잦은 지역이므로 주의하며 운전한다.
③ **곧 구간단속 시점이므로 단속 카메라를 피해 갓길로 주행한다.**
④ 화물차가 앞지르기하려면 2차로로 통행할 수 있다.
⑤ **고속도로에서 화물차 동승자는 안전띠를 매어야 할 의무가 없다.**

- 고속도로에서 급제동이나 급감속을 하게 되면 사고의 우려가 크다.
- 자동차(이륜자동차는 제외한다)의 **운전자는 자동차를 운전할 때에는 좌석안전띠를 매어야 하며,** 모든 좌석의 동승자에게도 좌석안전띠(영유아인 경우에는 유아보호용 장구를 장착한 후의 좌석안전띠를 말한다. 이하 이 조 및 제 160조 제2항 제2호에서 같다)를 매도록 하여야 한다(「도로교통법」 제50조 제1항).

754

다음과 같은 상황에서 가장 안전한 운전방법 2가지는?

상황설명
- 고속도로 통과 중
- 하이패스 차로에서 진행 중

① 하이패스 차로 진입 후 다른 차로로 진행하려면 후진하여 해당 차로를 찾아간다.
② 하이패스 단말기를 장착하지 않으면 하이패스 차로에서 반드시 정차하여 결제 후 통과해야 한다.
③ **현금이나 카드로 요금을 계산하려면 미리 해당 차로로 진로를 변경한다.**
④ 하이패스 차로에서는 정차하지 않으므로 전방 진행차량의 상황에 주의를 기울이며 운전하지 않아도 된다.
⑤ **하이패스 차로를 통행할 때에는 시속 30킬로미터 이내의 속도로 통과하는 것이 안전하다.**

- 고속도로에서는 횡단하거나 유턴 또는 후진하여서는 안 된다.
- 하이패스 단말기를 장착하지 않아도 하이패스 차로에서 무정차 통과 후 사후 정산이 가능하다.
- 하이패스 차로에서는 정차하지 않으나 전방 진행차량이 급감속할 수 있으므로 전방 상황에 주의를 기울이며 운전해야 한다.
- **하이패스 차로를 통행할 때에는 시속 30킬로미터 이내의 속도로 통과**하는 것이 안전하다.

755

다음과 같은 상황에서 가장 안전한 운전방법 2가지는?

상황설명
- 편도 3차로 고속도로
- 1차로에 공사안내차량 정차 중
- 2차로 주행 중

① 1차로에 공사안내차량이 있으므로 속도를 높여 빠르게 진행한다.
② 서서히 속도를 줄이고 전방 상황에 주의하며 진행한다.
③ 비상 점멸등을 점등하여 뒤따라오는 차량에 위험 상황을 알린다.
④ 공사안내차량을 피하여 3차로로 급차로변경한다.
⑤ 공사안내차량보다는 고속도로를 통행하는 차가 우선권이 있으므로 계속 경음기를 울려 주의를 주고 그대로 통과한다.

> 고속도로에서는 자동차가 고속으로 주행하므로 도로상에 작업차량이나 공사안내차량이 있으면 **미리 속도를 줄이고 안전하게 주행**하여야 하고, 옆 차로로 급차로변경하거나 급가감속은 지양해야 한다.

756

다음과 같은 상황에서 가장 안전한 운전방법 2가지는?

상황설명
- 편도 3차로 고속도로
- 3차로에 화물차 진행 중
- 2차로 진행 중 3차로로 차로변경하려는 상황

① 화물차는 저속으로 주행하므로 차간 거리에 상관없이 차로를 변경하면 된다.
② 화물차의 정상적인 통행에 장애를 줄 수 있으므로 안전거리를 유지하며 차로를 변경한다.
③ 차로변경 시에는 무조건 속도를 최대한 높여 주행한다.
④ 화물차의 위치나 속도를 확인 후에 주의하여 차로를 변경한다.
⑤ 충분한 안전거리가 확보되면 방향지시등은 안 켜도 된다.

> - 차의 진로를 변경하려는 경우에 그 변경하려는 방향으로 오고 있는 다른 차의 **정상적인 통행에 장애를 줄 우려가 있을 때에는 차로를 변경하여서는 안 된다.**
> - 차로변경 시 방향지시등을 점등해야 한다.

757

다음과 같은 상황에서 가장 안전한 운전방법 2가지는?

상황설명
- 편도 3차로 고속도로
- 터널 입구

① 터널 안에서는 주차는 금지되나 일정한 장소에 비상정차는 가능하다.
② 터널 내부가 어둡더라도 선글라스를 착용한 채로 그대로 진행한다.
③ 터널 내 백색실선 구간이더라도 좌우차로의 소통이 원활하면 차로변경할 수 있다.
④ 터널 내에서는 최고 제한속도가 적용되지 않아 속도를 높여 빠르게 통과한다.
⑤ 터널 주변에서는 바람이 불 수 있으니 주의하며 속도를 줄인다.

- 터널 내부는 주차는 금지되어 있으나 일정한 장소에서 정차가 가능하다.
- 터널 내부가 어두우면 선글라스는 착용하지 않는 것이 바람직하며, 터널 내에서도 최고제한속도를 지키며 백색실선 구간에서는 진로변경이 제한된다.
- 터널 주변에서는 바람이 불 수 있으니 주의하여 진입하여야 한다.

758

다음과 같은 구간에 대한 설명으로 가장 옳은 것 2가지는?

상황설명
- 어린이보호구역

① 어린이보호구역에서는 주·정차를 할 수 있다.
② 어린이보호구역에 설치된 울타리가 있다면 어린이가 차도에 진입할 수 없으므로 주의하지 않아도 된다.
③ 교통사고의 위험으로부터 어린이를 보호하기 위해 어린이보호구역을 지정할 수 있다.
④ 눈이 쌓인 상황을 고려하여 통행속도를 준수하고 어린이의 안전에 주의하면서 운행하여야 한다.
⑤ 어린이보호구역에서는 어린이들이 주의하기 때문에 사고가 발생할 우려가 없다.

- 어린이보호구역 내이므로 최고 제한속도를 준수하고 어린이의 움직임에 주의하면서 전방을 잘 살펴야 한다.
- 어린이보호구역 내 사고는 안전 운전 불이행, 보행자 보호의무 위반, 불법 주·정차, 신호위반 등 법규를 지키지 않는 것이 원인이다. 그리고 보행자가 횡단할 때에는 반드시 일시정지한 후 보행자의 횡단이 끝나면 안전을 확인하고 통과하여야 한다.

759

다음 중 장애인·노인·임산부 등의 편의증진 보장에 관한 법령상 '장애인전용주차구역 주차 방해 행위'로 바르지 않은 2가지는?

① 장애인전용주차구역 내에 물건 등을 쌓아 주차를 방해하는 행위
② 장애인전용주차구역 앞이나 뒤, 양 측면에 물건 등을 쌓거나 주차하는 행위
③ **장애인전용주차구역 주차표지가 붙어 있지 아니한 자동차를 장애인전용주차구역에 주차하는 행위**
④ 장애인전용주차구역 선과 장애인전용표시 등을 지우거나 훼손하여 주차를 방해하는 행위
⑤ **장애인전용주차구역 주차표지가 붙어 있지만 보행에 장애가 있는 사람이 타지 아니한 자동차를 장애인전용주차구역에 주차하는 행위**

- 「장애인·노인·임산부 등의 편의증진 보장에 관한 법률」 제17조(장애인전용주차구역 등)
- 누구든지 제2항에 따른 장애인전용주차구역 주차표지가 붙어 있지 아니한 자동차를 장애인전용주차구역에 주차하여서는 아니 된다. 장애인전용주차구역 주차표지가 붙어 있는 자동차에 보행에 장애가 있는 사람이 타지 아니한 경우에도 같다.
- 누구든지 **장애인전용주차구역에 물건을 쌓거나 그 통행로를 가로막는 등 주차를 방해하는 행위를 하여서는 아니 된다.** 「장애인·노인·임산부 등의 편의증진 보장에 관한 법률」 시행령 제9조(장애인전용주차구역 주차 방해 행위), 법 제17조 제5항에 따른 주차 방해 행위는 다음 각 호의 행위로 한다.
  1. 장애인전용주차구역 내에 물건 등을 쌓아 주차를 방해하는 행위
  2. 장애인전용주차구역 앞이나 뒤, 양 측면에 물건 등을 쌓거나 주차하는 행위
  3. 장애인전용주차구역 진입로에 물건 등을 쌓거나 주차하는 행위
  4. 장애인전용주차구역 선과 장애인전용표시 등을 지우거나 훼손하여 주차를 방해하는 행위
  5. 그 밖에 장애인전용주차구역에 주차를 방해하는 행위

760

다음과 같은 상황에서 가장 안전한 운전방법 2가지는?

상황설명
• 어린이보호구역

① 진행방향에 차량이 없으므로 도로 우측에 정차할 수 있다.
② 어린이보호구역이라도 어린이가 없을 경우에는 최고 제한속도를 준수하지 않아도 된다.
③ **안전표지가 표시하는 최고 제한속도를 준수하며 진행한다.**
④ **어린이가 갑자기 나올 수 있으므로 주위를 잘 살피며 진행한다.**
⑤ 어린이보호구역으로 지정된 구간은 최대한 속도를 내어 신속하게 통과한다.

- 어린이보호구역 내이므로 **최고속도는 30km/h 이내를 준수**하고 어린이를 발견할 때에는 **어린이의 움직임에 주의하면서 전방을 잘 살펴야 한다.**
- 어린이보호구역 내 사고는 안전 운전 불이행, 보행자 보호의무 위반, 불법 주·정차, 신호위반 등 법규를 지키지 않는 것이 원인이다. 그리고 보행자가 횡단할 때에는 반드시 일시정지한 후 보행자의 횡단이 끝나면 안전을 확인하고 통과하여야 한다.

761

다음과 같은 상황에서 가장 안전한 운전방법 2가지는?

상황설명
- 노인보호구역

① 경음기를 계속 울리며 빠르게 주행한다.
② **미리 충분히 감속하여 안전에 주의한다.**
③ **보행하는 노인이 보이지 않더라도 서행으로 주행한다.**
④ 가급적 앞 차의 후미를 바싹 따라 주행한다.
⑤ 전방에 횡단보도가 있으므로 속도를 높여 신속히 노인보호구역을 벗어난다.

노인보호구역은 노인이 없어 보이더라도 서행으로 통과한다.

762

다음과 같은 상황에서 가장 안전한 운전방법 2가지는?

상황설명
- 어린이보호구역 내 주행 중

① **시속 30킬로미터 이내로 서행한다.**
② 전방에 진행하는 앞차가 없으므로 빠르게 주행한다.
③ 주차는 할 수 없으나 정차는 할 수 있다.
④ 횡단보도를 통행할 때에는 어린이 유무와 상관없이 경음기를 사용하며 빠르게 주행한다.
⑤ **무단횡단방지 울타리가 설치되어 있다 하더라도 갑자기 나타날 수 있는 어린이에 주의하며 운전한다.**

- 어린이보호구역 내이므로 **최고속도는 30km/h 이내를 준수**하고 **어린이의 움직임에 주의**하면서 전방을 잘 살펴야 한다.
- 어린이보호구역 내 사고는 안전 운전 불이행, 보행자 보호의무 위반, 불법 주·정차, 신호위반 등 법규를 지키지 않는 것이 원인이다. 그리고 보행자가 횡단할 때에는 반드시 일시정지한 후 보행자의 횡단이 끝나면 안전을 확인하고 통과하여야 한다.

763

다음과 같은 상황에서 운전자나 동승자가 범칙금 또는 과태료 부과처분을 받지 않는 행위 2가지는?

상황설명
- 도로 좌측은 보도
- 모범운전자가 지시 중

① **승용차는 미리 시속 30킬로미터 이내로 감속한다.**
② **시동을 끈 이륜차를 끌고 보도로 통행하였다.**
③ 개인형 이동장치 운전자가 모범운전자의 지시에 따르지 아니하였다.
④ 승용차 운전자가 어린이보호구역에 주차하였다.
⑤ 보호자가 지켜보는 가운데 안전모를 쓰지 않은 어린이가 자전거를 타고 보도를 통행하였다.

「도로교통법」 시행규칙 제2조 제1항 제6호
이륜자동차, 원동기장치자전거 또는 자전거로서 **운전자가 내려서 끌거나 들고 통행하는 경우는 보행자로 간주**하므로 보도로 통행할 수 있다.

764

다음과 같은 상황에서 교통안전표지에 대한 설명으로 맞는 것 2가지는?

상황설명
- 어린이보호구역

① 노면에 표시된 30은 도로의 최고 제한속도가 시속 30킬로미터임을 의미한다.
② 횡단보도는 백색으로만 표시해야 하므로 황색 횡단보도 표시는 잘못된 시설물이다.
③ 지그재그 형태의 백색실선은 서행을 뜻하며 그 구간에서 진로변경이 가능하다.
④ 차량신호기에 부착된 지시표지는 횡단보도가 있다는 의미이다.
⑤ 적색으로 포장된 아스팔트는 어린이보호구역에만 쓰인다.

- 노면의 30은 최고 제한속도를 의미한다.
- 횡단보도는 어린이보호구역에서 황색으로 표시할 수 있고 지그재그 형태의 백색실선 표시는 진로변경 제한과 서행의 뜻을 동시에 지닌다.
- 차량신호기에 표시된 횡단보도표지는 전방에 횡단보도가 있다는 것이고, 적색 아스팔트는 어린이보호구역뿐만 아니라 노인보호구역, 장애인 보호구역에도 사용되고 있다.

765

다음과 같은 상황에서 가장 안전한 운전방법 2가지는?

상황설명
- 어린이보호구역
- 좌로 굽은 오르막 도로
- 왕복 2차로 도로

① 좌로 굽은 도로이므로 우측에 설치된 도로반사경을 이용해서 전방 상황을 확인하며 진행하는 것이 안전하다.
② 오르막 도로이므로 최고 제한속도를 조금 넘더라도 속도를 올려 진행하는 것이 좋다.
③ 우측 길 가장자리에 황색실선이 표시되어 있으므로 주차는 불가하나 정차는 가능하다.
④ 신호기가 없는 횡단보도에서는 보행자가 없더라도 횡단보도 앞에서 반드시 일시정지 후 진행한다.
⑤ 좌로 굽은 도로에서는 중앙선을 넘더라도 좌측으로 붙어 진행하는 것이 안전하다.

- 어린이보호구역은 30km/h 이내로 속도를 규정할 수 있고, 어린이보호구역 내의 **신호기가 없는 횡단보도에서는** 보행자 보호를 위해 보행자 유무와 관계없이 **반드시 일시정지** 후 진행하여야 한다.
- **좌로 굽은 도로에서는** 도로 좌측으로 진행할 우려가 있어 **차로를 준수**하여 운행하며, 황색실선 구간에서는 주·정차 모두 금지된다.

766

다음과 같은 상황에서 가장 안전한 운전방법 2가지는?

상황설명
- 어린이보호구역
- 중앙선이 없는 이면도로

① 어린이보호구역 해제지점 전부터 미리 속도를 높여 진행한다.
② **중앙선이 없는 이면도로에서는 보행자의 안전에 특히 주의하며 운전한다.**
③ **어린이보호구역이 해제된 구역의 횡단보도라도 보행자가 있는지 확인하며 서행한다.**
④ 일몰 상황이므로 전방의 안전을 살피기 위해 상향등을 켜고, 경음기를 계속 울리며 운전한다.
⑤ 도로 우측의 황색점선은 주차는 허용하나 정차는 불가하다는 뜻이므로 주차는 가능하다.

- **어린이보호구역이 해제되더라도** 이면도로에서 속도를 높여 주행하는 것은 지양해야 하며 신호기 없는 횡단보도에서는 **보행자의 안전을 확인하며 서행**해야 한다.
- 일몰 상황이긴 하나 상향등을 계속 켜고 운전하는 것은 맞은편 차량과 보행자에게 눈부심이 발생할 수 있어 지양하고, 황색점선은 정차는 허용하나 주차는 금지한다는 뜻이다.

767

다음 상황에서 가장 안전한 운전방법 2가지는?

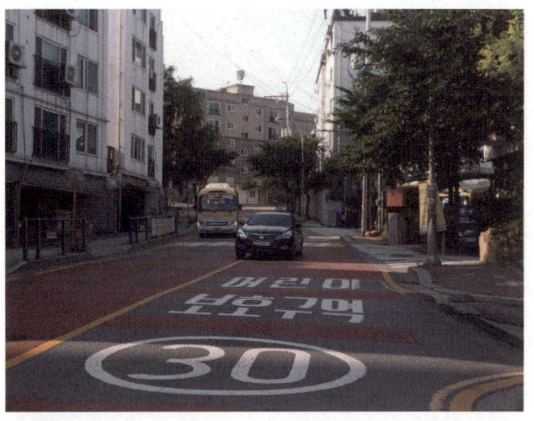

상황설명
- 어린이보호구역
- 좌우측 주거지역
- 진입로가 많은 오르막 도로
- 편도 1차로 도로

① 어린이보호구역이므로 보행자가 없더라도 경음기를 계속 울리며 진행한다.
② **중앙선을 넘어 진행하는 차량이 있으므로 속도를 낮춰 사고의 위험을 줄인다.**
③ 좌측 건물 주차장으로 들어가는 진입로가 있으므로 중앙선을 넘어 진입하는 것이 가능하다.
④ **맞은편에서 진행 중인 버스로 인해 시야 확보가 어려워 교행 전 속도를 더욱 줄여 보행자가 있는지 살핀다.**
⑤ 어린이보호구역 내 과속방지턱에서는 주차는 금지되지만 정차는 가능하다.

- 정당한 사유 없이 계속 경음기를 울리며 진행하면 안 되며, 좌측 진입로로 진행하고자 하더라도 중앙선이 있으므로 넘어가서 진행하면 안 된다.
- 어린이보호구역 내 과속방지턱은 횡단보도의 역할을 하는 것이 아니다.
- **중앙선을 넘어 진행하는 차량이 있는 경우 속도를 낮춰** 사고의 위험을 피하는 것이 안전하며, 좌측 버스로 인하여 시야확보가 곤란하므로 보행자의 안전에 특히 유의하며 진행한다.
- 어린이보호구역에서는 허용된 구간을 제외하고는 주·정차가 금지된다.

768

다음 상황에서 가장 안전한 운전방법 2가지는?

상황설명
- 어린이보호구역
- 전방 차량 삼색 신호등 적색 등화
- 우측 횡단보도 보행신호
- 'T'자형 교차로(삼거리)

① 전방 차량신호등 적색 등화에서 우회전하려는 경우 일시정지 없이 전방 횡단보도를 통과할 수 있다.
② **우측 보행신호가 녹색 등화이고 보행자가 있으므로 우회전하려는 경우 횡단보도 전에 일시정지한다.**
③ 보행신호가 적색 등화로 바뀐 후에도 보행자가 횡단보도를 보행 중인 경우 경음기를 울려 보행을 재촉한다.
④ 우측 보행신호가 녹색 등화이므로 차량신호등 등화와 관계없이 좌회전할 수 있다.
⑤ **뒤늦게 횡단하는 보행자가 있을 수 있으므로 안전에 더욱 주의하며 운전한다.**

- 어린이보호구역 내 횡단보도가 설치된 곳은 보행자의 안전을 위해 더욱 주의하며 운전해야 하며, **삼색 신호등 적색 등화에서 우회전하려면 전방 횡단보도 진입 전에 일시정지 후 우회전이 가능하다.**
- 우회전하면 나타나는 횡단보도 보행신호에 보행자가 있는 경우 그 안전을 위해 일시정지하고 대기하며 경음기를 울려 보행을 재촉해서는 안 된다.
- 차량 신호등이 적색 등화일 때 좌회전하는 경우 신호위반이 성립한다.

769

다음 상황에서 가장 안전한 운전방법 2가지는?

상황설명
- 어린이보호구역
- 신호기 없는 횡단보도
- 우측 골목으로 이어지는 교차로
- 고임목을 괴고 주차 중인 소방차
- 좌로 굽은 오르막 편도 1차로 도로

① 우측 골목길에서 나타나는 차량이 있을 수 있으므로 빠르게 교차로를 통과한다.
② **전방 좌측에 주차된 소방차로 인하여 시야 확보가 곤란한 상황이므로 속도를 낮추고 전방 상황을 잘 살핀다.**
③ 어린이보호구역 내에서는 횡단보도에 보행자가 있는 경우에만 일시정지 후 진행한다.
④ **우회전하려는 경우 우측 골목길에서 나오는 차량이나 보행자를 잘 살피며 진행한다.**
⑤ 어린이보호구역은 모두 최고 제한속도가 시속 30킬로미터이므로 최고 제한속도 이내로 주행하면 된다.

- 어린이보호구역 내 신호가 없는 횡단보도에서는 보행자 유무에 관계없이 반드시 일시정지하여야 하며, 전방에 주차된 소방차를 넘어 진행하는 차량에 대비하여 운전할 필요가 있다.
- **시야가 확보되지 아니한 도로에서 속도를 높여 주행하는 것은 위험**하며, 우회전하려는 경우 보행자나 다른 차량을 잘 살피고 운전해야 안전하다.

770

다음 상황에서 가장 안전한 운전방법 2가지는?

상황설명
- 비 오는 날 등굣길
- 중앙선이 없는 이면도로
- 교통안전 활동 중인 봉사자
- 신호기 없는 교차로
- 우측 학교 정문

① **우산을 쓴 보행자 안전에 더욱 주의하며 운전한다.**
② 주위에 보행자가 많으므로 속도를 높여 빠르게 통과한다.
③ **어린이보호구역이 아닌 곳이라 하더라도 학교 앞이므로 보행자의 안전에 주의하며 진행한다.**
④ 신호기 없는 교차로가 전방에 있고 좌우측 시야 확보가 불가한 상황이므로 서행하며 진행한다.
⑤ 주차된 차량 사이로 보행자가 나타날 수 있으므로 경음기를 계속 울리고 경고하며 진행한다.

어린이보호구역이 아니더라도 보행자가 많은 도로와 특히 비 오는 날은 **우산으로 인해 보행자의 시야가 제한**되므로 운전자가 보행자의 안전에 더욱 주의해야 하며, 신호기가 없는 교차로에서 주위에 주차 차량으로 시야 확보가 안 되는 경우 서행이 아니라 일시정지 후 진입한다. 또한 정당한 사유 없이 경음기를 계속 울리며 주행하는 것은 지양해야 한다.

771

다음 상황에서 가장 안전한 운전방법 2가지는?

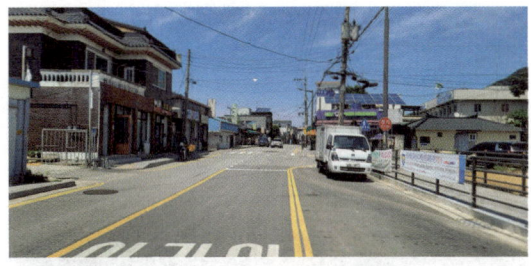

상황설명
- 어린이보호구역
- 좌측 도로 진입로 및 우측 골목길
- 전방 신호기 없는 횡단보도

① 보행자가 없더라도 경음기를 계속 울리며 진행한다.
② **우측 주차된 화물차량 뒤로 골목길이 있어 보행자나 차량의 상황을 잘 살피기 위해 일시정지 후 교차로에 진입한다.**
③ 횡단보도에 신호기가 없으므로 보행자가 없는 경우 서행하며 그대로 진행한다.
④ **전방에 중앙선을 넘어 진행하는 차량이 있으므로 속도를 낮춰 사고의 위험을 줄인다.**
⑤ 우회전하려는 경우 우측 '정지'표지가 있으나 차량신호기가 없으므로 일시정지하지 않고 그대로 우회전한다.

- 좌우 확인이 불가한 신호기 없는 교차로는 일시정지 후 진입하여야 하고, 어린이보호구역 내 신호기 없는 횡단보도는 보행자 유무와 관계없이 일시정지하여야 한다.
- **전방에 중앙선을 넘는 차량이 있으므로** 사고가 발생치 않도록 **속도를 줄이고**, 정당한 사유 없이 경음기를 계속 울리며 진행하는 것은 지양해야 한다.
- '정지'표지가 있는 경우 우회전하려면 반드시 일시정지 후 진입해야 한다.

772

다음과 같은 상황에서 잘못된 통행방법 2가지는?

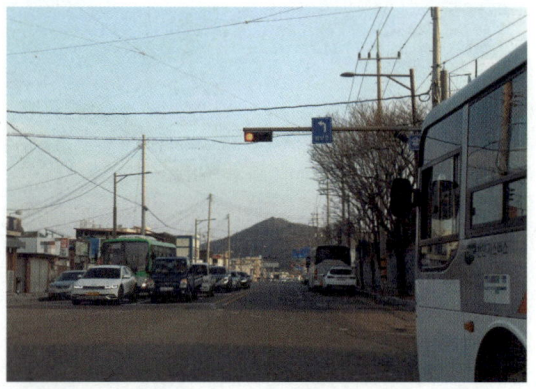

상황설명
- 편도 2차로의 교차로
- 신호등은 적색 등화
- 비보호 좌회전표지
- 교차로 진입 전

① 직진하려는 경우 녹색 등화에 진행한다.
② 좌회전하려는 경우 맞은편 통행에 주의하면서 녹색 등화에 진행한다.
③ 좌회전하려는 경우 녹색 좌회전 화살표 등화에 진행한다.
④ 1차로에서 우회전하려는 경우 정지선 직전에 일시정지한 후 서행으로 진행한다.
⑤ 우회전하려면 미리 도로 우측 가장자리로 서행하면서 진행하여야 한다.

- 사진의 신호등은 가로형 삼색등으로 적색, 황색, 녹색의 등화로 구성되어 있을 뿐 좌회전 화살표 등화는 포함되어 있지 않다. 이러한 가로형 삼색등과 **비보호 좌회전표지**가 설치되어 있다면 맞은편 통행을 주의하면서 좌회전할 수 있다.
- 모든 차의 운전자는 교차로에서 **우회전을 하려는 경우에는 미리 도로의 우측 가장자리를 서행하면서 우회전**하여야 한다 (「도로교통법」 제25조 제1항).

773

다음 중 소방기본법령상 소방자동차전용구역에 대한 설명으로 옳지 않은 2가지는?

상황설명
- 출입구 차단막이 있는 공동주택

① 소방활동의 원활한 수행을 위하여 공동주택에 설치한다.
② 누구든지 전용구역에 차를 주차하거나 전용구역에의 진입을 가로막는 등 방해행위를 하여서는 아니 된다.
③ 공동주택의 건축주는 예외 없이 각 동별로 1개소 이상 설치해야 한다.
④ 사진과 같이 주차하였을 경우 과태료 부과대상이다.
⑤ 전용구역표지를 지우거나 훼손하는 행위는 전용구역 방해행위에 해당되지 않는다.

①, ②「소방기본법」제21조의2(소방자동차전용구역 등)
③「소방기본법」시행령 제7조의13(소방자동차전용구역의 설치 기준·방법)
④「소방기본법」시행령 제19조(과태료 부과 기준) 별표3
⑤「소방기본법」시행령 제7조의14(전용구역 방해행위의 기준)

774

소방자동차 긴급출동 중 통행 방해 차량의 강제처분에 관한 설명으로 틀린 2가지는?

상황설명
- 주택가 이면도로
- 화재 진압을 위해 출동 중인 소방차
- 불법 주차된 차량들

① 소방활동에 방해가 되는 불법 주차된 차량을 이동할 수 있다.
② 소방활동에 방해가 되는 주차 구획선 내에 주차한 차량을 제거할 수 있다.
③ 소방자동차의 통행에 방해가 되는 물건을 제거하거나 이동시킬 수 있다.
④ **강제처분된 불법 주차한 차량 운전자는 손실보상을 청구할 수 있다.**
⑤ **강제처분된 주차 구획선 내에 주차한 차량 운전자는 손해배상을 청구할 수 있다.**

「소방기본법」 제25조(강제처분 등)
② 소방본부장, 소방서장 또는 소방대장은 사람을 구출하거나 불이 번지는 것을 막기 위하여 긴급하다고 인정할 때에는 제1항에 따른 소방대상물 또는 토지 외의 소방대상물과 토지에 대하여 제1항에 따른 처분을 할 수 있다.
③ 소방본부장, 소방서장 또는 소방대장은 소방활동을 위하여 긴급하게 출동할 때에는 소방자동차의 통행과 소방활동에 방해가 되는 주차 또는 정차된 차량 및 물건 등을 제거하거나 이동시킬 수 있다.
④ 소방본부장, 소방서장 또는 소방대장은 제3항에 따른 소방활동에 방해가 되는 주차 또는 정차된 차량의 제거나 이동을 위하여 관할 지방자치단체 등 관련 기관에 견인차량과 인력 등에 대한 지원을 요청할 수 있고, 요청을 받은 관련 기관의 장은 정당한 사유가 없으면 이에 협조하여야 한다.
⑤ 시·도지사는 제4항에 따라 견인차량과 인력 등을 지원한 자에게 시·도의 조례로 정하는 바에 따라 비용을 지급할 수 있다.

제49조의2(손실보상) 제1항 3. 제25조 제2항 또는 제3항에 따른 처분으로 인하여 손실을 입은 자. 다만 같은 조 제3항에 해당하는 경우로서 법령을 위반하여 **소방자동차의 통행과 소방활동에 방해가 된 경우는 제외**한다.

775

다음 상황에서 법령을 위반한 운전방법 2가지는?

상황설명
- A - 촬영차, B - 소방차
- 뒤 차 A의 앞 유리를 통해 소방차 B를 촬영
- 빗방울 떨어지며 노면 젖음
- 전방 300미터에 사거리 교차로 및 신호기
- 1차로로 소방차가 경광등과 사이렌을 켠 채 진행

① B 운전자 - 시속 100킬로미터로 주행한다.
② **A 운전자 - 시속 70킬로미터로 주행한다.**
③ B 운전자 - 교차로에서 앞지르기한다.
④ **A 운전자 - 교차로에서 앞지르기한다.**
⑤ B 운전자 - 앞차와 안전거리를 확보하지 않는다.

「도로교통법」 제30조(긴급자동차에 대한 특례)
긴급자동차에 대하여는 다음 각 호의 사항을 적용하지 아니한다. 다만 제4호부터 제12호까지의 사항은 긴급자동차 중 제2조 제22호 가목부터 다목까지의 자동차와 대통령령으로 정하는 경찰용 자동차에 대해서만 적용하지 아니한다.
1. 제17조에 따른 자동차등의 속도 제한. 다만 제17조에 따라 긴급자동차에 대하여 속도를 제한한 경우에는 같은 조의 규정을 적용한다.
2. 제22조에 따른 앞지르기의 금지
3. 제23조에 따른 끼어들기의 금지
4. 제5조에 따른 신호위반
5. 제13조 제1항에 따른 보도침범
6. 제13조 제3항에 따른 중앙선 침범
7. 제18조에 따른 횡단 등의 금지
8. 제19조에 따른 안전거리 확보 등
9. 제21조 제1항에 따른 앞지르기방법 등
10. 제32조에 따른 정차 및 주차의 금지
11. 제33조에 따른 주차금지
12. 제66조에 따른 고장 등의 조치

「도로교통법」 시행규칙 제19조 제2항 제1호
비가 내려 노면이 젖어 있는 경우 최고속도의 100분의 20을 줄인 속도로 운행하여야 한다.

776

다음 상황에서 교통안전시설과 이에 따른 행동으로 가장 올바른 2가지는?

상황설명
- 사거리 교차로 인근
- 자전거 신호등은 설치되지 않음
- 횡단보도에서 자전거를 타고 진행하고 있는 상황

① 횡단보도 - 자전거를 타고 이용할 수 있다.
② **자전거횡단도 - 자전거횡단도가 있는 도로를 횡단할 때에는 자전거를 타고 자전거횡단도를 이용한다.**
③ 보행신호등 - 녹색 등화의 점멸상태라면 보행자는 횡단을 빠르게 시작하여야 한다.
④ **보행신호등 - 자전거 신호등이 설치되지 않은 경우 자전거는 보행신호등의 지시에 따른다.**
⑤ 차량신호등 - 자전거 신호등이 설치되지 않은 경우 자전거는 차량신호등의 지시에 따른다.

- 보행신호등 중 녹색 등화의 점멸일 때에는 보행자는 횡단을 시작하여서는 아니 되고, 횡단하고 있는 보행자는 신속하게 횡단을 완료하거나 그 횡단을 중지하고 보도로 되돌아와야 한다(「도로교통법」 시행규칙 별표2).
- 자전거등을 주행하는 경우 자전거주행신호등이 설치되지 않은 장소에서는 차량신호등의 지시에 따른다.
- **자전거횡단도에 자전거횡단신호등이 설치되지 않은 경우 자전거등은 보행신호등의 지시에 따른다**(「도로교통법」 시행규칙 별표2).

777

다음 상황에서 가장 잘못된 운전방법 2가지는?

상황설명
- 사거리 교차로
- 편도 3차로 도로
- 보도에서 개인형 이동장치를 타는 사람

① 우회전하려면 정지선의 직전에 일시정지한 후 우회전한다.
② 우회전할 때에는 미리 도로의 우측 가장자리를 서행하면서 우회전하여야 한다.
③ 우회전하는 차의 운전자는 신호에 따라 정지하거나 진행하는 보행자 또는 자전거등에 주의하여야 한다.
④ **동승자가 하차할 때에는 잠시 정차하는 것이므로 소화전 앞에 정차할 수 있다.**
⑤ **시내도로에서는 야간이라도 주변이 밝기 때문에 전조등을 켤 필요는 없다.**

- 모든 차의 운전자는 교차로에서 우회전을 하려는 경우에는 미리 도로의 우측 가장자리를 서행하면서 우회전하여야 한다. 이 경우 우회전하는 차의 운전자는 신호에 따라 정지하거나 진행하는 보행자 또는 자전거등에 주의하여야 한다(「도로교통법」 제25조 제1항).
- '서행(徐行)'이란 운전자가 차 또는 노면전차를 즉시 정지시킬 수 있는 정도의 느린 속도로 진행하는 것을 말한다(「도로교통법」 제2조 제28호).
- 해가 진 후부터 해가 뜨기 전까지 모든 차 또는 노면전차의 운전자는 대통령령으로 정하는 바에 따라 **전조등(前照燈), 차폭등(車幅燈), 미등(尾燈)과 그 밖의 등화를 켜야 한다**(「도로교통법」 제37조 제1항 제1호).

778

다음 상황에서 가장 잘못된 운전방법 2가지는?

상황설명
- 자전거 운전자
- 주차 중인 어린이통학버스

① **자전거 운전자는 횡단보도를 통행할 수 있다.**
② 자전거 운전자가 어린이라면 보도를 통행할 수 있다.
③ 자전거 운전자는 안전모를 착용해야 한다.
④ 자전거 운전자는 밤에 도로를 통행하는 때에는 전조등과 미등을 켜거나 야광띠 등 발광장치를 착용하여야 한다.
⑤ **어린이통학버스는 어린이의 승하차 편의를 위해 도로의 좌측에 주차하거나 정차할 수 있다.**

- 자전거등의 운전자는 자전거도로(제15조 제1항에 따라 자전거만 통행할 수 있도록 설치된 전용차로를 포함한다. 이하 이 조에서 같다)가 따로 있는 곳에서는 그 자전거도로로 통행하여야 한다(「도로교통법」 제13조의2 제1항).
- 자전거등의 운전자는 자전거도로가 설치되지 아니한 곳에서는 도로 우측 가장자리에 붙어서 통행하여야 한다(「도로교통법」 제13조의2 제2항).
- 자전거등의 운전자는 제1항 및 제13조 제1항에도 불구하고 어린이, 노인, 신체장애인에 해당하는 경우에는 보도를 통행할 수 있다. 이 경우 자전거등의 운전자는 보도 중앙으로부터 차도 쪽 또는 안전표지로 지정된 곳으로 서행하여야 하며, 보행자의 통행에 방해가 될 때에는 일시정지하여야 한다(「도로교통법」 제13조의2 제4항 제1호).
- 자전거등의 운전자는 자전거도로 및 도로법에 따른 도로를 운전할 때에는 행정안전부령으로 정하는 인명보호 장구를 착용하여야 하며, 동승자에게도 이를 착용하도록 하여야 한다(「도로교통법」 제50조 제4항).
- 자전거등의 운전자는 밤에 도로를 통행하는 때에는 전조등과 미등을 켜거나 야광띠 등 발광장치를 착용하여야 한다(「도로교통법」 제50조 제9항).
- 모든 차의 운전자는 **도로에서 정차할 때에는 차도의 오른쪽 가장자리**에 정차할 것(「도로교통법」 시행령 제11조 제1항 제1호).

779

다음 상황에서 가장 안전한 운전방법 2가지는?

상황설명
- 농어촌도로
- 흰색 자동차 주행 중

① 농어촌도로는 제한속도 규정이 없으므로 가속하여 진행한다.
② **승용차와 농기계 사이에 진행공간이 있다 하더라도 경운기에 탑승하는 사람의 안전을 위해 일시정지한다.**
③ **농기계에 이르기 전부터 일시정지하거나 감속하는 등 농기계와 안전거리를 확보한다.**
④ 농기계 운전자에게 방해가 되지 않도록 경음기는 절대 작동하지 않는다.
⑤ 도로 좌우측 길 가장자리구역은 정차는 금지되나 주차는 허용되므로 주차할 수 있다.

- 농어촌도로도 「도로교통법」상 도로에 해당한다(「도로교통법」 제2조 제1호 다목). 농어촌도로도 「도로교통법」상 도로에 해당한다(「도로교통법」 제2조 제1호 다목).
- 제한속도표지가 없더라도 **일반도로의 최고속도는 시속 60킬로미터**이다(「도로교통법」 시행규칙 제19조 제1항 제1호 나목).
- 농기계 운전 중에는 농기계 소음이 크므로 필요한 경우에는 경음기를 사용하여 농기계 운전자의 주의를 환기시킬 수 있다.

780

다음 상황에서 가장 안전한 운전방법 2가지는?

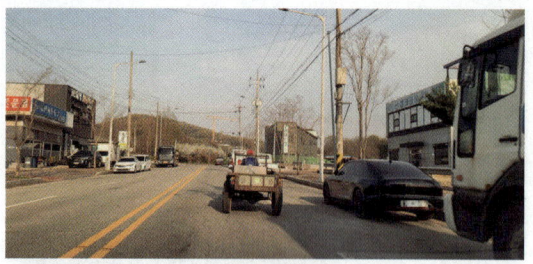

상황설명
- 편도 2차로 도로
- 2차로 주차 중인 차량
- 맞은편 진행하는 차량 없음

① 경운기를 앞지르기하기 위해 중앙선을 넘어 주행해도 된다.
② 경운기가 주차된 차량을 통과하면 우측 공간을 이용하여 빠른 속도로 앞지르기한다.
③ **경운기 운전자가 먼저 가라는 손짓을 하더라도 안전거리를 유지하며 안전하게 뒤따른다.**
④ **경운기가 2차로로 차로변경하며 양보하는 경우 중앙선을 넘지 않는 범위에서 경운기 좌측으로 진행한다.**
⑤ 주차된 차량 앞으로 보행자가 나타날 것까지 예상하며 진행할 필요는 없다.

- 전방에 속도가 느린 경운기와 같은 농기계가 있는 경우 속도가 자동차에 비해 느리므로 경운기의 상태를 잘 살펴 운전하여야 한다. 미리 예상하고 운전하거나 앞지르기하려는 것은 위험하다.
- 경운기 운전자가 손짓으로 앞지르기를 요청한다 하더라도 **중앙선을 넘어 앞지르기해서는 안 된다.** 우측 공간을 통해 앞지르기하는 것은 앞지르기의 올바른 방법이 아니다.

Chapter 03. 일러스트형 학과문제

781

다음 상황에서 가장 안전한 운전방법 2가지는?

상황설명
- 자전거 탄 사람이 차도에 진입한 상태
- 전방 차의 등화 녹색 등화
- 진행속도 시속 40킬로미터

① 자전거 운전자에게 상향등으로 경고하며 빠르게 통과한다.
② **자전거 운전자가 무단 횡단할 가능성이 있으므로 주의하며 서행으로 통과한다.**
③ 자전거는 차이므로 현재 그 자리에 멈춰있을 것으로 예측하며 교차로를 통과한다.
④ 자전거 운전자가 위험한 행동을 하지 못하도록 경음기를 반복 사용하며 신속히 통과한다.
⑤ **자전거 운전자가 차도 위에 있으므로 옆쪽으로도 안전한 거리를 확보할 수 있도록 통행한다.**

「도로교통법」에 따라 그대로 진행하는 것은 위반이라고 할 수 없다. 그러나 문제의 상황에서는 교차로를 통행하는 차마가 없기 때문에 **자전거 운전자는 다른 차의 진입을 예측하지 않고 무단횡단할 가능성이 높다.** 또 무단횡단을 하지 않는다고 하여도 교차로를 통과한 지점의 자전거는 2차로 쪽에 위치하고 있으므로 교차로를 통과하는 운전자는 **그 자전거와의 옆쪽으로도 안전한 공간을 만들며 서행으로 통행**하는 것이 안전한 운전방법이라고 할 수 있다.

782

다음 상황에서 가장 안전한 운전방법 2가지는?

상황설명
- +형 교차로
- 1차로(좌회전), 2차로(직진), 3차로(직진·우회전)
- 2차로 주행 중
- 4색 등화 중 적색 신호에서 녹색 신호로 바뀜

① 녹색 신호이므로 가속하여 빠르게 직진으로 교차로를 통과한다.
② 비상 점멸등을 켜고 주변 차량에 알리며 2차로에서 우회전한다.
③ **앞쪽 3차로에서 왼쪽으로 갑자기 진로 변경을 하는 차가 있을 수 있는 위험에 대비하면서 운전한다.**
④ 뒤쪽 차가 너무 가까이 따라오므로 안전거리 확보를 위해 속도를 빨리 높여 신속히 교차로를 통과한다.
⑤ **교차로 주변 상황을 눈으로 확인하면서 서서히 속도를 높여 통과한다.**

- 1차로 혹은 3차로 앞쪽에서 2차로로 갑자기 진로 변경하면서 직진하는 차량이 있을 수 있고, 1·3차로에 정차 중인 차량으로 인해 교차로 왼쪽이나 오른쪽 도로 상황이 확인이 어려워서 신호위반으로 주행하는 차량을 발견하기 어렵다. 그래서 신호가 바뀐 직후에는 서행하면서 눈으로 교차로 상황을 확인하고 통과하는 습관을 들이는 것이 좋다. 또한 우회전하려는 경우에는 우회전 차로에서 순서대로 우회전하는 것이 안전한 운전방법이다.
- 흰색 실선 차선에서는 진로 변경하여서는 안 된다.

783

다음 상황에서 교차로를 통과하려는 경우 예상되는 위험 2가지는?

상황설명
- 교각이 설치되어 있는 도로
- 정지해 있던 차량들이 녹색 신호에 따라 출발하려는 상황
- 3지 신호교차로

① 3차로의 하얀색 차량이 우회전할 수 있다.
② 2차로의 하얀색 차량이 1차로 쪽으로 급차로변경할 수 있다.
③ 교각으로부터 무단횡단하는 보행자가 나타날 수 있다.
④ 횡단보도를 뒤늦게 건너려는 보행자를 위해 일시정지한다.
⑤ 뒤차가 내 앞으로 앞지르기를 할 수 있다.

도로에 교각이 설치된 환경으로 교각 좌우측에서 진입하는 이륜차와 보행자 등 위험을 예측하며 운전해야 한다.

784

다음 상황에서 가장 안전한 운전방법 2가지는?

상황설명
- 아파트 단지 주차장입구 접근 중

① 차의 통행에 방해되지 않도록 지속적으로 경음기를 사용한다.
② B는 차의 왼쪽으로 통행할 것으로 예상하여 그대로 주행한다.
③ B의 횡단에 방해되지 않도록 횡단이 끝날 때까지 정지한다.
④ 도로가 아닌 장소는 차의 통행이 우선이므로 B가 횡단하지 못하도록 경음기을 울린다.
⑤ B의 옆을 지나는 경우 안전한 거리를 두고 서행해야 한다.

「도로교통법」 제27조 제6항
모든 차의 운전자는 다음 각 호의 어느 하나에 해당하는 곳에서 **보행자의 옆을 지나는 경우에는 안전한 거리를 두고 서행**하여야 하며, **보행자의 통행에 방해가 될 때에는 서행하거나 일시정지**하여 보행자가 안전하게 통행할 수 있도록 하여야 한다.
1. 보도와 차도가 구분되지 아니한 도로 중 중앙선이 없는 도로
2. 보행자우선도로
3. 도로 외의 곳

785

다음과 같은 상황에서 가장 안전하게 유턴할 수 있는 방법 2가지는?

상황설명
- ㅓ형 교차로
- 1차로(유턴, 좌회전), 2차로(좌회전)
- 4색 등화 중 녹색 신호에서 좌회전 신호로 바뀜

① 유턴이 가능한 신호에 흰색 점선의 유턴구역 내에서 앞차부터 순서대로 유턴한다.
② 왼쪽 부도로에서 주도로로 합류하는 우회전하는 차량은 조심할 필요가 없다.
③ 반대편 도로의 차량에 방해를 주지 않는다면 신호에 관계없이 언제든 유턴할 수 있다.
④ 내 차량 바로 뒤에서 먼저 유턴하는 차량은 주의할 필요가 없다.
⑤ 반대편 도로에서 신호위반으로 직진하는 차량이 있을 수 있기에 눈으로 확인하고 유턴한다.

좌회전 신호 시 유턴할 수 있는 교차로이며, 좌회전 신호 변경 직후에 반대편 도로에서 신호위반으로 직진하는 차량과 반대편 부도로에서 우회전하면서 주도로로 급하게 진입하는 차량으로 인한 위험에도 대비해야 한다. 그래서 **유턴이 가능한 신호로 변경되어도 주변을 직접 눈으로 확인**하면서 차례차례 순서대로 유턴하고, 유턴신호에 유턴하는 때에도 내 차량의 앞, 뒤 차량에도 주의할 필요가 있다.

786

교차로 접근하고 있으며 우회전하려는 상황이다. 가장 안전한 통행방법 2가지는?

상황설명
- 오른쪽에서 왼쪽으로 통행 중인 승용차
- 반대방면에서 직진하고 있는 자동차
- 적색 점멸이 등화된 신호등

① 어린이가 왼쪽으로 횡단하고 있으므로 우측공간을 이용하여 그대로 진입하여 우회전한다.
② 반대방면에서 진입해 오는 자동차가 좌회전하려는지를 살핀다.
③ 횡단보도 직전 정지선에서 정지하여 어린이가 횡단을 완료할 때까지 대기한다.
④ 반대방면 승용차보다 교차로에 선진입하기 위해 가속하여 정지선을 통과한다.
⑤ 신호에 따라 주의하여 서행으로 진입하고 우회전한다.

- 제시된 상황에서 어린이가 횡단하고 있는 중이다. 이때 운전자는 횡단보도 직전에 설치된 정지선에 멈춰야 한다. 이때 **우회전하려는 운전자는 횡단보도의 보행자가 횡단을 완료할 때까지 기다려야 한다.** 또 반대에서 **교차로에 진입해오는 자동차는 좌회전을 하려는 차이므로 그 차가 좌회전을 완료할 때까지 대기**해야 한다. 그 후 모든 방향의 안전을 확인하고 우회전해야 한다.
- 적색 점멸은 일시정지 후 진입할 것을 지시하는 신호이다.

787

다음 상황에서 가장 안전한 운전방법 2가지는?

상황설명
- 지하주차장
- 지하주차장에 보행중인 보행자

① 주차된 차량 사이에서 보행자가 나타날 수 있기 때문에 서행으로 운전한다.
② 주차 중인 차량이 갑자기 출발할 수 있으므로 주의하며 운전한다.
③ 지하주차장 노면 표시는 반드시 지키며 운전할 필요가 없다.
④ 내 차량을 주차할 수 있는 주차구역만 살펴보며 운전한다.
⑤ 지하주차장 기둥은 운전시야를 방해하는 시설물이므로 경음기를 계속 울리면서 운전한다.

위험은 항상 잠재되어 있다. 위험예측은 결국 잠재된 위험을 예측하고 대비하는 것이다. 지하주차장에서의 위험은 도로와 다른 또 다른 위험이 존재할 수 있으니 각별히 주의하며 운전해야 한다.

① 어린이통학버스가 오른쪽으로 진로 변경할 가능성이 있으므로 속도를 줄이며 안전한 거리를 유지한다.
② 어린이통학버스가 제동하며 감속하는 상황이므로 앞지르기방법에 따라 안전하게 앞지르기한다.
③ 3차로 전동킥보드를 주의하며 진로를 변경하고 우측으로 앞지르기한다.
④ 어린이통학버스 앞쪽이 보이지 않는 상황이므로 진로변경하지 않고 감속하며 안전한 거리를 유지한다.
⑤ 어린이통학버스 운전자에게 최저속도위반임을 알려주기 위하여 경음기를 사용한다.

「도로교통법」 제51조(어린이통학버스의 특별보호)
① 어린이통학버스가 도로에 정차하여 어린이나 영유아가 타고 내리는 중임을 표시하는 점멸등 등의 장치를 작동 중일 때에는 어린이통학버스가 정차한 차로와 그 차로의 바로 옆 차로로 통행하는 차의 운전자는 어린이통학버스에 이르기 전에 일시정지하여 안전을 확인한 후 서행하여야 한다.
② 제1항의 경우 중앙선이 설치되지 아니한 도로와 편도 1차로인 도로에서는 반대방향에서 진행하는 차의 운전자도 어린이통학버스에 이르기 전에 일시정지하여 안전을 확인한 후 서행하여야 한다.
③ **모든 차의 운전자는 어린이나 영유아를 태우고 있다는 표시를 한 상태로 도로를 통행하는 어린이통학버스를 앞지르지 못한다.**
※ 자동차 및 자동차 부품의 성능과 기준에 관한 규칙
- 제48조(등화에 대한 그 밖의 기준) 제4항
  어린이운송용승합자동차에는 다음 각 호의 기준에 적합한 표시등을 설치하여야 한다.
- 제5호
  도로에 정지하려고 하거나 출발하려고 하는 때에는 다음 각 목의 기준에 적합할 것. 도로에 정지하려는 때에는 황색표시등 또는 호박색표시등이 점멸되도록 운전자가 조작할 수 있어야 할 것
  어린이통학버스의 황색 점멸 등화가 작동 중인 상태이기 때문에 어린이통학버스는 도로의 우측 가장자리에 정지하려는 과정일 수 있다. 따라서 어린이통학버스의 속도가 예측과 달리 급감속할 수 있는 상황이다. 또 어린이통학버스의 높이 때문에 전방시야가 제한된 상태이므로 앞쪽 교통상황이 안전할 것이라는 예측은 삼가야 한다.

788

다음의 도로를 통행하려는 경우 가장 올바른 운전방법 2가지는?

상황설명
- 어린이를 태운 어린이통학버스 시속 35킬로미터
- 어린이통학버스 방향지시기 미작동
- 어린이통학버스 황색 점멸등, 제동등 켜짐
- 3차로 전동킥보드 통행

789

공동주택 주차장에서 좌회전하려는 중이다. 대비해야 할 위험 요소와 거리가 먼 2가지는?

상황설명
- 왼쪽에서 재활용품 정리를 하는 사람
- 오른쪽 흰색 자동차에 켜져 있는 흰색 등화
- 실내후사경에 확인되는 자동차

① 공작물에 가려져 확인되지 않는 A 지역
② 후진하려는 흰색 자동차
③ **재활용수거용 마대와 충돌할 가능성**
④ 놀이하고 있는 어린이의 차도 진입
⑤ **뒤쪽 자동차와의 충돌 가능성**

- 제시된 상황은 주거지역 및 공동주택을 통행하는 중에 빈번하게 경험하게 되는 상황이다. 이때 아파트 조경수, 음식물쓰레기 수거통, 기타 공작물 등에 가려져 있는 장소는 항시 주의해야 한다. 위의 A지역에 특별히 주의해야 하며 서행으로 접근하여 좌회전하기 전 정차하는 습관을 가져야 한다.
- 흰색승용차는 흰색등이 켜져 있는 상태이므로 후진이 예측되는 상황이다. 따라서 후진을 하는 상황인지, 후진 기어를 조작한 상태에서 정차 중인지를 주의하며 살펴야 한다.
- 주거지역의 어린이의 행동은 예측이 불가하므로 어린이의 차도진입을 예측하며 운전해야 한다. **마대와 충돌할 가능성 및 뒤차와의 충돌 가능성은 현저히 낮다.**

790

다음 상황에서 가장 안전한 운전방법 2가지는?

상황설명
- 회전교차로
- 진입과 회전하는 차량

① **진입하려는 차량은 진행하고 있는 회전차량에 진로를 양보하여야 한다.**
② **회전교차로에 진입하려는 경우에는 서행하거나 일시정지하여야 한다.**
③ 진입차량이 우선이므로 신속히 진입하여 가고자 하는 목적지로 진행한다.
④ 회전교차로에 진입할 때는 회전차량보다 먼저 진입한다.
⑤ 주변 차량의 움직임에 주의할 필요가 없다.

회전교차로에서는 회전이 진입보다 우선이므로 항상 양보하는 운전자세가 필요하며 회전 시 주변차량과 안전거리 유지와 서행하는 것이 중요하다.

791

A차량이 진행 중이다. 가장 안전한 운전방법 2가지는?

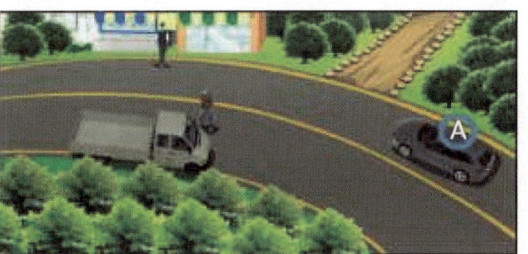

상황설명
- 좌측으로 굽은 편도 1차로 도로
- 반대편 도로에 정차 중인 화물차
- 전방 우측에 상점

① 차량이 원심력에 의해 도로 밖으로 이탈할 수 있으므로 중앙선을 밟고 주행한다.
② **반대편 도로에서 정차 중인 차량을 앞지르기하려고 중앙선을 넘어오는 차량이 있을 수 있으므로 이에 대비한다.**
③ 전방 우측 상점 앞 보행자와의 사고를 예방하기 위해 중앙선 쪽으로 신속히 진행한다.
④ **반대편 도로에 정차 중인 차량의 운전자가 갑자기 건너올 수 있으므로 주의하며 진행한다.**
⑤ 굽은 도로에서는 주변의 위험 요인을 전부 예측하기가 어렵기 때문에 신속하게 커브길을 벗어나도록 한다.

굽은 도로에서는 전방의 위험을 정확하게 예측할 수가 없기 때문에 여러 가지 위험에 대비하여 **속도를 줄이는 것이 안전**하다.

792

다음 상황에서 가장 안전한 운전방법 2가지는?

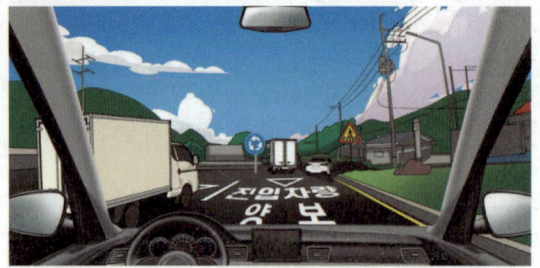

상황설명
- 회전교차로
- 회전교차로 진입하려는 하얀색 화물차

① 교차로에 먼저 진입하는 것이 중요하다.
② 전방만 주시하며 운전해야 한다.
③ **1차로 화물차가 교차로 진입하던 중 2차로 쪽으로 차로변경할 수 있으므로 대비해야 한다.**
④ **좌측의 회전차량과 우측 도로에서 진입하는 차량에 주의하며 운전해야 한다.**
⑤ 진입차량이 회전차량보다 우선이라는 생각으로 운전한다.

회전교차로에 진입하려는 경우에는 서행하거나 **일시정지**해야 하며 회전차량에게 양보해야 한다. 또한 하얀색 화물차가 내 앞으로 끼어들 경우 대비하여 속도를 낮춰 화물차와의 **안전거리를 유지**해야 한다.

793

다음 상황에서 우선적으로 대비하여야 할 위험 상황 2가지는?

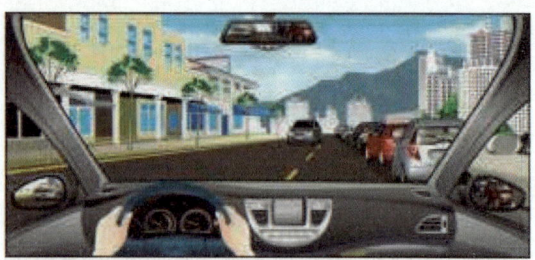

상황설명
- 편도 1차로 도로
- 주차된 차량들로 인해 중앙선을 밟고 주행 중
- 시속 40킬로미터 속도로 주행 중

① 오른쪽 주차된 차량 중에서 고장으로 방치된 차가 있을 수 있다.
② **반대편에서 오는 차와 충돌의 위험이 있다.**
③ **오른쪽 주차된 차들 사이로 뛰어나오는 어린이가 있을 수 있다.**
④ 반대편 차가 좌측에 정차할 수 있다.
⑤ 왼쪽 건물에서 나오는 보행자가 있을 수 있다.

교통사고는 미리 보지 못한 위험과 마주쳤을 때 발생하는 경우가 많다. 특히 **주차된 차들로 인해 어린이 교통사고가 많이 발생**하고 있는데 어린이는 키가 작아 승용차에도 가려 잘 보이지 않게 된다. 또한 어린이 역시 다가오는 차를 보지 못해 사고의 위험이 매우 높다. 그리고 **주차된 차들로 인해 부득이 중앙선을 넘게 될 때에는 반대편 차량과의 위험**에 유의하여야 하는데 반대편 차가 알아서 피해갈 것이라는 안이한 생각보다는 속도를 줄이거나 정지하는 등의 적극적인 자세로 반대편 차에 방해를 주지 않도록 해야 한다.

794

다음과 같은 야간 도로상황에서 운전할 때 특히 주의하여야 할 위험 2가지는?

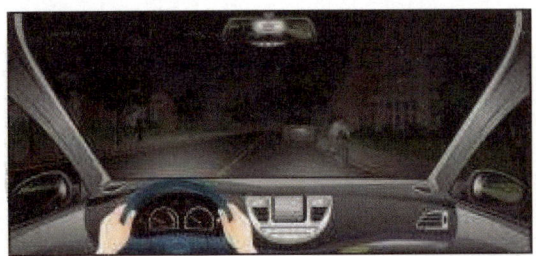

상황설명
- 시속 50킬로미터 주행 중

① 도로의 우측부분에서 역주행하는 자전거
② 도로 건너편에서 차도를 횡단하려는 사람
③ 내 차 뒤로 무단횡단하는 보행자
④ 방향지시등을 켜고 우회전하려는 후방 차량
⑤ 우측 주차 차량 안에 탑승한 운전자

교외 도로는 지역주민들에게 생활도로로 보행자들의 도로횡단이 잦으며 자전거 운행이 많은 편이다. **자전거는 차도서 우측 통행을 하여야 하는데 일부는 역주행하거나 도로를 가로질러가기도 하며** 특히 어두워 잘 보이지 않으므로 사고가 잦아 자전거나 **보행자에 대한 예측이 필요**하다.

795

오른쪽으로 갔어야 하는데 길을 잘못 들었다. 이때 가장 안전한 운전방법 2가지는?

상황설명
- 울산·양산 방면으로 가야 하는 상황
- 분기점에서 오른쪽으로 진입하려는 상황

① 안전지대로 진입하여 비상점멸등을 작동한 후 오른쪽으로 진입한다.
② 오른쪽 방향지시기를 작동하며 안전지대로 진입하여 오른쪽으로 진입한다.
③ 신속하게 가속하여 오른쪽으로 진입한다.
④ 대구방향으로 그대로 진행한다.
⑤ 다음에서 만나는 나들목 또는 갈림목을 이용한다.

일부 운전자들은 나들목이나 갈림목의 직전에서 어느 쪽으로 진입할지를 결정하기 위해 급감속하거나 진입이 금지된 안전지대에 진입하여 대기하다가 무리하게 진입하기도 한다. 또 진입로를 지나친 경우 안전지대 또는 갓길에 정차한 후 후진하는 행동을 하기도 한다. 이와 같은 행동은 다른 운전자들이 예측할 수 없는 행동을 직접적인 사고의 원인이 될 수 있으므로 **진입을 포기하고 다음 갈림목 또는 나들목을 이용하여 안전을 도모**해야 한다. 가장 안전한 운전방법은 출발부터 목적지까지의 통행경로를 미리 파악하는 자세를 겸비하는 것이다.

796

다음과 같은 교차로에서 가장 안전한 통행방법 2가지를 설명한 것은?

상황설명
- 나선형 회전교차로

① A차로에서 진입하려는 때에 왼쪽 방향지시기를 작동하였다.
② A차로에서 진입한 운전자가 즉시 a차로에 진입하여 회전하다가 북쪽으로 진출하였다.
③ B차로에서 진입하려는 때에 오른쪽 방향지시기를 작동하였다.
④ B차로에서 진입한 운전자가 즉시 b차로로 진입하여 회전하다가 a차로로 진로변경하여 북쪽방향으로 진출하였다.
⑤ 안쪽에서 회전하다가 진출하려는 때에 왼쪽 방향지시기를 작동하였다.

제시된 교차로는 '나선형 회전교차로'이다. A차로에서 진입하는 운전자는 회전하는 차에 양보한 후 즉시 a차로로 진입해야 한다. 이때는 백색점선을 이용해야 한다. **A차로의 진출방향은 동쪽과 북쪽**이다. B차로에서 진입하는 운전자는 회전하는 차에 양보한 후 즉시 b차로로 진입해야 한다. B차로의 진출방향은 남쪽과 동쪽이다. 또 **회전교차로에서 진입하려는 때는 왼쪽**, 진출하려는 때에는 오른쪽 **방향지시기를 작동**해야만 한다.

797

다음 상황에서 가장 주의해야 할 위험 요인 2가지는?

상황설명
- 겨울철 고가도로 아래의 그늘
- 군데군데 젖은 노면
- 진행차로로 진입하는 택시

① 반대편 뒤쪽의 화물차
② 내 뒤를 따르는 차
③ 전방의 앞차
④ 고가 밑 그늘진 노면
⑤ 내 차 앞으로 진입하려는 택시

겨울철 햇빛이 비치지 않는 **고가도로의 그늘에는 내린 눈이 얼어 있기도 하고 빙판이 되어 있는 경우도** 많다. 따라서 고가도로의 그늘을 지날 때는 항상 노면의 상황에 유의하면서 속도를 줄여 주행해야 한다.

798

우측 주유소로 들어가려고 할 때 사고 발생 가능성이 가장 높은 2가지는?

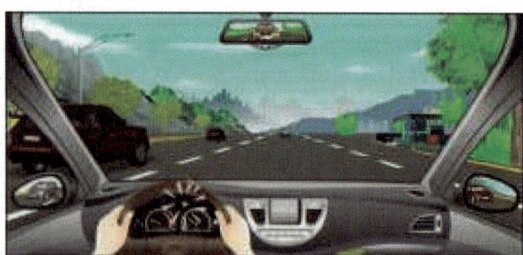

상황설명
- 전방 우측 주유소
- 우측 후방에 차량
- 후방에 승용차

① 주유를 마친 후 속도를 높여 차도로 진입하는 차량과의 충돌
② 우측으로 차로변경하려고 급제동하는 순간 후방 차량과의 추돌
③ 우측으로 급차로변경하는 순간 우측 후방 차량과의 충돌
④ 제한속도보다 느리게 주행하는 1차로 차량과의 충돌
⑤ 과속으로 주행하는 반대편 2차로 차량과의 정면 충돌

전방의 주유소나 휴게소 등에 들어갈 때에는 미리 속도를 줄이며 안전하게 **차로를 변경**해야 한다. 이때 급제동을 하게 되면 후방 차량과의 추돌 사고가 발생할 수 있으며, 급차로변경으로 인하여 우측 후방 차량과도 사고가 발생할 수 있다.

799

다음과 같은 상황에서 안전한 운전방법 2가지는?

상황설명
- 통행하고 있는 검은색, 흰색 자동차
- 정차하고 있는 어린이통학버스

① 검은색 자동차 운전자는 P공간을 이용하여 신속하게 통행한다.
② 검은색 자동차 운전자는 어린이통학버스 뒤에서 정지한다.
③ 흰색 자동차 운전자는 어린이통학버스에 주의하며 서행으로 직진한다.
④ 흰색 자동차 운전자는 어린이통학버스에 이르기 전에 정지한 후 서행한다.
⑤ 흰색 자동차 운전자는 지속적으로 경음기를 작동하여 본인이 직진할 것을 알린다.

제51조(어린이통학버스의 특별보호)
① 어린이통학버스가 도로에 정차하여 어린이나 영유아가 타고 내리는 중임을 표시하는 점멸등 등의 장치를 작동 중일 때에는 어린이통학버스가 정차한 차로와 그 차로의 바로 옆 차로로 통행하는 차의 운전자는 어린이통학버스에 이르기 전에 **일시정지**하여 안전을 확인한 후 서행하여야 한다.
② 제1항의 경우 중앙선이 설치되지 아니한 도로와 편도 1차로인 도로에서는 **반대방향에서 진행하는** 차의 운전자도 어린이통학버스에 이르기 전에 **일시정지하여 안전을 확인한 후 서행**하여야 한다.
③ 모든 차의 운전자는 어린이나 영유아를 태우고 있다는 표시를 한 상태로 도로를 통행하는 어린이통학버스를 앞지르지 못한다.

800

다음과 같은 도로를 주행할 때 사고 발생 가능성이 가장 높은 경우 2가지는?

상황설명
- 신호등이 없는 교차로
- 전방 우측에 아파트 단지 입구
- 반대편에 진행 중인 화물차

① **직진할 때 반대편 1차로의 화물차가 좌회전하는 경우**
② 직진할 때 내 뒤에 있는 후방 차량이 우회전하는 경우
③ 우회전할 때 반대편 2차로의 승용차가 직진하는 경우
④ **직진할 때 반대편 1차로의 화물차 뒤에서 승용차가 아파트 입구로 좌회전하는 경우**
⑤ 우회전할 때 반대편 화물차가 직진하는 경우

> 신호등이 없고 우측에 도로나 아파트 진입로가 있는 교차로에서는 **직진이나 우회전할 때 반대편 차량의 움직임 및 아파트에서 나오는 차량에도 주의**를 해야 한다. 반대편 도로에 있는 화물차 뒤쪽에서 차량이 불법 유턴 등을 할 수 있으므로 **보이지 않는 공간이 있는 경우에는 속도를 줄여 이에 대비**한다.

801

다음 상황에서 오르막길을 올라가는 화물차를 앞지르기하면 안 되는 가장 큰 이유 2가지는?

상황설명
- 좌로 굽은 도로, 전방 좌측에 도로
- 반대편 길 가장자리에 정차 중인 이륜차

① 반대편 길 가장자리에 이륜차가 정차하고 있으므로
② **화물차가 좌측 도로로 좌회전할 수 있으므로**
③ 후방 차량이 서행으로 진행할 수 있으므로
④ **반대편에서 내려오는 차량이 보이지 않으므로**
⑤ 화물차가 계속해서 서행할 수 있으므로

> - 황색실선이 복선으로 중앙선이 설치되어 있는 장소로 앞지르기 금지장소이다.
> - 오르막에서는 앞 차량이 서행할 경우라도 절대 앞지르기를 해서는 안 된다. 왜냐하면 **반대편에서 오는 차량이 보이지 않을** 뿐만 아니라 **좌측으로 도로가 있는 경우에 전방 차량이 좌회전할 수 있기** 때문이다.

802

교차로에 진입하여 직진하려는 상황이다. 가장 안전한 운전방법 2가지는?

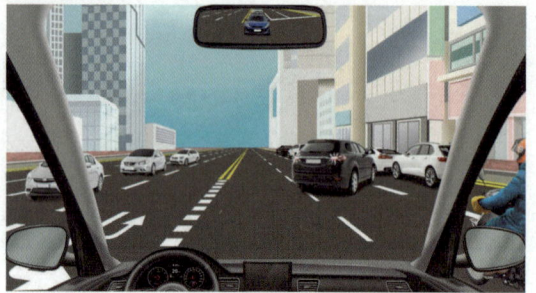

상황설명
- 신호등 없는 교차로
- 오른쪽 3차로에 주차된 자동차
- 유턴하는 과정에 정차중인 검은색 자동차

① 검은색 자동차가 후진할 수 있으므로 감속하며 대비한다.
② 이륜차가 검은색 승용차의 왼쪽으로 진로변경할 수 있으므로 주의한다.
③ 반대방향에 비어 있는 직진차로를 이용하여 직진하다가 원래 차로로 되돌아온다.
④ 정차한 검은색 자동차의 옆으로 가속하며 직진으로 통과한다.
⑤ 이륜차가 나의 앞으로 진로변경할 수 없도록 가속하며 통과한다.

- 제시된 상황에서 검은색 승용차는 「도로교통법」 제18조 유턴금지위반을 하고 있다. **검은색 승용차는** 후퇴등이 등화되고 있는 상태이므로 **회전반경을 확보하기 위한 후퇴행동을 예측할 수 있다.** 따라서 운전자는 후퇴등이 점등된 자동차를 발견하면 주의하는 동시에 서행 또는 정지하여야 한다.
- 오른쪽 차로(2차로)에서 통행 중인 **이륜차의 운전자는 앞쪽 통행이 방해된다는 판단을 하는 경우 왼쪽으로 진로변경할 가능성이 높다.** 이러한 경우 오른쪽의 이륜차에 특별히 주의할 필요성이 있다.

803

다음 도로상황에서 좌회전하기 위해 불법으로 중앙선을 넘어 전방 좌회전 차로로 진입하는 경우 가장 위험한 이유 2가지는?

상황설명
- 시속 20킬로미터 주행 중
- 직진·좌회전 동시신호
- 앞차가 브레이크 페달을 밟음

① 반대편 차량이 갑자기 후진할 수 있다.
② 앞 차가 현 위치에서 유턴할 수 있다.
③ 브레이크 페달을 밟은 앞 차 앞으로 보행자가 나타날 수 있다.
④ 브레이크 페달을 밟은 앞 차가 갑자기 우측차로로 차로변경할 수 있다.
⑤ 앞 차의 선행차가 2차로에서 우회전할 수 있다.

교차로 진입 전 2차로에 직진차량이 많을 때 비어 있는 포켓차로로 진입하기 어렵다. 이때 중앙선을 침범하면서 포켓차로로 바로 진입하려는 운전자들이 있다. **포켓차로에서는 좌회전뿐만 아니라 유턴 및 포켓차로로의 차로변경도 가능**할 수 있기 때문에 중앙선을 침범하게 되면 내 앞에서 유턴 및 차로변경을 하는 차량과 사고 가능성이 있다. 또한 **앞차가 브레이크 페달을 밟고 있는데 방향전환을 위해 서거나 전방에 어떤 위험을 만났기 때문으로 앞차 좌측으로 먼저 나아가는 것은 위험하다.**

804

내리막길을 빠른 속도로 내려갈 때 사고 발생 가능성이 가장 높은 2가지는?

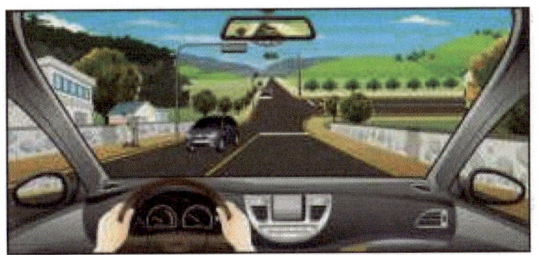

상황설명
- 편도 1차로 내리막길
- 내리막길 끝 부분에 신호등 있는 교차로
- 차량 신호는 녹색

① 반대편 도로에서 올라오고 있는 차량과의 충돌
② 교차로 반대편 도로에서 진행하는 차와의 충돌
③ 반대편 보도 위에 걸어가고 있는 보행자와의 충돌
④ **전방 교차로 차량 신호가 바뀌면서 우측 도로에서 좌회전하는 차량과의 충돌**
⑤ **전방 교차로 차량 신호가 바뀌면서 급정지하는 순간 뒤따르는 차와의 추돌**

내리막길에서 속도를 줄이지 않으면 전방 및 후방 차량과의 충돌 위험에도 대비하기 어렵다. 속도가 빨라지면 운전자의 시야는 좁아지고 정지거리가 길어지므로 교통사고의 위험성이 높아진다.

805

다음 상황에서 우선적으로 예측해 볼 수 있는 위험 상황 2가지는?

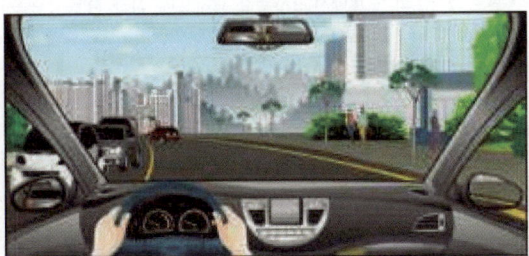

상황설명
- 좌로 굽은 도로
- 반대편 도로 정체
- 시속 40킬로미터 속도로 주행 중

① 반대편 차량이 급제동할 수 있다.
② 전방의 차량이 우회전할 수 있다.
③ **보행자가 반대편 차들 사이에서 뛰어나올 수 있다.**
④ 반대편 도로 차들 중에 한 대가 후진할 수 있다.
⑤ **반대편 차량들 중에 한 대가 불법 유턴할 수 있다.**

반대편 차로가 밀리는 상황이면 차들 사이로 길을 건너는 보행자가 잘 보이지 않을 수 있으므로 **갑작스러운 보행자의 출현에 대비**하여야 한다. 또한 **반대편에서 밀리는 도로를 우회하기 위해 유턴을 시도**하기도 하는데 도로가 좁아 한 번에 유턴하기가 어렵다. 이때 다른 진행차의 속도가 빠를 경우 유턴 차를 발견하고도 정지하기 어려워 사고를 일으키기도 한다.

806

대형차의 바로 뒤를 따르고 있는 상황에서 가장 안전한 운전방법 2가지는?

상황설명
- 편도 3차로
- 1차로의 버스는 2차로로 차로변경 준비 중

① **대형화물차가 내 차를 발견하지 못할 수 있기 때문에 대형차의 움직임에 주의한다.**
② 전방 2차로를 주행 중인 버스가 갑자기 속도를 높일 수 있기 때문에 주의해야 한다.
③ 뒤따르는 차가 차로를 변경할 수 있기 때문에 주의해야 한다.
④ 마주 오는 차의 전조등 불빛으로 눈부심 현상이 올 수 있기 때문에 상향등을 켜고 운전해야 한다.
⑤ **전방의 상황을 확인할 수 없기 때문에 충분한 안전거리를 확보하고 전방 상황을 수시로 확인하는 등 안전에 주의해야 한다.**

대형차의 경우는 소형차에 비해 사각이 크고 특히 야간에는 소형차를 발견하지 못할 수 있어 갑자기 소형차 앞쪽으로 차로를 변경하여 끼어들기 쉽다. 따라서 대형차의 사각범위에 들지 않도록 하고, **속도를 줄여 충분한 안전거리와 공간을 확보하여 전방의 상황을 수시로 확인**할 수 있도록 하여야 한다.

807

다음 상황에서 A차량이 주의해야 할 가장 위험한 요인 2가지는?

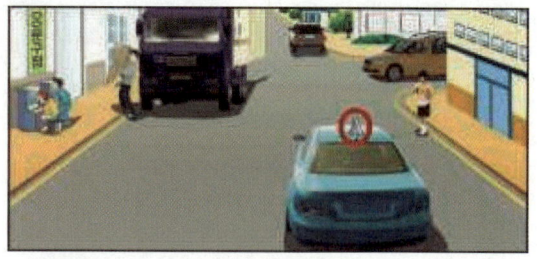

상황설명
- 문구점 앞 화물차
- 문구점 앞 어린이들
- 전방에 서있는 어린이

① 전방의 화물차 앞에서 물건을 운반 중인 사람
② 전방 우측에 제동등이 켜져 있는 정지 중인 차량
③ **우측 도로에서 갑자기 나오는 차량**
④ 문구점 앞에서 오락에 열중하고 있는 어린이
⑤ **좌측 문구점을 바라보며 서있는 우측 전방의 어린이**

어린이 교통사고의 상당수가 학교나 집 부근에서 발생하고 있다. **어린이들은 관심 있는 무엇인가 보이면 주변 상황을 생각하지 못하고 도로에 갑자기 뛰어드는 특성**이 있다. 우측에서 오락기를 바라보고 있는 어린이가 갑자기 차도로 뛰어나올 수 있으므로 행동을 끝까지 주시하여야 한다. 또한 **주변에 도로가 만나는 지점에서는 갑자기 나오는 차량에 대비**하여야 한다.

808

다음 상황에서 우회전하려는 경우 가장 안전한 운전 방법 2가지는?

상황설명
- 편도 1차로
- 불법 주차된 차들

① **오른쪽 시야 확보가 어려우므로 정지한 후 우회전한다.**
② 횡단보도 위에 보행자가 없으므로 그대로 신속하게 통과한다.
③ **반대방향 자동차 진행에 방해되지 않게 정지선 전에서 정지한다.**
④ 먼저 교차로에 진입한 상태이므로 그대로 진행한다.
⑤ 보행자가 횡단보도에 진입하지 못하도록 경음기를 울린다.

도로에 설치된 횡단보도는 신호등이 설치되지 않은 횡단보도이다. 이때 운전자는 반대방향에서 좌회전을 하려는 운전자와 오른쪽의 횡단보도를 향해서 달려가는 어린이를 확인할 수 있다. 또 우회전하려는 경우에는 도로교통법령에 따라 다른 차마의 교통에 방해를 하지 않아야 하고 오른쪽에 정차 및 주차방법을 위반한 차들로 인해 **오른쪽의 횡단보도가 가려지는 사각지대(死角地帶)에 존재할 수 있는 보행자를 예측하여 정지**한 후 주의를 살피고 나서 우회전 행동을 해야 한다.

809

다음 도로상황에서 사고발생 가능성이 가장 높은 2가지는?

상황설명
- 편도 4차로의 도로에서 2차로로 교차로에 접근 중
- 시속 70킬로미터로 주행 중

① 왼쪽 1차로의 차가 갑자기 직진할 수 있다.
② **황색 신호가 켜질 경우 앞차가 급제동을 할 수 있다.**
③ 오른쪽 3차로의 차가 갑자기 우회전을 시도할 수 있다.
④ 앞차가 3차로로 차로를 변경할 수 있다.
⑤ **신호가 바뀌어 급제동할 경우 뒤차에게 추돌사고를 당할 수 있다.**

안전거리를 유지하지 않거나 속도를 줄이지 않은 상태에서 신호가 **황색으로 바뀌면 급제동하거나 신호를 위반하는 상황이 발생**한다. 따라서 교차로에 접근할 때는 안전거리를 유지하고 속도를 줄이는 운전습관이 필요하다.

810

급커브길을 주행 중이다. 가장 안전한 운전방법 2가지는?

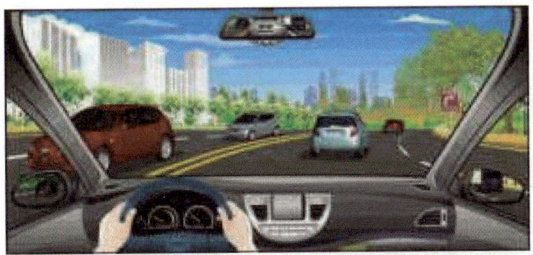

상황설명
• 편도 2차로 급커브길

① **마주 오는 차가 중앙선을 넘어올 수 있음을 예상하고 전방을 잘 살핀다.**
② **원심력으로 차로를 벗어날 수 있기 때문에 속도를 미리 줄인다.**
③ 스탠딩 웨이브 현상을 예방하기 위해 속도를 높인다.
④ 원심력에 대비하여 차로의 가장자리를 주행한다.
⑤ 뒤따르는 차의 앞지르기에 대비하여 후방을 잘 살핀다.

급커브길에서 **감속하지 않고 그대로 주행하면 원심력에 의해 차로를 벗어나는 경우**가 있고, 커브길에서는 **시야 확보가 어려워 전방 상황을 확인할 수 없기** 때문에 마주 오는 차가 중앙선을 넘어올 수도 있어 주의하여야 한다.

811

다음 상황에서 가장 주의해야 할 위험 요인 2가지는?

상황설명
• 내린 눈이 중앙선 부근에 쌓임
• 터널 입구에도 물이 흘러 얼어 있음

① 터널 안의 상황　② **우측 전방의 차**
③ 터널 안 진행차　④ **터널 직전의 노면**
⑤ 내 뒤를 따르는 차

겨울철에 **터널 입구의 노면은 터널 위에서 흘러내린 물 등으로 젖어 있거나 얼어 있어 미끄러운 경우가 많다.** 따라서 터널 입구로 들어서거나 터널을 나올 때는 노면의 상황에 유의해야 하며 **주변차량에도 주의**를 기울여야 한다.

812

다음과 같은 교차로에서 우회전하려고 한다. 가장 안전한 운전방법 2가지는?

상황설명
• +형 교차로
• 1차로(좌회전), 2·3차로(직진), 4차로(우회전)
• 4색 등화 중 적색 신호
• 4차로 도로 주행 중

① 교차로 정지선 전에 일시정지 없이 서행하면서 우회전한다.
② **교차로 직전 신호등 있는 횡단보도에 보행자가 있는지 반드시 확인한다.**
③ 왼쪽 도로에서 오른쪽 도로로 직진하는 차량은 반드시 확인할 필요는 없다.
④ **오른쪽 사이드미러에 보이는 뒤따르는 이륜차를 주의해야 한다.**
⑤ 우회전 직후 신호등이 있는 횡단보도의 보행자는 반드시 확인할 필요는 없다.

• 차량 신호 중 적색 신호의 의미는 차마는 정지선으로, 횡단보도 및 교차로의 직전에서 정지해야 한다는 뜻이다.
• 차마는 우회전하려는 경우에는 정지선, 횡단보도 및 교차로의 직전에서 정지한 후 신호에 따라 진행하는 다른 차마의 교통을 방해하지 않고 우회전할 수 있다. 그럼에도 불구하고 차마는 우회전 삼색등이 적색의 등화인 경우 우회전할 수 없다. 따라서 **교차로 직전 정지선에 일시정지 후 횡단보도에 보행자 여부와 보행자 신호의 여부를 반드시 확인**해야 하고, 우회전 직후 횡단보도의 보행자 등에 대해서도 주의해야 한다. 또한 오른쪽 사이드미러에 보이는 **이륜차가 보도와 내 차 사이를 무리하게 주행하여 직진하는 경우도 있기에 우측 방향지시등을 미리 켜는 등** 대비할 필요도 있다. 또한 우회전할 때는 왼쪽 도로에서 직진하는 차량이나 반대편 도로에서 좌회전하는 차량 등에 대해서도 주의할 필요가 있다.

813

야간 운전 시 다음 상황에서 가장 적절한 운전방법 2가지는?

상황설명
- 편도 2차로 직선 도로
- 1차로 후방에 진행 중인 차량
- 전방에 화물차 정차 중

① 정차 중인 화물차에서 어떠한 위험 상황이 발생할지 모르므로 재빠르게 1차로로 차로변경한다.
② 정차 중인 화물차에 경음기를 계속 울리면서 진행한다.
③ 전방 우측 화물차 뒤에 일단 정차한 후 앞차가 출발할 때까지 기다린다.
④ **정차 중인 화물차 앞이나 그 주변에 위험 상황이 발생할 수 있으므로 속도를 줄이며 주의한다.**
⑤ **1차로 차로변경 시 안전을 확인한 후 차로변경을 시도한다.**

야간 주행 중에 **고장 차량 등을 만나는 경우에는 속도를 줄이고 여러 위험에 대비하여 무리한 진행을 하지 않도록** 해야 한다.

814

다음 상황에서 가장 안전한 운전방법 2가지는?

상황설명
- 어린이보호구역의 ㅏ자형 교차로
- 교통정리가 이루어지지 않는 교차로
- 좌우가 확인되지 않는 교차로
- 통행하려는 보행자가 없는 횡단보도

① 우회전하려는 경우 서행으로 횡단보도를 통행한다.
② **우회전하려는 경우 횡단보도 앞에서 반드시 일시정지한다.**
③ 직진하려는 경우 다른 차보다 우선이므로 서행하며 진입한다.
④ **직진 및 우회전하려는 경우 모두 일시정지한 후 진입한다.**
⑤ 우회전하려는 경우만 일시정지한 후 진입한다.

「도로교통법」 제31조(서행 또는 일시정지할 장소) 제2항
모든 차 또는 노면전차의 운전자는 다음 각 호의 어느 하나에 해당하는 곳에서는 일시정지하여야 한다.
1. 교통정리를 하고 있지 아니하고 좌우를 확인할 수 없거나 교통이 빈번한 교차로
2. 시·도경찰청장이 도로에서의 위험을 방지하고 교통의 안전과 원활한 소통을 확보하기 위하여 필요하다고 인정하여 안전표지로 지정한 곳

보기의 상황은 오른쪽의 확인이 어려운 장소로서 일시정지하여야 할 장소이며, 이때는 **직진 및 우회전하려는 경우 모두 일시정지**하여야 한다.

「도로교통법」 제27조 제7항
모든 차 또는 노면전차의 운전자는 법 제12조 제1항에 따른 어린이보호구역 내에 설치된 횡단보도 중 신호기가 설치되지 아니한 횡단보도 앞(정지선이 설치된 경우에는 그 정지선을 말한다)에서는 보행자의 횡단 여부와 관계없이 일시정지하여야 한다.

815

다음 상황에서 직진하려는 경우 가장 안전한 운전방법 2가지는?

상황설명
- 교차로 모퉁이에 정차중인 어린이통학버스
- 뒷차에 손짓을 하는 어린이통학버스 운전자

① 어린이통학버스가 출발할 때까지 교차로에 진입하지 않는다.
② 어린이통학버스가 정차하고 있으므로 좌측으로 통행한다.
③ 어린이통학버스 운전자의 손짓에 따라 좌측으로 통행한다.
④ 교차로에 진입하여 어린이통학버스 뒤에서 기다린다.
⑤ 반대편 화물자동차 뒤에서 나타날 수 있는 보행자에 대비한다.

「도로교통법」 제13조 제3항
차마의 운전자는 도로(보도와 차도가 구분된 도로에서는 차도를 말한다)의 중앙(중앙선이 설치되어 있는 경우에는 그 중앙선을 말한다. 이하 같다) 우측 부분을 통행하여야 한다.

「도로교통법」 시행규칙 별표2.
황색 등화의 점멸은 '차마는 다른 교통 또는 안전표지의 표시에 주의하면서 진행할 수 있다'이므로 앞쪽의 어린이통학버스가 출발하여 교차로에 진입할 수 있는 때에도 주의를 살피고 진행해야 한다(「도로교통법」 제51조).
① 어린이통학버스가 도로에 정차하여 어린이나 영유아가 타고 내리는 중임을 표시하는 점멸등 등의 장치를 작동 중일 때에는 어린이통학버스가 정차한 차로와 그 차로의 바로 옆 차로로 통행하는 차의 운전자는 어린이통학버스에 이르기 전에 일시정지하여 안전을 확인한 후 서행하여야 한다.
② 제1항의 경우 중앙선이 설치되지 아니한 도로와 편도 1차로인 도로에서는 반대방향에서 진행하는 차의 운전자도 어린이통학버스에 이르기 전에 일시정지하여 안전을 확인한 후 서행하여야 한다.
③ 모든 차의 운전자는 어린이나 영유아를 태우고 있다는 표시를 한 상태로 도로를 통행하는 어린이통학버스를 앞지르지 못한다.

816

다음 상황에서 가장 안전한 운전방법 2가지는?

상황설명
- +형 교차로
- 1·2차로(좌회전), 3차로(직진), 4차로(직진·우회전)
- 왼쪽도로횡단보도 넘어 신호 대기 중인 이륜차
- 1차로에서 신호 대기 중
- 4색 등화 중 적색 신호에서 직진·좌회전 동시 신호로 바뀜

① 소통을 원활하게 하기 위해 적색 신호에 미리 정지선을 넘어 대기하다가 좌회전한다.
② 반대편 도로에서 우회전하는 빨간색 차량은 좌회전 차량이 우선이기 때문에 주의할 필요가 없다.
③ 차량의 사각지대로 인해 이륜차를 순간적으로 못 볼 수 있기 때문에 주의해야 한다.
④ 교차로 노면에 표시된 흰색 통행 유도선을 따라 좌회전한다.
⑤ 좌회전하면서 오른쪽 방향지시등을 켜고 왼쪽 도로의 3차로로 바로 진입한다.

- 운전자는 교차로 상황을 항상 눈으로 확인하는 습관을 가져야 하고 좌회전할 때는 반대편 도로에서 우회전하는 차량에도 주의해야 한다.
- **좌회전 시에 통행 유도선을 준수**하면서 1차로에서 출발하여 왼쪽 도로의 1차로로, 2차로에서 출발할 때는 왼쪽 도로의 2차로로 진입하는 게 안전한 좌회전방법이다.
- 왼쪽 도로에 진입한 후에 순차적으로 흰색 점선의 차선에서 차로를 변경해야 한다. 또한 회전 시에는 **차량의 A필러로 인해 발생하는 사각지대로 인해 이륜차나 보행자를 순간적으로 못 볼 수 있다는 점도 항상 유의**해야 한다. 반대로 생각하면 이륜차 운전자나 자동차 운전자일 때도 다른 차량들이 나를 항상 볼 수 있다는 생각은 잘못된 것이고 따라서 정지선을 준수하는 등 교통법규를 지키는 운전자가 되어야 한다.

817

다음 상황에서 가장 안전한 운전방법 2가지는?

상황설명
- +형 교차로
- 1차로(좌회전), 2차로(직진), 3차로(직진·우회전)
- 4색 등화 중 녹색 신호
- 앞쪽에 차량이 정체되어 있는 도로 상황
- 2차로 주행 중

① 많은 차량의 교차로 통과를 위해 앞 차와 최대한 붙어서 주행한다.
② **앞쪽 3차로에서 왼쪽으로 갑자기 진로 변경하는 차량에 대비할 필요가 있다.**
③ 앞쪽 차량의 정체 여부와 관계없이 교차로에 진입하여 소통을 원활하게 한다.
④ 비상 점멸등을 켜고 차량이 없는 반대편 1차로로 안전하게 앞질러 직진한다.
⑤ **정체로 인해 녹색 신호에 교차로를 통과 못 할 것 같으면 정지선 직전에 정지한다.**

- 교차로의 정차금지대 표시는 통행량이 많아서 상습적인 정체가 발생하는 곳이다. 비록 녹색 신호라고 하더라도 꼬리물기로 무리하게 통과하다가 교차로 안에서 정체되어 다른 차량의 흐름을 방해해서는 안 된다.
- 진입하려는 교차로의 정체가 예상되면 정지선 전에 정지하고 다음 녹색 신호에 출발하는 것이 좋다. 또한 앞쪽 3차로에서 비어 있는 2차로로 급하게 진로 변경하는 차량에 대해서도 주의할 필요가 있다.

818

다음과 같은 상황에서 좌회전하려고 한다. 가장 위험한 운전방법 2가지는?

상황설명
- +형 교차로
- 1차로(좌회전·유턴), 2·3차로(직진), 4차로(직진·우회전)
- 2차로 정차 중 좌회전 신호로 바뀜

① **비상 점멸등을 켜고 안전지대를 통과하여 1차로로 진입한 후 좌회전한다.**
② **좌회전 차로에 진입 후에는 앞 차량에 최대한 붙어서 신속히 좌회전한다.**
③ 1차로로 진로 변경할 때는 뒤따르는 뒤쪽 차량에 주의해야 한다.
④ 흰색 점선 차선에서 1차로로 진로 변경한 후에 좌회전한다.
⑤ 좌회전 차로로 진로 변경할 때는 바로 앞 차량을 주의할 필요가 있다.

- 안전지대 표시는 노상에 장애물이 있거나 안전 확보가 필요한 안전지대로서 이 지대에 들어가지 못함을 표시하는 것이다. 그래서 **안전지대를 통과해서 운전해서는 안 된다**. 또한 진로를 변경할 때는 방향지시등을 미리 켜고 앞·뒤, 좌·우를 확인한 후 흰색 점선인 차선에서 변경해야 한다. 또한 진로 변경할 때는 바로 앞쪽 차량이나 뒤쪽 차량이 내 차량보다 먼저 급하게 진로 변경하는 경우도 있으니 앞·뒤 차량도 주의해야 한다.
- 좌회전과 유턴을 동시에 할 수 있는 차로의 경우에는 앞차가 유턴을 할 수도 있기에 **안전거리를 확보하면서 좌회전**하는 방어운전도 필요하다.

819

다음과 같은 상황에서 우회전할 때 가장 위험한 운전방법 2가지는?

상황설명
- +형 교차로
- 1차로(유턴), 2·3차로(직진), 4·5차로(우회전)
- 우회전 삼색 신호는 적색 신호로 바뀜
- 5차로 주행 중

① 정지선 전에 정지한 후 우회전 삼색등이 진행 신호로 바뀔 때까지 대기한다.
② 우회전 삼색등에 녹색 화살표 신호로 변경된 후에도 앞쪽의 상황을 확인하고 우회전한다.
③ **우회전 삼색등이 적색 신호라도 보행자가 없다면 일시정지 후 천천히 우회전한다.**
④ **우회전하고 바로 나타나는 오른쪽 도로의 횡단보도는 주의할 필요가 없다.**
⑤ 오른쪽 보도에서 갑자기 횡단보도로 뛰어나올 수 있는 보행자에 주의한다.

- 차량 신호 중 적색 신호의 의미는 차마는 정지선으로, 횡단보도 및 교차로의 직전에서 정지해야 한다는 뜻이다.
- 차마는 우회전하려는 경우에는 정지선, 횡단보도 및 교차로의 직전에서 정지한 후 신호에 따라 진행하는 다른 차마의 교통을 방해하지 않고 우회전할 수 있다. 그럼에도 불구하고 차마는 **우회전 삼색등이 적색의 등화인 경우 우회전할 수 없다.** 따라서 교차로 우회전 삼색 신호등이 적색 신호인 경우에는 정지선 전에 정지하고 녹색 화살표 신호 변경까지 대기해야 한다. 또한 오른쪽 보도나 옆에 정차 중인 차량 앞·뒤 사이에서 튀어 나올 수 있는 보행자와 **우회전 직후에 만나는 횡단보도의 보행자 여부에 대해서도 주의할 필요가 있다.**

820

다음 상황에서 가장 안전한 운전방법 2가지는?

상황설명
- 현재 속도 시속 25킬로미터
- 후행하는 4대의 자동차들

① 왼쪽 방향지시기와 전조등을 작동하며 안전하게 추월한다.
② 경운기 운전자의 수신호에 따라 주의하며 안전하게 추월한다.
③ 경운기 운전자의 수신호가 끝나면 앞지른다.
④ **경운기 운전자의 손짓을 무시하고 그 뒤를 따른다.**
⑤ **경운기와 충분한 안전거리를 유지한다.**

「도로교통법」 제13조 제3항
차마의 운전자는 도로(보도와 차도가 구분된 도로에서는 차도를 말한다)의 중앙(중앙선이 설치되어 있는 경우에는 그 중앙선을 말한다. 이하 같다) 우측 부분을 통행하여야 한다.

제4항
차마의 운전자는 제3항에도 불구하고 다음 각 호의 어느 하나에 해당하는 경우에는 도로의 중앙이나 좌측 부분을 통행할 수 있다.
1. 도로가 일방통행인 경우
2. 도로의 파손, 도로공사나 그 밖의 장애 등으로 도로의 우측 부분을 통행할 수 없는 경우
3. 도로 우측 부분의 폭이 6미터가 되지 아니하는 도로에서 다른 차를 앞지르려는 경우. 다만 다음 각 목의 어느 하나에 해당하는 경우에는 그러하지 아니하다.
   가. 도로의 좌측 부분을 확인할 수 없는 경우
   나. 반대방향의 교통을 방해할 우려가 있는 경우
   다. 안전표지 등으로 앞지르기를 금지하거나 제한하고 있는 경우
4. 도로 우측 부분의 폭이 차마의 통행에 충분하지 아니한 경우
5. 가파른 비탈길의 구부러진 곳에서 교통의 위험을 방지하기 위하여 시·도경찰청장이 필요하다고 인정하여 구간 및 통행방법을 지정하고 있는 경우에 그 지정에 따라 통행하는 경우
6. **농기계 운전자는 수신호를 할 수 있는 사람이 아니다.** 도로를 통행하는 경우 느린 속도로 통행하고 있는 화물자동차, 특수자동차 그리고 농기계 등의 운전자가 '그냥 앞질러서 가세요'라는 의미로 손짓을 하는 경우가 있으나 이때의 손짓은 수신호가 아니다.

821

다음의 도로를 통행하려는 경우 가장 올바른 운전방법 2가지는?

상황설명
- 중앙선이 없는 도로
- 도로 좌우측 불법 주·정차된 차들

① **자전거에 이르기 전 일시정지한다.**
② **횡단보도를 통행할 때는 정지선에 일시정지한다.**
③ 뒤차와의 거리가 가까우므로 가속하여 거리를 벌린다.
④ 횡단보도 위에 사람이 없으므로 그대로 통과한다.
⑤ 경음기를 반복하여 작동하며 서행으로 통행한다.

어린이보호구역에 정차 및 주차를 위반한 자동차들이 확인된다. 어린이보호구역을 통행하는 운전자는 어린이의 신체적 특성 중 '작은 키'로 정차 및 주차를 위반한 자동차에 가려져 보이지 않는 점을 항시 기억해야 한다. 문제의 그림에서는 왼쪽 회색 자동차 앞으로 **자전거가 차도 쪽으로 횡단을 하려는 상황**이다. 이러한 때에는 횡단보도가 아니라고 하더라도 **정지**하여야 한다.

「도로교통법」 제12조 제3항
차마 또는 노면전차의 운전자는 어린이보호구역에서 제1항에 따른 조치를 준수하고 어린이의 안전에 유의하면서 운행하여야 한다.

「도로교통법」 제27조 제7항
모든 차 또는 노면전차의 운전자는 제12조 제1항에 따른 **어린이보호구역 내에 설치된 횡단보도 중 신호기가 설치되지 아니한 횡단보도 앞**(정지선이 설치된 경우에는 그 정지선을 말한다)에서는 보행자의 횡단 여부와 관계없이 **일시정지**하여야 한다.

822

다음 상황에서 가장 올바른 운전방법 2가지로 맞는 것은?

상황설명
- 긴급차 사이렌 및 경광등 작동
- 긴급차가 역주행하려는 상황

① 긴급차가 도로교통법 위반을 하므로 무시하고 통행한다.
② 긴급차가 위반행동을 하지 못하도록 상향등을 수회 작동한다.
③ **뒤따르는 운전자에게 알리기 위해 브레이크페달을 여러 번 나누어 밟는다.**
④ **긴급차가 역주행할 수 있도록 거리를 두고 정지한다.**
⑤ 긴급차가 진행할 수 없도록 그 앞에 정차한다.

제29조(긴급자동차의 우선 통행)
① 긴급자동차는 제13조 제3항에도 불구하고 긴급하고 부득이한 경우에는 도로의 중앙이나 좌측 부분을 통행할 수 있다.
② 긴급자동차는 이 법이나 이 법에 따른 명령에 따라 정지하여야 하는 경우에도 불구하고 긴급하고 부득이한 경우에는 정지하지 아니할 수 있다.
③ 긴급자동차의 운전자는 제1항이나 제2항의 경우에 교통안전에 특히 주의하면서 통행하여야 한다.
④ 교차로나 그 부근에서 긴급자동차가 접근하는 경우에는 차마와 노면전차의 운전자는 교차로를 피하여 일시정지하여야 한다.
⑤ 모든 차와 노면전차의 운전자는 제4항에 따른 곳 외의 곳에서 긴급자동차가 접근한 경우에는 긴급자동차가 우선통행할 수 있도록 진로를 양보하여야 한다.
⑥ 제2조 제22호 각 목의 자동차 운전자는 해당 자동차를 그 본래의 긴급한 용도로 운행하지 아니하는 경우에는 「자동차관리법」에 따라 설치된 경광등을 켜거나 사이렌을 작동하여서는 아니 된다. 다만 대통령령으로 정하는 바에 따라 범죄 및 화재 예방 등을 위한 순찰·훈련 등을 실시하는 경우에는 그러하지 아니하다.

문제의 그림에서 확인되는 상황은 「도로교통법」에 따라 본래의 긴급한 용도로 운행하는 때이다. 따라서 긴급자동차의 우선 통행하는 때이므로 모든 차와 노면전차의 **운전자는 긴급자동차가 우선통행할 수 있도록 진로를 양보**해야 한다. 그리고 이때 뒤따르는 자동차 **운전자들에게 정보제공을 하기 위해 브레이크페달을 여러 번 짧게 반복하여 작동**하는 등의 정차를 예고하는 행동이 필요할 수 있다.

823

다음 상황에서 12시 방향으로 진출하려는 경우 가장 안전한 운전방법 2가지는?

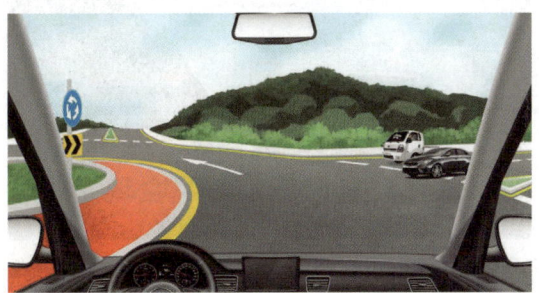

상황설명
- 회전교차로 안에서 회전 중
- 우측에서 회전교차로에 진입하려는 상황

① 회전교차로에 진입하려는 승용자동차에 양보하기 위해 정차한다.
② 좌측방향지시기를 작동하며 화물차턱으로 진입한다.
③ **우측방향지시기를 작동하며 12시 방향으로 통행한다.**
④ **진출 시기를 놓친 경우 한 바퀴 회전하여 진출한다.**
⑤ 12시 방향으로 직진하려는 경우이므로 방향지시기를 작동하지 아니한다.

「도로교통법」 제25조의2(회전교차로 통행방법)
① 모든 차의 운전자는 회전교차로에서는 반시계방향으로 통행하여야 한다.
② 모든 차의 운전자는 회전교차로에 진입하려는 경우에는 서행하거나 일시정지하여야 하며, 이미 진행하고 있는 다른 차가 있는 때에는 그 차에 진로를 양보하여야 한다.
③ 제1항 및 제2항에 따라 회전교차로 통행을 위하여 손이나 방향지시기 또는 등화로써 신호를 하는 차가 있는 경우 그 뒤차의 운전자는 신호를 한 앞차의 진행을 방해 하여서는 아니 된다.
「도로교통법」 제38조(차의 신호)
① 모든 차의 운전자는 좌회전·우회전·횡단·유턴·서행·정지 또는 후진을 하거나 같은 방향으로 진행하면서 진로를 바꾸려고 하는 경우와 회전교차로에 진입하거나 **회전교차로에서 진출하는 경우에는 손이나 방향지시기 또는 등화로써 그 행위가 끝날 때까지 신호**를 하여야 한다. 승용자동차나 화물자동차가 양보 없이 무리하게 진입하려는 경우 12시 방향 진출을 삼가고 다시 **반시계방향으로 360도 회전하여 12시로 진출**한다.

824

다음 상황에서 사고 발생 가능성이 가장 높은 2가지는?

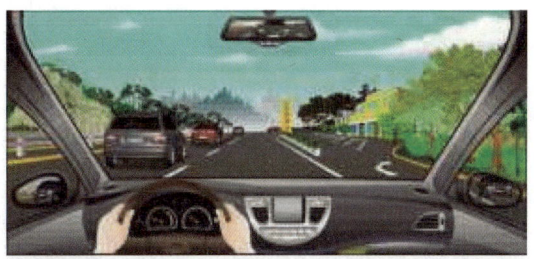

상황설명
- 전방 우측 휴게소
- 우측 후방에 차량

① **휴게소에 진입하기 위해 급감속하다 2차로에 뒤따르는 차량과 충돌할 수 있다.**
② 휴게소로 차로변경하는 순간 앞지르기하는 뒤차와 충돌할 수 있다.
③ **휴게소로 진입하기 위하여 차로를 급하게 변경하다가 우측 뒤차와 충돌할 수 있다.**
④ 2차로에서 1차로로 급하게 차로를 변경하다가 우측 뒤차와 충돌할 수 있다.
⑤ 2차로에서 과속으로 주행하다 우측 뒤차와 충돌할 수 있다.

고속도로 주행 중 **휴게소 진입을 위하여 주행차로에서 급감속**하는 경우 뒤따르는 차량과 충돌할 위험성이 있다. 또한 **진입을 위해 차로를 급하게 변경하는 경우 우측 차선의 뒤차와 충돌**의 위험이 있으므로 주위상황을 살펴 미리 안전하게 차선을 변경하고 감속하여 휴게소에 진입하여야 한다.

825

왼쪽차로(1차로)에서 직진하며 교차로에 접근하고 있는 상황이다. 안전한 운전방법 2가지는?

상황설명
- 교통정리가 없는 교차로
- 양방향 주차된 차들
- 오른쪽 후사경에 접근 중인 승용차

① 반대쪽 방향에 차가 없으므로 왼쪽으로 앞지르기하여 통과한다.
② **감속하며 1차로 택시와 안전한 거리를 두고 접근한다.**
③ 경음기를 사용하여 택시를 멈추게 하고 택시의 오른쪽으로 빠르게 통행한다.
④ 3차로로 연속 진로변경하여 정차한다.
⑤ **2차로로 진로변경하는 경우 택시와 보행자에 접근 시 감속한다.**

1차로에 통행 중인 택시가 오른쪽 보행자를 확인하고 제동하며 조향장치를 오른쪽으로 작동시킨 상태이다. 따라서 뒤를 따르는 **운전자는 택시의 갑작스런 급감속을 주의**하며 안전거리를 유지해야 한다. 또 오른쪽으로 진로변경하는 경우에도 주차된 차들을 피해 **2차로에서 정차한 후 승객을 탑승시킬 것이 예견되므로 감속하여 교차로로 접근**해야 한다.

826

다음 상황에서 발생 가능한 위험 2가지는?

상황설명
- 편도 4차로
- 버스가 3차로에서 4차로로 차로변경 중
- 도로구간 일부 공사 중

① **전방에 공사 중임을 알리는 화물차가 정차 중일 수 있다.**
② 2차로의 버스가 안전운전을 위해 속도를 낮출 수 있다.
③ 4차로로 진로 변경한 버스가 계속 진행할 수 있다.
④ 1차로 차량이 속도를 높여 주행할 수 있다.
⑤ **다른 차량이 내 앞으로 앞지르기할 수 있다.**

항상 보이지 않는 곳에 위험이 있을 것이라는 생각하는 자세가 필요하다. 운전 중일 때에는 **눈앞에 위험뿐만 아니라 멀리 있는 위험까지도 예측**해야 하며 위험을 대비할 수 있는 안전속도와 안전거리 유지가 중요하다.

827

다음 도로상황에서 가장 안전한 운전방법 2가지는?

상황설명
- 비가 내려 부분적으로 물이 고여 있는 부분
- 속도는 시속 60킬로미터로 주행 중

① **수막 현상이 발생하여 미끄러질 수 있으므로 감속 주행한다.**
② 물웅덩이를 만날 경우 수막 현상이 발생하지 않도록 급제동한다.
③ 고인 물이 튀어 앞이 보이지 않을 때는 브레이크 페달을 세게 밟아 속도를 줄인다.
④ **맞은편 차량에 의해 고인 물이 튈 수 있으므로 가급적 2차로로 주행한다.**
⑤ 물웅덩이를 만날 경우 약간 속도를 높여 통과한다.

> 전방 중앙선 부근에 **물이 고여 있는 경우**는 맞은편 차량이 통과하므로 인해 **고인 물이 튈 수 있고, 수막 현상으로 미끄러질 수 있기 때문에** 차로를 변경하고 속도를 줄여 안전하게 통과한다.

828

시속 30킬로미터로 직진하는 상황이다. 안전한 운전방법 2가지는?

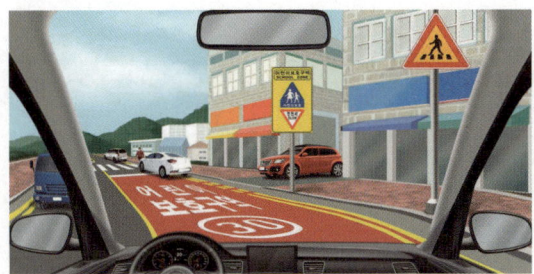

상황설명
- 반대방면에 통행 중인 자동차들
- 진행방면 오른쪽에 주차한 자동차들
- 도로에 진입하기 위해 정차한 자동차

① 주차된 차들과 충돌하지 않도록 시속 30킬로미터 이하로 횡단보도를 통과한다.
② **감속하며 접근하고 횡단보도 직전 정지선에 정지한다.**
③ 횡단보도에 사람이 없으므로 시속 30킬로미터로 서행한다.
④ 횡단보도에 사람이 없으므로 그대로 통과한다.
⑤ **오른쪽에서 도로에 진입하려는 차를 주의하며 서행한다.**

> - 제시된 상황의 장소는 주거지역 어린이보호구역이다. **어린이보호구역의 신호등 없는 횡단보도를 진입**하려는 경우 보행자의 횡단 유무와 관계없이 **정지한 후에 진입**해야 한다. 특히 횡단보도 근처에 주차된 차가 있는 경우 횡단하려는 보행자가 보이지 않으므로 정지한 후 서행으로 통행하려는 경우에도 보행자의 진입을 대비하여야 한다.
> - 도로 외의 곳에서 도로에 진입하려는 차의 운전자는 일단 정지해야 하나, 일부 운전자는 도로에 무리한 진입을 하기도 한다. 따라서 **도로 외의 곳에서 도로에 진입하려는 차가 확인되면 서행하며 주의**해야 한다.

829

도심지 이면 도로를 주행하는 상황에서 가장 안전한 운전방법 2가지는?

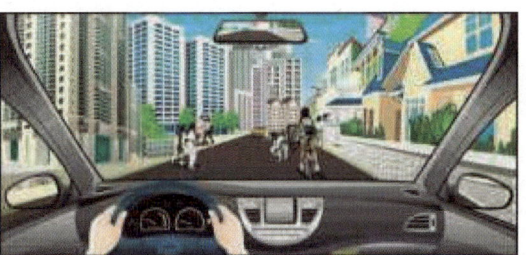

상황설명
- 어린이들이 도로를 횡단하려는 중
- 자전거 운전자는 애완견과 산책 중

① **자전거와 산책하는 애완견이 갑자기 도로 중앙으로 나올 수 있으므로 주의한다.**
② 경음기를 사용해서 내 차의 진행을 알리고 그대로 진행한다.
③ **어린이가 갑자기 도로 중앙으로 나올 수 있으므로 속도를 줄인다.**
④ 속도를 높여 자전거를 피해 신속히 통과한다.
⑤ 전조등 불빛을 번쩍이면서 마주 오는 차에 주의를 준다.

> **어린이와 애완견은 흥미를 나타내는 방향으로 갑작스러운 행동을 할 수 있고**, 한 손으로 자전거 핸들을 잡고 있어 비틀거릴 수 있으며 애완견에 이끌려서 갑자기 **도로 중앙으로 달릴 수 있기 때문에 충분한 안전거리를 유지**해야 한다. 또한 서행하거나 일시정지하여 자전거와 어린이의 움직임을 주시하면서 전방 상황에 대비하여야 한다.

830

다음 상황에서 가장 안전한 운전방법 2가지는?

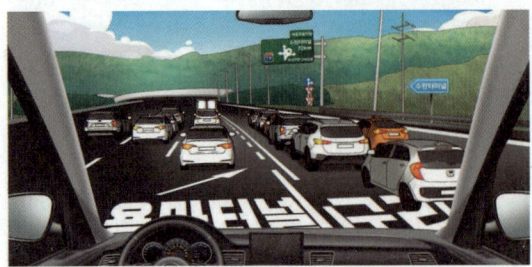

상황설명
- 자동차전용도로 분류구간
- 자동차전용도로로부터 진출하고자 차로변경을 하려는 운전자
- 진로변경제한선 표시

① 진로변경제한선 표시와 상관없이 우측차로로 진로변경한다.
② **우측 방향지시기를 켜서 주변 운전자에게 알린다.**
③ 급가속하며 우측으로 진로변경한다.
④ 진로변경은 진출로 바로 직전에서 속도를 낮춰 시도한다.
⑤ **다른 차량 통행에 장애를 줄 우려가 있을 때에는 진로변경을 해서는 안 된다.**

> 진로를 변경하고자 하는 경우에는 진로변경이 가능한 표시에서 손이나 **방향지시기 또는 등화로써** 그 행위가 끝날 때까지 주변 운전자에게 적극적으로 알려야 하며 다른 차의 정상적인 통행에 장애를 줄 우려가 있을 때에는 진로를 변경하여서는 아니 된다.
> 「도로교통법」 제19조, 제38조
> - 모든 차의 운전자는 차의 진로를 변경하려는 경우에 그 변경하려는 방향으로 오고 있는 다른 차의 정상적인 통행에 장애를 줄 우려가 있을 때에는 진로를 변경하여서는 아니 된다.
> - 모든 차의 운전자는 좌회전·우회전·횡단·유턴·서행·정지 또는 후진을 하거나 같은 방향으로 진행하면서 진로를 바꾸려고 하는 경우에는 손이나 방향지시기 또는 등화로써 그 행위가 끝날 때까지 신호를 하여야 한다.

831

눈길 교통상황에서 안전한 운전방법 2가지는?

상황설명
- 시속 30킬로미터 주행 중

① **앞 차의 바퀴자국을 따라서 주행하는 것이 안전하며 중앙선과 거리를 두는 것이 좋다.**
② 눈길이나 빙판길에서는 공주거리가 길어지므로 평소보다 안전거리를 더 두어야 한다.
③ 반대편 차가 커브길에서 브레이크 페달을 밟다가 중앙선을 넘어올 수 있으므로 빨리 지나치도록 한다.
④ 커브길에서 브레이크 페달을 세게 밟아 속도를 줄인다.
⑤ **눈길이나 빙판길에서는 감속하여 주행하는 것이 좋다.**

> - 눈길에서는 미끄러지는 사고가 많으므로 **중앙선에 가깝게 운전하지 않는 것이 좋고** 브레이크 페달은 여러 차례 나눠 밟는 것이 안전하다.
> - 눈길 빙판길에서는 제동거리가 길어지므로 안전거리를 더 확보할 필요가 있다.

832

반대편 차량의 전조등 불빛이 너무 밝을 때 가장 안전한 운전방법 2가지는?

상황설명
- 시속 50킬로미터 주행 중

① 증발 현상으로 중앙선에 서있는 보행자가 보이지 않을 수 있으므로 급제동한다.
② **현혹 현상이 발생할 수 있으므로 속도를 충분히 줄여 위험이 있는지 확인한다.**
③ 보행자 등이 잘 보이지 않으므로 상향등을 켜서 확인한다.
④ **1차로보다는 2차로로 주행하며 불빛을 바로 보지 않도록 한다.**
⑤ 불빛이 너무 밝을 때는 전방 확인이 어려우므로 가급적 빨리 지나간다.

일부 운전자는 HID전조등을 불법적으로 부착하거나 상향등을 켜고 운행하는데 이는 다른 운전자들의 시력을 약화하여 안전에 문제를 일으킬 수 있다. 따라서 이러한 차량을 만났을 때는 속도를 줄이고 **차량 불빛을 비껴보아 현혹 현상이 발생하지 않도록 하며 1차로보다는 2차로로 주행하는 것이 좀 더 안전**하다.

833

도로교통법상 다음 교통안전시설에 대한 설명으로 맞는 2가지는?

상황설명
- 어린이보호구역
- 좌·우측에 좁은 도로
- 비보호 좌회전표지
- 신호 및 과속 단속 카메라

① **제한속도는 매시 50킬로미터이며 속도 초과 시 단속될 수 있다.**
② 전방의 신호가 녹색 화살표일 경우에만 좌회전할 수 있다.
③ 모든 어린이보호구역의 제한속도는 매시 50킬로미터이다.
④ 신호순서는 적색 - 황색 - 녹색 - 녹색 화살표이다.
⑤ **전방의 신호가 녹색일 경우 반대편 차로에서 차가 오지 않을 때 좌회전할 수 있다.**

확인을 통해 수집된 교통정보는 다음 상황을 예측하는 기초자료가 된다. 도로에는 정지한 것도 있고 움직이는 것도 있다. 움직이는 것은 어디로 움직일 것인지, 정지한 것은 계속 정지할 것인지를 예측해야 한다. 또한 도로의 원칙과 상식은 안전을 위해 필요한 만큼 실행하는 운전행동이 중요하다. 참고로 **비보호 좌회전**은 말 그대로 '보호받지 못하는 좌회전'인 만큼 운전자의 판단이 매우 중요하다.

834

다음 도로상황에서 발생할 수 있는 가장 위험한 요인 2가지는?

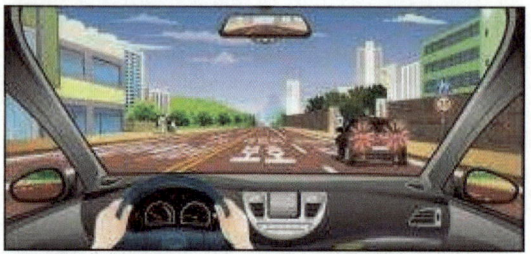

상황설명
- 어린이보호구역 주변의 어린이들
- 우측전방에 정차 중인 승용차

① 오른쪽에 정차한 승용차 조수석에 어린이가 승차할 수 있다.
② **오른쪽 승용차 앞으로 어린이가 뛰어나올 수 있다.**
③ 오른쪽 정차한 승용차가 출발할 수 있다.
④ 속도를 줄이면 뒤차에게 추돌사고를 당할 수 있다.
⑤ **좌측 보도 위에서 놀던 어린이가 도로를 횡단할 수 있다.**

보이지 않는 곳에서 위험이 발생할 수 있으므로 위험을 예측하고 미리 속도를 줄이고 우측 차량의 움직임을 잘 살펴야 한다. 또한 어린이보호구역이므로 어린이의 돌발행동에 주의하여야 한다.

835

직진으로 통행하는 중이다. 안전한 운전방법 2가지는?

상황설명
- 도로유지 보수하고 있는 상황
- 흰색 자동차는 오른쪽에서 왼쪽으로 진행 중

① 흰색 자동차가 진입하지 못하도록 가속하여 통행한다.
② **흰색 자동차가 직진할 수 있으므로 서행하며 주의를 살핀다.**
③ 도로유지 보수 중에 좌측을 통행할 수 있으므로 그대로 통행한다.
④ 흰색 승용차가 멈출 것이라 예측하고 반대방향 차에 주의하며 통행한다.
⑤ **반대방향 빨강색 승용차가 좌회전차로로 진입할 수 있으므로 필요한 경우 정차하여 상황을 살핀다.**

「도로교통법」 제13조
- 도로유지 보수 공사로 인해 우측 통행이 불가능한 경우 「도로교통법」에 따라 좌측을 통행할 수 있다. 이때 반대방향에서 진행하는 자동차에는 현저한 주의가 필요하다.
- 반대방향 승용차가 좌회전하려는 경우 충돌 가능성이 높기 때문에 필요하다면 정지하여야 한다. 또 제시된 상황에서 흰색 승용차는 통행 중이며 정차, 우회전 또는 직진(중앙선 침범) 및 좌회전(중앙선 침범) 행동들 중 한 가지를 할 수 있다. 특히 일부 운전자들이 이면도로에서 중앙선을 침범하여 직진하거나 좌회전하는 사례가 있기 때문에 전방에서 진입하는 차의 운전자 모두가 멈출 것이라 예견하거나 우회전만 할 것이라고 예단하는 것은 위험하다.

836

다음 도로상황에서 가장 안전한 운전행동 2가지는?

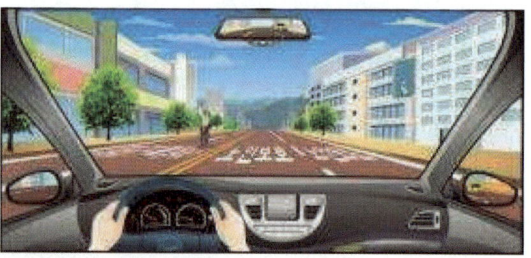

상황설명
- 노인보호구역
- 무단횡단 중인 보행자

① 경음기를 사용하여 보행자에게 위험을 알린다.
② **비상등을 켜서 뒤차에게 위험을 알린다.**
③ 정지하면 뒤차의 앞지르기가 예상되므로 속도를 줄이며 통과한다.
④ **보행자가 도로를 건너갈 때까지 충분한 거리를 두고 일시정지한다.**
⑤ 2차로로 차로를 변경하여 통과한다.

도로는 자동차뿐만 아니라 노약자 및 장애인도 이용할 수 있다. 이와 같은 **교통약자가 안전하게 도로를 이용하려면 모든 운전자가 교통약자를 보호하려는 적극적인 자세**가 필요하다.

837

다음 상황에서 가장 안전한 운전방법 2가지는?

상황설명
- 편도 1차로
- 오른쪽 보행보조용 의자차

① 전동휠체어와 옆쪽으로 안전한 거리를 유지하기 위해 좌측 통행한다.
② 전동휠체어에 이르기 전에 감속하여 행동을 살핀다.
③ 전동휠체어가 차로에 진입하기 전이므로 가속하여 통행한다.
④ 전동휠체어가 차로에 진입하지 않고 멈추도록 경음기를 작동한다.
⑤ 전동휠체어가 차도에 진입했으므로 일시정지한다.

그림의 상황은 전동휠체어를 사용하는 노인이 횡단보도에 진입하려는 상황이다. 이러한 때 다수의 운전자들은 전동휠체어를 피하기 위해 좌측으로 이동하여 중앙선을 넘어 통행하는 행동을 보인다. 이러한 행동은 「도로교통법」을 위반하는 행동이며 반대 방면의 자동차와 충돌할 가능성이 높은 행동임을 기억해야 한다. 따라서 **운전자는 전동휠체어 또는 노인 보행자가 확인되는 경우 우측 통행을 유지**하며 그 전동휠체어 또는 노인 보행자에 이르기 전 감속을 해야 하며, 그 대상들이 어떤 행동을 하는지 자세히 살펴야 한다. 또 그림의 상황에서 전동휠체어가 이미 차도에 진입하여 횡단하려고 하는 때이므로 **횡단시설 여부 관계없이 일시정지하여 보행자를 보호**해야 한다.

838

어린이보호구역을 안전하게 통행하는 운전방법 2가지는?

상황설명
- 어린이보호구역 교차로 직진하려는 상황
- 신호기 없는 횡단보도 및 교차로
- 실내 후사경 속의 후행 차량 존재

① 앞쪽 자동차를 따라 서행으로 A횡단보도를 통과한다.
② 뒤쪽 자동차와 충돌을 피하기 위해 속도를 유지하고 앞쪽 차를 따라간다.
③ A횡단보도 정지선 앞에서 일시정지한 후 통행한다.
④ B횡단보도에 보행자가 없으므로 서행하며 통행한다.
⑤ B횡단보도 앞에서 일시정지한 후 통행한다.

「도로교통법」 제27조 제7항
모든 차 또는 노면전차의 운전자는 법 제12조 제1항에 따른 **어린이보호구역 내에 설치된 횡단보도 중 신호기가 설치되지 아니한 횡단보도 앞**(정지선이 설치된 경우에는 그 정지선을 말한다)**에서는 보행자의 횡단 여부와 관계없이 일시정지하여야** 한다.

839

다음 도로상황에서 가장 안전한 운전방법 2가지는?

상황설명
- 우측 전방에 정차 중인 어린이통학버스
- 어린이 통학버스에는 적색 점멸등이 작동 중
- 통학용으로 운행 중인 어린이통학버스

① 경음기로 어린이에게 위험을 알리며 지나간다.
② 전조등으로 어린이통학버스 운전자에게 위험을 알리며 지나간다.
③ **비상등을 켜서 뒤차에게 위험을 알리며 일시정지한다.**
④ **어린이통학버스에 이르기 전에 일시정지하였다가 서행으로 지나간다.**
⑤ 비상등을 켜서 뒤차에게 위험을 알리며 지나간다.

어린이통학버스에 적색 점멸등이 켜진 경우는 어린이가 버스에서 내리거나 탈 때이며 이때 **뒤따르는 차는 일시정지한 후 서행**으로 지나가야 한다.

840

다음 도로 상황에서 가장 위험한 요인 2가지는?

상황설명
- +형 교차로
- 1차로(좌회전 및 유턴), 2차로(직진), 3차로(직진·우회전)
- 3차로를 시속 55킬로미터로 직진 주행 중
- 교차로 진입 직후에 좌회전 신호로 바뀜

① 진행방향 1차로에서 신속하게 좌회전하는 차와 충돌할 수 있다.
② **오른쪽 도로에서 우회전하는 차와 충돌할 수 있다.**
③ 반대편 도로에서 우회전하는 차와 충돌할 수 있다.
④ **반대편 도로에서 유턴하는 차와 충돌할 수 있다.**
⑤ 진행방향 3차로 뒤쪽에서 우회전하려는 차와 충돌할 수 있다.

신호가 황색이나 적색으로 바뀌면 운전자는 빨리 교차로를 빠져나가려고 속도를 높이게 되는데 이때 **오른쪽 도로에서 무리하게 우회전하는 차와 사고의 가능성**이 있다. 또한 반대편 도로에서 좌회전 신호가 켜질 것을 생각하고 미리 교차로에 진입하거나 좌회전 신호 변경 후 급출발하는 좌회전 차와도 충돌할 수도 있고 **반대편 도로에서 유턴하는 차량하고도 충돌할 수 있다.** 신호위반 직진 차량은 반대편 도로의 좌회전 차량에 가려서 유턴하는 차가 안보일 수도 있고, 반대로 유턴하는 차량은 좌회전 차에 가려서 신호위반하는 직진 차를 못 볼 수도 있어서 사고가 발생한다. 따라서 교차로에서의 신호 준수는 안전운전을 위해 반드시 필요하다.

841

다음 상황에서 비보호 좌회전할 때 가장 큰 위험 요인 2가지는?

상황설명
- +형 교차로
- 1차로(좌회전·직진), 2차로(직진·우회전)
- 1차로 신호대기 중
- 3색 등화 중 녹색 신호로 바뀜

① **반대편 2차로에서 빠르게 직진해 오는 차량이 있을 수 있다.**
② 반대편 1차로 화물차 뒤에 차량이 좌회전하기 위해 정지해 있을 수 있다.
③ 뒤따르는 뒤쪽 차량이 갑자기 2차로로 진로를 변경할 수 있다.
④ **왼쪽 도로의 보행자가 횡단보도를 건너갈 수 있다.**
⑤ 반대편 1차로에서 화물차가 비보호 좌회전을 할 수 있다.

비보호 좌회전하는 때에는 반대편 도로에서 녹색 신호에 주행하는 **직진 차량에 주의**해야 한다. 그 차량의 속도가 생각보다 빠를 수 있고 반대편 1차로의 승합차 때문에 2차로에서 달려오는 직진 차량을 보지 못할 수도 있다. 또한 왼쪽 도로에 **횡단보도가 있는 경우 보행하는 보행자 등에 대해서 주의**해야 한다.

842

좌회전하기 위해 1차로로 차로변경할 때 방향지시등을 켜지 않았을 경우 만날 수 있는 사고 위험 2가지는?

상황설명
- 시속 40킬로미터 주행 중
- 4색 신호등 직진 및 좌회전 동시신호
- 1차로 좌회전, 2차로 직진

① 내 차 좌측에서 갑자기 유턴하는 오토바이
② 1차로 후방에서 불법유턴 하는 승용차
③ 1차로 전방 승합차의 갑작스러운 급제동
④ **내 차 앞으로 차로변경하려고 속도를 높이는 1차로 후방 승용차**
⑤ **내 차 뒤에서 좌회전하려는 오토바이**

방향지시등은 다른 차로 하여금 내 행동을 예측하고 대처할 수 있게 해주는 좋은 정보 전달방법이다. 누구나 방향 지시등을 켜지 않은 차는 직진할 것이라는 예측을 하게 하는데 다음 행동에 대한 정보를 주지 않고 방향전환을 하는 것은 매우 위험하다.

843

다음 상황에서 가장 안전한 운전방법 2가지는?

상황설명
- +형 교차로
- 1차로(좌회전), 2차로(직진), 3차로(직진·우회전)
- 4색 등화 중 적색 신호에서 녹색·좌회전 동시 신호로 바뀜
- 2차로에서 출발하는 상황

① 신호가 바뀐 직후에 빠르게 가속하여 신속히 교차로를 통과한다.
② 왼쪽 방향지시등을 켜고 다른 차량에 주의하면서 좌회전한다.
③ 교차로 내에서 급가속하여 오른쪽으로 진로변경하며 통과한다.
④ **좌회전하는 흰색 승용차가 멈추는 이유를 생각하고 서행하면서 위험에 대비한다.**
⑤ **신호위반 차량이 있는지 좌·우를 확인하면서 서서히 속도를 높여 통과한다.**

- 운전자는 교차로에서 좌회전이나 우회전하기 위해서는 미리 좌·우회전 차로로 진입해서 좌·우회전해야 한다.
- 교차로에서 녹색 및 좌회전 동시 신호 변경 직후 1차로에서 먼저 출발한 좌회전 **차량 운전자가 브레이크를 밟는 이유**는 왼쪽 도로에서 신호위반하는 차량 등 **위험 요인이 발생**했다는 뜻이기에 2차로나 3차로 차량은 서행하면서 위험 요인에 대비해야 하고 교차로, 터널 안, 다리 위에서는 다른 차를 앞지르지 못한다.

844

A차량이 좌회전하려고 할 때 사고 발생 가능성이 가장 높은 것 2가지는?

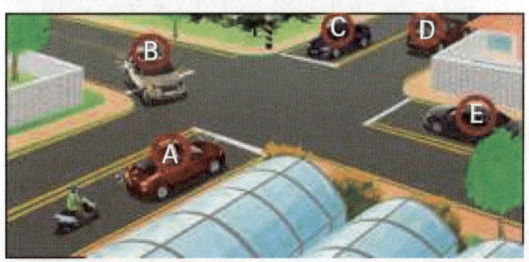

상황설명
- 뒤따라오는 이륜차
- 좌측 도로에 우회전하는 차

① **반대편 C차량이 직진하면서 마주치는 충돌**
② 좌측 도로에서 우회전하는 B차량과의 충돌
③ 뒤따라오던 이륜차의 추돌
④ 앞서 교차로를 통과하여 진행 중인 D차량과의 추돌
⑤ **우측 도로에서 직진하는 E차량과의 충돌**

신호등 없는 교차로를 진행할 때에는 여러 방향에서 나타날 수 있는 위험 상황에 대비해야 한다.

845

다음 상황에서 가장 안전한 운전방법 2가지는?

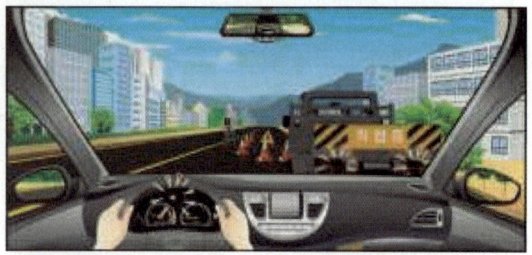

상황설명
- 뒤따라오는 차량

① 반대편에 차량이 나타날 수 있으므로 차가 오기 전에 빨리 중앙선을 넘어 진행한다.
② 전방 공사 구간을 보고 갑자기 속도를 줄이면 뒤따라오는 차량과 사고 가능성이 있으므로 빠르게 진행한다.
③ **전방 공사 현장을 피해 부득이하게 중앙선을 넘어갈 때 반대편 교통 상황을 확인하고 진행한다.**
④ **전방 공사 차량이 갑자기 출발할 수 있으므로 공사 차량의 움직임을 살피며 천천히 진행한다.**
⑤ 뒤따라오던 차량이 내 차를 앞지르기하고자 할 때 먼저 중앙선을 넘어 신속히 진행한다.

공사 중으로 부득이한 경우에는 **나의 운전 행동을 다른 교통 참가자들이 예측할 수 있도록 충분한 의사 표시를 하고 안전하게** 진행한다. 또한 **주차 차량에 운전자가 있을 때는 그 차의 움직임을 살펴야** 한다.

846

보행신호기의 녹색 점멸신호가 거의 끝난 상태에서 먼저 교차로로 진입하면 위험한 이유 2가지는?

상황설명
- 출발하려는 상황
- 삼색 신호등 중 적색
- 좌측 도로에서 진행해오는 차가 속도를 줄이고 있는 상황

① 내 뒤차가 중앙선을 넘어 좌회전을 할 수 있으므로
② 좌측 도로에서 속도를 줄이던 차가 갑자기 우회전을 할 수 있으므로
③ **횡단보도를 거의 건너간 우측 보행자가 갑자기 방향을 바꿔 되돌아갈 수 있으므로**
④ 내 차 후방 오른쪽 오토바이가 같이 횡단보도를 통과할 수 있으므로
⑤ **좌측 도로에서 속도를 줄이던 차가 좌회전하기 위해 교차로로 진입할 수 있으므로**

횡단보도 보행신호가 거의 끝난 상태라도 보행자, 특히 어린이들은 방향을 바꿔 되돌아가는 경우가 있다. 또한 점멸상태에서 무리하게 횡단하려는 보행자들이 있기 때문에 설령 차량신호가 녹색이라도 보행자의 유무를 확인한 후 진행하는 것이 안전하다. 또한 **차량신호가 적색인 상태에서 좌측 도로에서 좌회전이 가능할 수 있으므로** 예측출발은 하지 않아야 한다.

847

다음 상황에서 급차로변경을 할 경우 사고 발생 가능성이 가장 높은 2가지는?

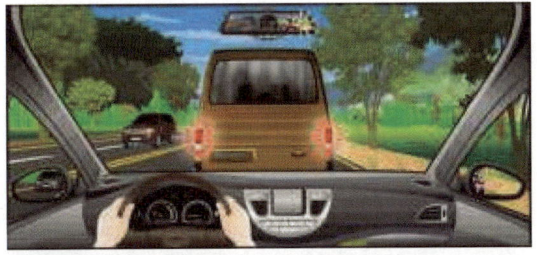

상황설명
- 편도 2차로 도로
- 앞 차량이 급제동하는 상황
- 우측 방향 지시기를 켠 후방 오토바이
- 1차로 후방에 승용차

① 승합차 앞으로 무단 횡단하는 사람과의 충돌
② 반대편 차로 차량과의 충돌
③ 뒤따르는 이륜차와의 추돌
④ 반대 차로에서 차로변경하는 차량과의 충돌
⑤ 1차로에서 과속으로 달려오는 차량과의 추돌

전방 차량이 급제동을 하는 경우 이를 피하기 위해 급차로변경하게 되면 **뒤따르는 차량과의 추돌 사고, 급제동 차량 앞쪽의 무단 횡단하는 보행자와의 사고** 등이 발생할 수 있으므로 전방 차량이 급제동하더라도 추돌 사고가 발생하지 않도록 안전거리를 확보하고 주행하는 것이 바람직하다.

848

다음 상황에서 가장 바람직한 운전방법 2가지는?

상황설명
- 편도 2차로 도로
- 경찰차 긴급출동 상황(경광등, 사이렌 작동)

① 차의 등화가 녹색이므로 교차로에 그대로 진입한다.
② 긴급차가 우선 통행할 교차로이므로 교차로 진입 전에 정지하여야 한다.
③ 2차로에 있는 차가 갑자기 좌측으로 변경할 수도 있으므로 미리 충분히 속도를 감속한다.
④ 긴급차보다 차의 신호가 우선이므로 그대로 진입한다.
⑤ 긴급차보다 먼저 통과할 수 있도록 가속하며 진입한다.

제29조(긴급자동차의 우선 통행) 제4항
교차로나 그 부근에서 **긴급자동차가 접근하는 경우에는 차마와 노면전차의 운전자는 교차로를 피하여 일시정지**하여야 한다. 〈개정 2018.3.27.〉 보기 3번을 부연설명하면, 긴급자동차의 우선 통행을 위해 양보하고 있는 경우를 다수의 운전자가 차가 밀리는 경우로 보고 진로변경하는 사례가 빈번하다. 따라서 2차로에 있는 차가 왼쪽으로 진로변경할 가능성도 배제할 수 없다.

849

다음 상황에서 전동킥보드 운전자가 좌회전하려는 경우 안전한 방법 2가지는?

상황설명
- 동쪽에서 서쪽 신호등 : 직진 및 좌회전 신호
- 동쪽에서 서쪽 A횡단보도 보행자 신호등 녹색

① A횡단보도로 전동킥보드를 운전하여 진입한 후 B지점에서 D방향의 녹색 등화를 기다린다.
② **A횡단보도로 전동킥보드를 끌고 진입한 후 B지점에서 D방향의 녹색 등화를 기다린다.**
③ 전동킥보드를 운전하여 E방향으로 주행하기 위해 교차로 중심 안쪽으로 좌회전한다.
④ **전동킥보드를 운전하여 B지점으로 직진한 후 D방향의 녹색 등화를 기다린다.**
⑤ 전동킥보드를 운전하여 C지점으로 직진한 후 즉시 B지점에서 D방향으로 직진한다.

「도로교통법」 제25조 제3항
자전거등의 운전자는 교차로에서 좌회전하려는 경우에는 미리 도로의 우측 가장자리로 붙어 서행하면서 **교차로의 가장자리 부분을 이용하여 좌회전**하여야 한다.

850

편도 1차로 도로를 주행 중인 상황에서 가장 안전한 운전방법 2가지는?

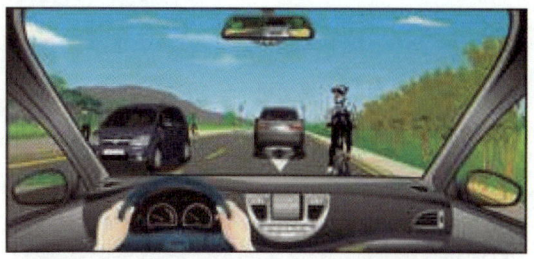

상황설명
- 전방 횡단보도
- 고개 돌리는 자전거 운전자

① 경음기를 사용해서 자전거가 횡단하지 못하도록 경고한다.
② 자전거가 횡단하지 못하도록 속도를 높여 앞차와의 거리를 좁힌다.
③ 자전거보다 횡단보도에 진입하고 있는 앞차의 움직임에 주의한다.
④ **자전거가 횡단할 수 있으므로 속도를 줄이면서 자전거의 움직임에 주의한다.**
⑤ **횡단보도 보행자의 횡단으로 앞차가 급제동할 수 있으므로 미리 브레이크 페달을 여러 번 나누어 밟아 뒤차에게 알린다.**

자전거 운전자가 뒤를 돌아보는 경우는 도로를 횡단하기 위해 기회를 살피는 것임을 예측할 수 있다. 따라서 **전방의 자전거를 발견하였을 경우 운전자의 움직임을 잘 살펴 주의**해야 한다. 전방의 횡단보도 보행자의 횡단으로 앞차가 일시정지할 수 있으므로 서행하면서 전방을 잘 주시하여 일시정지에 대비하여야 한다.

851

다음 도로상황에서 가장 위험한 요인 2가지는?

상황설명
- 녹색 신호에 교차로에 접근 중
- 1차로는 좌회전을 하려고 대기 중인 차들

① **좌회전 대기 중이던 1차로의 차가 2차로로 갑자기 들어올 수 있다.**
② 1차로에서 좌회전을 시도하는 차와 충돌할 수 있다.
③ **3차로의 오토바이가 2차로로 갑자기 들어올 수 있다.**
④ 3차로에서 우회전을 시도하는 차와 충돌할 수 있다.
⑤ 뒤차가 무리한 차로변경을 시도할 수 있다.

좌회전을 하려다가 **직진을 하려고 마음이 바뀐 운전자**가 있을 수 있다. **3차로보다 소통이 원활한 2차로로 들어가려는 차**가 있을 수 있다.

852

다음 상황에서 가장 안전한 운전방법 2가지는?

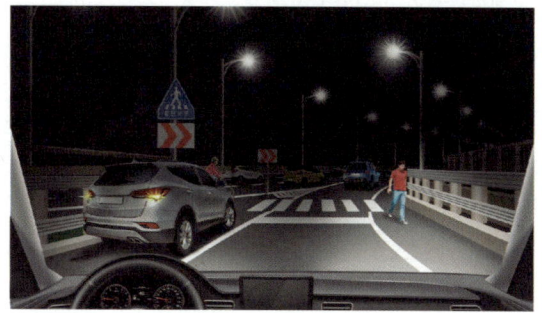

상황설명
- 횡단보도 진입 전
- 왼쪽에 비상점멸하며 정차하고 있는 차

① 원활한 소통을 위해 앞차를 따라 그대로 통행한다.
② 자전거의 횡단보도 진입속도보다 빠르므로 가속하여 통행한다.
③ **횡단보도 직전 정지선에서 정지한다.**
④ 보행자가 횡단을 완료했으므로 신속히 통행한다.
⑤ **정차한 자동차의 갑작스러운 출발을 대비하여 감속한다.**

문제의 그림 상황에서 왼쪽에 정차한 자동차 운전자는 조급한 상황이거나 오른쪽을 확인하지 않은 채 본래 차로로 갑자기 진입할 수 있다. 이와 같은 상황은 도로에서 빈번하게 발생하고 있다. 따라서 가장자리에서 정차하고 있는 차에 특별히 주의해야 한다. 그리고 왼쪽에 정차한 자동차의 뒤편에 자전거 운전자는 횡단보도를 진입하려는 상황인데, 비록 **보행자는 아닐지라도 운전자는 그 대상을 보호해야** 한다. 따라서 자전거의 진입속도와 자신의 자동차의 통행속도는 고려하지 않고 횡단보도 직전 정지선에 정지하여야 한다.

853

다음 상황에서 가장 안전한 운전방법 2가지로 맞는 것은?

상황설명
- 편도 1차로
- 뒤에서 후행하는 차 (실내후사경)

① 자전거와의 충돌을 피하기 위해 좌측차로로 통행한다.
② **자전거 위치에 이르기 전 충분히 감속한다.**
③ 뒤따르는 자동차의 소통을 위해 가속한다.
④ **보행자의 차도진입을 대비하여 감속하고 보행자를 살핀다.**
⑤ 보행자를 보호하기 위해 길 가장자리구역을 통행한다.

> 문제의 그림에서 확인되는 상황은 길 가장자리구역에서 보행자와 자전거가 통행하고 있는 상황이다. 이러한 상황에서 일반적으로 자전거의 속도는 보행자의 속도보다 빠른 상태에서 자전거 운전자가 보행자를 앞지르기하는 운전행동이 나타난다. 자전거가 왼쪽 또는 오른쪽으로 앞지르기를 하는 과정에서 충돌이 이루어지고 차도로 갑자기 진입하거나 넘어지는 등의 교통사고가 빈번하다. 따라서 **운전자는 길 가장자리구역에 보행자와 자전거가 있는 경우 미리 속도를 줄이고** 보행자와 자전거의 차도진입을 예측하여 정지할 준비를 하는 것이 바람직하다. 이때 보행자와 자전거를 피하기 위해 중앙선을 넘어 좌측 통행하는 경우도 빈번하게 나타나는데 이는 바람직한 행동이라 할 수 없다.

854

자전거전용도로가 끝나는 교차로에서 우회전하려고 한다. 가장 안전한 운전방법 2가지는?

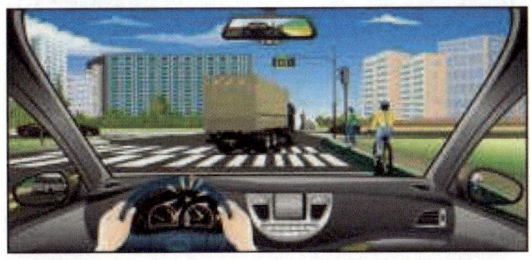

상황설명
- 십자형(+) 교차로
- 차량 신호등은 황색에서 적색으로 바뀌려는 순간
- 자전거전용도로

① **일시정지하고 안전을 확인한 후 서행하면서 우회전한다.**
② **내 차의 측면과 뒤쪽의 안전을 확인하고 사각에 주의한다.**
③ 화물차가 갑자기 정지할 수 있으므로 화물차 좌측 옆으로 돌아 우회전한다.
④ 자전거는 자동차의 움직임을 알 수 없으므로 경음기를 계속 사용해서 내 차의 진행을 알린다.
⑤ 신호가 곧 바뀌게 되므로 속도를 높여 화물차 뒤를 따라간다.

> 자전거전용도로가 끝나는 지점의 **교차로에서 우회전할 때에는 일시정지하여 안전을 확인한 후 서행하면서 우회전**하여야 한다. 자동차 **운전자는 측면과 뒤쪽의 안전을 반드시 확인**하고 사각에 주의하여야 한다. 신호에 따라 직진하는 자동차 운전자는 측면 교통을 방해하지 않는 한 녹색 또는 적색에서 우회전할 수 있으나 내륜차(內輪差)와 사각에 주의하여야 한다.

855

다음 중 대비해야 할 가장 위험한 상황 2가지는?

상황설명
- 이면도로
- 대형버스 주차 중
- 거주자우선주차구역에 주차 중
- 자전거 운전자가 도로를 횡단 중

① 주차 중인 버스가 출발할 수 있으므로 주의하면서 통과한다.
② **왼쪽에 주차 중인 차량 사이에서 보행자가 나타날 수 있다.**
③ 좌측 후사경을 통해 도로의 주행상황을 확인한다.
④ 대형버스 옆을 통과하는 경우 서행으로 주행한다.
⑤ **자전거가 도로를 횡단한 이후에 뒤따르는 자전거가 나타날 수 있다.**

학교 앞 도로, 생활도로 등은 언제, 어디서, 누가 위반을 할 것인지 **미리 예측하기 어렵기 때문에 모든 법규위반의 가능성에 대비**해야 한다. 예를 들어 중앙선을 넘어오는 차, 신호를 위반하는 차, 보이지 않는 곳에서 갑자기 뛰어나오는 어린이, 갑자기 방향을 바꾸는 이륜차를 주의하며 운전해야 한다.

856

다음 상황에서 1차로로 진로변경하려 할 때 가장 안전한 운전방법 2가지는?

상황설명
- 좌로 굽은 언덕길
- 전방을 향해 이륜차 운전 중
- 도로로 진입하려는 농기계

① **좌측 후사경을 통하여 1차로에 주행 중인 차량을 확인한다.**
② 전방의 승용차가 1차로로 진로변경을 못하도록 상향등을 미리 켜서 경고한다.
③ 농기계가 도로로 진입할 수 있어 1차로로 신속히 차로변경한다.
④ 오르막차로이기 때문에 속도를 높여 운전한다.
⑤ **전방의 이륜차가 1차로로 진로 변경할 수 있어 안전거리를 유지한다.**

안전거리를 확보하지 않았을 경우에는 전방 차량의 급제동이나 급차로변경 시에 적절한 대처하기 어렵다. 특히 언덕길의 경우 고갯마루 너머의 상황이 보이지 않아 더욱 위험하므로 속도를 줄이고 **앞 차량과의 안전거리**를 충분히 둔다.

857

교차로를 통과하려 할 때 주의해야 할 가장 안전한 운전방법 2가지는?

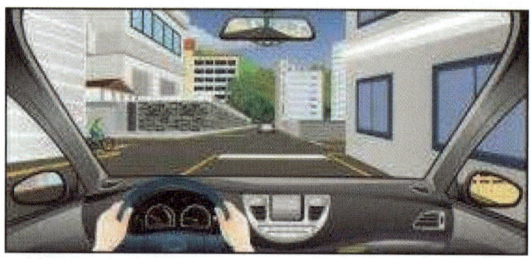

상황설명
- 시속 30킬로미터로 주행 중

① 앞서가는 자동차가 정지할 수 있으므로 바싹 뒤따른다.
② **왼쪽 도로에서 자전거가 달려오고 있으므로 속도를 줄이며 멈춘다.**
③ 속도를 높여 교차로에 먼저 진입해야 자전거가 정지한다.
④ **오른쪽 도로의 보이지 않는 위험에 대비해 일시정지한다.**
⑤ 자전거와의 사고를 예방하기 위해 비상등을 켜고 진입한다.

자전거는 보행자보다 속도가 빠르기 때문에 보이지 않는 곳에서 갑작스럽게 출현할 수 있다. 항상 **보이지 않는 곳의 위험을 대비하는 운전자세**가 필요하다.

858

전방에 주차차량으로 인해 부득이하게 중앙선을 넘어가야 하는 경우 가장 안전한 운전행동 2가지는?

상황설명
• 시속 30킬로미터 주행 중

① **택배차량 앞에 보행자 등 보이지 않는 위험이 있을 수 있으므로 최대한 속도를 줄이고 위험을 확인하며 통과해야 한다.**
② 반대편 차가 오고 있기 때문에 빠르게 앞지르기를 시도한다.
③ **부득이하게 중앙선을 넘어가야 할 때 경음기나 전조등으로 타인에게 알릴 필요가 있다.**
④ 전방 자전거가 같이 중앙선을 넘을 수 있으므로 중앙선 좌측 도로의 길 가장자리구역선 쪽으로 가급적 붙어 주행하도록 한다.
⑤ 전방 주차된 택배차량으로 시야가 가려져 있으므로 시야 확보를 위해 속도를 줄이고 미리 중앙선을 넘어 주행하도록 한다.

편도 1차로에 주차차량으로 인해 **부득이하게 중앙선을 넘어야 할 때**가 있다. 이때는 **위반한다는 정보를 타인에게 알려줄 필요**가 있으며 가볍게 경음기나 전조등을 사용할 수 있다. 특히 주차차량의 차체가 큰 경우 보이지 않는 사각지대가 발생하므로 **주차차량 앞까지 속도를 줄여** 위험에 대한 확인이 필요하다.

859

다음 장소에서 자전거 운전자가 안전하게 횡단하는 방법 2가지는?

상황설명
• 자전거 운전자가 보도에서 대기하는 상황
• 자전거 운전자가 도로를 보고 있는 상황

① 자전거에 탄 상태로 횡단보도 녹색 등화를 기다리다가 자전거를 운전하여 횡단한다.
② 다른 자전거 운전자가 횡단하고 있으므로 신속히 횡단한다.
③ **다른 자전거와 충돌 가능성이 있으므로 자전거에서 내려 보도의 안전한 장소에서 기다린다.**
④ 자전거 운전자가 어린이 또는 노인인 경우 보행자 신호등이 녹색일 때 운전하여 횡단한다.
⑤ **횡단보도 신호등이 녹색 등화일 때 자전거를 끌고 횡단한다.**

「도로교통법」 13조의2(자전거등의 통행방법의 특례) 제6항 자전거등의 운전자가 횡단보도를 이용하여 **도로를 횡단할 때에는 자전거등에서 내려서 자전거등을 끌거나 들고 보행**하여야 한다.

860

T자형 교차로에서 좌회전을 하려는 상황이다. 가장 안전한 운전방법 2가지는?

상황설명
- 좌회전하려는 상황
- 앞쪽 횡단보도는 신호등이 없음

① 좌회전 신호에 따라 신속하게 좌회전한다.
② **횡단보도 정지선 전에서 정지한다.**
③ 서행으로 횡단보도에 진입한 후 왼쪽 차에 주의하며 좌회전한다.
④ 오른쪽 사람과 옆으로 안전한 거리를 두고 좌회전한다.
⑤ **횡단보도를 이용하는 보행자와 자전거가 횡단을 완료할 때까지 기다린다.**

그림의 교차로에는 차의 신호등이 설치되어 운영되고 있으나 앞쪽 횡단보도는 신호등이 없는 상태이다. 차의 신호는 좌회전 녹색 화살표시가 등화되어 운전자는 녹색 화살표시가 가리키는 방향으로 진행할 수 있다. 그러나 신호등이 없는 횡단보도에 횡단하는 사람이 있고 횡단하려는 사람이 있으므로 이런 상황에서는 **정지선 앞쪽에서 대기**하며 **횡단보도의 보행자가 안전하게 횡단할 때까지 대기**하여야 한다.

861

다음 상황에서 가장 안전한 운전방법 2가지는?

상황설명
- 편도 1차로
- 불법 주차된 차들
- 보도와 차도가 분리되지 않은 도로

① **전방 보행자의 급작스러운 좌측횡단을 예측하며 정지를 준비한다.**
② 직진하려는 경우 전방 교차로에는 차가 없으므로 서행으로 통과한다.
③ **교차로 진입 전 일시정지하여 좌우측에서 접근하는 차를 확인해야 한다.**
④ 주변 자전거 및 보행자에게 경음기를 반복적으로 작동하여 차의 통행을 알려준다.
⑤ 전방 보행자를 길 가장자리구역으로 유도하기 위해 우측으로 붙어 통행해야 한다.

「도로교통법」 제31조(서행 또는 일시정지할 장소) 제2항
모든 차 또는 노면전차의 운전자는 다음 각 호의 어느 하나에 해당하는 곳에서는 일시정지하여야 한다.
1. 교통정리를 하고 있지 아니하고 **좌우를 확인할 수 없거나 교통이 빈번한 교차로**

법 제25조(교차로 통행방법)
① 모든 차의 운전자는 교차로에서 우회전을 하려는 경우에는 미리 도로의 우측 가장자리를 서행하면서 우회전하여야 한다. 이 경우 우회전하는 차의 운전자는 신호에 따라 정지하거나 진행하는 보행자 또는 자전거등에 주의하여야 한다.
② 모든 차의 운전자는 교차로에서 좌회전을 하려는 경우에는 미리 도로의 중앙선을 따라 서행하면서 교차로의 중심 안쪽을 이용하여 좌회전하여야 한다. 다만 시·도경찰청장이 교차로의 상황에 따라 특히 필요하다고 인정하여 지정한 곳에서는 교차로의 중심 바깥쪽을 통과할 수 있다.
③ 제2항에도 불구하고 자전거등의 운전자는 교차로에서 좌회전하려는 경우에는 미리 도로의 우측 가장자리로 붙어 서행하면서 교차로의 가장자리 부분을 이용하여 좌회전하여야 한다.
④ 제1항부터 제3항까지의 규정에 따라 우회전이나 좌회전을 하기 위하여 손이나 방향지시기 또는 등화로써 신호를 하는 차가 있는 경우에 그 뒤차의 운전자는 신호를 한 앞차의 진행을 방해하여서는 아니 된다.
⑤ 모든 차 또는 노면전차의 운전자는 신호기로 교통정리를 하고 있는 교차로에 들어가려는 경우에는 진행하려는 진로의 앞쪽에 있는 차 또는 노면전차의 상황에 따라 교차로(정지선이 설치되어 있는 경우에는 그 정지선을 넘은 부분을 말한다)에 정지하게 되어 다른 차 또는 노면전차의 통행에 방해가 될 우려가 있는 경우에는 그 교차로에 들어가서는 아니 된다.
⑥ 모든 차의 운전자는 교통정리를 하고 있지 아니하고 일시정지나 양보를 표시하는 안전표지가 설치되어 있는 교차로에 들어가려고 할 때에는 다른 차의 진행을 방해하지 아니하도록 일시정지하거나 양보하여야 한다.

「도로교통법」 제49조(모든 운전자의 준수사항 등) 제1항 제8호
운전자는 정당한 사유 없이 다음 각 목의 어느 하나에 해당하는 행위를 하여 다른 사람에게 피해를 주는 소음을 발생시키지 아니할 것
가. 자동차등을 급히 출발시키거나 속도를 급격히 높이는 행위
나. 자동차등의 원동기 동력을 차의 바퀴에 전달시키지 아니하고 원동기의 회전수를 증가시키는 행위
다. 반복적이거나 연속적으로 경음기를 울리는 행위

862

A차량이 손수레를 앞지르기할 경우 가장 위험한 상황 2가지는?

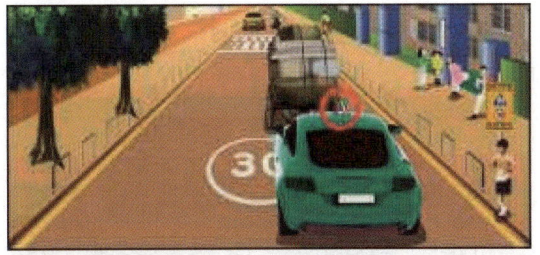

상황설명
- 어린이보호구역
- 전방 우측 보도 위에 자전거를 탄 학생
- 반대편에서 주행하는 이륜차
- 좌측 전방 주차된 차량

① 전방 우측 보도 위에 자전거를 탄 학생이 손수레 앞으로 횡단하는 경우
② 손수레에 가려진 반대편의 이륜차가 속도를 내며 달려오는 경우
③ 앞지르기하려는 도중 손수레가 그 자리에 정지하는 경우
④ A차량 우측 뒤쪽의 어린이가 학원 차를 기다리는 경우
⑤ 반대편 전방 좌측의 차량이 계속 주차하고 있는 경우

- 전방시야가 확보되지 않은 상태에서 무리한 앞지르기는 예상치 못한 위험을 만날 수 있다.
- 전방 우측 보도 위의 자전거가 손수레 앞으로 도로를 횡단하거나 맞은편의 이륜차가 손수레를 피해 좌측으로 진행해 올 수 있다.
- 어린이보호구역에서는 어린이들의 행동 특성을 고려하여 제한속도 내로 운전하여야 하고 주·정차 금지구역에 주차된 위반 차들로 인해 키가 작은 어린이들이 가려 안 보일 수 있으므로 주의하여야 한다.

863

다음 사진과 같은 '차로축소형 회전교차로'에서 우회전 통행방법에 대한 설명으로 올바른 2가지는?

상황설명
- 차로축소형 회전교차로

① 회전교차로 진입 후 안전하게 우회전방향으로 빠져 나간다.
② 회전교차로 내로 진입하지 않고 미리 도로의 우측 가장자리 차로를 이용하여 서행하면서 우회전한다.
③ 회전교차로 진입 후 바로 우회전을 할 경우 '교차로 통행방법위반'이다.
④ 우회전 차로에 있는 횡단보도는 보행자 여부와 관계없이 일시정지해야 한다.
⑤ 회전교차로 진입 후 시계방향으로 크게 회전하여 우회전하여야 한다.

「도로교통법」 제25조(교차로 통행방법) 회전교차로설계지침 2.2 (회전교차로 유형) '차로축소형 회전교차로'
- 차로축소형 회전교차로 : **우회전차량과 직진, 좌회전 차량 동선을 분류** 회전교차로 내에서 **차로변경이 일어나지 않는 형식**
- 나선형 회전교차로 : 우회전 차로 동선을 회전교차로 내에서 별도 분리
- 차로변경억제형 2차로형 회전교차로 : 기존 회전교차로 차선 조정을 통하여 차로변경을 억제한 형태

864

다음 상황에서 가장 바람직한 운전방법 2가지는?

상황설명
- 편도 3차로 고속도로
- 기후상황 : 가시거리 50미터인 안개 낀 날

① 1차로로 진로변경하여 빠르게 통행한다.
② **등화장치를 작동하여 내 차의 존재를 다른 운전자에게 알린다.**
③ **노면이 습한 상태이므로 속도를 줄이고 서행한다.**
④ 앞차가 통행하고 있는 속도에 맞추어 앞차를 보며 통행한다.
⑤ 갓길로 진로변경하여 앞쪽 차들보다 앞서간다.

「도로교통법」 시행규칙 제19조 제2항
- **비·안개·눈 등으로 인한 거친 날씨에는** 제1항에도 불구하고 다음 각 호의 기준에 따라 **감속 운행**해야 한다. 다만 경찰청장 또는 시·도경찰청장이 별표6 Ⅰ. 제1호 타목에 따른 가변형 속도제한표지로 최고속도를 정한 경우에는 이에 따라야 하며, 가변형 속도제한표지로 정한 최고속도와 그 밖의 안전표지로 정한 최고속도가 다를 때에는 가변형 속도제한표지에 따라야 한다.
  1. 최고속도의 100분의 20을 줄인 속도로 운행하여야 하는 경우
     가. 비가 내려 노면이 젖어 있는 경우
     나. 눈이 20밀리미터 미만 쌓인 경우
  2. 최고속도의 **100분의 50을 줄인 속도로** 운행하여야 하는 경우
     가. **폭우·폭설·안개 등으로 가시거리가 100미터 이내**인 경우
     나. 노면이 얼어붙은 경우
     다. 눈이 20밀리미터 이상 쌓인 경우
- 안개가 있는 도로를 통행하는 경우 도로교통법령에 따라 속도를 감속하고, 노면에 습기가 많은 상태이므로 제동 시 필요한 거리가 맑은 날보다 길어진다. 따라서 운전자는 급제동하는 상황이 없도록 하는 것이 중요하다. 이때 일부 운전자들은 앞쪽의 차가 보이지 않으면 불안해하는 경향이 나타나게 되고, 빠르게 통행하는 앞쪽 자동차라도 그 자동차를 확인하며 안전거리를 확보하지 않은 채 통행하는 행동이 나타나기도 한다.
- 안개가 있는 도로에서의 안전운전방법은 가시거리가 짧아 앞쪽의 차가 보이지 않더라도 감속 기준을 준수하고 때에 따라서는 법에서 정한 감속의 기준보다 더욱 더 감속하는 자세라 할 수 있다. 그리고 다른 운전자가 나의 존재를 식별할 수 있도록 등화장치를 작동하는 방법도 활용할 수 있다.

865

다음 도로상황에서 가장 주의해야 할 위험상황 2가지는?

상황설명
- 다수의 보행자들 차도 통행
- 우측 후방 뒤따르는 자동차들

① **전동킥보드 운전자는 앞쪽 보행자를 피해서 갑자기 왼쪽으로 이동할 수 있다.**
② **오른쪽 보행자들이 왼쪽으로 횡단할 수 있다.**
③ 서행으로 통행하여 뒤차들과 충돌할 수 있다.
④ 반대방면 흰색 자동차와 충돌할 수 있다.
⑤ 전동킥보드가 버스승강장에 있는 보행자와 충돌할 수 있다.

주어진 상황에서 가장 위험한 상황으로는
- 동일방향 전방 오른쪽으로 치우쳐 통행 중인 **전동킥보드 운전자는 앞쪽 보행자와 충돌을 피하기 위하여 왼쪽으로 이동하여 통행할 수 있다.** 이러한 전동킥보드의 행동을 예측하지 못하고 앞쪽 공간으로 가속하여 통행하는 경우 교통사고가 쉽게 발생할 수 있다.
- 오른쪽으로 통행하고 있는 **보행자는 횡단시설이 없는 곳에서 쉽게 횡단**을 하는 경향이 있다. 따라서 이면도로를 통행하는 경우 무리하게 가속하거나 앞쪽 또는 오른쪽에 있는 교통참여자가 항상 동일한 운동방향성을 가질 것으로 예측하는 것은 교통사고예방에 불리하다.

Chapter 04. 교통표지형 학과문제

866
다음의 횡단보도표지가 설치되는 장소로 가장 알맞은 곳은?

① 포장도로의 교차로에 신호기가 있을 때
② 포장도로의 단일로에 신호기가 있을 때
③ 보행자의 횡단이 금지되는 곳
④ **신호가 없는 포장도로의 교차로나 단일로**

「도로교통법」 시행규칙 별표6. 주의 132. **횡단보도표지**

867
다음 안전표지에 대한 설명으로 맞는 것은?

① 유치원 통원로이므로 자동차가 통행할 수 없음을 나타낸다.
② **어린이 또는 유아의 통행로나 횡단보도가 있음을 알린다.**
③ 학교의 출입구로부터 2킬로미터 이후 구역에 설치한다.
④ 어린이 또는 유아가 도로를 횡단할 수 없음을 알린다.

「도로교통법」 시행규칙 별표6. 주의 133. 어린이보호표지
어린이 또는 유아의 통행로나 횡단보도가 있음을 알리는 것, 학교, 유치원 등의 통학, 통원로 및 어린이놀이터가 부근에 있음을 알리는 것이다.

868
다음 안전표지가 뜻하는 것은?

① 노면이 고르지 못함을 알리는 것
② 터널이 있음을 알리는 것
③ **과속방지턱이 있음을 알리는 것**
④ 미끄러운 도로가 있음을 알리는 것

「도로교통법」 시행규칙 별표6. 주의 129. 과속방지턱
과속방지턱, 고원식 횡단보도, 고원식 교차로가 있음을 알리는 것이다.

869
다음 안전표지가 있는 경우 안전운전방법은?

① **도로 중앙에 장애물이 있으므로 우측 방향으로 주의하면서 통행한다.**
② 중앙 분리대가 시작되므로 주의하면서 통행한다.
③ 중앙 분리대가 끝나는 지점이므로 주의하면서 통행한다.
④ 터널이 있으므로 전조등을 켜고 주의하면서 통행한다.

「도로교통법」 시행규칙 별표6. 주의 121. 우측방향통행표지
도로의 우측방향으로 통행하여야 할 지점이 있음을 알리는 것이다.

870

도로교통법령상 다음 안전표지에 대한 내용으로 맞는 것은?

① 규제표지이다.
② 직진차량 우선표지이다.
③ **좌합류 도로표지이다.**
④ 좌회전 금지표지이다.

「도로교통법」 시행규칙 별표6. 주의 108. **좌합류도로표지**

872

도로교통법령상 그림의 안전표지와 같이 주의표지에 해당되는 것을 나열한 것은?

① **오르막경사표지, 상습정체구간표지**
② 차폭제한표지, 차간거리 확보표지
③ 노면전차전용도로표지, 우회로표지
④ 비보호 좌회전표지, 좌회전 및 유턴표지

「도로교통법」 시행규칙 별표6. 주의 139. 야생동물보호표지, 주의 137. 횡풍표지
① **오르막경사표지와 상습정체구간표지는 주의표지**이다.
② 차폭제한표지와 차간거리 확보표지는 규제표지이다.
③ 노면전차전용도로표지와 우회도로표지는 지시표지이다.
④ 비보호 좌회전표지와 좌회전 및 유턴표지는 지시표지이다.

871

다음 교통안내표지에 대한 설명으로 맞는 것은?

① 소통 확보가 필요한 도심부 도로 안내표지이다.
② **자동차전용도로임을 알리는 표지이다.**
③ 최고속도 매시 70킬로미터 규제표지이다.
④ 최저속도 매시 70킬로미터 안내표지이다.

국토교통부령 도로표지규칙 별표4. **자동차전용도로표지**

873

다음 안전표지의 뜻으로 맞는 것은?

① 전방 100미터 앞부터 낭떠러지 위험 구간이므로 주의
② 전방 100미터 앞부터 공사 구간이므로 주의
③ 전방 100미터 앞부터 강변도로이므로 주의
④ **전방 100미터 앞부터 낙석 우려가 있는 도로이므로 주의**

「도로교통법」 시행규칙 별표6. 주의 130. 낙석도로표지
낙석우려지점 전 30미터 내지 200미터의 도로 우측에 설치한다.

874

다음 안전표지의 뜻으로 맞는 것은?

① 철길표지
② 교량표지
③ 높이제한표지
④ 문화재보호표지

「도로교통법」 시행규칙 별표6. 주의 138의2. **교량표지**
• 교량이 있음을 알린다.
• 교량이 있는 지점 전 50미터에서 200미터의 도로 우측에 설치한다.

875

다음 안전표지의 뜻으로 맞는 것은?

① 전방에 양측방 통행 도로가 있으므로 감속 운행
② 전방에 장애물이 있으므로 감속 운행
③ 전방에 중앙 분리대가 시작되는 도로가 있으므로 감속 운행
④ 전방에 두 방향 통행 도로가 있으므로 감속 운행

「도로교통법」 시행규칙 별표6. 주의 123. **중앙분리대시작표지**

876

다음 안전표지가 의미하는 것은?

① 좌측방 통행
② 우합류 도로
③ 도로폭 좁아짐
④ 우측차로 없어짐

「도로교통법」 시행규칙 별표6. 주의 119. 우측차로 없어짐
편도 2차로 이상의 도로에서 우측차로가 없어질 때 설치한다.

877

다음 안전표지가 의미하는 것은?

① 중앙분리대 시작
② 양측방 통행
③ 중앙분리대 끝남
④ 노상 장애물 있음

「도로교통법」 시행규칙 별표6. 주의 123. 중앙분리대 시작표지
중앙분리대가 시작됨을 알린다.

878

다음 안전표지가 의미하는 것은?

① 편도 2차로의 터널
② 연속 과속방지턱
③ 노면이 고르지 못함
④ 굴곡이 있는 잠수교

「도로교통법」 시행규칙 별표6. 주의 128. 노면고르지못함표지
노면이 고르지 못함을 알린다.

879

다음 안전표지가 의미하는 것은?

① **자전거 통행이 많은 지점**
② 자전거 횡단도
③ 자전거 주차장
④ 자전거전용도로

「도로교통법」 시행규칙 별표6. 주의 134. 자전거표지
자전거 통행이 많은 지점이 있음을 알린다.

881

다음 안전표지가 있는 도로에서의 안전운전방법은?

① **신호기의 진행신호가 있을 때 서서히 진입 통과한다.**
② 차단기가 내려가고 있을 때 신속히 진입 통과한다.
③ 철도건널목 진입 전에 경보기가 울리면 가속하여 통과한다.
④ 차단기가 올라가고 있을 때 기어를 자주 바꿔가며 통과한다.

「도로교통법」 시행규칙 별표6. 주의 110. 철길건널목표지
철길건널목이 있음을 알린다.

880

다음 안전표지가 있는 도로에서 올바른 운전방법은?

① 눈길인 경우 고단 변속기를 사용한다.
② **눈길인 경우 가급적 중간에 정지하지 않는다.**
③ 평지에서 보다 고단 변속기를 사용한다.
④ 짐이 많은 차를 가까이 따라간다.

「도로교통법」 시행규칙 별표6. 주의 116. 오르막경사표지
오르막경사가 있음을 알린다.

882

다음 안전표지가 뜻하는 것은?

① **우선도로에서 우선도로가 아닌 도로와 교차함을 알리는 표지이다.**
② 일방통행 교차로를 나타내는 표지이다.
③ 동일방향통행도로에서 양측방으로 통행하여야 할 지점이 있음을 알리는 표지이다.
④ 2방향 통행이 실시됨을 알리는 표지이다.

「도로교통법」 시행규칙 별표6. 주의 106. 우선도로표지
우선도로에서 우선도로가 아닌 도로와 교차하는 경우 설치한다.

883

다음 안전표지에 대한 설명으로 바르지 않은 것은?

① 국토의 계획 및 이용에 관한 법률에 따른 주거지역에 설치한다.
② 도시부 도로임을 알리는 것으로 시작지점과 그 밖의 필요한 구간에 설치한다.
③ **국토의 계획 및 이용에 관한 법률에 따른 계획관리구역에 설치한다.**
④ 국토의 계획 및 이용에 관한 법률에 따른 공업지역에 설치한다.

> 국토의 계획 및 이용에 관한 법률 제36조 제1항 제1호에 따른 도시지역 중 주거지역, 상업지역, 공업지역에 설치하여 **도시부 도로임을 알리는 것**으로 시작지점과 그 밖의 필요한 구간의 우측에 설치한다.

884

다음 안전표지에 대한 설명으로 맞는 것은?

① 2방향 통행표지이다.
② 중앙분리대 끝남표지이다.
③ **양측방통행표지이다.**
④ 중앙분리대 시작 표지이다.

> 「도로교통법」 시행규칙 별표6. 주의 122. 양측방통행표지
> 동일방향 **통행도로에서 양측방으로 통행하여야 할 지점이 있음**을 알린다.

885

도로교통법령상 다음 안전표지에 대한 설명으로 맞는 것은?

① 도로의 일변이 계곡 등 추락위험지역임을 알리는 보조표지
② 도로의 일변이 강변 등 추락위험지역임을 알리는 규제표지
③ **도로의 일변이 계곡 등 추락위험지역임을 알리는 주의표지**
④ 도로의 일변이 강변 등 추락위험지역임을 알리는 지시표지

> 「도로교통법」 시행규칙 별표6. 주의 127. 강변도로표지
> **도로의 일변이 강변·해변·계곡 등 추락 위험지역**임을 알린다.

886

다음 안전표지에 대한 설명으로 맞는 것은?

① **회전형 교차로표지**
② 유턴 및 좌회전 차량 주의표지
③ 비신호 교차로표지
④ 좌로 굽은 도로

> 「도로교통법」 시행규칙 별표6. 주의 109. **회전형 교차로표지**
> 교차로 전 30미터에서 120미터의 도로 우측에 설치한다.

887

다음 안전표지가 설치되는 장소로 가장 알맞은 곳은?

① 도로가 좌로 굽어 차로이탈이 발생할 수 있는 도로
② 눈·비 등의 원인으로 자동차등이 미끄러지기 쉬운 도로
③ 도로가 이중으로 굽어 차로이탈이 발생할 수 있는 도로
④ 내리막경사가 심하여 속도를 줄여야 하는 도로

「도로교통법」 시행규칙 별표6. 주의 126. 미끄러운 도로표지
도로 결빙 등에 의해 자동차등이 미끄러운 도로에 설치한다.

889

도로교통법령상 다음 안전표지가 설치된 곳에서의 운전방법으로 맞는 것은?

① 자동차전용도로에 설치되며 차간거리를 50미터 이상 확보한다.
② 일방통행 도로에 설치되며 차간거리를 50미터 이상 확보한다.
③ 자동차전용도로에 설치되며 50미터 전방 교통정체 구간이므로 서행한다.
④ 일방통행 도로에 설치되며 50미터 전방 교통정체 구간이므로 서행한다.

「도로교통법」 시행규칙 별표6. 규제 223. 차간거리표지
표지판에 표시된 차간거리 이상 확보할 것을 지시하는 안전표지이다. 표지판에 표시된 차간거리 이상을 확보하여야 할 도로의 구간 또는 필요한 지점의 우측에 설치하고 자동차전용도로에 설치한다.

888

다음 안전표지에 대한 설명으로 맞는 것은?

① 차의 우회전할 것을 지시하는 표지이다.
② 차의 직진을 금지하게 하는 주의표지이다.
③ 전방 우로 굽은 도로에 대한 주의표지이다.
④ 차의 우회전을 금지하는 주의표지이다.

「도로교통법」 시행규칙 별표6. 주의 111. 우로 굽은 도로표지
전방 우로 굽은 도로에 대한 주의표지이다.

890

다음 안전표지에 대한 설명으로 맞는 것은?

① 보행자는 통행할 수 있다.
② 보행자뿐만 아니라 모든 차마는 통행할 수 없다.
③ 도로의 중앙 또는 좌측에 설치한다.
④ 통행금지 기간은 함께 표시할 수 없다.

「도로교통법」 시행규칙 별표6. 규제 201. 통행금지표지
보행자뿐 아니라 모든 차마는 통행할 수 없다.

891

도로교통법령상 다음의 안전표지에 대한 설명으로 맞는 것은?

① 지시표지이며 자동차의 통행속도가 평균 매시 50킬로미터를 초과해서는 아니 된다.
② 규제표지이며 자동차의 통행속도가 평균 매시 50킬로미터를 초과해서는 아니 된다.
③ 지시표지이며 자동차의 최고속도가 매시 50킬로미터를 초과해서는 아니 된다.
④ **규제표지이며 자동차의 최고속도가 매시 50킬로미터를 초과해서는 아니 된다.**

「도로교통법」 시행규칙 별표6. 규제 224. 최고속도제한표지
표지판에 표시한 속도로 **자동차등의 최고속도를 지정**하는 것이다. 설치 기준 및 장소는 자동차등의 최고속도를 제한하는 구역, 도로의 구간 또는 장소 내의 필요한 지점 우측에 설치한다.

892

다음 안전표지에 대한 설명으로 가장 옳은 것은?

① 이륜자동차 및 자전거의 통행을 금지한다.
② **이륜자동차 및 원동기장치자전거의 통행을 금지한다.**
③ 이륜자동차와 자전거 이외의 차마는 언제나 통행할 수 있다.
④ 이륜자동차와 원동기장치자전거 이외의 차마는 언제나 통행할 수 있다.

「도로교통법」 시행규칙 별표6. 규제표지 205. **이륜자동차 및 원동기장치 자전거의 통행금지표지**
통행을 금지하는 구역, 도로의 구간 또는 장소의 전면이나 도로의 중앙 또는 우측에 설치한다.

893

다음 안전표지에 대한 설명으로 맞는 것은?

① **차의 진입을 금지한다.**
② 모든 차와 보행자의 진입을 금지한다.
③ 위험물 적재 화물차 진입을 금지한다.
④ 진입금지기간 등을 알리는 보조표지는 설치할 수 없다.

「도로교통법」 시행규칙 별표6. 규제 211. 진입금지표지
차의 진입을 금지하는 구역 및 도로의 중앙 또는 우측에 설치한다.

894

다음 안전표지에 대한 설명으로 가장 옳은 것은?

① 직진하는 차량이 많은 도로에 설치한다.
② 금지해야 할 지점의 도로 좌측에 설치한다.
③ 이런 지점에서는 반드시 유턴하여 되돌아가야 한다.
④ **좌·우측 도로를 이용하는 등 다른 도로를 이용해야 한다.**

「도로교통법」 시행규칙 별표6. 규제 212. 직진금지표지
차의 직진을 금지하는 규제표지이며, 차의 직진을 금지해야 할 지점의 도로 우측에 설치한다.

895
도로교통법령상 다음 안전표지에 대한 설명으로 맞는 것은?

① **차마의 유턴을 금지하는 규제표지이다.**
② 차마(노면전차는 제외한다)의 유턴을 금지하는 지시표지이다.
③ 개인형 이동장치의 유턴을 금지하는 주의표지이다.
④ 자동차등(개인형 이동장치는 제외한다)의 유턴을 금지하는 지시표지이다.

「도로교통법」 시행규칙 별표6. 규제 216. 유턴금지표지
차마의 유턴을 금지하는 것이다. 유턴금지표지에서 제외되는 차종은 정하여 있지 않다.

897
다음 안전표지가 뜻하는 것은?

① 차폭 제한
② **차 높이 제한**
③ 차간거리 확보
④ 터널의 높이

「도로교통법」 시행규칙 별표6. 규제 221. 차높이제한표지
표지판에 표시한 높이를 초과하는 차(적재한 화물의 높이를 포함)의 통행을 제한한다.

896
다음 안전표지에 관한 설명으로 맞는 것은?

① 화물을 싣기 위해 잠시 주차할 수 있다.
② **승객을 내려주기 위해 일시적으로 정차할 수 있다.**
③ 주차 및 정차를 금지하는 구간에 설치한다.
④ 이륜자동차는 주차할 수 있다.

「도로교통법」 시행규칙 별표6. 규제표지 219. 주차금지표지
차의 주차를 금지하는 구역, 도로의 구간이나 장소의 전면 또는 필요한 지점의 도로 우측에 설치한다.

898
다음 안전표지가 뜻하는 것은?

① 차 높이 제한
② 차간거리 확보
③ **차폭 제한**
④ 차 길이 제한

「도로교통법」 시행규칙 별표6. 규제 222. 차폭제한표지
표지판에 표시한 폭이 초과된 차(적재한 화물의 폭을 포함)의 통행을 제한한다.

899

다음 안전표지가 있는 도로에서의 운전방법으로 맞는 것은?

① 다가오는 차량이 있을 때에만 정지하면 된다.
② **도로에 차량이 없을 때에도 정지해야 한다.**
③ 어린이들이 길을 건널 때에만 정지한다.
④ 적색등이 켜진 때에만 정지하면 된다.

「도로교통법」 시행규칙 별표6. 규제 227. 일시정지표지
차가 일시정지하여야 하는 교차로나 기타 필요한 지점의 우측에 설치한다.

901

다음 규제표지가 의미하는 것은?

① **위험물을 실은 차량 통행금지**
② 전방에 차량 화재로 인한 교통 통제 중
③ 차량화재가 자주 발생하는 곳
④ 산불발생지역으로 차량 통행금지

「도로교통법」 시행규칙 별표6, 규제 231. 위험물적재차량 통행금지표지
위험물을 적재한 차의 통행을 금지하는 도로의 구간 우측에 설치한다.

900

다음 규제표지를 설치할 수 있는 장소는?

① 교통정리를 하고 있지 아니하고 교통이 빈번한 교차로
② **비탈길 고갯마루 부근**
③ 교통정리를 하고 있지 아니하고 좌우를 확인할 수 없는 교차로
④ 신호기가 없는 철길 건널목

「도로교통법」 시행규칙 별표6. 규제 226. 서행규제표지
차가 서행하여야 하는 도로의 구간 또는 장소의 필요한 지점 우측에 설치한다.

902

다음 규제표지가 설치된 지역에서 운행이 금지된 차량은?

① 이륜자동차
② **승합자동차**
③ 승용자동차
④ 원동기장치자전거

「도로교통법」 시행규칙 별표6. 규제 204. 승합자동차 통행금지표지
승합자동차(승차정원 30명 이상인 것)의 통행을 금지한다.

903
다음 안전표지의 뜻으로 맞는 것은?

① 일렬주차표지
② **상습정체구간표지**
③ 야간통행주의표지
④ 차선변경구간표지

「도로교통법」 시행규칙 별표6. 주의 141. 상습정체구간표지
상습정체구간으로 **사고 위험이 있는 구간**에 설치한다.

904
다음 규제표지가 의미하는 것은?

① 커브길 주의
② 자동차 진입금지
③ **앞지르기 금지**
④ 과속방지턱 설치 지역

「도로교통법」 시행규칙 별표6. 규제 217. 앞지르기 금지표지
차의 앞지르기를 금지하는 도로의 구간이나 장소의 전면 또는 필요한 지점의 도로 우측에 설치한다.

905
다음의 안전표지에 대한 설명으로 맞는 것은?

① 중량 5.5t 이상 차의 횡단을 제한하는 것
② 중량 5.5t 초과 차의 횡단을 제한하는 것
③ 중량 5.5t 이상 차의 통행을 제한하는 것
④ **중량 5.5t 초과 차의 통행을 제한하는 것**

「도로교통법」 시행규칙 별표6. 규제 220. 차중량제한표지
표지판에 **표시한 중량을 초과**하는 **차의 통행을 제한**하는 것이다.

906
다음에서 '차량경고등' 표시내용으로 틀린 것은?

① 그림 (1)은 엔진 제어장치 및 배기가스 제어와 관련 센서 이상을 알리는 경고등
② 그림 (2)는 워셔액 부족 시 보충을 알리는 경고등
③ 그림 (3)은 타이어 공기압이 낮을 시 표준공기압으로 보충 또는 타이어 파손상태를 알리는 경고등
④ **그림 (4)는 ABS 브레이크 기능과 관련 경고등**

자동차 및 자동차 부품의 성능과 기준에 관한 규칙 제13조 제4항 및 제15항 관련 별표2
④ **엔진오일부족 경고등**

907
다음 규제표지가 설치된 지역에서 운행이 가능한 차량은?

① **화물자동차** ② 경운기
③ 트랙터 ④ 손수레

「도로교통법」 시행규칙 별표6. 규제 207. 경운기·트랙터 및 손수레 통행금지표지

908
다음 안전표지에 대한 설명으로 맞는 것은?

① 신호에 관계없이 차량 통행이 없을 때 좌회전할 수 있다.
② 적색 신호에 다른 교통에 방해가 되지 않을 때에는 좌회전할 수 있다.
③ 비보호이므로 좌회전 신호가 없으면 좌회전할 수 없다.
④ **녹색 신호에서 다른 교통에 방해가 되지 않을 때에는 좌회전할 수 있다.**

「도로교통법」 시행규칙 별표6. 지시 329. 비보호 좌회전표지
진행신호 시 반대방면에서 오는 차량에 방해가 되지 아니하도록 좌회전할 수 있다.

909
다음 안전표지의 명칭으로 맞는 것은?

① **양측방 통행표지** ② 양측방 통행금지표지
③ 중앙분리대 시작표지 ④ 중앙분리대 종료표지

「도로교통법」 시행규칙 별표6. 지시 312. 양측방통행표지
차가 양측방향으로 통행할 것을 지시하는 표지이다.

910
다음 안전표지의 명칭은?

① 양측방 통행표지 ② **좌·우회전표지**
③ 중앙분리대 시작표지 ④ 중앙분리대 종료표지

「도로교통법」 시행규칙 별표6. 지시 310. 좌우회전표지

911
다음 규제표지에 대한 설명으로 맞는 것은?

① **최저속도 제한표지** ② 최고속도 제한표지
③ 차간거리 확보표지 ④ 안전속도 유지표지

「도로교통법」 시행규칙 별표6. 규제 225. 최저속도제한표지
표지판에 표시한 속도로 **자동차등의 최저속도를 지정**한다.

912

다음 안전표지의 설치장소에 대한 기준으로 바르지 않은 것은?

① A 표지는 노면전차 교차로 전 50미터에서 120미터 사이의 도로 중앙 또는 우측에 설치한다.
② B 표지는 회전교차로 전 30미터 내지 120미터의 도로 우측에 설치한다.
③ C 표지는 내리막 경사가 시작되는 지점 전 30미터 내지 200미터의 도로 우측에 설치한다.
④ **D 표지는 도로 폭이 좁아지는 지점 전 30미터 내지 200미터의 도로 우측에 설치한다.**

A. 노면전차 주의표지(주의 110의2) : 노면전차 교차로 전 50미터에서 120미터 사이의 도로 중앙 또는 우측에 설치한다.
B. 회전형 교차로표지(주의 109) : 교차로 전 30미터 내지 120미터의 도로 우측에 설치한다.
C. 내리막 경사표지(주의 117) : 내리막 경사가 시작되는 지점 전 30미터 내지 200미터의 도로 우측에 설치한다.
D. 도로 폭이 좁아짐표지(주의 118) : 도로 폭이 좁아지는 지점 전 50미터 내지 200미터의 도로 우측에 설치한다.

913

다음 안전표지에 대한 설명으로 맞는 것은?

① 승용자동차의 통행을 금지하는 것이다.
② 위험물운반자동차의 통행을 금지하는 것이다.
③ 승합자동차의 통행을 금지하는 것이다.
④ **화물자동차의 통행을 금지하는 것이다.**

「도로교통법」 시행규칙 별표6. 규제 203. 화물자동차통행금지 표지
화물자동차 총중량 및 차체길이가 삭제되었다.
〈시행 2021.4.17.〉〈개정 2019.4.17.〉

914

다음 안전표지에 대한 설명으로 맞는 것은?

① 차가 좌회전 후 유턴할 것을 지시하는 안전표지이다.
② **차가 좌회전 또는 유턴할 것을 지시하는 안전표지이다.**
③ 좌회전 차가 유턴차보다 우선임을 지시하는 안전표지이다.
④ 좌회전 차보다 유턴차가 우선임을 지시하는 안전표지이다.

「도로교통법」 시행규칙 별표6. 지시 309의2. 좌회전 및 유턴표지
좌회전 및 유턴표지로 차가 좌회전 또는 유턴할 것을 지시하는 것이다. 좌회전 또는 유턴에 대한 우선순위는 명시되어 있지 않다. 이 안전표지는 차가 좌회전 또는 유턴할 지점의 도로 우측 또는 중앙에 설치한다.

915

다음 안전표지에 대한 설명으로 맞는 것은?

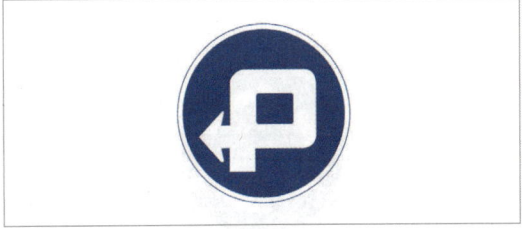

① 주차장에 진입할 때 화살표방향으로 통행할 것을 지시하는 것
② **좌회전이 금지된 지역에서 우회 도로로 통행할 것을 지시하는 것**
③ 회전교차로이므로 주의하여 회전할 것을 지시하는 것
④ 좌측면으로 통행할 것을 지시하는 것

「도로교통법」 시행규칙 별표6. 지시 316. 우회로표지
차의 **좌회전이 금지된 지역에서 우회도로로 통행할 것을 지시**한다.

916

다음 안전표지가 의미하는 것은?

① 좌측 도로는 일방통행 도로이다.
② 우측 도로는 일방통행 도로이다.
③ 모든 도로는 일방통행 도로이다.
④ **직진도로는 일방통행 도로이다.**

「도로교통법」 시행규칙 별표6. 지시 328. 일방통행로표지
전방으로만 진행할 수 있는 일방통행로임을 지시하는 표지이다. 일방통행 도로의 입구 및 구간 내의 필요한 지점의 도로 양측에 설치하고 구간의 시작 및 끝의 보조표지를 부착·설치하며 구간 내에 교차하는 도로가 있을 경우에는 교차로 부근의 도로 양측에 설치한다.

917

다음 안전표지가 의미하는 것은?

① **백색 화살표방향으로 진행하는 차량이 우선 통행할 수 있다.**
② 적색 화살표방향으로 진행하는 차량이 우선 통행할 수 있다.
③ 백색 화살표방향의 차량은 통행할 수 없다.
④ 적색 화살표방향의 차량은 통행할 수 없다.

「도로교통법」 시행규칙 별표6. 지시 332. 통행우선표지
백색 화살표방향으로 진행하는 차량이 우선 통행할 수 있도록 표시한다.

918

다음 안전표지가 의미하는 것은?

① **자전거 횡단이 가능한 자전거횡단도가 있다.**
② 자전거 횡단이 불가능한 것을 알리거나 지시하고 있다.
③ 자전거와 보행자가 횡단할 수 있다.
④ 자전거와 보행자의 횡단에 주의한다.

「도로교통법」 시행규칙 별표6. 지시 325. 자전거횡단도표지

919

다음 안전표지가 설치된 차로 통행방법으로 올바른 것은?

① **전동킥보드는 이 표지가 설치된 차로를 통행할 수 있다.**
② 전기자전거는 이 표지가 설치된 차로를 통행할 수 없다.
③ 자전거인 경우만 이 표지가 설치된 차로를 통행할 수 있다.
④ 자동차는 이 표지가 설치된 차로를 통행할 수 있다.

> 「도로교통법」 시행규칙 별표6. 지시 318. 자전거전용차로표지 자전거등만 통행할 수 있도록 지정된 차로의 위에 설치한다. 「도로교통법」 제2조(정의)에 의해 자전거등이란 자전거와 개인형 이동장치이다. 자전거란 자전거 이용 활성화에 관한 법률 제2조 제1호 및 제1호의2에 따른 자전거 및 전기자전거를 말한다. 「도로교통법」 시행규칙 제2조의3(개인형 이동장치의 기준)에 따라 전동킥보드는 개인형 이동장치이다. 따라서 **전동킥보드는 자전거등만 통행할 수 있도록 지정된 차로를 통행할 수 있다.**

920

다음 안전표지에 대한 설명으로 맞는 것은?

① 자전거만 통행하도록 지시한다.
② **자전거 및 보행자 겸용 도로임을 지시한다.**
③ 어린이보호구역 안에서 어린이 또는 유아의 보호를 지시한다.
④ 자전거횡단도임을 지시한다.

> 「도로교통법」 시행규칙 별표6. 지시 303. **자전거 및 보행자 겸용도로표지**

921

다음 안전표지가 설치된 교차로의 설명 및 통행방법으로 올바른 것은?

① 중앙교통섬의 가장자리에는 화물차 턱(Truck Apron)을 설치할 수 없다.
② **교차로에 진입 및 진출 시에는 반드시 방향지시등을 작동해야 한다.**
③ 방향지시등은 진입 시에 작동해야 하며 진출 시는 작동하지 않아도 된다.
④ 교차로 안에 진입하려는 차가 화살표방향으로 회전하는 차보다 우선이다.

> 「도로교통법」 시행규칙 별표6. 지시 304. 회전교차로표지
> • 회전교차로(Round About)에 설치되는 회전교차로표지이다. 회전교차로는 회전교차로에 진입하려는 경우 교차로 내에서 반시계방향으로 회전하는 차에 양보해야 하고 **진입 및 진출 시에는 반드시 방향지시등을 작동해야** 한다.
> • 중앙교통섬의 가장자리에 대형자동차 또는 세미트레일러가 밟고 지나갈 수 있도록 만든 화물차 턱(Truck Apron)이 있다.
> • 회전교차로와 로터리 구분은 '도로의 구조·시설 기준에 관한 규칙 해설'(국토교통부) 및 '회전교차로 설계지침'(국토교통부)에 의거 설치·운영된다.

922

다음 안전표지에 대한 설명으로 맞는 것은?

① **자전거도로에서 2대 이상 자전거의 나란히 통행을 허용한다.**
② 자전거의 횡단도임을 지시한다.
③ 자전거만 통행하도록 지시한다.
④ 자전거 주차장이 있음을 알린다.

> 「도로교통법」 시행규칙 별표6. 지시 333. **자전거 나란히 통행 허용표지**

923

다음 안전표지에 대한 설명으로 맞는 것은?

① 자전거횡단도표지이다.
② 자전거우선도로표지이다.
③ 자전거 및 보행자 겸용도로표지이다.
④ **자전거 및 보행자 통행구분표지이다.**

「도로교통법」 시행규칙 별표6. 지시 317. 자전거 및 보행자 통행구분 도로표지
자전거 및 보행자 겸용도로에서 자전거와 보행자를 구분하여 통행하도록 지시한다.

924

다음 안전표지 중 도로교통법령에 따른 규제표지는 몇 개인가?

① 1개
② 2개
③ **3개**
④ 4개

「도로교통법」 시행규칙 별표6
4개의 안전표지 중에서 규제표지는 3개, 보조표지는 1개이다.

925

다음 안전표지에 대한 설명으로 맞는 것은?

① 차가 회전 진행할 것을 지시한다.
② 차가 좌측면으로 통행할 것을 지시한다.
③ **차가 우측면으로 통행할 것을 지시한다.**
④ 차가 유턴할 것을 지시한다.

「도로교통법」 시행규칙 별표6. 지시 313. 우측면통행표지
차가 **우측면으로 통행할 것을 지시**한다.

926

다음 안전표지의 의미와 이 표지가 설치된 도로에서 운전행동에 대한 설명으로 맞는 것은?

① 진행방향별 통행구분표지이며 규제표지이다.
② 차가 좌회전·직진 또는 우회전할 것을 안내하는 주의표지이다.
③ 차가 좌회전을 하려는 경우 교차로의 중심 바깥쪽을 이용한다.
④ **차가 좌회전을 하려는 경우 미리 도로의 중앙선을 따라 서행한다.**

「도로교통법」 시행규칙 별표6. 지시 315. 진행방향별통행구분표지
차가 좌회전·직진 또는 우회전할 것을 지시하는 것이다.
「도로교통법」 제25조(교차로 통행방법)
• 제1항 : 모든 차의 운전자는 교차로에서 우회전을 하려는 경우에는 미리 도로의 우측 가장자리를 서행하면서 우회전하여야 한다. 이 경우 우회전하는 차의 운전자는 신호에 따라 정지하거나 진행하는 보행자 또는 자전거 등에 주의하여야 한다.
• 제2항 : 모든 차의 운전자는 **교차로에서 좌회전을 하려는 경우에는 미리 도로의 중앙선을 따라 서행**하면서 교차로의 중심 안쪽을 이용하여 좌회전하여야 한다.

927

도로교통법령상 지시표지가 설치된 도로의 통행방법으로 맞는 것은?

① 특수자동차는 이 도로를 통행할 수 없다.
② 화물자동차는 이 도로를 통행할 수 없다.
③ **이륜자동차는 긴급자동차인 경우만 이 도로를 통행할 수 있다.**
④ 원동기장치자전거는 긴급자동차인 경우만 이 도로를 통행할 수 있다.

> 「도로교통법」 시행규칙 별표6. 지시 301. 자동차전용도로표지
> • 자동차전용도로 또는 전용구역임을 지시하는 것이다.
> • 「도로교통법」에 따라 자동차(이륜자동차는 긴급자동차만 해당한다) 외의 차마의 운전자 또는 보행자는 고속도로와 자동차전용도로를 통행하거나 횡단하여서는 아니 된다. 따라서 **이륜자동차는 긴급자동차인 경우만 도로를 통행할 수 있다.**

928

다음 안전표지에 대한 설명으로 맞는 것은?

① 어린이보호구역 안에서 어린이 또는 유아의 보호를 지시한다.
② 보행자가 횡단보도로 통행할 것을 지시한다.
③ **보행자전용도로임을 지시한다.**
④ 노인보호구역 안에서 노인의 보호를 지시한다.

> 「도로교통법」 시행규칙 별표6. 지시 321. **보행자전용도로표지** 이다.

929

다음 안전표지가 설치된 도로를 통행할 수 없는 차로 맞는 것은?

① 전기자전거
② 전동이륜평행차
③ 개인형 이동장치
④ **원동기장치자전거(개인형 이동장치 제외)**

> 「도로교통법」 시행규칙 별표6. 지시 302. 자전거전용도로표지
> 자전거전용도로 또는 전용구역임을 지시하는 것이다.
> 「도로교통법」 제2조(정의)
> **자전거등이란 자전거와 개인형 이동장치를 말한다.** 자전거란 자전거 이용 활성화에 관한 법률 제2조 제1호 및 제1호의2에 따른 자전거 및 전기자전거를 말한다.
> 「도로교통법」 시행규칙 제2조의2(개인형 이동장치의 기준)
> 1. 전동킥보드
> 2. 전동이륜평행차
> 3. 전동기의 동력만으로 움직일 수 있는 자전거

930

다음 안전표지에 대한 설명으로 맞는 것은?

① 차가 직진 후 좌회전할 것을 지시한다.
② 차가 좌회전 후 직진할 것을 지시한다.
③ **차가 직진 또는 좌회전할 것을 지시한다.**
④ 좌회전하는 차보다 직진하는 차가 우선임을 지시한다.

> 「도로교통법」 시행규칙 별표6. 지시 309. 직진 및 좌회전표지
> 차가 **직진 또는 좌회전할 것을 지시**한다.

931

다음 안전표지에 대한 설명으로 맞는 것은?

① 노약자 보호를 우선하라는 지시를 하고 있다.
② 보행자전용도로임을 지시하고 있다.
③ 어린이보호를 지시하고 있다.
④ **보행자가 횡단보도로 통행할 것을 지시하고 있다.**

「도로교통법」 시행규칙 별표6. 지시 322. 횡단보도표지
보행자가 횡단보도로 통행할 것을 지시하고 있다.

933

다음의 안전표지에 대한 설명으로 맞는 것은?

① **노인보호구역에서 노인의 보호를 지시하는 것**
② 노인보호구역에서 노인이 나란히 걸어갈 것을 지시하는 것
③ 노인보호구역에서 노인이 나란히 걸어가면 정지할 것을 지시하는 것
④ 노인보호구역에서 남성노인과 여성노인을 차별하지 않을 것을 지시하는 것

「도로교통법」 시행규칙 별표6. 지시 323. 노인보호표지
노인보호구역 안에서 노인의 보호를 지시한다.

932

다음 안전표지 중에서 지시표지는?

① Ⓐ
② Ⓑ
③ **Ⓒ**
④ Ⓓ

「도로교통법」 시행규칙 별표6. 지시 304. 회전교차로표지
• ⓐ : 규제표지
• ⓑ : 보조표지
• ⓓ : 주의표지
「도로교통법」의 안전표지에 해당하는 종류로는 주의표지, 지시표지, 규제표지, 보조표지 그리고 노면 표시가 있다.

934

다음 안전표지에 대한 설명으로 맞는 것은?

① 전방에 안전지대가 있음을 알리는 것이다.
② 차가 양보하여야 할 장소임을 표시하는 것이다.
③ **전방에 횡단보도가 있음을 알리는 것이다.**
④ 주차할 수 있는 장소임을 표시하는 것이다.

「도로교통법」 시행규칙 별표6. 노면 529. **횡단보도표시**
횡단보도 전 50미터에서 60미터 노상에 설치, 필요한 경우에는 10미터에서 20미터를 더한 거리에 추가 설치한다.

935

다음과 같은 교통안전시설이 설치된 교차로에서의 통행방법 중 맞는 것은?

① 좌회전 녹색 화살표시가 등화된 경우에만 좌회전할 수 있다.
② **좌회전 신호 시 좌회전하거나 진행신호 시 반대 방면에서 오는 차량에 방해가 되지 아니하도록 좌회전할 수 있다.**
③ 신호등과 관계없이 반대 방면에서 오는 차량에 방해가 되지 아니하도록 좌회전할 수 있다.
④ 황색 등화 시 반대 방면에서 오는 차량에 방해가 되지 아니하도록 좌회전할 수 있다.

> 「도로교통법」 제5조, 「도로교통법」 시행규칙 제6조, 「도로교통법」 시행규칙 제8조
> 신호등의 좌회전 녹색 화살표시가 등화된 경우 좌회전할 수 있으며 **진행신호 시 반대 방면에서 오는 차량에 방해가 되지 아니하도록 좌회전**할 수 있다.

936

다음 안전표지의 종류로 맞는 것은?

① **우회전표지**
② 우로 굽은 도로표지
③ 우회전 우선표지
④ 우측방 우선표지

> 「도로교통법」 시행규칙 별표6. 지시 306. 우회전표지

937

중앙선 표시 위에 설치된 도로안전시설에 대한 설명으로 틀린 것은?

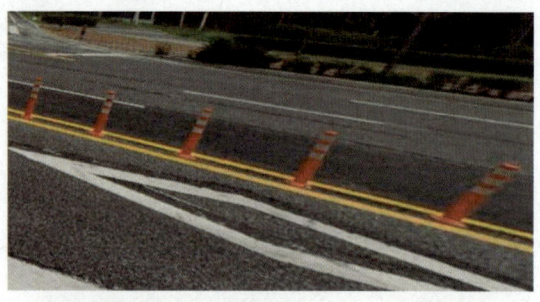

① **중앙선 노면 표시에 설치된 도로안전시설물은 중앙분리봉이다.**
② 교통사고 발생의 위험이 높은 곳으로 위험구간을 예고하는 목적으로 설치한다.
③ 운전자의 주의가 요구되는 장소에 노면 표시를 보조하여 시선을 유도하는 시설물이다.
④ 동일 및 반대방향 교통흐름을 공간적으로 분리하기 위해 설치한다.

> ① 문제의 도로안전시설은 **시선유도봉**이다.
> 도로안전시설 설치 및 관리지침(국토교통부예규 제318호) -제1편 시선유도시설편
> 시선유도봉은 교통사고 발생의 위험이 높은 곳으로서, 운전자의 주의가 현저히 요구되는 장소에 노면 표시를 보조하여 동일 및 반대방향 교통류를 공간적으로 분리하고 위험 구간을 예고할 목적으로 설치하는 시설이다.

938

다음 안전표지의 의미로 맞는 것은?

① **자전거우선도로 표시**
② 자전거전용도로 표시
③ 자전거 횡단도 표시
④ 자전거 보호구역 표시

> 「도로교통법」 시행규칙 별표6. 노면 535의2. 자전거우선도로 표시

939

다음 노면 표시가 표시하는 뜻은?

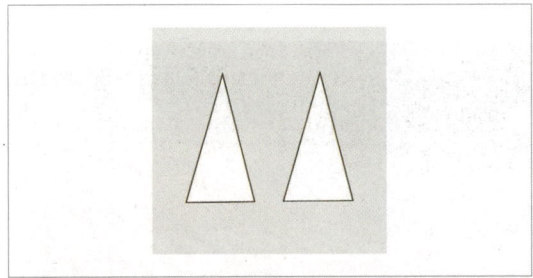

① **전방에 과속방지턱 또는 교차로에 오르막 경사면이 있다.**
② 전방 도로가 좁아지고 있다.
③ 차량 두 대가 동시에 통행할 수 있다.
④ 산악지역 도로이다.

> 「도로교통법」 시행규칙 별표6. 노면 544. 오르막경사면표시
> 오르막경사면 노면 표시로 전방에 오르막 경사면 또는 과속방지턱이 있음을 알린다.

940

다음의 노면 표시가 설치되는 장소로 맞는 것은?

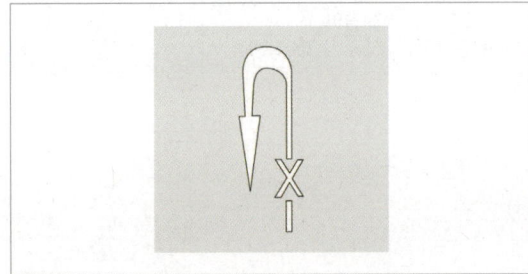

① 차마의 역주행을 금지하는 도로의 구간에 설치
② **차마의 유턴을 금지하는 도로의 구간에 설치**
③ 회전교차로 내에서 역주행을 금지하는 도로의 구간에 설치
④ 회전교차로 내에서 유턴을 금지하는 도로의 구간에 설치

> 「도로교통법」 시행규칙 별표6. 노면 514. 유턴금지표시
> 차마의 유턴을 금지하는 도로의 구간 또는 장소 내의 필요한 지점에 설치한다.

941

다음 상황에서 적색 노면 표시에 대한 설명으로 맞는 것은?

① 차도와 보도를 구획하는 길 가장자리구역을 표시하는 것
② 차의 차로변경을 제한하는 것
③ 보행자를 보호해야 하는 구역을 표시하는 것
④ **소방시설 등이 설치된 구역을 표시하는 것**

> 「도로교통법」 시행규칙 별표6. 노면 516의3
> 소방시설 등이 설치된 곳으로부터 각각 5미터 이내인 곳에서 신속한 소방 활동을 위해 특히 필요하다고 인정하는 곳에 정차·주차금지를 표시한다.

942

다음 안전표지에 대한 설명으로 맞는 것은?

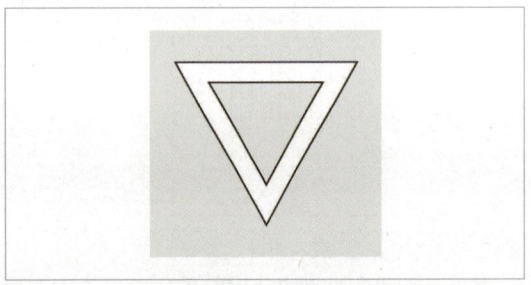

① 횡단보도임을 표시하는 것이다.
② 차가 들어가 정차하는 것을 금지하는 표시이다.
③ **차가 양보하여야 할 장소임을 표시하는 것이다.**
④ 교차로에 오르막 경사면이 있음을 표시하는 것이다.

> 「도로교통법」 시행규칙 별표6. 노면 522. 양보표시
> 차가 양보하여야 할 장소임을 표시하는 것이다.

943

다음 안전표지에 대한 설명으로 맞는 것은?

① 자전거전용도로임을 표시하는 것이다.
② **자전거등의 횡단도임을 표시하는 것이다.**
③ 자전거주차장에 주차하도록 지시하는 것이다.
④ 자전거도로에서 2대 이상 자전거의 나란히 통행을 허용하는 것이다.

> 「도로교통법」 시행규칙 별표6. 노면 534. **자전거횡단도표시**
> 도로에 자전거 횡단이 필요한 지점에 설치, 횡단보도가 있는 교차로에서는 횡단보도 측면에 설치한다.

944

다음 안전표지에 대한 설명으로 틀린 것은?

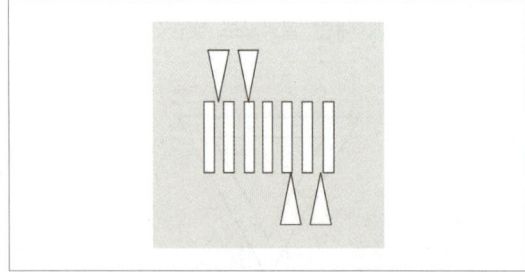

① 고원식횡단보도 표시이다.
② 볼록 사다리꼴과 과속방지턱 형태로 하며 높이는 10cm로 한다.
③ 운전자의 주의를 환기시킬 필요가 있는 지점에 설치한다.
④ **모든 도로에 설치할 수 있다.**

> 「도로교통법」 시행규칙 별표6. 노면 533. **고원식횡단보도표시**
> 제한속도를 시속 30킬로미터 이하로 제한할 필요가 있는 도로에서 횡단보도임을 표시한다.

945

다음과 같은 노면 표시에 따른 운전행동으로 맞는 것은?

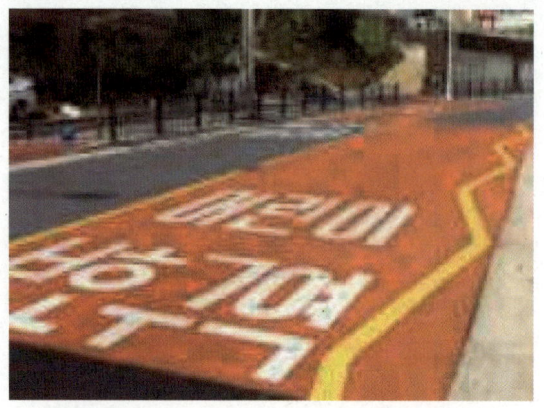

① 어린이보호구역으로 주차는 불가하나 정차는 가능하므로 짧은 시간 길 가장 자리에 정차하여 어린이를 태운다.
② 어린이보호구역 내 횡단보도예고표시가 있으므로 미리 서행해야 한다.
③ **어린이보호구역으로 어린이 및 영유아 안전에 유의해야 하며 지그재그 노면 표시에 의하여 서행하여야 한다.**
④ 어린이보호구역은 시간제 운영 여부와 관계없이 잠시 정차는 가능하다.

> 「도로교통법」 시행규칙 별표6. 노면 520. 서행표시, 노면 516. 정차·주차금지 표시, 노면 536. 어린이보호구역표시
> 「도로교통법」 제2조(정의)
> 어린이란 13세 미만의 사람을 말한다.

946

다음 안전표지의 의미로 맞는 것은?

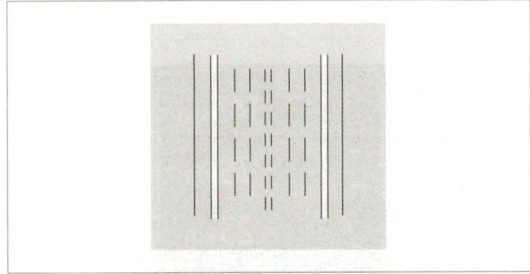

① 갓길 표시
② 차로변경 제한선 표시
③ 유턴구역선 표시
④ **길 가장자리구역선 표시**

「도로교통법」 시행규칙 별표6. 노면 505. **길 가장자리구역선 표시**

947

다음 안전표지의 의미로 맞는 것은?

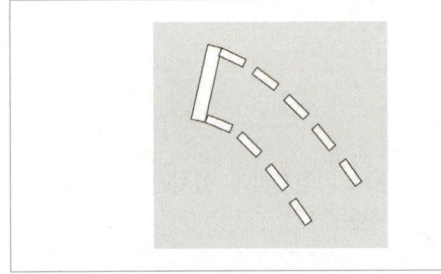

① 교차로에서 좌회전하려는 차량이 다른 교통에 방해가 되지 않도록 적색 등화 동안 교차로 안에서 대기하는 지점을 표시하는 것
② 교차로에서 좌회전하려는 차량이 다른 교통에 방해가 되지 않도록 황색 등화 동안 교차로 안에서 대기하는 지점을 표시하는 것
③ **교차로에서 좌회전하려는 차량이 다른 교통에 방해가 되지 않도록 녹색 등화 동안 교차로 안에서 대기하는 지점을 표시하는 것**
④ 교차로에서 좌회전하려는 차량이 다른 교통에 방해가 되지 않도록 적색 점멸 등화 동안 교차로 안에서 대기하는 지점을 표시하는 것

「도로교통법」 시행규칙 별표6. 노면 525의2. **좌회전 유도차로 표시**

948

다음 안전표지에 대한 설명으로 맞는 것은?

① 차가 양보하여야 할 장소임을 표시하는 것이다.
② 노상에 장애물이 있음을 표시하는 것이다.
③ **차가 들어가 정차하는 것을 금지하는 표시이다.**
④ 주차할 수 있는 장소임을 표시하는 것이다.

「도로교통법」 시행규칙 별표6. 노면 524. 정차금지지대표시
광장이나 교차로 중앙지점 등에 설치된 구획부분에 차가 들어가 정차하는 것을 금지하는 표시이다.

949

다음의 안전표지에 따라 견인되는 경우가 아닌 것은?

① 운전자가 차에서 떠나 4분 동안 화장실에 다녀오는 경우
② 운전자가 차에서 떠나 10분 동안 짐을 배달하고 오는 경우
③ 운전자가 차를 정지시키고 운전석에 10분 동안 앉아 있는 경우
④ **운전자가 차를 정지시키고 운전석에 4분 동안 앉아 있는 경우**

「도로교통법」 제2조(정의)
• **주차**란 운전자가 승객을 기다리거나 화물을 싣거나 차가 고장 나거나 그 밖의 사유로 **차를 계속 정지상태에 두는 것 또는 운전자가 차에서 떠나서 즉시 그 차를 운전할 수 없는 상태에 두는 것**을 말한다. 정차란 운전자가 5분을 초과하지 아니하고 차를 정지시키는 것으로서 주차 외의 정지상태를 말한다.
「도로교통법」 시행규칙 별표6. 규제 219. 주차금지표지
차의 주차를 금지하는 것이다.
보조 428. 견인지역표지

950

다음 노면 표시의 의미로 맞는 것은?

① 전방에 교차로가 있음을 알리는 것
② **전방에 횡단보도가 있음을 알리는 것**
③ 전방에 노상장애물이 있음을 알리는 것
④ 전방에 주차금지를 알리는 것

「도로교통법」 시행규칙 별표6. 노면 529. **횡단보도예고표시**

952

고속도로에 설치된 표지판 속의 대전 143km가 의미하는 것은?

① 대전광역시청까지의 잔여거리
② 대전광역시 행정구역 경계선까지의 잔여거리
③ 위도상 대전광역시 중간지점까지의 잔여거리
④ **가장 먼저 닿게 되는 대전 지역 나들목까지의 잔여거리**

표지판 설치 위치에서 해당 지역까지 남은 거리를 알려주는 고속도로 이정표지판으로 **고속도로 폐쇄식 구간에서 가장 먼저 닿는 그 지역의 IC 기준으로 거리를 산정**한다.

951

다음 방향표지와 관련된 설명으로 맞는 것은?

① 150m 앞에서 6번 일반국도와 합류한다.
② **나들목(IC)의 명칭은 군포다.**
③ 고속도로 기점에서 47번째 나들목(IC)이라는 의미이다.
④ 고속도로와 고속도로를 연결해주는 분기점(JCT) 표지이다.

고속도로 기점에서 6번째 나들목인 **군포 나들목(IC)이 150m 앞에 있고** 나들목으로 나가면 군포 및 국도 47호선을 만날 수 있다는 의미이다.

953

다음 차도 부분의 가장자리에 설치된 노면 표시의 설명으로 맞는 것은?

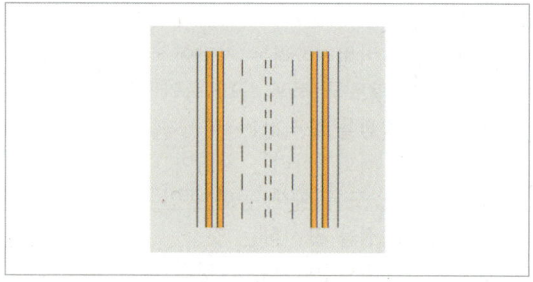

① 정차를 금지하고 주차를 허용한 곳을 표시하는 것
② **정차 및 주차금지를 표시하는 것**
③ 정차를 허용하고 주차금지를 표시하는 것
④ 구역·시간·장소 및 차의 종류를 정하여 주차를 허용할 수 있음을 표시하는 것

「도로교통법」 시행규칙 별표6. 노면 516. 정차·주차금지표시
「도로교통법」 제32조에 따라 **정차 및 주차금지를 표시**한다.

954
다음 사진 속의 유턴표지에 대한 설명으로 틀린 것은?

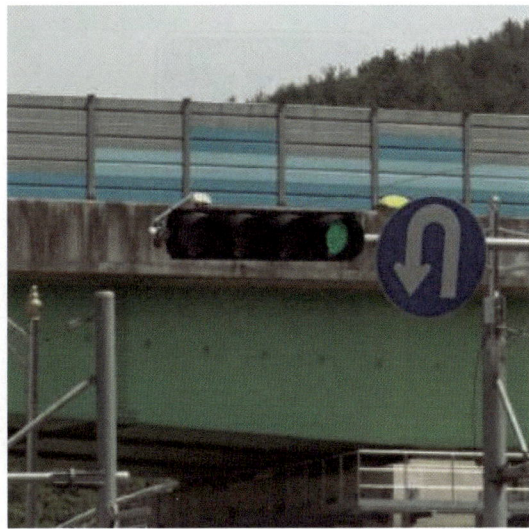

① 차마가 유턴할 지점의 도로의 우측에 설치할 수 있다.
② 차마가 유턴할 지점의 도로의 중앙에 설치할 수 있다.
③ 지시표지이므로 녹색 등화 시에만 유턴할 수 있다.
④ 지시표지이며 신호등화와 관계없이 유턴할 수 있다.

「도로교통법」 시행규칙 별표6. 지시 311. 유턴표지
차마가 유턴할 지점의 도로 우측 또는 중앙에 설치한다.

955
다음 도로명판에 대한 설명으로 맞는 것은?

① 왼쪽과 오른쪽 양방향용 도로명판이다.
② '1→' 이 위치는 도로 끝나는 지점이다.
③ 강남대로는 699미터이다.
④ '강남대로'는 도로이름을 나타낸다.

강남대로의 넓은 길 시작점을 의미하며 '1→' 이 위치는 도로의 시작점을 의미하고 강남대로의 길이는 6.99킬로미터임을 의미한다.

956
도로표지규칙상 다음 도로표지의 명칭으로 맞는 것은?

① 위험구간 예고표지   ② 속도제한 해제표지
③ 합류지점 유도표지   ④ 출구감속 유도표지

도로표지규칙(국토교통부령) 출구감속유도표지(도로표지의 규격 상세 및 설치방법 426-3)
첫 번째 출구감속차로의 시점부터 전방 300m, 200m, 100m 지점에 각각 설치한다.

957
다음 안전표지의 뜻으로 가장 옳은 것은?

① 자동차와 이륜자동차는 08 : 00 ~ 20 : 00 통행을 금지
② 자동차와 이륜자동차 및 원동기장치자전거는 08 : 00 ~ 20 : 00 통행을 금지
③ 자동차와 원동기장치자전거는 08 : 00 ~ 20 : 00 통행을 금지
④ 자동차와 자전거는 08 : 00 ~ 20 : 00 통행을 금지

「도로교통법」 시행규칙 별표6. 규제 206. 자동차·이륜자동차 및 원동기장치자전거 통행금지표지
자동차와 이륜자동차 및 원동기장치자전거의 통행을 지정된 시간에 금지하는 것을 의미한다.

958

다음과 같은 기점표지판의 의미는?

① 국도와 고속도로 IC까지의 거리를 알려주는 표지
② **고속도로가 시작되는 기점에서 현재 위치까지 거리를 알려주는 표지**
③ 고속도로 휴게소까지 거리를 알려주는 표지
④ 톨게이트까지의 거리안내표지

> 고속도로가 시작되는 기점에서 현재 위치까지 거리를 알려주는 표지로, 차가 고장 나거나 사고 등 예기치 못한 상황에서 내 위치를 정확히 알 수 있다.
> • 초록색 바탕 숫자 : 기점으로부터의 거리(km)
> • 흰색 바탕 숫자 : 소수점 거리(km)

959

다음 안전표지에 대한 설명으로 맞는 것은?

① 일요일, 공휴일만 버스전용차로 통행 차만 통행할 수 있음을 알린다.
② **일요일, 공휴일을 제외하고 버스전용차로 통행 차만 통행할 수 있음을 알린다.**
③ 모든 요일에 버스전용차로 통행 차만 통행할 수 있음을 알린다.
④ 일요일, 공휴일을 제외하고 모든 차가 통행할 수 있음을 알린다.

> 지정된 날을 제외하고 버스전용차로 통행 차만 통행할 수 있음을 의미한다.

960

다음 안전표지에 대한 설명으로 바르지 않은 것은?

① 어린이보호구역에서 어린이통학버스가 어린이 승하차를 위해 표지판에 표시된 시간 동안 정차를 할 수 있다.
② 어린이보호구역에서 어린이통학버스가 어린이 승하차를 위해 표지판에 표시된 시간 동안 정차와 주차 모두 할 수 있다.
③ 어린이보호구역에서 자동차등이 어린이의 승하차를 위해 정차를 할 수 있다.
④ **어린이보호구역에서 자동차등이 어린이의 승하차를 위해 정차는 할 수 있으나 주차는 할 수 없다.**

> 「도로교통법」 시행규칙 별표6. 지시 320의4. 어린이승하차표시
> **어린이보호구역에서 어린이통학버스와 자동차등이 어린이 승하차를 위해 표지판에 표시된 시간 동안 정차 및 주차할 수 있도록 지시**하는 것으로 어린이보호구역에서 어린이통학버스와 자동차등이 어린이의 승하차를 위해 정차 및 주차할 수 있는 장소 및 필요한 지점 또는 구간의 도로 우측에 설치한다(구간의 시작 및 끝 또는 시간의 보조표지를 부착·설치).

961

다음 그림에 대한 설명 중 적절하지 않은 것은?

※ 녹색로

① 건물이 없는 도로변이나 공터에 설치하는 주소정보시설(기초번호판)이다.
② **녹색로의 시작 지점으로부터 4.73km 지점의 오른쪽 도로변에 설치된 기초번호판이다.**
③ 녹색로의 시작 지점으로부터 40.73km 지점의 왼쪽 도로변에 설치된 기초번호판이다.
④ 기초번호판에 표기된 도로명과 기초번호로 해당 지점의 정확한 위치를 알 수 있다.

기초번호판은 가로등·교통신호등·도로표지 등이 설치된 지주, 도로구간의 터널 및 교량 등에서 위치를 표시해야 할 필요성이 있는 장소, 그 밖에 시장 등이 필요하다고 인정하는 장소에 설치한다.
「도로명주소법」제9조(도로명판과 기초번호판의 설치) 제2항, 「도로명주소법」제9조(도로명판과 기초번호판의 설치) 제1항, 주소정보시설규칙 제15조(기초번호판의 설치방법) 제1항 제3호, 주소정보시설규칙 제14조(기초번호판의 설치장소 등), 「도로명주소법」제11조(건물번호의 부여), 법 시행령 제23조(건물번호의 부여 기준)

962

다음 3방향 도로명 예고표지에 대한 설명으로 맞는 것은?

① 좌회전하면 300미터 전방에 시청이 나온다.
② '관평로'는 북에서 남으로 도로구간이 설정되어 있다.
③ 우회전하면 300미터 전방에 평촌역이 나온다.
④ **직진하면 300미터 전방에 '관평로'가 나온다.**

도로구간은 서→동, 남→북으로 설정되며 도로의 시작지점에서 끝지점으로 갈수록 건물번호가 커진다.

963

다음 안전표지에 대한 설명으로 잘못된 것은?

① 대각선횡단보도표시를 나타낸다.
② 모든 방향으로 통행이 가능한 횡단보도이다.
③ 보도 통행량이 많거나 어린이보호구역 등 보행자 안전과 편리를 확보할 수 있는 지점에 설치한다.
④ **횡단보도 표시 사이 빈 공간은 횡단보도에 포함되지 않는다.**

「도로교통법」시행규칙 별표6. 노면 532의2. 대각선횡단보도표시
• 모든 방향으로 통행이 가능한 횡단보도(횡단보도 표시 사이 빈 공간도 횡단보도에 포함한다)임을 표시한다.
• 보도 통행량이 많거나 어린이보호구역 등 보행자 안전과 편리를 확보할 수 있는 지점에 설치한다.

964

다음 중에서 관공서용 건물번호판은?

① Ⓐ
② Ⓑ
③ Ⓒ
④ Ⓓ

Ⓐ와 Ⓑ은 일반용 건물번호판이고 Ⓒ는 문화재 및 관광용 건물번호판, Ⓓ는 관공서용 건물번호판이다.

965

다음 건물번호판에 대한 설명으로 맞는 것은?

① **평촌길은 도로명, 30은 건물번호이다.**
② 평촌길은 주 출입구, 30은 기초번호이다.
③ 평촌길은 도로시작점, 30은 건물주소이다.
④ 평촌길은 도로별 구분기준, 30은 상세주소이다.

Chapter 05. 동영상형 학과문제

966
다음 영상을 보고 확인되는 가장 위험한 상황은?

① 우측 정차 중인 대형차량이 출발하려고 하는 상황
② 반대방향 노란색 승용차가 신호위반을 하는 상황
③ **우측 도로에서 우회전하는 검은색 승용차가 1차로로 진입하는 상황**
④ 반대방향 하얀색 승용차가 외륜차를 고려하지 않고 우회전하는 상황

우회전하려는 자동차가 직진하는 차의 속도를 느림으로 추정하는 경우 주차된 차들을 피해서 1차로로 한 번에 진입하는 사례가 많다. 따라서 **우회전하는 자동차가 있는 경우 직진이 우선이라는 절대적 판단을 삼가고** 우회전 자동차 운전자가 무리하게 진입하는 경우를 예측하며 운전할 필요성이 있다.

968
다음 영상을 보고 확인되는 가장 위험한 상황은?

① 앞쪽에서 선행하는 회색 승용차가 급정지하는 상황
② 반대방향 노란색 승용차가 중앙선 침범하여 유턴하려는 상황
③ 좌회전 대기 중인 버스가 직진하기 위해 갑자기 출발하는 상황
④ **오른쪽 차로에서 흰색 승용차가 내 차 앞으로 진입하는 상황**

교차로에 진입하여 통행하는 차마의 운전자는 진입한 위치를 기준으로 진출하기 위한 진행경로를 따라 안전하게 교차로를 통과해야 한다. 그러나 문제의 영상처럼 교차로의 유도선이 없는 경우 또는 유도선이 있는 경우라 하더라도 예상되는 경로를 벗어나는 경우가 빈번하다. 따라서 **교차로를 통과하는 경우 앞쪽 자동차는 물론 옆쪽 자동차의 진행경로에 주의하며 운전**할 필요성이 있다.

967
다음 중 어린이보호구역에서 횡단하는 어린이를 보호하기 위해 도로교통법규를 준수하는 차는?

① 붉은색 승용차
② 흰색 화물차
③ **청색 화물차**
④ 주황색 택시

「도로교통법」제27조(보행자보호), 「도로교통법」제49조(모든 운전자의 준수사항 등)
어린이보호구역에서는 어린이가 언제 어느 순간에 나타날지 몰라 속도를 줄이고 서행하여야 한다. 갑자기 나타난 어린이로 인해 앞차 급제동하면 뒤따르는 차가 추돌할 수 있기 때문에 안전거리를 확보하여야 한다. **어린이 옆을 통과할 때에는 충분한 간격을 유지하면서 반드시 서행**하여야 한다.

969

다음 중 교차로에서 우회전할 때 횡단하는 보행자 보호를 위해 도로교통법규를 준수하는 차는?

① 주황색 택시　　② **청색 화물차**
③ 갈색 SUV차　　④ 노란색 승용차

「도로교통법」 제27조(보행자의 보호) 제2항, 「도로교통법」 시행규칙 별표2(신호기가 표시하는 신호의 종류 및 신호의 뜻)
- 보행 녹색 신호를 지키지 않거나 신호를 예측하여 미리 출발하는 보행자에 주의하여야 한다.
- 보행 녹색 신호가 점멸할 때 갑자기 뛰기 시작하여 횡단하는 보행자에 주의하여야 한다.
- **우회전할 때에는 횡단보도에 내려서서 대기하는 보행자가 말려드는 현상에** 주의하여야 한다.
- 우회전할 때 반대편에서 직진하는 차량에 주의하여야 한다.

971

다음 영상을 보고 확인되는 가장 위험한 상황은?

① 교차로에 대기 중이던 1차로의 승용자동차가 좌회전하는 상황
② 2차로로 진로변경하는 중 2차로로 주행하는 자동차와 부딪치게 될 상황
③ **입간판 뒤에서 보행자가 무단횡단하기 위해 갑자기 도로로 나오는 상황**
④ 횡단보도에 대기 중이던 보행자가 신호등 없는 횡단보도 진입하려는 상황

입간판이나 표지판 뒤에 있는 보행자는 장애물에 의한 사각지대에 있으므로 운전자가 **확인하기 어렵다**. 이때 보행자는 멀리에서 오는 자동차의 존재에 관심이 없거나 그 자동차를 발견했을지라도 상당히 먼 거리이므로 횡단을 할 수 있다고 오판하여 무단횡단을 할 가능성이 있다. 또한 횡단보도의 앞뒤에서 무단횡단이 많다는 점도 방어운전을 위해 기억해야 하겠다.

970

다음 영상을 보고 확인되는 가장 위험한 상황은?

① 반대방향 1차로를 통행하는 자동차가 중앙선을 침범하는 상황
② 우측의 보행자가 갑자기 차도로 진입하려는 상황
③ 반대방향 자동차가 전조등을 켜서 경고하는 상황
④ **교차로 우측 도로의 자동차가 신호위반을 하면서 교차로에 진입하는 상황**

교차로 좌우측의 교통상황이 건조물 등에 의해 확인이 불가한 상황이다. 이 경우 좌우측의 자동차들은 황색 등화나 적색 등화가 확인되어도 정지하지 못하고 신호 및 지시위반으로 연결되어 교통사고를 일으킬 가능성이 농후하다. 따라서 **진행방향 신호가 녹색 등화라 할지라도 교차로 접근 시에는 감속하는 운전태도가** 필요하다.

972

다음 영상을 보고 확인되는 가장 위험한 상황은?

① 주차금지 장소에 주차된 차가 1차로에서 통행하는 상황
② 역방향으로 주차한 차의 문이 열리는 상황
③ **진행방향에서 역방향으로 통행하는 자전거를 충돌하는 상황**
④ 횡단 중인 보행자가 넘어지는 상황

편도 1차로의 도로에 **불법으로 주차된 차량들로 인해 중앙선을 넘어 주행할 수밖에 없다**. 이 경우 **운전자는 진행방향이나 반대방향에서 주행하는 차마에 주의하면서 운전**하여야 한다. 특히 어린이보호구역에서는 「도로교통법」을 위반하는 어린이 및 청소년이 운전하는 자전거 등에 유의할 필요성이 있다.

973

다음 영상에서 운전자가 해야 할 행동으로 맞는 것은?

① **경찰차 뒤에서 서행으로 통행한다.**
② 경찰차 운전자의 위반행동을 즉시 신고한다.
③ 왼쪽 차로에 안전한 공간이 있는 경우 앞지르기 한다.
④ 오른쪽 차로에 안전한 공간이 있는 경우 앞지르기 한다.

> 영상에서 **경찰차가 지그재그 형태로 차도를 운전하는 경우 가상의 정체를 유발하는 신호 및 지시**를 하고 있다. 이 기법은 트래픽 브레이크(Traffic Brake)라고 말하기도 한다. 이는 도로에 떨어진 낙하물, 교통사고 발생 후속조치 그리고 그 밖의 위험상황 등이 있는 경우 2차 또는 3차로 연결될 교통사고예방에 관한 목적이 있다. 따라서 다른 **자동차 운전자는 속도를 줄이고 서행**하며, 경찰차 운전자의 행동을 위반행동으로 오인하지 않아야 하며, 신호와 지시를 따라야 한다.

974

다음 중 교차로에서 횡단하는 보행자 보호를 위해 도로교통법규를 준수하는 차는?

① 갈색 SUV차   ② 노란색 승용차
③ 주홍색 택시   ④ **검정색 승용차**

> 「도로교통법」 제27조(보행자의 보호) 제2항,「도로교통법」시행규칙 별표2(신호기가 표시하는 신호의 종류 및 신호의 뜻)
> • 보행 녹색 신호를 지키지 않거나 신호를 예측하여 미리 출발하는 보행자에 주의하여야 한다.
> • 보행 녹색 신호가 점멸할 때 갑자기 뛰기 시작하여 횡단하는 보행자에 주의하여야 한다.
> • **우회전할 때에는 횡단보도에 내려서서 대기하는 보행자가 말려드는 현상에 주의**하여야 한다.
> • 우회전할 때 반대편에서 직진하는 차량에 주의하여야 한다.

975

다음 영상에서 확인되는 위험상황으로 틀린 것은? (단, 영상은 버스가 감속하며 중앙선 침범하는 내용이다)

① 반대방면 자동차의 통행
② 앞쪽 도로 상황이 가려진 시야 제한
③ 횡단하려는 보행자의 횡단보도 진입
④ **버스에서 하차하게 될 승객의 보도 통행**

> • 신호등 없는 횡단보도와 연결된 보도에서 횡단을 대기하는 보행자는 운전자의 판단과 다르게 갑자기 진입할 수 있으므로 횡단보도 접근 시에는 서행하며 횡단보도를 횡단하는 보행자 또는 횡단하려는 보행자가 있는 경우 정지하여야 한다.
> • 오른쪽으로 굽어진 도로형태에서 감속하는 앞쪽 자동차 때문에 중앙선을 침범하는 것은「도로교통법」제13조를 위반하는 것이며, 이 행위는 교통사고를 일으키는 직접적인 원인이 된다. 따라서 중앙선이 황색실선으로 설치된 경우 우측 통행으로 앞차와의 안전거리를 유지하며 통행해야만 한다.
> • 높이가 높은 대형승합자동차 또는 대형화물자동차를 뒤따라가는 운전자는 앞쪽 도로상황이 확인되지 않으므로 서행으로 차간거리를 넓게 유지하여 제동 또는 정지할 수 있는 공간을 유지하는 태도를 가져야만 한다.
> • 문제의 동영상에서는 버스에서 하차하게 될 승객의 보도 통행까지는 위험한 상황이라 할 수 없다.

976

다음 영상에서 운전자가 해야 할 조치로 맞는 것은?

① 앞쪽 자동차 운전자에게 상향등을 작동하여 대응한다.
② 비상점멸등을 작동하며 갓길에 정차한 후 시시비비를 다툰다.
③ 경음기와 방향지시기를 작동하여 앞지르기한 후 급제동한다.
④ **고속도로 밖으로 진출하여 안전한 장소에 도착한 후 경찰관서에 신고한다.**

불특정 운전자가 지그재그 운전을 하거나 내가 통행하는 차로에서 고의로 제동을 하면서 진로를 막는 행위를 하는 경우, **그 운전자에게 직접 대응하지 않고** 도로의 진출로로 회피 및 우회하거나 휴게소 등으로 진입하여 **자동차 문을 잠그고 즉시 신고하여 대응하는 것이 바람직**하다.

977

다음 영상에서 가장 위험한 상황으로 맞는 것은?

① **오른쪽 가장자리에서 우회전하려는 이륜차와 충돌 가능성**
② 오른쪽 검은색 승용차와 충돌 가능성
③ 반대편에서 좌회전대기 중인 흰색 승용차와 충돌 가능성
④ 횡단보도 좌측에 서있는 보행자와 충돌 가능성

영상 속 운전자는 우회전을 하려는 상황 및 우회전을 하고 있는 상황에서 오른쪽 방향지시등을 등화하지 않았다. 이는 도로의 교통참가자에게 정보 전달을 하지 않은 것이다. 특히 우회전을 하려는 차의 운전자는 우회전 시 앞바퀴가 진행하는 궤적과 뒷바퀴가 진행하는 궤적의 차이(내륜차 : 內輪差)로 인해 다소 넓게 회전하는 경향이 있다. 이때 오른쪽 공간이 있는 경우 이륜차 운전자는 방향지시등을 등화하지 않고 우회전하려는 앞쪽 차를 확인하며 그대로 직진운동을 할 것이라는 판단을 하게 되고 이는 곧 교통사고의 직접적인 원인이 되기도 한다.

978

다음 영상에서 나타난 가장 위험한 상황은?

① **안전지대에 진입한 자동차의 갑작스러운 오른쪽 차로 진입**
② 내 차의 오른쪽에 직진하는 자동차와 충돌 가능성
③ 안전지대에 정차한 자동차의 후진으로 인한 교통사고
④ 진로변경 금지장소에서 진로변경으로 인한 접촉 사고

안전지대는 「도로교통법」에 따라 진입금지 장소에 설치된다. 따라서 운전자는 안전지대에 진입해서는 아니 된다. 그러나 일부 운전자는 갈림목(JCT : Juction) 및 나들목(IC : Interchange)에서 경로의 결정이 지연되거나 순간적인 판단이 바뀌는 경우 또는 전화기 사용 등으로 주의분산을 경험하며 뒤늦게 진행방향으로 위험한 진로변경을 하기도 한다. 이때 안전지대를 침범하는 위반행동을 경험하게 된다. 그러므로 **운전자는 안전지대에서 비상점멸등을 작동하며 느린 속도로 통행하거나 정차한 차를 확인한 경우 그 차가 나의 진행하는 차로로 갑작스러운 진입을 예측하고 주의하며 대비**해야 한다.

979

교차로에서 직진하려고 한다. 이때 가장 주의해야 할 차는?

① 반대편에서 우회전하는 연두색 차
② 내차 앞에서 우회전하는 흰색 화물차
③ 좌측 도로에서 우회전하는 주황색 차
④ **우측 도로에서 우회전하는 검정색 차**

「도로교통법」 제25조(교차로 통행방법) 「도로교통법」 시행규칙 별표2(신호기가 표시하는 신호의 종류 및 신호의 뜻)
교차로에 진입할 때는 전방주시를 잘하고 교차로 전체의 차와 이륜차, 자전거, 보행자 등의 움직임을 확인하면서 서행으로 진입하되, 전방신호 변경에 대비하여야 한다. 특히 **직진할 때는 우회전하는 차와 만날 수 있기 때문에 우회전하는 차의 움직임을 잘 살펴야** 한다.

980
회전교차로에서 회전할 때 우선권이 있는 차는?

① **회전하고 있는 빨간색 승용차**
② 진입하려는 흰색 화물차
③ 진출하고 있는 노란색 승용차
④ 양보선에 대기하는 청색 화물차

회전교차로는 반시계방향으로 회전하고 진입하는 차보다 **회전하는 차가 우선권이 있으므로 진입하는 차가 양보**한다. 또한 진입할 때나 진출할 때 방향지시등을 켜고 서행으로 진출입하여야 한다.

981
교차로에 접근 중이다. 이때 가장 주의해야 할 차는?

① 좌측 도로에서 우회전하는 차
② 반대편에서 직진하는 흰색 화물차
③ **좌회전하고 있는 청색 화물차**
④ 반대편에서 우회전하는 검정색 승용차

「도로교통법」 제5조(신호 또는 지시에 따를 의무), 「도로교통법」 제25조(교차로 통행방법), 「도로교통법」 시행규칙 별표2(신호기가 표시하는 신호의 종류 및 신호의 뜻), 「도로교통법」 시행규칙 별표5(신호등의 신호 순서)
• 신호를 위반하고 무리하게 진행하는 차도 있기 때문에 반드시 좌우측 진행하는 차를 확인하는 습관을 가져야 한다.
• 앞차가 대형차인 경우 전방을 확인할 수 없기 때문에 가능하면 신호를 확인할 수 있도록 안전거리를 충분히 확보하고 후사경을 통해 뒤따르는 차의 위치도 파악하면서 진입하되 교차로 신호가 언제든지 바뀔 수 있음에 주의하여야 한다.

982
다음 영상에서 나타난 상황 중 가장 위험한 경우는?

① 좌회전할 때 왼쪽 차도에서 우회전하는 차와 충돌 가능성
② 좌회전할 때 맞은편에서 직진하는 차와 충돌 가능성
③ **횡단보도를 횡단하는 보행자와 충돌 가능성**
④ 오른쪽에 직진하는 검은색 승용차와 접촉사고 가능성

녹색 등화에 좌회전을 하려는 상황에서 왼쪽에서 만나는 횡단보도의 신호등이 녹색이 점등된 상태였으므로 횡단보도 진입 전에 정지했어야 했다. 이때 좌회전을 한 행동은 「도로교통법」에 따라 녹색 등화이었으므로 신호를 준수한 상황이다. 그러나 횡단보도 보행자를 보호하지 않은 행동이었다. **교차로에서 비보호 좌회전을 하려는 운전자는 왼쪽에서 만나는 횡단보도에 특히 주의할 필요성이 있음을 인식하고 운전**하는 마음가짐이 중요하다.

983
동영상에서 확인되는 도로교통법 위반으로 맞는 것은? (단, 실외이동로봇을 포함한다)

① 보행자보호의무위반, 신호 및 지시위반, 중앙선 침범
② **보행자보호의무위반, 신호 및 지시위반, 속도위반**
③ 신호 및 지시위반, 어린이통학버스 특별보호의무위반, 속도위반
④ 신호 및 지시위반, 어린이통학버스 특별보호의무위반, 보행자보호의무위반

「도로교통법」 제5조(신호 및 지시에 따를 의무), 제27조(보행자의 보호), 제17조(자동차등과 노면전차의 속도)
문제에 제시된 영상에서 운전자는 위 「도로교통법」을 위반한 것으로 확인된다.

984

다음 영상에서 운전자가 운전 중 예측되는 위험한 상황으로 발생 가능성이 가장 낮은 것은?

① 골목길 주·정차 차량 사이에 어린이가 뛰어 나올 수 있다.
② 파란색 승용차의 운전자가 차문을 열고 나올 수 있다.
③ **마주 오는 개인형 이동장치 운전자가 일시정지할 수 있다.**
④ 전방의 이륜차 운전자가 마주하는 승용차 운전자에게 양보하던 중에 넘어질 수 있다.

- 항상 보이지 않는 곳에 위험이 있을 것이라는 대비하는 운전자세가 필요하다. 단순히 위험의 실마리라는 생각이 아니라 최악의 상황을 대비하는 자세이다.
- 운전자는 충분히 예측할 수 있는 위험이 나타났을 때에는 쉽게 대비할 수 있으나 학습이나 경험하지 않은 위험에 대하여 소홀히 하는 경향이 있다. 특히 주택지역 교통사고는 위험을 등한시할 때 발생한다.

986

다음 영상에서 예측되는 가장 위험한 상황으로 맞는 것은?

① 전방의 화물차량이 속도를 높일 수 있다.
② **1차로와 3차로에서 주행하던 차량이 화물차량 앞으로 동시에 급차로변경하여 화물차량이 급제동할 수 있다.**
③ 4차로 차량이 진출램프에 진출하고자 5차로로 차로변경할 수 있다.
④ 3차로로 주행하던 승용차가 4차로로 차로변경할 수 있다.

위험에 대한 지식은 관찰을 통해 도로에 일반적이지 않은 교통행동을 알고 대비하는 능력을 갖추어야 하는데 대부분 경험을 통해서 위험을 배우는 것이 전부이다. 경험을 통해서 위험을 인식하는 것은 위험에 대한 한정된 지식만을 얻게 되어 위험에 노출될 가능성이 높다.

985

야간에 커브길을 주행할 때 운전자의 눈이 부실 수 있다. 어떻게 해야 하나?

① **도로의 우측 가장자리를 본다.**
② 불빛을 벗어나기 위해 가속한다.
③ 급제동하여 속도를 줄인다.
④ 도로의 좌측 가장자리를 본다.

「도로교통법」제19조(안전거리 확보 등), 「도로교통법」제20조(진로양보의 의무), 「도로교통법」제31조(서행 또는 일시정지 장소) 「도로교통법」제37조(차와 노면전차의 등화)
야간은 전조등이 비치는 범위 안에서 볼 수밖에 없기 때문에 위험을 판단하는데 한계가 있어 속도를 줄이고, 다른 교통의 갑작스러운 움직임에 대처할 수 있도록 충분한 공간과 안전거리 확보가 중요하다.

987

교차로에 접근하여 통과 중이다. 도로교통법상 위반으로 맞는 것은?

① 진출 시 올바른 방향지시기를 켰다.
② **진입 시 올바른 방향지시기를 켰다.**
③ 진출 시 교차로 내에서 진로변경 없이 안쪽 차로에서 그대로 진출했다.
④ 진입 시 교차로 내에서 진로변경 없이 안쪽 차로로 즉시 진입했다.

- 동영상의 교차로를 회전교차로(Round About) 중 2개 차로로 진입하는 종류이다.
- 「도로교통법」 제25조의2에 따라 **회전교차로에 진입 또는 진출하려는 경우 미리 방향지시기를 작동**하여야 한다. 이때 켜야 하는 등화는 「도로교통법」 시행령 별표에 따라 **진입 시에는 왼쪽**을, 진출 시에는 오른쪽을 등화해야 한다.
- 2개 차로로 운영되는 회전교차로에 진입할 때는 노면 표시에 따라 왼쪽차로(1차로)에서는 교차로 내부의 안쪽 차로로, 오른쪽차로(2차로)에서는 교차로 내부의 바깥 차로로 진입하여 회전하여야 한다.

988

다음 중 고속도로에서 도로교통법규를 준수하면서 앞지르기하는 차는?

① **검정색 차**
② 노란색 승용차
③ 빨간색 승용차
④ 주황색 택시

「도로교통법」 제19조(안전거리 확보 등), 「도로교통법」 제20조(진로양보의무), 「도로교통법」 제21조(앞지르기방법 등)
「도로교통법」 제22조(앞지르기 금지의 시기 및 장소)
- 앞차의 좌측에 다른 차가 앞차와 나란히 가고 있는 경우, 앞차가 다른 차를 앞지르고 있거나 앞지르려고 하는 경우, 위험방지를 위해 정지 또는 서행하는 경우 등은 앞지르기를 금지하고 있다.
- 특히 **앞지르기를 할 때 반드시 좌측으로 통행**하여야 하며 반대방향의 교통과 앞차 앞쪽의 교통에도 주의를 충분히 기울여야 한다. 또한 앞차의 속도, 진로와 그 밖의 도로 상황에 따라 방향지시기, 등화 또는 경음기를 사용하는 등 안전한 속도와 방법으로 앞지르기하여야 한다.

989

다음 중 비보호 좌회전교차로에서 도로교통법규를 준수하면서 가장 안전하게 좌회전하는 차는?

① **녹색 등화에서 좌회전하는 녹색 버스**
② 녹색 등화에서 좌회전하는 분홍색 차
③ 황색 등화에서 좌회전하는 청색 차
④ 적색 등화에서 좌회전하는 주황색 차

「도로교통법」 제25조(교차로 통행방법), 「도로교통법」 시행규칙 별표2(신호기가 표시하는 신호의 종류 및 신호의 뜻)
(1) 교통신호가 있는 비보호 좌회전교차로
  - 적색 등화에서 좌회전
  - 황색 등화에서 좌회전
  - 다른 교통에 방해되는 녹색 등화에서 좌회전
(2) 교통신호가 있는 비보호 겸용 좌회전교차로
  - 적색 등화에서 좌회전
  - 황색 등화에서 좌회전
  - 다른 교통에 방해되는 녹색 등화에서 좌회전
  - 다른 교통에 방해되는 직진 녹색 등화에서 좌회전

990

고속도로에서 진출하려고 한다. 올바른 방법으로 가장 적절한 것은?

① 신속한 진출을 위해서 지체 없이 연속으로 차로를 횡단한다.
② 급감속으로 신속히 차로를 변경한다.
③ **감속차로에서부터 속도계를 보면서 속도를 줄인다.**
④ 감속차로 전방에 차가 없으면 속도를 높여 신속히 진출로를 통과한다.

> 고속도로 주행은 빠른 속도로 인해 긴장된 운행을 할 수 밖에 없다. 따라서 본선차로에서 진출로로 빠져 나올 때 뒤따르는 차가 있으므로 급히 감속하게 되면 뒤차와의 추돌이 우려도 있어 주의하여야 한다. 본선차로에서 나와 **감속차로에 들어가면 감각에 의존하지 말고 속도계를 보면서 속도를 확실히 줄여야 한다.**

992

녹색 신호인 교차로가 정체 중이다. 도로교통법규를 준수하는 차는?

① 교차로에 진입하는 청색 화물차
② **정지선 직전에 정지하는 흰색 승용차**
③ 청색 화물차를 따라 진입하는 검정색 승용차
④ 흰색 승용차를 앞지르기하면서 진입하는 택시

> 「도로교통법」제25조(교차로 통행방법), 「도로교통법」시행규칙 별표2(신호기가 표시하는 신호의 종류 및 신호의 뜻)
> • 교차로 정체 때 사고는 신호위반으로 인한 사고로 첫 번째 사례는 진행 중인 신호를 보고 진입하는 마지막 차량과 황색 신호에서 무리하게 진입하는 차와의 충돌, 두 번째 사례는 신호가 변경되는 즉시 출발하는 차와 신호위반하면서 무리하게 진입하는 차와의 충돌이다.
> • 예측 출발 금지, 진입 때 서행으로 진입, 출발 전 안전 확인 후 출발이 필요함을 예측하고 위험에 대한 대비를 할 수 있도록 하기 위함이다.
> • 정체된 차량 사이로 보행자가 나와서 횡단할 수 있고 정체 차량 중간지점의 차가 차로를 변경하여 갑자기 나올 수 있으며, 우측 골목길에서 자전거가 나올 수 있는 등 위험요소가 있다.

991

다음 중 신호없는 횡단보도를 횡단하는 보행자를 보호하기 위해 도로교통법규를 준수하는 차는?

① **흰색 승용차**　② 흰색 화물차
③ 갈색 승용차　④ 적색 승용차

> 「도로교통법」제27조(보행자보호)
> 신호등이 없는 횡단보도에서는 보행자가 있음에도 불구하고 보행자들 사이로 지나가 버리는 차량에 주의하여야 한다. 횡단보도 내 불법으로 주차된 차량으로 인해 보행자를 미처 발견하지 못할 수 있기 때문에 주의하여야 한다. 갑자기 뛰기 시작하여 횡단하는 보행자에 주의하여야 한다. 횡단보도를 횡단할 때는 당연히 차가 일시정지할 것으로 생각하고 횡단하는 보행자에 주의하여야 한다.

993

영상과 같은 하이패스차로 통행에 대한 설명이다. 잘못된 것은?

① 단차로 하이패스이므로 시속 30킬로미터 이하로 서행하면서 통과하여야 한다.
② **통행료를 납부하지 아니하고 유료도로를 통행한 경우에는 통행료의 5배에 해당하는 부가통행료를 부과할 수 있다.**
③ 하이패스카드 잔액이 부족한 경우에는 한국도로공사의 홈페이지에서 납부할 수 있다.
④ 하이패스차로를 이용하는 군작전용차량은 통행료의 100%를 감면받는다.

「유료도로법」 시행령 제14조 제5호
단차로 하이패스는 통과속도를 시속 30킬로미터 이하로 제한하고 있으며, 다차로 하이패스는 시속 80킬로미터 이하로 제한하고 있다. 또한 **통행료를 납부하지 아니하고 유료도로를 통행한 경우에는 통행료의 10배에 해당하는 부가통행료를 부과, 수납**할 수 있다.

994

편도 1차로를 통행 중이다. 위험한 상황으로 맞는 것은?

① 앞쪽 농기계와 안전거리를 유지했기 때문에 뒤따르는 자동차의 앞지르기를 유발했다.
② 급감속하여 서행했기 때문에 뒤따르고 있던 자동차의 앞지르기를 유발했다.
③ **지방도로에서는 통행하거나 횡단하는 농기계의 발견이 지연될 수 있다.**
④ 뒤따르는 자동차의 안전한 앞지르기를 방해하였다.

「도로교통법」 제13조 제3항
- 차마의 운전자는 도로(보도와 차도가 구분된 도로에서는 차도를 말한다)의 중앙(중앙선이 설치되어 있는 경우에는 그 중앙선을 말한다. 이하 같다) 우측 부분을 통행하여야 한다.
- 동영상에서 해당운전자는 중앙선 우측을 통행하고 있고, 그 뒤를 따르는 차마의 운전자도 이에 따라야 한다. 따라서 운전자가 「도로교통법」을 준수하며 통행하고 있으므로 그 운전자의 안전거리 확보와 서행이 뒤따르는 자동차 운전자의 중앙선 침범을 유발했다고 할 수 없다.
- 뒤따르는 자동차 운전자들은 「도로교통법」 제13조를 미준수하고, 중앙선을 침범하였으며, 원칙적으로 금지된 앞지르기 행위를 하였다.
- **굽은도로나 고갯마루 등의 장소가 있는 지방도로에서 통행하는 경우 농기계는 쉽게 발견되지 않을 수 있으므로 감속하는 태도**를 가져야 한다.

995

다음 중 딜레마존이 발생할 수 있는 황색 신호에서 가장 적절한 운전행동을 하는 차는?

① 속도를 높여 통과하는 화물차
② **정지선 직전에 정지하는 흰색 승용차**
③ 그대로 통과하는 주황색 택시
④ 횡단보도에 정지하는 연두색 승용차

「도로교통법」 제25조(교차로 통행방법), 「도로교통법」 시행규칙 별표2(신호기가 표시하는 신호의 종류 및 신호의 뜻)
- 교차로에 진입할 때 신호기의 신호가 언제 바뀔지 모르기 때문에 서행으로 진입하면서 대비하여야 한다.
- 교차로 진입 전 속도를 줄이고 황색 신호일 때 정지선 직전에서 일시정지하여야 한다. 그러나 미리 속도를 줄이지 않고 과속으로 진입하다가 교차로 진입 직전에 갑자기 황색으로 바뀌면 정지하지도 그대로 주행하지도 못하는 딜레마존에 빠지게 되어 위험한 상황을 맞게 됨에 주의하여야 한다.
- 딜레마존 상황에서 갑자기 급제동을 하게 되면 뒤따르는 차와의 추돌사고가 생길 수 있다.

996

주거지역을 통행 중이다. 운전 중 주의해야 할 대상 및 장소와 가장 거리가 먼 것은?

① 불법으로 주차된 자동차
② 반대편 도로에서 통행하는 자동차
③ 신호등 없는 횡단보도
④ **왼쪽 보도에서 대화하는 보행자**

- 야간운전을 하는 경우 불법으로 주차된 차의 앞이나 뒤에서 보행자나 자전거의 갑작스런 진입이 있을 수 있다.
- 반대편 도로에서 통행하는 자동차의 전조등에 의해 순간적으로 시력을 상실할 수 있으므로 주의할 필요성이 있다.
- 신호등 없는 횡단보도에서 횡단하는 보행자가 마주보는 자동차의 빛에 의해 보이지 않을 수 있다. 그러므로 신호등이 없는 횡단보도에 접근할 때에는 감속하여 진입하기 전에 횡단보도를 확인하고 보행자가 횡단 중이거나 횡단하려는 경우에는 정지해야 한다. 동영상에서 확인되는 왼쪽 보도의 보행자는 위험요소가 크다고 할 수는 없다.

997

동영상에서 확인되는 운전자의 준법운전을 설명한 것으로 맞는 것은?

① **전조등을 작동하였다.**
② 안전한 앞지르기를 하였다.
③ 이상기후 시 감속기준을 준수하였다.
④ 옆쪽 보행자에 물이 튀지 않도록 서행하였다.

운전자는 빗길에서 운전하는 때에 「도로교통법」 제17조에 따른 속도를 준수하여야 하나, 이상기후 시에는 1. 최고속도의 100분의 20을 줄인 속도로 운행하여야 하는 경우(비가 내려 노면이 젖어 있는 경우) 2. 최고속도의 100분의 50을 줄인 속도로 운행하여야 하는 경우(폭우·폭설·안개 등으로 가시거리가 100미터 이내인 경우)에 따라 감속해야 한다. 그러나 운전자는 과속으로 운전하였고 「도로교통법」 제13조에 따라 우측 통행해야 하나 중앙선의 좌측으로 통행하는 행동을 하였다. 더불어 빗길에는 고인물이 보행자에게 튀지 않도록 운전자의 준수사항을 준수하여야 했으나 위반하는 행동이 나타났다.

998

다음 영상에서 가장 올바른 운전행동으로 맞는 것은?

① 1차로로 주행 중인 승용차 운전자는 직진할 수 있다.
② 2차로로 주행 중인 화물차 운전자는 좌회전할 수 있다.
③ **3차로 승용차 운전자는 우회전 시 일시정지하고 우측 후사경을 보면서 위험에 대비하여야 한다.**
④ 3차로 승용차 운전자는 보행자가 횡단보도를 건너고 있을 때에도 우회전할 수 있다.

- 운전행동 전반에 걸쳐서 지나친 자신감을 갖거나 함부로 교통법규를 위반하는 운전자는 대부분 위험예측능력이 부족한 운전자이다. 교통법규를 위반했을 때 혹은 안전운전에 노력을 다하지 못할 때 어떤 위험이 있는지 잘 이해하지 못하는 운전자일수록 법규를 쉽게 위반하고 위험한 운전을 하게 되는 것이다.
- 도로에 보이는 위험이 전부가 아니고 항상 잠재된 위험을 보려고 노력하며 타인을 위해 내가 할 수 있는 운전행동이 무엇인지 고민해야 사고의 가능성을 줄일 수 있다.

999

다음 중 이면도로에서 위험을 예측할 때 가장 주의하여야 하는 것은?

① **정체 중인 차 사이에서 뛰어나올 수 있는 어린이**
② 실내 후사경 속 청색 화물차의 좌회전
③ 오른쪽 자전거 운전자의 우회전
④ 전방 승용차의 급제동

「도로교통법」 제27조(보행자보호), 「도로교통법」 제49조(모든 운전자의 준수사항 등)
- 이면도로를 지나갈 때는 **차와 차 사이에서 갑자기 나올 수 있는 보행자에 주의**하여야 한다.
- 이면도로는 중앙선이 없는 경우가 대부분으로 언제든지 좌측 방향지시등을 켜지 않고 갑자기 차로를 변경하여 진입하는 차에 주의하여야 한다.
- 우회전이나 좌회전할 때 차체 필러의 사각지대 등으로 주변 차량이나 보행자를 잘 볼 수 없는 등 위험 요소에 주의하여야 한다.

1000

다음 영상에서 우회전하고자 경운기를 앞지르기하는 상황에서 예측되는 가장 위험한 상황은?

① 우측 도로의 화물차가 교차로를 통과하기 위하여 속도를 낮출 수 있다.
② 좌측 도로의 빨간색 승용차가 우회전을 하기 위하여 속도를 낮출 수 있다.
③ **경운기가 우회전하는 도중 우측 도로의 하얀색 승용차가 화물차를 교차로에서 앞지르기할 수 있다.**
④ 경운기가 우회전하기 위하여 정지선에 일시정지할 수 있다.

「도로교통법」 제19조(안전거리 확보 등), 「도로교통법」 제20조(진로양보의무)
- 진입로 부근에서는 진입해 오는 자동차를 일찍 발견하여 그 자동차와의 거리 및 속도 차이를 감안해 자기 차가 먼저 갈지, 자신의 앞에 진입시킬지를 판단하여야 한다.
- 이 경우 우측에서 진입하려는 차가 있는데 뒤차가 이미 앞지르기 차로로 진로를 변경하려 하고 있어 좌측으로 진로를 변경하는 것은 위험하다. 가속차로의 차가 진입하기 쉽도록 속도를 일정하게 유지하여 주행하도록 한다.

PART 3

파이널 모의고사

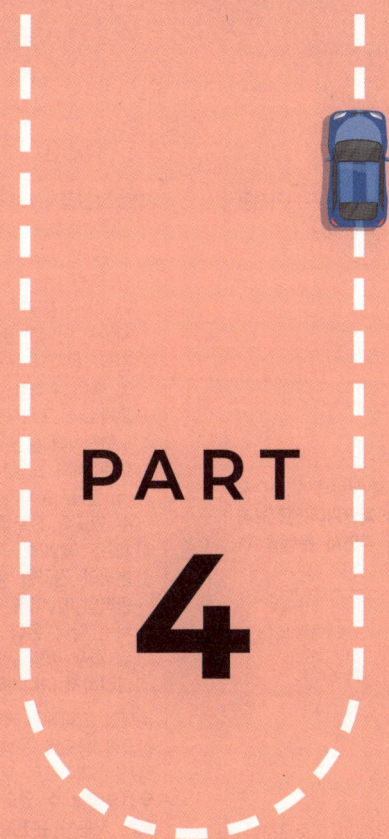

PART 4

빨간답만 모아모아

32 ②, ③

자전거가 통행할 수 있는 도로에는 자전거전용도로, 자전거전용차로, 자전거우선도로, 자전거·보행자 겸용도로가 있다.

33 ③, ④

내리막길은 차체의 하중과 관성의 힘으로 인해 풋브레이크에 지나친 압력이 가해질 수 있기 때문에 **반드시 저단기어(엔진브레이크)를 사용하여 풋브레이크의 압력을 줄여 주면서 운행**을 하여야 한다.

34 ③, ④

- 농어촌도로도 「도로교통법」상 도로에 해당한다(「도로교통법」 제2조 제1호 다목).
- 제한속도표지가 없더라도 일반도로의 최고속도는 시속 60킬로미터이다(「도로교통법」 시행규칙 제19조 제1항 제1호 나목).

35 ②, ④

고속으로 주행하는 **차량의 타이어 공기압이 부족하면 스탠딩웨이브 현상**이 발생하며, 고속으로 주행하는 **차량의 타이어가 마모된 상태에서 물 고인 곳을 지나가면 하이드로플레이닝 현상**이 발생한다. 페이드 현상은 제동기 페달을 과도하게 사용했을 때 패드 및 라이닝의 마찰계수가 낮아져 제동력이 악화되면서 미끄러지는 현상을 말한다. 베이퍼록 현상과 페이드 현상은 제동장치의 이상으로 나타나는 현상이다.

36 ①, ④

① 혈중알콜농도 0.2% 이상으로 음주운전(1회 위반한 경우) : **2년 이상 5년 이하의 징역이나 1천만 원 이상 2천만 원 이하의 벌금**
② 공동위험행위 : 2년 이하의 징역이나 500만 원 이하의 벌금
③ 난폭운전 : 1년 이하의 징역이나 500만 원 이하의 벌금
④ 원동기장치자전거 무면허운전 : **30만 원 이하의 벌금**이나 구류

37 ③, ④

제29조(긴급자동차의 우선 통행)
① 긴급자동차는 제13조 제3항에도 불구하고 긴급하고 부득이한 경우에는 도로의 중앙이나 좌측 부분을 통행할 수 있다.
② 긴급자동차는 이 법이나 이 법에 따른 명령에 따라 정지하여야 하는 경우에도 불구하고 긴급하고 부득이한 경우에는 정지하지 아니할 수 있다.
③ 긴급자동차의 운전자는 제1항이나 제2항의 경우에 교통안전에 특히 주의하면서 통행하여야 한다.
④ 교차로나 그 부근에서 긴급자동차가 접근하는 경우에는 차마와 노면전차의 운전자는 교차로를 피하여 일시정지하여야 한다.
⑤ 모든 차와 노면전차의 운전자는 제4항에 따른 곳 외의 곳에서 긴급자동차가 접근한 경우에는 긴급자동차가 우선통행할 수 있도록 진로를 양보하여야 한다.
⑥ 제2조 제22호 각 목의 자동차 운전자는 해당 자동차를 그 본래의 긴급한 용도로 운행하지 아니하는 경우에는 「자동차관리법」에 따라 설치된 경광등을 켜거나 사이렌을 작동하여서는 아니 된다. 다만 대통령령으로 정하는 바에 따라 범죄 및 화재 예방 등을 위한 순찰·훈련 등을 실시하는 경우에는 그러하지 아니하다.

문제의 그림에서 확인되는 상황은 「도로교통법」에 따라 본래의 긴급한 용도로 운행하는 때이다. 따라서 긴급자동차의 우선 통행하는 때이므로 모든 차와 노면전차의 **운전자는 긴급자동차가 우선통행할 수 있도록 진로를 양보**해야 한다. 그리고 이때 뒤따르는 자동차 운전자들에게 정보제공을 하기 위해 브레이크페달을 **여러 번 짧게 반복하여 작동**하는 등의 정차를 예고하는 행동이 필요할 수 있다.

38 ④

「도로교통법」 시행규칙 별표6. 노면 516의3
소방시설 등이 설치된 곳으로부터 각각 5미터 이내인 곳에서 신속한 소방 활동을 위해 특히 필요하다고 인정하는 곳에 정차·주차금지를 표시하는 것

39 ①

① 문제의 도로안전시설은 **시선유도봉**이다.
도로안전시설 설치 및 관리지침(국토교통부예규 제318호) –제1편 시선유도시설편
시선유도봉은 교통사고 발생의 위험이 높은 곳으로서, 운전자의 주의가 현저히 요구되는 장소에 노면 표시를 보조하여 동일 및 반대방향 교통류를 공간적으로 분리하고 위험 구간을 예고할 목적으로 설치하는 시설이다.

40 ②, ④

「도로교통법」 제25조 제3항
자전거등의 운전자는 교차로에서 좌회전하려는 경우에는 미리 도로의 우측 가장자리로 붙어 서행하면서 **교차로의 가장자리 부분을 이용하여 좌회전**하여야 한다.

22 ④

「도로교통법」 제13조의2 제4항
①, ②, ③의 경우 보도를 통행할 수 있다.

23 ③, ⑤

「도로교통법」 제13조의2(자전거등의 통행방법의 특례) 제6항
자전거등의 운전자가 횡단보도를 이용하여 **도로를 횡단할 때에는 자전거등에서 내려서 자전거등을 끌거나 들고 보행**하여야 한다.

24 ①

「도로교통법」 시행령 제22조(운행상의 안전 기준) 법 제39조 제1항
본문에서 '대통령령으로 정하는 운행상의 안전 기준'이란 다음 각 호를 말한다.
3. 화물자동차의 적재중량은 구조 및 성능에 따르는 적재중량의 110퍼센트 이내일 것
4. 자동차(화물자동차, 이륜자동차 및 소형3륜자동차만 해당한다)의 **적재용량은** 다음 각 목의 구분에 따른 **기준을 넘지 아니할 것**
   가. 길이 : **자동차 길이에 그 길이의 10분의 1을 더한 길이.** 다만 이륜자동차는 그 승차장치의 길이 또는 적재장치의 길이에 30센티미터를 더한 길이를 말한다.
   나. 너비 : 자동차의 후사경(後寫鏡)으로 뒤쪽을 확인할 수 있는 범위(후사경의 높이보다 화물을 낮게 적재한 경우에는 그 화물을, 후사경의 높이보다 화물을 높게 적재한 경우에는 뒤쪽을 확인할 수 있는 범위를 말한다)의 너비
   다. 높이 : 화물자동차는 지상으로부터 4미터(도로구조의 보전과 통행의 안전에 지장이 없다고 인정하여 고시한 도로노선의 경우에는 4미터 20센티미터), 소형3륜자동차는 지상으로부터 2미터 50센티미터, 이륜자동차는 지상으로부터 2미터의 높이

25 ①, ⑤

전방 차량이 급제동을 하는 경우 이를 피하기 위해 급차로변경하게 되면 **뒤따르는 차량과의 추돌 사고, 급제동 차량 앞쪽의 무단 횡단하는 보행자와의 사고** 등이 발생할 수 있으므로 전방 차량이 급제동하더라도 추돌 사고가 발생하지 않도록 안전거리를 확보하고 주행하는 것이 바람직하다.

26 ②, ④

문제의 그림에서 확인되는 상황은 길 가장자리구역에서 보행자와 자전거가 통행하고 있는 상황이다. 이러한 상황에서 일반적으로 자전거의 속도는 보행자의 속도보다 빠른 상태에서 자전거 운전자가 보행자를 앞지르기하는 운전행동이 나타난다. 자전거가 왼쪽 또는 오른쪽으로 앞지르기를 하는 과정에서 충돌이 이루어지고 차로로 갑자기 진입하거나 넘어지는 등의 교통사고가 빈번하다. 따라서 **운전자는 길 가장자리구역에 보행자와 자전거가 있는 경우 미리 속도를 줄이고** 보행자와 자전거의 차도진입을 예측하여 정지할 준비를 하는 것이 바람직하다. 또 이때 보행자와 자전거를 피하기 위해 중앙선을 넘어 좌측 통행하는 경우도 빈번하게 나타나는데 이는 바람직한 행동이라 할 수 없다.

27 ①

「도로교통법」 시행규칙 별표18 비고 3
총중량 750kg 초과 3톤 이하의 피견인자동차를 견인하기 위해서는 견인하는 자동차를 운전할 수 있는 면허와 **소형견인차면허 또는 대형견인차면허**를 가지고 있어야 한다.

28 ②, ⑤

학교 앞 도로, 생활도로 등은 언제, 어디서, 누가 위반을 할 것인지 미리 예측하기 어렵기 때문에 모든 법규위반의 가능성에 **대비**해야 한다. 예를 들어 중앙선을 넘어오는 차, 신호를 위반하는 차, 보이지 않는 곳에서 갑자기 뛰어나오는 어린이, 갑자기 방향을 바꾸는 이륜차를 주의하며 운전해야 한다.

29 ①

① Fishtailing : 주행이나 급제동 시 뒤쪽 차체가 물고기 꼬리지느러미처럼 좌우로 흔들리는 현상이다.
② Hydroplaning : 물에 젖은 노면을 고속으로 달릴 때 타이어가 노면과 접촉하지 않아 조종 능력이 상실되거나 불가능한 상태를 말한다.
③ Standing Wave : 자동차가 고속 주행할 때 타이어 접지부에 열이 축적되어 변형이 나타나는 현상이다.
④ Vapor Lock : 브레이크액에 기포가 발생하여 브레이크가 제대로 작동하지 않게 되는 현상을 뜻한다.

30 ①

자동차 및 자동차부품의 성능과 기준에 관한 규칙 제4조 제4조 (길이·너비 및 높이)
① **자동차의 길이·너비 및 높이는 다음의 기준을 초과하여서는 아니 된다.**
  1. 길이 : 13미터(연결자동차의 경우에는 16.7미터를 말한다)
  2. 너비 : 2.5미터(간접시계장치·환기장치 또는 밖으로 열리는 창의 경우 이들 장치의 너비는 승용자동차에 있어서는 25센티미터, 기타의 자동차에 있어서는 30센티미터. 다만 피견인자동차의 너비가 견인자동차의 너비보다 넓은 경우 그 견인자동차의 간접시계장치에 한하여 피견인자동차의 가장 바깥쪽으로 10센티미터를 초과할 수 없다)
  3. 높이 : 4미터

31 ①, ②

• 전방에 속도가 느린 경운기나 트랙터와 같은 농기계가 있는 경우 속도가 자동차에 비해 느리므로 농기계의 진행상태를 잘 살펴 운전하여야 한다. 미리 예상하고 급진로 변경하거나 앞지르기하려는 것은 위험하다.
• 앞지르기는 전방차량의 좌측으로 진행해야 하며, 유턴 시 지시표지에 따라 시기를 준수해야 한다.

11 ②

고속도로에서는 자동차 긴급 상황 발생 시 사고 예방을 위해 **한국도로공사**(콜센터 1588-2504)**에서 10km까지 무료견인서비스를 제공**하고 있다.

12 ②

「도로교통법」 시행규칙 별표8 64의2
술에 취한 상태에서 자전거를 운전한 경우 범칙금 3만 원

13 ④, ⑤

「소방기본법」 제25조(강제처분 등)
② 소방본부장, 소방서장 또는 소방대장은 사람을 구출하거나 불이 번지는 것을 막기 위하여 긴급하다고 인정할 때에는 제1항에 따른 소방대상물 또는 토지 외의 소방대상물과 토지에 대하여 제1항에 따른 처분을 할 수 있다.
③ 소방본부장, 소방서장 또는 소방대장은 소방활동을 위하여 긴급하게 출동할 때에는 소방자동차의 통행과 소방활동에 방해가 되는 주차 또는 정차된 차량 및 물건 등을 제거하거나 이동시킬 수 있다.
④ 소방본부장, 소방서장 또는 소방대장은 제3항에 따른 소방활동에 방해가 되는 주차 또는 정차된 차량의 제거나 이동을 위하여 관할 지방자치단체 등 관련 기관에 견인차량과 인력 등에 대한 지원을 요청할 수 있고, 요청을 받은 관련 기관의 장은 정당한 사유가 없으면 이에 협조하여야 한다.
⑤ 시·도지사는 제4항에 따라 견인차량과 인력 등을 지원한 자에게 시·도의 조례로 정하는 바에 따라 비용을 지급할 수 있다.
제49조의2(**손실보상**) 제1항 3. 제25조 제2항 또는 제3항에 따른 처분으로 인하여 손실을 입은 자. 다만 같은 조 제3항에 해당하는 경우로서 법령을 위반하여 **소방자동차의 통행과 소방활동이 방해가 된 경우는 제외**한다.

14 ①

「도로교통법」 시행령 별표8

15 ④

도로표지규칙(국토교통부령) 출구감속유도표지(도로표지의 규격 상세 및 설치방법 426-3)
첫 번째 출구감속차로의 시점부터 전방 300m, 200m, 100m 지점에 각각 설치한다.

16 ②

구난차 운전자의 경찰무선 도청은 불법이다. 모든 운전자는 「도로교통법」을 반드시 준수해야 하므로 과속, 난폭운전, 신호위반을 해서는 안 된다.

17 ②, ④

출동 중인 긴급자동차를 발견하면 도로 좌우측으로 피양하거나, **교차로인 경우 교차로를 피해 진로를 양보**한다. 긴급자동차의 진로로 계속 주행하거나 후행하여 진행하는 것은 위험하며, 반드시 2차로 우측으로 피양하여 양보할 필요는 없다.

18 ②

「도로교통법」 제5조(신호 및 지시에 따를 의무), 제27조(보행자의 보호), 제17조(자동차등과 노면전차의 속도)
문제에 제시된 영상에서 운전자는 위 「도로교통법」을 위반한 것으로 확인된다.

19 ④

「도로교통법」 시행규칙 제2조(차마에서 제외하는 기구·장치)
① 「도로교통법」(이하 '법'이라 한다) 제2조 제10호 및 제17호 가목5)에서 '유모차, 보행보조용 의자차, 노약자용 보행기 등 행정안전부령이 정하는 기구·장치'란 너비 1미터 이하인 것으로서 다음 각 호의 기구·장치를 말한다.
1. 유모차
2. 보행보조용 의자차(「의료기기법」 제19조에 따라 식품의약품안전처장이 정하는 의료기기의 기준규격에 따른 수동휠체어, 전동휠체어 및 의료용 스쿠터를 말한다)
3. 노약자용 보행기
4. 법 제11조 제3항에 따른 놀이기구(어린이가 이용하는 것에 한정한다)
5. 동력이 없는 손수레
6. 이륜자동차, 원동기장치자전거 또는 자전거로서 운전자가 내려서 끌거나 들고 통행하는 것
7. 도로의 보수·유지, 도로상의 공사 등 작업에 사용되는 기구·장치(사람이 타거나 화물을 운송하지 않는 것에 한정한다)

20 ③, ④

- **어린이보호구역 내이므로 최고 제한속도를 준수**하고, **어린이의 움직임에 주의**하면서 전방을 잘 살펴야 한다.
- 어린이보호구역 내 사고는 안전 운전 불이행, 보행자 보호의무 위반, 불법 주·정차, 신호위반 등 법규를 지키지 않는 것이 원인이다. 그리고 보행자가 횡단할 때에는 반드시 일시정지한 후 보행자의 횡단이 끝나면 안전을 확인하고 통과하여야 한다.

21 ②

「환경친화적 자동차의 개발 및 보급 촉진에 관한 법률」 제11조의2 제7항
전기자동차, 하이브리드자동차, 수소전기자동차에 해당하지 아니하는 자동차를 환경친화적 자동차의 전용주차구역에 주차하여서는 아니 된다.

파이널 모의고사 3회 해설

01	②	11	②	21	②	31	①, ②
02	④	12	②	22	④	32	②, ③
03	②	13	④, ⑤	23	③, ⑤	33	③, ④
04	②	14	①	24	①	34	③, ④
05	②, ④	15	②	25	①	35	②
06	④	16	②	26	②, ④	36	①, ④
07	④	17	②, ④	27	①	37	③, ④
08	①	18	②	28	②, ⑤	38	④
09	①	19	④	29	①	39	①
10	②, ③	20	③, ④	30	①	40	②, ④

01 ②

「도로교통법」 시행규칙 별표9
편도 3차로 고속도로에서 승용자동차 및 경형·소형·중형승합자동차의 주행차로는 왼쪽인 2차로이며, **2차로에서 앞지르기할 때는 1차로를 이용**하여 앞지르기를 해야 한다.

02 ④

Ⓐ와 Ⓑ은 일반용 건물번호판이고, Ⓒ는 문화재 및 관광용 건물번호판, Ⓓ는 관공서용 건물번호판이다.

03 ②

도로 공사장은 주의 – 완화 – 작업 – 종결구간으로 구성되어 있다.

그 중 **완화구간은 차로수가 감소하는 구간으로 차선변경이 필요한 구간**이다. 안전한 통행을 위해서는 **사전 차선변경 및 서행**이 필수적이다.

04 ②

히터 또는 에어컨은 내부공기 순환모드로 작동할 경우 차량 내부 유리창에 김서림이 심해질 수 있으므로 외부공기 유입모드로 작동한다.

05 ②, ④

- 어린이보호구역 내 신호가 없는 횡단보도에서는 보행자 유무에 관계없이 반드시 일시정지하여야 하며, 전방에 주차된 소방차를 넘어 진행하는 차량에 대비하여 운전할 필요가 있다.
- **시야가 확보되지 아니한 도로에서 속도를 높여 주행하는 것은 위험**하며, 우회전하려는 경우 보행자나 다른 차량을 잘 살피고 운전해야 안전하다.

06 ④

- 노면의 결빙 현상의 하나로, 블랙 아이스(Black Ice) 또는 클리어 아이스(Clear Ice)로 표현되며 도로표면에 코팅한 것처럼 얇은 얼음막이 생기는 현상을 말한다.
- 아스팔트의 틈 사이로 눈과 습기가 공기 중의 매연, 먼지와 뒤엉켜 스며든 뒤 검게 얼어붙는 현상을 포함한다.
- 추운 겨울에 다리 위, 터널의 출입구, 그늘진 도로, 산모퉁이 음지 등 그늘지고 온도가 낮은 도로에서 주로 발생한다.
- 육안으로 쉽게 식별되지 않아 사고의 위험이 매우 높다.

07 ④

표지판 설치 위치에서 해당 지역까지 남은 거리를 알려주는 고속도로 이정표지판으로 **고속도로 폐쇄식 구간에서 가장 먼저 닿는 그 지역의 IC 기준으로 거리를 산정**한다.

08 ①

「도로교통법」 시행규칙 별표28
도로를 통행하고 있는 차에서 **밖으로 물건을 던지는 경우 벌점 10점이 부과**된다.

09 ①

「도로교통법」 제2조 제19의2호, 제80조
개인형 이동장치는 원동기장치자전거의 일부에 해당하므로 운전하려는 자는 원동기장치자전거면허 이상을 받아야 한다.

10 ②, ③

노인보호구역은 노인이 없어 보이더라도 서행으로 통과한다.

38

다음 상황에서 적색 노면 표시에 대한 설명으로 맞는 것은?

① 차도와 보도를 구획하는 길 가장자리구역을 표시하는 것
② 차의 차로변경을 제한하는 것
③ 보행자를 보호해야 하는 구역을 표시하는 것
④ 소방시설 등이 설치된 구역을 표시하는 것

39

중앙선 표시 위에 설치된 도로안전시설에 대한 설명으로 틀린 것은?

① 중앙선 노면 표시에 설치된 도로안전시설물은 중앙분리봉이다.
② 교통사고 발생의 위험이 높은 곳으로 위험구간을 예고하는 목적으로 설치한다.
③ 운전자의 주의가 요구되는 장소에 노면 표시를 보조하여 시선을 유도하는 시설물이다.
④ 동일 및 반대방향 교통흐름을 공간적으로 분리하기 위해 설치한다.

40

다음 상황에서 전동킥보드 운전자가 좌회전하려는 경우 안전한 방법 2가지는?

상황설명
- 동쪽에서 서쪽 신호등 : 직진 및 좌회전 신호
- 동쪽에서 서쪽 A횡단보도 보행자 신호등 녹색

① A횡단보도로 전동킥보드를 운전하여 진입한 후 B지점에서 D방향의 녹색 등화를 기다린다.
② A횡단보도로 전동킥보드를 끌고 진입한 후 B지점에서 D방향의 녹색 등화를 기다린다.
③ 전동킥보드를 운전하여 E방향으로 주행하기 위해 교차로 중심 안쪽으로 좌회전한다.
④ 전동킥보드를 운전하여 B지점으로 직진한 후 D방향의 녹색 등화를 기다린다.
⑤ 전동킥보드를 운전하여 C지점으로 직진한 후 즉시 B지점에서 D방향으로 직진한다.

33

내리막길 주행 시 가장 안전한 운전방법 2가지는?

① 기어 변속과는 아무런 관계가 없으므로 풋브레이크만을 사용하여 내려간다.
② 위급한 상황이 발생하면 바로 주차브레이크를 사용한다.
③ 올라갈 때와 동일한 변속기어를 사용하여 내려가는 것이 좋다.
④ 풋브레이크와 엔진브레이크를 적절히 함께 사용하면서 내려간다.

34

다음 상황에서 가장 안전한 운전방법 2가지는?

상황설명
• 농어촌도로

① 농기계가 주행 중이 아니라면 운전자는 특별히 주의할 것은 없다.
② 농어촌도로는 제한속도 규정이 없으므로 가속하여 운전한다.
③ 노면에 모래와 먼지가 많으므로 이를 주의하면서 운전한다.
④ 농기계에 이르기 전부터 일시정지하거나 감속하는 등 농기계와 안전거리를 확보한다.
⑤ 농기계 운전자에게 방해가 되지 않도록 경음기는 절대 작동하지 않는다.

35

다음 중 고속으로 주행하는 차량의 타이어 이상으로 발생하는 현상 2가지는?

① 베이퍼록 현상   ② 스탠딩웨이브 현상
③ 페이드 현상   ④ 하이드로플레이닝 현상

36

도로교통법상 자동차등(개인형 이동장치 제외)을 운전한 사람에 대한 처벌 기준에 대한 내용이다. 잘못 연결된 2가지는?

① 혈중알콜농도 0.2% 이상으로 음주운전한 사람 - 1년 이상 2년 이하의 징역이나 1천만 원 이하의 벌금
② 공동위험행위를 한 사람 - 2년 이하의 징역이나 500만 원 이하의 벌금
③ 난폭운전한 사람 - 1년 이하의 징역이나 500만 원 이하의 벌금
④ 원동기장치자전거 무면허운전 - 50만 원 이하의 벌금이나 구류

37

다음 상황에서 가장 올바른 운전방법 2가지로 맞는 것은?

상황설명
• 긴급차 사이렌 및 경광등 작동
• 긴급차가 역주행하려는 상황

① 긴급차가 도로교통법을 위반하므로 무시하고 통행한다.
② 긴급차가 위반행동을 하지 못하도록 상향등을 수회 작동한다.
③ 뒤따르는 운전자에게 알리기 위해 브레이크페달을 여러 번 나누어 밟는다.
④ 긴급차가 역주행할 수 있도록 거리를 두고 정지한다.
⑤ 긴급차가 진행할 수 없도록 그 앞에 정차한다.

27

제1종 보통면허 소지자가 총중량 750kg 초과 3톤 이하의 피견인자동차를 견인하기 위해 추가로 소지하여야 하는 면허는?

① 제1종 소형견인차면허
② 제2종 보통면허
③ 제1종 대형면허
④ 제1종 구난차면허

28

다음 중 대비해야 할 가장 위험한 상황 2가지는?

상황설명
- 이면도로
- 대형버스 주차 중
- 거주자우선주차구역에 주차 중
- 자전거 운전자가 도로를 횡단 중

① 주차 중인 버스가 출발할 수 있으므로 주의하면서 통과한다.
② 왼쪽에 주차 중인 차량 사이에서 보행자가 나타날 수 있다.
③ 좌측 후사경을 통해 도로의 주행상황을 확인한다.
④ 대형버스 옆을 통과하는 경우 서행으로 주행한다.
⑤ 자전거가 도로를 횡단한 이후에 뒤따르는 자전거가 나타날 수 있다.

29

다음 중 자동차의 주행 또는 급제동 시 자동차의 뒤쪽 차체가 좌우로 떨리는 현상을 뜻하는 용어는?

① 피쉬테일링(Fishtailing)
② 하이드로플래닝(Hydroplaning)
③ 스탠딩 웨이브(Standing Wave)
④ 베이퍼락(Vapor Lock)

30

자동차 및 자동차부품의 성능과 기준에 관한 규칙에 따른 자동차의 길이 기준은? (단, 연결자동차가 아니다)

① 13미터
② 14미터
③ 15미터
④ 16미터

31

다음 상황에서 가장 안전한 운전방법 2가지는?

상황설명
- 편도 4차로 도로
- 차량신호등 적색 등화
- 1차로 좌회전 및 유턴, 2·3차로 직진, 4차로 우회전 차로

① 직진하려는 경우 전방 차량신호등이 적색 등화이므로 서행하며 안전하게 선행차량 뒤편에 정차한다.
② 차량신호등이 녹색 등화로 바뀌면 일단 현재 차로에서 진행하다가 충분한 거리가 확보된 후 안전하게 차로변경한다.
③ 좌회전차로로 차로를 변경하여 차량신호등이 녹색 등화로 바뀌면 재빨리 맞은편 차로를 이용하여 진행한다.
④ 트랙터를 따라 후행하는 경우 트랙터의 우측으로 앞지르기할 수 있다.
⑤ 유턴하려는 경우 차량 신호등이 적색 등화에 유턴이 가능하다.

32

도로교통법령상 자전거가 통행할 수 있는 도로의 명칭에 해당하지 않는 2가지는?

① 자전거전용도로
② 자전거우선차로
③ 자전거·원동기장치자전거 겸용도로
④ 자전거우선도로

22

도로교통법령상 자전거(전기자전거 제외) 운전자의 도로 통행방법으로 가장 바람직하지 않은 것은?

① 어린이가 자전거를 타고 보도를 통행하였다.
② 안전표지로 자전거 통행이 허용된 보도를 통행하였다.
③ 도로의 파손으로 부득이하게 보도를 통행하였다.
④ 통행 차량이 없어 도로 중앙으로 통행하였다.

23

다음 장소에서 자전거 운전자가 안전하게 횡단하는 방법 2가지는?

상황설명
• 자전거 운전자가 보도에서 대기하는 상황
• 자전거 운전자가 도로를 보고 있는 상황

① 자전거에 탄 상태로 횡단보도 녹색 등화를 기다리다가 자전거를 운전하여 횡단한다.
② 다른 자전거 운전자가 횡단하고 있으므로 신속히 횡단한다.
③ 다른 자전거와 충돌 가능성이 있으므로 자전거에서 내려 보도의 안전한 장소에서 기다린다.
④ 자전거 운전자가 어린이 또는 노인인 경우 보행자 신호등이 녹색일 때 운전하여 횡단한다.
⑤ 횡단보도 신호등이 녹색 등화일 때 자전거를 끌고 횡단한다.

24

도로교통법령상 화물자동차의 적재용량 안전기준에 위반한 차량은?

① 자동차 길이의 10분의 2를 더한 길이
② 후사경으로 뒤쪽을 확인할 수 있는 범위의 너비
③ 지상으로부터 3.9미터 높이
④ 구조 및 성능에 따르는 적재중량의 105퍼센트

25

다음 상황에서 급차로변경을 할 경우 사고 발생 가능성이 가장 높은 2가지는?

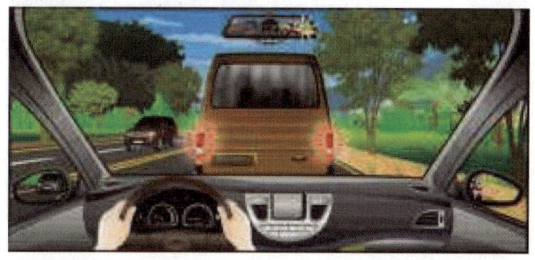

상황설명
• 편도 2차로 도로
• 앞 차량이 급제동하는 상황
• 우측 방향 지시기를 켠 후방 오토바이
• 1차로 후방에 승용차

① 승합차 앞으로 무단 횡단하는 사람과의 충돌
② 반대편 차로 차량과의 충돌
③ 뒤따르는 이륜차와의 추돌
④ 반대 차로에서 차로변경하는 차량과의 충돌
⑤ 1차로에서 과속으로 달려오는 차량과의 추돌

26

다음 상황에서 가장 안전한 운전방법 2가지로 맞는 것은?

상황설명
• 편도 1차로
• 뒤에서 후행하는 차(실내후사경)

① 자전거와의 충돌을 피하기 위해 좌측차로로 통행한다.
② 자전거 위치에 이르기 전 충분히 감속한다.
③ 뒤따르는 자동차의 소통을 위해 가속한다.
④ 보행자의 차도진입을 대비하여 감속하고 보행자를 살핀다.
⑤ 보행자를 보호하기 위해 길 가장자리구역을 통행한다.

17

다음 상황에서 가장 안전한 운전방법 2가지는?

상황설명
- 편도 2차로 도로
- 우측 사이드미러로 2차로에 출동 중인 긴급자동차 발견
- 차량 통행량이 많아 정체 상황

① 진로 양보는 2차로만 가능하므로 1차로에서 진행 중인 경우는 후방의 긴급자동차를 주의할 필요는 없다.
② 전방에 교차로가 있는 경우 교차로를 피해 진로를 양보한다.
③ 2차로로 빠르게 차로변경하여 비상등을 켜고 긴급자동차보다 앞서서 주행한다.
④ 긴급자동차의 앞에 진행하는 경우라면 도로 좌우측으로 피양하여 진로를 양보한다.
⑤ 긴급자동차의 뒤를 따라 진행하면 더욱 빨리 운행할 수 있으므로 긴급자동차가 지나간 뒤 2차로로 차로변경하여 바싹 뒤따른다.

18

동영상에서 확인되는 도로교통법 위반으로 맞는 것은? (단, 실외이동로봇을 포함한다)

① 보행자보호의무위반, 신호 및 지시위반, 중앙선 침범
② 보행자보호의무위반, 신호 및 지시위반, 속도위반
③ 신호 및 지시위반, 어린이통학버스 특별보호의무위반, 속도위반
④ 신호 및 지시위반, 어린이통학버스 특별보호의무위반, 보행자보호의무위반

19

도로교통법령상 보행보조용 의자차(식품의약품 안전처장이 정하는 의료기기의 규격)로 볼 수 없는 것은?

① 수동휠체어   ② 전동휠체어
③ 의료용 스쿠터   ④ 전기자전거

20

다음과 같은 구간에 대한 설명으로 가장 옳은 것 2가지는?

상황설명
- 어린이보호구역

① 어린이보호구역에서는 주·정차를 할 수 있다.
② 어린이보호구역에 설치된 울타리가 있다면 어린이가 차도에 진입할 수 없으므로 주의하지 않아도 된다.
③ 교통사고의 위험으로부터 어린이를 보호하기 위해 어린이보호구역을 지정할 수 있다.
④ 눈이 쌓인 상황을 고려하여 통행속도를 준수하고 어린이의 안전에 주의하면서 운행하여야 한다.
⑤ 어린이보호구역에서는 어린이들이 주의하기 때문에 사고가 발생할 우려가 없다.

21

환경친화적 자동차의 개발 및 보급 촉진에 관한 법률상 환경친화적 자동차전용주차구역에 주차해서는 안 되는 자동차는?

① 전기자동차   ② 태양광자동차
③ 하이브리드자동차   ④ 수소전기자동차

12

도로교통법령상 술에 취한 상태에서 자전거를 운전한 경우 어떻게 되는가?

① 처벌하지 않는다.
② 범칙금 3만 원의 통고처분한다.
③ 과태료 4만 원을 부과한다.
④ 10만 원 이하의 벌금 또는 구류에 처한다.

14

도로교통법령상 고속도로에서 승용자동차 운전자의 과속행위에 대한 범칙금 기준으로 맞는 것은?

① 제한속도기준 시속 60킬로미터 초과 80킬로미터 이하 - 범칙금 12만 원
② 제한속도기준 시속 40킬로미터 초과 60킬로미터 이하 - 범칙금 8만 원
③ 제한속도기준 시속 20킬로미터 초과 40킬로미터 이하 - 범칙금 5만 원
④ 제한속도기준 시속 20킬로미터 이하 - 범칙금 2만 원

13

소방자동차 긴급출동 중 통행 방해 차량의 강제처분에 관한 설명으로 틀린 2가지는?

상황설명
- 주택가 이면도로
- 화재 진압을 위해 출동 중인 소방차
- 불법 주차된 차량들

① 소방활동에 방해가 되는 불법 주차된 차량을 이동할 수 있다.
② 소방활동에 방해가 되는 주차 구획선 내에 주차한 차량을 제거할 수 있다.
③ 소방자동차의 통행에 방해가 되는 물건을 제거하거나 이동시킬 수 있다.
④ 강제처분된 불법 주차한 차량 운전자는 손실보상을 청구할 수 있다.
⑤ 강제처분된 주차 구획선 내에 주차한 차량 운전자는 손해배상을 청구할 수 있다.

15

도로표지규칙상 다음 도로표지의 명칭으로 맞는 것은?

① 위험구간 예고표지
② 속도제한 해제표지
③ 합류지점 유도표지
④ 출구감속 유도표지

16

구난차 운전자가 지켜야 할 사항으로 맞는 것은?

① 구난차 운전자의 경찰무선 도청은 일부 허용된다.
② 구난차 운전자는 도로교통법을 반드시 준수해야 한다.
③ 교통사고 발생 시 출동하는 구난차의 과속은 무방하다.
④ 구난차는 교통사고 발생 시 신호를 무시하고 진행할 수 있다.

06

겨울철 블랙 아이스(Black Ice)에 대해 바르게 설명하지 못한 것은?

① 도로 표면에 코팅한 것처럼 얇은 얼음막이 생기는 현상이다.
② 아스팔트 표면의 눈과 습기가 공기 중의 오염물질과 뒤섞여 스며든 뒤 검게 얼어붙은 현상이다.
③ 추운 겨울에 다리 위, 터널 출입구, 그늘진 도로, 산모퉁이 음지 등 온도가 낮은 곳에서 주로 발생한다.
④ 햇볕이 잘 드는 도로에 눈이 녹아 스며들어 도로의 검은 색이 햇빛에 반사되어 반짝이는 현상을 말한다.

07

고속도로에 설치된 표지판 속의 대전 143km가 의미하는 것은?

① 대전광역시청까지의 잔여거리
② 대전광역시 행정구역 경계선까지의 잔여거리
③ 위도상 대전광역시 중간지점까지의 잔여거리
④ 가장 먼저 닿게 되는 대전 지역 나들목까지의 잔여거리

08

도로교통법령상 벌점이 부과되는 운전자의 행위는?

① 주행 중 차 밖으로 물건을 던지는 경우
② 차로변경 시 신호 불이행한 경우
③ 불법부착장치 차를 운전한 경우
④ 서행의무위반한 경우

09

도로교통법령상 개인형 이동장치 운전자 준수사항으로 맞지 않은 것은?

① 개인형 이동장치는 운전면허를 받지 않아도 운전할 수 있다.
② 승차정원을 초과하여 동승자를 태우고 운전하여서는 아니 된다.
③ 운전자는 인명보호장구를 착용하고 운행하여야 한다.
④ 자전거도로가 따로 있는 곳에서는 그 자전거도로로 통행하여야 한다.

10

다음과 같은 상황에서 가장 안전한 운전방법 2가지는?

상황설명
• 노인보호구역

① 경음기를 계속 울리며 빠르게 주행한다.
② 미리 충분히 감속하여 안전에 주의한다.
③ 보행하는 노인이 보이지 않더라도 서행으로 주행한다.
④ 가급적 앞 차의 후미를 바싹 따라 주행한다.
⑤ 전방에 횡단보도가 있으므로 속도를 높여 신속히 노인보호구역을 벗어난다.

11

고속도로에서 고장 등으로 긴급 상황 발생 시 일정거리를 무료로 견인서비스를 제공해주는 기관은?

① 한국도로교통공단
② 한국도로공사
③ 경찰청
④ 한국교통안전공단

파이널 모의고사 3회

01

편도 3차로 고속도로에서 통행차의 기준으로 맞는 것은? (단, 소통이 원활하며 버스전용차로는 없다)

① 승용자동차의 주행차로는 1차로이므로 1차로로 주행하여야 한다.
② 주행차로가 2차로인 소형승합자동차가 앞지르기 할 때에는 1차로를 이용하여야 한다.
③ 대형승합자동차는 1차로로 주행하여야 한다.
④ 적재중량 1.5톤 이하인 화물자동차는 1차로로 주행하여야 한다.

02

다음 중에서 관공서용 건물번호판은?

① Ⓐ
② Ⓑ
③ Ⓒ
④ Ⓓ

03

도로 공사장의 안전한 통행을 위해 차선변경이 필요한 구간으로 차로 감소가 시작되는 지점은?

① 주의구간 시작점
② 완화구간 시작점
③ 작업구간 시작점
④ 종결구간 시작점

04

집중 호우 시 안전한 운전방법과 가장 거리가 먼 것은?

① 차량의 전조등과 미등을 켜고 운전한다.
② 히터를 내부공기 순환모드상태로 작동한다.
③ 수막 현상을 예방하기 위해 타이어의 마모 정도를 확인한다.
④ 빗길에서는 안전거리를 2배 이상 길게 확보한다.

05

다음 상황에서 가장 안전한 운전방법 2가지는?

상황설명
- 어린이보호구역
- 신호기 없는 횡단보도
- 우측 골목으로 이어지는 교차로
- 고임목을 괴고 주차 중인 소방차
- 좌로 굽은 오르막 편도 1차로 도로

① 우측 골목길에서 나타나는 차량이 있을 수 있으므로 빠르게 교차로를 통과한다.
② 전방 좌측에 주차된 소방차로 인하여 시야 확보가 곤란한 상황이므로 속도를 낮추고 전방 상황을 잘 살핀다.
③ 어린이보호구역 내에서는 횡단보도에 보행자가 있는 경우에만 일시정지 후 진행한다.
④ 우회전하려는 경우 우측 골목길에서 나오는 차량이나 보행자를 잘 살피며 진행한다.
⑤ 어린이보호구역은 모두 최고 제한속도가 시속 30킬로미터이므로 최고 제한속도 이내로 주행하면 된다.

39 ②

「도로교통법」 제25조(교차로 통행방법), 「도로교통법」 시행규칙 별표2(신호기가 표시하는 신호의 종류 및 신호의 뜻)
- 교차로 정체 때 사고는 신호위반으로 인한 사고로 첫 번째 사례는 진행 중인 신호를 보고 진입하는 마지막 차량과 황색 신호에서 무리하게 진입하는 차와의 충돌, 두 번째 사례는 신호가 변경되는 즉시 출발하는 차와 신호위반 하면서 무리하게 진입하는 차와의 충돌이 있음
- 예측 출발 금지, 진입 때 서행으로 진입, 출발 전 안전 확인 후 출발이 필요함을 예측하고 위험에 대한 대비를 할 수 있도록 하기 위함
- 정체된 차량 사이로 보행자가 나와서 횡단할 수 있고, 정체 차량 중간지점의 차가 차로를 변경하여 갑자기 나올 수 있으며, 우측 골목길에서 자전거가 나올 수 있는 등 위험요소가 있음

40 ②, ⑤

보이지 않는 곳에서 위험이 발생할 수 있으므로 위험을 예측하고 미리 속도를 줄이고 우측 차량의 움직임을 잘 살펴야 한다. 또한 어린이보호구역이므로 어린이의 돌발행동에 주의하여야 한다.

29 ②, ④

「도로교통법」 제2조 제22호
'긴급자동차'란 다음 각 목의 자동차로서 그 본래의 긴급한 용도로 사용되고 있는 자동차를 말한다.
가. 소방차
나. 구급차
다. **혈액 공급차량**
라. 그 밖에 대통령령으로 정하는 자동차
　「도로교통법」 시행령 제2조 제5호 국내외 요인(要人)에 대한 경호업무 수행에 **공무(公務)로 사용**되는 자동차, 제10호 긴급한 우편물의 운송에 사용되는 자동차

30 ③, ⑤

- 정당한 사유 없이 계속하여 경음기를 울리는 행위는 지양하며, 신호기가 없는 교차로 진입 시 주위 상황을 살피며 서행해야 한다.
- 보행자가 횡단보도를 통행하고 있거나 통행하려고 하는 때에는 보행자의 횡단을 방해하거나 위험을 주지 아니하도록 그 **횡단보도 앞**(정지선이 설치되어 있는 곳에서는 그 정지선을 말한다)**에서 일시정지**하여야 한다.

31 ②

「도로교통법」 시행규칙 별표6. 지시 303. **자전거 및 보행자 겸용도로표지**

32 ②, ④

횡단보도 교통사고로 **운전자에게 민사 및 형사책임**이 있다.

33 ②, ⑤

진로를 변경하고자 하는 경우에는 진로변경이 가능한 표시에서 손이나 **방향지시기 또는 등화로써** 그 행위가 끝날 때까지 주변 운전자에게 적극적으로 알려야 하며 다른 차의 정상적인 통행에 장애를 줄 우려가 있을 때에는 진로를 변경하여서는 아니 된다.
「도로교통법」 제19조, 제38조
- 모든 차의 운전자는 차의 진로를 변경하려는 경우에 그 변경하려는 방향으로 오고 있는 다른 차의 정상적인 통행에 장애를 줄 우려가 있을 때에는 진로를 변경하여서는 아니 된다.
- 모든 차의 운전자는 좌회전·우회전·횡단·유턴·서행·정지 또는 후진을 하거나 같은 방향으로 진행하면서 진로를 바꾸려고 하는 경우에는 손이나 방향지시기 또는 등화로써 그 행위가 끝날 때까지 신호를 하여야 한다.

34 ②, ④

어린이보호구역은 초등학교 주 출입문 300미터 이내의 도로 중 일정 구간을 말하며 어린이보호구역 내 설치된 신호기의 보행시간은 어린이 평균 보행 속도를 기준으로 한다.

35 ①, ④

- 안전표지가 설치되어 특별히 진로 변경이 금지된 곳에서는 차량의 진로를 변경하여서는 안 된다.
- 백색점선 구간에서는 진로변경이 가능하지만 백색실선 구간에서는 진로변경을 하면 안 된다.
- **백색실선과 점선의 복선 구간에서는 점선이 있는 쪽에서만 진로변경**이 가능하다.

36 ①, ⑤

대형차의 경우는 소형차에 비해 사각이 크고 특히 야간에는 소형차를 발견하지 못할 수 있어 갑자기 소형차 앞쪽으로 차로를 변경하여 끼어들기 쉽다. 따라서 대형차의 사각범위에 들지 않도록 하고, **속도를 줄여 충분한 안전거리와 공간을 확보하여 전방의 상황을 수시로 확인**할 수 있도록 하여야 한다.

37 ②

「도로교통법」 시행규칙 별표6. 지시 304. 회전교차로표지
- 회전교차로(Round About)에 설치되는 회전교차로표지이다. 회전교차로는 회전교차로에 진입하려는 경우 교차로 내에서 반시계방향으로 회전하는 차에 양보해야 하고, **진입 및 진출 시에는 반드시 방향지시등을 작동**해야 한다.
- 중앙교통섬의 가장자리에 대형자동차 또는 세미트레일러가 밟고 지나갈 수 있도록 만든 화물차 턱(Truck Apron)이 있다.
- 회전교차로와 로터리 구분은 '도로의 구조·시설 기준에 관한 규칙 해설'(국토교통부) 및 '회전교차로 설계지침'(국토교통부)에 의거 설치·운영된다.

38 ①, ⑤

확인을 통해 수집된 교통정보는 다음 상황을 예측하는 기초자료가 된다. 도로에는 정지한 것도 있고 움직이는 것도 있다. 움직이는 것은 어디로 움직일 것인지, 정지한 것은 계속 정지할 것인지를 예측해야 한다. 또한 도로의 원칙과 상식은 안전을 위해 필요한 만큼 실행하는 운전행동이 중요하다. 참고로 **비보호 좌회전은 말 그대로 '보호받지 못하는 좌회전'인 만큼 운전자의 판단이 매우 중요하다.**

22 ④, ⑤

일부 운전자들은 나들목이나 갈림목의 직전에서 어느 쪽으로 진입할지를 결정하기 위해 급감속하거나 진입이 금지된 안전지대에 진입하여 대기하다가 무리하게 진입하기도 한다. 또 진입로를 지나친 경우 안전지대 또는 갓길에 정차한 후 후진하는 행동을 하기도 한다. 이와 같은 행동은 다른 운전자들이 예측할 수 없는 행동을 직접적인 사고의 원인이 될 수 있으므로 **진입을 포기하고 다음 갈림목 또는 나들목을 이용하여 안전을 도모해야 한다.** 가장 안전한 운전방법은 출발부터 목적지까지의 통행경로를 미리 파악하는 자세를 겸비하는 것이다.

23 ②

「도로교통법」 제31조 제2항
앞지르기 금지구역과 일시정지해야 하는 곳은 다르게 규정하고 있다. 터널 안 및 다리 위, 가파른 비탈길의 내리막 도로가 구부러진 부근은 앞지르기 금지구역이다. **교통정리를 하고 있지 아니하고 좌우를 확인할 수 없거나 교통이 빈번한 교차로**, 시·도경찰청장이 도로에서의 위험을 방지하고 교통의 안전과 원활한 소통을 확보하기 위하여 필요하다고 인정하여 안전표지로 지정한 곳은 **일시정지**해야 할 장소이다.

24 ①

회전교차로 설계지침(2022.8.), 국토교통부
1) 회전교차로 설치를 권장하는 경우
    ① 교통량 수준이 비신호교차로로 운영하기에는 많고 신호교차로로 운영하기에는 너무 적어 신호운영의 효율이 떨어지는 경우
    ② **교통량 수준이 높지 않으나 교차로 교통사고가 많이 발생하는 경우**
    ③ 운전자의 통행우선권 인식이 어려운 경우
    ④ Y자형 교차로, T자형 교차로, 교차로 형태가 특이한 경우
    ⑤ 교통정온화 사업 구간 내의 교차로
2) 회전교차로 설치를 권장하지 않는 경우
    ① 회전교차로의 교통량 수준이 처리용량을 초과하는 경우
    ② 회전교차로 설계 기준을 만족시키지 못할 경우
    ③ 첨두 시 가변차로가 운영되는 경우
    ④ 신호연동이 이루어지고 있는 구간 내 교차로인 경우
    ⑤ 교차로에서 하나 이상의 접근로가 편도 3차로 이상인 경우

25 ②, ③

「도로교통법」 시행규칙 제19조 제2항
- **비·안개·눈 등으로 인한 거친 날씨에는** 제1항에도 불구하고 다음 각 호의 기준에 따라 **감속 운행해야** 한다. 다만 경찰청장 또는 시·도경찰청장이 별표6 Ⅰ. 제1호 타목에 따른 가변형 속도제한표지로 최고속도를 정한 경우에는 이에 따라야 하며, 가변형 속도제한표지로 정한 최고속도와 그 밖의 안전표지로 정한 최고속도가 다를 때에는 가변형 속도제한표지에 따라야 한다.
    1. 최고속도의 100분의 20을 줄인 속도로 운행하여야 하는 경우
        가. 비가 내려 노면이 젖어 있는 경우
        나. 눈이 20밀리미터 미만 쌓인 경우
    2. 최고속도의 **100분의 50을 줄인 속도**로 운행하여야 하는 경우
        가. **폭우·폭설·안개 등으로 가시거리가 100미터 이내**인 경우
        나. 노면이 얼어붙은 경우
        다. 눈이 20밀리미터 이상 쌓인 경우
- 안개가 있는 도로를 통행하는 경우 도로교통법령에 따라 속도를 감속하고 노면에 습기가 많은 상태이므로 제동 시 필요한 거리가 맑은 날보다 길어진다. 따라서 운전자는 급제동하는 상황이 없도록 하는 것이 중요하다. 이때 일부 운전자들은 앞쪽의 차가 보이지 않으면 불안해하는 경향이 나타나게 되고, 빠르게 통행하는 앞쪽 자동차라도 그 자동차를 확인하며 안전거리를 확보하지 않은 채 통행하는 행동이 나타나기도 한다.
- 안개가 있는 도로에서의 안전운전방법은 가시거리가 짧아 앞쪽의 차가 보이지 않더라도 감속 기준을 준수하고 때에 따라서는 법에서 정한 감속의 기준보다 더욱 더 감속하는 자세라 할 수 있다. 그리고 다른 운전자가 나의 존재를 식별할 수 있도록 등화장치를 작동하는 방법도 활용할 수 있다.

26 ④

「도로교통법」 시행규칙 별표9
편도 3차로 고속도로에서 2차로는 왼쪽차로에 해당하므로 통행할 수 있는 차종은 승용자동차 및 경형·소형·중형승합자동차이다.

27 ④

고속도로는 경찰청장, 고속도로를 제외한 도로는 시·도경찰청장이 속도 규제권자이다.

28 ①, ③

- 차의 운전자는 **회전교차로에서는 반시계방향으로** 통행하여야 한다(「도로교통법」 제25조의2 제1항).
- 차의 운전자는 회전교차로에 진입하려는 경우에는 이미 진행하고 있는 **다른 차가 있는 때에는 그 차에 진로를 양보**하여야 한다(「도로교통법」 제25조의2 제2항).

10 ①, ⑤

- 차마의 운전자는 안전표지가 설치되어 특별히 진로 변경이 금지된 곳에서는 차마의 진로를 변경하여서는 아니 된다. 다만 도로의 파손이나 도로공사 등으로 인하여 장애물이 있는 경우에는 그러하지 아니하다(「도로교통법」 제14조 제5항).
- 백색 점선 구간에서는 차로변경이 가능하지만 백색 실선 구간에서는 차로변경을 하면 안 된다. 또한 점선과 실선이 복선일 때도 점선이 있는 쪽에서만 차로변경이 가능하다. 또한 전·후방의 진행하는 차량들의 안전을 확인하며 진행한다.
- 눈이 내려 20밀리미터 이하로 쌓였을 경우에는 **도로 최고제한속도의 20퍼센트를 감속하여 운전**한다.

11 ③

① 제동거리를 의미
② 안전거리를 의미
④ 공주거리를 의미

12 ④

속도 저감을 통해 도로교통 참가자의 안전을 위한 5030정책의 일환으로 2021년 4월 17일 「도로교통법」 시행규칙이 시행되어 **주거, 상업, 공업지역의 일반도로는 매시 50킬로미터 이내**, 단 시·도경찰청장이 특히 필요하다고 인정하여 지정한 노선 또는 구간에서는 매시 60킬로미터 이내로 자동차등과 노면전차의 통행속도를 정한다.

13 ④

자동차 및 자동차 부품의 성능과 기준에 관한 규칙 제13조 제4항 및 제15항 관련 별표2
④ 엔진오일부족 경고등

14 ②

「도로교통법」 제29조(긴급자동차의 우선 통행)
④ 교차로나 그 부근에서 **긴급자동차가 접근**하는 경우에는 차마와 노면전차의 운전자는 **교차로를 피하여 일시정지**하여야 한다.
⑤ 모든 차와 노면전차의 운전자는 제4항에 따른 곳 외의 곳에서 긴급자동차가 접근한 경우에는 **긴급자동차가 우선 통행할 수 있도록 진로를 양보**하여야 한다.

15 ②

어린이는 13세 미만인 사람을 말하며(「도로교통법」 제2조 제23호), **영유아는 6세 미만인 사람**을 말한다(「도로교통법」 제11조).

16 ①, ④

- 차의 진로를 변경하려는 경우에 그 변경하려는 방향으로 오고 있는 다른 차의 정상적인 통행에 장애를 줄 우려가 있을 때에는 진로를 변경하여서는 아니 된다.
- 고속도로와 자동차전용도로에서는 **진로변경 전** 100m 전방에서 **방향지시등을 미리 켜고 안전거리를 확보 후 진로변경**해야 한다.

17 ④

어린이·노인 및 장애인보호구역 지정 및 관리에 관한 규칙 제3조 제1항

18 ①

「도로교통법」 시행규칙 제93조 제2항 별표10
어린이보호구역 내에는 고원식 과속방지턱이 설치될 수 있다. 또한 어린이보호구역에는 주·정차가 금지되어 있다(「도로교통법」 제32조 제8호). 만약 **어린이보호구역 내에서 사고가 발생했다면 일반적인 교통사고보다 더 중하게 처벌받는다.**

19 ③

자동차 및 자동차부품의 성능과 기준에 관한 규칙 제48조(등화에 대한 그 밖의 기준) 제4항 제5호
5. 도로에 정지하려고 하거나 출발하려고 하는 때에는 다음 각 목의 기준에 적합할 것
　가. **도로에 정지하려는 때에는 황색표시등** 또는 호박색표시등이 점멸되도록 운전자가 조작할 수 있어야 할 것
　나. 가목의 점멸 이후 어린이의 승하차를 위한 승강구가 열릴 때에는 자동으로 적색표시등이 점멸될 것
　다. 출발하기 위하여 승강구가 닫혔을 때에는 다시 자동으로 황색표시등 또는 호박색표시등이 점멸될 것
　라. 다목의 점멸 시 적색표시등과 황색표시등 또는 호박색표시등이 동시에 점멸되지 아니할 것
「도로교통법」 제53조 제1항
① 어린이통학버스를 운전하는 사람은 어린이나 영유아가 타고 내리는 경우에만 제51조 제1항에 따른 점멸등 등의 장치를 작동하여야 하며, 어린이나 영유아를 태우고 운행 중인 경우에만 제51조 제3항에 따른 표시를 하여야 한다.

20 ①

「도로교통법」 시행규칙 별표6. 지시 332. 통행우선표지
백색 화살표방향으로 진행하는 차량이 우선 통행할 수 있도록 표시한다.

21 ④

「환경친화적 자동차의 개발 및 보급 촉진에 관한 법률」 제11조의2 제4항, 「환경친화적 자동차의 개발 및 보급 촉진에 관한 법률」 시행령 제21조

파이널 모의고사 2회 해설

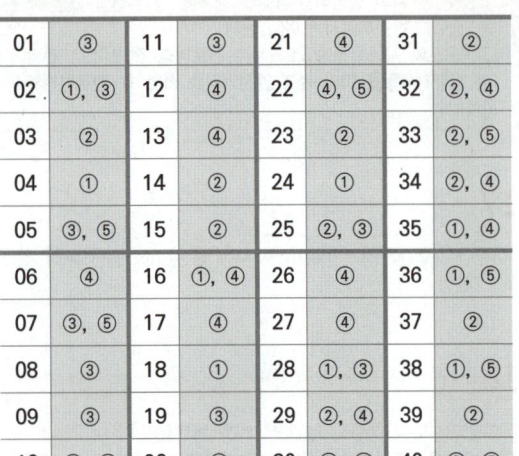

01	③	11	③	21	④	31	②
02	①, ③	12	④	22	④, ⑤	32	②, ④
03	②	13	④	23	②	33	②, ⑤
04	①	14	②	24	①	34	②, ④
05	③, ⑤	15	②	25	②	35	④
06	④	16	①, ④	26	②	36	④
07	③, ⑤	17	④	27	④	37	②
08	③	18	①	28	①, ③	38	①, ③
09	③	19	②	29	②, ④	39	②
10	①, ⑤	20	①	30	③, ⑤	40	②, ⑤

01 ③
「도로교통법」 시행규칙 별표6. 노면 533. 고원식 횡단보도 표시
고원식 횡단보도는 제한속도를 30km/h 이하로 제한할 필요가 있는 도로에서 횡단보도를 노면보다 높게 하여 운전자의 주의를 환기시킬 필요가 있는 지점에 설치한다.

02 ①, ③
「도로교통법」 제25조
모든 차의 운전자는 교차로에서 **우회전을 하고자 하는 때에는 미리 도로의 우측 가장자리를 따라 서행**하면서 우회전하여야 하며, 좌회전 시에는 미리 도로의 중앙선을 따라 서행하면서 **교차로의 중심 안쪽을 이용하여 좌회전해야** 한다.

03 ②
「도로교통법」 시행규칙 별표6. 주의 141. 상습정체구간표지
상습정체구간으로 사고 위험이 있는 구간에 설치

04 ①
모든 차 또는 노면전차의 운전자는 신호기로 교통정리를 하고 있는 교차로에 들어가려는 경우에는 진행하려는 진로의 앞쪽에 있는 차 또는 노면전차의 상황에 따라 교차로(정지선이 설치되어 있는 경우에는 그 정지선을 넘은 부분을 말한다)에 정지하게 되어 다른 차 또는 노면전차의 통행에 방해가 될 우려가 있는 경우에는 그 교차로에 들어가서는 아니 된다(「도로교통법」 제25조 제5항). 이를 위반하는 것을 꼬리물기라 한다.

05 ③, ⑤
- 고속도로에서는 횡단하거나 유턴 또는 후진하여서는 안 된다.
- 하이패스 단말기를 장착하지 않아도 하이패스 차로에서 무정차 통과 후 사후 정산이 가능하다.
- 하이패스 차로에서는 정차하지 않으나 전방 진행차량이 급감속할 수 있으므로 전방 상황에 주의를 기울이며 운전해야 한다.
- **하이패스 차로를 통행할 때에는 시속 30킬로미터 이내의 속도로 통과**하는 것이 안전하다.

06 ④
「도로교통법」 제2조(정의) 제11호(길 가장자리구역)
'길 가장자리구역'이란 보도와 차도가 구분되지 아니한 도로에서 **보행자의 안전을 확보하기 위하여 안전표지 등으로 경계를 표시한 도로의 가장자리 부분**을 말한다.

07 ③, ⑤
- 회전형 교차로표지(「도로교통법」 시행규칙 별표6. 일련번호 109)는 사진에 없다.
- 통행금지표지(「도로교통법」 시행규칙 별표6. 일련번호 201)는 사진에 없다.

08 ③
「도로교통법」 시행규칙 제19조 제1항
편도 2차로 이상 고속도로에서 적재중량 **1.5톤을 초과하는 화물자동차의 최고속도는 매시 80킬로미터**이다.

09 ③
「도로교통법」 제73조 제4항, 「도로교통법」 시행령 제38조의2 제2항 제2호
정기 교통안전교육은 긴급자동차를 운전하는 사람을 대상으로 3년마다 정기적으로 실시하는 교육이다. 이 경우 직전에 긴급자동차 **교통안전교육을 받은 날부터 기산하여 3년이 되는 날이 속하는 해의 1월 1일부터 12월 31일 사이에 교육**을 받아야 한다.

38

도로교통법상 다음 교통안전시설에 대한 설명으로 맞는 2가지는?

상황설명
- 어린이보호구역
- 좌·우측에 좁은 도로
- 비보호 좌회전표지
- 신호 및 과속 단속 카메라

① 제한속도는 매시 50킬로미터이며 속도 초과 시 단속될 수 있다.
② 전방의 신호가 녹색 화살표일 경우에만 좌회전할 수 있다.
③ 모든 어린이보호구역의 제한속도는 매시 50킬로미터이다.
④ 신호순서는 적색 - 황색 - 녹색 - 녹색 화살표이다.
⑤ 전방의 신호가 녹색일 경우 반대편 차로에서 차가 오지 않을 때 좌회전할 수 있다.

40

다음 도로상황에서 발생할 수 있는 가장 위험한 요인 2가지는?

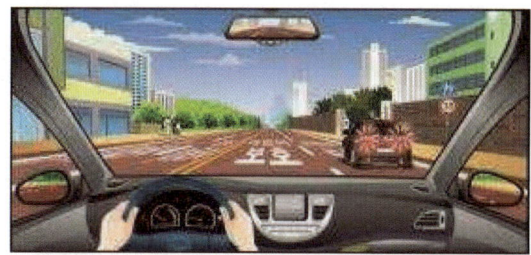

상황설명
- 어린이보호구역 주변의 어린이들
- 우측전방에 정차 중인 승용차

① 오른쪽에 정차한 승용차 조수석에 어린이가 승차할 수 있다.
② 오른쪽 승용차 앞으로 어린이가 뛰어나올 수 있다.
③ 오른쪽 정차한 승용차가 출발할 수 있다.
④ 속도를 줄이면 뒤차에게 추돌사고를 당할 수 있다.
⑤ 좌측 보도 위에서 놀던 어린이가 도로를 횡단할 수 있다.

39

녹색 신호인 교차로가 정체 중이다. 도로교통법규를 준수하는 차는?

① 교차로에 진입하는 청색 화물차
② 정지선 직전에 정지하는 흰색 승용차
③ 청색 화물차를 따라 진입하는 검정색 승용차
④ 흰색 승용차를 앞지르기하면서 진입하는 택시

34

도로교통법령상 어린이보호구역에 대한 설명으로 맞는 2가지는?

① 어린이보호구역은 초등학교 주 출입문 100미터 이내의 도로 중 일정 구간을 말한다.
② 어린이보호구역 안에서 오전 8시부터 오후 8시까지 주·정차위반한 경우 범칙금이 가중된다.
③ 어린이보호구역 내 설치된 신호기의 보행 시간은 어린이 최고 보행 속도를 기준으로 한다.
④ 어린이보호구역 안에서 오전 8시부터 오후 8시까지 보행자보호 불이행하면 벌점이 2배가 된다.

35

다음 상황에서 가장 안전한 운전방법 2가지는?

상황설명
• 자동차전용도로
• 좌측 진출로로 나가는 상황

① 백색실선과 점선의 복선 구간이므로 점선이 있는 쪽에서 차로변경하여 진출한다.
② 좌측 갓길에 일시정지한 후 진출한다.
③ 진출로를 지나치면 차량을 후진해서라도 원래의 진출로에서 진출을 시도한다.
④ 후방 교통상황을 감안하여 좌측 진출로로 주행한다.
⑤ 진출로에 들어선 후 다시 우측 차로로 차로변경할 수 있다.

36

대형차의 바로 뒤를 따르고 있는 상황에서 가장 안전한 운전방법 2가지는?

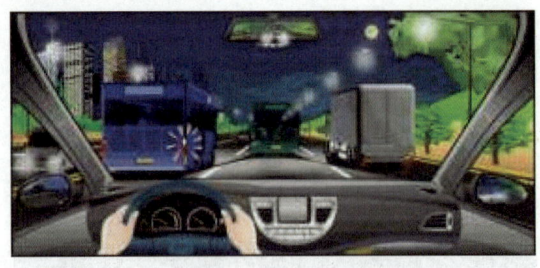

상황설명
• 편도 3차로
• 1차로의 버스는 2차로로 차로변경 준비 중

① 대형화물차가 내 차를 발견하지 못할 수 있기 때문에 대형차의 움직임에 주의한다.
② 전방 2차로를 주행 중인 버스가 갑자기 속도를 높일 수 있기 때문에 주의해야 한다.
③ 뒤따르는 차가 차로를 변경할 수 있기 때문에 주의해야 한다.
④ 마주 오는 차의 전조등 불빛으로 눈부심 현상이 올 수 있기 때문에 상향등을 켜고 운전해야 한다.
⑤ 전방의 상황을 확인할 수 없기 때문에 충분한 안전거리를 확보하고 전방 상황을 수시로 확인하는 등 안전에 주의해야 한다.

37

다음 안전표지가 설치된 교차로의 설명 및 통행방법으로 올바른 것은?

① 중앙교통섬의 가장자리에는 화물차 턱(Truck Apron)을 설치할 수 없다.
② 교차로에 진입 및 진출 시에는 반드시 방향지시등을 작동해야 한다.
③ 방향지시등은 진입 시에 작동해야 하며 진출 시는 작동하지 않아도 된다.
④ 교차로 안에 진입하려는 차가 화살표방향으로 회전하는 차보다 우선이다.

29

다음 중 도로교통법령상 긴급자동차로 볼 수 있는 것 2가지는?

① 고장 수리를 위해 자동차 정비 공장으로 가고 있는 소방차
② 생명이 위급한 환자 또는 부상자나 수혈을 위한 혈액을 운송 중인 자동차
③ 퇴원하는 환자를 싣고 가는 구급차
④ 시·도경찰청장으로부터 지정을 받고 긴급한 우편물의 운송에 사용되는 자동차

30

다음 상황에서 가장 안전한 운전방법 2가지는?

상황설명
• 전방에 횡단보도
• 좌측에 횡단보도를 횡단하기 위해 서있는 보행자
• 신호기 없는 ┠형 교차로

① 좌측에 서있는 보행자에게 경음기를 계속 울려 경고하며 빠르게 진행한다.
② 위험 상황을 예측할 필요 없이 그대로 진행한다.
③ 전방 우측 도로에서 차량이 진입할 경우를 대비하여 서행한다.
④ 신호기가 없는 교차로이므로 속도를 높여 신속하게 통과한다.
⑤ 횡단보도 앞 정지선에서 일시정지한다.

31

다음 안전표지에 대한 설명으로 맞는 것은?

① 자전거만 통행하도록 지시한다.
② 자전거 및 보행자 겸용 도로임을 지시한다.
③ 어린이보호구역 안에서 어린이 또는 유아의 보호를 지시한다.
④ 자전거횡단도임을 지시한다.

32

보행자 신호등이 없는 횡단보도로 횡단하는 노인을 뒤늦게 발견한 승용차 운전자가 급제동을 하였으나 노인을 충격(2주 진단)하는 교통사고가 발생하였다. 올바른 설명 2가지는?

① 보행자 신호등이 없으므로 자동차 운전자는 과실이 전혀 없다.
② 자동차 운전자에게 민사책임이 있다.
③ 횡단한 노인만 형사처벌된다.
④ 자동차 운전자에게 형사책임이 있다.

33

다음 상황에서 가장 안전한 운전방법 2가지는?

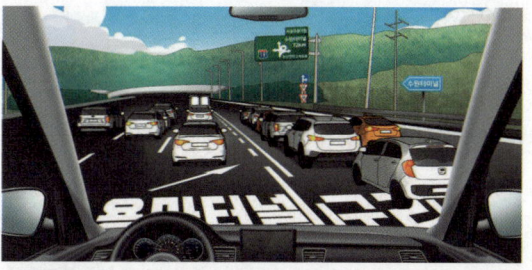

상황설명
• 자동차전용도로 분류구간
• 자동차전용도로로부터 진출하고자 차로변경을 하려는 운전자
• 진로변경제한선 표시

① 진로변경제한선 표시와 상관없이 우측차로로 진로변경한다.
② 우측 방향지시기를 켜서 주변 운전자에게 알린다.
③ 급가속하며 우측으로 진로변경한다.
④ 진로변경은 진출로 바로 직전에서 속도를 낮춰 시도한다.
⑤ 다른 차량 통행에 장애를 줄 우려가 있을 때에는 진로변경을 해서는 안 된다.

24

도로의 원활한 소통과 안전을 위하여 회전교차로의 설치가 권장되는 경우는?

① 교통량 수준이 높지 않으나 교차로 교통사고가 많이 발생하는 곳
② 교차로에서 하나 이상의 접근로가 편도 3차로 이상인 곳
③ 회전교차로의 교통량 수준이 처리용량을 초과하는 곳
④ 신호연동에 필요한 구간 중 회전교차로이면 연동 효과가 감소되는 곳

25

다음 상황에서 가장 바람직한 운전방법 2가지는?

상황설명
- 편도 3차로 고속도로
- 기후상황 : 가시거리 50미터인 안개 낀 날

① 1차로로 진로변경하여 빠르게 통행한다.
② 등화장치를 작동하여 내 차의 존재를 다른 운전자에게 알린다.
③ 노면이 습한 상태이므로 속도를 줄이고 서행한다.
④ 앞차가 통행하고 있는 속도에 맞추어 앞차를 보며 통행한다.
⑤ 갓길로 진로변경하여 앞쪽 차들보다 앞서간다.

26

도로교통법령상 편도 3차로 고속도로에서 2차로를 이용하여 주행할 수 있는 자동차는?

① 화물자동차
② 특수자동차
③ 건설기계
④ 소·중형승합자동차

27

도로교통법령상 자동차등의 속도와 관련하여 옳지 않은 것은?

① 자동차등의 속도가 높아질수록 교통사고의 위험성이 커짐에 따라 차량의 과속을 억제하려는 것이다.
② 자동차전용도로 및 고속도로에서 도로의 효율성을 제고하기 위해 최저속도를 제한하고 있다.
③ 경찰청장 또는 시·도경찰청장은 교통의 안전과 원활한 소통을 위해 별도로 속도를 제한할 수 있다.
④ 고속도로는 시·도경찰청장이, 고속도로를 제외한 도로는 경찰청장이 속도 규제권자이다.

28

다음 상황에서 통행방법으로 잘못된 2가지는?

① 회전교차로에서는 시계방향으로 통행하여야 안전하다.
② 회전교차로에 진입하려는 경우에는 진입하기에 앞서 서행하거나 일시정지하여야 한다.
③ 회전교차로 안에서 진행하고 있는 차가 회전교차로에 진입하려는 차에게 진로를 양보해야 한다.
④ 회전교차로 진입을 위하여 방향지시등을 켠 차가 있으면 그 뒤차는 앞차의 진행을 방해하여서는 아니 된다.
⑤ 회전교차로 내에서는 주차나 정차를 하여서는 아니 된다.

18

도로교통법령상 어린이보호구역에 대한 설명으로 바르지 않은 것은?

① 주차금지위반에 대한 범칙금은 노인보호구역과 같다.
② 어린이보호구역 내에는 서행표시를 설치할 수 있다.
③ 어린이보호구역 내에는 주·정차가 금지된다.
④ 어린이를 다치게 한 교통사고가 발생하면 합의 여부와 관계없이 형사처벌을 받는다.

19

도로교통법령상 어린이나 영유아가 타고 내리게 하기 위한 어린이통학버스에 장착된 황색 및 적색표시등의 작동방법에 대한 설명으로 맞는 것은?

① 정차할 때는 적색표시등을 점멸 작동하여야 한다.
② 제동할 때는 적색표시등을 점멸 작동하여야 한다.
③ 도로에 정지하려는 때에는 황색표시등을 점멸 작동하여야 한다.
④ 주차할 때는 황색표시등과 적색표시등을 동시에 점멸 작동하여야 한다.

20

다음 안전표지가 의미하는 것은?

① 백색 화살표방향으로 진행하는 차량이 우선 통행할 수 있다.
② 적색 화살표방향으로 진행하는 차량이 우선 통행할 수 있다.
③ 백색 화살표방향의 차량은 통행할 수 없다.
④ 적색 화살표방향의 차량은 통행할 수 없다.

21

전기자동차가 아닌 자동차를 환경친화적 자동차 충전시설의 충전구역에 주차했을 때 과태료는 얼마인가?

① 3만 원
② 5만 원
③ 7만 원
④ 10만 원

22

오른쪽으로 갔어야 하는데 길을 잘못 들었다. 이때 가장 안전한 운전방법 2가지는?

상황설명
• 울산·양산 방면으로 가야 하는 상황
• 분기점에서 오른쪽으로 진입하려는 상황

① 안전지대로 진입하여 비상점멸등을 작동한 후 오른쪽으로 진입한다.
② 오른쪽 방향지시기를 작동하며 안전지대로 진입하여 오른쪽으로 진입한다.
③ 신속하게 가속하여 오른쪽으로 진입한다.
④ 대구방향으로 그대로 진행한다.
⑤ 다음에서 만나는 나들목 또는 갈림목을 이용한다.

23

도로교통법령상 일시정지를 해야 하는 장소는?

① 터널 안 및 다리 위
② 신호등이 없는 교통이 빈번한 교차로
③ 가파른 비탈길의 내리막
④ 도로가 구부러진 부근

12

도로교통법령상 주거지역·상업지역 및 공업지역의 일반도로에서 제한할 수 있는 속도로 맞는 것은?

① 시속 20킬로미터 이내
② 시속 30킬로미터 이내
③ 시속 40킬로미터 이내
④ 시속 50킬로미터 이내

13

다음에서 '차량경고등' 표시내용으로 틀린 것은?

① 그림 (1)은 엔진 제어장치 및 배기가스 제어와 관련 센서 이상을 알리는 경고등
② 그림 (2)는 워셔액 부족 시 보충을 알리는 경고등
③ 그림 (3)은 타이어 공기압이 낮을 시 표준공기압으로 보충 또는 타이어 파손상태를 알리는 경고등
④ 그림 (4)는 ABS 브레이크 기능과 관련 경고등

14

도로교통법상 긴급한 용도로 운행 중인 긴급자동차가 다가올 때 운전자의 준수사항으로 맞는 것은?

① 교차로에 긴급자동차가 접근할 때에는 교차로 내 좌측 가장자리에 일시정지하여야 한다.
② 교차로 외의 곳에서는 긴급자동차가 우선통행할 수 있도록 진로를 양보하여야 한다.
③ 긴급자동차보다 속도를 높여 신속히 통과한다.
④ 그 자리에 일시정지하여 긴급자동차가 지나갈 때까지 기다린다.

15

도로교통법상 어린이 및 영유아 연령기준으로 맞는 것은?

① 어린이는 13세 이하인 사람
② 영유아는 6세 미만인 사람
③ 어린이는 15세 미만인 사람
④ 영유아는 7세 미만인 사람

16

다음 상황에서 가장 안전한 운전방법 2가지는?

상황설명
- 자동차전용도로
- 2차로에서 3차로로 차로변경하려는 상황

① 3차로에서 주행하는 차량의 위치나 속도를 확인 후 안전이 확인되면 차로변경한다.
② 3차로에 진입할 때에는 무조건 속도를 최대한 줄인다.
③ 3차로에 충분한 거리가 확보되지 않더라도 신속하게 급차로변경을 한다.
④ 차로를 변경하기 전 미리 방향지시등을 켜고 안전을 확인 후 주행한다.
⑤ 방향지시등을 미리 켜면 양보해주지 않으므로 차로변경을 시작함과 동시에 방향지시등을 작동시키면서 진입한다.

17

다음 중 노인보호구역을 지정할 수 없는 자는?

① 특별시장
② 광역시장
③ 특별자치도지사
④ 시·도경찰청장

06

도로교통법상 보도와 차도의 구분이 없는 도로에 차로를 설치하는 때 보행자가 안전하게 통행할 수 있도록 그 도로의 양쪽에 설치하는 것은?

① 안전지대　　② 진로변경제한선 표시
③ 갓길　　　　④ 길 가장자리구역

07

다음 상황에서 확인할 수 없는 교통안전표지 2가지는?

① 횡단보도표지　　② 좌회전 금지표지
③ 회전형 교차로표지　④ 정차·주차금지표지
⑤ 통행금지표지

08

도로교통법령상 최고속도 매시 100킬로미터인 편도 4차로 고속도로를 주행하는 적재중량 3톤의 화물자동차의 최고속도는?

① 매시 60킬로미터　② 매시 70킬로미터
③ 매시 80킬로미터　④ 매시 90킬로미터

09

도로교통법령상 긴급자동차를 운전하는 사람을 대상으로 실시하는 정기 교통안전교육은 (　)년마다 받아야 한다. (　) 안에 맞는 것은?

① 1　　② 2
③ 3　　④ 5

10

다음 상황에서 가장 안전한 운전방법 2가지는?

상황설명
• 앞서 진행하는 화물차에서 눈이 흩날리는 상황
• 눈이 내리고 있어 도로가 미끄러운 상태

① 속도를 줄이며 전방 상황의 안전을 확인하며 진행한다.
② 2차로 진행 중 우측에 있는 차로로 차로변경한 후 화물차를 앞지르기하여 진행한다.
③ 눈이 오는 상황이므로 최고 제한속도의 10퍼센트를 감속하여 진행한다.
④ 백색 점선 구간이기에 차로변경을 할 수 없다.
⑤ 도로의 결빙상태를 확인하고 후방의 상황도 살피면서 진행한다.

11

정지거리에 대한 설명으로 맞는 것은?

① 운전자가 브레이크 페달을 밟은 후 최종적으로 정지한 거리
② 앞차가 급정지 시 앞차와의 추돌을 피할 수 있는 거리
③ 운전자가 위험을 발견하고 브레이크 페달을 밟아 실제로 차량이 정지하기까지 진행한 거리
④ 운전자가 위험을 감지하고 브레이크 페달을 밟아 브레이크가 실제로 작동하기 전까지의 거리

파이널 모의고사 2회

01
도로교통법령상 고원식 횡단보도는 제한속도를 매시 ( )킬로미터 이하로 제한할 필요가 있는 도로에 설치한다. ( ) 안의 기준으로 맞는 것은?

① 10
② 20
③ 30
④ 50

02
교차로에서 좌·우회전을 할 때 가장 안전한 운전방법 2가지는?

① 우회전 시에는 미리 도로의 우측 가장자리로 서행하면서 우회전해야 한다.
② 혼잡한 도로에서 좌회전할 때에는 좌측 유도선과 상관없이 신속히 통과해야 한다.
③ 좌회전할 때에는 미리 도로의 중앙선을 따라 서행하면서 교차로의 중심 안쪽을 이용하여 좌회전해야 한다.
④ 유도선이 있는 교차로에서 좌회전할 때에는 좌측 바퀴가 유도선 안쪽을 통과해야 한다.

03
다음 안전표지의 뜻으로 맞는 것은?

① 일렬주차표지
② 상습정체구간표지
③ 야간통행주의표지
④ 차선변경구간표지

04
다음 중 녹색 등화 교차로에 진입하여 신호가 바뀐 후에도 지나가지 못해 다른 차량 통행을 방해하는 행위인 '꼬리물기'를 하였을 때의 위반 행위로 맞는 것은?

① 교차로 통행방법위반
② 일시정지위반
③ 진로 변경방법위반
④ 혼잡 완화 조치위반

05
다음과 같은 상황에서 가장 안전한 운전방법 2가지는?

상황설명
- 고속도로 통과 중
- 하이패스 차로에서 진행 중

① 하이패스 차로 진입 후 다른 차로로 진행하려면 후진하여 해당 차로를 찾아간다.
② 하이패스 단말기를 장착하지 않으면 하이패스 차로에서 반드시 정차하여 결제 후 통과해야 한다.
③ 현금이나 카드로 요금을 계산하려면 미리 해당 차로로 진로를 변경한다.
④ 하이패스 차로에서는 정차하지 않으므로 전방 진행차량의 상황에 주의를 기울이며 운전하지 않아도 된다.
⑤ 하이패스 차로를 통행할 때에는 시속 30킬로미터 이내의 속도로 통과하는 것이 안전하다.

39 ②, ④

- 차량 신호 중 적색 신호의 의미는 차마는 정지선으로, 횡단보도 및 교차로의 직전에서 정지해야 한다는 뜻이다.
- 차마는 우회전하려는 경우에는 정지선, 횡단보도 및 교차로의 직전에서 정지한 후 신호에 따라 진행하는 다른 차마의 교통을 방해하지 않고 우회전할 수 있다. 그럼에도 불구하고 차마는 우회전 삼색등이 적색의 등화인 경우 우회전할 수 없다. 따라서 **교차로 직전 정지선에 일시정지 후 횡단보도에 보행자 여부와 보행자 신호의 여부를 반드시 확인**해야 하고, 우회전 직후 횡단보도의 보행자 등에 대해서도 주의해야 한다. 또한 오른쪽 사이드미러에 보이는 **이륜차가 보도와 내 차 사이를 무리하게 주행하여 직진하는 경우도 있기에 우측 방향지시등을 미리 켜는 등 대비**할 필요도 있다. 또한 우회전할 때는 왼쪽 도로에서 직진하는 차량이나 반대편 도로에서 좌회전하는 차량 등에 대해서도 주의할 필요가 있다.

40 ③

「도로교통법」 시행규칙 별표6. 주의 128. 노면고르지못함표지
노면이 고르지 못함을 알리는 것

30 ③

무단횡단 중인 보행자를 발견하면 속도를 줄이며 멈출 준비를 하고 비상등으로 뒤차에도 알리면서 안전하게 정지한다.

31 ②

「도로교통법」 시행규칙 별표6. 주의표지 126 미끄러운 도로표지 **도로 결빙 등에 의해 자동차등이 미끄러운 도로에 설치**한다.

32 ①, ④

① 신조차를 제외하고 **비사업용승용자동차의 자동차검사 유효기간은 2년**이다(「자동차관리법」 시행규칙 별표15의2).
④ 내연기관이 없는 전기자동차의 경우 히터 작동에 많은 전기에너지를 사용한다. 따라서 **열선시트, 열선핸들을 사용하는 것이 좋다.**
② 배터리 잔량과 이동거리를 고려하여 주행 중 방전되지 않도록 한다.
③ 충전 직후에는 배터리 온도가 상승한다. 이때 급가속, 급정지의 경우 전기에너지를 많이 소모하므로 배터리효율을 저하시킨다.

33 ①, ②

제시된 교차로는 '나선형 회전교차로'이다. A차로에서 진입하는 운전자는 회전하는 차에 양보한 후 즉시 a차로로 진입해야 한다. 이때는 백색점선을 이용해야 한다. **A차로의 진출방향은 동쪽과 북쪽**이다. B차로에서 진입하는 운전자는 회전하는 차에 양보한 후 즉시 b차로로 진입해야 한다. B차로의 진출방향은 남쪽과 동쪽이다. 또 **회전교차로에서 진입하려는 때는 왼쪽**, 진출하려는 때에는 오른쪽 **방향지시기를 작동**해야만 한다.

34 ②, ④

「도로교통법」 제2조(정의)
개인형 이동장치란 원동기장치자전거 중 시속 25킬로미터 이상으로 운행할 경우 전동기가 작동하지 아니하고 차체 중량이 30킬로그램 미만으로 행정안전부령으로 정하는 것을 말한다.
「도로교통법」 시행규칙 제2조의2(개인형 이동장치의 기준)
전동킥보드, 전기이륜평행차, 전동기의 동력만으로 움직일 수 있는 자전거
• PAS (Pedal Assist System)형 전기자전거 : 페달과 전동기의 동시동력으로 움직이며 **전동기의 동력만으로 움직일 수 없는 자전거**
• Throttle형 전기자전거 : 전동기의 동력만으로 움직일 수 있는 자전거로서 법령상 개인형이동장치로 분류한다.

35 ③, ⑤

• 제시된 상황은 주거지역 및 공동주택을 통행하는 중에 빈번하게 경험하게 되는 상황이다. 이때 아파트 조경수, 음식물쓰레기 수거통, 기타 공작물 등에 가려져 있는 장소는 항시 주의해야 한다. 위의 A지역에 특별히 주의해야 하며 서행으로 접근하여 좌회전하기 전 정차하는 습관을 가져야 한다.
• 흰색승용차는 흰색등이 켜져 있는 상태이므로 후진이 예측되는 상황이다. 따라서 후진을 하는 상황인지, 후진 기어를 조작한 상태에서 정차 중인지를 주의하며 살펴야 한다.
• 주거지역의 어린이의 행동은 예측이 불가능하므로 어린이의 차도진입을 예측하며 운전해야 한다. **마대와 충돌할 가능성 및 뒤차와의 충돌 가능성은 현저히 낮다.**

36 ①, ④

• 모든 차의 운전자는 **다리 위에서는 다른 차를 앞지르지 못한다**(「도로교통법」 제22조 제3항 제3호).
• 모든 차의 운전자는 터널 안 및 다리 위에서 주차를 해서는 아니 된다(「도로교통법」 제33조 제1호).

37 ①

「도로교통법」 시행령 제7조(차도를 통행할 수 있는 사람 또는 행렬) 법 제9조 제1항 전단에서 '대통령령으로 정하는 사람이나 행렬'이란 다음 각 호의 어느 하나에 해당하는 사람이나 행렬을 말한다.
1. 말·소 등의 큰 동물을 몰고 가는 사람
2. 사다리, 목재, 그 밖에 보행자의 통행에 지장을 줄 우려가 있는 물건을 운반 중인 사람
3. 도로에서 청소나 보수 등의 작업을 하고 있는 사람
4. 군부대나 그 밖에 이에 준하는 단체의 행렬
5. 기(旗) 또는 현수막 등을 휴대한 행렬
6. 장의(葬儀) 행렬

38 ②, ③

• 삼색 신호등이 설치된 교차로에서는 유턴표지가 없으면 차마의 방해 여부를 불문하고 유턴이 허용되지 않는다.
• **지그재그 형태의 백색실선은 진로변경제한선과 서행의 의미를** 동시에 지니고 있으며, 우회전하고자 하는 경우 1개 차로씩 미리 진로를 변경하는 것이 안전하다. 불가한 경우 P턴을 이용하여 진행하는 것이 안전하다.
• 전방 차량신호등이 적색 등화로 바뀔 수 있으므로 이를 예상하고 속도를 줄이며 서행하는 것은 안전한 방법이나 녹색 등화임에도 불구하고 급정지하는 것은 후행차량과의 추돌 우려가 있어 위험하다.

19 ④

- **전장장치**는 연료전지 스택으로부터 출력된 DC를 AC로 변환하는 **인버터**와 제동 시 발생하는 전기를 저장하기 위한 **슈퍼커패시터 및 이차전지 등으로 구성**된다.
- 전력변환장치는 스택으로부터 얻어지는 DC 전력을 모터 구성 전압 수준으로 변환하거나 고전류의 AC 구동모터를 구동 및 제어하기 위해 DC 전력을 AC 전력으로 변환하고 차량 내 각종 전자기기들을 구동하기 위한 전압으로 전환하는 역할을 한다.

20 ②

「도로교통법」 시행규칙 별표6. 규제 219. 주차금지표지
차의 주차를 금지하는 구역, 도로의 구간이나 장소의 전면 또는 필요한 지점의 도로 우측에 설치

21 ③

① 제17조 제3항에 따른 속도의 위반
② 제18조 제1항에 따른 횡단·유턴·후진 금지위반
④ 제49조 제1항 제8호에 따른 정당한 사유 없는 소음 발생
③은 제23조, **끼어들기는 난폭운전위반대상이 아님**

22 ①

「자동차손해배상보장법」 제48조(과태료)
③ 다음 각 호의 어느 하나에 해당하는 자에게는 **300만 원 이하의 과태료를 부과**한다.
　1. 제5조 제1항부터 제3항까지의 규정에 따른 **의무보험에 가입지 아니한 자**
제46조(벌칙)
② 다음 각 호의 어느 하나에 해당하는 자는 1년 이하의 징역 또는 1천만 원 이하의 벌금에 처한다.
　2. 제8조 본문을 위반하여 의무보험에 가입되어 있지 아니한 자동차를 운행한 자동차보유자

23 ③

「도로교통법」 제50조(특정운전자 준수사항) 제9항
자전거등의 운전자는 밤에 도로를 통행하는 때에는 전조등과 미등을 켜거나 야광띠 등 발광장치를 착용하여야 한다.
제10항
개인형 이동장치의 운전자는 행정안전부령으로 정하는 승차 정원을 초과하여 동승자를 태우고 개인형 이동장치를 운전하여서는 아니 된다.
「도로교통법」 시행규칙 제33조의3(개인형 이동장치의 승차정원)
전동킥보드 및 전동이륜평행차의 경우 : 승차정원 1명, **전동기의 동력만으로 움직일 수 있는 자전거**의 경우 : 승차정원 2명

24 ④, ⑤

정당한 사유 없이 계속하여 경음기를 울리는 행위는 지양해야 하고 주택가 **이면도로에서는 돌발 상황을 예측하며 방어·양보 운전**해야 한다.

25 ③

「도로교통법」 시행규칙 별표6. **주의** 127. 강변도로표지
도로의 일변이 강변·해변·계곡 등 추락 위험지역임을 알린다.

26 ①, ③

도로에 설치된 횡단보도는 신호등이 설치되지 않은 횡단보도이다. 이때 운전자는 반대방향에서 좌회전을 하려는 운전자와 오른쪽의 횡단보도를 향해서 달려가는 어린이를 확인할 수 있다. 또 우회전하려는 경우에는 도로교통법령에 따라 다른 차마의 교통에 방행을 하지 않아야 하고 오른쪽에 정차 및 주차방법을 위반한 차들로 인해 **오른쪽의 횡단보도가 가려지는 사각지대(死角地帶)에 존재할 수 있는 보행자를 예측하여 정지**한 후 주의를 살피고 나서 우회전 행동을 해야 한다.

27 ②

「교통약자의 이동편의증진법」 제21조(보행안전시설물의 설치) 제1항
시장이나 군수는 보행 우선구역에서 보행자가 안전하고 편리하게 보행할 수 있도록 다음 각 호의 보행안전시설물을 설치할 수 있다.
1. **속도저감시설**
2. 횡단시설
3. 대중 교통정보 알림시설 등 **교통안내시설**
4. 보행자 우선통행을 위한 **교통신호기**
5. 자동차 진입억제용 말뚝
6. 교통약자를 위한 음향신호기 등 보행경로 안내장치
7. 그 밖에 보행자의 안전과 이동편의를 위하여 대통령령으로 정한 시설

28 ②, ③

도로에 교각이 설치된 환경으로 교각 좌우측에서 진입하는 이륜차와 보행자 등 위험을 예측하며 운전해야 한다.

29 ③

「도로교통법」 제154조(벌칙)
30만 원 이하의 벌금이나 구류에 처한다. 제3호 제45조를 위반하여 **과로·질병으로 인하여 정상적으로 운전하지 못할 우려**가 있는 상태에서 자동차등 또는 노면전차를 운전한 사람(다만 개인형 이동장치를 운전하는 경우는 제외한다)

09 ④

- 석유 및 석유대체연료 사업법에서 규정한 가짜 석유제품이란 석유제품에 다른 석유제품(등급이 다른 석유제품 포함) 또는 석유화학제품 등을 혼합하는 방법으로 차량 연료로 사용할 목적으로 제조된 것을 말하며, 혼합량에 따른 별도 적용 기준은 없으므로 소량을 혼합해도 가짜 석유제품으로 볼 수 있다.
- 가짜 석유제품 또는 적법한 용도를 벗어난 연료 사용은 차량 이상으로 이어져 교통사고 및 유해 배출가스 증가로 인한 환경오염 등을 유발한다. **휘발유, 경유 등에 물과 침전물이 유입되는 경우 품질 부적합 제품**으로 본다.

10 ②, ④

굽은 도로에서는 전방의 위험을 정확하게 예측할 수가 없기 때문에 여러 가지 위험에 대비하여 **속도를 줄이는 것이 안전**하다.

11 ③

「도로교통법」 제27조(보행자보호), 「도로교통법」 제49조(모든 운전자의 준수사항 등)
어린이보호구역에서는 어린이가 언제 어느 순간에 나타날지 몰라 속도를 줄이고 서행하여야 한다. 갑자기 나타난 어린이로 인해 앞차 급제동하면 뒤따르는 차가 추돌할 수 있기 때문에 안전거리를 확보하여야 한다. **어린이 옆을 통과할 때에는 충분한 간격을 유지하면서 반드시 서행**하여야 한다.

12 ①, ④

「도로교통법」 시행규칙 별표18(운전할 수 있는 차의 종류)에 따라 **덤프트럭은 제1종 대형면허, 배기량 125시시 초과 이륜자동차는 2종 소형면허**가 필요하다.

13 ①

운전이 금지되는 **술에 취한 상태의 기준은 혈중알코올농도가 0.03퍼센트 이상**으로 한다.

14 ③

자동차등록령 제22조, 제26조
자동차 소유권의 변동이 된 때에는 이전등록을 하여야 한다.

15 ②, ③

「도로교통법」 제9조
① 학생의 대열과 그 밖에 보행자의 통행에 지장을 줄 우려가 있다고 인정하여 대통령령으로 정하는 사람이나 행렬(이하 '행렬등'이라 한다)은 제8조 제1항 본문에도 불구하고 차도로 통행할 수 있다. 이 경우 행렬 등은 차도의 우측으로 통행하여야 한다.

「도로교통법」 제13조
③ 차마의 운전자는 도로(보도와 차도가 구분된 도로에서는 차도를 말한다)의 중앙(중앙선이 설치되어 있는 경우에는 그 중앙선을 말한다. 이하 같다) 우측 부분을 통행하여야 한다.

16 ①, ⑤

- 모든 차의 운전자는 교차로에서 **우회전을 하려는 경우에는 미리 도로의 우측 가장자리를 서행**하면서 우회전하여야 한다(「도로교통법」 제25조 제1항).
- 3차로로 운전 중인데 전방에 공사현장이 3, 4차로에 있다면, 속도를 줄이면서 방향지시기를 켜고 **미리 2차로로 진로를 변경**해야 한다. 모든 차는 안전지대 등 진입이 금지된 장소에 들어가서는 안 된다.

17 ④

「도로교통법」 제2조 제19호 나목
그 밖에 배기량 125시시 이하(전기를 동력으로 하는 경우에는 최고 정격출력 11킬로와트 이하)의 원동기를 단 차(자전거 이용 활성화에 관한 법률 제2조 제1호의 2에 따른 전기자전거 및 제21호의3에 따른 실외이동로봇은 제외한다)

19의2호
'개인형 이동장치'란 제19호 나목의 원동기장치자전거 중 시속 25킬로미터 이상으로 운행할 경우 전동기가 작동하지 아니하고 **차체 중량이 30킬로그램 미만인 것**으로서 행정안전부령으로 정하는 것을 말한다.

- PAS(Pedal Assist System)형 전기자전거 : 페달과 전동기의 동시동력으로 움직이며 전동기의 동력만으로 움직일 수 없는 자전거
- Throttle형 전기자전거 : 전동기의 동력만으로 움직일 수 있는 자전거로서 법령상 '개인형이동장치'로 분류한다.

18 ①, ⑤

- 중앙선이 없는 도로에서 **보행자의 옆을 지나는 경우에는 안전한 거리를 두고 서행**하여야 하며, 보행자의 통행에 방해가 될 때에는 서행하거나 일시정지하여 보행자가 안전하게 통행할 수 있도록 하여야 한다.
- 교차로 진입 시 **다른 차량이나 보행자에 유의하여 진행**하여야 한다.
- 정당한 사유 없이 계속하여 경음기를 울리는 것은 지양한다.

파이널 모의고사 **1회 해설**

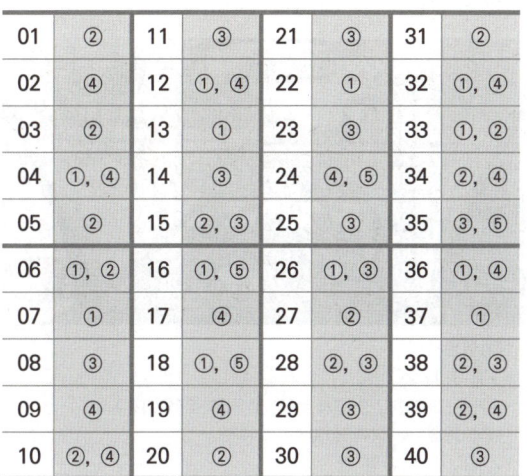

01	②	11	③	21	③	31	②
02	④	12	①, ④	22	①	32	①, ④
03	②	13	①	23	③	33	①, ②
04	①, ④	14	③	24	④, ⑤	34	②, ④
05	②	15	②, ⑤	25	③	35	②, ⑤
06	①, ②	16	①, ⑤	26	④	36	①, ④
07	①	17	④	27	②	37	①
08	③	18	①, ⑤	28	②, ③	38	②, ③
09	④	19	②	29	③	39	②, ④
10	②, ④	20	②	30	③	40	③

05 ②

「도로교통법」 시행령 제55조(운전면허증 갱신발급 및 정기 적성검사의 연기 등)
① 법 제87조 제1항에 따라 운전면허증을 갱신하여 발급(법 제87조 제2항에 따라 정기 적성검사를 받아야 하는 경우에는 정기 적성검사를 포함한다. 이하 이 조에서 같다) 받아야 하는 사람이 다음 각 호의 어느 하나에 해당하는 사유로 운전면허증 갱신기간 동안에 운전면허증을 갱신하여 발급 받을 수 없을 때에는 행정안전부령으로 정하는 바에 따라 운전면허증 갱신기간 이전에 미리 운전면허증을 갱신하여 발급 받거나 행정안전부령으로 정하는 운전면허증 갱신발급 연기신청서에 연기 사유를 증명할 수 있는 서류를 첨부하여 시 · 도경찰청장(정기 적성검사를 받아야 하는 경우에는 한국도로교통공단을 포함한다. 이하 이 조에서 같다)에게 제출하여야 한다[「도로교통법」 시행규칙 제83조(운전면허증 갱신발급 및 정기적성검사의 연기)].

01 ②

「도로교통법」 제81조에 따라 **연습운전면허는 그 면허를 받은 날부터 1년** 동안 효력을 가진다.

02 ④

- 안전을 위한 첨단자동차기능으로 LFA, ASCC, ABSD, AEB 등 다양한 기능이 있으며 자동차 구입 옵션에 따라 운전자가 선택할 수 있는 부분이 있으며, 운전 중 필요에 따라 일정부분 기능해제도 운전자가 선택할 수 있도록 되어 있다.
- **AEB는** 운전자가 위험상황 발생 시 브레이크 작동을 하지 않거나 약하게 브레이크를 작동하여 **충돌을 피할 수 없을 경우 시스템이 자동으로 긴급제동을 하는 기능**이다. 보기 ④는 ABS에 대한 설명이다.

06 ①, ②

- 모든 차의 운전자는 보도와 차도가 구분되지 아니한 도로 중 중앙선이 없는 도로에서 보행자의 옆을 지나는 경우에는 안전한 거리를 두고 서행하여야 하며, 보행자의 통행에 방해가 될 때에는 서행하거나 일시정지하여 보행자가 안전하게 통행할 수 있도록 하여야 한다(「도로교통법」 제27조 제1항 제6호).
- 차마의 운전자는 도로(보도와 차도가 구분된 도로에서는 차도를 말한다)의 중앙(중앙선이 설치되어 있는 경우에는 그 중앙선을 말한다. 이하 같다) 우측 부분을 통행하여야 한다(「도로교통법」 제13조 제3항). 이상기후에 대비하여 감속규정을 적용한다.

07 ①

「도로교통법」 제46조의3(난폭 운전 금지)
신호 또는 지시위반, **중앙선 침범, 속도의 위반**, 횡단 · 유턴 · 후진 금지위반, **안전거리 미확보, 차로변경 금지위반**, 급제동 금지위반, 앞지르기방법 또는 **앞지르기의 방해금지위반**, 정당한 사유 없는 소음 발생, 고속도로에서의 앞지르기방법위반, 고속도로등에서의 횡단 · 유턴 · 후진 금지

03 ②

국토교통부령 도로표지규칙 별표4. **자동차전용도로표지**

04 ①, ④

- 우측 노란색 표지는 도로법에 의한 표지이고, **파란색 자동차로 표현된 표지는 교통안전표지 중 자동차전용도로를 나타내는 지시표지**이다.
- 백색실선은 진로변경제한선을 나타내고 비보호 좌회전은 차량신호가 녹색 등화인 경우에 좌회전하여야 하며, 우측 실선의 황색복선은 주 · 정차를 금지하는 뜻을 지니고 있다.

08 ③

비사업용승용자동차 및 피견인자동차의 **최초 검사유효기간은 4년**이다.

37

도로교통법령상 원칙적으로 차도의 통행이 허용되지 않는 사람은?

① 보행보조용 의자차를 타고 가는 사람
② 사회적으로 중요한 행사에 따라 시가를 행진하는 사람
③ 도로에서 청소나 보수 등의 작업을 하고 있는 사람
④ 사다리 등 보행자의 통행에 지장을 줄 우려가 있는 물건을 운반 중인 사람

38

다음 상황에서 가장 안전한 운전방법 2가지는?

상황설명
• 전방 ㅏ형 삼거리교차로

① 삼색 신호등이 있는 교차로에서는 유턴표지가 없어도 다른 차마에 방해가 되지 않는다면 유턴할 수 있다.
② 지그재그 형태의 백색실선은 진로변경제한선이므로 진로변경하면 안 된다.
③ 지그재그 형태의 백색실선은 서행의 의미를 나타내므로 속도를 줄여 서행한다.
④ 1차로 진행 중 우회전하고자 하는 경우 후행 차량이 없다면 방향지시등을 점등하고 3차로로 한 번에 진로변경한다.
⑤ 전방 삼색 신호등이 적색 등화로 바뀔 수 있으므로 녹색 등화라 하더라도 정지선 앞에 미리 급정지하여 대기한다.

39

다음과 같은 교차로에서 우회전하려고 한다. 가장 안전한 운전방법 2가지는?

상황설명
• +형 교차로
• 1차로(좌회전), 2·3차로(직진), 4차로(우회전)
• 4색 등화 중 적색 신호
• 4차로 도로 주행 중

① 교차로 정지선 전에 일시정지 없이 서행하면서 우회전한다.
② 교차로 직전 신호등 있는 횡단보도에 보행자가 있는지 반드시 확인한다.
③ 왼쪽 도로에서 오른쪽 도로로 직진하는 차량은 반드시 확인할 필요는 없다.
④ 오른쪽 사이드미러에 보이는 뒤따르는 이륜차를 주의해야 한다.
⑤ 우회전 직후 신호등이 있는 횡단보도의 보행자는 반드시 확인할 필요는 없다.

40

다음 안전표지가 의미하는 것은?

① 편도 2차로의 터널
② 연속 과속방지턱
③ 노면이 고르지 못함
④ 굴곡이 있는 잠수교

33

다음과 같은 교차로에서 가장 안전한 통행방법 2가지를 설명한 것은?

상황설명
- 나선형 회전교차로

① A차로에서 진입하려는 때에 왼쪽 방향지시기를 작동하였다.
② A차로에서 진입한 운전자가 즉시 a차로에 진입하여 회전하다가 북쪽으로 진출하였다.
③ B차로에서 진입하려는 때에 오른쪽 방향지시기를 작동하였다.
④ B차로에서 진입한 운전자가 즉시 b차로로 진입하여 회전하다가 a차로로 진로변경하여 북쪽방향으로 진출하였다.
⑤ 안쪽에서 회전하다가 진출하려는 때에 왼쪽 방향지시기를 작동하였다.

34

도로교통법령상 개인형 이동장치에 대한 설명으로 바르지 않은 것 2가지는?

① 시속 25킬로미터 이상으로 운행할 경우 전동기가 작동하지 않아야 한다.
② 전동킥보드, 전동이륜평행차, 전동보드가 해당된다.
③ 자전거등에 속한다.
④ 전동기의 동력만으로 움직일 수 없는(PAS : Pedal Assist System) 전기자전거를 포함한다.

35

공동주택 주차장에서 좌회전하려는 중이다. 대비해야 할 위험 요소와 거리가 먼 2가지는?

상황설명
- 왼쪽에서 재활용품 정리를 하는 사람
- 오른쪽 흰색 자동차에 켜져 있는 흰색 등화
- 실내후사경에 확인되는 자동차

① 공작물에 가려져 확인되지 않는 A지역
② 후진하려는 흰색 자동차
③ 재활용수거용 마대와 충돌할 가능성
④ 놀이하고 있는 어린이의 차도 진입
⑤ 뒤쪽 자동차와의 충돌 가능성

36

다음 상황에서 가장 안전한 운전방법 2가지는?

상황설명
- 겨울철 다리 위
- 선행 화물차 1차로에서 2차로로 차로변경 중

① 겨울철에는 노면 살얼음에 주의하며 운전한다.
② 도로 상황이 한적하므로 주차해도 된다.
③ 차로를 변경하여 진행할 수 있다.
④ 다리 위를 진행할 때에는 앞지르기를 할 수 없다.
⑤ 차로변경하는 화물차에게 주의를 주기 위해 화물차 뒤를 바싹 붙어 진행한다.

27

교통약자의 이동편의증진법에 따른 교통약자를 위한 '보행안전시설물'로 보기 어려운 것은?

① 속도저감시설
② 자전거전용도로
③ 대중 교통정보 알림시설 등 교통안내시설
④ 보행자 우선 통행을 위한 교통신호기

28

다음 상황에서 교차로를 통과하려는 경우 예상되는 위험 2가지는?

상황설명
- 교각이 설치되어 있는 도로
- 정지해있던 차량들이 녹색 신호에 따라 출발하려는 상황
- 3지 신호교차로

① 3차로의 하얀색 차량이 우회전할 수 있다.
② 2차로의 하얀색 차량이 1차로 쪽으로 급차로변경할 수 있다.
③ 교각으로부터 무단횡단하는 보행자가 나타날 수 있다.
④ 횡단보도를 뒤늦게 건너려는 보행자를 위해 일시정지한다.
⑤ 뒤차가 내 앞으로 앞지르기를 할 수 있다.

29

질병·과로로 인해 정상적인 운전을 하지 못할 우려가 있는 상태에서 자동차를 운전하다가 단속된 경우 어떻게 되는가?

① 과태료가 부과될 수 있다.
② 운전면허가 정지될 수 있다.
③ 구류 또는 벌금에 처한다.
④ 처벌받지 않는다.

30

시내 도로를 매시 50킬로미터로 주행하던 중 무단횡단 중인 보행자를 발견하였다. 가장 적절한 조치는?

① 보행자가 횡단 중이므로 일단 급브레이크를 밟아 멈춘다.
② 보행자의 움직임을 예측하여 그 사이로 주행한다.
③ 속도를 줄이며 멈출 준비를 하고 비상점멸등으로 뒤차에도 알리면서 안전하게 정지한다.
④ 보행자에게 경음기로 주의를 주며 다소 속도를 높여 통과한다.

31

다음 안전표지가 설치되는 장소로 가장 알맞은 곳은?

① 도로가 좌로 굽어 차로이탈이 발생할 수 있는 도로
② 눈·비 등의 원인으로 자동차등이 미끄러지기 쉬운 도로
③ 도로가 이중으로 굽어 차로이탈이 발생할 수 있는 도로
④ 내리막경사가 심하여 속도를 줄여야 하는 도로

32

전기자동차 관리방법으로 옳지 않은 2가지는?

① 비사업용승용자동차의 자동차검사 유효기간은 6년이다.
② 장거리 운전 시에는 사전에 배터리를 확인하고 충전한다.
③ 충전 직후에는 급가속, 급정지를 하지 않는 것이 좋다.
④ 열선시트, 열선핸들보다 공기 히터를 사용하는 것이 효율적이다.

23

도로교통법령상 개인형 이동장치에 대한 규정과 안전한 운전방법으로 틀린 것은?

① 운전자는 밤에 도로를 통행할 때에는 전조등과 미등을 켜야 한다.
② 개인형 이동장치 중 전동킥보드의 승차정원은 1인이므로 2인이 탑승하면 안 된다.
③ 개인형 이동장치는 전동이륜평행차, 전동킥보드, 전기자전거, 전동휠, 전동스쿠터 등 개인이 이동하기에 적합한 이동장치를 포함하고 있다.
④ 전동기의 동력만으로 움직일 수 있는 자전거의 경우 승차정원은 2인이다.

25

도로교통법령상 다음 안전표지에 대한 설명으로 맞는 것은?

① 도로의 일변이 계곡 등 추락위험지역임을 알리는 보조표지
② 도로의 일변이 강변 등 추락위험지역임을 알리는 규제표지
③ 도로의 일변이 계곡 등 추락위험지역임을 알리는 주의표지
④ 도로의 일변이 강변 등 추락위험지역임을 알리는 지시표지

24

다음 상황에서 가장 안전한 운전방법 2가지는?

상황설명
• 주택가 이면도로
• 우측 차량 출발하려는 상황

① 안전을 위해 경음기를 계속 울리며 진행한다.
② 좌측 보도를 걸어가는 보행자를 주의할 필요는 없다.
③ 비상점멸등을 켜고 속도를 높여 신속하게 진행한다.
④ 우측 출발하는 승용차와의 안전거리를 충분히 유지하며 서행한다.
⑤ 주택가 이면도로이므로 보행자가 나올 것을 대비하여 속도를 줄인다.

26

다음 상황에서 우회전하려는 경우 가장 안전한 운전방법 2가지는?

상황설명
• 편도 1차로
• 불법 주차된 차들

① 오른쪽 시야 확보가 어려우므로 정지한 후 우회전한다.
② 횡단보도 위에 보행자가 없으므로 그대로 신속하게 통과한다.
③ 반대방향 자동차 진행에 방해되지 않게 정지선 전에서 정지한다.
④ 먼저 교차로에 진입한 상태이므로 그대로 진행한다.
⑤ 보행자가 횡단보도에 진입하지 못하도록 경음기를 울린다.

17

도로교통법상 개인형 이동장치의 기준에 대한 설명이다. 바르게 설명된 것은?

① 원동기를 단 차 중 시속 20킬로미터 이상으로 운행할 경우 전동기가 작동하지 아니하여야 한다.
② 전동기의 동력만으로 움직일 수 없는(PAS : Pedal Assist System) 전기자전거를 포함한다.
③ 최고 정격출력 11킬로와트 이하의 원동기를 단 차로 차체 중량이 35킬로그램 미만인 것을 말한다.
④ 차체 중량은 30킬로그램 미만이어야 한다.

18

다음 상황에서 가장 안전한 운전방법 2가지는?

상황설명
- 보도가 없는 주택가 오르막 이면도로
- 우측에 골목길이 있는 ㅏ형 교차로

① 우측 골목길에서 차량 또는 보행자가 진입할 수 있으므로 주의하며 진행한다.
② 중앙선이 없으므로 보행자와 최대한 가까이 우측으로 진행한다.
③ 최고 제한속도표지가 없으므로 속도를 높여 빠르게 진행한다.
④ 도로의 우측 부분을 주행하면서 보행자에게 계속 경음기를 울려 보행자가 길을 비켜주도록 유도한다.
⑤ 보행자의 통행에 방해가 될 때에는 서행하거나 일시정지한다.

19

다음 중 수소차량에서 누출을 확인하지 않아도 되는 곳은?

① 밸브와 용기의 접속부
② 조정기
③ 가스 호스와 배관 연결부
④ 연료전지 부스트 인버터

20

다음 안전표지에 관한 설명으로 맞는 것은?

① 화물을 싣기 위해 잠시 주차할 수 있다.
② 승객을 내려주기 위해 일시적으로 정차할 수 있다.
③ 주차 및 정차를 금지하는 구간에 설치한다.
④ 이륜자동차는 주차할 수 있다.

21

다음 중 도로교통법상 난폭운전 적용 대상이 아닌 것은?

① 최고속도의 위반
② 횡단·유턴·후진 금지위반
③ 끼어들기
④ 연속적으로 경음기를 울리는 행위

22

자동차손해배상보장법상 의무보험에 가입하지 않은 자동차보유자의 처벌 기준으로 맞는 것은? (단, 자동차 미운행 시)

① 300만 원 이하의 과태료
② 500만 원 이하의 과태료
③ 1년 이하의 징역 또는 1천만 원 이하의 벌금
④ 2년 이하의 징역 또는 2천만 원 이하의 벌금

11

다음 중 어린이보호구역에서 횡단하는 어린이를 보호하기 위해 도로교통법규를 준수하는 차는?

① 붉은색 승용차 ② 흰색 화물차
③ 청색 화물차   ④ 주황색 택시

12

운전면허 종류별 운전할 수 있는 차에 관한 설명으로 맞는 것 2가지는?

① 제1종 대형면허로 아스팔트살포기를 운전할 수 있다.
② 제1종 보통면허로 덤프트럭을 운전할 수 있다.
③ 제2종 보통면허로 250시시 이륜자동차를 운전할 수 있다.
④ 제2종 소형면허로 원동기장치자전거를 운전할 수 있다.

13

도로교통법에서 정한 운전이 금지되는 술에 취한 상태의 기준으로 맞는 것은?

① 혈중알코올농도 0.03퍼센트 이상인 상태로 운전
② 혈중알코올농도 0.08퍼센트 이상인 상태로 운전
③ 혈중알코올농도 0.1퍼센트 이상인 상태로 운전
④ 혈중알코올농도 0.12퍼센트 이상인 상태로 운전

14

다음 중 자동차관리법령에 따른 자동차 변경등록 사유가 아닌 것은?

① 자동차의 사용본거지를 변경한 때
② 자동차의 차대번호를 변경한 때
③ 소유권이 변동된 때
④ 법인의 명칭이 변경된 때

15

보행자의 통행에 대한 설명 중 맞는 것 2가지는?

① 보행자는 차도를 통행하는 경우 항상 차도의 좌측으로 통행해야 한다.
② 보행자는 사회적으로 중요한 행사에 따라 행진 시에는 도로의 중앙으로 통행할 수 있다.
③ 도로횡단시설을 이용할 수 없는 지체장애인은 도로횡단시설을 이용하지 않고 도로를 횡단할 수 있다.
④ 도로횡단시설이 없는 경우 보행자는 안전을 위해 가장 긴 거리로 도로를 횡단하여야 한다.

16

다음과 같은 상황에서 잘못된 통행방법 2가지는?

상황설명
- 편도 3차로 도로
- 1차로는 좌회전, 2차로는 직진, 3차로는 직진 및 우회전 노면 표시 있음
- 교차로를 통과하려는 상황
- 교차로 건너편 3, 4차로는 작업 중

① 1차로에서는 녹색 등화에 우회전할 수 있다.
② 1차로에서는 좌회전 화살표 등화에 좌회전할 수 있다.
③ 2차로에서는 녹색 등화에 직진할 수 있다.
④ 3차로에서는 적색 등화에 정지선 직전에서 일시정지한 후 우회전할 수 있다.
⑤ 3차로에서는 녹색 등화에 직진하여 교차로 내에 설치된 안전지대에 정차한다.

06

다음 상황에서 가장 안전한 운전방법 2가지는?

상황설명
- 주택가 오르막 골목길

① 주차된 차량 뒤편에서 보행자가 나타날 수 있다는 점을 유념하면서 운전한다.
② 우측에 있는 보행자와 거리를 두고 일시정지하거나 서행하여 지나간다.
③ 눈이 쌓여 도로가 미끄러우므로 속도를 높여 빠르게 진행한다.
④ 눈이 쌓인 도로에서는 최고속도의 20퍼센트를 가속한다.
⑤ 보행자의 돌발행동을 방지하기 위하여 경음기를 계속 울리며 주행한다.

07

일반도로에서 자동차등(개인형 이동장치는 제외)의 운전자가 다음의 행위를 반복하여 다른 사람에게 위협을 가하는 경우 난폭운전으로 처벌받게 된다. 난폭운전의 대상 행위가 아닌 것은?

① 일반도로에서 지정차로위반
② 중앙선 침범, 급제동금지위반
③ 안전거리 미확보, 차로변경 금지위반
④ 일반도로에서 앞지르기방법위반

08

자동차관리법령상 비사업용 신규 승용자동차의 최초 검사 유효기간은?

① 1년   ② 2년
③ 4년   ④ 6년

09

다음 중 차량 연료로 사용될 경우 가짜 석유제품으로 볼 수 없는 것은?

① 휘발유에 메탄올이 혼합된 제품
② 보통 휘발유에 고급 휘발유가 약 5% 미만으로 혼합된 제품
③ 경유에 등유가 혼합된 제품
④ 경유에 물이 약 5% 미만으로 혼합된 제품

10

A차량이 진행 중이다. 가장 안전한 운전방법 2가지는?

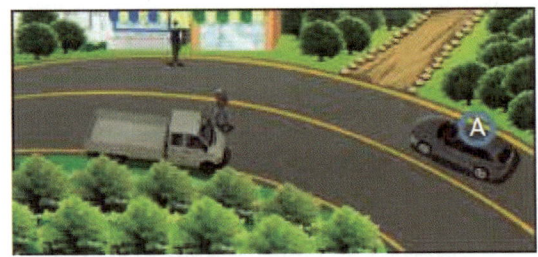

상황설명
- 좌측으로 굽은 편도 1차로 도로
- 반대편 도로에 정차 중인 화물차
- 전방 우측에 상점

① 차량이 원심력에 의해 도로 밖으로 이탈할 수 있으므로 중앙선을 밟고 주행한다.
② 반대편 도로에서 정차 중인 차량을 앞지르기하려고 중앙선을 넘어오는 차량이 있을 수 있으므로 이에 대비한다.
③ 전방 우측 상점 앞 보행자와의 사고를 예방하기 위해 중앙선 쪽으로 신속히 진행한다.
④ 반대편 도로에 정차 중인 차량의 운전자가 갑자기 건너올 수 있으므로 주의하며 진행한다.
⑤ 굽은 도로에서는 주변의 위험 요인을 전부 예측하기가 어렵기 때문에 신속하게 커브길을 벗어나도록 한다.

파이널 모의고사 1회

01
도로교통법상 연습운전면허의 유효기간은?

① 받은 날부터 6개월   ② 받은 날부터 1년
③ 받은 날부터 2년   ④ 받은 날부터 3년

02
자동차를 안전하고 편리하게 주행할 수 있도록 보조해주는 기능에 대한 설명으로 잘못된 것은?

① LFA(Lane Following Assist)는 '차로유지보조' 기능으로 자동차가 차로 중앙을 유지하며 주행할 수 있도록 보조해주는 기능이다.
② ASCC(Adaptive Smart Cruise Control)는 '차간거리 및 속도유지' 기능으로 운전자가 설정한 속도로 주행하면서 앞차와의 거리를 유지하여 스스로 가·감속을 해주는 기능이다.
③ ABSD(Active Blind Spot Detection)는 '사각지대감지' 기능으로 사각지대의 충돌 위험을 감지해 안전한 차로변경을 돕는 기능이다.
④ AEB(Autonomous Emergency Braking)는 '자동긴급제동' 기능으로 브레이크 제동 시 타이어가 잠기는 것을 방지하여 제동거리를 줄여주는 기능이다.

03
다음 교통안내표지에 대한 설명으로 맞는 것은?

① 소통 확보가 필요한 도심부 도로 안내표지이다.
② 자동차전용도로임을 알리는 표지이다.
③ 최고속도 매시 70킬로미터 규제표지이다.
④ 최저속도 매시 70킬로미터 안내표지이다.

04
다음 상황에서 교통안전표지에 대한 설명 중 가장 바르게 된 것 2가지는?

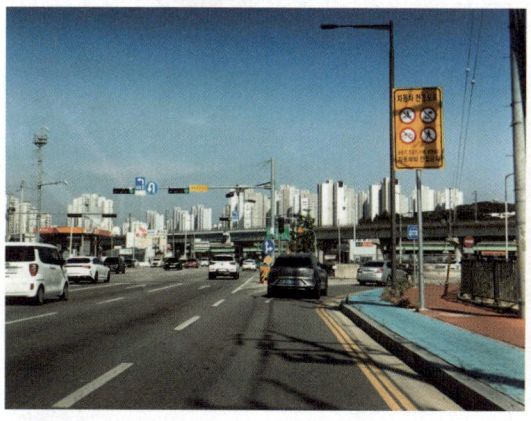

상황설명
• 우측 자동차전용도로 입구
• 편도 4차로 도로
• 우회전전용차로 있음
• 전방 차량신호등 녹색 등화

① 자동차전용도로표지는 자동차를 이용하는 경우 외에는 진입하면 안 된다는 의미이다.
② 비보호 좌회전표지가 있으므로 차량신호등 등화와 관계없이 안전하게 좌회전할 수 있다.
③ 우측의 황색복선은 잠시 주차하는 것은 가능하다는 표시이다.
④ 전방 우측의 자동차를 표현한 파란색 표지판은 교통안전표지 중 지시표지이다.
⑤ 교차로 정지선 이전의 백색실선은 전방에 교차로가 있다는 것을 알려주는 표시이다.

05
도로교통법령상 해외 출국 시 운전면허 적성검사 연기에 대한 설명으로 틀린 것은?

① 출국 전 적성검사 연기 신청서를 제출해야 한다.
② 출국 후에는 대리인이 대신하여 적성검사 연기 신청을 할 수 없다.
③ 적성검사 연기 신청 시 E-티켓과 같은 출국 사실을 증명할 수 있는 서류를 제출해야 한다.
④ 적성검사 연기 신청이 승인된 경우 귀국 후 3개월 이내에 적성검사를 받아야 한다.

파이널 모의고사 1회 ·· 278
파이널 모의고사 2회 ·· 291
파이널 모의고사 3회 ·· 304

한국도로교통공단 운전면허시험장 소개

고객지원센터 : 1577-1120

- 춘천운전면허시험장
- 강릉운전면허시험장
- 원주운전면허시험장
- 태백운전면허시험장
- 의정부운전면허시험장
- 서부운전면허시험장
- 인천운전면허시험장
- 강서운전면허시험장
- 안산운전면허시험장
- 용인운전면허시험장
- 도봉운전면허시험장
- 강남운전면허시험장
- 문경운전면허시험장
- 대구운전면허시험장
- 포항운전면허시험장
- 예산운전면허시험장
- 충주운전면허시험장
- 청주운전면허시험장
- 대전운전면허시험장
- 전북운전면허시험장
- 울산운전면허시험장
- 남부운전면허시험장
- 북부운전면허시험장
- 마산운전면허시험장
- 광양운전면허시험장
- 전남운전면허시험장
- 제주운전면허시험장

2025 빨간답
빨리·간단히·답만 보는

2025 빨간답 운전면허 필기 문제집

발행일	2025년 6월 30일 초판 1쇄
지은이	한국도로교통공단
발행인	황모아
발행처	(주)모아교육그룹
주 소	서울특별시 영등포구 영신로 32길 29 세화빌딩 2층
전 화	02-2068-2393(출판, 주문)
등 록	제2015-000006호 (2015.1.16.)
이메일	moagbooks@naver.com
ISBN	979-11-6804-432-6 (13550)

이 책의 가격은 뒤표지에 있습니다.

Copyright ⓒ (주)모아교육그룹 Co., Ltd. All Rights Reserved.

이 책은 저작권법에 의해 보호를 받는 저작물이므로 저자와 출판사의 서면 허락 없이
내용의 전부 또는 일부를 이용하는 것을 금합니다.

모아바 www.moa-ba.com
모아소방전기학원 www.moate.co.kr

다음 안전표지 중 도로교통법령에 따른 규제표지는 몇 개인가?

③ 3개

다음에서 '차량경고등' 표시내용으로 틀린 것은?

(1) (2) (3) (4)

④ 그림 (4)는 ABS 브레이크 기능과 관련 경고등

다음 안전표지의 설치장소에 대한 기준으로 바르지 않은 것은?

A B C D

④ D 표지는 도로 폭이 좁아지는 지점 전 30미터 내지 200미터의 도로 우측에 설치한다.

다음 중에서 관공서용 건물번호판은?

④ Ⓓ

다음과 같은 교통안전시설이 설치된 교차로에서의 통행방법 중 맞는 것은?

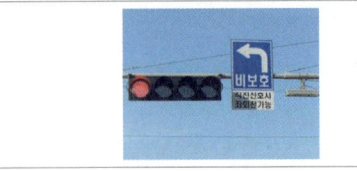

② 좌회전 신호 시 좌회전하거나 진행신호 시 반대 방면에서 오는 차량에 방해가 되지 아니하도록 좌회전할 수 있다.

중앙선 표시 위에 설치된 도로안전시설에 대한 설명으로 틀린 것은?

① 중앙선 노면 표시에 설치된 도로안전시설물은 중앙분리봉이다.

다음 상황에서 적색 노면 표시에 대한 설명으로 맞는 것은?

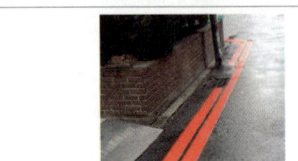

④ 소방시설 등이 설치된 구역을 표시하는 것

다음과 같은 노면 표시에 따른 운전행동으로 맞는 것은?

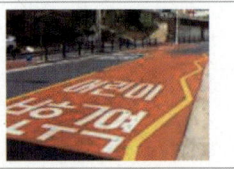

③ 어린이보호구역으로 어린이 및 영유아 안전에 유의해야 하며 지그재그 노면 표시에 의하여 서행하여야 한다.

다음 사진 속의 유턴표지에 대한 설명으로 틀린 것은?

③ 지시표지이므로 녹색 등화 시에만 유턴할 수 있다.

다음과 같은 기점표지판의 의미는?

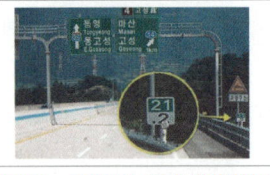

② 고속도로가 시작되는 기점에서 현재 위치까지 거리를 알려주는 표지

다음 그림에 대한 설명 중 적절하지 않은 것은?

※ 녹색로

② 녹색로의 시작 지점으로부터 4.73km 지점의 오른쪽 도로변에 설치된 기초번호판이다.

다음 안전표지에 대한 설명으로 맞는 것은?

 ③ 차가 양보하여야 할 장소임을 표시하는 것이다.

다음 안전표지에 대한 설명으로 맞는 것은?

 ③ 차가 들어가 정차하는 것을 금지하는 표시이다.

다음 차도 부분의 가장자리에 설치된 노면 표시의 설명으로 맞는 것은?

 ② 정차 및 주차금지를 표시하는 것

다음 안전표지의 의미로 맞는 것은?

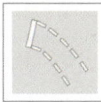 ③ 교차로에서 좌회전하려는 차량이 다른 교통에 방해가 되지 않도록 녹색 등화 동안 교차로 안에서 대기하는 지점을 표시하는 것

다음 안전표지의 의미로 맞는 것은?

 ④ 길 가장자리구역선 표시

다음 노면 표시의 의미로 맞는 것은?

 ② 전방에 횡단보도가 있음을 알리는 것

다음 안전표지의 의미로 맞는 것은?

 ① 자전거우선도로 표시

다음 안전표지에 대한 설명으로 **틀린** 것은?

 ④ 모든 도로에 설치할 수 있다.

다음 안전표지에 대한 설명으로 바르지 않은 것은?

 ④ 어린이보호구역에서 자동차등이 어린이의 승하차를 위해 정차는 할 수 있으나 주차는 할 수 없다.

다음 건물번호판에 대한 설명으로 맞는 것은?

 ① 평촌길은 도로명, 30은 건물번호이다.

도로교통법령상 그림의 안전표지와 같이 주의표지에 해당되는 것을 나열한 것은?

 ① 오르막경사표지, 상습정체구간표지

다음 안전표지의 뜻으로 맞는 것은?

 ④ 전방 100미터 앞부터 낙석 우려가 있는 도로이므로 주의

다음 안전표지의 뜻으로 맞는 것은?

 ③ 전방에 중앙 분리대가 시작되는 도로가 있으므로 감속 운행

다음의 안전표지에 따라 견인되는 경우가 **아닌** 것은?

 ④ 운전자가 차를 정지시키고 운전석에 4분 동안 앉아 있는 경우

도로표지규칙상 다음 도로표지의 명칭으로 맞는 것은?

 ④ 출구감속 유도표지

다음 안전표지의 뜻으로 가장 옳은 것은?

 ③ 자동차와 이륜자동차 및 원동기장치자전거는 08:00~20:00 통행을 금지

다음 방향표지와 관련된 설명으로 맞는 것은?

 ② 나들목(IC)의 명칭은 군포다.

다음 안전표지에 대한 설명으로 맞는 것은?

 ② 일요일, 공휴일을 제외하고 버스전용차로 통행 차만 통행할 수 있음을 알린다.

다음 도로명판에 대한 설명으로 맞는 것은?

 ④ '강남대로'는 도로이름을 나타낸다.

다음 3방향 도로명 예고표지에 대한 설명으로 맞는 것은?

 ④ 직진하면 300미터 전방에 '관평로'가 나온다.

다음 안전표지 중에서 지시표지는?

Ⓐ Ⓑ Ⓒ Ⓓ

③ Ⓒ

다음 안전표지가 의미하는 것은?

 ① 자전거 횡단이 가능한 자전거횡단도가 있다.

다음 안전표지가 의미하는 것은?

 ④ 직진도로는 일방통행 도로이다.

다음 안전표지가 설치된 차로 통행방법으로 올바른 것은?

 ① 전동킥보드는 이 표지가 설치된 차로를 통행할 수 있다.

다음 안전표지에 대한 설명으로 맞는 것은?

 ② 자전거 및 보행자 겸용 도로임을 지시한다.

다음 안전표지가 설치된 교차로의 설명 및 통행방법으로 올바른 것은?

 ② 교차로에 진입 및 진출 시에는 반드시 방향지시등을 작동해야 한다.

다음 안전표지에 대한 설명으로 맞는 것은?

 ① 자전거도로에서 2대 이상 자전거의 나란히 통행을 허용한다.

다음 안전표지에 대한 설명으로 맞는 것은?

 ④ 자전거 및 보행자 통행구분표지이다.

다음 안전표지의 의미와 이 표지가 설치된 도로에서 운전행동에 대한 설명으로 맞는 것은?

 ④ 차가 좌회전을 하려는 경우 미리 도로의 중앙선을 따라 서행한다.

다음 안전표지에 대한 설명으로 맞는 것은?

 ③ 차가 우측면으로 통행할 것을 지시한다.

도로교통법령상 지시표지가 설치된 도로의 통행방법으로 맞는 것은?

 ③ 이륜자동차는 긴급자동차인 경우만 이 도로를 통행할 수 있다.

다음 안전표지가 설치된 도로를 통행할 수 없는 차로 맞는 것은?

 ④ 원동기장치자전거(개인형 이동장치 제외)

다음 안전표지에 대한 설명으로 맞는 것은?

 ③ 보행자전용도로임을 지시한다.

다음 안전표지에 대한 설명으로 맞는 것은?

 ③ 차가 직진 또는 좌회전할 것을 지시한다.

다음 안전표지에 대한 설명으로 맞는 것은?

 ④ 보행자가 횡단보도로 통행할 것을 지시하고 있다.

다음의 안전표지에 대한 설명으로 맞는 것은?

 ① 노인보호구역에서 노인의 보호를 지시하는 것

다음 안전표지의 종류로 맞는 것은?

 ① 우회전표지

다음 안전표지에 대한 설명으로 맞는 것은?

 ③ 전방에 횡단보도가 있음을 알리는 것이다.

다음 노면 표시가 표시하는 뜻은?

 ① 전방에 과속방지턱 또는 교차로에 오르막 경사면이 있다.

다음의 노면 표시가 설치되는 장소로 맞는 것은?

 ② 차마의 유턴을 금지하는 도로의 구간에 설치

다음 안전표지에 대한 설명으로 맞는 것은?

 ② 자전거등의 횡단도임을 표시하는 것이다.

고속도로에 설치된 표지판 속의 대전 143km가 의미하는 것은?

 ④ 가장 먼저 닿게 되는 대전 지역 나들목까지의 잔여거리

다음 안전표지에 대한 설명으로 잘못된 것은?

 ④ 횡단보도 표시 사이 빈 공간은 횡단보도에 포함되지 않는다.

도로교통법령상 다음의 안전표지에 대한 설명으로 맞는 것은?

 ④ 규제표지이며 자동차의 최고속도가 매시 50킬로미터를 초과해서는 아니 된다.

다음 안전표지에 대한 설명으로 가장 옳은 것은?

 ② 이륜자동차 및 원동기장치자전거의 통행을 금지한다.

다음 안전표지에 대한 설명으로 맞는 것은?

 ① 차의 진입을 금지한다.

다음 안전표지에 대한 설명으로 가장 옳은 것은?

 ④ 좌·우측 도로를 이용하는 등 다른 도로를 이용해야 한다.

도로교통법령상 다음 안전표지에 대한 설명으로 맞는 것은?

 ① 차마의 유턴을 금지하는 규제표지이다.

다음 안전표지에 관한 설명으로 맞는 것은?

 ② 승객을 내려주기 위해 일시적으로 정차할 수 있다.

다음 안전표지가 뜻하는 것은?

 ② 차 높이 제한

다음 안전표지가 뜻하는 것은?

 ③ 차폭 제한

다음 안전표지가 있는 도로에서의 운전방법으로 맞는 것은?

 ② 도로에 차량이 없을 때에도 정지해야 한다.

다음 규제표지가 의미하는 것은?

 ① 위험물을 실은 차량 통행금지

다음 규제표지가 설치된 지역에서 운행이 금지된 차량은?

 ② 승합자동차

다음 안전표지의 뜻으로 맞는 것은?

 ② 상습정체구간표지

다음 규제표지가 의미하는 것은?

 ③ 앞지르기 금지

다음 규제표지를 설치할 수 있는 장소는?

 ② 비탈길 고갯마루 부근

다음의 안전표지에 대한 설명으로 맞는 것은?

 ④ 중량 5.5t 초과 차의 통행을 제한하는 것

다음 규제표지에 대한 설명으로 맞는 것은?

 ① 최저속도 제한표지

다음 규제표지가 설치된 지역에서 운행이 가능한 차량은?

 ① 화물자동차

다음 안전표지의 명칭으로 맞는 것은?

 ① 양측방 통행표지

다음 안전표지의 명칭은?

 ② 좌·우회전표지

다음 안전표지에 대한 설명으로 맞는 것은?

 ④ 화물자동차의 통행을 금지하는 것이다.

다음 안전표지에 대한 설명으로 맞는 것은?

 ④ 녹색 신호에서 다른 교통에 방해가 되지 않을 때에는 좌회전할 수 있다.

다음 안전표지에 대한 설명으로 맞는 것은?

 ② 차가 좌회전 또는 유턴할 것을 지시하는 안전표지이다.

다음 안전표지에 대한 설명으로 맞는 것은?

 ② 좌회전이 금지된 지역에서 우회 도로로 통행할 것을 지시하는 것

다음 안전표지가 의미하는 것은?

 ① 백색 화살표방향으로 진행하는 차량이 우선 통행할 수 있다.

Chapter 03. 교통표지형 문제 정리

다음의 횡단보도표지가 설치되는 장소로 가장 알맞은 곳은?

 ④ 신호가 없는 포장도로의 교차로나 단일로

다음 안전표지에 대한 설명으로 맞는 것은?

 ② 어린이 또는 유아의 통행로나 횡단보도가 있음을 알린다.

다음 안전표지가 뜻하는 것은?

 ③ 과속방지턱이 있음을 알리는 것

다음 안전표지가 있는 경우 안전운전방법은?

 ① 도로 중앙에 장애물이 있으므로 우측 방향으로 주의하면서 통행한다.

도로교통법령상 다음 안전표지에 대한 내용으로 맞는 것은?

 ③ 좌합류 도로표지이다.

다음 교통안내표지에 대한 설명으로 맞는 것은?

 ② 자동차전용도로임을 알리는 표지이다.

다음 안전표지의 뜻으로 맞는 것은?

 ② 교량표지

다음 안전표지가 의미하는 것은?

 ④ 우측차로 없어짐

다음 안전표지가 의미하는 것은?

 ① 중앙분리대 시작

다음 안전표지가 의미하는 것은?

 ③ 노면이 고르지 못함

다음 안전표지가 의미하는 것은?

 ① 자전거 통행이 많은 지점

다음 안전표지가 있는 도로에서 올바른 운전방법은?

 ② 눈길인 경우 가급적 중간에 정지하지 않는다.

다음 안전표지가 있는 도로에서의 안전운전방법은?

 ① 신호기의 진행신호가 있을 때 서서히 진입 통과한다.

다음 안전표지가 뜻하는 것은?

 ① 우선도로에서 우선도로가 아닌 도로와 교차함을 알리는 표지이다.

다음 안전표지에 대한 설명으로 바르지 **않은** 것은?

 ③ 국토의 계획 및 이용에 관한 법률에 따른 계획관리구역에 설치한다.

도로교통법령상 다음 안전표지에 대한 설명으로 맞는 것은?

 ③ 도로의 일변이 계곡 등 추락위험지역임을 알리는 주의표지

다음 안전표지에 대한 설명으로 맞는 것은?

 ③ 양측방통행표지이다.

다음 안전표지에 대한 설명으로 맞는 것은?

 ① 회전형 교차로표지

다음 안전표지가 설치되는 장소로 가장 알맞은 곳은?

 ② 눈·비 등의 원인으로 자동차등이 미끄러지기 쉬운 도로

다음 안전표지에 대한 설명으로 맞는 것은?

 ③ 전방 우로 굽은 도로에 대한 주의표지이다.

도로교통법령상 다음 안전표지가 설치된 곳에서의 운전방법으로 맞는 것은?

 ① 자동차전용도로에 설치되며 차간거리를 50미터 이상 확보한다.

다음 안전표지에 대한 설명으로 맞는 것은?

 ② 보행자뿐만 아니라 모든 차마는 통행할 수 없다.

A차량이 손수레를 앞지르기할 경우 가장 **위험한** 상황 2가지는?

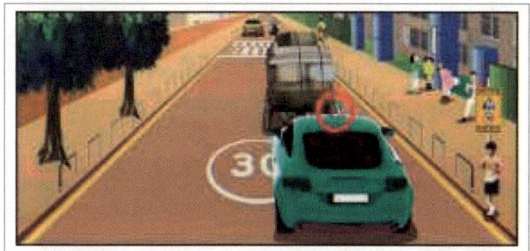

① 전방 우측 보도 위에 자전거를 탄 학생이 손수레 앞으로 횡단하는 경우
② 손수레에 가려진 반대편의 이륜차가 속도를 내며 달려오는 경우

다음 사진과 같은 '차로축소형 회전교차로'에서 우회전 통행방법에 대한 설명으로 올바른 2가지는?

② 회전교차로 내로 진입하지 않고 미리 도로의 우측 가장자리 차로를 이용하여 서행하면서 우회전한다.
③ 회전교차로 진입 후 바로 우회전을 할 경우 '교차로 통행방법위반'이다.

다음 상황에서 가장 바람직한 운전방법 2가지는?

② 등화장치를 작동하여 내 차의 존재를 다른 운전자에게 알린다.
③ 노면이 습한 상태이므로 속도를 줄이고 서행한다.

다음 상황에서 1차로로 진로변경하려 할 때 가장 안전한 운전방법 2가지는?

① 좌측 후사경을 통하여 1차로에 주행 중인 차량을 확인한다.
⑤ 전방의 이륜차가 1차로로 진로 변경할 수 있어 안전거리를 유지한다.

교차로를 통과하려 할 때 주의해야 할 가장 안전한 운전방법 2가지는?

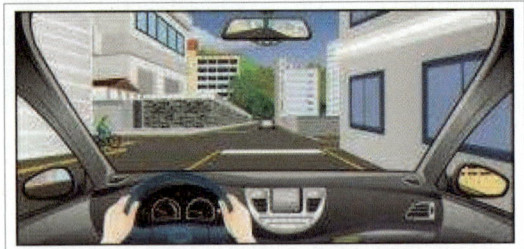

② 왼쪽 도로에서 자전거가 달려오고 있으므로 속도를 줄이며 멈춘다.
④ 오른쪽 도로의 보이지 않는 위험에 대비해 일시정지한다.

전방에 주차차량으로 인해 부득이하게 중앙선을 넘어가야 하는 경우 가장 안전한 운전행동 2가지는?

① 택배차량 앞에 보행자 등, 보이지 않는 위험이 있을 수 있으므로 최대한 속도를 줄이고 위험을 확인하며 통과해야 한다.
③ 부득이하게 중앙선을 넘어가야 할 때 경음기나 전조등으로 타인에게 알릴 필요가 있다.

다음 장소에서 자전거 운전자가 안전하게 횡단하는 방법 2가지는?

③ 다른 자전거와 충돌 가능성이 있으므로 자전거에서 내려 보도의 안전한 장소에서 기다린다.
⑤ 횡단보도 신호등이 녹색 등화일 때 자전거를 끌고 횡단한다.

T자형 교차로에서 좌회전을 하려는 상황이다. 가장 안전한 운전방법 2가지는?

② 횡단보도 정지선 전에서 정지한다.
⑤ 횡단보도를 이용하는 보행자와 자전거가 횡단을 완료할 때까지 기다린다.

다음 상황에서 가장 안전한 운전방법 2가지는?

① 전방 보행자의 급작스러운 좌측횡단을 예측하며 정지를 준비한다.
③ 교차로 진입 전 일시정지하여 좌우측에서 접근하는 차를 확인해야 한다.

다음 상황에서 전동킥보드 운전자가 좌회전하려는 경우 안전한 방법 2가지는?

② A횡단보도로 전동킥보드를 끌고 진입한 후 B지점에서 D방향의 녹색 등화를 기다린다.
④ 전동킥보드를 운전하여 B지점으로 직진한 후 D방향의 녹색 등화를 기다린다.

다음 상황에서 가장 바람직한 운전방법 2가지는?

② 긴급차가 우선 통행할 교차로이므로 교차로 진입 전에 정지하여야 한다.
③ 2차로에 있는 차가 갑자기 좌측으로 변경할 수도 있으므로 미리 충분히 속도를 감속한다.

편도 1차로 도로를 주행 중인 상황에서 가장 안전한 운전방법 2가지는?

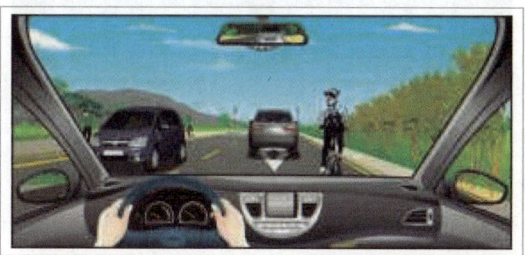

④ 자전거가 횡단할 수 있으므로 속도를 줄이면서 자전거의 움직임에 주의한다.
⑤ 횡단보도 보행자의 횡단으로 앞차가 급제동할 수 있으므로 미리 브레이크 페달을 여러 번 나누어 밟아 뒤차에게 알린다.

다음 상황에서 가장 안전한 운전방법 2가지는?

③ 횡단보도 직전 정지선에서 정지한다.
⑤ 정차한 자동차의 갑작스러운 출발을 대비하여 감속한다.

다음 상황에서 가장 안전한 운전방법 2가지로 맞는 것은?

② 자전거 위치에 이르기 전 충분히 감속한다.
④ 보행자의 차도진입을 대비하여 감속하고 보행자를 살핀다.

다음 도로상황에서 가장 위험한 요인 2가지는?

① 좌회전 대기 중이던 1차로의 차가 2차로로 갑자기 들어올 수 있다.
③ 3차로의 오토바이가 2차로로 갑자기 들어올 수 있다.

자전거전용도로가 끝나는 교차로에서 우회전하려고 한다. 가장 안전한 운전방법 2가지는?

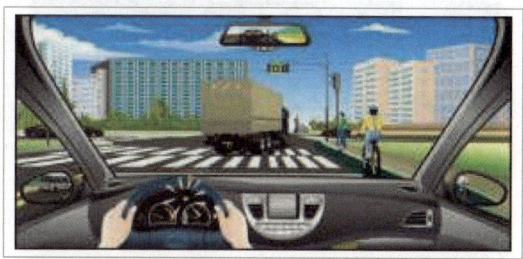

① 일시정지하고 안전을 확인한 후 서행하면서 우회전한다.
② 내 차의 측면과 뒤쪽의 안전을 확인하고 사각에 주의한다.

다음 중 대비해야 할 가장 위험한 상황 2가지는?

② 왼쪽에 주차 중인 차량 사이에서 보행자가 나타날 수 있다.
⑤ 자전거가 도로를 횡단한 이후에 뒤따르는 자전거가 나타날 수 있다.

다음 도로 상황에서 가장 **위험한** 요인 2가지는?

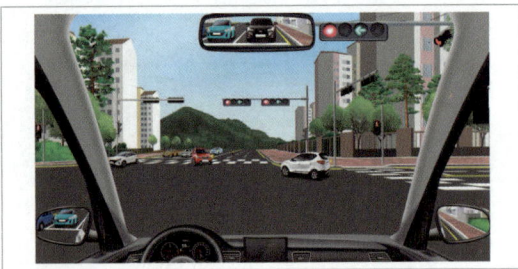

② 오른쪽 도로에서 우회전하는 차와 충돌할 수 있다.
④ 반대편 도로에서 유턴하는 차와 충돌할 수 있다.

다음 상황에서 비보호 좌회전할 때 가장 큰 **위험** 요인 2가지는?

① 반대편 2차로에서 빠르게 직진해 오는 차량이 있을 수 있다.
④ 왼쪽 도로의 보행자가 횡단보도를 건너갈 수 있다.

좌회전하기 위해 1차로로 차로변경할 때 방향지시등을 켜지 않았을 경우 만날 수 있는 사고 **위험** 2가지는?

④ 내 차 앞으로 차로변경하려고 속도를 높이는 1차로 후방 승용차
⑤ 내 차 뒤에서 좌회전하려는 오토바이

다음 상황에서 가장 안전한 운전방법 2가지는?

④ 좌회전하는 흰색 승용차가 멈추는 이유를 생각하고 서행하면서 위험에 대비한다.
⑤ 신호위반 차량이 있는지 좌·우를 확인하면서 서서히 속도를 높여 통과한다.

A차량이 좌회전하려고 할 때 사고 발생 가능성이 가장 높은 것 2가지는?

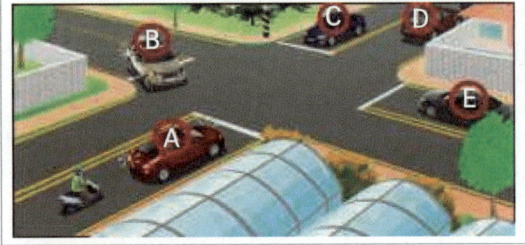

① 반대편 C차량이 직진하면서 마주치는 충돌
⑤ 우측 도로에서 직진하는 E차량과의 충돌

다음 상황에서 가장 안전한 운전방법 2가지는?

③ 전방 공사 현장을 피해 부득이하게 중앙선을 넘어갈 때 반대편 교통 상황을 확인하고 진행한다.
④ 전방 공사 차량이 갑자기 출발할 수 있으므로 공사 차량의 움직임을 살피며 천천히 진행한다.

보행신호기의 녹색 점멸신호가 거의 끝난 상태에서 먼저 교차로에 진입하면 **위험한** 이유 2가지는?

③ 횡단보도를 거의 건너간 우측 보행자가 갑자기 방향을 바꿔 되돌아갈 수 있으므로
⑤ 좌측 도로에서 속도를 줄이던 차가 좌회전하기 위해 교차로로 진입할 수 있으므로

다음 상황에서 급차로변경을 할 경우 사고 발생 가능성이 가장 높은 2가지는?

① 승합차 앞으로 무단 횡단하는 사람과의 충돌
⑤ 1차로에서 과속으로 달려오는 차량과의 추돌

반대편 차량의 전조등 불빛이 너무 밝을 때 가장 안전한 운전 방법 2가지는?

② 현혹 현상이 발생할 수 있으므로 속도를 충분히 줄여 위험이 있는지 확인한다.
④ 1차로보다는 2차로로 주행하며 불빛을 바로 보지 않도록 한다.

도로교통법상 다음 교통안전시설에 대한 설명으로 맞는 2가지는?

① 제한속도는 매시 50킬로미터이며 속도 초과 시 단속될 수 있다.
⑤ 전방의 신호가 녹색일 경우 반대편 차로에서 차가 오지 않을 때 좌회전할 수 있다.

다음 도로상황에서 발생할 수 있는 가장 **위험한** 요인 2가지는?

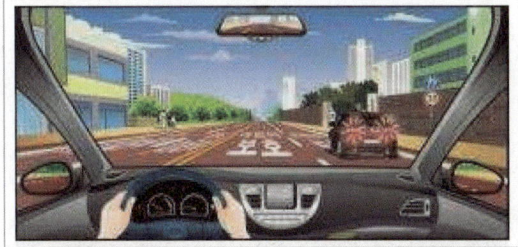

② 오른쪽 승용차 앞으로 어린이가 뛰어나올 수 있다.
⑤ 좌측 보도 위에서 놀던 어린이가 도로를 횡단할 수 있다.

직진으로 통행하는 중이다. 안전한 운전방법 2가지는?

② 흰색 자동차가 직진할 수 있으므로 서행하며 주의를 살핀다.
⑤ 반대방향 빨강색 승용차가 좌회전차로로 진입할 수 있으므로 필요한 경우 정차하여 상황을 살핀다.

다음 도로상황에서 가장 안전한 운전행동 2가지는?

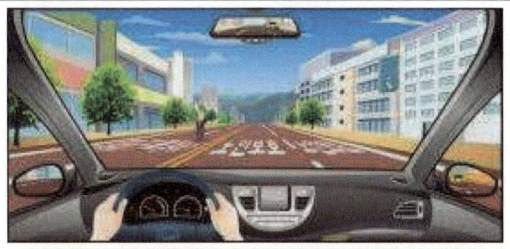

② 비상등을 켜서 뒤차에게 위험을 알린다.
④ 보행자가 도로를 건너갈 때까지 충분한 거리를 두고 일시정지한다.

다음 상황에서 가장 안전한 운전방법 2가지는?

② 전동휠체어에 이르기 전에 감속하여 행동을 살핀다.
⑤ 전동휠체어가 차도에 진입했으므로 일시정지한다.

어린이보호구역을 안전하게 통행하는 운전방법 2가지는?

③ A횡단보도 정지선 앞에서 일시정지한 후 통행한다.
⑤ B횡단보도 앞에서 일시정지한 후 통행한다.

다음 도로상황에서 가장 안전한 운전방법 2가지는?

③ 비상등을 켜서 뒤차에게 위험을 알리며 일시정지한다.
④ 어린이통학버스에 이르기 전에 일시정지하였다가 서행으로 지나간다.

다음 상황에서 사고 발생 가능성이 가장 높은 2가지는?

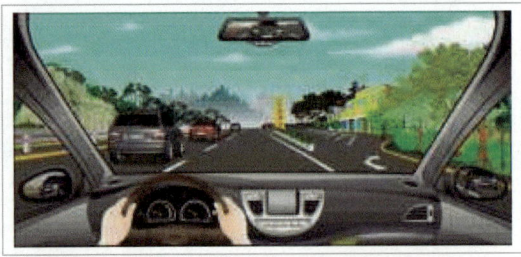

① 휴게소에 진입하기 위해 급감속하다 2차로에 뒤따르는 차량과 충돌할 수 있다.
③ 휴게소로 진입하기 위하여 차로를 급하게 변경하다가 우측 뒤 차와 충돌할 수 있다.

왼쪽차로(1차로)에서 직진하며 교차로에 접근하고 있는 상황이다. 안전한 운전방법 2가지는?

② 감속하며 1차로 택시와 안전한 거리를 두고 접근한다.
⑤ 2차로로 진로변경하는 경우 택시와 보행자에 접근 시 감속한다.

다음 상황에서 발생 가능한 위험 2가지는?

① 전방에 공사 중임을 알리는 화물차가 정차 중일 수 있다.
⑤ 다른 차량이 내 앞으로 앞지르기할 수 있다.

다음 도로상황에서 가장 안전한 운전방법 2가지는?

① 수막 현상이 발생하여 미끄러질 수 있으므로 감속 주행한다.
④ 맞은편 차량에 의해 고인 물이 튈 수 있으므로 가급적 2차로로 주행한다.

시속 30킬로미터로 직진하는 상황이다. 안전한 운전방법 2가지는?

② 감속하며 접근하고 횡단보도 직전 정지선에 정지한다.
⑤ 오른쪽에서 도로에 진입하려는 차를 주의하며 서행한다.

도심지 이면 도로를 주행하는 상황에서 가장 안전한 운전방법 2가지는?

① 자전거와 산책하는 애완견이 갑자기 도로 중앙으로 나올 수 있으므로 주의한다.
③ 어린이가 갑자기 도로 중앙으로 나올 수 있으므로 속도를 줄인다.

다음 상황에서 가장 안전한 운전방법 2가지는?

② 우측 방향지시기를 켜서 주변 운전자에게 알린다.
⑤ 다른 차량 통행에 장애를 줄 우려가 있을 때에는 진로변경을 해서는 안 된다.

눈길 교통상황에서 안전한 운전방법 2가지는?

① 앞 차의 바퀴자국을 따라서 주행하는 것이 안전하며 중앙선과 거리를 두는 것이 좋다.
⑤ 눈길이나 빙판길에서는 감속하여 주행하는 것이 좋다.

다음 상황에서 가장 안전한 운전방법 2가지는?

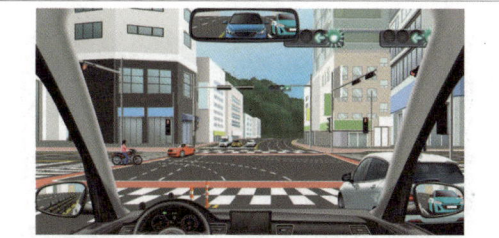

③ 차량의 사각지대로 인해 이륜차를 순간적으로 못 볼 수 있기 때문에 주의해야 한다.
④ 교차로 노면에 표시된 흰색 통행 유도선을 따라 좌회전한다.

다음 상황에서 가장 안전한 운전방법 2가지는?

② 앞쪽 3차로에서 왼쪽으로 갑자기 진로 변경하는 차량에 대비할 필요가 있다.
⑤ 정체로 인해 녹색 신호에 교차로를 통과 못 할 것 같으면 정지선 직전에 정지한다.

다음과 같은 상황에서 좌회전하려고 한다. 가장 **위험한** 운전방법 2가지는?

① 비상 점멸등을 켜고 안전지대를 통과하여 1차로로 진입한 후 좌회전한다.
② 좌회전 차로에 진입 후에는 앞 차량에 최대한 붙어서 신속히 좌회전한다.

다음과 같은 상황에서 우회전할 때 가장 **위험한** 운전방법 2가지는?

③ 우회전 삼색등이 적색 신호라도 보행자가 없다면 일시정지 후 천천히 우회전한다.
④ 우회전하고 바로 나타나는 오른쪽 도로의 횡단보도는 주의할 필요가 없다.

다음 상황에서 가장 안전한 운전방법 2가지는?

④ 경운기 운전자의 손짓을 무시하고 그 뒤를 따른다.
⑤ 경운기와 충분한 안전거리를 유지한다.

다음의 도로를 통행하려는 경우 가장 올바른 운전방법 2가지는?

① 자전거에 이르기 전 일시정지한다.
② 횡단보도를 통행할 때는 정지선에 일시정지한다.

다음 상황에서 가장 올바른 운전방법 2가지로 맞는 것은?

③ 뒤따르는 운전자에게 알리기 위해 브레이크페달을 여러 번 나누어 밟는다.
④ 긴급차가 역주행할 수 있도록 거리를 두고 정지한다.

다음 상황에서 12시 방향으로 진출하려는 경우 가장 안전한 운전방법 2가지는?

③ 우측방향지시기를 작동하며 12시 방향으로 통행한다.
④ 진출 시기를 놓친 경우 한 바퀴 회전하여 진출한다.

다음 도로상황에서 좌회전하기 위해 불법으로 중앙선을 넘어 전방 좌회전 차로로 진입하는 경우 가장 **위험한 이유** 2가지는?

② 앞 차가 현 위치에서 유턴할 수 있다.
③ 브레이크 페달을 밟은 앞 차 앞으로 보행자가 나타날 수 있다.

다음 도로상황에서 가장 주의해야 할 **위험상황** 2가지는?

① 전동킥보드 운전자는 앞쪽 보행자를 피해서 갑자기 왼쪽으로 이동할 수 있다.
② 오른쪽 보행자들이 왼쪽으로 횡단할 수 있다.

급커브길을 주행 중이다. 가장 안전한 운전방법 2가지는?

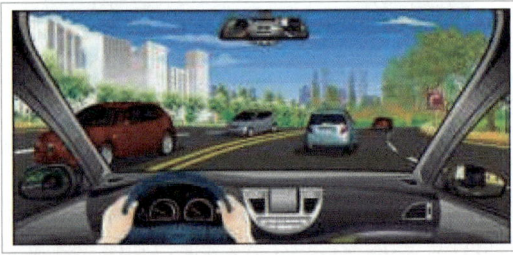

① 마주 오는 차가 중앙선을 넘어올 수 있음을 예상하고 전방을 잘 살핀다.
② 원심력으로 차로를 벗어날 수 있기 때문에 속도를 미리 줄인다.

다음 상황에서 가장 주의해야 할 **위험 요인** 2가지는?

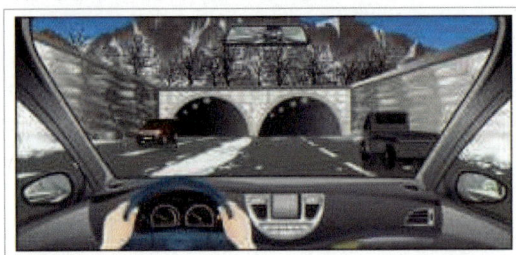

② 우측 전방의 차
④ 터널 직전의 노면

다음과 같은 교차로에서 우회전하려고 한다. 가장 안전한 운전방법 2가지는?

② 교차로 직전 신호등 있는 횡단보도에 보행자가 있는지 반드시 확인한다.
④ 오른쪽 사이드미러에 보이는 뒤따르는 이륜차를 주의해야 한다.

야간 운전 시 다음 상황에서 가장 적절한 운전방법 2가지는?

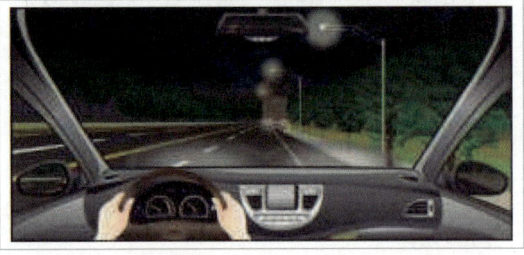

④ 정차 중인 화물차 앞이나 그 주변에 위험 상황이 발생할 수 있으므로 속도를 줄이며 주의한다.
⑤ 1차로로 차로변경 시 안전을 확인한 후 차로변경을 시도한다.

다음 상황에서 가장 안전한 운전방법 2가지는?

② 우회전하려는 경우 횡단보도 앞에서 반드시 일시정지한다.
④ 직진 및 우회전하려는 경우 모두 일시정지한 후 진입한다.

다음 상황에서 직진하려는 경우 가장 안전한 운전방법 2가지는?

① 어린이통학버스가 출발할 때까지 교차로에 진입하지 않는다.
⑤ 반대편 화물자동차 뒤에서 나타날 수 있는 보행자에 대비한다.

다음 상황에서 오르막길을 올라가는 화물차를 앞지르기하면 안 되는 가장 큰 이유 2가지는?

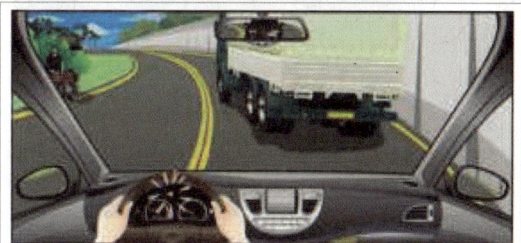

② 화물차가 좌측 도로로 좌회전할 수 있으므로
④ 반대편에서 내려오는 차량이 보이지 않으므로

교차로에 진입하여 직진하려는 상황이다. 가장 안전한 운전방법 2가지는?

① 검은색 자동차가 후진할 수 있으므로 감속하며 대비한다.
② 이륜차가 검은색 승용차의 왼쪽으로 진로변경할 수 있으므로 주의한다.

내리막길을 빠른 속도로 내려갈 때 사고 발생 가능성이 가장 높은 2가지는?

④ 전방 교차로 차량 신호가 바뀌면서 우측 도로에서 좌회전하는 차량과의 충돌
⑤ 전방 교차로 차량 신호가 바뀌면서 급정지하는 순간 뒤따르는 차와의 추돌

다음 상황에서 우선적으로 예측해 볼 수 있는 위험 상황 2가지는?

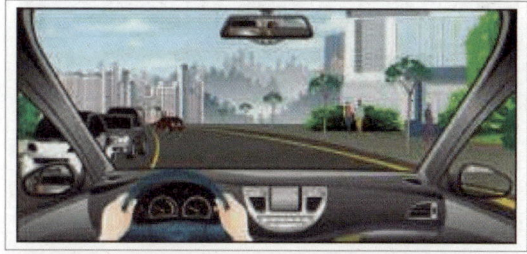

③ 보행자가 반대편 차들 사이에서 뛰어나올 수 있다.
⑤ 반대편 차량들 중에 한 대가 불법 유턴할 수 있다.

대형차의 바로 뒤를 따르고 있는 상황에서 가장 안전한 운전방법 2가지는?

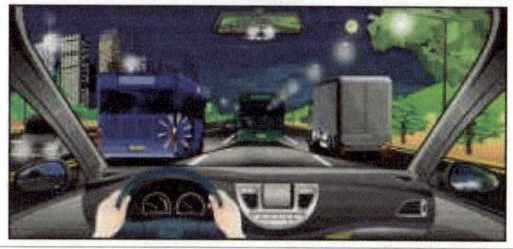

① 대형화물차가 내 차를 발견하지 못할 수 있기 때문에 대형차의 움직임에 주의한다.
⑤ 전방의 상황을 확인할 수 없기 때문에 충분한 안전거리를 확보하고 전방 상황을 수시로 확인하는 등 안전에 주의해야 한다.

다음 상황에서 A차량이 주의해야 할 가장 위험한 요인 2가지는?

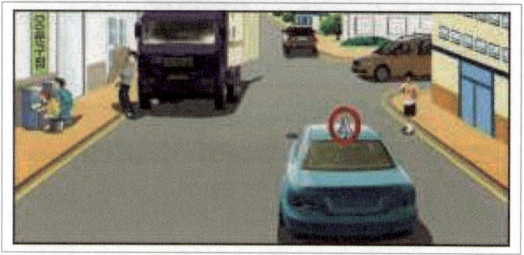

③ 우측 도로에서 갑자기 나오는 차량
⑤ 좌측 문구점을 바라보며 서있는 우측 전방의 어린이

다음 상황에서 우회전하려는 경우 가장 안전한 운전방법 2가지는?

① 오른쪽 시야 확보가 어려우므로 정지한 후 우회전한다.
③ 반대방향 자동차 진행에 방해되지 않게 정지선 전에서 정지한다.

다음 도로상황에서 사고발생 가능성이 가장 높은 2가지는?

② 황색 신호가 켜질 경우 앞차가 급제동을 할 수 있다.
⑤ 신호가 바뀌어 급제동할 경우 뒤차에게 추돌사고를 당할 수 있다.

다음 상황에서 우선적으로 대비하여야 할 **위험 상황** 2가지는?

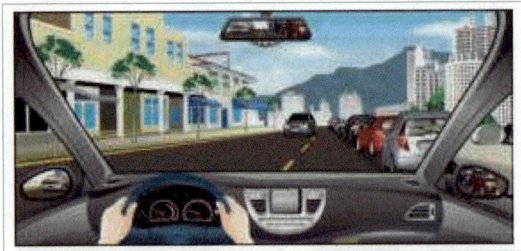

② 반대편에서 오는 차와 충돌의 위험이 있다.
③ 오른쪽 주차된 차들 사이로 뛰어나오는 어린이가 있을 수 있다.

다음과 같은 야간 도로상황에서 운전할 때 특히 주의하여야 할 위험 2가지는?

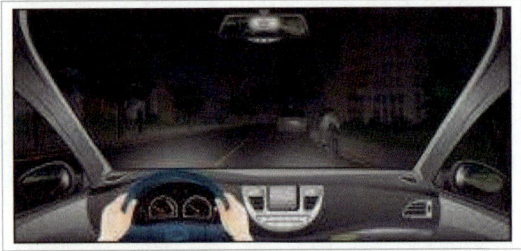

① 도로의 우측부분에서 역주행하는 자전거
② 도로 건너편에서 차도를 횡단하려는 사람

오른쪽으로 갔어야 하는데 길을 잘못 들었다. 이때 가장 안전한 운전방법 2가지는?

④ 대구방향으로 그대로 진행한다.
⑤ 다음에서 만나는 나들목 또는 갈림목을 이용한다.

다음과 같은 교차로에서 가장 안전한 통행방법 2가지를 설명한 것은?

① A차로에서 진입하려는 때에 왼쪽 방향지시기를 작동하였다.
② A차로에서 진입한 운전자가 즉시 a차로에 진입하여 회전하다가 북쪽으로 진출하였다.

다음 상황에서 가장 주의해야 할 **위험 요인** 2가지는?

④ 고가 밑 그늘진 노면
⑤ 내 차 앞으로 진입하려는 택시

우측 주유소로 들어가려고 할 때 **사고 발생** 가능성이 가장 높은 2가지는?

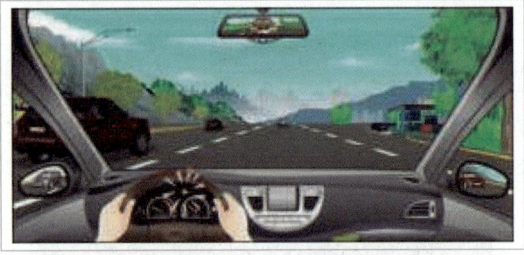

② 우측으로 차로변경하려고 급제동하는 순간 후방 차량과의 추돌
③ 우측으로 급차로변경하는 순간 우측 후방 차량과의 충돌

다음과 같은 상황에서 안전한 운전방법 2가지는?

② 검은색 자동차 운전자는 어린이통학버스 뒤에서 정지한다.
④ 흰색 자동차 운전자는 어린이통학버스에 이르기 전에 정지한 후 서행한다.

다음과 같은 도로를 주행할 때 **사고 발생** 가능성이 가장 높은 경우 2가지는?

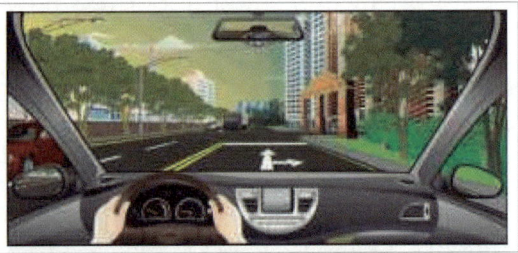

① 직진할 때 반대편 1차로의 화물차가 좌회전하는 경우
④ 직진할 때 반대편 1차로의 화물차 뒤에서 승용차가 아파트 입구로 좌회전하는 경우

다음과 같은 상황에서 가장 안전하게 유턴할 수 있는 방법 2가지는?

① 유턴이 가능한 신호에 흰색 점선의 유턴구역 내에서 앞차부터 순서대로 유턴한다.
⑤ 반대편 도로에서 신호위반으로 직진하는 차량이 있을 수 있기에 눈으로 확인하고 유턴한다.

다음 상황에서 가장 안전한 운전방법 2가지는?

① 주차된 차량 사이에서 보행자가 나타날 수 있기 때문에 서행으로 운전한다.
② 주차 중인 차량이 갑자기 출발할 수 있으므로 주의하며 운전한다.

다음의 도로를 통행하려는 경우 가장 올바른 운전방법 2가지는?

① 어린이통학버스가 오른쪽으로 진로 변경할 가능성이 있으므로 속도를 줄이며 안전한 거리를 유지한다.
④ 어린이통학버스 앞쪽이 보이지 않는 상황이므로 진로변경하지 않고 감속하며 안전한 거리를 유지한다.

공동주택 주차장에서 좌회전하려는 중이다. 대비해야 할 **위험요소**와 거리가 **먼** 2가지는?

③ 재활용수거용 마대와 충돌할 가능성
⑤ 뒤쪽 자동차와의 충돌 가능성

다음 상황에서 가장 안전한 운전방법 2가지는?

① 진입하려는 차량은 진행하고 있는 회전차량에 진로를 양보하여야 한다.
② 회전교차로에 진입하려는 경우에는 서행하거나 일시정지하여야 한다.

A차량이 진행 중이다. 가장 안전한 운전방법 2가지는?

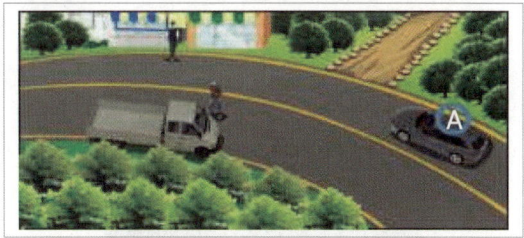

② 반대편 도로에서 정차 중인 차량을 앞지르기하려고 중앙선을 넘어오는 차량이 있을 수 있으므로 이에 대비한다.
④ 반대편 도로에 정차 중인 차량의 운전자가 갑자기 건너올 수 있으므로 주의하며 진행한다.

다음 상황에서 가장 안전한 운전방법 2가지는?

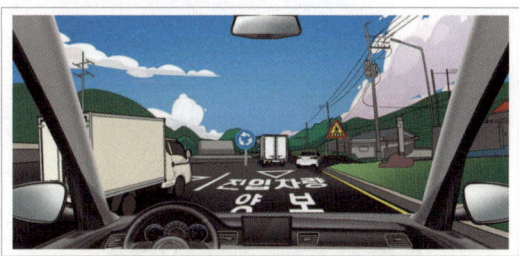

③ 1차로 화물차가 교차로에 진입하던 중 2차로 쪽으로 차로변경할 수 있으므로 대비해야 한다.
④ 좌측의 회전차량과 우측 도로에서 진입하는 차량에 주의하며 운전해야 한다.

교차로에 접근하고 있으며 우회전하려는 상황이다. 가장 안전한 통행방법 2가지는?

② 반대방면에서 진입해 오는 자동차가 좌회전하려는지를 살핀다.
③ 횡단보도 직전 정지선에서 정지하여 어린이가 횡단을 완료할 때까지 대기한다.

다음 상황에서 가장 **잘못된** 운전방법 2가지는?

④ 동승자가 하차할 때에는 잠시 정차하는 것이므로 소화전 앞에 정차할 수 있다.
⑤ 시내도로에서는 야간이라도 주변이 밝기 때문에 전조등을 켤 필요는 없다.

다음 상황에서 가장 **잘못된** 운전방법 2가지는?

① 자전거 운전자는 횡단보도를 통행할 수 있다.
⑤ 어린이통학버스는 어린이의 승하차 편의를 위해 도로의 좌측에 주차하거나 정차할 수 있다.

다음 상황에서 가장 안전한 운전방법 2가지는?

② 승용차와 농기계 사이에 진행공간이 있다 하더라도 경운기에 탑승하는 사람의 안전을 위해 일시정지한다.
③ 농기계에 이르기 전부터 일시정지하거나 감속하는 등 농기계와 안전거리를 확보한다.

다음 상황에서 가장 안전한 운전방법 2가지는?

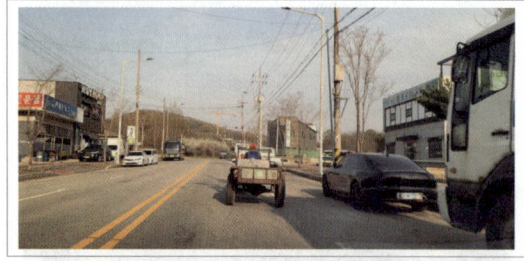

③ 경운기 운전자가 먼저 가라는 손짓을 하더라도 안전거리를 유지하며 안전하게 뒤따른다.
④ 경운기가 2차로로 차로변경하며 양보하는 경우 중앙선을 넘지 않는 범위에서 경운기 좌측으로 진행한다.

다음 상황에서 가장 안전한 운전방법 2가지는?

② 자전거 운전자가 무단 횡단할 가능성이 있으므로 주의하며 서행으로 통과한다.
⑤ 자전거 운전자가 차도 위에 있으므로 옆쪽으로도 안전한 거리를 확보할 수 있도록 통행한다.

다음 상황에서 가장 안전한 운전방법 2가지는?

③ 앞쪽 3차로에서 왼쪽으로 갑자기 진로 변경을 하는 차가 있을 수 있는 위험에 대비하면서 운전한다.
⑤ 교차로 주변 상황을 눈으로 확인하면서 서서히 속도를 높여 통과한다.

다음 상황에서 교차로를 통과하려는 경우 예상되는 **위험** 2가지는?

② 2차로의 하얀색 차량이 1차로 쪽으로 급차로변경할 수 있다.
③ 교각으로부터 무단횡단하는 보행자가 나타날 수 있다.

다음 상황에서 가장 안전한 운전방법 2가지는?

③ B의 횡단에 방해되지 않도록 횡단이 끝날 때까지 정지한다.
⑤ B의 옆을 지나는 경우 안전한 거리를 두고 서행해야 한다.

다음 상황에서 가장 안전한 운전방법 2가지는?

② 전방 좌측에 주차된 소방차로 인하여 시야 확보가 곤란한 상황이므로 속도를 낮추고 전방 상황을 잘 살핀다.
④ 우회전하려는 경우 우측 골목길에서 나오는 차량이나 보행자를 잘 살피며 진행한다.

다음 상황에서 가장 안전한 운전방법 2가지는?

① 우산을 쓴 보행자 안전에 더욱 주의하며 운전한다.
③ 어린이보호구역이 아닌 곳이라 하더라도 학교 앞이므로 보행자의 안전에 주의하며 진행한다.

다음 상황에서 가장 안전한 운전방법 2가지는?

② 우측 주차된 화물차량 뒤로 골목길이 있어 보행자나 차량의 상황을 잘 살피기 위해 일시정지 후 교차로에 진입한다.
④ 전방에 중앙선을 넘어 진행하는 차량이 있으므로 속도를 낮춰 사고의 위험을 줄인다.

다음과 같은 상황에서 **잘못된** 통행방법 2가지는?

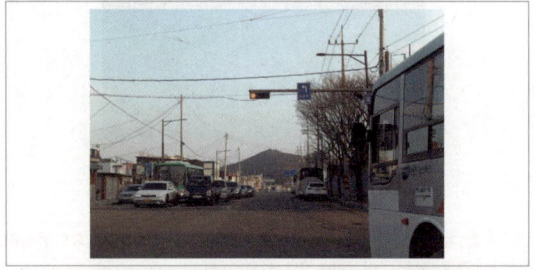

③ 좌회전하려는 경우 녹색 좌회전 화살표 등화에 진행한다.
④ 1차로에서 우회전하려는 경우 정지선 직전에 일시정지한 후 서행으로 진행한다.

다음 중 소방기본법령상 소방자동차전용구역에 대한 설명으로 옳지 **않은** 2가지는?

③ 공동주택의 건축주는 예외 없이 각 동별로 1개소 이상 설치해야 한다.
⑤ 전용구역표지를 지우거나 훼손하는 행위는 전용구역 방해행위에 해당되지 않는다.

소방자동차 긴급출동 중 통행 방해 차량의 강제처분에 관한 설명으로 **틀린** 2가지는?

④ 강제처분된 불법 주차한 차량 운전자는 손실보상을 청구할 수 있다.
⑤ 강제처분된 주차 구획선 내에 주차한 차량 운전자는 손해배상을 청구할 수 있다.

다음 상황에서 법령을 **위반한** 운전방법 2가지는?

② A 운전자 - 시속 70킬로미터로 주행한다.
④ A 운전자 - 교차로에서 앞지르기한다.

다음 상황에서 교통안전시설과 이에 따른 행동으로 가장 올바른 2가지는?

② 자전거횡단도 - 자전거횡단도가 있는 도로를 횡단할 때에는 자전거를 타고 자전거횡단도를 이용한다.
④ 보행신호등 - 자전거 신호등이 설치되지 않은 경우 자전거는 보행신호등의 지시에 따른다.

다음과 같은 상황에서 가장 안전한 운전방법 2가지는?

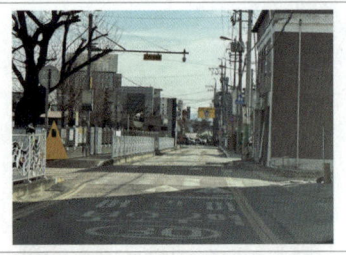

① 시속 30킬로미터 이내로 서행한다.
⑤ 무단횡단방지 울타리가 설치되어 있다 하더라도 갑자기 나타날 수 있는 어린이에 주의하며 운전한다.

다음과 같은 상황에서 운전자나 동승자가 범칙금 또는 과태료 부과처분을 받지 않는 행위 2가지는?

① 승용차는 미리 시속 30킬로미터 이내로 감속한다.
② 시동을 끈 이륜차를 끌고 보도로 통행하였다.

다음과 같은 상황에서 교통안전표지에 대한 설명으로 맞는 것 2가지는?

① 노면에 표시된 30은 도로의 최고 제한속도가 시속 30킬로미터 임을 의미한다.
④ 차량신호기에 부착된 지시표지는 횡단보도가 있다는 의미이다.

다음 중 장애인·노인·임산부 등의 편의증진 보장에 관한 법령상 '장애인전용주차구역 주차 방해 행위'로 바르지 않은 2가지는?

③ 장애인전용주차구역 주차표지가 붙어 있지 아니한 자동차를 장애인전용주차구역에 주차하는 행위
⑤ 장애인전용주차구역 주차표지가 붙어 있지만 보행에 장애가 있는 사람이 타지 아니한 자동차를 장애인전용주차구역에 주차하는 행위

다음과 같은 상황에서 가장 안전한 운전방법 2가지는?

① 좌로 굽은 도로이므로 우측에 설치된 도로반사경을 이용해서 전방 상황을 확인하며 진행하는 것이 안전하다.
④ 신호기가 없는 횡단보도에서는 보행자가 없더라도 횡단보도 앞에서 반드시 일시정지 후 진행한다.

다음과 같은 상황에서 가장 안전한 운전방법 2가지는?

② 중앙선이 없는 이면도로에서는 보행자의 안전에 특히 주의하며 운전한다.
③ 어린이보호구역이 해제된 구역의 횡단보도라도 보행자가 있는지 확인하며 서행한다.

다음 상황에서 가장 안전한 운전방법 2가지는?

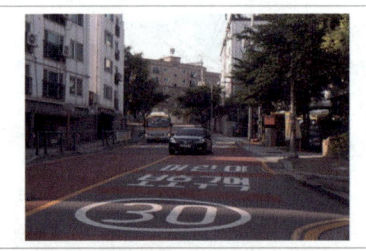

② 중앙선을 넘어 진행하는 차량이 있으므로 속도를 낮춰 사고의 위험을 줄인다.
④ 맞은편에서 진행 중인 버스로 인해 시야 확보가 어려워 교행 전 속도를 더욱 줄여 보행자가 있는지 살핀다.

다음 상황에서 가장 안전한 운전방법 2가지는?

② 우측 보행신호가 녹색 등화이고 보행자가 있으므로 우회전하려는 경우 횡단보도 전에 일시정지한다.
⑤ 뒤늦게 횡단하는 보행자가 있을 수 있으므로 안전에 더욱 주의하며 운전한다.

다음과 같은 상황에서 안전한 운행방법이 **아닌** 것 2가지는?

③ 곧 구간단속 시점이므로 단속 카메라를 피해 갓길로 주행한다.
⑤ 고속도로에서 화물차 동승자는 안전띠를 매어야 할 의무가 없다.

다음과 같은 상황에서 가장 안전한 운전방법 2가지는?

③ 현금이나 카드로 요금을 계산하려면 미리 해당 차로로 진로를 변경한다.
⑤ 하이패스 차로를 통행할 때에는 시속 30킬로미터 이내의 속도로 통과하는 것이 안전하다.

다음과 같은 상황에서 가장 안전한 운전방법 2가지는?

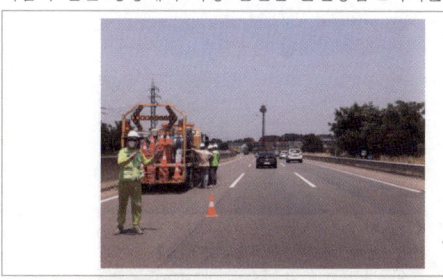

② 서서히 속도를 줄이고 전방 상황에 주의하며 진행한다.
③ 비상 점멸등을 점등하여 뒤따라오는 차량에 위험 상황을 알린다.

다음과 같은 상황에서 가장 안전한 운전방법 2가지는?

② 화물차의 정상적인 통행에 장애를 줄 수 있으므로 안전거리를 유지하며 차로를 변경한다.
④ 화물차의 위치나 속도를 확인 후에 주의하여 차로를 변경한다.

다음과 같은 상황에서 가장 안전한 운전방법 2가지는?

① 터널 안에서는 주차는 금지되나 일정한 장소에 비상정차는 가능하다.
⑤ 터널 주변에서는 바람이 불 수 있으니 주의하며 속도를 줄인다.

다음과 같은 구간에 대한 설명으로 가장 옳은 것 2가지는?

③ 교통사고의 위험으로부터 어린이를 보호하기 위해 어린이보호구역을 지정할 수 있다.
④ 눈이 쌓인 상황을 고려하여 통행속도를 준수하고 어린이의 안전에 주의하면서 운행하여야 한다.

다음과 같은 상황에서 가장 안전한 운전방법 2가지는?

③ 안전표지가 표시하는 최고 제한속도를 준수하며 진행한다.
④ 어린이가 갑자기 나올 수 있으므로 주위를 잘 살피며 진행한다.

다음과 같은 상황에서 가장 안전한 운전방법 2가지는?

② 미리 충분히 감속하여 안전에 주의한다.
③ 보행하는 노인이 보이지 않더라도 서행으로 주행한다.

다음 상황에서 가장 안전한 운전방법 2가지는?

④ 좌측 방향지시등을 미리 켜고 안전거리를 확보 후 2차로를 이용하여 앞지르기한다.
⑤ 차로변경 시 좌측차로에서 진행하는 차량을 살피고 무리하게 앞지르기를 시도하지 않는다.

다음 상황에서 가장 안전한 운전방법 2가지는?

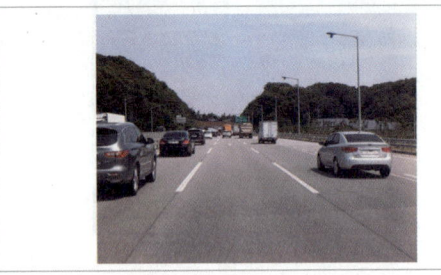

① 3차로에서 주행하는 차량의 위치나 속도를 확인 후 안전이 확인되면 차로변경한다.
④ 차로를 변경하기 전 미리 방향지시등을 켜고 안전을 확인 후 주행한다.

다음 상황에서 가장 안전한 운전방법 2가지는?

② 화물차와의 추돌을 피하기 위해 후방 교통상황을 확인하고 감속하여 주행한다.
④ 터널에 진입하면 전조등을 점등한다.

다음과 같은 상황에서 가장 안전한 운전방법 2가지는?

② 미리 속도를 줄이고 안전하게 진행한다.
⑤ 주행 속도를 시속 50킬로미터 이내로 유지한다.

다음과 같은 상황에서 알 수 있는 정보와 이에 따른 안전한 운전방법을 연결한 것으로 바르지 않은 것 2가지는?

③ 3차로의 노면 색깔 유도선 – 평일에는 버스전용으로 운용되는 차로이다.
⑤ 편도 3차로 도로 – 화물자동차 운전자는 앞지르기를 위해 1차로로 진행할 수 있다.

다음과 같은 상황에서 가장 잘못된 운전방식 2가지는?

① 버스전용차로는 버스만 통행할 수 있다.
② 승용차는 앞선 화물차를 앞지르기 위해서 1차로로 통행할 수 있다.

다음과 같은 상황에서 잘못된 운전방법 2가지는?

④ 휴대전화 사용을 위해 공사안내차량 뒤편에 잠시 정차한다.
⑤ 휴게소에 들르지 않기로 했다면 좌측 후사경을 주시하면서 방향지시등을 켠 채 3차로로 즉시 차로를 변경한다.

가속페달이 운전석 매트에 끼여 되돌아오지 않아 가속될 경우 운전자가 안전하게 정차 또는 감속할 수 있는 방법 2가지는?

① 제동페달을 힘껏 세게 밟는다.
④ 전자식 주차브레이크(EPB)를 지속 조작한다.

다음 상황에서 가장 안전한 운전방법 2가지는?

① 속도를 줄이며 전방 상황의 안전을 확인하며 진행한다.
⑤ 도로의 결빙상태를 확인하고 후방의 상황도 살피면서 진행한다.

다음 상황에서 가장 안전한 운전방법 2가지는?

② 전후방 교통상황을 살피면서 진출로로 나간다.
⑤ 미끄러짐 방지를 위해 평소보다 앞차와의 거리를 넓혀 진행한다.

다음 상황에서 가장 안전한 운전방법 2가지는?

④ 터널 안에서는 앞지르기를 할 수 없다.
⑤ 좌측 차로에 차량이 많으므로 무리하게 앞지르기를 시도하지 않는다.

다음 상황에서 가장 안전한 운전방법 2가지는?

④ 터널 밖의 도로는 미끄러울 수 있으니 감속하며 주행한다.
⑤ 터널에서 진출 시 명순응 현상이 나타날 수 있으니 주의한다.

사진에 나타난 교통안전시설과 이에 따른 해석으로 **잘못된** 것 2가지는?

① 차폭제한표지 - 표지판에 표시한 폭이 초과된 차(적재한 화물의 폭을 포함)의 통행을 제한
④ 차량신호등(적색 등화의 점멸) - 다른 교통 또는 안전표지의 표시에 주의하면서 서행할 수 있다.

다음 상황에서 가장 안전한 운전방법 2가지는?

③ 백색실선과 점선의 복선 구간이므로 점선이 있는 쪽에서 진로 변경하여 진출한다.
⑤ 진출로로 진로변경 시에 우측 방향지시등을 작동한다.

다음 상황에서 가장 안전한 운전방법 2가지는?

② 지하차도 안에서는 전조등을 켜고 전방 상황을 주의하며 안전한 속도로 진행한다.
④ 지하차도 안에서는 앞차와 안전거리를 유지한다.

다음 상황에서 가장 안전한 운전방법 2가지는?

② 화물차가 안전하게 차로변경할 수 있도록 양보한다.
⑤ 실내외 후사경 등을 통해 후방의 상황을 확인하고 주의하며 속도를 줄여 주행한다.

다음 상황에서 가장 안전한 운전방법 2가지는?

② 1차로에서 주행 중인 승용차는 2차로로 차로변경할 수 있다.
④ 2차로에서 주행 중인 승용차는 1차로로 차로변경할 수 있다.

다음 상황에서 가장 안전한 운전방법 2가지는?

② 다리 위 도로에서는 주차할 수 없다.
④ 다리 위 도로에서는 앞지르기할 수 없다.

다음 상황에서 가장 안전한 운전방법 2가지는?

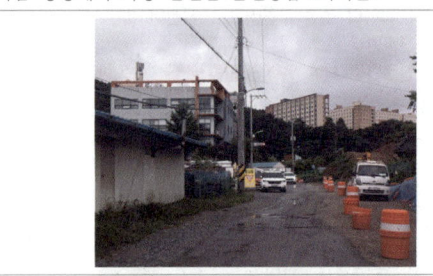

① 도로 공사 중이므로 전방 상황을 잘 주시하며 운전한다.
③ 맞은편에서 진행하는 차량에 주의하며 서행한다.

다음과 같은 상황에서 **잘못된** 운전방법 2가지는?

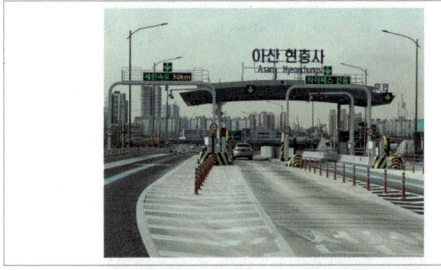

② 하이패스 차로에서는 정차하지 않으므로 전방 진행차량의 상황에 주의를 기울이며 운전하지 않아도 된다.
④ 현금으로 요금을 계산하려 했으나 다른 차로로 진입하게 된 때에는 후진하여 차로를 찾아간다.

다음 상황에서 가장 안전한 운전방법 2가지는?

① 백색실선과 점선의 복선 구간이므로 점선이 있는 쪽에서 차로변경하여 진출한다.
④ 후방 교통상황을 감안하여 좌측 진출로로 주행한다.

다음 상황에서 가장 안전한 운전방법 2가지는?

② 회전교차로에 진입하려는 경우에는 진입하기에 앞서 서행하거나 일시정지하여야 한다.
⑤ 회전교차로 진입을 위하여 방향지시등을 켠 차가 있으면 그 뒤차는 앞차의 진행을 방해하여서는 아니 된다.

다음 상황에서 차로변경에 대한 설명으로 옳은 것 2가지는?

② 1차로를 주행 중인 승용차는 2차로로 차로변경을 할 수 없다.
④ 2차로를 주행 중인 승용차는 진입차로로 차로변경을 할 수 없다.

다음 상황에서 가장 안전한 운전방법 2가지는?

② 백색점선과 실선의 복선 구간에서 진출한다.
④ 노면이 미끄러우므로 충분히 감속하여 차로를 변경한다.

다음과 같은 상황에서 가장 안전한 운전방법 2가지는?

② 차량신호등이 녹색 등화라 하더라도 도로를 횡단하는 어린이가 있는지 주의하면서 진행한다.
⑤ 어린이보호구역에 설정된 제한속도보다 느린 속도로 운전한다.

다음 상황에서 가장 안전한 운전방법 2가지는?

① 겨울철에는 노면 살얼음에 주의하며 운전한다.
④ 다리 위를 진행할 때에는 앞지르기를 할 수 없다.

다음 상황에서 가장 안전한 운전방법 2가지는?

① 앞서 가는 이륜차가 갑자기 도로 중앙 쪽으로 들어올 수 있으므로 주의하며 진행한다.
③ 이륜차와의 안전거리를 충분히 유지한다.

다음 상황에서 통행방법으로 **잘못된** 2가지는?

① 회전교차로에서는 시계방향으로 통행하여야 안전하다.
③ 회전교차로 안에서 진행하고 있는 차가 회전교차로에 진입하려는 차에게 진로를 양보해야 한다.

다음 상황에서 확인할 수 **없는** 교통안전표지 2가지는?

③ 회전형 교차로표지
⑤ 통행금지표지

다음 상황에서 가장 안전한 운전방법 2가지는?

① 보행자가 무단횡단을 하더라도 전방의 보행자 안전을 확인하며 진행한다.
④ 비상점멸등을 켜서 뒤따라오는 차량들에게 위험상황을 알려준다.

다음 상황에서 가장 안전한 운전방법 2가지는?

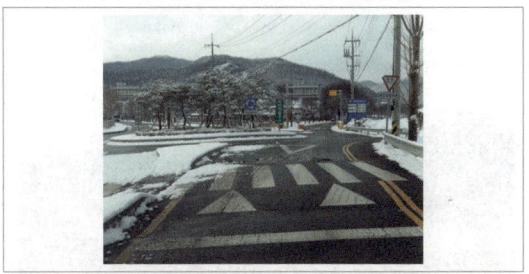

① 우측의 양보표지는 진입하는 차량이 준수해야 하는 표지이다.
⑤ 회전교차로 안에서 밖으로 진출하려고 할 때에는 방향지시등을 켜야 한다.

다음 상황에서 가장 안전한 운전방법 2가지는?

① 전방에 보행자가 도로를 횡단하려 하므로 일시정지 후 보행자의 안전을 확인하고 진행한다.
③ 뒤따르는 차량이 있다면 비상점멸등을 켜서 위험상황을 알려준다.

다음 상황에서 가장 안전한 운전방법 2가지는?

① 긴급자동차가 접근하는 경우 일반 차량은 도로 좌우측으로 피양하여 진로를 양보해야 한다.
④ 긴급자동차가 긴급한 용무를 마치고 돌아가는 경우 경광등이나 사이렌을 작동하지 않으므로 피양할 필요는 없다.

다음 상황에서 가장 안전한 운전방법 2가지는?

② 전방에 교차로가 있는 경우 교차로를 피해 진로를 양보한다.
④ 긴급자동차의 앞에 진행하는 경우라면 도로 좌우측으로 피양하여 진로를 양보한다.

다음 상황에서 가장 안전한 운전방법 2가지는?

③ 노면에 모래와 먼지가 많으므로 이를 주의하면서 운전한다.
④ 농기계에 이르기 전부터 일시정지하거나 감속하는 등 농기계와 안전거리를 확보한다.

다음 상황에서 가장 안전한 운전방법 2가지는?

③ 주차된 차량 중에서 갑자기 출발하는 차가 있을 수 있으므로 전방 및 좌우를 살피며 서행한다.
④ 우측 보행자와 거리를 두고 안전에 주의하며 천천히 주행한다.

다음 상황에서 가장 안전한 운전방법 2가지는?

① 전방 차량신호등이 적색 등화이므로 정지선 전에 미리 속도를 줄이고 안전하게 정차한다.
③ 좌회전하려는 경우 미리 1차로로 진행하는 후행차량을 잘 살피고 안전하게 차로를 변경한다.

다음 상황에서 가장 안전한 운전방법 2가지는?

① 안전하게 서행하거나 일시정지하여 횡단하는 보행자를 보호한다.
③ 우측 주차된 차량의 문이 열릴 수 있으므로 대비하며 진행한다.

다음 상황에서 가장 안전한 운전방법 2가지는?

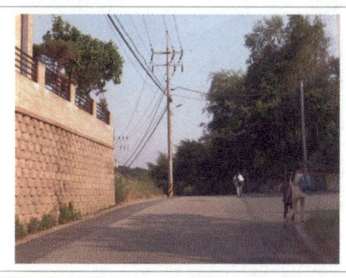

① 우측 골목길에서 차량 또는 보행자가 진입할 수 있으므로 주의하며 진행한다.
⑤ 보행자의 통행에 방해가 될 때에는 서행하거나 일시정지한다.

다음 상황에서 가장 안전한 운전방법 2가지는?

① 공사 중 안내표지판이 있으므로 속도를 줄이고 진행한다.
④ 사고 방지를 위해 후방에서 진행하는 차량을 주의하며 속도를 줄이고 진행한다.

다음 상황에서 가장 안전한 운전방법 2가지는?

③ 우측 화물차량이 정차 중 갑자기 출발할 수 있으므로 대비하여 운전한다.
⑤ 자동차에 비해 트랙터의 속도가 느리므로 무리하게 앞지르기하기보다는 안전한 거리를 유지하며 진행한다.

다음 상황에서 알 수 있는 정보와 이에 대한 해석을 연결한 것으로 바르지 않은 것 2가지는?

③ 차도 우측 황색실선 – 주차는 금지되나 정차는 허용된다.
④ 보도 – 자전거 운전자는 보도로 통행해야 한다.

다음 상황에서 가장 안전한 운전방법 2가지는?

① 어린이보호구역이므로 최고 제한속도 이내로 진행하여 갑작스러운 위험에 대비한다.
⑤ 보행자가 없더라도 반드시 일시정지 후 진행한다.

다음 상황에 대한 설명 중 옳은 것 2가지는?

② 정차 중에는 운전자가 휴대전화를 사용할 수 있다.
④ 시내도로에서 운전자는 안전띠를 매어야 할 의무가 있다.

다음 상황에서 운전자별 잘못된 운전방법 2가지는?

② 전동킥보드 운전자 – 운전자와 동승자 모두 안전모를 착용하여야 운행할 수 있다.
③ 이륜차 운전자 – 정체를 피해 중앙버스전용차로로 운전할 수 있다.

다음 상황에서 가장 안전한 운전방법 2가지는?

① 주차된 차량 뒤편에서 보행자가 나타날 수 있다는 점을 유념하면서 운전한다.
② 우측에 있는 보행자와 거리를 두고 일시정지하거나 서행하여 지나간다.

다음 상황에서 가장 안전한 운전방법 2가지는?

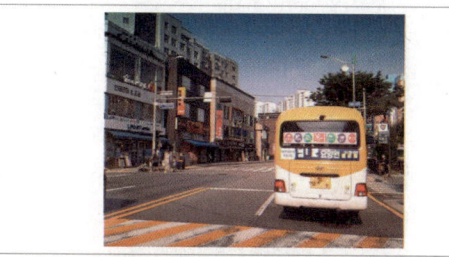

② 주위 상황을 확인 후 1차로로 차로변경한다.
⑤ 1차로 후방에 차량이 있으면 무리해서 차로변경하지 않고 버스 뒤에 대기한다.

다음 상황에서 가장 안전한 운전방법 2가지는?

① 직진하려는 경우 전방 차량신호등이 적색 등화이므로 서행하며 안전하게 선행차량 뒤편에 정차한다.
② 차량신호등이 녹색 등화로 바뀌면 일단 현재 차로에서 진행하다가 충분한 거리가 확보된 후 안전하게 차로변경한다.

다음 상황에서 교통안전표지에 대한 설명 중 가장 바르게 된 것 2가지는?

① 자동차전용도로표지는 자동차를 이용하는 경우 외에는 진입하면 안 된다는 의미이다.
④ 전방 우측의 자동차를 표현한 파란색 표지판은 교통안전표지 중 지시표지이다.

다음 상황에서 가장 안전한 운전방법 2가지는?

② 좌로 굽은 내리막 도로는 전방 상황을 확인하기 어렵기 때문에 미리 속도를 줄여 교차로에 진입한다.
③ 아파트에서 도로로 나오는 차량이 있을 수 있으므로 미리 대비하며 주행한다.

다음 상황에서 가장 안전한 운전방법 2가지는?

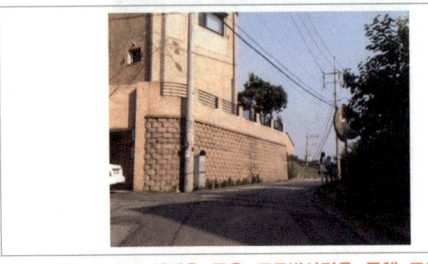

② 주변을 살피기 어려운 곳은 도로반사경을 통해 교통상황을 확인한다.
③ 좌측 골목길에 차량이 있으므로 교차로 진입 전 잘 살피고 서행하며 교차로에 진입한다.

다음 상황에서 가장 안전한 운전방법 2가지는?

② 기상상황에 따라 규정된 속도 이내로 진행한다.
③ 전방 공사 중이므로 교통상황을 잘 주시하며 진행한다.

다음 상황에서 가장 안전한 운전방법 2가지는?

③ 우측 지하차도에서 진입하는 차량에 대한 확인이 어려우므로 속도를 줄이고 교차로에 진입한다.
⑤ 횡단하려는 보행자가 있는 경우 일시정지를 하여 보행자의 안전을 확인한 후 진행한다.

다음 상황에서 가장 안전한 운전방법 2가지는?

② 지그재그 형태의 백색실선은 진로변경제한선이므로 진로변경하면 안 된다.
③ 지그재그 형태의 백색실선은 서행의 의미를 나타내므로 속도를 줄여 서행한다.

다음 상황에서 잘못된 운전방법 2가지는?

② 유턴하려면 전방에 차가 없는 경우 안전하게 2차로에서 교차로를 통해 유턴한다.
③ 탑승자를 하차시키려면 횡단보도 앞에 잠시 정차한다.

다음 상황에서 가장 안전한 운전방법 2가지는?

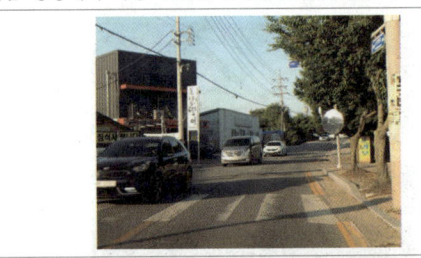

① 좌회전하려는 경우 방향지시등을 켜고 맞은편 차량이 통과한 후 안전하게 진입한다.
② 좌우측 확인이 안 되는 교차로이므로 일시정지한 후 안전하게 교차로에 진입한다.

다음 상황에서 가장 안전한 운전방법 2가지는?

④ 우측 출발하는 승용차와의 안전거리를 충분히 유지하며 서행한다.
⑤ 주택가 이면도로이므로 보행자가 나올 것을 대비하여 속도를 줄인다.

다음 상황에서 적절한 운전행태로 옳은 것 2가지는?

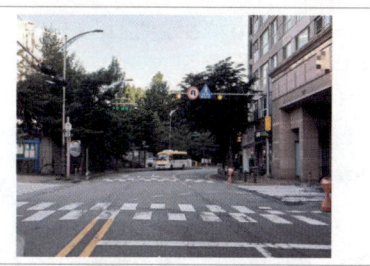

② 좌우측 아파트 진출입로가 있으므로 주변 차량을 잘 살피고 서행하며 진행한다.
④ 교차로를 지나 차로가 줄어들기 때문에 직진하려는 경우 미리 직진 차로로 변경한다.

다음 상황에서 가장 안전한 운전방법 2가지는?

① 전방에 보행자가 있으므로 일시정지 후 보행자의 안전을 확인 후 진행한다.
③ 우측 주차된 흰색 차량 뒤편의 보행자를 주의하며 진행한다.

다음 상황을 통해 알 수 있는 정보로 바르지 않은 것 2가지는?

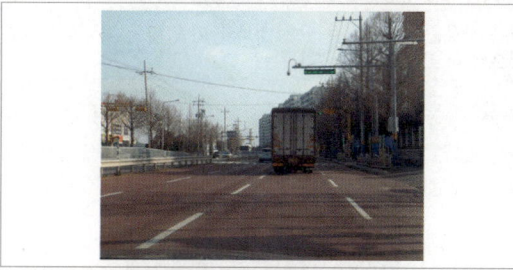

④ 이 도로의 제한속도는 시속 30킬로미터이다.
⑤ 앞선 자동차들은 브레이크 페달을 조작하고 있다.

다음 상황에서 가장 안전한 운전방법 2가지는?

③ 전방 우측 도로에서 차량이 진입할 경우를 대비하여 서행한다.
⑤ 횡단보도 앞 정지선에서 일시정지한다.

다음 상황에서 가장 안전한 운전방법 2가지는?

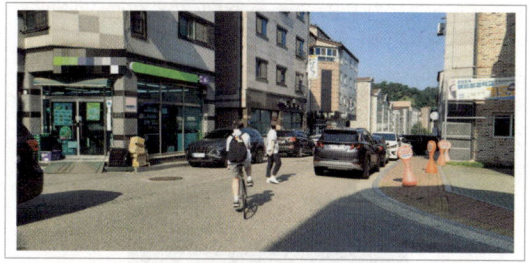

① 보행자가 있으므로 안전하게 보행할 수 있도록 서행하거나 일시정지하여 안전을 확인하고 진행한다.
② 주변 주·정차 차량 사이에서 보행자가 나타날 수 있으므로 주의하며 진행한다.

다음 상황에서 가장 안전한 운전방법 2가지는?

① 신호기가 작동하지 않기 때문에 교차로 진입 시 교차로 상황을 잘 살피고 진입한다.
④ 3차로에서 직진하려는 경우 경운기의 진행상태를 정확히 확인하고 진행한다.

다음 상황에서 가장 안전한 운전방법 2가지는?

① 보행보조용 의자차는 보행자로 간주하므로 충분한 거리를 두고 진행한다.
⑤ 비상점멸등을 켜고 서행하여 후행차량에 전방의 위험상황을 알려준다.

Chapter 02. 사진/일러스트형 문제 정리

다음과 같은 상황에서 **잘못된** 통행방법 2가지는?

① 신호가 바뀌기 전에 교차로를 통과하기 위해 최대한 가속한다.
② ╋자형 교차로에서 우회전하기 위해 계속 1차로로 통행한다.

다음과 같은 상황에서 **잘못된** 통행방법 2가지는?

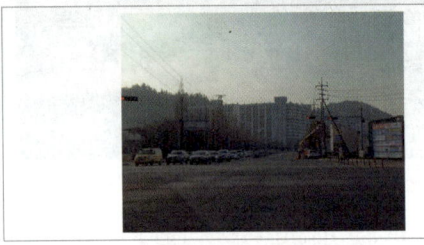

① 1차로에서는 녹색 등화에 우회전할 수 있다.
⑤ 3차로에서는 녹색 등화에 직진하여 교차로 내에 설치된 안전지대에 정차한다.

다음 상황을 통해 알 수 있는 정보와 이에 따른 올바른 운전방법을 연결한 것으로 바르지 **않은** 것 2가지는?

③ 가로형 이색등 – 적색 X표가 있는 차로로 진행한다.
⑤ 중앙에 설치된 황색 점선 – 앞지르기하려고 할 때도 절대 넘을 수 없는 선이다.

다음 상황을 통해 알 수 있는 정보와 이에 따른 올바른 운전방법을 연결한 것으로 바르지 **않은** 것 2가지는?

② 차로 우측에 설치된 황색실선의 복선구간 – 보도에 걸치는 방식의 정차는 허용된다.
③ 노면이 얼어 있는 상태 – 최고 제한속도의 100분의 20을 줄인 속도로 운행한다.

다음과 같은 상황에서의 운전방법으로 바르지 **못한** 것 2가지는?

① 자전거 운전자가 좌회전하고자 하는 경우 1차로에서 좌회전 신호를 기다린다.
② 개인형이동장치 운전자가 좌회전하고자 하는 경우 2차로에서 좌회전 신호를 기다린다.

다음 상황에서 가장 안전한 운전방법 2가지는?

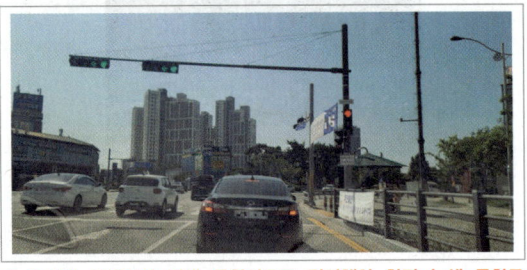

③ 우회전 삼색등이 적색 등화이므로 정지해야 하며 녹색 등화로 바뀐 후 우회전할 수 있다.
⑤ 우회전 삼색등이 녹색 등화인 경우라도 보행자가 있을 수 있으므로 안전을 확인하며 우회전한다.

다음과 같은 상황에서 가장 안전한 운전방법 2가지는?

① 시속 30킬로미터 이내의 속도로 운전한다.
② 전방 10미터 우측 상가 지하주차장으로 진입할 때에는 일시정지한 후에 안전한지 확인하면서 서행한다.

다음 상황을 통해 알 수 있는 정보와 이에 대한 해석을 연결한 것으로 바르지 **않은** 것 2가지는?

① 어린이보호표지 – 어린이보호구역으로써 어린이가 특별히 보호되는 구역이다.
④ 적색 등화의 점멸 – 서행하면서 운전해야 한다.

다음 중 대형화물자동차의 선회특성과 진동특성에 대한 설명으로 가장 알맞은 것은?
③ 화물의 종류와 적재위치에 따라 선회 반경과 안정성이 크게 변할 수 있다.

초대형중량물의 운송을 위하여 단독으로 또는 2대 이상을 조합하여 운행할 수 있도록 되어 있는 구조로서 하중을 골고루 분산하기 위한 장치를 갖춘 피견인자동차는?
③ 모듈트레일러

자동차 및 자동차부품의 성능과 기준에 관한 규칙상 연결자동차가 초과해서는 안 되는 자동차 길이의 기준은?
② 16.7미터

자동차관리법상 구난형 특수자동차의 세부 기준은?
③ 고장·사고 등으로 운행이 곤란한 자동차를 구난·견인할 수 있는 구조인 것

트레일러 운전자의 준수사항에 대한 설명으로 가장 알맞은 것은?
② 정당한 이유 없이 화물의 운송을 거부해서는 아니 된다.

다음 중 편도 3차로 고속도로에서 구난차의 주행 차로는? (단, 버스전용차로 없음)
③ 오른쪽차로

자동차 및 자동차부품의 성능과 기준에 관한 규칙에 따른 자동차의 길이 기준은? (단, 연결자동차 아님)
① 13미터

다음 중 구난차로 상시 4륜구동 자동차를 견인하는 경우 가장 적절한 방법은?
② 상시 4륜구동 자동차는 전체를 들어서 견인한다.

교통사고 발생 현장에 도착한 구난차 운전자의 가장 바람직한 행동은?
④ 운전자의 부상 정도를 확인하고 2차 사고에 대비 안전조치를 한다.

구난차 운전자의 행동으로 가장 바람직한 것은?
② 피견인차량을 견인 시 법규를 준수하고 안전하게 견인한다.

구난차가 갓길에서 고장차량을 견인하여 주행차로로 진입할 때 가장 주의해야 할 사항으로 맞는 것은?
③ 주행차로 뒤쪽에서 빠르게 주행해오는 차량에 주의

부상자가 발생한 사고현장에서 구난차 운전자가 취한 행동으로 가장 적절하지 않은 것은?
④ 바로 견인준비를 하며 합의를 종용하였다.

다음 중 자동차의 주행 또는 급제동 시 자동차의 뒤쪽 차체가 좌우로 떨리는 현상을 뜻하는 용어는?
① 피쉬테일링(Fishtailing)

다음 중 구난차의 각종 장치에 대한 설명으로 맞는 것은?
③ 작업 시 안정성을 확보하기 위하여 전방과 후방 측면에 부착된 구조물을 아웃트리거라고 한다.

교통사고 발생 현장에 도착한 구난차 운전자가 부상자에게 응급조치를 해야 하는 이유로 가장 거리가 먼 것은?
③ 부상자의 재산을 보호하기 위하여

구난차 운전자가 FF방식(Front engine Front wheel drive)의 고장 난 차를 구난하는 방법으로 가장 적절한 것은?
① 차체의 앞부분을 들어올려 견인한다.

구난차 운전자가 교통사고현장에서 한 조치이다. 가장 바람직한 것은?
④ 사고당사자에게 일단 심리적 안정을 취할 수 있도록 도와줬다.

구난차 운전자가 교통사고 현장에서 부상자를 발견하였을 때 대처방법으로 가장 바람직한 것은?
① 말을 걸어보거나 어깨를 두드려 부상자의 의식상태를 확인한다.

다음 중 구난차 운전자의 가장 바람직한 행동은?
① 화재발생 시 초기진화를 위해 소화 장비를 차량에 비치한다.

제한속도 매시 100킬로미터 고속도로에서 구난차량이 매시 145킬로미터로 주행하다 과속으로 적발되었다. 벌점과 범칙금 액은?
② 벌점 60점, 범칙금 13만 원

다음 중 구난차 운전자가 자동차에 도색(塗色)이나 표지를 할 수 있는 것은?
④ 응급상황 발생 시 연락할 수 있는 운전자 전화번호

구난차 운전자가 RR방식(Rear engine Rear wheel drive)의 고장 난 차를 구난하는 방법으로 가장 적절한 것은?
② 차체의 뒷부분을 들어올려 견인한다.

교통사고 현장에 출동하는 구난차 운전자의 운전방법으로 가장 바람직한 것은?
④ 신속한 도착도 중요하지만 교통사고 방지를 위해 안전운전한다.

다음 중 보복운전을 예방하는 방법이라고 볼 수 없는 것은?
③ 속도를 올릴 때 전조등을 상향으로 켜기

도로교통법령상 75세 이상인 사람이 받아야 하는 교통안전교육에 대한 설명으로 틀린 것은?
③ 75세 이상인 사람이 운전면허를 처음 받으려는 경우 교육시간은 1시간이다.

다음 중 대형화물자동차의 특징에 대한 설명으로 가장 알맞은 것은?
① 적재화물의 위치나 높이에 따라 차량의 중심위치는 달라진다.

다음 중 대형화물자동차의 운전특성에 대한 설명으로 가장 알맞은 것은?
② 고속주행 시에 차체가 흔들리기 때문에 순간적으로 직진안정성이 나빠지는 경우가 있다.

다음 중 대형화물자동차의 사각지대와 제동 시 하중변화에 대한 설명으로 가장 알맞은 것은?
④ 화물 하중의 변화에 따라 제동력에 차이가 발생한다.

대형차의 운전특성에 대한 설명으로 잘못된 것은?
② 소형차에 비해 운전석이 높아 차의 바로 앞만 보고 운전하게 되므로 직진 안정성이 좋아진다.

4.5톤 화물자동차의 화물 적재함에 사람을 태우고 운행한 경우 범칙금액은?
① 5만 원

도로교통법령상 화물자동차의 적재용량 안전 기준에 위반한 차량은?
① 자동차 길이의 10분의 2를 더한 길이

다음 제1종 특수면허에 대한 설명 중 옳은 것은?
② 소형견인차 면허는 적재중량 4톤의 화물자동차를 운전할 수 있다.

자동차 및 자동차부품의 성능과 기준에 관한 규칙에 따라 자동차(연결자동차 제외)의 길이는 ( )미터를 초과하여서는 아니 된다. ( )에 기준으로 맞는 것은?
④ 13

대형승합자동차 운행 중 차내에서 승객이 춤추는 행위를 방치하였을 경우 운전자의 처벌은?
② 범칙금 10만 원, 벌점 40점

고속버스가 밤에 도로를 통행할 때 켜야 할 등화에 대한 설명으로 맞는 것은?
① 전조등, 차폭등, 미등, 번호등, 실내조명등

도로교통법상 차의 승차 또는 적재방법에 관한 설명으로 틀린 것은?
④ 운전자는 영유아나 동물의 안전을 위하여 안고 운전하여야 한다.

화물자동차의 적재화물 이탈 방지에 대한 설명으로 올바르지 않은 것은?
② 효율적인 운송을 위해 적재중량의 120퍼센트 이내로 적재한다.

다음 중 총중량 750킬로그램 이하의 피견인자동차를 견인할 수 없는 운전면허는?
② 제1종 보통연습면허

제1종 대형면허와 제1종 보통면허의 운전범위를 구별하는 화물자동차의 적재중량 기준은?
① 12톤 미만

제1종 보통면허 소지자가 총중량 750kg 초과 3톤 이하의 피견인자동차를 견인하기 위해 추가로 소지하여야 하는 면허는?
① 제1종 소형견인차면허

급감속·급제동 시 피견인차가 앞쪽 견인차를 직선 운동으로 밀고 나아가면서 연결 부위가 'ㄱ'자처럼 접히는 현상을 말하는 용어는?
② 잭나이프(Jack Knife)

고속도로가 아닌 곳에서 총중량이 1천 5백 킬로그램인 자동차를 총중량 5천 킬로그램인 승합자동차로 견인할 때 최고속도는?
③ 매시 30킬로미터

자동차를 견인하는 경우에 대한 설명으로 바르지 못한 것은?
③ 일반도로에서 견인차가 아닌 차량으로 다른 차량을 견인할 때에는 도로의 제한속도로 진행할 수 있다.

다음 중 특수한 작업을 수행하기 위해 제작된 총중량 3.5톤 이하의 특수자동차(구난차등은 제외)를 운전할 수 있는 면허는?
③ 제2종 보통면허

다음 중 도로교통법상 소형견인차 운전자가 지켜야 할 사항으로 맞는 것은?
③ 소형견인차 운전자는 운행 시 제1종 특수(소형견인차)면허를 취득하고 소지하여야 한다.

다음 중 트레일러 차량의 특성에 대한 설명으로 가장 적정한 것은?
③ 승용차에 비해 내륜차(內輪差)가 크다.

다음 중 편도 3차로 고속도로에서 견인차의 주행 차로는? (단, 버스전용차로 없음)
③ 3차로

화물을 적재한 트레일러 자동차가 시속 50킬로미터로 편도 1차로 도로의 우로 굽은 도로를 진행할 때 가장 안전한 운전방법은?
④ 원심력에 의해 전복의 위험성이 있어 속도를 줄이면서 진입한다.

자동차관리법상 유형별로 구분한 특수자동차에 해당되지 않는 것은?
③ 일반형

다음 중 트레일러의 종류에 해당되지 않는 것은?
④ 고가트레일러

다음 중 도로교통법상 자동차를 견인하는 경우에 대한 설명으로 바르지 못한 것은?
① 제1종 대형면허로 대형견인차를 운전하여 이륜자동차를 견인하였다.

자동차 및 자동차부품의 성능과 기준에 관한 규칙상 견인형 특수자동차의 뒷면 또는 우측면에 표시하여야 하는 것은?
② 차량중량에 승차정원의 중량을 합한 중량

자동차 및 자동차부품의 성능과 기준에 관한 규칙상 트레일러의 차량중량이란?
① 공차상태의 자동차의 중량을 말한다.

도로에서 캠핑트레일러 피견인 차량 운행 시 횡풍 등 물리적 요인에 의해 피견인 차량이 물고기 꼬리처럼 흔들리는 현상은?
② 스웨이(Sway) 현상

차체 일부가 견인자동차의 상부에 실리고, 해당 자동차 및 적재물 중량의 상당 부분을 견인자동차에 분담시키는 구조의 피견인자동차는?
② 세미트레일러

다음 중 견인차의 트랙터와 트레일러를 연결하는 장치로 맞는 것은?
① 커플러

트레일러의 특성에 대한 설명이다. 가장 알맞은 것은?
② 급차로변경을 할 때 전도나 전복의 위험성이 높다.

연료의 소비효율이 가장 높은 운전방법은?
③ 경제속도로 주행한다.

도로교통법령상 자전거 운전자가 법규를 위반한 경우 범칙금 대상이 아닌 것은?
④ 제한속도위반

도로교통법령상 자전거도로의 이용과 관련한 내용으로 적절치 않은 2가지는?
③ 자전거도로는 개인형 이동장치가 통행할 수 없다.
④ 자전거전용도로는 도로교통법상 도로에 포함되지 않는다.

친환경 경제 운전방법으로 가장 적절한 것은?
④ 급감속은 되도록 피한다.

자동차 에어컨 사용방법 및 점검에 관한 설명으로 가장 타당한 것은?
① 에어컨은 처음 켤 때 고단으로 시작하여 저단으로 전환한다.

다음 중 자동차 연비 향상방법으로 가장 바람직한 것은?
② 엔진오일 교환 시 오일필터와 에어필터를 함께 교환해준다.

주행 중에 가속 페달에서 발을 떼거나 저단으로 기어를 변속하여 차량의 속도를 줄이는 운전방법은?
④ 엔진브레이크

다음 중 자동차 연비를 향상시키는 운전방법으로 가장 바람직한 것은?
② 법정속도에 따른 정속 주행한다.

다음 중 운전습관 개선을 통한 친환경 경제 운전이 아닌 것은?
① 자동차 연료를 가득 유지한다.

다음 중 자동차의 친환경 경제 운전방법은?
④ 자동차 연료는 절반 정도만 채운다.

수소자동차 관련 설명 중 적절하지 않은 것은?
④ 수소자동차 충전소에서 운전자가 임의로 충전소 설비를 조작하였다.

다음 중 경제 운전에 대한 운전자의 올바른 운전습관으로 가장 바람직하지 않은 것은?
② 경제적 절약을 위해 유사연료 사용하기

환경친화적 자동차의 개발 및 보급 촉진에 관한 법률상 환경친화적 자동차전용주차구역에 주차해서는 안 되는 자동차는?
② 태양광자동차

다음 중 수소자동차에 대한 설명으로 옳은 것은?
④ 수소자동차 운전자는 해당 차량이 안전운행에 지장이 없는지 점검하고 안전하게 운전하여야 한다.

다음 중 친환경운전과 관련된 내용으로 맞는 것 2가지는?
① 온실가스 감축 목표치를 규정한 교토 의정서와 관련이 있다.
② 대기오염을 일으키는 물질에는 탄화수소, 일산화탄소, 이산화탄소, 질소산화물 등이 있다.

다음 중 자동차 배기가스의 미세먼지를 줄이기 위한 가장 적절한 운전방법은?
② 급가속을 하지 않고 부드럽게 출발한다.

다음 중 수소자동차의 주요 구성품이 아닌 것은?
③ 내연기관에 의해 구동되는 발전기

다음 중 수소자동차 점검에 대한 설명으로 틀린 것은?
④ 수소자동차를 운전하는 자는 해당 차량이 안전 운행에 지장이 없는지 점검해야 할 의무가 없다.

다음 중 유해한 배기가스를 가장 많이 배출하는 자동차는?
④ 노후된 디젤자동차

친환경 경제 운전 중 관성 주행(Fuel Cut)방법이 아닌 것은?
② 평지에서는 속도를 줄이지 않고 계속해서 가속 페달을 밟는다.

다음 중 수소자동차 연료를 충전할 때 운전자의 행동으로 적절치 않은 것은?
② 수소자동차 충전소 충전기 주변에서 흡연을 하였다.

다음 중 자동차 배기가스 재순환장치(EGR : Exhaust Gas Recirculation)가 주로 억제하는 물질은?
① 질소산화물(NOx)

수소자동차 운전자의 충전소 이용 시 주의사항으로 올바르지 않은 것은?
② 수소자동차 연료 충전 중에 자동차를 이동할 수 있다.

화물을 적재한 덤프트럭이 내리막길을 내려오는 경우 다음 중 가장 안전한 운전방법은?
③ 앞차의 급정지를 대비하여 충분한 차간 거리를 유지한다.

다음 중 화물의 적재불량 등으로 인한 교통사고를 줄이기 위한 운전자의 조치사항으로 가장 알맞은 것은?
① 화물을 싣고 이동할 때는 반드시 덮개를 씌운다.

화물자동차의 화물 적재에 대한 설명 중 가장 옳지 않은 것은?
② 화물자동차는 무게 중심이 앞쪽에 있기 때문에 적재함의 뒤쪽부터 적재한다.

대형 및 특수 자동차의 제동특성에 대한 설명이다. 잘못된 것은?
④ 차량의 적재량이 커질수록 실제 제동거리는 짧아진다.

다음 중 저상버스의 특성에 대한 설명이다. 가장 거리가 먼 것은?
④ 일반버스에 비해 차체의 높이가 1/2이다.

운행기록계를 설치하지 않은 견인형 특수자동차(화물자동차 운수사업법에 따른 자동차에 한함)를 운전한 경우 운전자 처벌규정은?
④ 범칙금 7만 원

화물자동차의 적재물 추락방지를 위한 설명으로 가장 옳지 않은 것은?
④ 적재물 추락방지위반의 경우에 범칙금은 5만 원에 벌점은 10점이다.

유상운송을 목적으로 등록된 사업용 화물자동차 운전자가 반드시 갖추어야 하는 것은?
② 화물운송종사 자격증

다음은 대형화물자동차의 특성에 대한 설명이다. 가장 알맞은 것은?
① 화물의 종류에 따라 선회 반경과 안정성이 크게 변할 수 있다.

다음 중 운송사업용 자동차 등 도로교통법상 운행기록계를 설치하여야 하는 자동차 운전자의 바람직한 운전행위는?
④ 주기적인 운행기록계 관리로 고장 등을 사전에 예방하는 행위

제1종 대형면허의 취득에 필요한 청력 기준은? (단, 보청기 사용자 제외)
④ 55데시벨

도로교통법령상 **초보운전자**에 대한 설명으로 맞는 것은?
④ 처음 제1종 보통면허를 받은 날부터 2년이 지나지 않은 사람은 초보운전자에 해당한다.

도로교통법령상 **앞지르기**에 대한 설명으로 맞는 것은?
③ 차의 운전자가 앞서가는 다른 차의 좌측 옆을 지나서 그 차의 앞으로 나가는 것을 말한다.

도로교통법령상 **자동차가 아닌** 것은?
② 원동기장치자전거

도로교통법령상 **원동기장치자전거**에 대한 설명으로 옳은 것은?
④ 전기를 동력으로 사용하는 경우는 최고정격출력 11킬로와트 이하의 원동기를 단 차(전기자전거 제외)를 말한다.

교통사고처리특례법상 피해자의 명시된 **의사에 반하여 공소를 제기할 수 있는 속도위반 교통사고**는?
④ 최고속도가 60킬로미터인 편도 1차로 일반도로에서 매시 82킬로미터로 주행하다가 발생한 교통사고

교통사고처리특례법상 **교통사고에 해당하지 않는** 것은?
② 철길건널목에서 보행자가 기차에 부딪혀 다친 경우

도로교통법령상 도로의 구간 또는 장소에 설치하는 **노면 표시의 색채**에 대한 설명으로 맞는 것은?
③ 소방시설 주변 정차·주차 금지 표시는 빨간색이다.

도로교통법령상 **적성검사 기준**을 갖추었는지를 판정하는 서류가 **아닌** 것은?
④ 대한 안경사협회장이 발급한 시력검사서

도로교통법령상 **4색 등화의 가로형 신호등 배열 순서**로 맞는 것은?
② 좌로부터 적색 → 황색 → 녹색 화살표 → 녹색

다음 중 사용하는 사람 또는 기관 등의 신청에 의하여 시·도경찰청장이 지정할 수 있는 **긴급자동차**로 맞는 것은?
③ 전파감시업무에 사용되는 자동차

도로교통법령상 **긴급자동차의 준수사항**으로 옳은 것 2가지는?
② 국내외 요인에 대한 경호업무수행에 공무로 사용되는 긴급자동차는 사이렌을 울리거나 경광등을 켜지 않아도 된다.
④ 긴급자동차는 원칙적으로 사이렌을 울리거나 경광등을 켜야만 우선통행 및 법에서 정한 특례를 적용받을 수 있다.

다음은 **도로교통법**에서 정의하고 있는 용어이다. 알맞은 내용 2가지는?
② '차선'이란 차로와 차로를 구분하기 위하여 그 경계지점을 안전표지로 표시한 선을 말한다.
④ '보도'란 연석선 등으로 경계를 표시하여 보행자가 통행할 수 있도록 한 도로의 부분을 말한다.

도로교통법령상 어린이보호구역 내의 차로가 설치되지 않은 좁은 도로에서 자전거를 주행하여 보행자 옆을 지나갈 때 **안전한 거리를 두지 않고 서행하지 않은 경우 범칙 금액**은?
③ 4만 원

도로교통법령상 어린이가 도로에서 타는 경우 **인명보호장구를 착용하여야 하는** 행정안전부령으로 정하는 위험성이 큰 놀이기구에 **해당하지 않는** 것은?
② 전동이륜평행차

도로교통법령상 **자전거의 통행방법**에 대한 설명으로 **틀린** 것은?
③ 교차로에서 좌회전하고자 할 때는 서행으로 도로의 중앙 또는 좌측 가장자리에 붙어서 좌회전해야 한다.

도로교통법령상 **자전거 통행방법**에 대한 설명으로 맞는 2가지는?
① 자전거 운전자는 안전표지로 통행이 허용된 경우를 제외하고는 2대 이상이 나란히 차도를 통행하여서는 아니 된다.
② 자전거 운전자가 횡단보도를 이용하여 도로를 횡단할 때에는 자전거를 끌고 통행하여야 한다.

도로교통법령상 **용어의 정의**에 대한 설명으로 맞는 것은?
① '자동차전용도로'란 자동차만이 다닐 수 있도록 설치된 도로를 말한다.

도로교통법령상 **개인형 이동장치 운전자 준수사항**으로 맞지 않은 것은?
① 개인형 이동장치는 운전면허를 받지 않아도 운전할 수 있다.

자전거 이용 활성화에 관한 법률상 ( )세 미만은 전기자전거를 운행할 수 없다. ( ) 안의 기준으로 알맞은 것은?
② 13

다음 중 도로교통법상 **자전거를 타고 보도 통행을 할 수 없는** 사람은?
③ 신체의 부상으로 석고붕대를 하고 있는 사람

전방에 자전거를 끌고 차도를 횡단하는 사람이 있을 때 가장 **안전한 운전방법**은?
③ 자전거 횡단지점과 일정한 거리를 두고 일시정지한다.

도로교통법령상 **자전거등의 통행방법**으로 적절한 행위가 **아닌** 것은?
① 진행방향 가장 좌측 차로에서 좌회전하였다.

도로교통법령상 **자전거 운전자가 지켜야 할 내용**으로 맞는 것은?
① 보행자의 통행에 방해가 될 때는 서행 및 일시정지해야 한다.

도로교통법령상 **자전거(전기자전거 제외) 운전자의 도로 통행방법**으로 가장 바람직하지 **않은** 것은?
④ 통행 차량이 없어 도로 중앙으로 통행하였다.

도로교통법령상 **개인형 이동장치 운전자**에 대한 설명으로 바르지 **않은** 것은?
③ 전동이륜평행차는 승차정원 1명을 초과하여 동승자를 태우고 운전할 수 있다.

도로교통법령상 **자전거 운전자의 교차로 좌회전 통행방법**에 대한 설명이다. 맞는 것은?
① 도로의 우측 가장자리로 붙어 서행하면서 교차로의 가장자리 부분을 이용하여 좌회전하여야 한다.

도로교통법령상 **승용차가 자전거전용차로를 통행**하다 단속되는 경우 도로교통법상 처벌은?
③ 범칙금 4만 원의 통고처분에 처한다.

도로교통법령상 **자전거 운전자가 밤에 도로를 통행**할 때 올바른 주행방법으로 가장 거리가 먼 것은?
① 경음기를 자주 사용하면서 주행한다.

도로교통법령상 **자전거도로를 주행할 수 있는 전기자전거의 기준**으로 옳지 **않은** 것은?
④ 최고정격출력 11킬로와트 초과하는 전기자전거

도로교통법령상 **자전거가 통행할 수 있는 도로의 명칭**에 해당하지 **않는** 2가지는?
② 자전거우선차로
③ 자전거·원동기장치자전거 겸용도로

도로교통법령상 원동기장치자전거를 운전할 수 있는 **운전면허를 받지 아니하고** 개인형 이동장치를 운전한 경우 처벌 기준은?
① **20만 원 이하 벌금이나 구류 또는 과료**

도로교통법령상 승용자동차의 고용주등에게 부과되는 **위반행위별 과태료** 금액이 틀린 것은? (단, 어린이보호구역 및 노인·장애인보호구역 제외)
④ **속도위반(매시 20킬로미터 이하)의 경우 과태료 5만 원**

도로교통법령상 **무사고·무위반** 서약에 의한 벌점 감경(착한 운전 마일리지제도)에 대한 설명으로 맞는 것은?
③ **운전자가 정지처분을 받게 될 경우 누산점수에서 특혜점수를 공제한다.**

도로교통법령상 **연습운전면허 취소사유**로 규정된 2가지는?
① **단속하는 경찰공무원등 및 시·군·구 공무원을 폭행한 때**
③ **다른 사람에게 연습운전면허증을 대여하여 운전하게 한 때**

도로교통법령상 **특별교통안전 의무교육**을 받아야 하는 사람은?
④ **난폭운전으로 면허가 정지된 사람**

2회 이상 경찰공무원의 **음주측정을 거부한** 승용차 운전자의 처벌 기준은? (단, 벌금 이상의 형이 확정된 날부터 10년 내)
① **1년 이상 6년 이하의 징역이나 500만 원 이상 3천만 원 이하의 벌금**

도로교통법령상 **운전면허 취소 사유**가 아닌 것은?
③ **제한속도를 시속 100킬로미터 초과하여 2회 운전한 경우**

도로교통법령상 **혈중알코올농도 0.08퍼센트 이상 0.2퍼센트 미만**의 술에 취한 상태로 자동차를 운전한 사람에 대한 처벌 기준으로 맞는 것은? (단, 1회 위반한 경우, 개인형 이동장치는 제외)
③ **1년 이상 2년 이하의 징역이나 500만 원 이상 1천만 원 이하의 벌금**

도로교통법령상 도로에서 자동차 운전자가 **물적 피해 교통사고**를 일으킨 후 **조치 등 불이행**에 따른 벌점 기준은?
① **15점**

도로교통법령상 4.5톤 화물자동차의 **적재물 추락 방지 조치**를 하지 않은 경우 범칙금액은?
① **5만 원**

도로교통법령상 **전용차로 통행**에 대한 설명으로 맞는 것은?
② **승차정원 9인승 이상 승용차는 6인이 승차하면 고속도로 버스전용차로를 통행할 수 있다.**

도로교통법령상 자동차 운전자가 **중앙선 침범**으로 피해자에게 중상 1명, 경상 1명의 교통사고를 일으킨 경우 벌점은?
③ **50점**

도로교통법령상 '도로에서 **어린이에게 개인형 이동장치를 운전하게 한 보호자의 과태료**'와 '**술에 취한 상태로 개인형 이동장치를 운전한** 사람의 범칙금(측정거부 제외)'을 합산한 것으로 맞는 것은?
② **20만 원**

도로교통법령상 **고속도로 버스전용차로**를 이용할 수 있는 자동차의 기준으로 맞는 것은?
② **9인승 승용자동차는 6인 이상 승차한 경우에 통행이 가능하다.**

다음 교통상황에서 **일시정지해야** 하는 곳이 아닌 것은?
① **신호기의 신호가 황색 점멸 중인 교차로**

유료도로법령상 **통행료 미납하고 고속도로를 통과한 차량**에 대한 부가통행료 부과 기준으로 맞는 것은?
② **통행료의 10배에 해당하는 금액을 부과할 수 있다.**

도로교통법령상 전용차로 통행차 외에 **전용차로로 통행할 수 있는 경우**가 아닌 것은?
④ **택배차가 물건을 내리기 위해 일시 통행하는 경우**

도로교통법령상 자동차전용도로에서 자동차의 **최고 속도와 최저 속도**는?
③ **매시 90킬로미터, 매시 30킬로미터**

고속도로 통행료 미납 시 **강제징수의 방법**으로 맞지 않는 것은?
④ **번호판영치**

도로교통법령상 **개인형 이동장치 운전자(13세 이상)**의 법규위반에 대한 범칙금액이 다른 것은?
② **경찰공무원의 호흡조사 측정에 불응한 경우**

도로교통법령상 **무면허운전이 아닌** 경우는?
② **연습면허를 받고 도로에서 운전연습을 하는 경우**

도로교통법령상 **신호**에 대한 설명으로 맞는 2가지는?
① **황색 등화의 점멸 – 차마는 다른 교통 또는 안전표지에 주의하면서 진행할 수 있다.**
③ **녹색 화살 표시의 등화 – 차마는 화살표방향으로 진행할 수 있다.**

도로교통법령상 **정비불량차량** 발견 시 ( )일의 범위 내에서 그 사용을 정지시킬 수 있다. ( ) 안의 기준으로 맞는 것은?
③ **10**

도로교통법령상 **'자동차'에 해당**하는 2가지는?
① **천공기(트럭적재식)**
② **노상안정기**

도로교통법상 **자동차등(개인형 이동장치 제외)을 운전한 사람**에 대한 처벌 기준에 대한 내용이다. 잘못 연결된 2가지는?
① **혈중알콜농도 0.2% 이상으로 음주운전한 사람 – 1년 이상 2년 이하의 징역이나 1천만 원 이하의 벌금**
④ **원동기장치자전거 무면허운전 – 50만 원 이하의 벌금이나 구류**

도로교통법령상 **'차로'를 설치할 수 있는 곳** 2가지는?
② **터널 안**
④ **다리 위**

도로교통법령상 승용차가 해당 도로에서 **법정 속도를 위반하여 운전**하고 있는 경우 2가지는?
① **편도 2차로인 일반도로를 매시 85킬로미터로 주행 중이다.**
③ **자동차전용도로를 매시 95킬로미터로 주행 중이다.**

도로교통법령상 **길 가장자리구역**에 대한 설명으로 맞는 2가지는?
② **보행자의 안전 확보를 위하여 설치한다.**
③ **보도와 차도가 구분되지 아니한 도로에 설치한다.**

교통사고처리특례법상 **처벌의 특례**에 대한 설명으로 맞는 것은?
③ **차의 운전자가 교통사고로 인하여 형사처벌을 받게 되는 경우 5년 이하의 금고 또는 2천만 원 이하의 벌금형을 받는다.**

도로교통법령상 **보행보조용 의자차**(식품의약품 안전처장이 정하는 의료기기의 규격)로 볼 수 없는 것은?
④ **전기자전거**

도로교통법령상 자동차 운전자가 **난폭운전**으로 형사입건되었다. 운전면허 **행정처분**은?
④ 면허 정지 40일

다음 중 교통사고를 일으킨 운전자가 종합보험이나 공제조합에 가입되어 있어 **교통사고처리특례법의 특례**가 적용되는 경우로 맞는 것은?
① 안전 운전 의무위반으로 자동차를 손괴하고 경상의 교통사고를 낸 경우

도로교통법령상 도로에서 동호인 7명이 4대의 차량으로 나누어 타고 공동으로 **다른 사람에게 위해**를 끼쳐 형사입건되었다. 처벌 기준으로 **틀린** 것은? (단, 개인형 이동장치는 제외)
② 적발 즉시 면허정지

도로교통법령상 술에 취한 상태에 있다고 인정할 만한 상당한 이유가 있는 자전거 운전자가 경찰공무원의 **정당한 음주측정 요구**에 불응한 경우 처벌은?
③ 범칙금 10만 원의 통고처분한다.

도로교통법령상 술에 **취한 상태에서 자전거를 운전**한 경우 어떻게 되는가?
② 범칙금 3만 원의 통고처분한다.

교통사고처리특례법상 형사처벌되는 경우로 맞는 2가지는?
② 택시공제조합에 가입한 택시가 중앙선을 침범하여 인적 피해가 있는 교통사고를 일으킨 때
③ 종합보험에 가입한 차가 신호를 위반하여 인적 피해가 있는 교통사고를 일으킨 때

도로교통법령상 범칙금 납부 통고서를 받은 사람이 **2차 납부기간을 경과**한 경우에 대한 설명으로 맞는 2가지는?
① 지체 없이 즉결심판을 청구하여야 한다.
② 즉결심판을 받지 아니한 때 운전면허를 40일 정지한다.

도로교통법령상 승용자동차 운전자가 **주·정차된 차만 손괴**하는 교통사고를 일으키고 피해자에게 **인적사항을 제공하지 아니한** 경우 어떻게 되는가?
③ 범칙금 12만 원의 통고처분한다.

도로교통법령상 운전자가 단속 **경찰공무원 등에 대한 폭행**을 하여 형사 입건된 때 처분으로 맞는 것은?
③ 운전면허를 취소 처분한다.

도로교통법령상 인적 피해 있는 교통사고를 야기하고 **도주한 차량의 운전자를 검거**하거나 신고하여 검거하게 한 운전자(교통사고의 피해자가 아닌 경우)에게 검거 또는 신고할 때마다 ( )의 특혜점수를 부여한다. ( )에 맞는 것은?
④ 40점

도로교통법령상 **혈중알코올농도 0.03퍼센트 이상 0.08퍼센트 미만**의 술에 취한 상태로 승용차를 운전한 사람에 대한 처벌 기준으로 맞는 것은? (단, 1회 위반한 경우)
① 1년 이하의 징역이나 500만 원 이하의 벌금

도로교통법령상 연습운전면허 소지자가 혈중알코올농도 ( )퍼센트 이상을 넘어서 운전한 때 **연습운전면허를 취소**한다. ( ) 안의 기준으로 맞는 것은?
① 0.03

도로교통법령상 승용자동차 운전자에 대한 **위반행위별 범칙금**이 **틀린** 것은?
④ 앞지르기 금지 시기·장소위반의 경우 5만 원

도로교통법령상 운전면허 행정처분에 대한 이의신청을 하여 인용된 경우 **취소처분에 대한 감경 기준**으로 맞는 것은?
③ 처분벌점 110점으로 한다.

도로교통법령상 화재진압용 연결송수관 설비의 **송수구로부터 5미터 이내** 승용자동차를 정차한 경우 범칙금은? (단, 안전표지 미설치)
① 4만 원

도로교통법상 **벌점 부과 기준**이 다른 위반행위 하나는?
① 승객의 차내 소란행위 방치 운전

도로교통법령상 즉결심판이 청구된 운전자가 즉결심판의 선고 전까지 통고받은 범칙금액에 ( )을 더한 금액을 내고 납부를 증명하는 서류를 제출하면 경찰서장은 운전자에 대한 **즉결심판 청구를 취소**하여야 한다. ( ) 안에 맞는 것은?
③ 100분의 50

자동차 번호판을 가리고 자동차를 운행한 경우의 벌칙으로 맞는 것은?
① 1년 이하의 징역 또는 1,000만 원 이하의 벌금

도로교통법령상 자동차 운전자가 고속도로에서 자동차 내에 **고장자동차의 표지**를 비치하지 않고 운행하였다. 어떻게 되는가?
① 2만 원의 과태료가 부과된다.

도로교통법령상 고속도로에서 승용자동차 운전자의 **과속행위**에 대한 범칙금 기준으로 맞는 것은?
① 제한속도 기준 시속 60킬로미터 초과 80킬로미터 이하 – 범칙금 12만 원

도로교통법령상 **교차로·횡단보도·건널목이나 보도와 차도가 구분된 도로의 보도에 2시간 이상 주차**한 승용자동차의 소유자에게 부과되는 과태료 금액으로 맞는 것은? (단, 어린이보호구역 및 노인·장애인보호구역 제외)
② 5만 원

도로교통법령상 **운전면허 취소처분에 대한 이의**가 있는 경우 운전면허행정처분 이의심의위원회에 신청할 수 있는 기간은?
③ 그 처분을 받은 날로부터 60일 이내

도로교통법령상 술에 취한 상태에 있다고 인정할 만한 상당한 이유가 있는 자동차 운전자가 경찰공무원의 정당한 **음주측정 요구에 불응한 경우** 처벌 기준으로 맞는 것은? (단, 1회 위반한 경우)
④ 1년 이상 5년 이하의 징역이나 500만 원 이상 2천만 원 이하의 벌금

도로교통법령상 **교통사고를 일으킨** 자동차 운전자에 대한 벌점 기준으로 맞는 것은?
① 신호위반으로 사망(72시간 이내) 1명의 교통사고가 발생하면 벌점은 105점이다.

도로교통법령상 **벌점이 부과되는** 운전자의 행위는?
① 주행 중 차 밖으로 물건을 던지는 경우

도로교통법령상 **적성검사 기준**을 갖추었는지를 판정하는 **건강검진 결과통보서**는 운전면허시험 신청일부터 ( ) 이내에 발급된 서류이어야 한다. ( ) 안의 기준으로 맞은 것은?
② 2년

도로교통법령상 **연습운전면허 소지자**가 도로에서 주행연습을 할 때 연습하고자 하는 자동차를 운전할 수 있는 운전면허를 받은 날부터 2년이 경과된 사람(운전면허 정지기간 중인 사람 제외)과 함께 승차하지 아니하고 **단독으로 운행**한 경우 처분은?
④ 연습운전면허 취소

다음은 진로 변경할 때 켜야 하는 신호에 대한 설명이다. 가장 알맞은 것은?
③ 진로 변경 시 신호를 하지 않으면 승용차 등과 승합차 등은 3만 원의 범칙금 대상이 된다.

앞지르기를 할 수 있는 경우로 맞는 것은?
④ 앞차가 저속으로 진행하면서 다른 차와 안전거리를 확보하고 있을 경우

고속도로에서 사고예방을 위해 정차 및 주차를 금지하고 있다. 이에 대한 설명으로 바르지 않은 것은?
④ 터널 안 비상주차대는 소방차와 경찰용 긴급자동차만 정차 또는 주차할 수 있다.

다음 중 자동차 운전자가 위험을 느끼고 브레이크 페달을 밟아 실제로 정지할 때까지의 '정지거리'가 가장 길어질 수 있는 경우 2가지는?
② 차량의 속도가 상대적으로 빠를 때
④ 과로 및 음주 운전 시

자동차 승차인원에 관한 설명으로 맞는 2가지는?
① 고속도로에서는 자동차의 승차정원을 넘어서 운행할 수 없다.
③ 출발지를 관할하는 경찰서장의 허가를 받은 때에는 승차정원을 초과하여 운행할 수 있다.

전방에 교통사고로 앞차가 급정지했을 때 추돌 사고를 방지하기 위한 가장 안전한 운전방법 2가지는?
① 앞차와 정지거리 이상을 유지하며 운전한다.
③ 앞차와 추돌하지 않을 정도로 충분히 감속하며 안전거리를 확보한다.

좌석안전띠에 대한 설명으로 맞는 2가지는?
② 일반적으로 경부에 대한 편타손상은 2점식에서 더 많이 발생한다.
④ 안전띠는 2점식, 3점식, 4점식으로 구분된다.

교통사고 발생 시 부상자의 의식상태를 확인하는 방법으로 가장 먼저 해야 할 것은?
② 말을 걸어보거나 어깨를 가볍게 두드려 본다.

좌석안전띠 착용에 대한 설명으로 맞는 2가지는?
② 자동차의 승차자는 안전을 위하여 좌석안전띠를 착용하여야 한다.
④ 긴급한 용무로 출동하는 경우 이외에는 긴급자동차의 운전자도 좌석안전띠를 반드시 착용하여야 한다.

고속도로에서 고장 등으로 긴급 상황 발생 시 일정 거리를 무료로 견인서비스를 제공해주는 기관은?
② 한국도로공사

도로교통법령상 교통사고 발생 시 긴급을 요하는 경우 동승자에게 조치를 하도록 하고 운전을 계속할 수 있는 차량 2가지는?
① 병원으로 부상자를 운반 중인 승용자동차
④ 택배화물을 싣고 가던 중인 우편물자동차

도로교통법령상 교통사고 발생 시 계속 운전할 수 있는 경우로 옳은 2가지는?
① 긴급한 환자를 수송 중인 구급차 운전자는 동승자로 하여금 필요한 조치 등을 하게 하고 계속 운전하였다.
③ 긴급한 우편물을 수송하는 차량 운전자는 동승자로 하여금 필요한 조치 등을 하게 하고 계속 운전하였다.

교통사고로 심각한 척추 골절 부상이 예상되는 경우에 가장 적절한 조치방법은?
④ 긴급한 경우가 아니면 이송을 해서는 안 되며, 부득이한 경우에는 이송해야 한다면 부목을 이용해서 척추부분을 고정한 후 안전한 곳으로 우선 대피해야 한다.

야간에 도로에서 로드킬(Road Kill)을 예방하기 위한 운전방법으로 바람직하지 않은 것은?
④ 출현하는 동물의 발견을 용이하게 하기 위해 가급적 갓길에 가까운 도로를 주행한다.

보복 운전 또는 교통사고 발생을 방지하기 위한 분노조절기법에 대한 설명으로 맞는 것은?
④ 양팔, 다리, 아랫배, 가슴, 어깨 등 몸의 각 부분을 최대한 긴장시켰다가 이완시켜 편안한 상태를 반복하는 방법을 긴장이완 훈련기법이라 한다.

도로에서 로드킬(Road Kill)이 발생하였을 때 조치요령으로 바르지 않은 것은?
③ 2차 사고 방지를 위해 사고당한 동물을 자기 차에 싣고 주행한다.

폭우로 인하여 지하차도가 물에 잠겨 있는 상황이다. 다음 중 가장 안전한 운전방법은?
③ 우회도로를 확인한 후에 돌아간다.

다음 중 장거리 운행 전에 반드시 점검해야 할 우선순위 2가지는?
③ 각종 오일류 점검
④ 타이어상태 점검

교통사고 등 응급상황 발생 시 조치요령과 거리가 먼 것은?
④ 환자의 목적지와 신상 확인

주행 중 자동차 돌발 상황에 대한 올바른 대처방법과 거리가 먼 것은?
① 주행 중 핸들이 심하게 떨리면 핸들을 꽉 잡고 계속 주행한다.

교통사고 현장에서 증거 확보를 위한 사진 촬영방법으로 맞는 2가지는?
③ 파편물, 자동차와 도로의 파손부위 등 동일한 대상에 대해 근접촬영과 원거리 촬영을 같이 한다.
④ 차량 바퀴의 진행방향을 스프레이 등으로 표시하거나 촬영을 해둔다.

도로교통법령상 운전면허 취소 사유에 해당하는 것은?
② 운전자가 단속 공무원(경찰공무원, 시·군·구 공무원)을 폭행하여 불구속 형사 입건된 경우

도로교통법령상 범칙금 납부 통고서를 받은 사람이 1차 납부 기간 경과 시 20일 이내 납부해야 할 금액으로 맞는 것은?
② 통고 받은 범칙금에 100분의 20을 더한 금액

도로교통법령상 누산 점수 초과로 인한 운전면허 취소 기준으로 옳은 것은?
③ 3년간 271점 이상

도로교통법령상 교통사고 결과에 따른 벌점 기준으로 맞는 것은?
④ 자동차등 대 자동차등 교통사고의 경우에는 그 사고 원인 중 중한 위반 행위를 한 운전자에게만 벌점을 부과한다.

도로교통법령상 영상기록매체에 의해 입증되는 주차위반에 대한 과태료의 설명으로 알맞은 것은?
④ 같은 장소에서 2시간 이상 주차위반을 하는 경우 과태료가 가중된다.

도로교통법령상 고속도로에서 자동차 고장 시 적절한 조치요령은?
④ 이동이 가능한 경우 신속히 비상점멸등을 켜고 갓길에 정지시킨다.

도로교통법령상 밤에 고속도로에서 자동차 고장으로 운행할 수 없게 되었을 때 안전삼각대와 함께 추가로 (   )에서 식별할 수 있는 불꽃 신호 등을 설치해야 한다. (   )에 맞는 것은?
④ 사방 500미터 지점

자동차 주행 중 타이어가 펑크 났을 때 가장 올바른 조치는?
② 핸들을 꽉 잡고 직진하면서 급제동을 삼가고 엔진브레이크를 이용하여 안전한 곳에 정지한다.

다음 중 터널 안 화재가 발생했을 때 운전자의 행동으로 가장 올바른 것은?
③ 차량 엔진 시동을 끄고 차량 이동을 위해 열쇠는 꽂아둔 채 신속하게 내려 대피한다.

고속도로에서 경미한 교통사고가 발생한 경우 2차 사고를 방지하기 위한 조치요령으로 가장 올바른 것은?
③ 신속하게 고장자동차의 표지를 차량 후방에 설치하고 안전한 장소로 피한 후 관계기관에 신고한다.

다음 중 고속도로 공사구간에 관한 설명으로 틀린 것은?
④ 제한속도는 시속 80킬로미터로만 제한되어 있다.

다음 중 하이패스 단말기 고장으로 하이패스가 인식되지 않은 경우 올바른 조치방법 2가지는?
② 목적지 요금소에서 정산 담당자에게 진입한 장소를 설명하고 정산한다.
④ 목적지 요금소에서 하이패스 단말기의 카드를 분리한 후 정산 담당자에게 그 카드로 요금을 정산할 수 있다.

다음 중 터널을 통과할 때 운전자의 안전수칙으로 잘못된 것은?
① 터널 진입 전, 명순응에 대비하여 색안경을 벗고 밤에 준하는 등화를 켠다.

다음은 자동차 주행 중 긴급 상황에서 제동과 관련한 설명이다. 맞는 것은?
② 비상시 충격 흡수 방호벽을 활용하는 것은 대형사고를 예방하는 방법 중 하나이다.

지진이 발생할 경우 안전한 대처 요령 2가지는?
② 차간거리를 충분히 확보한 후 도로의 우측에 정차한다.
③ 차를 두고 대피할 필요가 있을 때는 차의 시동을 끈다.

고속도로 공사구간을 주행할 때 운전자의 올바른 운전요령이 아닌 2가지는?
② 공사구간 제한속도표지에서 지시하는 속도보다 빠르게 주행한다.
④ 원활한 교통흐름을 위하여 공사구간 접근 전 속도를 일관되게 유지하여 주행한다.

자동차 운전 중 터널 내에서 화재가 났을 경우 조치해야 할 행동으로 맞는 2가지는?
① 차에서 내려 이동할 경우 자동차의 시동을 끄고 하차한다.
② 소화기로 불을 끌 경우 바람을 등지고 서야 한다.

자동차가 미끄러지는 현상에 관한 설명으로 맞는 2가지는?
① 고속 주행 중 급제동 시에 주로 발생하기 때문에 과속이 주된 원인이다.
④ ABS 장착 차량도 미끄러지는 현상이 발생할 수 있다.

자동차가 차로를 이탈할 가능성이 가장 큰 경우 2가지는?
② 커브길에서 급히 핸들을 조작할 때
④ 노면이 미끄러울 때

고속도로 주행 중 엔진 룸(보닛)에서 연기가 나고 화재가 발생하였을 때 가장 바람직한 조치방법 2가지는?
② 갓길로 이동한 후 시동을 끄고 재빨리 차에서 내려 대피한다.
③ 초기 진화가 가능한 경우에는 차량에 비치된 소화기를 사용하여 불을 끈다.

야간 운전 시 운전자의 '각성저하주행'에 대한 설명으로 옳은 것은?
④ 단조로운 시계에 익숙해져 일종의 감각마비상태에 빠지는 것을 말한다.

도로 공사장의 안전한 통행을 위해 차선변경이 필요한 구간으로 차로 감소가 시작되는 지점은?
② 완화구간 시작점

야간운전과 관련된 내용으로 가장 올바른 것은?
④ 반대편 차량의 불빛을 정면으로 쳐다보면 증발 현상이 발생한다.

야간 운전 중 나타나는 증발 현상에 대한 설명 중 옳은 것은?
② 증발 현상은 마주 오는 두 차량이 모두 상향 전조등일 때 발생하는 경우가 많다.

해가 지기 시작하면서 어두워질 때 운전자의 조치로 거리가 먼 것은?
④ 주간보다 시야 확보가 용이하여 운전하기 편하다.

다음 중 전기자동차의 충전 케이블의 커플러에 관한 설명이 잘못된 것은?
② 접지극은 투입 시 제일 나중에 접속되고 차단 시 제일 먼저 분리되는 구조일 것

자동차 화재를 예방하기 위한 방법으로 가장 올바른 것은?
② 겨울철 주유 시 정전기가 발생하지 않도록 주의한다.

앞 차량의 급제동으로 인해 추돌 위험이 있는 경우 그 대처방법으로 가장 올바른 것은?
① 충돌 직전까지 포기하지 말고, 브레이크 페달을 밟아 감속한다.

다음 중 고속으로 주행하는 차량의 타이어 이상으로 발생하는 현상 2가지는?
② 스탠딩웨이브 현상
④ 하이드로플레이닝 현상

교통사고 시 머리와 목 부상을 최소화하기 위해 출발 전에 조절해야 하는 것은?
③ 머리받침대 높이 조절

도로교통법령상 좌석안전띠 착용에 대한 내용으로 올바른 것은?
② 화재진압을 위해 출동하는 소방관은 좌석안전띠를 착용하지 않아도 된다.

터널에서 안전운전과 관련된 내용으로 맞는 것은?
② 터널 안에서는 앞차와의 거리감이 저하된다.

다음은 다른 차를 앞지르기하려는 자동차의 속도에 대한 설명이다. 맞는 것은?
④ 해당 도로의 최고 속도 이내에서만 앞지르기가 가능하다.

겨울철 빙판길에 대한 설명이다. 가장 바르게 설명한 것은?
② 다리 위, 터널 출입구, 그늘진 도로에서는 블랙아이스 현상이 자주 나타난다.

풋브레이크 과다 사용으로 인한 마찰열 때문에 브레이크액에 기포가 생겨 제동이 되지 않는 현상을 무엇이라 하는가?
② 베이퍼록(Vapor Lock)

커브길을 주행 중일 때의 설명으로 올바른 것은?
④ 커브길에서 오버스티어(Oversteer) 현상을 줄이기 위해 조향방향의 반대로 핸들을 조금씩 돌려야 한다.

다음 중 지진발생 시 운전자의 조치로 가장 바람직하지 못한 것은?
① 운전 중이던 차의 속도를 높여 신속히 그 지역을 통과한다.

겨울철 블랙 아이스(Black Ice)에 대해 바르게 설명하지 못한 것은?
④ 햇볕이 잘 드는 도로에 눈이 녹아 스며들어 도로의 검은 색이 햇빛에 반사되어 반짝이는 현상을 말한다.

다음 중 겨울철 도로 결빙 상황과 관련한 설명으로 잘못된 것은?
③ 아스팔트 포장도로의 마찰계수는 건조한 노면일 때 1.6으로 커진다.

안개 낀 도로를 주행할 때 안전한 운전방법으로 바르지 않은 것은?
③ 평소보다 전방시야 확보가 어려우므로 안개등과 상향등을 함께 켜서 충분한 시야를 확보한다.

다음 중 강풍이나 돌풍 상황에서 가장 올바른 운전방법 2가지는?
① 핸들을 양손으로 꽉 잡고 차로를 유지한다.
④ 산악 지대나 다리 위, 터널 출입구에서는 강풍의 위험이 많으므로 주의한다.

집중 호우 시 안전한 운전방법과 가장 거리가 먼 것은?
② 히터를 내부공기 순환모드상태로 작동한다.

자갈길 운전에 대한 설명이다. 가장 적절한 2가지는?
③ 보행자 또는 다른 차마에게 자갈이 튀지 않도록 서행한다.
④ 타이어의 적정공기압보다 약간 낮은 것이 높은 것보다 운전에 유리하다.

강풍 및 폭우를 동반한 태풍이 발생한 도로를 주행 중일 때 운전자의 조치방법으로 적절하지 못한 것은?
④ 담벼락 옆이나 대형간판 아래 주차하는 것이 안전하다.

빗길 주행 중 앞차가 정지하는 것을 보고 제동했을 때 발생하는 현상으로 바르지 않은 2가지는?
② 노면의 마찰력이 작아지기 때문에 빗길에서는 공주거리가 길어진다.
④ 자동차타이어의 마모율이 커질수록 제동거리가 짧아진다.

언덕길의 오르막 정상 부근으로 접근 중이다. 안전한 운전행동 2가지는?
③ 앞 차량과의 안전거리를 유지하며 운행한다.
④ 고단기어보다 저단기어로 주행한다.

내리막길 주행 시 가장 안전한 운전방법 2가지는?
③ 올라갈 때와 동일한 변속기어를 사용하여 내려가는 것이 좋다.
④ 풋브레이크와 엔진브레이크를 적절히 함께 사용하면서 내려간다.

장마철 장거리 운전을 대비하여 운전자가 한 행동으로 가장 바른 것은?
④ 겨울철에 사용한 성애제거제로 차량유리를 깨끗이 닦았다.

포트홀(도로의 움푹 패인 곳)에 대한 설명으로 맞는 것은?
① 포트홀은 여름철 집중 호우 등으로 인해 만들어지기 쉽다.

다음 중 우천 시에 안전한 운전방법이 아닌 것은?
③ 비가 내리는 초기에 가속페달과 브레이크 페달을 밟지 않는 상태에서 바퀴가 굴러가는 크리프(Creep) 상태로 운전하는 것은 좋지 않다.

다음 중 안개 낀 도로를 주행할 때 바람직한 운전방법과 거리가 먼 것은?
② 앞 차에게 나의 위치를 알려주기 위해 반드시 상향등을 켠다.

도로교통법상 정차에 해당하는 2가지는?
③ 신호 대기를 위해 정지한 경우
④ 차를 정지하고 지나가는 행인에게 길을 묻는 경우

도로교통법령상 편도 2차로 자동차전용도로에 비가 내려 노면이 젖어 있는 경우 감속운행 속도로 맞는 것은?
③ 매시 72킬로미터

주행 중 벼락이 칠 때 안전한 운전방법 2가지는?
② 차의 창문을 닫고 자동차 안에 그대로 있는다.
③ 건물 옆은 젖은 벽면을 타고 전기가 흘러오기 때문에 피해야 한다.

다음 중 교통사고 발생 시 가장 적절한 행동은?
④ 주변 가로등, 교통신호등에 부착된 기초번호판을 보고 사고 발생지역을 보다 구체적으로 119, 112에 신고한다.

야간에 마주 오는 차의 전조등 불빛으로 인한 눈부심을 피하는 방법으로 올바른 것은?
② 전조등 불빛을 정면으로 보지 말고 도로 우측의 가장자리 쪽을 본다.

도로교통법령상 밤에 고속도로등에서 고장으로 자동차를 운행할 수 없는 경우 운전자가 조치해야 할 사항으로 적절치 않은 것은?
④ 안전삼각대는 고장차가 서있는 지점으로부터 200미터 후방에 반드시 설치해야 한다.

주행 중 타이어 펑크 예방방법 및 조치요령으로 바르지 않은 것은?
③ 핸들이 한쪽으로 쏠리는 경우 뒷 타이어의 펑크일 가능성이 높다.

도로교통법령상 비사업용승용차 운전자가 전조등, 차폭등, 미등, 번호등을 모두 켜야 하는 경우로 맞는 것은?
④ 터널 안 도로에서 운행하는 경우

다음 중 자동차관리법령상 특수자동차의 유형별 구분에 해당하지 않는 것은?
④ 도시가스 응급복구용 특수자동차

제1종 특수면허 중 소형견인차면허의 기능시험에 대한 내용이다. 맞는 것은?
① 소형견인차 면허 합격 기준은 100점 만점에 90점 이상이다.

구난차로 고장차량을 견인할 때 견인되는 차가 켜야 하는 등화는?
③ 미등, 차폭등, 번호등

구난차 운전자가 지켜야 할 사항으로 맞는 것은?
② 구난차 운전자는 도로교통법을 반드시 준수해야 한다.

도로교통법령상 회전교차로에서의 금지 행위가 아닌 것은?
③ 서행 및 일시정지

도로교통법상 적색 등화 점멸일 때 의미는?
④ 차마는 정지선 직전에 일시정지한 후 다른 교통에 주의하면서 진행할 수 있다.

편도 3차로인 도로의 교차로에서 우회전할 때 올바른 통행방법 2가지는?
② 우측 도로의 횡단보도 보행 신호등이 녹색이라도 보행자가 없으면 통과할 수 있다.
③ 우회전 삼색등이 적색일 경우에는 보행자가 없어도 통과할 수 없다.

차로를 구분하는 차선에 대한 설명으로 맞는 것 2가지는?
① 차로가 실선과 점선이 병행하는 경우 실선에서 점선방향으로 차로변경이 불가능하다.
④ 차로가 실선과 점선이 병행하는 경우 점선에서 실선방향으로 차로변경이 가능하다.

도로교통법령상 자동차의 속도와 관련하여 맞는 것은?
① 고속도로의 최저속도는 매시 50킬로미터로 규정되어 있다.

도로교통법령상 앞지르기에 대한 설명으로 맞는 것은?
④ 교차로 내에서는 앞지르기가 금지되어 있다.

도로교통법령상 도로의 중앙선과 관련된 설명이다. 맞는 것은?
② 가변차로에서는 신호기가 지시하는 진행방향의 가장 왼쪽에 있는 황색 점선을 말한다.

도로교통법령상 편도 3차로 고속도로에서 2차로를 이용하여 주행할 수 있는 자동차는?
④ 소·중형승합자동차

도로교통법령상 편도 3차로 고속도로에서 1차로가 차량 통행량 증가 등으로 인하여 부득이하게 시속 (　)킬로미터 미만으로 통행할 수밖에 없는 경우에는 앞지르기를 하는 경우가 아니더라도 통행할 수 있다. (　) 안의 기준으로 맞는 것은?
① 80

도로교통법령상 고속도로 갓길 이용에 대한 설명으로 맞는 것은?
④ 부득이한 사유없이 갓길로 통행한 승용자동차 운전자의 범칙금액은 6만 원이다.

도로교통법령상 고속도로 지정차로에 대한 설명으로 잘못된 것은? (단, 소통이 원활하며, 버스전용차로 없음)
③ 모든 차는 지정된 차로보다 왼쪽에 있는 차로로 통행할 수 있다.

도로교통법령상 소통이 원활한 편도 3차로 고속도로에서 승용자동차의 앞지르기방법에 대한 설명으로 잘못된 것은?
① 승용자동차가 앞지르기하려고 1차로로 차로를 변경한 후 계속해서 1차로로 주행한다.

도로교통법령상 차로에 따른 통행차의 기준에 대한 설명이다. 잘못된 것은?
② 승용자동차가 앞지르기를 할 때에는 통행 기준에 지정된 차로의 바로 옆 오른쪽 차로로 통행해야 한다.

도로교통법령상 편도 3차로 고속도로에서 승용자동차가 2차로로 주행 중이다. 앞지르기할 수 있는 차로로 맞는 것은? (단, 소통이 원활하며, 버스전용차로 없음)
① 1차로

도로교통법령상 일반도로의 버스전용차로로 통행할 수 있는 경우로 맞는 것은?
④ 택시가 승객을 태우거나 내려주기 위하여 일시 통행하는 경우

도로교통법령상 전용차로의 종류가 아닌 것은?
③ 자동차전용차로

도로교통법령상 고속도로 버스전용차로를 통행할 수 있는 9인승 승용자동차는 (　)명 이상 승차한 경우로 한정한다. (　) 안의 기준으로 맞는 것은?
④ 6

편도 3차로 고속도로에서 통행차의 기준으로 맞는 것은? (단, 소통이 원활하며, 버스전용차로 없음)
② 주행차로가 2차로인 소형승합자동차가 앞지르기할 때에는 1차로를 이용하여야 한다.

도로교통법상 앞지르기하는 방법에 대한 설명으로 가장 잘못된 것은?
④ 편도 4차로 고속도로에서 오른쪽 차로로 주행하는 차는 1차로까지 진입이 가능하다.

도로교통법령상 편도 3차로 고속도로에서 통행차의 기준에 대한 설명으로 맞는 것은? (단, 소통이 원활하며, 버스전용차로 없음)
① 1차로는 2차로가 주행차로인 승용자동차의 앞지르기 차로이다.

도로교통법령상 차로에 따른 통행차의 기준에 대한 설명이다. 잘못된 것은? (단, 고속도로의 경우 소통이 원활하며, 버스전용차로 없음)
③ 일방통행도로에서는 도로의 오른쪽부터 1차로로 한다.

수막 현상에 대한 설명으로 가장 적절한 것은?
④ 타이어의 공기압이 낮아질수록 고속주행 시 수막 현상이 증가된다.

빙판길에서 차가 미끄러질 때 안전운전방법 중 옳은 것은?
① 핸들을 미끄러지는 방향으로 조작한다.

안개 낀 도로에서 자동차를 운행할 때 가장 안전한 운전방법은?
④ 어느 정도 시야가 확보되는 경우에는 가드레일, 중앙선, 차선 등 자동차의 위치를 파악할 수 있는 지형지물을 이용하여 서행한다.

눈길이나 빙판길 주행 중에 정지하려고 할 때 가장 안전한 제동방법은?
④ 엔진브레이크로 감속한 후 브레이크 페달을 가볍게 여러 번 나누어 밟는다.

폭우가 내리는 도로의 지하차도를 주행하는 운전자의 마음가짐으로 가장 바람직한 것은?
② 재난방송, 안내판 등 재난 정보를 청취하면서 위험요소에 대응한다.

터널 안 주행 중 자동차 사고로 인한 화재 목격 시 가장 바람직한 대응방법은?
④ 하차 후 연기가 많이 나면 최대한 몸을 낮춰 연기가 나는 반대 방향으로 유도 표시등을 따라 이동한다.

집중호우로 차량 침수 시 대처방법으로 가장 올바르지 않은 것은?
④ 탈출하였다면 최대한 저지대 혹은 차량의 아래로 대피하도록 한다.

눈길 운전에 대한 설명으로 틀린 것은?
① 운전자의 시야 확보를 위해 앞 유리창에 있는 눈만 치우고 주행하면 안전하다.

내리막길 주행 중 브레이크가 제동되지 않을 때 가장 적절한 조치방법은?
④ 저단 기어로 변속하여 감속한 후 차체를 가드레일이나 벽에 부딪친다.

도로교통법령상 교통정리를 하고 있지 아니하는 **교차로를 좌회전**하려고 할 때 가장 안전한 운전방법은?
② 폭이 넓은 도로의 차에 진로를 양보한다.

도로교통법령상 **회전교차로 통행방법**에 대한 설명으로 **잘못된** 것은?
③ 진입차량에 우선권이 있어 회전 중인 차량이 양보한다.

도로교통법령상 신호등이 없는 교차로에 선진입하여 좌회전하는 차량이 있는 경우에 옳은 것은?
③ 직진 차량과 우회전 차량 모두 좌회전 차량에 차로를 양보한다.

도로교통법령상 **교통정리**가 없는 교차로 통행방법으로 알맞은 것은?
④ 통행하고 있는 도로의 폭보다 교차하는 도로의 폭이 넓은 경우 서행하여야 한다.

도로의 원활한 소통과 안전을 위하여 **회전교차로의 설치**가 권장되는 경우는?
① 교통량 수준이 높지 않으나 교차로 교통사고가 많이 발생하는 곳

회전교차로에 대한 설명으로 맞는 것은?
② 진입 시 회전교차로 내에 여유 공간이 있을 때까지 양보선에서 대기하여야 한다.

도로교통법령상 운전자가 좌회전 시 정확하게 진행할 수 있도록 교차로 내에 **백색점선으로 한 노면 표시**는 무엇인가?
① 유도선

교차로에서 **좌·우회전**을 할 때 가장 안전한 운전방법 2가지는?
① 우회전 시에는 미리 도로의 우측 가장자리로 서행하면서 우회전해야 한다.
③ 좌회전할 때에는 미리 도로의 중앙선을 따라 서행하면서 교차로의 중심 안쪽을 이용하여 좌회전해야 한다.

교차로에서 **좌회전**하는 차량 운전자의 가장 안전한 운전방법 2가지는?
② 반대방향에서 우회전하는 차량을 주의하면 된다.
④ 함께 좌회전하는 측면 차량도 주의해야 한다.

다음 중 회전교차로에서 **통행 우선권**이 인정되는 차량은?
① 회전교차로 내 회전차로에서 주행 중인 차량

회전교차로에 대한 설명으로 옳지 **않은** 것은?
④ 회전교차로는 시계방향으로 회전한다.

회전교차로 통행방법으로 가장 알맞은 2가지는?
① 교차로 진입 전 일시정지 후 교차로 내 왼쪽에서 다가오는 차량이 없으면 진입한다.
④ 회전교차로 내에 진입한 후에도 다른 차량에 주의하면서 진행해야 한다.

가변형 속도제한 구간에 대한 설명으로 옳지 **않은** 것은?
④ 가변형 속도제한표지로 정한 최고속도와 안전표지 최고속도가 다를 때는 안전표지 최고속도를 따라야 한다.

도로교통법령상 **일시정지**를 해야 하는 장소는?
② 신호등이 없는 교통이 빈번한 교차로

도로교통법령상 일시정지하여야 할 장소로 맞는 것은?
④ 교통정리가 없는 교통이 빈번한 교차로

도로교통법령상 반드시 **일시정지**하여야 할 장소로 맞는 것은?
① 교통정리를 하고 있지 아니하고 좌우를 확인할 수 없는 교차로

운전 중 철길건널목에서 가장 바람직한 **통행방법**은?
② 일시정지하여 안전을 확인하고 통과한다.

도로교통법상 ( )의 운전자는 철길 건널목을 통과하려는 경우 건널목 앞에서 ( )하여 안전한지 확인한 후에 통과하여야 한다. ( ) 안에 맞는 것은?
④ 모든 차 또는 노면 전차, 일시정지

다음 중 고속도로 **나들목**에서 가장 안전한 운전방법은?
③ 진출하고자 하는 나들목을 지나친 경우 다음 나들목을 이용한다.

신호기의 신호에 따라 교차로에 진입하려는데, **경찰공무원**이 정지하라는 수신호를 보냈다. 다음 중 가장 안전한 운전방법은?
① 정지선 직전에 일시정지한다.

도로교통법령상 앞차의 운전자가 **왼팔**을 수평으로 펴서 차체의 **좌측** 밖으로 내밀었을 때 취해야 할 조치로 가장 올바른 것은?
④ 앞차의 차로변경이 예상되므로 서행한다.

도로교통법령상 운전자가 우회전하고자 할 때 사용하는 수신호는?
① 왼팔을 좌측 밖으로 내어 팔꿈치를 굽혀 수직으로 올린다.

중앙선이 황색 점선과 황색 실선으로 구성된 복선으로 설치된 때의 앞지르기에 대한 설명으로 맞는 것은?
② 황색 점선이 있는 측에서는 중앙선을 넘어 앞지르기할 수 있다.

다음은 자동차관리법상 승합차의 기준과 **승합차를 따라 좌회전**하고자 할 때 주의해야 할 운전방법으로 올바른 것 2가지는?
① 대형승합차는 36인승 이상을 의미하며, 대형승합차로 인해 신호등이 안 보일 수 있으므로 안전거리를 유지하면서 서행한다.
③ 소형승합차는 15인승 이하를 의미하며, 승용차에 비해 무게중심이 높아 전도될 수 있으므로 안전거리를 유지하며 진행한다.

도로교통법령상 **차로를 왼쪽으로** 바꾸고자 할 때의 방법으로 맞는 것은?
① 그 행위를 하고자 하는 지점에 이르기 전 30미터(고속도로에서는 100미터) 이상의 지점에 이르렀을 때 좌측 방향지시기를 조작한다.

도로교통법령상 **자동차등의 속도**와 관련하여 옳지 **않은** 것은?
④ 가변형 속도제한표지로 정한 최고속도와 그 밖의 안전표지로 정한 최고속도가 다를 경우 그 밖의 안전표지에 따라야 한다.

도로교통법령상 **편도 5차로 고속도로**에서 차로에 따른 통행차의 기준에 따르면 **몇 차로까지 왼쪽 차로**인가? (단, 소통은 원활하며 전용차로와 가·감속차로 없음)
② 2 ~ 3차로

도로교통법령상 **자동차등의 속도**와 관련하여 옳지 **않은** 것은?
④ 고속도로는 시·도경찰청장이, 고속도로를 제외한 도로는 경찰청장이 속도 규제권자이다.

도로교통법령상 **신호위반**이 되는 경우 2가지는?
① 적색 신호 시 정지선을 초과하여 정지
② 교차로 이르기 전 황색 신호 시 교차로에 진입

차로를 변경할 때 안전한 운전방법 2가지는?
① 변경하고자 하는 차로의 뒤따르는 차와 거리가 있을 때 속도를 유지한 채 차로를 변경한다.
③ 변경하고자 하는 차로의 뒤따르는 차가 접근하고 있을 때 속도를 늦추어 뒤차를 먼저 통과시킨다.

비보호 좌회전표지가 있는 교차로에 대한 설명이다. 맞는 것은?
③ 녹색 신호에 다른 교통에 주의하면서 좌회전할 수 있다.

도로교통법령상 오전 8시부터 오후 8시까지 사이에 노인보호구역에서 교통법규위반 시 범칙금이 가중되는 행위가 아닌 것은?
④ 중앙선침범

노인보호구역에 대한 설명이다. 틀린 것은?
④ 노인들이 잘 보일 수 있도록 규정보다 신호등을 크게 설치할 수 있다.

다음 중 도로교통법을 가장 잘 준수하고 있는 보행자는?
① 횡단보도가 없는 도로를 가장 짧은 거리로 횡단하였다.

노인의 일반적인 신체적 특성에 대한 설명으로 적당하지 않은 것은?
② 시력은 저하되나 청력은 향상된다.

노인보호구역 내의 신호등이 있는 횡단보도에 접근하고 있을 때 운전방법으로 바르지 않은 것은?
② 신호의 변경을 예상하여 예측 출발할 수 있도록 한다.

도로교통법령상 노인보호구역에 대한 설명이다. 옳지 않은 것은?
④ 노인보호구역 내에서 차마의 통행을 금지할 수 없다.

다음 중 교통약자의 이동편의증진법상 교통약자에 해당되지 않은 사람은?
③ 청소년

노인보호구역으로 지정된 경우 할 수 있는 조치사항이다. 바르지 않은 것은?
② 보행신호의 신호시간이 일반 보행신호기와 같기 때문에 주의표지를 설치할 수 있다.

장애인주차구역에 대한 설명이다. 잘못된 것은?
① 장애인전용주차구역 주차표지가 붙어 있는 자동차에 장애가 있는 사람이 탑승하지 않아도 주차가 가능하다.

도로교통법령상 노인보호구역에 대한 설명으로 잘못된 것은?
③ 노인보호표지는 노인보호구역의 도로 중앙에 설치한다.

도로교통법령상 노인운전자가 다음과 같은 운전행위를 하는 경우 벌점 기준이 가장 높은 위반행위는?
④ 황색실선의 중앙선을 넘어 앞지르기하였다.

노인운전자의 안전운전과 가장 거리가 먼 것은?
④ 심야운전

다음 중 가장 바람직한 운전을 하고 있는 노인운전자는?
③ 도로 상황을 주시하면서 규정 속도를 준수하고 운행한다.

승용자동차 운전자가 노인보호구역에서 전방주시태만으로 노인에게 3주간의 상해를 입힌 경우 형사처벌에 대한 설명으로 틀린 것은?
② 노인보호구역을 알리는 안전표지가 있는 경우 형사처벌된다.

도로교통법령상 승용자동차 운전자가 노인보호구역에서 15:00경 규정속도보다 시속 60킬로미터를 초과하여 운전한 경우 범칙금과 벌점은? (단, 가산금은 제외)
④ 15만 원, 120점

장애인전용 주차구역 주차표지 발급 기관이 아닌 것은?
④ 보건복지부장관

도로교통법령상 밤에 자동차(이륜자동차 제외)의 운전자가 고장 그 밖의 부득이한 사유로 도로에 정차할 경우 켜야 하는 등화로 맞는 것은?
④ 미등 및 차폭등

도로교통법령상 교차로에서 좌회전 시 가장 적절한 통행방법은?
① 중앙선을 따라 서행하면서 교차로 중심 안쪽으로 좌회전한다.

도로교통법령상 도로의 가장자리에 설치한 황색 점선에 대한 설명이다. 가장 알맞은 것은?
② 주차는 금지되고 정차는 할 수 있다.

도로교통법령상 개인형 이동장치의 정차 및 주차가 금지되는 기준으로 틀린 것은?
① 교차로의 가장자리로부터 10미터 이내인 곳, 도로의 모퉁이로부터 5미터 이내인 곳

전기자동차가 아닌 자동차를 환경친화적 자동차 충전시설의 충전구역에 주차했을 때 과태료는 얼마인가?
④ 10만 원

자동차에서 하차할 때 문을 여는 방법인 '더치 리치(Dutch Reach)'에 대한 설명으로 맞는 것은?
① 자동차 하차 시 창문에서 먼 쪽 손으로 손잡이를 잡아 뒤를 확인한 후 문을 연다.

전기자동차 또는 외부충전식 하이브리드자동차는 급속충전시설의 충전시작 이후 충전구역에서 얼마나 주차할 수 있는가?
① 1시간

도로교통법령상 경사진 곳에서의 정차 및 주차방법과 그 기준에 대한 설명으로 올바른 것은?
④ 도로 외의 경사진 곳에서 정차하는 경우에는 조향장치를 자동차에서 가까운 쪽 도로의 가장자리방향으로 돌려놓아야 하며 정차는 5분을 초과하지 않는 주차 외의 정지상태를 말한다.

장애인전용주차구역에 물건 등을 쌓거나 그 통행로를 가로막는 등 주차를 방해하는 행위를 한 경우 과태료 부과 금액으로 맞는 것은?
③ 50만 원

운전자의 준수 사항에 대한 설명으로 맞는 2가지는?
② 물건 등을 사기 위해 일시 정차하는 경우에도 시동을 끈다.
③ 운전자는 차의 시동을 끄고 안전을 확인한 후 차의 문을 열고 내려야 한다.

도로교통법령상 급경사로에 주차할 경우 가장 안전한 방법 2가지는?
② 조향장치를 도로의 가장자리(자동차에서 가까운 쪽을 말한다) 방향으로 돌려놓는다.
③ 경사의 내리막방향으로 바퀴에 고임목 등 자동차의 미끄럼 사고를 방지할 수 있는 것을 설치한다.

도로교통법령상 주·정차방법에 대한 설명이다. 맞는 2가지는?
① 도로에서 정차를 하고자 하는 때에는 차도의 우측 가장자리에 세워야 한다.
④ 경사진 도로에서는 고임목을 받쳐두어야 한다.

도로교통법령상 주차에 해당하는 2가지는?
① 차량이 고장 나서 계속 정지하고 있는 경우
③ 5분을 초과하지 않았지만 운전자가 차를 떠나 즉시 운전할 수 없는 상태

도로교통법령상 정차 또는 주차를 금지하는 장소의 특례를 적용하지 않는 2가지는?
③ 비상소화장치가 설치된 곳으로부터 5미터 이내
④ 안전지대의 사방으로부터 각각 10미터 이내

도로교통법령상 주차가 가능한 장소로 맞는 2가지는?
② 소방용수시설이 설치된 곳으로부터 7미터 지점
③ 비상소화장치가 설치된 곳으로부터 7미터 지점

도로교통법령상 회전교차로의 통행방법으로 맞는 것은?
① 회전하고 있는 차가 우선이다.

빨·리·간·단히·답만 보는

도로교통법령상 **어린이통학버스** 신고에 관한 설명이다. **맞는 것 2가지는?**
② 어린이통학버스는 원칙적으로 승차정원 9인승(어린이 1명을 승차정원 1인으로 본다) 이상의 자동차로 한다.
③ 어린이통학버스 신고증명서가 헐어 못쓰게 되어 다시 신청하는 때에는 어린이통학버스 신고증명서 재교부신청서에 헐어 못쓰게 된 신고증명서를 첨부하여 제출하여야 한다.

도로교통법령상 **어린이보호구역**에 대한 설명으로 바르지 **않은 것은?**
① 주차금지위반에 대한 범칙금은 노인보호구역과 같다.

도로교통법령상 **영유아 및 어린이에 대한 규정** 및 어린이통학버스 운전자의 의무에 대한 설명으로 올바른 것은?
④ 영유아는 6세 미만의 사람을 의미하며 영유아가 타고 내리는 경우에도 점멸등 등의 장치를 작동해야 한다.

도로교통법상 **어린이보호구역**과 관련된 설명으로 맞는 것은?
③ 차도로 갑자기 뛰어드는 어린이를 보면 서행하지 말고 일시정지한다.

도로교통법령상 **어린이보호구역**의 지정 대상의 **근거가 되는 법률이 아닌 것은?**
④ 아동복지법

다음 중 **어린이보호구역**에 대한 설명이다. 옳지 않은 것은?
③ 범칙금과 벌점은 일반도로의 3배이다.

어린이보호구역에 대한 설명과 주행방법이다. **맞는 것 2가지는?**
① 어린이보호를 위해 필요한 경우 통행속도를 시속 30킬로미터 이내로 제한할 수 있고 통행할 때는 항상 제한속도 이내로 서행한다.
② 어린이보호구역 내 속도제한의 대상은 자동차, 원동기장치자전거, 노면전차이며 어린이가 횡단하는 경우 일시정지한다.

도로교통법령상 **안전한 보행**을 하고 있지 **않은** 어린이는?
① 보도와 차도가 구분된 도로에서 차도 가장자리를 걸어가고 있는 어린이

도로교통법령상 어린이나 영유아가 타고 내리게 하기 위한 어린이통학버스에 장착된 **황색 및 적색표시등의 작동방법**에 대한 설명으로 맞는 것은?
③ 도로에 정지하려는 때에는 황색표시등을 점멸 작동하여야 한다.

어린이보호구역에서 어린이를 상해에 이르게 한 경우 특정범죄 가중처벌 등에 관한 법률에 따른 형사처벌 기준은?
① 1년 이상 15년 이하의 징역 또는 500만 원 이상 3천만 원 이하의 벌금

도로교통법령상 **어린이보호**에 대한 설명이다. 옳지 않은 것은?
① 횡단보도가 없는 도로에서 어린이가 횡단하고 있는 경우 서행하여야 한다.

도로교통법령상 어린이의 **보호자가 과태료 부과처분**을 받는 경우에 해당하는 것은?
③ 차도에서 어린이가 전동킥보드를 타게 한 보호자

도로교통법령상 **어린이통학버스 특별보호**에 대한 운전자 의무를 맞게 설명한 것은?
① 적색 점멸장치를 작동 중인 어린이통학버스가 정차한 차로의 바로 옆 차로로 통행하는 경우 일시정지하여야 한다.

노인보호구역에서 노인을 위해 시·도경찰청장이나 경찰서장이 할 수 있는 조치가 **아닌 것은?**
④ 주 출입문 연결도로에 노인을 위한 노상주차장을 설치할 수 있다.

도로교통법령상 **어린이통학버스 운영자의 의무**를 설명한 것으로 틀린 것은?
② 어린이통학버스에 어린이를 태울 때에는 성년인 사람 중 보호자를 함께 태우고 어린이보호표지만 부착해야 한다.

도로교통법령상 어린이통학버스에 성년 보호자가 없을 때 '보호자 동승표지'를 부착한 경우의 처벌로 맞는 것은?
② 30만 원 이하의 벌금이나 구류

도로교통법령상 **고령운전자표지**에 대한 설명으로 맞는 것은?
① 고령운전자표지란 운전면허를 받은 65세 이상인 사람이 운전하는 차임을 나타내는 표지이다.

시장 등이 **노인보호구역**으로 지정할 수 있는 곳이 아닌 곳은?
① 고등학교

다음 중 **노인보호구역**을 지정할 수 없는 자는?
④ 시·도경찰청장

도로교통법령상 **노인보호구역에서 통행을 금지**할 수 있는 대상으로 바른 것은?
① 개인형 이동장치, 노면전차

도로교통법령상 **노인보호구역**에서 오전 10시경 발생한 법규위반에 대한 설명으로 맞는 것은?
① 덤프트럭 운전자가 신호위반을 하는 경우 범칙금은 13만 원이다.

도로교통법령상 승용차 운전자가 **오전 11시경 노인보호구역**에서 **제한속도를 25km/h 초과**한 경우 벌점은?
③ 30점

교통약자인 **고령자의 일반적인 특징**에 대한 설명으로 올바른 것은?
④ 신체상태가 노화될수록 행동이 원활하지 않다.

도로교통법령상 **시장 등이 노인보호구역**에서 할 수 있는 조치로 옳은 것은?
① 차마와 노면전차의 통행을 제한하거나 금지할 수 있다.

보행자 신호등이 없는 횡단보도로 횡단하는 노인을 뒤늦게 발견한 승용차 운전자가 급제동을 하였으나 **노인을 충격**(2주 진단)하는 교통사고가 발생하였다. 올바른 설명 2가지는?
② 자동차 운전자에게 민사책임이 있다.
④ 자동차 운전자에게 형사책임이 있다.

관할 경찰서장이 노인보호구역 안에서 할 수 있는 조치로 맞는 2가지는?
① 자동차의 통행을 금지하거나 제한하는 것
② 자동차의 정차나 주차를 금지하는 것

노인보호구역에서 노인의 옆을 지나갈 때 운전자의 운전방법 중 맞는 것은?
② 노인과의 간격을 충분히 확보하며 서행으로 통과한다.

노인보호구역에서 노인의 안전을 위하여 설치할 수 있는 도로시설물과 가장 거리가 먼 것은?
③ 가속차로, 보호구역 도로표지

야간에 노인보호구역을 통과할 때 운전자가 주의해야 할 사항으로 아닌 것은?
② 야간에는 노인이 없으므로 속도를 높여 통과한다.

도로교통법령상 노인보호구역 내 신호등 있는 **횡단보도 통행방법 및 법규위반**에 대한 설명으로 **틀린 것은?**
④ 이륜차 운전자가 오전 8시부터 오후 8시 사이에 횡단보도 보행자 통행을 방해하면 범칙금 9만 원이 부과된다.

교통사고처리특례법상 어린이보호구역 내에서 매시 40킬로미터로 주행 중 운전자의 과실로 어린이를 다치게 한 경우의 처벌로 맞는 것은?
② 피해자의 처벌 의사에 관계없이 형사처벌된다.

도로교통법령상 긴급자동차가 긴급한 용도 외에도 경광등 등을 사용할 수 있는 경우가 아닌 것은?
② 소방차가 정비를 위해 긴급히 이동하는 경우

긴급자동차가 긴급한 용도 외에 경광등을 사용할 수 있는 경우가 아닌 것은?
② 도로관리용 자동차가 도로상의 위험을 방지하기 위하여 도로 순찰하는 경우

긴급한 용도로 운행 중인 긴급자동차에게 양보하는 운전방법으로 맞는 2가지는?
③ 교차로 부근에서는 교차로를 피하여 일시정지하여야 한다.
④ 교차로나 그 부근 외의 곳에서 긴급자동차가 접근한 경우에는 긴급자동차가 우선통행할 수 있도록 진로를 양보하여야 한다.

어린이가 횡단보도 위를 걸어가고 있을 때 도로교통법령상 규정 및 운전자의 행동으로 올바른 것은?
④ 횡단보도표지는 횡단보도를 설치한 장소의 필요한 지점의 도로 양측에 설치하며 횡단보도 앞에서 일시정지하여야 한다.

다음 중 긴급자동차에 해당하는 2가지는?
① 경찰용 긴급자동차에 의하여 유도되고 있는 자동차
④ 생명이 위급한 환자 또는 부상자나 수혈을 위한 혈액을 운송 중인 자동차

도로교통법령상 어린이통학버스 운전자 및 운영자의 의무에 대한 설명으로 맞지 않은 것은?
④ 어린이통학버스 운영자는 어린이통학버스에 보호자가 동승한 경우에는 안전운행기록을 작성하지 않아도 된다.

도로교통법령상 어린이보호구역에 대한 설명 중 맞는 것은?
④ 자동차등의 통행속도를 시속 30킬로미터 이내로 제한할 수 있다.

도로교통법령상 어린이통학버스로 신고할 수 있는 자동차의 승차정원 기준으로 맞는 것은? (단, 어린이 1명을 승차정원 1명으로 본다)
④ 9인승 이상

도로교통법령상 보행자의 통행 여부에 관계없이 반드시 일시정지하여야 할 장소는?
② 어린이보호구역 내 신호기가 설치되지 아니한 횡단보도 앞

승용차 운전자가 08:30경 어린이보호구역에서 제한속도를 매시 25킬로미터 초과하여 위반한 경우 벌점으로 맞는 것은?
③ 30점

승용차 운전자가 어린이나 영유아를 태우고 있다는 표시를 하고 도로를 통행하는 어린이통학버스를 앞지르기한 경우 몇 점의 벌점이 부과되는가?
③ 30점

편도 2차로 도로에서 1차로로 어린이통학버스가 어린이나 영유아를 태우고 있음을 알리는 표시를 한 상태로 주행 중이다. 가장 안전한 운전방법은?
① 2차로가 비어 있어도 앞지르기를 하지 않는다.

도로교통법령상 어린이 통학버스 안전교육 대상자의 교육시간 기준으로 맞는 것은?
② 3시간 이상

도로교통법령상 승용차 운전자가 13:00경 어린이보호구역에서 신호위반을 한 경우 범칙금은?
③ 12만 원

어린이가 보호자 없이 도로에서 놀고 있는 경우 가장 올바른 운전방법은?
③ 일시정지하여야 한다.

골목길에서 갑자기 뛰어나오는 어린이를 자동차가 충격하였다. 어린이는 외견상 다친 곳이 없어 보였고 '괜찮다'고 말하고 있다. 이런 경우 운전자의 행동으로 맞는 것은?
③ 부모에게 연락하는 등 반드시 필요한 조치를 다한 후 현장을 벗어난다.

어린이 통학버스가 편도 1차로 도로에서 정차하여 영유아가 타고 내리는 중임을 표시하는 점멸등이 작동하고 있을 때 반대방향에서 진행하는 차의 운전자는 어떻게 하여야 하는가?
① 일시정지하여 안전을 확인한 후 서행하여야 한다.

차의 운전자가 운전 중 '어린이를 충격한 경우' 가장 올바른 행동은?
④ 자전거운전자는 넘어진 어린이가 재빨리 일어나 뛰어가는 것을 본 후 경찰관서에 신고하고 현장에 대기하였다.

도로교통법령상 어린이보호구역 지정 및 관리 주체는?
② 시장 등

도로교통법령상 어린이보호구역에 대한 설명으로 맞는 2가지는?
② 어린이보호구역 안에서 오전 8시부터 오후 8시까지 주·정차위반한 경우 범칙금이 가중된다.
④ 어린이보호구역 안에서 오전 8시부터 오후 8시까지 보행자보호 불이행하면 벌점이 2배가 된다.

어린이통학버스의 특별보호에 대한 설명으로 맞는 2가지는?
③ 어린이들이 승하차 시 편도 1차로 도로에서는 반대편에서 오는 차량도 일시정지하여 안전을 확인한 후 서행하여야 한다.
④ 어린이들이 승하차 시 동일 차로와 그 차로의 바로 옆 차량은 일시정지하여 안전을 확인한 후 서행하여야 한다.

도로교통법상 자전거 통행방법에 대한 설명이다. 틀린 것은?
④ 자전거의 운전자가 횡단보도를 이용하여 도로를 횡단할 때에는 자전거를 타고 통행할 수 있다.

도로교통법상 '보호구역의 지정절차 및 기준' 등에 관하여 필요한 사항을 정하는 공동부령기관으로 맞는 것은?
③ 장애인 보호구역은 행정안전부, 보건복지부, 국토교통부의 공동부령으로 정한다.

도로교통법령상 승용차 운전자가 어린이통학버스 특별보호위반 행위를 한 경우 범칙금액으로 맞는 것은?
② 9만 원

어린이통학버스 특별보호를 위한 운전자의 올바른 운행방법은?
① 편도 1차로인 도로에서는 반대방향에서 진행하는 차의 운전자도 어린이통학버스에 이르기 전에 일시정지하여 안전을 확인한 후 서행하여야 한다.

어린이보호구역에서 어린이가 영유아를 동반하여 함께 횡단하고 있다. 운전자의 올바른 주행방법은?
① 어린이와 영유아 보호를 위해 일시정지하였다.

어린이통학버스 운전자가 영유아를 승하차하는 방법으로 바른 것은?
① 영유아가 승차하고 있는 경우에는 점멸등장치를 작동하여 안전을 확보하여야 한다.

올바른 **교차로 통행방법**으로 맞는 것은?
③ 교차로에서는 앞지르기를 하지 않는다.

도로교통법령상 주거지역·상업지역 및 공업지역의 **일반도로**에서 제한할 수 있는 속도로 맞는 것은?
④ 시속 50킬로미터 이내

하이패스 차로 설명 및 이용방법이다. 가장 올바른 것은?
④ 다차로 하이패스구간은 규정된 속도를 준수하고 하이패스 단말기 고장 등으로 정보를 인식하지 못하는 경우 도착지요금소에서 정산하면 된다.

편도 3차로 자동차전용도로의 구간에 **최고속도** 매시 60킬로미터의 안전표지가 설치되어 있다. 다음 중 운전자의 속도 준수방법으로 맞는 것은?
④ 매시 60킬로미터로 주행한다.

다음 중 도로교통법상 **차로를 변경**할 때 안전한 운전방법으로 맞는 2가지는?
③ 진행하는 차의 통행에 지장을 주지 않을 때 해야 한다.
④ 백색점선 구간에서만 할 수 있다.

교통사고 감소를 위해 도심부 최고속도를 **시속 50킬로미터**로 제한하고, 주거지역 등 이면도로는 **시속 30킬로미터** 이하로 하향 조정하는 교통안전 정책으로 맞는 것은?
② 안전속도 5030

비보호 **좌회전교차로**에서 좌회전하고자 할 때 설명으로 맞는 2가지는?
① 마주 오는 차량이 없을 때 반드시 녹색 등화에서 좌회전하여야 한다.
③ 녹색 등화에서 비보호 좌회전할 때 사고가 나면 안전운전의무 위반으로 처벌받는다.

중앙 버스전용차로가 운영 중인 시내 도로를 주행하고 있다. 가장 안전한 운전방법 2가지는?
② 우측의 보행자가 무단 횡단할 수 있으므로 주의하며 주행한다.
③ 좌측의 버스정류장에서 보행자가 나올 수 있으므로 서행한다.

교차로에서 **우회전**할 때 가장 안전한 운전 행동으로 맞는 2가지는?
① 방향지시등은 우회전하는 지점의 30미터 이상 후방에서 작동한다.
③ 진행방향의 좌측에서 진행해 오는 차량에 방해가 없도록 우회전한다.

교차로에서 우회전 중 소방차가 **경광등을 켜고** 사이렌을 울리며 접근할 경우에 가장 안전한 운전방법은?
① 교차로를 피하여 일시정지하여야 한다.

승용자동차 운전자가 **앞지르기**할 때의 운전방법으로 옳은 2가지는?
① 앞지르기를 시작할 때에는 좌측 공간을 충분히 확보하여야 한다.
② 주행하는 도로의 제한속도 범위 내에서 앞지르기하여야 한다.

도로를 주행할 때 **안전운전방법**으로 맞는 2가지는?
③ 앞 차량이 급제동할 때를 대비하여 추돌을 피할 수 있는 거리를 확보한다.
④ 앞지르기할 경우 앞 차량의 좌측으로 통행한다.

다음 중 소화기를 의무적으로 설치하거나 비치해야 하는 자동차가 **아닌** 것은?
④ 이륜자동차

도로교통법상 **긴급자동차 특례** 적용대상이 **아닌** 것은?
④ 보행자 보호

일반자동차가 생명이 위독한 환자를 이송 중인 경우 긴급자동차로 인정받기 위한 조치는?
② 전조등 또는 비상등을 켜고 운행한다.

도로교통법상 긴급한 용도로 운행 중인 **긴급자동차가 다가올 때** 운전자의 준수사항으로 맞는 것은?
② 교차로 외의 곳에서는 긴급자동차가 우선통행할 수 있도록 진로를 양보하여야 한다.

긴급자동차는 긴급자동차의 구조를 갖추고, 사이렌을 울리거나 경광등을 켜서 **긴급한 용무**를 수행 중임을 알려야 한다. 이러한 조치를 취하지 **않아도** 되는 긴급자동차는?
④ 속도위반 단속용 경찰 자동차

소방차와 구급차 등이 앞지르기 금지구역에서 앞지르기를 시도하거나 속도를 초과하여 운행하는 등 **특례를 적용받으려면** 어떤 조치를 하여야 하는가?
② 자동차관리법에 따른 자동차의 안전 운행에 필요한 구조를 갖추고 사이렌을 울리거나 경광등을 켜야 한다.

도로교통법령상 긴급자동차를 운전하는 사람을 대상으로 실시하는 **정기 교통안전교육**은 ( )년마다 받아야 한다. ( ) 안에 맞는 것은?
③ 3

도로교통법령상 본래의 용도로 운행되고 있는 소방차 운전자가 **긴급자동차에 대한 특례**를 적용받을 수 **없는** 것은?
② 음주 운전

다음 중 도로교통법령상 **긴급자동차**로 볼 수 있는 것 2가지는?
② 생명이 위급한 환자 또는 부상자나 수혈을 위한 혈액을 운송 중인 자동차
④ 시·도경찰청장으로부터 지정을 받고 긴급한 우편물의 운송에 사용되는 자동차

도로교통법상 긴급한 용도로 운행되고 있는 **구급차** 운전자가 할 수 있는 2가지는?
③ 도로의 중앙이나 좌측으로 통행할 수 있다.
④ 정체된 도로에서 끼어들기를 할 수 있다.

도로교통법령상 긴급자동차에 대한 특례의 설명으로 **잘못된** 것은?
③ 횡단보도를 횡단하는 보행자가 있어도 보호하지 않고 통행할 수 있다.

도로교통법상 소방용수시설, 비상소화장치, 소방시설로부터 ( )미터 이내인 곳은 **정차 및 주차의 금지구역**이다. ( ) 안에 맞는 것은?
① 5

다음 중 사용하는 사람 또는 기관 등의 신청에 의하여 **시·도경찰청장이 지정**할 수 있는 긴급자동차로 맞는 것은?
② 가스누출 복구를 위한 응급작업에 사용되는 가스 사업용 자동차

도로교통법상 긴급출동 중인 **긴급자동차의 법규위반**으로 맞는 것은?
④ 인명 피해 교통사고가 발생하여도 긴급출동 중이므로 필요한 신고나 조치 없이 계속 운전하였다.

다음 중 사용하는 사람 또는 기관 등의 신청에 의하여 **시·도경찰청장이 지정**할 수 있는 긴급자동차가 **아닌** 것은?
① 교통단속에 사용되는 경찰용 자동차

도로교통법상 어린이 및 **영유아 연령** 기준으로 맞는 것은?
② 영유아는 6세 미만인 사람

도로교통법상 차의 운전자가 그 차의 **바퀴를 일시적으로 완전히 정지시키는** 것은?
④ 일시정지

다음 중 도로교통법상 **의료용 전동휠체어**가 통행할 수 **없는** 곳은?
① 자전거전용도로

교통정리가 없는 교차로에서 **좌회전하는 방법** 중 가장 옳은 것은?
④ 반드시 서행하여야 하고 일시정지는 상황에 따라 운전자가 판단하여 실시한다.

도로교통법령상 설치되는 **차로의 너비**는 ( )미터 이상으로 하여야 한다. 이 경우 좌회전전용 차로의 설치 등 부득이하다고 인정되는 때에는 ( )센티미터 이상으로 할 수 있다. ( ) 안의 기준으로 각각 맞는 것은?
③ 3, 275

도로 우측 부분의 폭이 6미터가 되지 아니하는 도로에서 **다른 차를 앞지르기할 수 있는 경우**로 맞는 것은?
③ 앞차가 저속으로 진행하고, 다른 차와 안전거리가 확보된 경우

도로교통법상 시간대에 따라 양방향의 통행량이 뚜렷하게 다른 도로에는 교통량이 많은 쪽으로 차로의 수가 확대될 수 있도록 신호기에 의하여 **차로의 진행방향을 지시하는 차로**는?
① 가변차로

도로교통법령상 '모든 차의 운전자는 교차로에서 ( )을 하려는 경우에는 미리 도로의 우측 가장자리를 서행하면서 ( )하여야 한다. 이 경우 ( )하는 차도의 운전자는 신호에 따라 정지하거나 진행하는 보행자 또는 자전거 등에 주의하여야 한다.' ( ) 안에 맞는 것으로 짝지어진 것은?
① 우회전 – 우회전 – 우회전

다음 중 도로교통법상 **차로변경**에 대한 설명으로 맞는 것은?
① 다리 위는 위험한 장소이기 때문에 백색실선으로 차로변경을 제한하는 경우가 많다.

다음 중 녹색 등화 교차로에 진입하여 신호가 바뀐 후에도 지나가지 못해 다른 차량 통행을 방해하는 행위인 '**꼬리물기**'를 하였을 때의 위반 행위로 맞는 것은?
① 교차로 통행방법위반

도로교통법상 보도와 차도의 구분이 없는 도로에 차로를 설치하는 때 **보행자가 안전하게 통행할 수 있도록** 그 도로의 양쪽에 설치하는 것은?
④ 길 가장자리구역

도로교통법령상 1·2차로가 좌회전 차로인 **교차로의 통행방법**으로 맞는 것은?
④ 대형승합자동차는 2차로만을 이용하여 좌회전하여야 한다.

고속도로의 **가속차로**에 대한 설명으로 옳은 것은?
② 고속도로로 진입하는 차량이 충분한 속도를 낼 수 있도록 유도하는 차로

도로교통법령상 고속도로 외의 도로에서 **왼쪽 차로**를 통행할 수 있는 차종으로 맞는 것은?
① 승용자동차 및 경형·소형·중형승합자동차

고속도로에 진입한 후 **잘못 진입한 사실**을 알았을 때 가장 적절한 행동은?
② 이미 진입하였으므로 다음 출구까지 주행한 후 빠져 나온다.

도로교통법령상 **차로에 따른 통행구분** 설명이다. 잘못된 것은?
③ 일방통행 도로에서는 도로의 오른쪽부터 1차로 한다.

도로교통법령상 도로에 설치하는 **노면 표시**의 색이 잘못 연결된 것은?
④ 어린이보호구역 안에 설치하는 속도제한표시의 테두리선은 흰색

자동차 운전 시 **유턴이 허용되는 노면 표시 형식**은? (단, 유턴 표지가 있는 곳)
③ 도로의 중앙에 백색 점선 형식으로 설치된 노면 표시

도로교통법령상 **다인승전용차로를 통행할 수 있는 차의 기준**으로 맞는 2가지는?
① 3명 이상 승차한 승용자동차
③ 3명 이상 승차한 승합자동차

자동차 운전자는 폭우로 가시거리가 50미터 이내인 경우 도로교통법상 최고속도의 ( )을 줄인 속도로 운행하여야 한다. ( )의 기준으로 맞는 것은?
① 100분의 50

도로교통법령상 최고속도 매시 100킬로미터인 편도 4차로 고속도로를 주행하는 적재중량 3톤의 화물자동차의 **최고속도**는?
③ 매시 80킬로미터

도로교통법령상 **차마의 통행방법 및 속도**에 대한 설명으로 옳지 **않은** 것은?
④ 자동차전용도로에서의 최저속도는 매시 40킬로미터이다.

다음은 도로에서 **최고속도를 위반**하여 자동차등(개인형 이동장치 제외)을 운전한 경우 처벌 기준은?
② 시속 100킬로미터를 초과한 속도로 3회 이상 운전한 사람은 1년 이하의 징역이나 500만 원 이하의 벌금

차마의 운전자가 **도로의 좌측으로 통행할 수 없는 경우**로 맞는 것은?
① 안전표지 등으로 앞지르기를 제한하고 있는 경우

교차로와 **딜레마존**(Dilemma Zone) 통과방법 중 가장 거리가 먼 것은?
④ 과속하는 상황일수록 딜레마존(Dilemma Zone)은 더욱 짧아지게 되며 운전자의 결정도 그만큼 빨라지게 된다.

다음 중 도로교통법상 **교차로에서의 서행**에 대한 설명으로 가장 적절한 것은?
① 차가 즉시 정지시킬 수 있는 정도의 느린 속도로 진행하는 것

다음은 **차간거리**에 대한 설명이다. 올바르게 표현된 것은?
① 공주거리는 위험을 발견하고 브레이크 페달을 밟아 브레이크가 듣기 시작할 때까지의 거리를 말한다.

다음 중 **앞지르기가 가능한 장소**는?
② 중앙선(황색 점선)

신호등이 없는 **교차로에서 우회전**하려 할 때 옳은 것은?
② 교차로에 선진입한 차량이 통과한 뒤 우회전한다.

신호기의 신호가 있고 차량보조신호가 없는 **교차로에서 우회전**하려고 한다. 도로교통법령상 잘못된 것은?
④ 차량신호에 관계없이 다른 차량의 교통을 방해하지 않은 때 일시정지하지 않고 우회전한다.

교차로에서 **좌·우회전하는 방법**을 가장 바르게 설명한 것은?
③ 우회전을 하고자 하는 때에는 미리 우측 가장자리를 따라 서행하여야 한다.

정지거리에 대한 설명으로 맞는 것은?
③ 운전자가 위험을 발견하고 브레이크 페달을 밟아 실제로 차량이 정지하기까지 진행한 거리

도로교통법령상 보행자 보호와 관련된 승용자동차 운전자의 범칙행위에 대한 범칙금액이 다른 것은? (단, 보호구역은 제외)
③ 도로를 통행하고 있는 차에서 밖으로 물건을 던지는 행위

보행자에 대한 운전자의 바람직한 태도는?
④ 운전자는 보행자를 우선으로 보호해야 한다.

도로교통법상 보행자가 도로를 횡단할 수 있게 안전표지로 표시한 도로의 부분을 무엇이라 하는가?
③ 횡단보도

다음 중 보행자에 대한 운전자 조치로 잘못된 것은?
② 보도를 횡단하기 직전에 서행하여 보행자를 보호해야 한다.

보행자의 도로횡단방법에 대한 설명으로 잘못된 것은?
③ 무단횡단 방지를 위한 차선분리대가 설치된 곳이라도 넘어서 횡단할 수 있다.

앞을 보지 못하는 사람에 준하는 범위에 해당하지 않는 사람은?
① 어린이 또는 영·유아

도로교통법령상 어린이보호구역 안에서 (　)~(　) 사이에 신호위반을 한 승용차 운전자에 대해 기존의 벌점을 2배로 부과한다. (　)에 순서대로 맞는 것은?
③ 오전 8시, 오후 8시

도로교통법령상 4.5톤 화물자동차가 오전 10시부터 11시까지 노인보호구역에서 주차위반을 한 경우 과태료는?
③ 9만 원

다음 중 보행자의 통행방법으로 잘못된 것은?
① 보도에서는 좌측 통행을 원칙으로 한다.

도로교통법령상 차도를 통행할 수 있는 사람 또는 행렬이 아닌 경우는?
③ 유모차를 끌고 가는 사람

운전자가 진행방향 신호등이 적색일 때 정지선을 초과하여 정지한 경우 처벌 기준은?
③ 신호위반

다음 중 앞을 보지 못하는 사람이 장애인보조견을 동반하고 도로를 횡단하는 모습을 발견하였을 때의 올바른 운전방법은?
② 일시정지한다.

도로교통법상 모든 차의 운전자는 어린이보호구역 내에 설치된 횡단보도 중 신호기가 설치되지 아니한 횡단보도 앞에서는 보행자의 횡단 여부와 관계없이 (　)하여야 한다. (　) 안에 맞는 것은?
② 일시정지

다음 중 도로교통법상 횡단보도가 없는 도로에서 보행자의 가장 올바른 횡단방법은?
④ 도로에서 가장 짧은 거리로 횡단한다.

도로를 횡단하는 보행자 보호에 대한 설명으로 맞는 것은?
③ 무단횡단 보행자도 보호하여야 한다.

다음 중 도로교통법상 보행자전용도로에 대한 설명으로 맞는 2가지는?
① 통행이 허용된 차마의 운전자는 통행 속도를 보행자의 걸음 속도로 운행하여야 한다.
④ 통행이 허용된 차마의 운전자는 보행자를 위험하게 할 때는 일시정지하여야 한다.

도로교통법령상 원칙적으로 차도의 통행이 허용되지 않는 사람은?
① 보행보조용 의자차를 타고 가는 사람

차량 운전 중 차량 신호등과 횡단보도 보행자 신호등이 모두 고장 난 경우 횡단보도 통과방법으로 옳은 것은?
④ 횡단하는 사람이 있는 경우 횡단보도 직전에 일시정지한다.

다음 중 보행등의 녹색 등화가 점멸할 때 보행자의 가장 올바른 통행방법은?
① 횡단보도에 진입하지 않은 보행자는 다음 신호 때까지 기다렸다가 보행등의 녹색 등화 때 통행하여야 한다.

다음 중 도로교통법상 보도를 통행하는 보행자에 대한 설명으로 맞는 것은?
③ 보행보조용 의자차를 이용하는 사람은 보행자로 볼 수 있다.

도로교통법상 보행자전용도로 통행이 허용된 차마의 운전자가 통행하는 방법으로 맞는 것은?
③ 보행자의 걸음 속도로 운행하거나 일시정지하여야 한다.

노인보호구역에서 자동차에 싣고 가던 화물이 떨어져 노인에게 2주 진단의 상해를 입힌 운전자에 대한 처벌 2가지는?
① 피해자의 처벌의사에 관계없이 형사처벌된다.
④ 손해를 전액 보상받을 수 있는 보험가입 여부와 관계없이 형사처벌된다.

다음 중 도로교통법상 보행자의 보호에 대한 설명이다. 옳지 않은 것은?
④ 보행자가 횡단보도가 없는 도로를 횡단하고 있을 때에는 안전거리를 두고 서행하여야 한다.

다음 중 도로교통법상 횡단보도를 횡단하는 방법에 대한 설명으로 옳지 않은 것은?
③ 자전거를 타고 횡단할 수 있다.

다음 중 도로교통법상 차마의 통행방법에 대한 설명이다. 잘못된 것은?
② 보도를 횡단하기 직전에 서행하여 좌·우를 살핀 후 보행자의 통행을 방해하지 않도록 횡단하여야 한다.

도로교통법령상 고원식 횡단보도는 제한속도를 매시 (　)킬로미터 이하로 제한할 필요가 있는 도로에 설치한다. (　) 안의 기준으로 맞는 것은?
③ 30

도로교통법상 보도와 차도가 구분이 되지 않는 도로 중 중앙선이 있는 도로에서 보행자의 통행방법으로 가장 적절한 것은?
③ 길 가장자리구역으로 보행한다.

도로교통법상 연석선, 안전표지나 그와 비슷한 인공구조물로 경계를 표시하여 보행자가 통행할 수 있도록 한 도로의 부분은?
① 보도

도로교통법령상 보행신호등이 점멸할 때 올바른 횡단방법이 아닌 것은?
④ 횡단을 중지하고 그 자리에서 다음 신호를 기다린다.

도로교통법상 차의 운전자가 다음과 같은 상황에서 서행하여야 할 경우는?
② 이면도로에서 보행자의 옆을 지나갈 때

도로교통법령상 차량 운전 중 일시정지해야 할 상황이 아닌 것은?
④ 차량 신호등이 황색 등화의 점멸 신호일 때

다음 중 도로교통법령상 대각선 횡단보도의 보행 신호가 녹색 등화일 때 차마의 통행방법으로 옳은 것은?
① 직진하려는 때에는 정지선의 직전에 정지하여야 한다.

자동차등(개인형 이동장치는 제외)의 운전자가 둘 이상의 행위를 연달아 하여 다른 사람에게 위협을 가하는 경우 난폭운전으로 처벌받게 된다. 다음의 **난폭 운전** 유형에 대한 설명으로 적당하지 **않은** 것은?
① 운전 중 영상 표시장치를 조작하면서 전방주시를 태만하였다.

다음의 행위를 반복하여 교통상의 위험이 발생하였을 때 **난폭운전으로 처벌받을 수 있는** 것은?
④ 중앙선침범

자동차등(개인형 이동장치는 제외)의 운전자가 다음의 행위를 반복하여 다른 사람에게 위협을 가하는 경우 난폭운전으로 처벌받게 된다. **난폭운전의 대상 행위로 틀린** 것은?
④ 통행금지위반, 운전 중 휴대용 전화 사용

도로교통법상 도로에서 2명 이상이 공동으로 2대 이상의 자동차등(개인형 이동장치는 제외)을 정당한 사유 없이 앞뒤로 또는 좌우로 **줄지어 통행하면서 다른 사람에게 위해(危害)를 끼치거나 교통상의 위험을 발생하게 하는 행위를 무엇이라고 하는가?**
① 공동 위험행위

자동차등을 이용하여 **형법상 특수폭행**을 행하여(보복운전) 입건되었다. 운전면허 행정처분은?
② 면허 정지 100일

다음 중 도로교통법상 난폭운전에 해당하지 **않는** 운전자는?
④ 심야 고속도로 갓길에 미등을 끄고 주차하여 다른 사람에게 위험을 주는 운전자

다음 중 운전자의 **올바른 운전습관**으로 가장 바람직하지 **않은** 것은?
④ 타이어 공기압은 계절에 관계없이 주행 안정성을 위하여 적정량보다 10% 높게 유지한다.

보행자의 **보도통행** 원칙으로 맞는 것은?
① 보도 내 우측 통행

도로교통법령상 **보행자**에 대한 설명으로 **틀린** 것은?
① 너비 1미터 이하의 동력이 없는 손수레를 이용하여 통행하는 사람은 보행자가 아니다.

도로교통법령상 운전자의 **보행자 보호**에 대한 설명으로 옳지 **않은** 것은?
④ 운전자는 어린이보호구역 내 신호기가 없는 횡단보도 앞에서는 반드시 서행하여야 한다.

승차구매점(드라이브 스루 매장)을 이용하는 운전자의 자세로 가장 바르지 **않은** 것은?
③ 승차구매점 대기열을 따라 횡단보도를 침범하여 정차한다.

운전자의 **보행자 보호**에 대한 설명으로 옳지 **않은** 것은?
③ 운전자는 어린이보호구역 내에 신호기가 설치되지 않은 횡단보도 앞에서는 보행자의 횡단이 없을 경우 일시정지하지 않아도 된다.

보행자우선도로에 대한 설명으로 가장 바르지 **않은** 것은?
① 보행자우선도로에서 보행자는 도로의 우측 가장자리로만 통행할 수 있다.

시내 도로를 매시 50킬로미터로 주행하던 중 **무단횡단 중인 보행자**를 발견하였다. 가장 적절한 조치는?
③ 속도를 줄이며 멈출 준비를 하고 비상점멸등으로 뒤차에도 알리면서 안전하게 정지한다.

도로교통법상 **보행자**의 **보호** 등에 관한 설명으로 맞지 **않은** 것은?
④ 어린이보호구역 내에 설치된 횡단보도 중 신호기가 설치되지 아니한 횡단보도 앞(정지선이 설치된 경우에는 그 정지선을 말한다)에서는 보행자의 횡단 여부와 관계없이 서행하여야 한다.

도로교통법령상 도로에서 13세 미만의 어린이가 ( )를 타는 경우에는 어린이의 안전을 위해 **인명보호 장구를 착용하여야** 한다. ( )에 해당되지 **않는** 것은?
② 외발자전거

보행자의 보호의무에 대한 설명으로 맞는 것은?
④ 신호등이 있는 교차로에서 우회전할 경우 신호에 따르는 보행자를 방해해서는 아니 된다.

도로의 중앙을 통행할 수 있는 사람 또는 행렬로 맞는 것은?
① 사회적으로 중요한 행사에 따라 시가행진하는 행렬

자동차 운전자가 신호등이 없는 횡단보도를 통과할 때 가장 안전한 운전방법은?
① 횡단하는 사람이 없다 하더라도 전방과 그 주변을 잘 살피며 감속한다.

철길건널목을 통과하다가 고장으로 **건널목 안에서 차를 운행할 수 없는 경우 운전자의 조치요령**으로 바르지 **않은** 것은?
④ 차량의 고장 원인을 확인한다.

차의 운전자가 **보도를 횡단하여 건물 등에 진입**하려고 한다. 운전자가 해야 할 순서로 올바른 것은?
④ 일시정지 → 좌측과 우측 부분 확인 → 서행 진입

다음 중 도로교통법상 **보행자의 도로횡단**방법에 대한 설명으로 **잘못된** 것은?
② 지체장애인의 경우라도 반드시 도로횡단시설을 이용하여 도로를 횡단하여야 한다.

야간에 도로상의 보행자나 물체들이 일시적으로 안 보이게 되는 '**증발 현상**'이 일어나기 쉬운 위치는?
③ 도로의 중앙선 부근

보행자의 통행에 대한 설명으로 맞는 것은?
④ 보행자는 횡단보도가 설치되어 있지 아니한 도로에서는 가장 짧은 거리로 횡단하여야 한다.

어린이보호구역 내에 설치된 횡단보도 중 신호기가 설치되지 아니한 횡단보도 앞(정지선이 설치된 경우에는 그 정지선을 말한다)에서 운전자의 행동으로 맞는 것 2가지는?
② 보행자가 횡단보도를 통행하려고 하는 때에는 일시정지하여 보행자의 횡단을 보호한다.
④ 보행자의 횡단 여부와 관계없이 일시정지한다.

도로교통법상 **보행자 보호**에 대한 설명 중 맞는 2가지는?
③ 시·도경찰청장은 보행자의 통행을 보호하기 위해 도로에 보행자전용도로를 설치할 수 있다.
④ 보행자전용도로에는 유모차를 끌고 갈 수 있다.

보행자의 통행에 대한 설명 중 맞는 것 2가지는?
② 보행자는 사회적으로 중요한 행사에 따라 행진 시에는 도로의 중앙으로 통행할 수 있다.
③ 도로횡단시설을 이용할 수 없는 지체장애인은 도로횡단시설을 이용하지 않고 도로를 횡단할 수 있다.

도로교통법령상 승용자동차의 운전자가 **보도를 횡단하는 방법을 위반**한 경우 범칙금은?
④ 6만 원

빨리·간단히·답만 보는

도로교통법령상 개인형 이동장치의 승차정원에 대한 설명으로 **틀린** 것은?
③ **전동기의 동력만으로 움직일 수 있는 자전거의 경우 승차정원은 1인이다.**

도로교통법상 **과로(졸음 운전 포함)**로 인하여 정상적으로 운전하지 못할 우려가 있는 상태에서 **자동차를 운전한 사람**에 대한 벌칙으로 맞는 것은?
④ **30만 원 이하의 벌금이나 구류에 처한다.**

도로교통법상 운전이 금지되는 **술에 취한 상태**의 기준은 운전자의 혈중알코올농도가 (   )로 한다. (   ) 안에 맞는 것은?
③ **0.03퍼센트 이상인 경우**

승용자동차를 **음주운전**한 경우 처벌 기준에 대한 설명으로 **틀린** 것은?
③ **혈중알코올농도가 0.05퍼센트로 2회 위반한 경우 1년 이하의 징역이나 5백만 원 이하의 벌금**

운전자가 **피로한 상태에서 운전**하게 되면 속도 판단을 잘못하게 된다. 그 내용이 맞는 것은?
③ **멀리서 다가오는 차의 속도를 과소평가하다가 사고가 발생할 수 있다.**

음주 운전자에 대한 **처벌** 기준으로 맞는 2가지는?
① **혈중알코올농도 0.08퍼센트 이상의 만취 운전자는 운전면허 취소와 형사처벌을 받는다.**
② **경찰관의 음주 측정에 불응하거나 혈중알코올농도 0.03퍼센트 이상의 상태에서 인적 피해의 교통사고를 일으킨 경우 운전면허 취소와 형사처벌을 받는다.**

음주 운전 관련 내용 중 맞는 2가지는?
③ **자동차가 아닌 건설기계관리법상 건설 기계도 도로교통법상 음주 운전 금지 대상이다.**
④ **술에 취한 상태에 있다고 인정할 만한 상당한 이유가 있음에도 경찰공무원의 음주 측정에 응하지 않은 사람은 운전면허가 취소된다.**

피로 및 과로, 졸음운전과 관련된 설명 중 맞는 것 2가지는?
③ **감기약 복용 시 졸음이 올 수 있기 때문에 안전을 위해 운전을 지양해야 한다.**
④ **음주운전을 할 경우 대뇌의 기능이 비활성화되어 졸음운전의 가능성이 높아진다.**

질병·과로로 인해 정상적인 운전을 하지 못할 우려가 있는 상태에서 자동차를 운전하다가 단속된 경우 어떻게 되는가?
③ **구류 또는 벌금에 처한다.**

다음 행위를 반복하여 **교통상의 위험**이 발생하였을 때 난폭운전으로 처벌할 수 **없는** 것은?
③ **정비 불량차 운전금지위반**

마약 등 **약물복용** 상태에서 자동차를 운전하다가 인명피해 교통사고를 야기한 경우 교통사고처리특례법상 운전자의 책임으로 맞는 것은?
① **책임보험만 가입되어 있으나 추가적으로 피해자와 합의하더라도 형사처벌된다.**

혈중알코올농도 0.03퍼센트 이상 상태의 운전자 갑이 신호대기 중인 상황에서 **뒤차(운전자 을)**가 추돌한 경우에 맞는 설명은?
② **사고의 가해자는 을이 되지만, 갑의 음주운전은 별개로 처벌된다.**

다음 중 **보복운전**을 당했을 때 신고하는 방법으로 가장 적절하지 **않는** 것은?
① **120에 신고한다.**

다음은 **피로운전과 약물복용 운전**에 대한 설명이다. 맞는 2가지는?
② **피로한 상태에서의 운전은 주의력, 판단능력, 반응속도의 저하를 가져오기 때문에 위험하다.**
③ **마약을 복용하고 운전을 하다가 교통사고로 사람을 상해에 이르게 한 운전자는 처벌될 수 있다.**

피해 차량을 뒤따르던 승용차 운전자가 중앙선을 넘어 앞지르기하여 급제동하는 등 **위협 운전**을 한 경우에는 형법에 따른 보복운전으로 처벌받을 수 있다. 이에 대한 처벌 기준으로 맞는 것은?
① **7년 이하의 징역 또는 1천만 원 이하의 벌금에 처한다.**

도로교통법상 (   )의 운전자는 도로에서 2명 이상이 공동으로 2대 이상의 자동차등을 정당한 사유 없이 **앞뒤로 줄지어 통행**하면서 교통상의 위험을 발생하게 하여서는 아니 된다. 이를 위반한 경우 (   )으로 처벌될 수 있다. (   ) 안에 각각 바르게 짝지어진 것은?
③ **특수자동차, 2년 이하의 징역 또는 500만 원 이하의 벌금**

승용차 운전자가 **난폭운전**을 하는 경우 도로교통법에 따른 처벌 기준으로 맞는 것은?
④ **1년 이하의 징역 또는 500만 원 이하의 벌금에 처한다.**

승용차 운전자가 차로변경 시비에 분노해 상대차량 앞에서 급제동하자, 이를 보지 못하고 뒤따르던 화물차가 추돌하여 화물차 운전자가 다친 경우에는 **형법에 따른 보복운전**으로 처벌받을 수 있다. 이에 대한 처벌 기준으로 맞는 것은? (단, 중상해는 아님)
① **1년 이상 10년 이하의 징역**

다음 중 도로교통법상 **난폭 운전** 적용 대상이 아닌 것은?
③ **끼어들기**

자동차등(개인형 이동장치는 제외)의 운전자가 다음의 행위를 반복하여 다른 사람에게 위협을 가하는 경우 난폭운전으로 처벌받게 된다. 난폭운전의 대상 행위가 **아닌** 것은?
④ **고속도로에서의 지정차로위반**

고속도로를 주행하는 차량(본인 차량 포함)의 **적재물이 주행차로에 떨어졌을 때** 운전자의 조치요령으로 가장 바르지 **않은** 것은?
④ **화물 적재물을 떨어뜨린 차량의 운전자에게 보복운전을 한다.**

도로교통법령상 원동기장치자전거(개인형 이동장치 제외)의 **난폭 운전** 행위로 볼 수 없는 것은?
④ **음주 운전 행위와 보행자보호의무위반행위를 연달아 위반하여 운전하였다.**

다음은 **난폭운전과 보복운전**에 대한 설명이다. 맞는 것은?
② **승용차 운전자가 중앙선 침범 및 속도위반을 연달아 하여 불특정 다수에게 위해를 가하는 경우는 난폭운전에 해당된다.**

자동차 운전자가 **중앙선 침범**을 반복하여 다른 사람에게 위해를 가하거나 **교통상의 위험**을 발생하게 하는 행위는 도로교통법상 (   )에 해당한다. (   ) 안에 맞는 것은?
② **난폭운전**

자동차등을 이용하여 **형법상 특수상해**를 행하여(보복운전) 구속되었다. 운전면허 행정처분은?
① **면허 취소**

일반도로에서 자동차등(개인형 이동장치는 제외)의 운전자가 다음의 행위를 반복하여 다른 사람에게 위협을 가하는 경우 난폭운전으로 처벌받게 된다. 난폭운전의 대상 행위가 아닌 것은?
① **일반도로에서 지정차로위반**

운전 중 집중력에 대한 내용으로 가장 적합한 2가지는?
② 운전자의 시야를 가리는 차량 부착물은 제거하는 것이 좋다.
④ TV/DMB는 뒷좌석 동승자들만 볼 수 있는 곳에 장착하는 것이 좋다.

도로교통법령상 개인형 이동장치에 대한 규정과 안전한 운전방법으로 틀린 것은?
③ 개인형 이동장치는 전동이륜평행차, 전동킥보드, 전기자전거, 전동휠, 전동스쿠터 등 개인이 이동하기에 적합한 이동장치를 포함하고 있다.

다음 중 자동차(이륜자동차 제외) 좌석안전띠 착용에 대한 설명으로 맞는 것은?
② 13세 이상의 동승자가 좌석안전띠를 착용하지 않은 경우 운전자에 대한 과태료는 3만 원이다.

교통사고를 예방하기 위한 운전자세로 맞는 것은?
① 방향지시등으로 진행방향을 명확히 알린다.

다음 중 운전자의 올바른 운전행위로 가장 바람직하지 않은 것은?
② 초보운전인 경우 고속도로에서 갓길을 이용하여 교통흐름을 방해하지 않는다.

도로교통법령상 양보 운전에 대한 설명 중 가장 알맞은 것은?
④ 양보표지가 설치된 도로의 주행 차량은 다른 도로의 주행 차량에 차로를 양보하여야 한다.

교통약자의 이동편의증진법에 따른 '교통약자'에 해당되지 않는 사람은?
④ 반려동물을 동반한 사람

교통약자의 이동편의증진법에 따른 교통약자를 위한 '보행안전시설물'로 보기 어려운 것은?
② 자전거전용도로

도로교통법상 서행으로 운전하여야 하는 경우는?
③ 교통정리를 하고 있지 아니하는 교차로를 통과할 때

정체된 교차로에서 좌회전할 경우 가장 옳은 방법은?
④ 녹색 화살표의 등화라도 진입하지 않는다.

고속도로 가속차로에서 주행차로로의 진입방법으로 옳은 것은?
④ 가속차로를 이용하여 일정 속도를 유지하면서 충분한 공간을 확보한 후 진입한다.

자동차를 운행할 때 공주거리에 영향을 줄 수 있는 경우로 맞는 2가지는?
② 술에 취한 상태로 운전하는 경우
④ 운전자가 피로한 상태로 운전하는 경우

고속도로 본선 우측 차로에 서행하는 A차량이 있다. 이때 B차량의 안전한 본선 진입방법으로 가장 알맞은 것은?
① 서서히 속도를 높여 진입하되 A차량이 지나간 후 진입한다.

어린이가 보호자 없이 도로를 횡단할 때 운전자의 올바른 운전행위로 가장 바람직한 것은?
③ 일시정지하여 도로를 횡단하는 어린이의 안전을 확보한다.

교차로에서 좌회전할 때 가장 위험한 요인은?
④ 반대편 도로에서 우회전하는 자전거

신호등이 없고 좌·우를 확인할 수 없는 교차로에 진입 시 가장 안전한 운행방법은?
③ 반드시 일시정지 후 안전을 확인한 다음 양보 운전 기준에 따라 통과한다.

도로교통법에 따라 개인형 이동장치를 운전하는 사람의 자세로 가장 알맞은 것은?
③ 횡단보도와 자전거횡단도가 있는 경우 자전거횡단도를 이용하여 운전한다.

'안전속도 5030' 교통안전정책에 관한 내용으로 옳은 것은?
② 도시부 지역 일반도로 매시 50킬로미터 이내, 도시부 주거지역 이면도로 매시 30킬로미터 이내

도로교통법령상 운전 중 서행을 하여야 하는 경우 또는 장소에 해당하는 2가지는?
① 신호등이 없는 교차로
④ 도로가 구부러진 부근

교통사고를 일으킬 가능성이 가장 높은 운전자는?
② 급출발, 급제동, 급차로변경을 반복하는 운전자

다음 중 회전교차로의 통행방법으로 가장 적절한 2가지는?
① 회전교차로에서 이미 회전하고 있는 차량이 우선이다.
④ 회전교차로에서는 반시계방향으로 주행한다.

고속도로를 주행할 때 옳은 2가지는?
① 모든 좌석에서 안전띠를 착용하여야 한다.
④ 고장자동차의 표지(안전삼각대 포함)를 가지고 다녀야 한다.

다음 설명 중 맞는 2가지는?
② 양보표지가 있는 차로를 진행 중인 차는 다른 차로의 주행차량에 차로를 양보하여야 한다.
③ 일반도로에서 차로를 변경할 때에는 30미터 전에서 신호 후 차로변경한다.

교통정리가 없는 교차로에서의 양보 운전에 대한 내용으로 맞는 것 2가지는?
① 좌회전하고자 하는 차의 운전자는 그 교차로에서 직진 또는 우회전하려는 차에 진로를 양보해야 한다.
④ 우선순위가 같은 차가 교차로에 동시에 들어가고자 하는 때에는 우측 도로의 차에 진로를 양보해야 한다.

운전자가 갖추어야 할 올바른 자세로 가장 맞는 것은?
① 소통과 안전을 생각하는 자세

도로교통법령상 개인형 이동장치에 대한 설명으로 바르지 않은 것 2가지는?
② 전동킥보드, 전동이륜평행차, 전동보드가 해당된다.
④ 전동기의 동력만으로 움직일 수 없는(PAS : Pedal Assist System) 전기자전거를 포함한다.

운전자의 피로는 운전 행동에 영향을 미치게 된다. 피로가 운전 행동에 미치는 영향을 바르게 설명한 것은?
③ 지각 및 운전 조작 능력이 떨어진다.

다음 중 운전자의 올바른 운전태도로 가장 바람직하지 않은 것은?
③ 긴급자동차를 발견한 즉시 장소에 관계없이 일시정지하고 진로를 양보한다.

교통정리를 하고 있지 아니한 교차로에 직진하기 위하여 진입하려 한다. 맞은편 차로에서 좌회전하려는 차가 이미 교차로에 진입한 경우 이때, 운전자의 올바른 운전방법은?
① 다른 차가 있을 때에는 그 차에 진로를 양보한다.

도로교통법에서 정한 운전이 금지되는 술에 취한 상태의 기준으로 맞는 것은?
① 혈중알코올농도 0.03퍼센트 이상인 상태로 운전

자동차관리법령상 비사업용 신규 승용자동차의 최초검사 유효기간은?
③ 4년

자동차관리법상 자동차의 종류로 맞는 2가지는?
② 화물자동차
④ 특수자동차

비사업용 및 대여사업용 전기자동차와 수소 연료전지자동차(하이브리드 자동차 제외) 전용번호판 색상으로 맞는 것은?
② 파란색 바탕에 검은색 문자

자동차관리법령상 차령이 6년이 지난 피견인자동차의 검사 유효기간으로 맞는 것은?
③ 2년

다음 차량 중 하이패스차로 이용이 불가능한 차량은?
③ 단차로인 경우, 차폭이 3.7m인 소방차량

자동차관리법령상 소형승합자동차의 검사 유효기간으로 맞는 것은?
② 1년

자동차관리법상 신차 구입 시 임시운행 허가 유효기간의 기준은?
① 10일 이내

다음 중 자동차관리법령에 따른 자동차 변경등록 사유가 아닌 것은?
③ 소유권이 변동된 때

자동차관리법령상 자동차를 이전 등록하고자 하는 자는 매수한 날부터 (   ) 이내에 등록해야 한다. (   )에 기준으로 맞는 것은?
① 15일

자율주행자동차 운전자의 마음가짐으로 바르지 않은 것은?
① 자율주행자동차이므로 술에 취한 상태에서 운전해도 된다.

화물자동차 운수사업법에 따른 화물자동차 운송사업자는 관련 법령에 따라 운행기록장치에 기록된 운행기록을 (   ) 동안 보관하여야 한다. (   ) 안의 기준으로 맞는 것은?
② 6개월

자동차관리법령상 자동차의 정기검사의 기간은 검사 유효기간 만료일 전후 (   ) 이내이다. (   )에 기준으로 맞는 것은?
① 31일

자동차손해배상보장법상 의무보험에 가입하지 않은 자동차보유자의 처벌 기준으로 맞는 것은? (단, 자동차 미운행 시)
① 300만 원 이하의 과태료

자동차관리법령상 자동차 소유권이 상속 등으로 변경될 경우에 해야 하는 등록은?
② 이전등록

자동차관리법령상 자동차 소유자가 받아야 하는 자동차 검사의 종류가 아닌 것은?
② 특별검사

다음 중 자동차를 매매한 경우 이전등록 담당기관은?
② 시·군·구청

자동차 등록의 종류가 아닌 것 2가지는?
② 권리등록
③ 설정등록

자동차(단, 어린이통학버스 제외) 앞면 창유리의 가시광선 투과율 기준으로 맞는 것은?
④ 70퍼센트

주행 중 브레이크가 작동되는 운전행동과정을 올바른 순서로 연결한 것은?
① 위험인지 → 상황판단 → 행동명령 → 브레이크작동

다음 중 자동차에 부착된 에어백의 구비조건으로 가장 거리가 먼 것은?
④ 운전자와 접촉하는 충격에너지 극대화

다음 중 운전자 등이 차량 승하차 시 주의사항으로 맞는 것은?
① 타고 내릴 때는 뒤에서 오는 차량이 있는지를 확인한다.

도로교통법상 올바른 운전방법으로 연결된 것은?
③ 신호 없는 교차로 – 우회전을 하는 경우 미리 도로의 우측 가장자리를 서행하면서 우회전한다.

앞지르기에 대한 내용으로 올바른 것은?
③ 다리 위나 교차로는 앞지르기가 금지된 장소이므로 앞지르기를 할 수 없다.

다음 중 운전자의 올바른 마음가짐으로 가장 바람직하지 않은 것은?
① 교통상황은 변경되지 않으므로 사전운행 계획을 세울 필요는 없다.

다음 중 교통사고가 발생한 경우 운전자 책임으로 가장 거리가 먼 것은?
④ 공고책임

다음 중 운전자의 올바른 운전행위로 가장 적절한 것은?
④ 교통안전 위험요소 발견 시 비상점멸등으로 주변에 알린다.

다음 중 운전자의 올바른 마음가짐으로 가장 적절하지 않은 것은?
② 정체되는 도로에서 갓길(길 가장자리)로 통행하려는 마음

고속도로 운전 중 교통사고 발생 현장에서의 운전자 대응방법으로 바르지 않은 것은?
③ 사고차량 후미에서 경찰공무원이 도착할 때까지 교통정리를 한다.

승용자동차에 영유아와 동승하는 경우 운전자의 행동으로 가장 올바른 것은?
④ 영유아가 탑승하는 경우 도로를 불문하고 유아보호용 장구를 장착한 후에 좌석안전띠를 착용시킨다.

운전자 준수 사항으로 맞는 것 2가지는?
① 어린이 교통사고 위험이 있을 때에는 일시정지한다.
② 물이 고인 곳을 지날 때는 다른 사람에게 피해를 주지 않기 위해 감속한다.

도로교통법상 자동차(이륜자동차 제외)에 영유아를 동승하는 경우 유아보호용 장구를 사용토록 한다. 다음 중 영유아에 해당하는 나이 기준은?
③ 6세 미만

다음 중 고속도로에서 운전자의 바람직한 운전행위 2가지는?
③ 주기적인 휴식이나 환기를 통해 졸음운전을 예방한다.
④ 출발 전뿐만 아니라 휴식 중에도 목적지까지 경로의 위험 요소를 확인하며 운전한다.

다음 중 안전운전에 필요한 운전자의 준비사항으로 가장 바람직하지 않은 것은?
④ 연료절약을 위해 출발 10분 전에 시동을 켜 엔진을 예열한다.

제1종 운전면허를 발급 받은 65세 이상 75세 미만인 사람(한쪽 눈만 보지 못하는 사람은 제외)은 몇 년마다 정기적성검사를 받아야 하나?
② 5년마다

운전면허증을 시·도경찰청장에게 반납하여야 하는 사유 2가지는?
① 운전면허 취소의 처분을 받은 때
② 운전면허 효력 정지의 처분을 받은 때

다음 중 고압가스안전관리법령상 수소자동차 운전자의 안전교육(특별교육)에 대한 설명 중 잘못된 것은?
④ 여객자동차운수사업법에 따른 대여사업용자동차를 임차하여 운전하는 운전자도 특별교육 대상이다.

도로교통법령상 제2종 보통면허로 운전할 수 없는 차는?
① 구난자동차

다음 중 도로교통법령상 영문운전면허증을 발급 받을 수 없는 사람은?
④ 연습운전면허증으로 신청하는 경우

운전면허시험 부정행위로 그 시험이 무효로 처리된 사람은 그 처분이 있는 날부터 ( )간 해당시험에 응시하지 못한다. ( ) 안의 기준으로 맞는 것은?
① 2년

다음 중 도로교통법령상 운전면허증 갱신발급이나 정기 적성검사의 연기 사유가 아닌 것은?
③ 군인사법에 따른 육·해·공군 부사관 이상의 간부로 복무 중인 경우

도로교통법령상 운전면허증 갱신기간의 연기를 받은 사람은 그 사유가 없어진 날부터 ( ) 이내에 운전면허증을 갱신하여 발급 받아야 한다. ( )에 기준으로 맞는 것은?
② 3개월

다음 수소자동차 운전자 중 고압가스관리법령상 특별교육 대상으로 맞는 것은?
② 수소대형승합자동차(승차정원 36인승 이상) 운전자

다음 중 전기자동차 충전시설에 대해서 틀린 것은?
③ 공용충전기는 사전 등록된 차량에 한하여 사용이 가능하다.

다음 중 도로교통법상 음주 운전 방지장치 부착 조건부 운전면허를 받은 운전자 등의 준수사항에 대한 설명으로 맞는 것은?
① 음주운전으로 인한 면허 결격기간 이후 방지장치 부착차량만 운전 가능한 면허를 취득한 때부터 장치를 부착한 차량만 운행할 수 있다.

운전자가 가짜 석유제품임을 알면서 차량 연료로 사용할 경우 처벌 기준은?
③ 과태료 2백만 원~2천만 원

가짜 석유를 주유했을 때 자동차에 발생할 수 있는 문제점이 아닌 것은?
③ 윤활성 상승으로 인한 엔진 마찰력 감소로 출력 저하

자동차에 승차하기 전 주변점검 사항으로 맞는 2가지는?
① 타이어 마모상태
② 전·후방 장애물 유무

다음 중 차량 연료로 사용될 경우 가짜 석유제품으로 볼 수 없는 것은?
④ 경유에 물이 약 5% 미만으로 혼합된 제품

일반적으로 무보수(MF : Maintenance Free)배터리 수명이 다한 경우 점검창에 나타나는 색깔은?
② 백색

수소가스 누출을 확인할 수 있는 방법이 아닌 것은?
③ 가스 냄새를 맡아 확인

수소차량의 안전수칙으로 틀린 것은?
② 충전소에서 흡연은 차량에 떨어져서 한다.

다음 중 수소차량에서 누출을 확인하지 않아도 되는 곳은?
④ 연료전지 부스트 인버터

전기차 충전을 위한 올바른 방법으로 적절하지 않은 것은?
④ 휴대용 충전기를 이용하여 충전할 경우 가정용 멀티탭이나 연장선을 사용한다.

법령상 자동차의 등화 종류와 그 등광색을 연결한 것으로 맞는 것은?
④ 제동등 – 적색

LPG차량의 연료특성에 대한 설명으로 적당하지 않은 것은?
③ 일반적으로 공기보다 가볍다.

자동차의 제동력을 저하하는 원인으로 가장 거리가 먼 것은?
③ 릴리스 포크 변형

주행 보조장치가 장착된 자동차의 운전방법으로 바르지 않은 것은?
② 운전 개입 경고 시 주행 보조장치가 해제될 때까지 기다렸다가 개입해야 한다.

자동차를 안전하고 편리하게 주행할 수 있도록 보조해주는 기능에 대한 설명으로 잘못된 것은?
④ AEB(Autonomous Emergency Braking)는 '자동긴급제동' 기능으로 브레이크 제동 시 타이어가 잠기는 것을 방지하여 제동거리를 줄여주는 기능이다.

다음 중 수소자동차의 주요 구성품이 아닌 것은?
③ 엔진

자율주행시스템과 관련된 법령의 내용으로 틀린 것은?
① 도로교통법 '운전'에는 도로에서 차마를 그 본래의 사용방법에 따라 자율주행시스템을 사용하는 것은 포함되지 않는다.

자동차 내연기관의 크랭크축에서 발생하는 회전력(순간적으로 내는 힘)을 무엇이라 하는가?
① 토크

자율주행자동차 상용화 촉진 및 지원에 관한 법령상 자율주행자동차에 대한 설명으로 잘못된 것은?
④ 자율주행자동차는 승용자동차에 한정되어 적용하고, 승합자동차나 화물자동차는 이 법이 적용되지 않는다.

전기자동차 관리방법으로 옳지 않은 2가지는?
① 비사업용승용자동차의 자동차검사 유효기간은 6년이다.
④ 열선시트, 열선핸들보다 공기 히터를 사용하는 것이 효율적이다.

도로교통법령상 자동차(단, 어린이통학버스 제외) 창유리 가시광선 투과율의 규제를 받는 것은?
② 앞면, 운전석 좌우 옆면 창유리

자동차관리법령상 승용자동차는 몇 인 이하를 운송하기에 적합하게 제작된 자동차인가?
① 10인

Chapter 01. 문장형 문제 정리

다음 중 **총중량 1.5톤 피견인 승용자동차**를 4.5톤 화물자동차로 견인하는 경우 필요한 운전면허에 해당하지 않은 것은?
④ 제2종 보통면허 및 대형견인차면허

도로교통법상 운전면허증 발급에 대한 설명으로 **옳지 않은** 것은?
② 영문운전면허증을 발급 받을 수 없다.

도로교통법상 승차정원 15인승의 긴급 승합자동차를 처음 운전하려고 할 때 필요한 조건으로 맞는 것은?
① 제1종 보통면허, 교통안전교육 3시간

시·도경찰청장이 발급한 국제운전면허증의 유효기간은 발급 받은 날부터 몇 년인가?
① 1년

도로교통법상 운전면허의 조건 부과 기준 중 **운전면허증 기재방법으로 바르지 않은 것은?**
① A : 수동변속기

승차정원이 11명인 승합자동차로 **총중량 780킬로그램의 피견인자동차**를 견인하고자 한다. 운전자가 취득해야 하는 운전면허의 종류는?
① 제1종 보통면허 및 소형견인차면허

도로교통법상 연습운전면허의 유효기간은?
② 받은 날부터 1년

운전면허 종류별 운전할 수 있는 차에 관한 설명으로 맞는 것 2가지는?
① 제1종 대형면허로 아스팔트살포기를 운전할 수 있다.
④ 제2종 소형면허로 원동기장치자전거를 운전할 수 있다.

승차정원이 12명인 승합자동차를 도로에서 운전하려고 한다. 운전자가 취득해야 하는 운전면허의 종류는?
③ 제1종 보통면허

다음 중 제2종 보통면허를 취득할 수 있는 사람은?
④ 듣지 못하는 사람

다음 중 도로교통법상 원동기장치자전거의 정의(기준)에 대한 설명으로 옳은 것은?
③ 배기량 125시시 이하 - 최고정격출력 11킬로와트 이하

원동기장치자전거 중 개인형 이동장치의 정의에 대한 설명으로 **바르지 않은 것은?**
① 오르막 각도가 25도 미만이어야 한다.

다음 중 도로교통법상 제1종 대형면허 시험에 응시할 수 있는 기준은? (단, 이륜자동차 운전경력은 제외한다)
④ 자동차의 운전경력이 1년 이상이면서 19세인 사람

도로교통법상 해외 출국 시 운전면허 적성검사 연기에 대한 설명으로 틀린 것은?
② 출국 후에는 대리인이 대신하여 적성검사 연기 신청을 할 수 없다.

도로주행시험에 불합격한 사람은 불합격한 날부터 ( )이 지난 후에 다시 도로주행시험에 응시할 수 있다. ( )의 기준으로 맞는 것은?
② 3일

'착한 운전 마일리지' 제도에 대한 설명으로 적절치 않은 2가지는?
③ 범칙금이나 과태료 미납자도 마일리지 제도의 무위반·무사고 서약에 참여할 수 있다.
④ 서약 실천기간 중에 교통사고를 유발하거나 교통법규를 위반하면 다시 서약할 수 없다.

다음 중 **운전면허 취득 결격기간이 2년에 해당하는 사유 2가지는?** (단, 벌금 이상의 형이 확정된 경우)
① 무면허 운전을 3회한 때
② 다른 사람을 위하여 운전면허시험에 응시한 때

도로교통법상 개인형 이동장치의 기준에 대한 설명이다. 바르게 설명된 것은?
④ 차체 중량은 30킬로그램 미만이어야 한다.

도로교통법상 **영문운전면허증**에 대한 설명으로 **옳지 않은** 것은? (단, 제네바협약 또는 비엔나협약 가입국으로 한정한다)
② 영문운전면허증 인정 국가에서는 체류기간에 상관없이 사용할 수 있다.

도로교통법상 원동기장치자전거는 전기를 동력으로 하는 경우에는 최고정격출력 ( ) 이하의 이륜자동차이다. ( )의 기준으로 맞는 것은?
① 11킬로와트

다음 중 도로교통법령상에서 규정하고 있는 '연석선' 정의로 맞는 것은?
③ 차도와 보도를 구분하는 돌 등으로 이어진 선

도로교통법상 개인형 이동장치와 관련된 내용으로 맞는 것은?
④ 횡단보도에서 개인형 이동장치를 끌거나 들고 횡단하여야 한다.

도로교통법령상 고령자 면허 갱신 및 적성검사의 주기가 3년인 사람의 연령 기준으로 맞는 것은?
③ 75세 이상

다음은 도로교통법령상 운전면허증을 발급 받으려는 사람의 본인 여부 확인절차에 대한 설명이다. 틀린 것은?
③ 신청인의 동의 없이 전자적 방법으로 지문정보를 대조하여 확인할 수 있다.

도로교통법령상 **한쪽 눈을 보지 못하는 사람**이 제1종 보통면허를 취득하려는 경우 다른 쪽 눈의 시력이 ( ) 이상, 수평시야가 ( )도 이상, 수직시야가 20도 이상, 중심시야 20도 내 암점과 반맹이 없어야 한다. ( ) 안의 기준으로 맞는 것은?
④ 0.8, 120

다음 중 **수소대형승합자동차**(승차정원 35인승 이상)를 신규로 운전하려는 운전자에 대한 특별교육을 실시하는 기관은?
① 한국가스안전공사

도로교통법상 교통법규위반으로 운전면허 효력 정지처분을 받을 가능성이 있는 사람이 **특별교통안전 권장교육**을 받고자 하는 경우 누구에게 신청하여야 하는가? (단, 음주운전은 제외한다)
④ 시·도경찰청장

Chapter 01. 문장형 문제 정리 ················ 318
Chapter 02. 사진/일러스트형 문제 정리 ········ 341
Chapter 03. 교통표지형 문제 정리 ············ 365